SUITES

A

BUFFON,

FORMANT,

avec les œuvres de cet auteur,

UN COURS COMPLET D'HISTOIRE NATURELLE,

Collection

accompagnée de Planches.

PARIS

A LA LIBRAIRIE ENCYCLOPÉDIQUE DE RORET,

Rue Hautefeuille, N.º 10 bis.

POURRAT frères, *Rue des Petits Augustins, N.º 5.*

HISTOIRE NATURELLE

DES

INSECTES.

—

APTÈRES.

I.

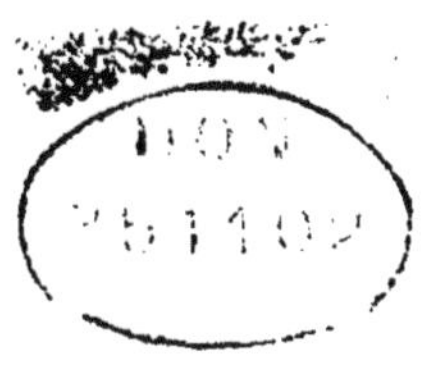

HISTOIRE NATURELLE

DES

INSECTES.

APTÈRES

PAR M. LE BARON WALCKENAER,

MEMBRE DE L'INSTITUT DE FRANCE.

TOME PREMIER.

OUVRAGE ACCOMPAGNÉ DE PLANCHES.

PARIS.

LIBRAIRIE ENCYCLOPÉDIQUE DE RORET,

RUE HAUTEFEUILLE, Nº 10 BIS.

1837.

PRÉFACE.

Le célèbre Pallas reprochait aux entomologistes de son temps de s'amuser avec les Papillons, troupe brillante, disait-il, mais qui nous importe peu, et de négliger l'étude des Insectes aptères, beaucoup plus dignes d'attention par la variété de leur organisation, par le dommage qu'ils causent à l'homme et aux animaux qui lui sont utiles.

Sans examiner si le reproche fait par Pallas à ses contemporains était fondé, sans prendre le soin superflu de démontrer que l'étude des Lépidoptères, et de leurs larves si destructives, n'est pas un vain amusement, je me contenterai d'affirmer que Pallas, s'il vivait encore, n'adresserait pas, aux naturalistes de nos jours, le reproche que lui semblaient mériter ceux de l'époque où il a vécu. Pour s'en convaincre, il suffira de jeter les yeux sur la longue liste que j'ai donnée, dans cet ouvrage, des noms de ceux qui se sont livrés à l'histoire naturelle des Insectes aptères, qui l'ont enrichie par leurs travaux, ou qui ont contribué d'une manière quelconque à ses progrès. Un grand nombre de ces noms ne datent que depuis le temps où Pallas a écrit. Cette liste cependant, déjà incomplète au moment où je l'écrivais, doit être encore augmentée des noms nouveaux de ceux qui ont surgi dans cette carrière pendant l'impression des pages suivantes ; et à cet égard, comme pour quelques autres rectifications et additions, le lecteur est prié de prendre communication des corrections placées à la fin de ce volume.

Malgré tant de travaux sur l'histoire naturelle des Insectes aptères, il n'existe pas un ouvrage qui présente, sous une forme méthodique, l'ensemble des connaissances acquises sur cette classe d'animaux, et qui puisse guider le naturaliste dans l'étude des genres et des espèces dont elle se compose. Nous en possédons plusieurs, au contraire, de spéciaux sur chacune des autres branches de l'entomologie.

Il n'est pas de naturaliste qui ne connaisse la cause de cette lacune qui existe dans la science. Aucun ne doute qu'elle ne soit due aux difficultés attachées à l'exécution d'un tel ouvrage. Il faut d'abord, s'efforcer de combler, du moins en partie, les vides que présente encore cette portion de l'histoire naturelle ; ils sont de telle sorte, que des ordres entiers, les Chilognathes et les Syngnathes, qui offrent les plus grands de tous les Insectes, n'ont point été étudiés ; et que leurs nombreuses espèces, déposées dans nos collections, n'ont été ni examinées ni décrites par aucun naturaliste. Beaucoup de belles observations ont été faites sur des animalcules aptères presque microscopiques : il faut vérifier ces résultats curieux d'une patience admirable, et en augmenter, s'il est possible, le nombre. Telle est la tâche pénible que je me suis imposée :

j'y ai été engagé, moins par le sentiment de mes forces, que par la persuasion où je suis que mon ouvrage, malgré ses imperfections, serait utile aux progrès d'une science à laquelle je suis redevable de tant et de si douces distractions. L'espérance que l'appui des naturalistes ne me manquerait pas, m'a aussi soutenu dans mon entreprise. J'ai eu soin d'indiquer, chaque fois que l'occasion s'en est présentée, ce dont cette partie de l'entomologie est redevable à chacun d'eux, et les secours particuliers qu'ils ont bien voulu me prêter. Je réunirai dans une table alphabétique, à la fin de cet ouvrage, les noms de tous ceux qui s'y trouvent cités, avec l'indication de ce qu'ils ont écrit sur la classe des Insectes aptères, ou de ce qu'ils ont fait pour contribuer à ses progrès.

Mais je dois dès à présent faire mention de deux ouvrages manuscrits dont je suis possesseur, parce que ces ouvrages se trouvent incorporés dans celui que je publie.

L'un renferme des descriptions détaillées, et accompagnées de dessins, de vingt-cinq Aranéides de la Caroline, faits par Bosc pendant son séjour dans ce pays. Bosc m'a généreusement remis ce manuscrit aussitôt après la publication de mon histoire naturelle des Insectes des environs de Paris; et les noms de toutes les espèces d'Araignées d'Amérique, décrites par ce zélé naturaliste, ont été insérés dans mon tableau des Aranéides, publié en 1805; mais les descriptions de ces mêmes espèces paraissent pour la première fois dans l'ouvrage que je publie.

L'autre ouvrage contient les figures de cinq cent trente-cinq Aranéides, et Phalangides, de l'état de Géorgie, en Amérique, dessinées et coloriées d'après des individus vivants, par Thomas Abbot, déjà connu par une histoire naturelle des Papillons de la Géorgie, publiée et rédigée, d'après ses observations, par J.-E. Smith. Ces dessins d'Aranéides, et de Phalangides, sont accompagnés d'un cahier de 42 pages écrit en anglais, intitulé : *Notes and observations on the Drawings of the Spiders of Georgia.* Ces notes et observations contiennent de courtes descriptions des espèces peintes par l'auteur. Lorsque j'appris que M. Abbot, qui avait passé cinq ans à recueillir les matériaux de cet ouvrage et à l'exécuter, avait l'intention d'en traiter à prix d'argent, je désirai en faire l'acquisition ; et, pour y parvenir, j'engageai, en 1802, une correspondance à ce sujet avec M. John Francillon de Londres, qui avait le manuscrit d'Abbot en sa possession, et était chargé de le vendre pour compte de l'auteur. M. Abbot se trouvait alors en Géorgie. Cette affaire ne put se conclure parce qu'on se refusa à envoyer le manuscrit à Paris. M. Mac-Leay, le célèbre entomologiste, en devint propriétaire. Il eut la complaisance de le faire remettre entre mes mains, et, après l'avoir examiné, j'en ai fait l'acquisition en 1821.

Sur cinq cent trente-cinq espèces d'Aranéides et de Phalangides, figurées dans l'ouvrage d'Abbot, trois cents seulement environ peuvent être classées avec certitude. Les deux cents autres, à cause de l'insuffisance des descriptions de l'auteur, ne pourront prendre rang parmi les espèces connues, que lorsqu'on aura eu occasion de comparer la nature avec les dessins.

J'ai indiqué soigneusement les noms des propriétaires de collections qui m'ont fourni des espèces nouvelles. Le nombre de celles que j'ai décrites dans la collection du Muséum d'histoire naturelle était trop grand pour que je n'employasse pas un moyen abrégé pour les désigner. C'est ce que j'ai fait en ajoutant une (M) à leur description.

La nature de cet ouvrage me prescrivait de restreindre la synonymie à un petit nombre de citations. J'ai donc donné la préférence aux auteurs, dont les descriptions ou les figures faisaient le mieux connaître les espèces décrites, et ceux qui ont le mieux atteint ce but sont cités les premiers. Obligé aussi, pour me faire comprendre, de faire précéder mon ouvrage de considérations générales sur les méthodes, et d'en indiquer l'application à l'histoire naturelle des Insectes aptères en particulier, j'ai dû, comme je n'écrivais qu'un traité spécial, m'imposer une extrême concision, et me refuser à la nécessité des développements. J'y ai d'autant plus de regrets, qu'en quelques points, mes idées ne s'accordent pas avec celles qu'ont fait prévaloir des hommes dont j'admire le génie et le savoir. A ce défaut de mon ouvrage je ne puis rien; mais, ce qui me console de l'impuissance où je me trouve d'y rémédier, c'est qu'il n'en est pas de ceux qui cultivent les sciences naturelles, comme du commun des lecteurs, l'habitude de l'observation les met en garde contre la hardiesse des hypothèses ; ils ne jugent pas les faits par les doctrines, mais les doctrines par les faits ; et leur intelligence, prompte et vive, supplée facilement, quand il le faut, à ce qu'un auteur a jugé à propos d'omettre.

HISTOIRE NATURELLE

DES

INSECTES APTÈRES.

I.

OBJET DE CET OUVRAGE; NÉCESSITÉ DE LA MÉTHODE EN HISTOIRE NATURELLE.

Présenter, dans un cadre resserré, les travaux des naturalistes sur les Insectes Aptères, en y joignant les nôtres, tel est l'objet de cet ouvrage. Mais comme le nombre de ces Insectes, qui nous sont connus, est trop considérable pour que nous puissions renfermer la description des espèces et les faits principaux de leur histoire naturelle dans les limites que nous nous sommes prescrites, sans le secours d'une méthode, il est nécessaire de développer les motifs qui nous ont guidé dans la formation de celle que nous avons établie.

Les principes des méthodes, en histoire naturelle, ne nous paraissent pas avoir été clairement exposés, et ont même été souvent méconnus par d'éminents naturalistes; cependant, sans la méthode, toute science chancelle sur ses bases. La méthode est surtout essentielle pour étudier les êtres et les productions de la nature. C'est le fil qui doit nous servir de guide dans ce vaste labyrinthe.

II.

La méthode, en histoire naturelle, a un double but. Elle nous facilite l'acquisition de la science, et fournit à notre mémoire des moyens de retenir les faits nombreux dont elle se compose : elle est un puissant secours pour les retrouver au besoin lorsqu'ils lui ont échappé.

De ce double but, que l'on se propose d'atteindre par la méthode, il en résulte que les notions qu'elle doit inculquer seront présentées selon l'ordre le plus propre à être saisi par l'intelligence, et avec les expressions les plus claires et les mieux définies.

L'histoire naturelle est la science des êtres, et nous ne pouvons parvenir à connaître les faits qui leur sont relatifs, qu'en apprenant d'abord à les distinguer entre eux.

La base de toute histoire naturelle est donc d'abord une nomenclature, et ce n'est là que le premier pas de la science ; mais ce premier pas est d'une telle difficulté, que les moyens qui nous aident à le franchir constituent à eux seuls une science.

Nous ne pouvons distinguer entre eux les êtres et les productions de la nature, qu'en étudiant dans tous leurs détails les rapports de différence, ou de ressemblance, qui les séparent, ou les rapprochent, les uns des autres.

Signaler ces rapports, et exposer les principaux

caractères qui les font connaître, tel est l'objet de la méthode.

La méthode, en histoire naturelle, n'est donc que l'expression la plus concentrée, la plus générale, et la plus claire, des connaissances que nous avons acquises sur les rapports mutuels des êtres, objets de nos études.

Plus nos connaissances sont étendues et précises, plus la méthode se rapproche des classifications établies par la nature ; plus les caractères sur lesquels la méthode est fondée résument en un petit nombre de faits généraux les faits particuliers ; plus prompte et plus facile est l'application que nous en faisons.

Les caractères, fournis par la méthode en histoire naturelle, sont, pour cette science, comme les formules algébriques dans les sciences mathématiques. Une foule de faits démontrés, et des applications sans nombre, jaillissent de leur développement ; et par la comparaison et la combinaison de ces formules on en obtient d'autres plus générales et plus fécondes.

A moins que le Créateur ne consente à communiquer à l'homme une portion de son omniscience, jamais l'intelligence d'un être si faible, et d'une vie si courte, ne pourra parvenir à discerner tous les rapports qui lient entre elles les productions du globe. Toujours ses connaissances, à cet égard, seront incomplètes et fautives ; et puisque toute méthode, quelle qu'elle soit, n'est que le résumé de ces connaissances, toute méthode est donc nécessairement incomplète et fautive.

De cette vérité incontestable, on a voulu en induire l'inutilité des méthodes ; mais l'on a erré.

On a dit que la nature n'avait créé que des espèces,

et n'avait établi, ni classes, ni tribus, ni genres, ni familles. Cela est faux.

Les observations les plus superficielles nous démontrent, au contraire, que la nature nous offre des groupes d'êtres liés entre eux par des rapports de ressemblance dans leur forme et leur organisation ; et les caractères attribués aux classes, aux tribus, aux genres, aux familles, ne font que résumer ces observations.

Mais rien ne peut nous assurer que les divisions de nos méthodes soient celles que la nature a établies. Elles expriment seulement l'idée que nous nous en formons. Ces divisions et les caractères que nous leur assignons sont, il vrai, des abstractions de notre esprit ; mais l'idée d'espèce, elle-même, n'est aussi qu'une abstraction de notre esprit.

Il résulte, de ce que nous venons de dire, que la distinction établie par d'éminents naturalistes entre le système et la méthode n'existe pas. Tout bon système est nécessairement méthodique, toute bonne méthode est nécessairement systématique, c'est-à-dire fondée sur des bases fixes, et coordonnées par des principes et des règles invariables.

Sans la méthode on n'obtient que des résumés incomplets ; sans système, ces résumés manquent de clarté, et ne sont pas comparables entre eux ; c'est-à-dire qu'ils n'atteignent pas le but de la méthode.

Il n'y a donc point de méthodes artificielles et de méthodes naturelles ; mais il y a des méthodes qui résument d'une manière insuffisante les connaissances acquises, et par conséquent incomplètes, pour l'époque où elles paraissent, et des méthodes suffisantes pour résumer ces connaissances, et par conséquent complètes pour l'époque où elles paraissent.

Lorsque Linné, dans les plantes, et Fabricius, dans les Insectes, choisissaient, l'un la fleur, l'autre la bouche pour base unique de leurs méthodes, ils croyaient créer des systèmes. Ils se trompaient. En s'attachant à l'étude des organes qui, dans les plantes et dans les Insectes, signalent les plus importants rapports de ressemblance et de différence, ils s'approchèrent, plus que tous leurs prédécesseurs, de la méthode naturelle. C'est à leurs belles classifications, au grand nombre d'espèces qu'ils ont décrites, que cette méthode a dû ses plus étonnants progrès : mais en ne considérant ces organes essentiels des plantes et des Insectes que sous des rapports incomplets, ces deux hommes illustres ont créé des méthodes utiles, mais incomplètes, qui devinrent bientôt insuffisantes pour classer le grand nombre d'espèces dont leurs descriptions avaient enrichi la science.

Il existe donc des principes dans la formation des méthodes dont nous ne devons pas nous écarter. Cherchons quels sont ces principes.

Puisque la méthode est un instrument pour l'acquisition et la conservation de nos connaissances, il faut qu'elle soit assortie à la nature de nos organes et à la portée de notre intelligence ; qu'elle ne fatigue pas trop notre attention. C'est en vain qu'un instrument serait parfait s'il ne pouvait être employé par celui auquel il est destiné.

Ainsi, dans l'étude des animaux, tous les caractères doivent être pris dans les organes extérieurs visibles, sans dissection, et faciles à séparer entre eux, et à distinguer. La méthode manquerait son but si elle obligeait d'abord à détruire l'être qu'elle veut décrire ou faire reconnaître.

Plus on observe la nature, plus on trouve dans la création des êtres une grande unité de plan, jointe à une prodigieuse diversité de moyens. La nature se joue en quelque sorte dans les formes et dans les couleurs qu'elle varie à l'infini, et ses variations sont d'autant plus grandes et plus multipliées, que les parties qu'elle modifie sont moins importantes pour l'existence des êtres, et les fonctions qu'elles doivent remplir : mais dans les organes essentiels, la nature garde plus de constance. Il faut donc que nos méthodes nous retracent cette unité de plan, et ces moyens divers que l'observation nous découvre. Ainsi donc, les divisions générales de la méthode seront fondées sur les organes les plus essentiels, sur ceux qui entraînent avec eux des ressemblances d'organisation entre un plus grand nombre d'êtres, et que par-là on peut nommer caractères primaires. Les divisions secondaires seront fondées sur des caractères d'une moindre importance, c'est-à-dire qui entraînent des différences moins grandes dans l'organisation; et ainsi de suite, jusqu'aux dernières subdivisions.

Mais la difficulté est de reconnaître quels sont ces caractères qui subordonnent les uns aux autres, et de déterminer leurs valeurs relatives; de fixer ceux dont la réunion détermine les limites des groupes que la méthode doit établir. Comme la nature varie son plan selon les différences fondamentales d'organisation des êtres qu'elle a créés, il n'y a que l'étude détaillée des espèces qui puisse nous faire trouver dans chaque division ces caractères, et nous donner les moyens de les ranger en série, de manière à ce que ces caractères soient coordonnés selon leur degré d'importance. Mais comme cette étude des espèces est infinie et difficile, les naturalistes cherchent à y suppléer par le raisonnement ou par des inductions tirées d'observations incomplètes ou imparfaites ; de là résulte les défectuosités des méthodes, et le vague des systèmes.

Savoir bien résumer les connaissances que procure l'étude des espèces, est le génie du naturaliste. Plus cette étude sera profonde et étendue, plus elle fournira de moyens pour donner plus de perfection, de simplicité et de clarté à sa méthode.

Quand le naturaliste a trouvé quels sont, dans une classe, les organes ou les parties qui entraînent les différences les plus grandes dans l'organisation des groupes, il faut qu'il y coordonne toutes ses subdivisions ; qu'il les établisse sur des caractères de même nature, sans cela ces caractères ne seraient plus comparables entre eux : ils manqueraient de clarté ; ils forceraient l'attention à se partager, et affaibliraient la puissance de la mémoire, c'est-à-dire que la méthode manquerait son double but, de faciliter l'acquisition de la science, et de nous donner les moyens de la conserver lorsque nous l'aurons acquise.

III.

APPLICATION DES PRINCIPES GÉNÉRAUX DES MÉTHODES À L'ÉTUDE DES INSECTES.

On conçoit, d'après ce que nous avons dit, les difficultés qui existent pour la formation d'une bonne méthode. Ces difficultés sont encore plus grandes pour

un naturaliste qui cultive l'étude des Insectes que pour
tout autre, parce que le nombre des espèces est tellement multiplié dans cette classe d'animaux , qu'on
n'en a encore pu observer ou décrire qu'un petit nombre en comparaison de ce qui existe ; parce que, dans
nulle classe d'animaux la nature n'a autant varié
ses plans ; parce qu'enfin le siége de plusieurs de
leurs sens nous étant encore inconnu , nous ignorons
l'usage . et l'importance relative de plusieurs de leurs
organes.

Cependant l'étude approfondie de cette classe d'animaux nous démontre que les rapports d'organisation
extérieure, rangés selon leur degré d'importance relative, se suivent dans l'ordre suivant :

>Les métamorphoses,
>Les organes du mouvement,
>———— de la nutrition,
>———— du toucher et de l'ouïe,
>———— de la vue,
>———— de la génération.

Cette faculté qu'un grand nombre d'Insectes ont de
vivre sous trois états différens, et entièrement dissemblables , est ce qui les caractérise , et les distingue le
plus, non-seulement entre les autres animaux, mais
aussi entre eux, car tous ne la possèdent pas , et
ceux qui la possèdent, ne la possèdent pas au même
degré.

Les métamorphoses doivent être rangées dans les
caractères extérieurs, puisque l'observation, sans aucune dissection , nous les fait connaître ; et nos classifications entomologiques n'auront acquis un grand
degré de perfectionnement que lorsque l'étude des

larves et des nymphes sera plus avancée, et que
nous connaîtrons les rapports des diverses métamorphoses des Insectes, avec tous leurs organes dans l'é-
tat parfait.

Les organes du mouvement ne sont, en quelque sorte
chez les Insectes, qu'une conséquence de la métamorphose, puisque, selon les derniers résultats de la
transmutation, ces animaux ont des ailes ou des élytres, ou en sont dépourvus, ou acquièrent un nombre
très-restreint ou très-grand de pattes. Il s'ensuit que
ces organes fournissent, après les métamorphoses, les
caractères primaires les plus importants. Voilà pourquoi Linné, sans s'en rendre compte, est arrivé, par la
considération de ces seuls organes, à former des classes
plus naturelles que celles de Fabricius, qui a voulu
donner le premier rang aux caractères de la bouche.

Mais, après les métamorphoses et les organes du
mouvement, la présence ou l'absence des ailes, le
nombre des pattes, ce sont les organes de la bouche,
c'est-à-dire les mandibules, les mâchoires, les palpes,
les lèvres, qui sont les plus importants.

Les antennes, leur absence ou leur présence, leur
configuration si variée, si compliquée, qui sont bien
certainement les organes du toucher, et peut-être aussi
ceux de l'ouïe et de l'odorat, sont, après les organes de
la bouche, les plus importants dans les Insectes.

Viennent ensuite les organes de la vue, les yeux
taillés à facettes ou les yeux lisses, ceux qui participent de la nature des uns des autres. Enfin le
nombre, la situation, l'absence ou la présence de ces
organes.

Nous plaçons après les organes de la vue ceux de la
génération, plus importants peut-être en eux-mêmes

que ceux des antennes et des yeux, mais qui, étant
moins liés avec ceux de la nutrition ou de la bouche,
entraînent de moins grands rapports de ressemblance
avec tout l'ensemble de l'organisation ; et qui d'ailleurs, étant souvent intérieurs, sont difficiles à observer, à vérifier, et participent par cela même, jusqu'à un certain point, des caractères anatomiques.
Ces organes sont situés dans la plupart des Insectes
à l'extrémité du corps, souvent sous le ventre, quelquefois sous des segments très-rapprochés de la tête,
et quelquefois dans les palpes.

A la suite des organes de la génération on pourrait
peut-être placer ceux qui servent dans certains Insectes à la production de la soie, et qui, dans les Aranéides situés à l'extrémité du ventre, fournissent de
bons caractères extérieurs.

L'anatomie nous fait connaître les organes intérieurs
des Insectes, qui, relativement à leur influence sur
l'organisation extérieure, nous paraissent devoir se
suivre dans l'ordre suivant :

Les organes respiratoires,
———— circulatoires,
———— digestifs,
———— sensitifs.

Les organes respiratoires et circulatoires se manifestent au dehors par la différence des ouvertures latérales que le corps des Insectes présente ; les trous ronds
ou ovales, où souvent plissés des stigmates qui déno-
tent des trachées simples, étant fort différents des fentes
ou incisions particulières aux trachées pulmonaires.

Les organes digestifs peuvent s'induire par la configuration et la nature des organes de la bouche. Les

organes sensitifs ou les nerfs par la nature du tégument ; et par les organes extérieurs, qui sont d'autant plus nombreux, d'autant plus compliqués et perfectionnés, que l'Insecte a une industrie plus savante et plus variée, et est doué d'un instinct plus étendu et plus capable d'intelligence

C'est une erreur de croire que la nature, dans les animaux à sang blanc, a établi les mêmes rapports que dans les animaux à sang rouge, entre les organes de la respiration et de la circulation, et ceux de l'intelligence. Les animaux à sang rouge ou vertébrés consomment une grande quantité d'air, et ne peuvent vivre s'ils en sont quelques instants privés ; il n'en est pas de même des animaux à sang blanc ou invertébrés, et leur organisation subit des lois toutes différentes. On a donc eu tort d'établir la série de ces animaux d'après les mêmes considérations que celles des animaux à sang rouge, et de placer les Mollusques avant les Insectes, c'est-à-dire l'Huître avant l'Abeille.

Nos méthodes doivent présenter d'abord les êtres dont l'organisation est la plus riche, la plus parfaite, et par conséquent la plus digne de nos études. L'anatomie sous ce rapport ouvre un vaste champ à nos observations : et nous éclaire sur les classifications que nous devons établir : elle nous enseigne même l'usage des organes extérieurs ; et nous apprend à les mieux observer, à les mieux décrire ; mais ces organes suffisent pour le méthodiste, et c'est sur eux seuls qu'il doit fonder ses divisions.

Les deux premières sortes de caractères, ceux qui sont tirés des métamorphoses et des organes du mouvement, serviront à établir les divisions primaires ;

c'est-à-dire celles des classes ou des ordres ; les trois autres, c'est-à-dire les caractères de la bouche, des antennes, des yeux, donneront les caractères des tribus et des genres. Les plus petites variations dans ces caractères secondaires, comme dans les caractères primaires ou du mouvement, et les formes du corps, établiront les divisions de familles, mot qu'à l'exemple de plusieurs anciens naturalistes nous employons dans son sens propre, pour exprimer les êtres liés entre eux par les plus nombreux et les plus étroits rapports, et tels qu'ils pourraient faire soupçonner une parenté ou une origine commune. La famille est donc pour nous une subdivision du genre, tandis que chez beaucoup de naturalistes ce mot est appliqué à la division qui comprend plusieurs genres, ce que nous exprimons par le mot tribu. La tribu se subdivise en plusieurs genres, comme l'ordre en plusieurs tribus, et la classe en plusieurs ordres.

Ces divisions suffisent à la méthode, et un plus grand nombre nuirait à la clarté et surchargerait trop la mémoire.

Mais ce n'est pas assez de discerner les caractères qui doivent constituer les classes, les ordres, les tribus, les genres, les familles, il faut les exprimer d'une manière claire et concise, et à cet égard l'historien des Insectes lutte contre une difficulté que les naturalistes ont augmentée par les efforts mêmes qu'ils ont faits pour en triompher.

La nature a formé les organes qui servent aux fonctions vitales dans les Insectes, sur un plan plus varié, et tout différent de celui qu'on remarque dans les animaux vertébrés ; et cependant on a été conduit, par l'analogie, à employer les mêmes termes que ceux dont on faisait usage pour ces derniers, lorsqu'on a voulu désigner les organes destinés à remplir les mêmes fonctions.

Ce n'est pas tout encore : les Insectes présentent entre eux, sous le rapport de ces organes principaux, des différences plus fondamentales et plus grandes que ne nous en offrent les animaux vertébrés, lorsqu'on les compare les uns aux autres. De sorte que quand on ne considère que la fonction et l'organe qui est destiné à la remplir, et qu'on les désigne dans diverses classes d'Insectes par le même nom, il arrive que l'on emploie souvent un même mot pour exprimer des choses très-différentes.

Pour obvier à cet inconvénient, les naturalistes modernes sont tombés dans un plus grand. Ils ont remarqué que, malgré ses variations, malgré la diversité de ses moyens, la nature gardait toujours un caractère constant d'unité dans sa variété; qu'à la vérité certains organes, qui existaient dans certains Insectes, semblaient ne pas exister dans d'autres, mais que ces anomalies n'étaient qu'apparentes; et qu'il était toujours possible de les expliquer par la réunion de certains organes entre eux; l'oblitération de quelques autres, qui entraînaient, comme conséquence, des emplois différents, d'autres formes, et d'autres contextures; mais que, malgré toutes ces altérations, ces réunions, ces éliminations, ces atténuations, ces développements divers, il restait toujours des vestiges du plan primitif et complet. Ces observations, qui n'avaient point entièrement échappé aux naturalistes anciens, les naturalistes modernes en ont poursuivi l'application avec une louable persévérance. Il en est résulté une anatomie des parties externes des Insectes plus détaillée, des idées plus exactes, et plus précises, sur la nature des organes qui servent à ces animaux à accomplir les principales fonctions de la vie. Tout allait bien, si l'on s'était contenté de remarquer, et de décrire, ces nombreux indices d'un plan primitif ; ces rapports de ressemblance, et de dissimilitude, entre des êtres si diversement conformés : mais on a voulu aller plus loin que les faits, devancer les observations ; et ramener tous les genres d'organisation à un seul type; assujettir toutes les parties dont se composent les Insectes à une seule et même nomenclature. Quelque grande que fût la différence de configuration des organes ; leur mode d'action ; leur usage, quand l'analogie systématique le commandait, il a fallu les désigner par les mêmes noms.

Ainsi les soies latérales qui servent à former la trompe du Papillon, et qui portent des palpes, occupent la même place dans la tête que les corps durs et broyeurs des scarabées dont elles tiennent la place, et il a été interdit de donner à ces filaments d'autre nom que celui de mâchoires.

Comme la nature, dans les Aranéides, n'a point séparé la tête du corselet, et que les organes de la bouche sont, dans la plupart des Insectes, logés dans une cavité distincte du corselet, les naturalistes n'ont plus voulu reconnaître, dans les Aranéides, ni tête, ni bouche, ni mandibules, ni mâchoires, ni palpes ; et ils ont désigné par des noms spéciaux, sur la signification desquels ils ne sont pas bien d'accord, les organes qui, dans ces Insectes, remplissent les mêmes fonctions que les mandibules, les mâchoires et les palpes des autres Insectes.

Telle a été, dans ces derniers temps, la passion des naturalistes pour introduire une conformité parfaite dans les œuvres de la création, qu'en considérant qu'une portion des insectes était pourvue de huit pattes, sans ailes, et qu'une plus grande portion avait seulement six pattes et des ailes, le plus célèbre entomologiste de nos jours a été conduit à considérer les ailes dans les Insectes comme des pattes antérieures !

Il n'est résulté de ces subtiles spéculations que la création de nouveaux noms, un emploi inusité des anciens, et une ambition pédantesque de suppléer aux descriptions, par la création d'une nomenclature fondée sur des analogies souvent obscures, quelquefois fautives, et toujours disputables, qui donnent au langage de la science une concision embarrassante et pernicieuse, propre à fatiguer inutilement l'intelligence, et à surcharger la mémoire qu'elle prétend soulager.

Cependant quel parti prendre pour surmonter une difficulté réelle ?

A chaque variation d'organe attribuerons-nous un nom spécial et différent ? Pour des organes différemment conformés, mais pourvoyant par des moyens divers à des fonctions semblables, emploierons-nous toujours les mêmes noms ?

A cela je répondrai, ni l'une ni l'autre de ces règles n'est bonne.

Ce qu'on doit préférer avant tout dans le langage, c'est la clarté, et particulièrement dans le langage des sciences : et la clarté, dans le langage, ne s'obtient qu'en se conformant à l'usage, et en définissant exactement les sens des mots dont on se sert, lorsque l'usage ne les a point encore admis.

Pour les choses ordinaires de la vie, c'est le vulgaire, c'est tout le monde qui fait l'usage.

Pour une science quelconque, ce sont les savants qui

la cultivent qui font l'usage. Pour les comprendre, on doit parler leur langue, et non pas chercher à en créer sans cesse une nouvelle. Si de récentes analyses, si des distinctions, mieux établies, ne permettent pas d'employer des termes déjà usités ; ou nous forcent à employer ceux qui sont en usage d'une manière inusitée, alors, sans doute, inventons des termes, changeons l'acception de ceux qui sont connus ; mais n'en venons là que quand l'intérêt de la science l'exige d'une manière absolue ; et alors définissons bien les mots nouveaux, détournés de leur sens ordinaire. Enfin, efforçons-nous de perfectionner le travail de nos prédécesseurs, ajoutons-y, mais ne le changeons pas sans nécessité.

D'après ces considérations, nous laisserons le nom de *tête* à cette partie des Aranéides, où se trouvent les yeux et tous les organes de la manducation : et les redoutables serres des mêmes Insectes, si différentes par leur insertion, leur conformation, et la manière dont elles se meuvent, des mandibules des Coléoptères conserveront le nom de *mandibules*, que leur ont donné Degéer et tous les naturalistes avant nous ; car, comme avec les mandibules des Coléoptères et des autres Insectes, les Aranéides piquent, brisent et déchirent avec cet organe comme avec de véritables mandibules. Que gagnerions-nous à les nommer chélicères, forcipules, antennes-pinces ou pieds-antérieurs, et qu'y gagnerait la science ? En quoi serions-nous plus clairs et plus instructifs en substituant au mot de *tête*, pour les Aranéides, celui de *céphalo-thorax* ou de *camérostome* qu'ont proposé des naturalistes ? Serions-nous plus intelligibles si, au lieu du mot *abdomen*, nous nous servions de celui de *thoraco-gaster*, proposé ré-

cemment par un très-habile naturaliste, et de celui de
dère pour le corselet ou le thorax? Que la base dilatée
des palpes, qui, dans les Aranéides, prend des formes
si variées, conserve donc aussi le nom de *mâchoires*;
et que le prolongement du dessous du corselet continue
à être appelé lèvre : à quoi nous servirait de les nommer *coxo-maxilles*, ou lèvre sternale?

La similitude des noms fera connaître la ressemblance des fonctions, et la différence des descriptions
la diversité des organes.

Mais quand les vrais caractères des classes, ordres,
tribus, genres et familles sont trouvés et clairement
exprimés, il reste encore à les coordonner entre eux;
à les disposer de manière à mieux remplir le but de la
méthode; c'est-à-dire, à les présenter sous la forme la
meilleure et la plus claire, afin d'en faire le résumé
des connaissances acquises, ou de fournir à ceux qui
les étudient les moyens de les acquérir plus facilement.

Pour le succès de cette dernière opération de la méthode, le naturaliste lutte contre des difficultés qu'il
lui est impossible de surmonter entièrement.

En effet, les productions de la nature se tiennent
toutes entre elles comme toutes les parties d'un beau
groupe; et notre intelligence, ne pouvant saisir simultanément l'ensemble de ce groupe, ni parvenir à connaître les rapports qui lient entre elles les différentes
parties, est obligée de les détacher les unes des autres
et de les ranger à la file. Forcés ainsi de rompre tant
de liens qui les unissaient pour les aligner toutes dans
une série continue, nous n'avons plus que le choix
des inconvénients.

Pour y échapper, on a cherché à figurer la science

comme un arbre, où les faits généraux se résument dans la tige, tandis que les faits secondaires sont attachés aux branches principales, et où les faits particuliers, se ramifient à l'infini dans les rameaux d'une même branche. On a imaginé des cercles qui se touchent, se croisent, se pénètrent; des lignes spirales ou rameuses; d'autres qui se détachent les unes des autres pour aboutir à des accolades, comme dans un tableau généalogique; toujours dans l'intention de présenter aux yeux les rapports multipliés des êtres entre eux, afin que, réunis dans un seul tableau, l'on puisse en saisir l'ensemble, et concevoir les mutuelles connexités de ce grand tout. Ces moyens mécaniques sont, non-seulement insuffisants, mais toujours forcément erronés, et sont plus propres à introduire dans l'esprit la confusion et l'erreur qu'à éclaircir les idées.

Pour remédier aux inconvénients obligés de nos méthodes, il n'est qu'un seul moyen que la science approuve, et c'est celui qui peut le plus contribuer à hâter ses progrès.

C'est de faire connaître à la suite de chaque division de la méthode les rapports qu'ont les espèces qui s'y trouvent contenues, avec celles des autres divisions ou subdivisions; d'inscrire, si je puis m'exprimer ainsi, au bas de chaque page du grand livre de la nature, l'indication de toutes les pages qui y correspondent. Sans cette continuelle concordance, on n'a qu'une exposition incomplète des caractères de la méthode, et la connaissance des classes, des genres et des familles est imparfaite et tronquée. Mais ces notions ne doivent être présentées qu'après l'examen et la description des espèces, car cette connaissance détaillée des espèces en est la conséquence. L'exactitude des caractères qui constituent les classes , les ordres, les tribus , les genres, les familles , peuvent se vérifier par l'examen d'un seul des individus qui font partie de ces divisions ; mais les rapports qui existent entre chacune de ces divisions, et toutes les autres, ne s'obtiennent que par la comparaison des diverses espèces qui se trouvent comprises dans chaque.

Je distingue, en histoire naturelle, cinq sortes de rapports.

I. *Rapports de ressemblance*, c'est-à-dire ceux qui ont lieu pour les formes, et les couleurs, entre des espèces qui diffèrent par tous leurs organes essentiels. Ce sont les plus faibles et les moins importants. Cependant ils existent quelquefois, à un point étonnant entre des espèces qui appartiennent à des classes toutes différentes, et qui n'ont souvent entre elles aucune autre rapport.

II. *Rapports d'analogie*. Lorsque des êtres ont seulement un petit nombre d'organes, mais les plus essentiels à la vie, analogues entre eux. Ce sont ces rapports qui fournissent les caractères propres à constituer les classes et les ordres.

III. *Rapports d'affinité*. Lorsque les principaux organes essentiels à la vie ont des types semblables. Ces rapports servent à caractériser les tribus et les genres.

IV. *Rapports de conformité*. Lorsque toutes les parties d'un être quelconque se ressemblent et sont conformées de même, et qu'ils ne diffèrent que par les couleurs ou par de légères variations dans les formes. Ces sortes de rapports constatent les familles et les races, subdivisions des genres dans notre méthode.

V. *Rapports d'identité*, qui n'existent que lorsque les êtres sont parfaitement semblables entre eux, ou ne présentent que des différences de grandeur et de couleur, qui sont dus à l'âge, au sexe, et à l'influence du climat. Ces rapports constituent les espèces et les variétés.

Les rapports d'identité supposent toujours ceux de conformité et de ressemblance, et impliquent aussi ceux d'affinité et d'analogie; mais ces derniers ne supposent pas toujours ceux de conformité, et encore moins d'identité ni de ressemblance. Les rapports d'affinité supposent toujours ceux d'analogie, tandis que ceux d'analogie peuvent exister sans ceux d'affinité.

Les rapports de ressemblance, lorsqu'ils existent seuls, excluent ceux d'analogie, d'affinité, de conformité, d'identité; voilà pourquoi, plus qu'aucun autre genre de rapports, c'est celui qui doit attirer le plus notre attention, et dont nous devons le plus nous défier. La ressemblance pouvant ne pas exister avec l'identité, l'affinité, la conformité, l'analogie; mais lorsqu'une de ces conditions existe avec elle, ce n'est plus alors simplement un rapport de ressemblance, mais d'analogie ou d'affinité, ou de conformité, ou d'identité.

En suivant ces principes, les Insectes devraient être divisés en un plus grand nombre de classes qu'ils ne le sont dans les méthodes des entomologistes ; mais nous n'avons à traiter ici que des Aptères. Nous ferons donc à eux seuls l'application de ces principes.

IV.

DE L'IMPORTANCE ET DE L'INTÉRÊT QUE PRÉSENTE L'ÉTUDE
DES INSECTES APTÈRES. CLASSIFICATION DES NATURA-
LISTES QUI SE SONT OCCUPÉS DE CETTE ÉTUDE.

Parmi cette multitude innombrable d'animaux invertébrés, ou articulés, connus sous le nom général d'Insectes, ceux qui, dans les sexes mâles et femelles et dans l'état parfait, sont dépourvus de ces membranes qui, dans tous les autres, attachées sur le dos le recouvrent en tout ou en partie, et servent à un grand nombre pour s'élever dans l'air, ont toujours formé une division distincte. Pourtant Aristote les divisait en deux classes, et distinguait les *Malacostracées* des *Entomes*, c'est-à-dire qu'il séparait les Crustacés des Insectes.

Les naturalistes modernes, et entre autres Linné, méconnaissant les vues profondes du philosophe de Stagyre, les réunissaient dans une seule classe, en lui donnant pour caractère essentiel et unique : « Point d'ailes dans aucun sexe. » *Alæ nullæ in omni sexu.*

Depuis Linné, les progrès de l'histoire naturelle ont fait d'abord séparer les Crustacés des Insectes, ainsi que l'avait fait Aristote. Puis l'on a été plus loin, et l'on a formé sous les noms d'Arachnides et de Myriapodes, du plus grand nombre des Insectes Aptères, des classes intermédiaires entre les Crustacés et les Insectes ; de sorte que la classe des Insectes Aptères, proprement dite, s'est trouvée réduite à un très-petit nombre de ceux que Linné nommait ainsi. Mais, nonobstant ces innovations, les méthodistes les plus célèbres se sont accordés à placer dans une série non interrompue, ou à la suite les uns des autres, quoique dans des classes différentes, tous les genres dont se composait autrefois la grande classe des Insectes Aptères de Linné : si donc ces Insectes ont été par les méthodes modernes distingués entre eux, ils n'ont point été désunis. Ainsi leur histoire naturelle forme encore une portion distincte dans l'ensemble de la science. C'est de cette portion que, en excluant les Crustacés à l'exemple d'Aristote, je me propose de traiter dans cet ouvrage.

De tous les animaux à sang blanc articulés que Linné comprenait sous le nom d'Insectes, les seuls qui aient des caractères assez importans pour former une classe à part, ce sont les Crustacés. Si donc l'on considère les Aptères inarticulés comme appartenant à la grande classe des Insectes, on peut dire que les Aptères forment et offrent à la fois les plus grands, comme les plus petits animaux, de cette division du règne animal ; qu'aucune des classes qui le composent ne présente plus de variété, de singularité et d'anomalie apparentes dans son organisation ; qu'aucune n'offre des exemples d'une plus admirable industrie ; qu'aucune n'est d'un plus grand intérêt pour l'homme, puisque c'est parmi elle qu'on trouve les Insectes qui vivent de sa substance, et sont la cause de plusieurs de ses maladies ; qu'aucune n'a des rapports plus étendus avec l'histoire naturelles des autres animaux, puisqu'il n'est parmi eux aucun genre et peut-être aucune espèce qui n'ait plusieurs sortes d'Insectes parasites Aptères qui lui sont particulières ; qu'aucune classe enfin ne présente une multiplication plus grande et plus rapide ; qu'aucune ne s'offre plus souvent à nos regards ; qu'aucune n'habite dans des milieux si divers, et ne se nourrit d'autant de substances différentes.

L'entomologie a pris dans ces derniers temps une si vaste extension, qu'il devient impossible à un seul homme d'embrasser la connaissance d'une quantité aussi innombrable d'espèces, que celles qui appartiennent à cette science, et l'usage s'introduit, de désigner par des noms particuliers, ceux de ses adeptes qui s'appliquent plus particulièrement à certaines classes. Ainsi ceux qui s'adonnent à la classe des Lépidoptères, ont été désignés sous le nom de *Lépidoptéristes*, et on a nommé *Coléoptéristes* les naturalistes qui se sont livrés plus particulièrement à l'étude des Coléoptères, et ainsi des autres classes. En nous conformant à cet usage, nous désignerons par le nom d'*Aptéristes* tous ceux auxquels la classe des Insectes Aptères a dû ses progrès les plus importants, ou est redevable de quelques observations. Quoique cette partie de l'entomologie ait été de toutes la plus négligée, le nombre des Aptéristes est encore assez grand pour que nous jugions à propos de les partager en six classes. Nous tâcherons de présenter leurs noms selon le degré d'importance de leurs travaux, sans prétendre nous astreindre à un ordre rigoureux, en ayant soin seulement d'accorder la priorité aux plus anciens, ou à ceux qui ont ouvert la carrière et l'ont frayée à leurs successeurs.

1 *Les aptéristes anatomistes et physiologistes.*

Ceux qui se sont spécialement occupés de l'anatomie et de la physiologie des Aptères.

Swammerdam.	Strauss.
Leuwenhoek.	Herold.
Muralto.	Dugès.
Lyonet.	Ramdhor.
Roesel.	Muller.
Réaumur.	Cuvier.
Treviranus.	Marcel-de-Serre.
Léon Dufour.	

2. *Les aptéristes méthodistes.*

Ceux qui ont étudié spécialement toute la classe des Aptères, et ont créé des methodes pour en faciliter la connaissance; ceux qui ont fait connaître de nouveaux genres ou de nouvelles familles de ces Insectes; ou des espèces qui tiennent une place remarquable dans la méthode.

Aristote.	Latreille.
Pline.	Herbst.
Isidore.	Léon Dufour.
Lister.	Savigny.
Ray.	Leach.
Homberg.	Hermann.
Geoffroy.	Dugès.
Degéer.	Heyden.
Clerck.	Ehrenberg.
Muller.	Nitzch.
Scopoli.	C. L. Koch.
Redi.	Brandt.

Sundeval.
Weber.
Reuss.
Schranck.
Olivier.
Linné.
Fabricius.
Pallas.
Audouin.
Brünnich.
Bosc.
Abbot.

Lucas.
Thomas Say.
De Theis.
Hahn.
Duméril.
De Blainville.
Westwood.
Dorthez.
Roesel et Klemann.
Brullé.
Léon Leclerc.
Gervais.

3. *Les aptéristes iconographes.*

Ceux qui ont publié, ou dessiné, ou peint des figures bonnes ou simplement reconnaissables des Insectes Aptères.

Roesel.
Muller.
Savigny.
Degéer.
Lyonet.
Redi.
Frisch.
Albin.
Clerck.
Martyns.
Hahn.
Weiber.
Hermann.
Herbst.

Abbot.
Léon Dufour.
Panzer.
C. L. Koch.
Schoeffer.
Dugès.
Seba.
Merian.
Guérin.
Lucas.
Theïs.
Kummer.
Turpin.
R. Timpleton.

4. *Les aptéristes descripteurs.*

Ceux qui ont occasionnellement fait connaître un petit nombre d'espèces d'Aptères, ou ont bien résumé dans des traités généraux les méthodes et les descriptions des autres naturalistes.

Aldrovande.
Franzius.
Mouffet.
Ray.
Jonstone.
Sloane.
Brown.
Marcgrave.
Pison.
Merian.
Petiver.
Olearius.
Mentzelius.
Boccone.
Gronovius.
Blankæart.
Homberg.
Hagendorn.
Rossi.
Illiger.
Goeze.
De Villers.
Samuelle.
De Tigny.
Cederhielm.

Risso.
Bowdich.
Klaproth.
Abdelattif.
Landsdown.
Cirillo.
Swinburne.
Poiret.
Keisler.
Alberto-Fortis.
Misson.
Boerner.
Drummond.
Pallas.
Bruckmann.
Laxmann.
Buttner.
Knorr.
Kolben.
Laet.
Ledermuller.
Schewenfeld.
Slabber.
Doumerc.
Vauthier.

5. *Les aptéristes contemplateurs.*

Ceux qui ont observé les mœurs et les habitudes d'une seule espèce d'Aptères ou d'un petit nombre, ou ont signalé des faits curieux sur les Aptères.

Baglivi.	Keysler.
Suenguerdius.	Richard Mead.
Cosme Bonomo.	Fred. Otto Muller.
Cestoni.	Macary.
Joseph Albert de Lignac.	Murleti.
Sauvage.	Worbe.
Banks.	Olaffen.
Blackewal.	Pontoppidau.
Audebert.	Walkammirius.
Bonnet.	Walkins.
Pluche.	Wigner.
Lesser.	Watton.
Moreau-Joannes.	J.-J. Voyts.
Virey.	Staunton.
Gravenhorst.	Barrow.
Lenoble.	Serao.
Jean Vray.	Flaschen.
Stafford.	Tournon.
Arnold.	Bulifon.
Thomas Cornelius.	Lepechin.
Dan. Grugerus.	Turpin.
Derham.	Raspail.
Grube.	Renucci.
Goedart.	J.-A. Leroy.
Chabrier.	Vandenhecke.
Hanovs.	

6. *Les aptéristes économistes.*

Ceux qui ont écrit sur les effets nuisibles ou utiles
des Aptères, ou sur leurs produits.

Bon.	Kirchmayer.
Réaumur.	Heucher.
Raimondo Maria de Termayer.	Nusler.
Baglivi.	Quatremère-Dijonval.
Schewenfeld.	Plé.
Bonone.	Bertholon.
Thomas Brown.	Rolt.
Thomas Cornelio.	Turpin.
Etienne-François Geoffroy.	A. Cauro.
Azzara.	

7. *Les aptéristes collecteurs.*

Ceux qui dans leurs voyages ont recueilli et rapporté un grand nombre d'espèces d'Aptères ou des
espèces remarquables ou curieuses, ou qui se sont
attachés à en former des collections.

Leschenault.	Riche.
Quoy.	Dussumier.
Gaymard.	Botta.
Reynaud.	Bové.
Duvaucel.	Goudot.
Doumerc.	Sylveira.
Gaudichaud.	Lalande.
Morard.	Hogard.
Diard.	Biberon.
Moreau-Joannes.	Milné Edwards.
Plé.	Lesson.
Lesueur.	De la Porte.

Rossi.

Desjardin.

Freycinet.

Lucas , père.

Enich.

Ricord.

Vauthier.

Mozart.

Milbert.

Poiteau.

Richard.

Warden.

Banon.

Lamarre-Picot.

Verraux.

D'Orbigny.

Lefebvre.

Droz.

Maugé.

V.

CARACTÈRES DES INSECTES APTÈRES.

Les Aptères sont des animaux articulés qui n'ont ni ailes ni élytres ;

Qúi, selon les classes dont ils se composent, ne subissent point de métamorphoses, ou n'en subissent que d'imparfaites, ou en subissent de complètes ou d'entières.

Dans le premier cas, l'œuf de ces Insectes se transforme en Insecte parfait, qui cependant, dans certaines espèces, n'acquiert toutes ses couleurs, et ne développe les organes propres à la génération, qu'après avoir subi plusieurs mues ou changements de peau. Dans le second cas, les Insectes acquièrent, peu de temps après leur naissance, des parties semblables à celles qu'ils possédaient déjà, mais non pas des parties nouvelles. Dans le troisième cas, les Insectes sortent de l'œuf sous la forme de petits vers, ou de larves apodes, ou sans pattes ; ils se transforment ensuite en chrysalides ou en nymphes, et enfin en Insectes parfaits. Ceux-ci forment le plus petit nombre, et ne forment qu'un seul ordre.

Pour certains naturalistes, les Insectes du premier cas sont des Insectes à métamorphoses complètes, parce que leurs œufs se transforment immédiatement d'une manière entière ou complète. Ceux du second cas, ce sont des Insectes à métamorphoses demi-complètes, parce que l'Insecte, en naissant, est encore incomplet. Ceux du troisième cas, sont des Insectes à métamorphoses resserrées (*coarctata*), parce que l'individu, en naissant, n'a aucun des membres qu'il doit acquérir par la suite, et que, dans sa nymphe même, ou dans son second état de transformation, ses organes futurs sont tellement resserrés, enveloppés ou cachés, qu'on ne peut les distinguer.

Les Aptères, selon les classes dont ils se composent, sont des Insectes pourvus de six pattes, de huit pattes, de dix pattes, ou d'un nombre beaucoup plus grand, qui, quelquefois, se monte à plus de deux cents; c'est-à-dire que ces animaux sont hexapodes, octopodes, décapodes et myriapodes.

Dans les uns, les pattes sont toutes attachées au corselet ou au tronc; dans d'autres, elles le sont au tronc et à l'abdomen. Dans les uns, les pattes sont allongées et propres à la course; dans d'autres, renflées et propres au saut; dans d'autres, très-courtes, propres seulement à ramper; dans d'autres, étalées et propres à la nage. Dans les uns, les pattes sont armées d'épines et d'organes préhenseurs. Dans d'autres, les pattes antérieures s'appliquent contre la bouche, et servent à la manducation. Dans les uns, toutes les pattes sont composées de même, n'ayant toutes qu'un petit nombre d'articles et toutes armées d'onglets; dans d'autres, les pattes antérieures sont très-allongées, dépourvues d'onglet, et formées par un très-grand nombre d'articles, c'est-à-dire antemniformes.

Les Aptères présentent trois modes différens de respiration : les uns respirent par des espèces de branchies pulmonaires, et ont par conséquent sous l'abdomen des fentes ou ouvertures branchiales, c'est-à-dire des spiracules ; les autres reçoivent le contact de l'air par les stigmates, ou des trous ronds ou ovales, ouverts sur les côtés du ventre ou de l'abdomen, auxquels aboutissent de nombreuses [trachées : enfin, d'autres réunissent ces deux modes de respiration, et respirent à la fois par des branchies pulmonaires et par des trachées, mais alors l'ouverture de ces dernières au dehors est une fente comme pour les branchies.

Aucun des Insectes Aptères ne réunit tous les organes de la bouche que l'on remarque dans un grand nombre d'Insectes pourvus d'ailes, et qui forment ce que les entomologistes appellent une bouche parfaite : c'est-à-dire, le labrum ou la lèvre supérieure, pièce qui recouvre la bouche en dessus ; le labium ou la lèvre inférieure, pièce qui recouvre ou soutient les parties de la bouche en dessous ; les mandibules placées immédiatement sous le labium, se mouvant transversalement, dures et propres à broyer ou à déchirer la nourriture, ou à s'en saisir ; les mâchoires, corps membraneux, placées sous les mandibules, propres à la macération ou à la succion, sur lesquels sont attachés les filets articulés, qu'on a nommés palpes maxillaires, par opposition à d'autres filets de même nature qui sont annexés aux parois intérieures du labium, et qu'on a nommés palpes labiaux.

Dans les Insectes Aptères, une ou plusieurs de ces parties manquent souvent, ou, ce qui est la même chose pour le résultat, elles sont soudées à d'autres ; ou il n'en existe que des rudiments, qui ne peuvent servir à aucun emploi. Toutes les bouches des Aptères sont donc, selon le langage de certains entomologistes, des bouches imparfaites. Les unes ont des palpes, les autres en sont dépourvues ; ainsi elles sont palpigères ou expalpées. Parmi les Insectes Aptères qui sont palpigères, on en trouve qui ont quatre palpes, ou sont quadripalpés ; d'autres qui ont deux palpes ou sont bipalpés. Tantôt les palpes des Insectes Aptères sont courts, et ne peuvent servir qu'à la manducation ; tantôt ils sont allongés et pédiformes, et peuvent servir pour la marche, ou pour le toucher ; tantôt ils sont armés d'onglets, ou d'organes préhenseurs ; tantôt ils sont simplement articulés.

Les Insectes Aptères, selon les classes dont ils se composent, tantôt ont des mandibules et tantôt en sont dépourvus ; ils sont mandibulés ou émandibulés. Parmi les mandibulés, il y en a dont les mandibules sont armées de pinces, ou sont chélifères, d'autres qui sont armées d'un crochet pointu et mobile, ou sont onguiculés. Les premières sortes de mandibules sont didactiles, les secondes monodactiles.

Dans les Insectes Aptères, la bouche est tantôt armée d'organes préhenseurs et masticateurs, tantôt d'organes propres à la succion, tantôt d'une nature mixte. Dans ceux qui sont pourvus d'organes propres à la succion, les uns n'ont ni mandibules ni mâchoires, et ces organes sont remplacés par de petites lames en forme de soies ou de lancettes, composant, par leur réunion, un suçoir reçu dans une gaîne tenant lieu de lèvre ; les autres ont deux lèvres membraneuses avec deux mandibules à crochets ; d'autres des suçoirs rétractiles ; d'autres sont formés par des soies lancéolées.

Dans les Insectes Aptères, à la fois broyeurs et suceurs, les uns ont une languette velue, couvrant l'entrée du canal alimentaire ou du pharynx ; les mâchoires sont membraneuses, et les mandibules seules sont onguiculées ou en pinces. D'autres ont le labium armé de forts crochets, onguiculés, semblables à des mandibules, et qui en font la fonction, mais placés en dessous de tous les autres organes de la bouche, au lieu d'être en dessus comme dans les mandibules des autres Insectes. Ces mandibules labiales ou inférieures peuvent recevoir le nom de forcipules pour les distinguer des supérieures.

Les Insectes Aptères, selon les classes dont ils se composent, ont des yeux ou en sont dépourvus. Dans ceux qui en sont pourvus, les uns en ont deux, d'autres quatre, d'autres huit, d'autres douze, d'autres en beaucoup plus grand nombre, mais qui n'excède pas celui de soixante.

Un grand nombre des Insectes Aptères a des yeux ronds, lisses, brillants, non taillés en facettes, luisants, qui sont souvent de deux sortes, dans les mêmes Insectes. Les uns offrant un éclat et une transparence homogène, d'autres, avec des cercles concentriques, différant de densité et d'éclat, présentent une cornée et une prunelle. Dans d'autres Aptères, les yeux ne sont pas ronds, mais polygones, et leur surface, au lieu d'être lisse et luisante, est rugueuse et terne. Dans les uns, les yeux sont bombés, granulés ; dans d'autres, très-plats ou lenticulaires. Quand les yeux excèdent le nombre de douze, ils sont toujours agglomérés entre eux, en une seule masse, formant, par cette agglomération, au-devant et de chaque côté de la tête, un ovale pointu, un triangle, un quadrilatère ou un autre polygone. Quand ces yeux sont en petit nombre, ils sont détachés entre eux; ou groupés par petites portions isolées; et placés, dans les uns, sur le devant de la tête; dans les autres, en dessus; dans les autres sur le devant et les côtés de la tête et du corselet qui sont réunis; et alors on les dit antérieurs, latéraux, postérieurs : on les dit aussi sessiles lorsqu'ils reposent sur la surface même de la tête; columnaires quand ils sont placés sur un tubercule très-élevé de la tête. Beaucoup d'Insectes Apères sont dépourvus d'yeux; dans les genres très-voisins, ou dans les mêmes genres, souvent leur nombre varie : il se trouve même des espèces qui en sont entièrement dépourvues.

Les Insectes Aptères, selon les classes dont ils se composent, sont dépourvus d'antennes ou en sont pourvus, mais ces derniers n'en ont jamais que deux. Ainsi les Insectes Aptères sont acères ou dicères.

Ces antennes sont courtes ou allongées, c'est-à-dire qu'elles ont peu d'articles, ou sont composées d'un très-grand nombre, mais alors très-courts, et à peine distincts entre eux. Ces antennes sont préoculaires ou intéroculaires, c'est-à-dire qu'elles sont insérées en avant des yeux, ou entre les yeux; distantes ou rapprochées, c'est-à-dire que leurs bases sont écartées entre elles, ou se touchent presque, ou sont conniventes. Elles sont supérieures ou inférieures, selon qu'elles sont insérées sur l'extrémité supérieure de la tête, ou en dessous; allongées ou courtes; cylindriques ou en massue; filiformes ou sétacées; selon qu'elles sont d'égale grosseur dans toute leur longueur, qu'elles augmentent en grosseur vers leur extrémité, qu'elles forment des filets très-déliés d'égale grosseur, ou plus fins vers la pointe.

Les Aptères, selon les classes dont ils se composent, ont, les uns, le corps d'une seule pièce, c'est-à-dire que leur tête, leur corselet et leur abdomen sont réunis, ils sont monosectes ; les autres ont la tête et le corselet réunis, mais l'abdomen distinct ou séparé, ils sont bisectes. Mais dans ceux-ci l'abdomen et le corselet se touchent dans toute leur hauteur et largeur, ils sont sessiles ; ou l'abdomen ne tient au corselet que par un filet, et alors ils sont pétiolés. Les Aptères ont aussi le corps divisé en plus de deux segments , et alors ils sont multisectes ; alors la tête est distincte du corselet, et le corselet de l'abdomen ; mais celui-ci est divisé en un grand nombre de segments.

Le corselet est monomère quand il est sans suture ou segment ; dimère lorsqu'il est composé de deux segments ou sutures ; et multimère quand il se compose de plus de deux segments ou sutures.

Dans les Aptères, où la tête est réunie au corselet, les hanches de leurs pattes ou de leurs palpes pédiformes constituent les mâchoires, et en font l'office, ce qu'on a exprimé par le mot de stomapodes.

Les Aptères, selon les classes dont ils se composent, ont l'abdomen monomère ou sans suture, dimère ou composé de deux segments, multimère ou composé d'un grand nombre de segments.

Les téguments ou la peau des Insectes Aptères est dans les uns carneuse ou ressemblant à une chair tendre et spongieuse ; dans les autres coriacée, c'est-à-dire, semblable à du cuir : dans les uns cartilagineuse ; et dans les autres calleuse et cornée ; mais jamais elle

3.

n'est crustacée ni calcaire. Souvent l'épiderme est nue, et souvent aussi velue ; quelquefois squammeuse ou revêtue de petites écailles brillantes comme les ailes des Papillons ; souvent tendue ou homogène ; d'autres fois plissée ; souvent, en partie, dure ou scutellée, ou revêtue de plaques ou de boucliers, et en partie membraneuse ; souvent glabre et luisante ; souvent ponctuée, chagrinée, c'est-à-dire, piquée de petits points enfoncés, ou ayant des points proéminents comme du chagrin ; souvent rayée par des sillons ; souvent surmontée de tubercules ; dans d'autres, creusée en fossules ou petits enfoncemens ; dans quelques-uns projetant de longues épines dures et cornées.

Les Insectes Aptères, selon les classes dont ils se composent, ont, dans les uns, l'extrémité du corps arrondie ; dans les autres anguleuse, dans d'autres pointue. Les uns sont sans queue, les autres pourvus d'une corne qui avance. Dans les uns, cette extrémité est munie d'une queue articulée qui se termine par un aiguillon pointu ; dans les autres par des soies ou filets ; dans certains par des épines cornées ; dans un grand nombre par des mamelons percés de trous ou hérissés de petites papilles, d'où sort une liqueur visqueuse, qui, par le contact de l'air, durcit en un fil très-fin, auquel on donne le nom de soie, comme à celui que produisent les chenilles de certains Lépidoptères. Dans beaucoup d'Insectes Aptères les extrémités du corps se terminent par des pattes plus allongées que les autres, et souvent armées d'épines.

Les Insectes Aptères, selon les classes dont ils se composent, ont les parties de la génération placées, dans le plus grand nombre, sous le ventre ; mais dans les uns il est à l'anus ou à la partie postérieure du corps; sur d'autres, au contraire, sous la tête et sous la bouche; sur d'autres sous le second ou au troisième segment dans un sexe, entre le septième ou huitième dans un autre sexe. Dans quelques-uns, ces organes se trouvent, pour un sexe, à l'extrémité des palpes et sont doubles, tandis que dans l'autre sexe ils sont sous le ventre et sont simples.

Selon les classes dont ils se composent, les Insectes Aptères vivent, les uns dans l'eau; les autres sur terre; d'autres dans l'intérieur même de la terre; les uns sur les plantes; les uns s'attachent à la peau des animaux et vivent de leur substance; les autres pénètrent dans l'intérieur de leur chair et y creusent leurs demeures.

Dans les Insectes Aptères les uns ont la faculté de tendre des fils et de construire des toiles pour envelopper leurs œufs, les autres en sont dépourvus.

VI.

CARACTÈRES DES CLASSES ET DES ORDRES DONT SE COMPOSENT LES DIVISIONS DES ANIMAUX INVERTÉBRÉS, ARTICULÉS, APTÈRES.

Les animaux invertébrés, articulés, Aptères, présentent tant de différences dans leur organisation; des formes si diverses; des modes d'existence si opposés; qu'ils se divisent naturellement en classes et en ordres, auxquels, d'après les principes que nous avons exposés, nous assignons les caractères suivants :

APTÈRES.

POINT D'AILES NI D'ÉLYTRES DANS AUCUN SEXE.

CLASSE I.

ACÈRES.

Point de MÉTAMORPHOSES.
Point d'ANTENNES.
Corselet réuni en entier, ou en partie, à la tête.
(Aranéides, Phrynéides, Scorpionides, Solpu-
gides, Phalangides, Acarides.)

ORDRE 1.

LES ARANÉIDES.

Corselet réuni à la tête, et distinct de l'abdomen.
Abdomen pédiculé, non segmenté.
Mandibules en pinces monodactyles.
Huit *pattes* onguiculées.
(Thérophoses, Araignées.)

ORDRE 2.

LES PHRYNÉIDES.

Corselet réuni à la tête, et distinct de l'abdomen.
Abdomen pédiculé, non segmenté.
Mandibules en pinces monodactyles.
Máchoires à palpes terminés par des griffes ou
des pinces.
Huit *pattes* : six onguiculées, les antérieures an-
tenniformes.
(Phrynes, Théliphones.)

Ordre 3.

LES SCORPIONIDES.

Corselet réuni à la tête, et distinct de l'abdomen.
Abdomen sessile, segmenté.
Mandibules en pinces didactyles.
Mâchoires à palpes en pinces didactyles.
Huit *pattes* onguiculées.

(Scorpions, Pinces, Obises.)

Ordre 4.

LES SOLPUGIDES.

Corselet réuni à la tête, mais séparé d'elle par un
étranglement.
Abdomen distinct du corselet, sessile, segmenté.
Mandibules en pinces didactyles.
Mâchoires à palpes pédiformes sans pinces.
Huit *pattes* : six onguiculées, les antérieures pal-
piformes.

(Galéodes, etc.)

Ordre 5.

LES PHALANGIDES.

Corselet uni à la tête et à l'abdomen.
Abdomen non segmenté, mais à épiderme souvent
plissé en segments.
Mandibules en pinces didactyles.
Mâchoires à palpes filiformes ou épineux.
Huit *pattes* onguiculées.

(Faucheurs, Sirons, Macrochèles, Trogules,
Mites.)

ORDRE 6.

LES ACARIDES.

Corselet le plus souvent entier, et réuni à la tête et à l'abdomen; quelquefois divisé, et réuni en partie à la tête, et en partie à l'abdomen.

Abdomen non segmenté.

Bouche parasite, ou thécostôme; c'est-à-dire renfermée dans un étui ou lèvre engaînante; ou contenue dans la cavité de la tête; pourvue de pièces forantes, et dont les *mandibules* et les *mâchoires* sont converties en organes propres à s'attacher fortement aux substances animales ou végétales, à les diviser et à les sucer, et qui varient dans leurs formes selon les genres.

Pattes, au nombre de huit dans l'état parfait, et sur plusieurs de six dans l'état de nymphe, ou dans l'état parfait simulant celui de nymphe.

(Trombidies, Hydracnés, Gamases, Ixodes, Acares, Elays, Bdelles, Oribates.)

CLASSE II.

DICÈRES HEXAPODES.

MÉTAMORPHOSES, entières, partielles, ou
nulles.

Deux ANTENNES.

CORSELET divisé, distinct de la tête et de
l'abdomen.

ABDOMEN segmenté.

SIX PATTES.

(Epizoïques, Aphaniptères, Thysanoures.)

ORDRE I.

LES EPIZOÏQUES.

Point de *métamorphoses*.

Antennes apparentes, courtes, articulées.

Corselet distinct de la tête.

Abdomen non pourvu d'appendice locomoteur à
son extrémité.

Bouche parasite ou thécostôme, plus ou moins
renfermée dans la cavité de la tête,
pourvue de *mandibules* et de *mâchoires* en *crochets*, ou d'un *suçoir*, ou
d'une *trompe*.

Pattes terminées en pointes, ou en pinces.

(Les Ulonates, ou les genres Philopterus,
Trichodètes, etc. Les Ryngotes, ou les genres
Pediculus, etc. Les Antliates, ou les genres
Nycteribie, Brauta, etc.)

Ordre 2.

LES APHANIPTÈRES.

Trois *métamorphosess.*

Antennes aphanes, lamelleuses, courtes.

Corselet divisé en trois segments mobiles, avec des rudiments squammeux d'ailes et d'élytres.

Abdomen non pourvu d'appendices mobiles à son extrémité.

Bouche parasite ou thécostôme, formant un *rostelle* ou suçoir de trois soies engaîné par deux valves articulées, dont la base est recouverte de deux écailles palpigères, et pourvue en devant de deux palpes allongées antenniformes.

Pattes onguiculées, allongées, fortes, à cuisses et jambes renflées propres au saut.

(Puces.)

Ordre 3.

LES THYSANOURES.

Point de *métamorphose.*

Antennes plus longues que la tête.

Corselet distinct de la tête.

Abdomen sessile pourvu vers son extrémité d'organes locomoteurs.

Pattes onguiculées propres à la marche.

(Lepismes, Podurelles.)

CLASSE III.

DICÈRES MYRIAPODES.

Métamorphoses partielles.

Deux antennes.

Corselet et abdomen divisés en segments nombreux, distincts de la tête.

Pattes nombreuses attachées au corselet et à l'abdomen, terminées par un seul onglet.

Ordre 1.

LES CHILOGNATES.

Antennes courtes, presque toujours de sept articles, toujours moins de quatorze.

Corps convexe ou arrondi, à segments entourés d'un tégument dur.

Mandibules courtes, bi-articulées.

Point de *mâchoires.*

Point de *palpes.*

Labium sans forcipules.

Pattes courtes et fines.

(Glomeris, Jules , Craspedomes, Polydesmes, Polyxènes.)

Ordre 2.

LES SYNGNATHES.

Antennes allongées, composées de plus de quatorze articles.

Corps aplati, ou peu convexe, recouvert en dessus et en dessous de plaques coriacées.

Pattes de longueur variable.

(Lithobies, Cermaties, Scolopendres, Cryptops, Géophiles.)

VII.

CONSIDÉRATIONS SUR LES RAPPORTS QUE LES DIFFÉRENTS ORDRES D'INSECTES APTÈRES ONT ENTRE EUX ET AVEC LES AUTRES ORDRES D'INSECTES.

Nous l'avons dit, les rapports que la nature a établis entre les êtres varient de tant de manières différentes, qu'il est impossible de former une série naturelle, dans la méthode, en prenant pour base un seul caractère, quelque important qu'il soit

Ainsi, nous avons été obligés de placer ici tout un ordre d'Insectes qui subit trois métamorphoses, au milieu d'Insectes qui n'en subissent aucune, parce que les Puces, qui, jusqu'ici, ne forment qu'un ou deux genres, tiennent intimement aux Insectes parasites, et que ceux-ci, par le rôle qu'ils jouent dans la nature, ne sauraient se séparer des Acarides, quoique par leur organisation très-variée ils diffèrent beaucoup, non-seulement des Acarides, mais même entre eux, participant en quelque sorte, par leurs rapports naturels, à plusieurs classes de la grande division des Insectes. C'est par cette raison que nous avons donné, aux différentes tribus qui subdivisent les Insectes parasites, les noms des classes d'Insectes auxquelles ils ont le plus de rapport, qu'avait adoptés Fabricius, et dont on ne se sert plus que pour étudier ses ouvrages.

Même le caractère essentiel de toute la division des Insectes Aptères, *point d'ailes ni d'élytres*, n'est pas tellement absolu qu'il puisse à lui seul circonscrire

d'une manière certaine les limites de cette grande division des animaux invertébrés et articulés. Aussi Brun-
nich, en 1764, en s'attachant à ce caractère unique, et
en le poursuivant dans toutes ses conséquences, a-t-il
donné le plan d'une méthode où dans la classe des
Aptères se trouvent placés des Insectes qui appartiennent aux Hémiptères, aux Orthoptères, aux Hyménoptères ; et où le sexe mâle de certaines espèces d'Insectes
sont dans une classe, et les femelles dans une autre ; où
même les larves de certaines espèces se trouvent clas-
siquement désunies de l'Insecte parfait. Mais nos méthodes doivent se conformer à l'ensemble des rapports
que la nature a établis entre les êtres, et non pas aux
apparentes exceptions que nous y découvrons. Toutes
les classes, tous les ordres, tous les genres, toutes les
familles des êtres se tiennent par des rapports quelconques, soit de ressemblance, soit d'analogie, soit
d'affinité, soit de conformité ; et il arrive quelquefois
que par l'oblitération de certaines parties essentielles
dans un genre, ou une espèce, un rapport d'analogie
apparent n'est réellement plus qu'un rapport de ressemblance, et que par conséquent il ne peut servir à
déterminer la classe à laquelle ce genre ou cette espèce
doit appartenir.

Ainsi la Punaise des lits, qui, comme la Puce dans
les Aptères, est aussi parasite de l'homme, n'a ni ailes
ni élytres, et cependant tous ses autres rapports, d'analogie, et d'affinité, ne permettent pas de la placer
ailleurs que dans la classe des Hémiptères, et
avec les autres Punaises qui ont des ailes et des
élytres.

Ainsi, certains Pucerons, et plusieurs espèces de
Coccus, et les Termites, appartiennent aussi à la

division des Hémiptères, et sont, dans un de leur sexe, Aptères ou dépourvus d'ailes.

Ainsi les Mutilles et les neutres des Fourmis, et certains Ichneumons, sont aussi Aptères ou entièrement dépourvus d'ailes ou d'élytres, et tous cependant appartiennent sans aucun doute à la division des Hyménoptères.

Ainsi certains Grillons et certaines Sauterelles vivent longtemps sous l'état de nymphes, ou même d'Insectes parfaits, sans ailes ni élytres, ils sont Aptères ; et cependant, par l'ensemble de leurs rapports, ils appartiennent à la classe des Orthoptères, et non à celle des Aptères. Ainsi, la femelle du Vers luisant ou Lampyris est pareillement dépourvue d'ailes, et est par conséquent Aptère ; mais son mâle qui a des ailes et des élytres, et tout l'ensemble de son organisation, rattachent ce genre à la grande division des Coléoptères.

D'un autre côté, plusieurs des Insectes de la classe des Aptères ont, avec ceux des autres classes, des rapports de ressemblance propres à faire illusion aux observateurs qui ne sont pas naturalistes.

Certains Acarides, du genre Ixode, par leur forme aplatie, les taches de leur dos, simulant un écusson, ou des élytres, les bords divisés de leur abdomen, ressemblent à des Punaises.

Dans les Dicères Myriapodes, les Cermaties ou Scutigères, par les plaques allongées de leur dos, simulent les demi-élytres des Forficules, ou Perces-Oreilles, et les pinces qui existent à l'extrémité de l'abdomen de ces Insectes, comme dans les Cermaties, ajoutent encore aux rapports d'analogie qui existent entre ces deux genres.

Les Aphaniptères, ou les Puces, ont des rudiments

d'ailes et d'élytres qui, joints à leur métamorphose, ajoutent aux affinités de cet ordre avec celui des Insectes ailés.

Certaines larves d'Insectes, telles que celles des Fourmis-Lions parmi les Orthoptères, des Ciccindelles dans les Coléoptères, ont, par leurs pinces ou leurs crochets, la plus grande ressemblance avec plusieurs genres Aptères-Acères, ou même Aptères-Dicères.

Les larves des Blattes, qui sont des Hémiptères, ressemblent aux Glomeris, qui appartiennent à l'ordre des Myriapodes.

Tous les genres de l'ordre des Épizoïques, et de celui des Aphaniptères, ont de grands rapports d'analogie avec certains genres d'Orthoptères, d'Hémiptères, de Diptères et d'Hyménoptères.

Sous beaucoup de points de vue, tous les Insectes Aptères ressemblent à des larves de Crustacés, et d'Insectes, qui attendent un développement plus complet.

Ainsi les larves des Carabes et des Dytiques, et surtout celles des Gyrins, ressemblent beaucoup aux Scolopendres, et les larves des Coléoptères Pétalocères, celles des Scarabées, des Lucanes, ressemblent aux Jules dans l'état parfait; la larve de l'Élater Segetis ressemble au Jule nouvellement éclos.

Certains Pous, dans les Aptères Dicères, sont semblables aux larves des Coccinelles dans les Coléoptères. La larve du Meloé Proscarabée, parasite de l'Abeille, a été longtemps prise pour un Insecte, de l'ordre des Épizoïques, par plusieurs naturalistes ; et l'un des plus éminents, ne connaissant pas la métamorphose que subit cette larve, en avait fait un genre dans les Aptères.

Les larves des Termites et des Psocus, de la classe des Hémiptères, ressemblent à plusieurs Épizoïques. Celles des Pucerons, des Chermes et des Thrips, ont leurs analogues dans la classe des Dicères Hexapodes, et dans l'ordre des Thysanoures, c'est-à-dire dans les Podures et les Sminthures.

Les Aranéides, qui diffèrent tant des Hyménoptères et des Diptères par leur organisation, ont cependant un caractère d'analogie avec le plus grand nombre des Insectes de ces deux classes, c'est d'avoir, comme eux, un abdomen pédiculé, ou en quelque sorte suspendu au corselet par une tige qui attache ensemble ces deux portions du corps.

Quelquefois il existe d'étonnants rapports de ressemblance, et même d'affinité, entre certains Aptères et d'autres Insectes, que leurs organes essentiels éloignent et placent dans des classes très-différentes.

Ainsi, rien n'est plus semblable aux Gloméris, dans la classe des Myriapodes, que les Cloportes, et surtout ceux du genre Armadille, qui, comme les Gloméris, se roulent en boule, et cependant les quatre antennes des Cloportes, et l'organisation de leur bouche, les séparent des Dicères Myriapodes, et les a fait réunir avec juste raison aux Crustacés.

Rien ne ressemble plus à une Écrevisse qu'un Scorpion de grande dimension, et cependant il y a bien plus de rapports d'analogie, et d'affinité, entre ces Insectes et les phalangides, auxquels ils ressemblent fort peu, qu'avec aucun des individus de la classe des Crustacés, à laquelle l'Écrevisse appartient. Ces bras en pince, qui donnent au Scorpion une si grande ressemblance avec l'Écrevisse, sont plus différents qu'on ne le croit à la simple vue de ceux qu'on remarque dans ce Crustacé. Dans celui-ci, c'est le doigt intérieur qui se meut, et dans le Scorpion c'est le doigt extérieur

La Mouche Panorpe, dans les Diptères, ressemble aussi au Scorpion par l'amincissement de son abdomen, qui forme comme une sorte de queue terminée par un bouton ovale, qu'elle relève en l'air comme le Scorpion.

Ces singuliers animaux, à corps linéaire, parasites des Cétacés et des Poissons, les Nymphons, les Proxichiles, sembleraient devoir entrer dans l'ordre des Épizoïques, avec lesquels ils ont de fortes analogies ; mais la configuration de leurs bouches, leur défaut presque absolu d'abdomen, leur donnent de plus fortes affinités avec les Crustacés, et c'est avec raison que l'habile naturaliste chargé, dans le grand ouvrage dont celui-ci ne forme qu'une portion, de l'Histoire naturelle des Crustacés, a compris ces invertébrés dans cette classe.

Dans les Diptères, les Conops et les Hippobosques se rapprochent, comme parasites et par leur organisation, des Aptères Épizoïques ; mais le Conops carnus, qu'un savant aptériste a placé dans l'ordre des Épizoïques, ne peut, d'après la rigueur de la méthode, être rangé dans la grande division des Aptères, car il offre encore des rudiments d'ailes, et ses organes de la bouche le rapprochent trop des Stomoxes pour n'être pas mis dans la classe des Insectes ailés. De même, les Hippobosques ou Mouches parasites du cheval et d'autres animaux, ont des rudiments d'ailes bien distinctes, qui ne permettent pas de les sortir de la classe des Diptères : mais

il existe dans les Épizoïques Antliates des genres
très-voisins des Hippobosques, qu'on doit faire rentrer dans la classe des Aptères, parce qu'ils ne présentent point de rudiments d'ailes ni de balanciers ; ce
sont les Mélophiles, parasites des moutons et autres animaux ; et les Nycteribies, parasites des Chauves-
Souris et autres animaux, dont les espèces étaient
à tort inscrites dans le genre Hippobosque. Ces
genres sont cependant puppipares comme les Hippobosques, c'est-à-dire que les femelles ne pondent point
des œufs, mais des nymphes. D'un autre côté, les
Aphaniptères à métamorphoses complètes ont, par
leurs rudiments d'ailes ou d'élytres, des rapports frappants avec les Hémiptères et certains Diptères, et,
par les maxilles palpigères de leurs suçoirs, avec les
Hyménoptères.

La première classe des Aptères, qui ne subit point
de métamorphose, se rapproche aussi de la troisième
par les mues qu'elles subissent ; par la faculté qu'ont
certains Acarides d'acquérir une paire de pattes de
plus, peu de temps après leur naissance, ce qui les
rapproche tous des Dicères Myriapodes, qui acquièrent aussi, peu après leur naissance, de nouveaux
segments de corps avec les pattes qui y sont attachées ;
genre de métamorphose qui rapproche la division des
Aptères de celle des Hémiptères.

Par les Aphaniptères, les Aptères se rapprochent
aussi des Hyménoptères et des Diptères, car la larve
des Aphaniptères ressemble à celle des Tipules,
tandis que la nymphe se rapproche de la nymphe d'un
Hyménoptère, par le relief complet des membres.
Les Aphaniptères tiennent encore à la classe des Aptères Acères par la petitesse de leurs antennes, si cour-

tes, à peine visibles, et semblables à celles des Ricins : ce qu'on avait d'abord pris pour des antennes, dans les Aphaniptères, étaient des palpes maxillaires.

En établissant la série de nos classes, et de nos ordres, d'après la considération des différences les plus importantes dans les organes de la bouche, nous avons été obligés de négliger des rapports d'affinités dignes d'attention, qui rapprochent, sous d'autres points de vue, certaines classes, et certains ordres, que nous avons séparés. Ces rapports tendraient à faire reconnaître dans la méthode une série différente de la nôtre, mais ils rompraient des affinités plus importantes que celles auxquelles nous avons cédé.

Ainsi, sous les rapports des organes du mouvement, certains genres dans les Phalangides, et dans les Solpugides, se rapprochent plus des Aranéides et des Phrynéides que des Scorpionides, auprès desquels nous les avons placés. D'autres genres de Phalangides, tels que les Trogules, s'éloignent, plus que les autres genres du même ordre, des Scorpions par la bouche, et s'en rapprochent par le peu de longueur de leurs pattes : comme par la bouche, par les pattes, et par la forme du corps, les Trogules ont de l'affinité avec certains Acarides.

Les Aranéides, les Phrynéides, les Scorpionides, ont un système de respiration qui se rapproche de celui des Crustacés ; ces Aptères ont des branchies pulmonaires et non de simples trachées.

Les Phalangides, par le genre Trogules et autres, conduisent naturellement aux Acarides, et s'y trouvent intimement liés par la famille des Oribates, dont le corps est segmenté. Les Acarides nous conduisent aux Dicères hexapodes par leur rapprochement avec les Épizoïques : ce serait s'écarter du but de la méthode que de prendre pour base de nos divisions le mode de respiration, quoique nous devions nous aider, de ce qui en est connu, pour nous éclairer dans la formation d'une série naturelle. Le mode de respiration ne pouvant être vérifié sans des dissections difficiles , ou impossibles, ne saurait être donné comme caractère fondamental dans la méthode. D'ailleurs, ainsi que nous l'avons déjà dit , toutes les observations concourent à prouver que la nature n'a pas attaché dans les animaux invertébrés, articulés, qui n'ont pas de circulation , la même importance à ces organes que dans les animaux à sang chaud , et chez lesquels il existe une véritable circulation. Il y a même des Aptères, tels que les Aranéides, où la nature a réuni les deux moyens de respiration , ou plutôt les deux moyens de faire pénétrer l'air dans l'intérieur des vaisseaux de ces Insectes ; car ici le mot respiration est incorrect , puisque là où il n'y a pas de circulation , il n'y a pas de respiration : dans ces Insectes il y a un mouvement péristaltique du fluide animal, mais point de vraie circulation. Dans des animaux de classes plus relevées , ne voyons-nous pas , dans le même individu, des modes de respiration différents Alors même, qu'en principe, il serait reconnu vrai que nous devons fonder nos divisions méthodiques , d'après la fonction importante qu'on a appelée mode de respiration dans les Insectes , la science anatomique et physiologique, relativement à ces animaux, n'est pas encore assez avancée pour que nous puissions en faire des applications exactes. En préférant cette considération à celle des organes extérieurs , on s'exposerait à commettre des erreurs qui rompraient-les rapports les plus naturels, et jetteraient de la confusion dans la méthode.

La classe des Dicères Myriapodes que, dans la série qui nous a paru la plus naturelle, nous avons dû séparer des Acères par celle des Dicères Hexapodes, s'en rapproche cependant par beaucoup de rapports. De tous les Aptères, les Dicères Myriapodes sont peut-être ceux qui se rapprochent le plus de la grande division des Crustacés, que les Insectes Aptères doivent suivre immédiatement dans toute bonne méthode générale des animaux invertébrés, articulés ou à sang blanc. Comme les Crustacés, ils ont des antennes; et d'un autre côté, par les crochets labiaux onguiculés d'un de leurs órdres, les Dicères Myriapodes se rapprochent beaucoup des Aranéides, des Scorpionides, des Phry néides. Les Syngnathes, dans les Dicères Myriapodes, ont aussi un grand rapport de ressemblance avec les Scorpionides par les téguments de leurs corps. Dans tous les autres Acères, ces téguments, soit qu'ils soient durs ou mous, enveloppent tout le corps, et offrent un derme homogène; tandis que dans les Scorpions et les Scolopendres, le dos et le ventre sont recouverts par des plaques coriaces, et les côtés sont enveloppés d'un derme mou, plissé, vésiculeux, et d'une toute autre nature.

Les Thysanoures, les Lépismes et les Podures ont beaucoup de rapports d'analogie avec certains Parasites; leurs yeux lisses et simples les rapprochent des Jules; les appendices de leurs segments abdominaux, propres au saut, et leur corps aplati sont des rapports qui les lient aux Scolopendres; l'oblitération des organes de la bouche, dans certaines espèces, et les écailles brillantes qui les couvrent, sont des rapports qui les lient aux Lépidoptères ; et le développement de leurs trophies, ou organes de la manducation, les assimile aux Insectes mandibulés, aux Éleuthérates et aux Piézates les mieux organisés.

La division des Insectes Aptères, dans quelques-uns des ordres qu'elles contient, a des rapports de ressemblance avec d'autres divisions d'Insectes, dont l'organisation est toute différente, par une faculté qui leur est commune, celle de produire de la soie. Cette faculté est portée, dans les Insectes Aptères, à son plus haut point dans l'ordre des Aranéides, et, dans les Insectes ailés, chez les larves des Lépidoptères ou les Chenilles. Mais parmi les Coléoptères, les femelles du genre Hydrophile enveloppent aussi leurs petits dans un cocon de soie ; et certains Trombidies, comme certaines Pinces ou Chélifères, filent, comme les Aranéides, une toile pour s'abriter.

La larve des Aphaniptères a aussi la faculté de se filer un cocon, ce qui fournirait une nouvelle analogie, entre l'ordre des Aphaniptères, et la grande division des Lépidoptères. Une observation de Réaumur, combinée avec les recherches d'un savant anatomiste de nos jours (M. Léon Dufour), ne permet guère de douter que certains Hyménoptères, ne possèdent aussi cette faculté de produire de la soie.

VIII.

PREMIÈRE CLASSE.

ACÉRÉS.

De toutes les classes des Insectes Aptères, celle des Acères est la plus nombreuse en espèces, c'est aussi celle qui renferme les ordres les plus remarquables par l'industrie des espèces dont ils se composent, et par l'influence qu'elles exercent sur les végétaux et les animaux.

Les Acères correspondent à cette division des animaux invertébrés, que les naturalistes modernes ont nommés *Arachnides*; mais si on a eu raison d'admettre comme coupe divisionnaire les Crustacés, et de les séparer des Insectes, malgré quelques genres qui s'en rapprochent; on a eu tort, suivant nous, de suivre cet exemple pour les Insectes Aptères-Acères, dont le tégument n'est nullement dur et testacé, comme dans les Crustacés, mais membraneux ou corné comme dans les Insectes, dont l'organisation intérieure, autant qu'elle nous est connue, s'éloigne beaucoup moins des Insectes que les Crustacés; et qui sont loin de jouer un rôle aussi important dans la nature, d'occuper une si grande place dans la création, de présenter des espèces d'une aussi grande dimension.

Les Acères ou Arachnides tiennent par tant de rap-

ports aux autres classes d'Insectes, qu'ils ne peuvent
en être séparés par des caractères certains. La classe
des Diptères et celle des Hémiptères dans les Insectes,
diffèrent plus de celle des Coléoptères que de celle
des derniers ordres des Aptères-Acères ou Arachnides;
il n'y a donc pas plus de raison pour éloigner ceux-ci
des Insectes, que pour séparer chacune des classes
d'Insectes en divisions distinctes; alors il est préférable de les comprendre toutes sous une même dénomination.

Le mode de respiration, qui rapproche certains ordres d'Arachnides des Crustacés, n'existe pas dans
les autres ordres d'Acères, et ne saurait fournir un
caractère divisonnaire. L'organisation intérieure des
Acères est si peu connue, que nous ne pouvons
même nous hasarder à donner sur ce sujet des détails
généraux qui concernent l'ensemble de cette classe,
parce que rien ne peut nous garantir qu'à tort nous
n'aurions pas considéré comme général ce qui est particulier à l'ordre, ou au genre, ou à l'espèce; aussi,
nous préférons faire connaître les recherches que l'on
a faites sur ce sujet important, lorsque nous serons
arrivés à l'histoire naturelle des ordres et des espèces,
qui ont été l'objet de dissections et d'observations anatomiques.

On a voulu établir entre les Insectes Aptères-Acères, ou les Arachnides, deux divisions distinctes : les
trois premiers ordres ont été considérés comme des
Arachnides pulmonaires, et les derniers comme des
Arachnides trachéennes : mais on n'a pas assez multiplié
les observations et les dissections pour être certain
de l'exactitude de cette division, et, ainsi que nous
l'avons déjà fait observer, les Théraphoses, ou la pre-

mière tribu des Aranéides, paraît, par son mode de respiration, appartenir à l'une et à l'autre de ces divisions, et rien ne démontre, ce nous semble, que certains Acarides (les Ixodes, par exemple), dont les ouvertures latérales sont garnies d'une plaque écailleuse si différente des rebords plissés et membraneux qui entourent les ouvertures trachéennes des Myriapodes et d'autres classes d'Insectes, n'ont pas un mode de respiration qui les éloigne des Arachnides trachéennes, où on les a placés. Rien ne prouve que les Thysanoures aient des stigmates et des trachées, comme les Insectes parmi lesquels on les range, et que le mode de respiration n'est pas plus semblable aux Arachnides, que l'on a nommées pulmonaires, qu'aux Insectes trachéens.

Cette séparation des Insectes Aptères-Acères en deux divisions distinctes, a besoin, pour être admise, si toutefois elle doit être admise, d'être fondée sur des observations plus multipliées; et jusqu'à ce que l'anatomie des Insectes ait fait de plus grands progrès, il faut s'en tenir aux caractères fondés sur l'organisation extérieure, qui, lorsqu'ils sont bien choisis, nous révèlent les vrais rapports d'analogie que les recherches anatomiques viennent ensuite confirmer.

Comme il n'est pas bien certain que dans les Acarides la division des Microphthires de Latreille, ou les Trombidiums à six pattes d'Hermann, ne soient tous que des nymphes, et soient tous octopodes dans l'état parfait (quoique cela ait été vérifié pour quelques espèces), il s'ensuit que les caractères essentiels de la classe des Acères se réduisent à ceux que l'on tire du manque d'antennes, et de la réunion de tout ou partie du corselet et de l'abdomen.

Lès Solpugides et les Phalangides ont des mandibules didactyles, et les Aranéides, les Phrynéides, les ont monodactyles. Les premiers ont été réunis en une seule classe par un savant entomologiste sous les noms de Chelignathes, et les seconds sous celui de Dactylognates : mais les Scorpionides et les Théliphones, dont le même entomologiste a formé une classe sous le nom de Chélipalpes, sont Dactylognathes aussi bien que les Solpugides et les Phalangides ; et la forme variable des mandibules, dans l'ordre d'ailleurs si naturel des Acarides, ne permet pas de prendre ce caractère, comme l'unique et essentiel, pour former les ordres dans les Acères.

La réunion de l'abdomen et du corselet sous un même épiderme, qui a servi à Hermann pour ranger dans un seul ordre les Phalangides et les Acarides, rassemble des Insectes évidemment trop différents entre eux, et cette division, que Latreille a adoptée, n'est pas conforme à la méthode naturelle, et ne saurait être admise.

On doit ranger dans l'ordre des Phalangides les genres *Trogules* et *Siro* de Latreille, qui déjà, cependant, se rapprochent des Acarides. Le genre Macrochèles, et quelques espèces du genre *Siro*, de Latreille, sont des Acarides, selon M. Dugès.

Le *Phalangium melanotarsum* d'Hermann appartient aux Phalangides.

Le genre *Cecule* paraît devoir trouver sa place entre cette famille des Phalangides et celle des Oribates.

Les Phtires, dans les Epizoïques se rapprochent des Acarides par un corselet très-court, et un corps qui ne semble formé que d'une tête et d'un abdomen.

Tous ces rapprochements entre les Acères, et les Dicères Hexapodes et Myriapodes, rangés dans les Insectes par le plus grand nombre des naturalistes, démontrent que ces deux dernières classes ne peuvent former une division distincte des Insectes, et que la division du règne animal, à laquelle les entomologistes des derniers temps, ont donné le nom d'Arachnides, n'est propre qu'à jeter de la confusion dans les mé thodes.

IX.

ORDRE I.

LES ARANÉIDES.

1. *Des organes extérieurs des Aranéides.*

Après avoir présenté les caractères, et déterminé les limites, de la classe des Insectes Aptères-Acères ; après avoir fait connaître, autant que l'état de la science a pu nous le permettre, les rapports de cette classe avec toutes les autres classes d'Insectes, et ceux des différents ordres dont elle se compose, le premier ordre que nous présente la méthode fondée par l'étude de ces rapports, est celui des Aranéides.

C'est à plus d'un titre que les Aranéides se trouvent placés en tête des Insectes Aptères, car ce sont ceux qui ont les formes les plus variées, l'industrie la plus savante, les habitudes les plus diverses ; qui ont été le mieux étudiés et qui sont les mieux connus.

Mais, quoique très-différentes entre elles par leurs mœurs, leurs habitudes, leurs formes, leur aspect, les Aranéides présentent des rapports d'affinités si complets, qu'aucun naturaliste ne s'y est trompé, et les ont considérées comme appartenant à un même groupe.

Linné et tous les autres naturalistes, avant nous, n'en avaient formé qu'un seul genre sous le nom d'Araignée. Toutes les Aranéides ont un corselet d'une seule pièce réunie à la tête, qui se manifeste par la

présence des yeux, au nombre de huit ou de six, et
par les organes de la bouche placés au-dessous de la
partie antérieure de ce corselet. Les organes de la bouche présentent, en devant, sous le labre, deux mandibules en pinces munies d'un seul onglet, deux mâchoires pourvues de deux palpes de cinq articles,
séparées à leur base par une lèvre sternale et une languette velue, membraneuse, d'une seule pièce insérée
entre ces parties. Huit pattes, de sept articles chacune, terminées par deux ou trois griffes, sont attachées à l'entour du corselet, à la partie postérieure
duquel l'abdomen est suspendu par un pédicule court,
cartilagineux. Cet abdomen est mobile, d'une seule
pièce, ou sans division, et se termine par un petit
chaperon, avec une fente au milieu qui est l'anus, et
par quatre ou six mamelons charnus placés en dessous
de l'anus, destinés à élaborer la soie, qu'on à nommés
filières. L'abdomen présente en dessous, et à sa partie
antérieure, dans les deux sexes, deux ou quatre
fentes, qui sont les ouvertures pulmonaires. Entre
ces fentes, et au milieu de l'espace qui les sépare,
on remarque dans les femelles une ouverture circulaire où sont les organes de la génération. Ces organes sont, dans les mâles, placés dans un renflement
du dernier article des palpes, et sont par conséquent
doubles.

Tel est l'ensemble des caractères extérieurs communs à toutes les Aranéides; mais cette organisation,
en apparence si simple, se diversifie de bien des manières, et nous présente des détails qui doivent être
étudiés avec soin.

Le *corselet*, qu'on a nommé aussi thorax, et céphalothorax (tête-corselet), toujours couvert d'une pla-

que coriacée qu'on a nommée scutum, est généralement ovoïde ou en cœur ; carré à sa partie antérieure ;
arrondi, dilaté et déprimé à sa partie postérieure ;
légèrement relevé en carène ; le milieu du dos courbé
présentant en devant un espace relevé en voûte, où
sont placés les yeux.

Mais ces formes ne sont pas constantes, ou nous
offrent des modifications qu'il est essentiel de connaître pour la distinction des genres, et l'étude de
mœurs et des habitudes de ces Insectes.

Les *Orbitèles*, ou Aranéides à toiles circulaires
et concentriques, comme celles de nos Araignées de
jardins, nous offrent un genre, le genre Plectane, ou
celui des Araignées épineuses, dont le corselet est,
comme le reste du corps, couvert d'une plaque dure,
cornée et non pas seulement coriacée ; et une famille,
dans ce genre, dont le corselet est plus large que long,
très-court, très-bombé à sa partie antérieure, et presque point élargi ou dilaté à sa partie postérieure, et en
carré long, transverse.

Dans les *Latebricoles* et dans la grande division des
Théraphoses, il y a deux genres, le genre Olétère et le
genre Sphodros, dont le corselet va en diminuant graduellement de largeur de la partie antérieure à la partie
postérieure, au lieu de s'élargir dans une partie de sa
longueur, comme dans les autres Aranéides. Dans les
Missulènes, qui sont un genre voisin de ceux que nous
venons de mentionner, le corselet se rapproche beaucoup de cette forme, et est élargi dans son milieu et
non à sa partie postérieure. Les Attes ou Araignées
sauteuses, si nombreuses en espèces, ont aussi des
rapports d'analogie avec ce genre, et se rapprochent
aussi de cette forme par leur corselet. Ce corselet, à

sa partie antérieure, est carré et aplati, coupé perpendiculairement sur le devant, et les côtés, coupé en talus, mais très-peu élargi à sa partie postérieure.

Dans tous les autres genres d'Aranéides, la forme du corselet est semblable à celle que nous avons décrite en premier; mais les Mygales et les genres Pholcu, Delène, Artème, qui sont très-différents entre eux, ont des corselets plus arrondis que les autres Aranéides.

Les Araignées chasseuses, les errantes, c'est-à-dire les Lycoses, et les Sphases; les Tégénaires, parmi les Araignées sédentaires, et les Argyronites qui nagent dans l'eau, se rapprochent presque toutes par la forme de leur corselet, qui est allongé; tandis que le corselet des Orbitèles ou Épéires, des Tapitèles ou Lyniphies, des Rétitèles ou Théridions, enfin des Fititèles, est plus court et plus élargi à la partie postérieure. Mais la forme du corselet ne varie pas seulement d'un genre à l'autre, elle change quelquefois dans le même genre. Ainsi une famille de Dolomèdes a le corselet court et en cœur, comme une Épéire ou une Théridion, tandis que dans les autres familles de ce genre le corselet est allongé comme dans les Lycoses.

Les corselets des Aranéides diffèrent aussi par leur épaisseur.

Dans les Mygales, les Olétères, et en général dans toute la grande tribu des Théraphoses, il est déprimé ou aplati; il est encore plus aplati dans certaines familles du genre des Épéires ou Orbitèles, tandis qu'il est médiocrement épais dans les autres familles de ce genre. Presque toutes les Attes, ou Araignées sauteuses, ont le corselet très-épais. Cette épaisseur est aussi assez grande dans les corselets des Araignées coureuses ou Araignées-Loups, dont les côtés déclivent et sont fortement relevés en carène. Les corselets de certaines familles de Cellulicoles et des genres Scytode, et Uptiote, sont aussi à dos renflé. Il en est de même d'un grand nombre de familles, dans les Latérigrades ou les genres Thomises et autres, tandis que dans les Delènes et certaines familles de Philodromes le corselet est plat.

Les Tapitèles ou les Tégénaires et genres voisins, les Orbitèles ou Épéires, les Filitèles ou Théridions, les Aquitèles ou Araignées aquatiques, les Niditèles ou les Clubiones et Drasses, ont un corselet, qui est en général assez épais et élevé; mais dans la famille des Tubicoles, les Dysdères et les Segestries, et dans certaines familles de Niditèles ou de Tubicoles, il est un peu surbaissé sans être aplati, et le dos forme une courbe en arceau qui n'est pas autant déprimée sur les côtés, et à la partie postérieure, que dans les Tégénaires, avec lesquelles celles-ci ont plusieurs sortes de rapports.

Dans beaucoup de genres, tels que les Épéires, les Tégénaires et autres, le corselet est à deux sillons en angle, formant un Λ, dont la partie ouverte est en avant, vers les yeux, et qui semble en quelque sorte circonscrire l'espace qu'occupe la tête. L'angle de ces sillons aboutit à un enfoncement ou fossule qui est au milieu du corselet, et de cette fossule, comme d'un centre, s'allongent, comme autant de rayons, d'autres sillons, moins profonds qui aboutissent à la naissance de chaque patte. Ces sillons sont surtout très-marqués dans les Mygales. Mais dans certaines familles, telles que

celle des Gibbeuses du genre Scytode, dans les Dysdères, il n'y a ni fossule dans le milieu, ni sillons
rayonnants.

L'espace du corselet, compris entre les yeux et les
mandibules, a été assimilé à la lèvre supérieure des
Insectes et nommé de même labre. Nous lui avions
donné, dans nos premiers écrits sur ces Insectes, le
nom de bandeau, dont plusieurs naturalistes se sont
servi à notre exemple, et que nous lui conserverons.
La gandeur du labre, ou du bandeau, et la ligne formée
par son rebord, diffèrent aussi selon les genres, et
fournissent de bons caractères.

Presque nul dans les Érèses, dont les yeux latéraux
sont vers le bord antérieur du corselet, il est aussi
très-court dans les Mygales, les Missulènes, les Delènes, les Dysdères, les Segestries, les Attes, les Tégénaires, les Agélènes, les Épéires, les Tétragna-
tes, les Argyronètes ; très-allongé et très-grand dans
les Sphases, les Ctènes, les Pholcus, les Scytodes, les
Théridions et la première famille des Dolomèdes. Les
Lycoses, ou Araignées Loups, ont aussi le labre assez
grand, ainsi que les Sparasses, les Latrodectes et les
Storènes.

Toute cette partie antérieure du corselet, qu'on a
nommée camérostome, parce qu'elle renferme les organes de la bouche, présente dans beaucoup de genres
au-dessus du labre des éminences légères qui suppor-
tent les yeux; mais dans certaines espèces d'Épéires,
de Plectanes et de Thomises, ces éminences sont de
véritables tubercules coniques : enfin une famille
d'Épéires, celle des couronnées, a son corselet revêtu à sa partie antérieure, d'une série de tubercules qui imitent les pointes d'un diadème. Le

genre Eripus, voisin des Thomises, a le devant du corselet surmonté par de gros tubercules coniques, autour desquels les yeux sont placés. Une petite espèce de Théridion a deux bosses ou éminences ovales placées sur le labre ou le bandeau. Dans un genre de nos contrées, nouvellement découvert, intermédiaire entre les Pholcus et les Théridions, la femelle présente un corselet sans aucun tubercule ni éminence, sur le devant duquel sont placés les yeux, tandis que le mâle a deux petits tubercules allongés, cylindriques, qui s'élèvent verticalement sur le devant de son corselet, à l'extrémité desquels sont placés les quatre yeux, tandis que les quatre autres se trouvent à la base.

Le dessous du corselet ou le sternum, revêtu comme le dessus d'une plaque coriacée, présente toujours la figure d'un cœur plus ou moins arrondi ou allongé, dont la pointe est tournée vers la partie postérieure de l'Insecte : il est découpé, ou festonné, par les portions de cercles formés par les échancrures que nécessite l'insertion des pattes ; et au-devant de cette insertion, dans certains genres, le sternum présente de légères éminences, ou bosses arrondies, tandis que dans d'autres il n'en existe pas.

Le corselet des Aranéides est, dans plusieurs genres, recouvert en dessus de poils courts, et dans d'autres il est presque entièrement glabre ou dépourvu de poils. Ces poils sont plus abondants sur le devant, et la partie postérieure du corselet qui touche à l'abdomen en est dépourvu. Les Mygales ou les grandes Araignées dites Aviculaires, les Lycoses ou Araignées Loups, les Dolomèdes, les Tégénaires ou Araignées Tapissières, la plupart des Épéires ou Araignées Tendeuses, sont celles dont le corselet est le plus velu. Les Olétères, les Dysdères et les Segestries, les Thomises, les Clastes, les Clubiones, les Drasses, les Tétragnathes, certaines espèces d'Épéires, les Linyphies, ont le corselet presque entièrement glabre ou sans poils. Dans la plupart des Aranéides le dessous du corselet, ou le sternum, s'en trouve dépourvu; mais il en est où cette partie est très-velue, comme dans plusieurs Attes. Toutes les espèces de ce genre ont aussi des poils plus allongés et souvent colorés au bandeau ou lèvre supérieure, et à l'entour des yeux. Les Lycoses ou Araignées Loups sont, après les Attes, les Aranéides où le bandeau et les yeux antérieurs sont le plus entourés de poils, et chez lesquels les poils sont les plus allongés.

Les *yeux* des Aranéides sont toujours au nombre de huit ou de six : la plupart en ont huit. Sur une cinquantaine de genres environ que renferme, selon notre méthode, cette classe d'Insectes, cinq genres seulement n'ont que six yeux, et ces cinq genres sont tous très-peu nombreux en espèces ; il en est dans ces cinq genres qui sont réduits à une seule espèce.

Les yeux des Aranéides, d'après les caractères extérieurs qu'ils nous présentent, sont de deux sortes : les uns ont une surface homogène et opaque, ou une cornée opaque, analogues aux yeux lisses des Insec'es, les autres, plus gros, ont une cornée transparente, laissant apercevoir un cristallin et une sorte de pupille, comme dans les yeux des animaux d'un ordre plus élevé. C'est dans les Attes et les Lycoses, que l'on voit plus facilement cette seconde espèce d'yeux, et ils n'y sont qu'au nombre de deux. La nature a singulièrement varié la position des yeux dans les Insectes, et c'est de cette considération que l'on tire les caractères de genres les plus faciles, les plus apparents, les plus certains.

En général, les yeux sont ramassés, rapprochés en un seul groupe, sur le milieu de la partie antérieure du corselet, dans les Mygales, les Olétères, les Sphodros et les Filistates; écartés et dissémés sur le devant et sur les côtés dans tous les autres genres. Les Missulènes, dans la grande tribu des Théraphoses et dans celle des Araignées proprement dites, la petite famille des Cellulicoles, parmi les Chasseuses, et les grandes familles des Vagabondes, des Errantes, des Sédentaires et des Nageuses, c'est-à-dire les Thomises, les Épéires, les Tégénaires, les Théridions et genres analogues, ont leurs yeux disséminés sur le devant du corselet. Les Coureuses et les Voltigeuses, ou les Araignées Loups ou Lycoses, et les Araignées Sauteuses ou les Attes, ont les leurs placés sur le devant et les côtés du corselet; ces deux grands groupes sont les seuls aussi qui présentent des genres qui aient des yeux très-inégaux en grosseur. Dans les gros yeux antérieurs de ces Aranéides, on aperçoit une prunelle distincte, brillant dans l'obscurité de la nuit, comme celles des chats.

Les *mandibules*, qu'on a nommées aussi chélicères, forcipules, antennes-pinces, serres, placées immédiatement sous le labre ou le bandeau, se composent de deux pièces, la tige et l'onglet ou le crochet. La tige, qui est la plus grande, et surtout la plus grosse, de ces deux pièces, est presque toujours cylindrique ou en cône tronqué, aplanie à sa face interne, et offrant le plus souvent à l'extrémité de son côté interne une rainure, dont les côtés sont garnis de dents acérées, dans la cavité de laquelle l'onglet, ou crochet, s'insère en se reployant. Cet onglet est mobile, arqué, très-dur, pointu, et ayant dans quelques espèces, près de la pointe, un petit trou qui donne passage au venin avec lequel l'Araignée donne la mort aux autres Insectes qu'elle attaque pour s'en nourrir. Ce petit trou, bien distinct dans la Mygale Aviculaire, n'est pas visible dans toutes les espèces, et peut-être existe-t-il dans les autres à la pointe même de l'onglet (1).

La tribu des Théraphoses se distingue par ses mandibules articulées horizontalement, c'est-à-dire dans le sens du corselet qu'elles dépassent de beaucoup, tandis que la tribu des Araignées a des mandibules articulées sur un plan vertical ou incliné, et se meuvent latéralement, quoique ces Insectes aient aussi la faculté de les porter en avant, et que quelques genres les aient ainsi naturellement, tels que les Dysdères, les Segestries, les Scytodes. Mais, outre ces différences radicales, les mandibules des Aranéides offrent des variations remarquables : celles des Théraphoses ont un dos courbé ou arqué et sont très-comprimées sur les côtés, et plus grosses dans leur milieu, et à leur extrémité, qu'à leur insertion. Dans les Araignées, au contraire, les mandibules sont généralement conico-cylindriques, et diminuent graduellement de grosseur depuis leur insertion jusqu'à leur extrémité. Cependant certains mâles de Tétragnathes ont leurs mandibules très-allongées et renflées dans leur milieu. En général les mâles ont dans tous les genres des mandi-

____

(1) Roesel et Swammerdam n'ont pu le découvrir dans les Aranéides où ils l'ont examiné.

bules plus allongées que les femelles, et l'onglet plus allongé. Plusieurs Attes et le genre Myrmécie ont des mandibules très - allongées, aplaties et anguleuses. Les Lycoses et tous les genres analogues ont de fortes mandibules cylindriques et assez longues; celles des Attes sont plus larges, mais surtout plus courtes. Les Thomises et tous leurs congénères ont des mandibules très-courtes et coniques. Les Épéires, les Tégénaires et leurs congénères ont des mandibules cylindriques assez longues et assez fortes. Mais elles sont courtes et larges dans la famille des Plectanes à corselet large et cylindrique, grêles dans les Théridions et les Linyphies. Le genre Artema est le seul qui ait des mandibules à la fois courtes et élargies à leur extrémité, et en cuillerons comme les mandibules de certaines grosses Abeilles, avec un onglet très-petit.

Les mandibules des Aranéides sont le plus souvent couvertes de poils courts, et en ont d'autres plus longs vers leur partie supérieure : quelques-unes, comme les Thomises, les Sparasses, certaines Clubiones, les Dysdères, les Segestries, les Olétères, parmi les Théraphoses; la plupart des Théridions, des Linyphies, des Plectanes, et certaines Epéires, les ont glabres; tandis qu'elles sont très-velues jusqu'à leur extrémité dans la plupart des Attes et dans les Mygales; mais dans celles-ci elles présentent le plus souvent des bandes allongées entièrement nues. Une famille de Mygales, celle des Mineuses, nous offre aussi des mandibules garnies de longs poils raides à l'extrémité de leurs tiges, et parmi ces poils des pointes cornées, acérées, formant un rateau qui leur sert à creuser la terre. Dans toutes les Aranéides, l'onglet, ou crochet des mandibules, est toujours glabre et dépourvu de poils. Il est muni, dans beaucoup d'espèces, d'un tubercule à son insertion ; et, dans une famille du genre Sphodros, d'une petite pointe ou épine ; dans une autre famille du même genre, il est hérissé à son insertion de pointes courtes. Cet onglet, gros et fort, et très-allongé, dans les Mygales, les Olétères, est aussi assez allongé et robuste dans les Missulènes, les Lycoses, plusieurs Epéires et dans les Tégénaires ; il est très-allongé, mais grêle dans les Tétragnathes, et dans les Myrmecies et certains Attes mâles, et dans les Dysdères ; il est court, au contraire, quoique robuste, dans les Segestries ; mince et grêle dans les Théridions ; petit dans les Thomises, les Pholcus et les Artèmes ; et il semble entièrement oblitéré dans certaines espèces de Scytodes.

Dans la plupart des Aranéides, les mandibules qui ne sont pas couvertes de poils sont rougeâtres, ou d'un brun foncé : mais, dans un assez grand nombre d'Attes, et dans certains Dysdères, elles ont un éclat métallique vert doré, bleu d'azur, ou rouge de feu.

Les *mâchoires* et la lèvre sternale, dans toutes les Aranéides, se portent en avant et dans le sens de la longueur du corps. Les premiers de ces organes sont velus à leur extrémité, qui est plus ou moins arrondie ; et elles sont souvent tronquées obliquement à leur côté interne, ou rétrécies en pointe. La configuration des mâchoires, et leurs positions par rapport à la lèvre sternale, et la forme de celle-ci, combinées avec la position, donnent pour les genres les caractères les plus certains.

Les mâchoires divergent, ou s'écartent dans presque tous les genres de la grande tribu des Théraphoses, dans les Mygales, les Olétères, les Missulènes, les Sphodros, les Segestries. Elles convergent et inclinent sur la lèvre dans les Délènes, les Thomises, les Sparasses, les Théridions, les Latrodectes, les Storènes, les Agelènes, les Nysses, et encore plus dans certains Drasses, où elles entourent entièrement la lèvre. Elles sont droites, c'est-à-dire qu'elles ne sont ni divergentes, ni convergentes, mais écartées, dans les autres genres; c'est-à-dire dans les Lycoses, les Attes, les Épéires, les Tétragnathes, les Plectanes, les Tégénaires, les Dolomèdes, les Ctènes, les Sphases, les Linyphies, les Clastes, certaines familles d'Olios.

Les mâchoires des Aranéides ne diffèrent pas moins par leurs formes, que par leur position, à l'égard de la lèvre sternale. Ainsi elles sont généralement allongées, et angulaires à leurs extrémités dans la plupart des Théraphoses, des Dysdères et des Segestries; fortes, ovalaires et dilatées dans leur milieu, dans les Lycoses, les Ctènes, les Dolomèdes, les Attes, les Clubiones; renflées, courbées dans leur milieu dans les Drasses; très-allongées et cylindriques dans les Sphases; très-allongées et dilatées à leur extrémité dans les Tétragnathes; courtes, larges, arrondies et dilatées à leur côté interne, et très-étroites à leur insertion dans les Épéires; étroites aussi à leur insertion, mais dilatées en carré ou en côtés anguleux dans les Linyphies; ovalaires, et larges à leur insertion, et peu allongées dans les Tégénaires, les Agelènes, les Nysses; très-allongées et plus étroites vers leurs extrémités dans les Pholcus et les Scytodes; à côtés parallèles et assez allongés, carrés, à extrémités intérieures conniventes dans les Théridions et les Latrodectes; à côtés également parallèles, mais à extrémités arrondies, dans les Argyronètes et les Storènes.

Comme les mâchoires, dans les Aranéides, ne sont
en quelque sorte que le premier article des palpes,
qui sont pédiformes, et jouent ainsi un grand rôle
dans la manducation, ce caractère, qui leur est commun avec d'autres Aptères, a été exprimé par le nom
de Stomapode ou Insecte à pieds-mâchoires.

Les *palpes*, portés par les mâchoires, s'avancent
de chaque côté des mandibules, et comme ils font
l'office de pattes ou de bras, on les a nommés pieds ou
bras palpaires. Ils ont aussi été confondus avec des
antennes. Ils sont formés de cinq articles, et le plus
souvent terminés par un crochet dans les femelles,
par une massue arrondie ou ovalaire dans les mâles.
Le premier article, ou l'axillaire, est ordinairement
court; le second, ou l'huméral, allongé; le troisième,
ou cubital, court; le quatrième, ou radial, allongé; le
cinquième, ou digital, plus ou moins allongé dans les
femelles, et se terminant en pointe arrondie au bout
de laquelle est la griffe. Dans les mâles ce cinquième
article n'a point de griffe; il est court et renflé, et
contient dans une capsule ou cupule arrondie, ovalaire, ou allongée, et quelquefois angulaire à son extrémité, les organes de la génération, compliqués et
multiples, et de formes variées, mais composés cependant toujours d'une ou deux valves membraneuses
ou vessiculeuses, susceptibles de gonflement, munies à leur surface interne, ou à leur extrémité, de
petites membranes ou filets cylindriques arrondis, en
pointe ou en croissant, contournés en vis, recourbés
en crochets, entrelacés en nœuds, et, comme un Pro-
tée, affectant nombre de formes différentes, selon
les genres, mobiles, rétractiles, se tuméfiant et se
grossissant, changeant de figure, de grosseur, de cou-

leur et de transparence dans l'acte de la copulation. On les a nommés conjoncteurs ; mais ces organes, qui n'ont encore été qu'imparfaitement étudiés, ne sont développés que quand l'Insecte est adulte, ou susceptible de procréer. Avant ce temps, le dernier article des palpes, dans les mâles des Aranéides, est un bouton plus ou moins renflé, globuleux ou ovale, dont l'enveloppe ne présente ni cavités, ni ouvertures. Dans presque toutes les Aranéides, le second article des palpes, ou l'huméral, surpasse les autres en longueur, mais la longueur respective du radial et du digital varie. Dans les genres Mygale, Sphodros, Filistate, Missulène, Ctène, Sphase, Clubione, Drasse, Segestrie, Scytode, Latrodecte, Sparasse, Storène, certaines familles de Thomise et de Philodrome, le radial est plus allongé que le digital. Dans les genres Lycose, Dolomède, Atte, Érèse, Tégénaire, Agelène, Tétragnathe, dans certaines familles d'Épéire, et dans la plupart des familles de Théridion, le digital est, au contraire, plus allongé que le radial. Dans les autres genres et familles, ces deux articles diffèrent peu entre eux par leur longueur. La grandeur relative de ces deux articles n'est pas toujours la même dans le même genre, mais elle doit toujours l'être pour la femelle dans les subdivisions du même genre. Dans les mâles, la proportion des articles varie sans que leur grandeur relative cesse d'être la même. Ainsi les mâles des Mygales, et surtout ceux des Filistates, ont le radial bien plus allongé, et le digital plus court que dans les femelles.

Les palpes sont, dans presque toutes les Aranéides, plus ou moins velus ou couverts de poils : quelques-uns de ces poils sont plus roides, plus allongés, et prennent le nom de piquants : on a lieu de croire que ces piquants sont mobiles ; mais dans l'état de repos ils sont dans certaines espèces couchés ou inclinés ; dans d'autres relevés, et alors on dit que les palpes sont hispides. Les palpes sont très-velus dans les Mygales, les Lycoses, mais encore plus dans les Attes et les Érèses. Dans ces deux genres ils sont si abondants qu'ils font paraître souvent l'extrémité renflée, de sorte qu'il est difficile de distinguer, à la première vue, pour certaines familles, les mâles des femelles. Les palpes sont peu velus dans le genre Théridion, et ils sont presque entièrement glabres, ou dépourvus de poils, dans les Plectanes ou Araignées épineuses. Ils sont grêles et minces dans ce genre, dans les Théridions et dans quelques autres ; très-gros, très-forts et très-allongés, et tout-à-fait semblables à des pattes, dans les Mygales ; assez gros et forts aussi dans les Lycoses.

Si l'observation d'un jeune naturaliste, dont la science a eu trop tôt à regretter la perte, est exacte, les organes de la génération, dans les mâles d'Aranéides, aussi bien que dans les femelles, ne se développent qu'après la quatrième mue ou changement de peau. D'après une autre observation de M. Sundevall sur l'Atte cuivrée, il paraîtrait que dans cette espèce, où les mâles diffèrent des femelles par les proportions relatives des pattes, et par des couleurs plus sombres, il se trouve des femelles qui ont les mêmes couleurs et les mêmes proportions relatives dans les pattes que celles qui s'observent dans le mâle, qui sont enfin, sauf les palpes, en tout pareilles à lui. Ce que M. Sundevall attribue à ce qu'elles ont vieilli sans avoir été fécondées.

La *lèvre inférieure* ou sternale, ou le labium,

varie beaucoup dans sa forme selon les genres ; mais, en général, elle diffère beaucoup dans les genres qui composent la tribu des Théraphoses. Très-petite, carrée ou semi-ovale, dans les Mygales et les Olétères, elle se prolonge entre les mâchoires, extrêmement rétrécie, dans les genres Missulène, Sphodros, et s'élargit en trapèze dans le genre Filistate. Dans presque toutes les espèces de ces trois derniers genres, sa base présente l'apparence d'une articulation, à raison d'un ou deux sillons transverses.

La lèvre a la forme d'un parallélogramme plus ou moins allongé, et dont la base est un peu plus large que l'extrémité, dans les Lycoses, et les Dolomèdes ; elle est resserrée à sa base, allongée en ovale, arrondie à son extrémité, dans les genres Erèses, dans certaines familles des Thomises et des Drasses, et dans le genre Storène ; beaucoup plus étroite à sa base, elle présente, dans le genre Sphase, un ovale singulièrement allongé, et légèrement tronqué à son extrémité. Dans les genres Ctènes, Delena, Clubione, Dysdère, elle est allongée, ovale ou trapézoïde, plus étroite à sa base que dans son milieu, et fortement tronquée, et un peu échancrée à son extrémité. Elle est ovalaire, légèrement tronquée, et peu resserrée à sa base, dans les Attes, les Segestries, les Tégénaires. Dans les Pholcus et les Scytodes, elle est courte, resserrée à sa base, en cœur ou en trapèze arrondi ; encore plus resserrée à sa base dans le genre Clastes, où elle figure un champignon surmonté sur sa tige. Dans les Epéires, les Tétragnathes, les Latrodectes, quelques familles de Théridions (les Ovales, les Arrondies et les Renflées), elle est courte, plus large à sa base et arrondie, ou légèrement déprimée à son extrémité.

Dans les Linyphies, les Latrodectes, les Argyronètes, et dans la famille des Théridions triangulaires, elle est grande, peu allongée, large à sa base, se terminant en triangle, dont l'angle supérieur est émoussé ou arrondi. Dans les Agélènes, les Nysses, et dans la famille des Théridions dite des Crypticoles, elle est courte, large et carrée. Enfin, dans la famille des Théridions longipèdes, encore imparfaitement connue, la lèvre est très-courte et très-large, creusée à son extrémité, arrondie à ses côtés et à sa partie postérieure, et figurant une fève posée transversalement.

Dans la plupart des Aranéides, la lèvre est glabre; mais dans les Attes et les Erèses elle est velue.

La *languette*, qui a été nommée aussi épichile, demi-cartilagineuse, velue sur les côtés et à son extrémité, est insérée entre les mandibules, les mâchoires et la lèvre, qu'elle dépasse le plus souvent par son extrémité. Dans le milieu elle présente une fente allongée, qui est la bouche. Dans les Lycoses, la bouche est située sous la languette. La languette prend différentes formes, et est tantôt échancrée, tantôt pointue, tantôt arrondie ou carrée, selon les genres; mais cet organe a été peu étudié, et, dans les petites espèces, les poils, dont il est revêtu, ne permettent guère de pouvoir en déterminer la forme.

Nous avons terminé la description de tous les organes de la bouche, qui, par leur réunion, forment ce qu'un célèbre entomologiste nomme *trophi*, ils remplissent toute la cavité de cette voûte de la tête, ou portion antérieure du corselet, qu'on a nommée camérostome.

Les *pattes* sont disposées presque circulairement à l'entour du corselet, et se composent d'une hanche d'un seul article, d'une cuisse et d'une jambe formées chacune de deux articles, et d'un pied divisé de même en deux articles, à l'exception d'un seul genre, celui d'Hersilie qui, selon l'observation d'un très-habile naturaliste, M. Savigny, vérifiée depuis par M. Lucas, aurait le pied divisé en trois articles.

La hanche articulée avec le corselet n'a qu'un léger mouvement de bas en haut. Le premier article de la cuisse a été nommé exinguinal, et le second fémoral. L'exinguinal, analogue au trochanter des Insectes ailés, est toujours très-court à sa jonction avec la hanche, il est soudé et ne se meut point; à sa jonction avec la cuisse il a beaucoup de jeu, mais son mouvement est d'élévation et d'extension, il ne peut reployer la cuisse en haut. Le premier article de la jambe a été nommé génual, et le second tibial. Le génual, comme l'exinguinal, est toujours ordinairement plus court que l'article qui le suit. (Le genre Chersis déroge à cette règle.) Le génual est soudé à sa partie inférieure ou à sa jonction avec le tibial, mais il est mobile à sa jonction avec le fémoral; son mouvement est en bas pour reployer la jambe sous le corps ou pour l'étendre, mais il ne peut, non plus que l'exinguinal, à l'égard de la cuisse, reployer la jambe en haut. Le premier article du pied a été nommé métatarse, et le dernier tarse. Le métatarse est mobile à son articulation avec le tibial; mais comme l'exinguinal et le génual, il peut simplement étendre ou reployer le pied en dessous, il ne peut l'élever verticalement ou en arrière, de manière à former en dessus un angle avec le fémoral. Il n'en est pas ainsi du tarse, qui a un double mouvement par son articulation avec le métatarse, et qui peut non-seulement se reployer en dessous, mais aussi en dessus, de manière à ce que son dos forme un angle avec le dos du métatarse. Dans le genre Hersilie le tarse est, ainsi que je l'ai dit, subdivisé en deux articles égaux en longueur. M. Lucas a donné le nom de mésotarse au premier article du tarse de l'Hersilie. Peut-être ces organes, mieux étudiés, fourniraient-ils d'autres exemples de cette anomalie. Une autre anomalie se présente dans les pattes antérieures de l'Atte Longimane, dont l'exinguinal est si singulièrement allongé qu'il est plus long que le fémoral, ce qui contribue, avec le prolongement de la hanche et de tous les autres articles des pattes de cet Insecte, à leur donner une longueur si démesurée qu'elle excède plus de trois fois la longueur totale du corps, quoique ce corps, relativement à sa grosseur et à sa largeur, soit lui-même fort allongé. A l'extrémité du tarse, dans toutes les Aranéides, se trouvent, presque toujours, deux ou trois griffes auxquelles on a donné aussi les noms d'onglets; ces deux crochets courbés, insérés l'un à côté de l'autre, sont pectinés dans un grand nombre : dans beaucoup d'Aranéides se trouve un troisième onglet plus court, plus droit, non pectiné, qui est opposé aux deux autres. Cet onglet, plus simple, est nommé l'onglet inferieur, les deux autres les onglets supérieurs. Quelques Aranéides ont aussi les tarses terminés par des poils roides formant des espèces de pinceau ou de poils, ou des membranes charnues.

De même que les sept articles (ou les huit dans le genre Hersilie), dont se composent les pattes des Aranéides, ont été considérés comme ne formant que quatre parties principales, la hanche, la cuisse, la jambe et le pied; on pourrait, en les comparant avec les palpes et suivant toujours cette analogie avec les animaux

d'un ordre supérieur, diviser aussi les bras ou palpes
des Aranéides en quatre parties principales, l'épaule,
l'avant-bras, le bras, la main et le doigt. Alors on
trouvera que la nomenclature des articles de ces deux
espèces de membres, dans les Aranéides, se correspondent de la manière suivante : les mâchoires à la
hanche ; l'axillaire à l'exinguinal ; l'huméral au fémoral ; le cubital au génual ; le radial au tibial ; le digital
au pied ; de sorte, qu'il n'y a de différence que dans la
subdivision du tarse.

De même que les palpes, les tarses des Aranéides
sont souvent velus, et ont des piquants mobiles, tantôt couchés, tantôt redressés. Dans quelques genres,
tels que les Thomises, les Sparasses, les Théridions,
les Plectanes, les pattes sont nues, il n'y a presque pas
de poils ni de piquants. Dans certaines espèces de
Théraphoses, l'extrémité des jambes antérieures, ou
le tibia, est armé d'éperons.

Les palpes des Aranéides diffèrent beaucoup entre
elles, selon les genres et les familles.

En général, les pattes sont plus fortes, plus grosses,
plus ramassées chez toutes les Aranéides qui sont chasseuses, errantes ou vagabondes, et qui attrapent leur
proie à la course, que chez celles qui sont sédentaires,
et qui attendent que les Insectes dont elles doivent se
nourrir se soient pris aux grandes toiles qu'elles ont
tissues. Mais ces notions générales ne suffisent pas.

Ce sont les genres Mygales qui nous offrent les
Aranéides, dont les pattes sont les plus fortes et les
plus allongées : dans une famille d'Épéires, celle des
Allongées cylindriques, et dans le genre Tétragnathe
les pattes sont singulièrement longues, mais elles sont
grêles et fines. Les Lycoses, ou Araignées Loups, et les

Dolomèdes sont, après les Mygales, les Aranéides dont les pattes sont les plus robustes et les plus longues ; les Olétères, les Segestries, les Dysdères, les Clubiones, les Drasses, les Philodromes, les Sparasses, les Clastes, ont les pattes assez longues, souvent fines, quelquefois fortes, et propres à la course. Parmi les Sédentaires et les Grandes Fileuses, les Tégénaires et les Agelènes, plusieurs familles d'Épéires, les Argyronètes sont celles qui se rapprochent le plus des genres précédents, pour la longueur et la force des pattes ; mais le genre Sphodros dans les Théraphoses, et le plus grand nombre des familles du genre Atte, ont les pattes singulièrement courtes et fortes, et propres au saut ; cependant certains mâles de ces mêmes familles, ceux des Attes Fourmies, et les deux sexes du genre Myrmécie, si voisin des Attes, ont des pattes allongées. Une espèce d'Atte nouvelle, l'Atte Longimane, dont nous avons parlé, a les pattes antérieures si singulièrement longues, que leurs articles se reploient les uns sur les autres, comme un double mètre portatif.

Les genres Thomise, Sénélops, Éripus, ont les pattes grosses, courtes, et très-inégales entre elles ; les genres Théridion, Épisine, Scytode, Uptiote, les ont de longueur médiocre, mais fines. Elles sont toujours minces dans les Plectanes, mais très-courtes dans certaines familles de ce genre. Enfin les espèces du genre Pholcus ont les pattes si minces, et si allongées, qu'on les prend souvent pour des Faucheurs.

La longueur relative des pattes diffère non-seulement selon les genres, mais selon les familles du même genre ; et enfin, quelquefois, mais rarement, selon le sexe pour la même espèce, comme dans certaines espèces de Segestries et d'Attes. Pourtant, dans toutes les Lycoses, la quatrième paire de pattes est constamment la plus allongée ; dans les nombreuses familles du genre Épéire (sauf une seule dont les habitudes sont inconnues), et dans les Tétragnathes, la première paire de pattes est toujours la plus allongée, la seconde ensuite, et la troisième est la plus courte ; et, dans presque toutes les familles de Théridions, la première paire est la plus longue, et ensuite la quatrième ; c'est aussi dans ce genre la troisième paire qui est la plus courte, comme dans la plupart des Aranéides. Cependant le genre Atte varie beaucoup dans la longueur relative des pattes, et la troisième paire est, dans certaines espèces, plus allongée que quelques-unes des autres paires : selon une observation de M. Sundevall, il paraîtrait que dans certaines Attes, dont le mâle diffère de la femelle par la longueur relative des pattes, il se rencontre des femelles non fécondées qui sont comme les mâles, et leur ressemblent pour la proportion relative des pattes.

Dans le genre Philodrome, plusieurs familles ont la troisième paire plus allongée que la quatrième. Les genres Thomise, Selenops, Eripus, ont les deux paires de pattes antérieures, quoique courtes, beaucoup plus longues, et plus grosses que les deux paires de pattes postérieures.

Dans presque tous les genres des Aranéides, les griffes sont insérées à l'extrémité des tarses ; mais la première famille des Mygales, ou les Mygales Plantigrades, a ces griffes placées un peu en dessus, et sur le dos, du bout du tarse, qui se termine par une partie charnue, non velue, posant sur le sol quand l'Araignée marche ; dans ces espèces, les griffes ne sont pas pectinées, tandis qu'elles le sont dans la famille des Mygales digitigrades.

Quand les Aranéides n'ont que deux griffes, c'est toujours la griffe simple ou inférieure qui manque, ou plutôt qui s'oblitère, car on aperçoit dans les Aranéides où elle n'existe pas, un petit corps calleux qui en tient lieu. Pourtant, comme on a voulu fonder une méthode sur ce minutieux caractère, il est essentiel de désigner les genres qui ont trois onglets ou griffes aux tarses, et ceux qui n'en ont que deux.

Les Aranéides qui ont trois griffes aux tarses sont les genres Desis, Tégénaire, Lachesis, Erigone, Tétragnathe, Epéire, Clotho, Enyo, Latrodecte, Pholcus, Sphase, Lycose, Dolomède, Érèse, Segestrie, une famille de nos Dysdères dont on a voulu faire un genre sous le nom d'Ariadne, et la famille des Mygales mineuses, dont on a voulu faire un genre sous le nom de Némésie.

Les Aranéides où la griffe inférieure du tarse se trouve oblitérée, où, en d'autres termes, qui n'ont que deux griffes au tarse, sont les Drasses, les Clubiones, les Philodromes, les Selenops, les Delènes, les Olios, les Thomises, les Chersis ou Platisceles, les Attes.

Enfin, les longues pattes antérieures de l'Atte, qui à elle seule forme la famille des Longimanes, n'ont qu'une seule griffe non pectinée, terminale, grosse et renflée.

L'*abdomen* des Aranéides est attaché au corselet par un pédicule cylindrique, court, cartilagineux, que nous nommerons le *vertébral*. L'insertion du vertébral varie selon les genres et les familles. En général, dans les Araignées sédentaires, ou qui font des toiles, tels que les Théridions, les Epéires, les Tégénaires,

le vertébral est attaché plus en dessous de l'abdomen,
dont la partie antérieure recouvre la partie postérieure du corselet, plus que dans les Araignées chasseuses, vagabondes et errantes, tels que les Mygales, les
Dysdères, les Lycoses, les Attes, les Myrmecies, les
Thomises, les Clubiones et leurs congénères. Dans le
genre Myrmecie, le vertébral offre un étranglement,
et paraît lui-même comme le dernier des étranglements successifs du corselet; il est reçu dans un
orifice de l'abdomen, arrondi et saillant, et beaucoup
plus large.

L'abdomen des Aranéides est enveloppé d'une peau
tendue, continue, sans division ni duplicature, et
homogène, quoique peut-être toujours plus dure sur
le dos. Mais dans le genre Plectane, qui comprend les
Araignées épineuses, l'abdomen en dessous est le plus
souvent plissé, et en dessus il est couvert d'une sorte
de test ou bouclier dur.

Dans le plus grand nombre de genres des Aranéides
l'abdomen forme un ovale plus ou moins allongé, plus
ou moins arrondi, plus gros à sa partie antérieure
qu'à sa partie postérieure; mais dans la plupart des
familles du genre Thomise c'est l'inverse, et l'abdomen
augmente de grosseur et de largeur à la partie postérieure. Dans la famille des Théridions renflés, et dans
le genre Scytode, l'abdomen est singulièrement globuleux. Dans les genres Pholcus, Ulobore, Tétragnathe, et dans la première famille du genre Epéire,
l'abdomen est au contraire allongé et cylindrique. Ce
genre Epéire est, après le genre Plectane qui en est
très-voisin, et en faisait partie, celui où la forme de
l'abdomen varie le plus. Elle présente, il est vrai,
dans la plupart des familles d'Epéire, un ovale trian-

gulaire ; mais dans d'autres cet abdomen est découpé
en angles aigus , ou en festons arrondis , ou il est trapézoïde et terminé en tous sens par des tubercules
charnus , et l'anus alors forme un cône. Dans les familles à abdomen ovale triangulaire, les angles antérieurs
du dos tendent à former des mamelons proéminents,
et une famille nous offre des tubercules coniques et
élevés sur le devant. Quelques Théridions, et certaines espèces de Thomises, ont aussi sur le dos
de leur abdomen des tubercules ou de petites épines
très - courtes ; mais les Plectanes, déjà si remarquables par le test dur qui les recouvre, et les font
ressembler à des Crustacés, ont l'abdomen tantôt
très-large, tantôt allongé, tantôt découpé diversement selon les espèces, et le scutum ou bouclier
de leur dos projette sur les bords des épines acérées ,
dures et cornées, dont le nombre, la longueur et la
direction varient beaucoup selon les espèces ; la base
de ces épines déterminant la forme générale de leur
abdomen, cette forme change à chaque espèce, et
présente des irrégularités accidentelles, en apparence,
les plus étranges et les plus bizarres.

Le dos des Aranéides a le plus souvent des couleurs
variées, formées par les poils et le duvet diversement
colorés, qui recouvrent leur épiderme, dessinant
diverses figures, qui servent beaucoup à la distinction des espèces. Le genre Epéire est celui qui est
le plus remarquable par ses belles couleurs, presque
toujours claires, souvent d'un éclat métallique. Le
genre Atte offre aussi très-souvent cette sorte d'éclat ,
et a de très-belles couleurs. Ensuite les genres Thomise, Sparasse, Clastes et Théridion sont ceux dont
le corps est le mieux orné.

Sur le dos des Aranéides on distingue huit petits points enfoncés, disposés par paires ou sur deux lignes, qui ne sont pas toujours tous visibles, dans toutes les espèces. Ces dépressions orbiculaires, improprement nommées stigmates, sont beaucoup plus nombreuses dans le genre Plectane ou les Aranéides épineuses, et y forment des cavités ombiliquées, dont les plus extérieures sont disposées circulairement près des bords de l'abdomen.

Le dessous de l'abdomen, ou le ventre, dans les Aranéides, ne présente ni la variété des couleurs, ni les beaux dessins du dos ; mais, dans un grand nombre d'espèces, il offre simplement deux raies parallèles de couleur jaune ou blanchâtre, ou deux courbes ou croissants opposés sur un fond plus ou moins sombre ou clair ; ou quatre taches colorées en carré ; et quelquefois un fond uniforme avec une bande transversale.

La forme du petit chaperon, au milieu duquel est la fente de l'anus, est plus ou moins prolongée, plus ou moins ronde et pointue, selon les genres, et a été prise, à tort, par quelques entomologistes, pour une des filières. Celles-ci sont de petits appendices articulés, cylindriques et rétrécis en pointe à leur extrémité, et presque coniques, placés immédiatement au-dessous de l'anus, serrés les uns contre les autres dans l'état de repos, et réunis par leurs pointes en un seul faisceau. Elles sont au nombre de quatre dans un grand nombre d'Aranéides, et de six dans d'autres ; mais, parmi celles qui en ont six, il y en a deux composées de trois ou quatre articles velus jusqu'à leur extrémité, qui paraissent sans trous et sans papilles ; les quatre autres n'ont que deux articles, dont le premier est velu, mais dont le dernier est terminé par une surface charnue munie de

trous et de papilles très-fines, par où sort la matière
de la soie : on a donné à ces organes le nom de *fusule*.
Ces mamelons ont été considérés par de savants entomologistes comme les seules filières, et les deux autres
comme des tentacules ou palpes anaux, et quand elles
seront remarquablement allongées, nous leur conserverons dans nos descriptions le nom de *tentacules*.
Cependant, on ne voit dans les Mygales que quatre
filières ; deux grandes, composées de trois articles,
et deux très-petites presque cachées entre les deux
autres, et un peu plus rapprochées de la base du
ventre : ces filières sont, dans la Mygale maçonne,
qui construit en terre un tuyau de soie si long et si
admirable, extrêmement petites et rudimentaires.
Il est difficile de croire que l'Insecte, pour filer, ne se
serve pas des grandes filières, qu'on a considérées
cependant comme de simples appendices tentaculaires.
Nous conservérons donc à tous ces organes le nom de
filières, en distinguant les filières velues de celles qui
sont membraneuses à leurs extrémités. Les filières velues sont fort allongées dans certaines Mygales, dans
les Agelènes et dans d'autres genres ; mais les différences que présentent ces organes, selon les divers
genres, n'ont pas été suffisamment étudiées. Les quatre
mamelons, les deux tentacules et l'anus, placés au-
dessus d'eux, sont tous entourés par un cercle membraneux, et attachés à ce cercle par des muscles au
moyen desquels l'Insecte peut les retirer dans le creux
de l'abdomen, ou faire rentrer la dernière articulation
comme on fait rentrer les divers tubes d'une lorgnette.
Dans certains genres, tels que les Thomises, toutes les
filières paraissent de même nature ; dans le repos,
les quatre plus grandes, les deux petites, et l'écusson

anal, qui est lui-même papilleux et paraît être une septième filière, se joignent entièrement.

Sous l'abdomen deux ou quatre plaques nues, blanchâtres ou brunâtres, situées par paires à sa base, décellent extérieurement les ouvertures en fentes des organes respiratoires. Les Dysdères, les Segestries, et plusieurs genres parmi les Théraphoses, ont quatre fentes; mais dans le plus grand nombre de genres de la tribu des Araignées, on n'en observe que deux. Nous donnerons à ces plaques le nom d'*opercules branchiales*. L'aréole de ces plaques, qui se prolonge et s'unit en angle au filet vertébral, et est distingué par une raie transversale, de la partie postérieure de l'abdomen, a reçu le nom d'*épigastre*.

Les organes arrondis qu'on remarque entre les organes respiratoires, au bas de l'épigastre, dans les Aranéides femelles, sont les organes génitaux. L'ouverture qn'ils présentent, dans un grand nombre d'Aranéides, est divisée en deux par une cloison, et entourée souvent d'un bourrelet écailleux à son intérieur. Nous donnerons à cette ouverture le nom de *vulve*. Du milieu de la partie postérieure de la vulve, dans certaines Épéires, on voit naître un appendice en forme de long crochet qui la surmonte, couché longitudinalement sur le ventre, cartilagineux, aplati, mince, avec une large gouttière en dessus dans sa moitié antérieure; ensuite cylindrique, mou, flexible et strié à son extrémité, recouvrant l'ouverture propre à la sortie des œufs, qu'il est probablement destiné à faciliter. Cet organe se retrouve moins long et moins tubuleux dans quelques Théridions, et peut-être aussi dans d'autres genres : d'après la fonction qu'on présume qu'il doit remplir, on lui avait donné le nom d'*oviducte*, nous préférons celui d'*épigyne*, qui a aussi été proposé. Dans beaucoup de genres, tels que les Thomises et autres, l'épigyne est une fente au milieu de quatre bourrelets; mais cet organe n'est, dans toutes les Aranéides, apparent que lorsque l'individu est adulte; avant il semble même n'y avoir aucune ouverture, ou si on en aperçoit une presque imperceptible, ce n'est que comme une incision dans le derme sans aucun appendice extérieur.

La grandeur ne varie pas moins que les formes dans les Aranéides; et elle varie non-seulement entre les différents genres, mais aussi dans le même genre. Entre la grande Mygale du Brésil, qui a trois pouces de long, et qui, les pattes étendues dans l'état de repos, occupe un espace de six à sept pouces de diamètre, et certaines espèces des genres Uptiote et Théridion, qui n'ont pas même une ligne de diamètre, la différence est énorme. A la vérité, ce sont là les deux genres, qui présentent des exemples des plus grandes, et des plus petites dimensions. Les genres qui viennent après les Mygales, sous le rapport de la grandeur, sont : les Missulènes, les Lycoses, les Épéires, et ensuite les Olios, les Délènes et les Attes; mais ces trois derniers genres ne sont ainsi, que dans les pays chauds et situés sous les tropiques ou dans leur voisinage; car, même dans le midi de l'Europe, ce sont les Lycoses, et surtout la famille des Tarentules, qui présentent des exemples de la plus grande dimension. Dans le nord de l'Europe les Lycoses cèdent, en grandeur à certaines Épéires. Les genres qui offrent les espèces les plus grandes, après ceux que nous venons de nommer, sont les genres Hersilie, Filistate, Olétère, Sphodros, Ctène, Érèse, Tégénaire, Agelène, Clubione, Drasse, Clotho, Sparasse, Éripus, Dysdère, Segestrie, Zosis, Argyronètes, Clastes. Les genres Linyphie, Artéma, Ulobore, Plectane, Tétragnathe, Myrmecie, Sphase, Dolophène, Chersis et Pholcus, ne comprennent que des individus d'une grandeur médiocre. Enfin les genres Scytode, Théridion et Uptiote, ne présentent en général que des espèces d'une très-petite dimension.

Les genres qui offrent le plus de contrastes de grandeur, c'est-à-dire qui nous montrent à la fois des individus très-grands, et d'autres extrêmement petits, quoique parvenus par l'âge à leurs plus grandes dimensions, sont, dans les Théraphoses, le genre Migale; et dans les Aranéides, les genres Lycose, Atte et Épéire.

Tels sont les caractères extérieurs des Aranéides comparés entre elles et dans les divers genres; mais si nous les considérons d'une manière plus générale, et par rapport à la grande classe des Insectes, en y comprenant celle des Aptères, nous dirons que les Aranéides sont *aptères* ou sans ailes; *acéphales* ou sans tête, puisqu'en effet elles n'ont point de tête distincte du corselet. Leur corselet est donc un *céphalo-thorax* ou tête-corselet. Leur bouche n'est pas *terminale*, mais *penchée*, c'est-à-dire placée en dessous de la tête : elle est *illabiée*, c'est-à-dire qu'elle n'a pas de lèvre supérieure. Les Aranéides sont *stomapodes*, c'est-à-dire que leurs mâchoires tiennent au sternum, où les pieds sont articulés. Leurs mâchoires sont *simples*, c'est-à-dire à un seul lobe; *adhérentes*, parce qu'elles adhèrent au labium ou à la lèvre inférieure; *bipalpées*, c'est-à-dire n'ayant que deux palpes. Ces palpes sont plus ou moins *pédiformes* dans les femelles, *enflés* dans les mâles. Leur langue est appelée *palatine*, ou

attachée au palais. Les *mandibules* sont *onguiculées* ou armées d'une onglet ; dépourvues, ou pourvues, d'apophyses pointues, formant une sorte de
rateau ou de herse. Les yeux sont *simples*, c'est-à-dire
non taillés en facettes ; *ordinés*, c'est-à-dire rangés régulièrement ; quelquefois *conglomérés*, ou formant un
groupe ; toujours *sessiles*, quoique parfois placés sur
des éminences de la tête ou du céphalo - thorax,
mais non portés sur des pédicules distincts : ces
yeux sont *distants*, *rapprochés*, *contigus* et *connés*,
c'est-à-dire se touchant et presque réunis. Les Aranéides ont un tronc ou corselet *monomère*, c'est-à-
dire sans suture. Les Aranéides sont *octopodes*, c'est-
à-dire qu'elles ont huit pattes : toutes ces pattes sont
pectorales, c'est-à-dire attachées au sternum ou à la
poitrine ; *équidistantes*, c'est-à-dire insérées à égale
distance l'une de l'autre ; *rapprochées*, c'est - à - dire
qu'elles sont toutes à leur insertion rapprochées les
unes des autres. Elles sont *griffées*, c'est-à-dire armées de *griffes* : ces griffes sont *simples* ou *pectinées*,
c'est-à-dire dépourvues ou armées de dents. Les Aranéides ont un abdomen *coalite*, c'est-à-dire non divisé
en segments ; *adjoint*, c'est-à-dire attaché au corselet
par un muscle ou filet court, que nous avons nommé
vertébral. Les Aranéides ont un *oviducte* ou *épygine*, ou
un organe qui sert à diriger la sortie des œufs en dehors ; cet oviducte est tantôt carré, tantôt sigmoïde ou
a la forme d'un sigma. Les Aranéides ont l'extrémité
de l'abdomen pourvue d'un *fusule*, c'est-à-dire d'un
appareil d'organes propres à filer la soie, formé par
quatre ou six petits *fuseaux sétifères* ; c'est-à-dire,
mettant au dehors la matière visqueuse qui, durcie
par l'air, produit ces fils fins qu'on a nommés soie
d'Araignée.

C'est avec les Phrynéides que les Aranéides ont, par
leurs organes extérieurs, les plus fortes affinités. Les
caractères communs qui les rapprochent sont d'avoir
le corselet réuni à la tête et distinct de l'abdomen, et
un abdomen pédiculé non segmenté : leurs mandibules
sont aussi en pinces monodactiles. Elles s'éloignent l'une
de l'autre par la configuration de leurs mâchoires et de
leurs pattes : encore, sous ce dernier rapport, le singulier prolongement, et la forme des pattes antérieures, de l'Atte Longimane (décrit pour la première fois
dans cet ouvrage), qui se replient sur elles-mêmes rapproche les deux ordres.

2. *Des organes intérieurs des Aranéides et de leurs fonctions vitales.*

Les organes extérieurs des Aranéides nous sont
connus, il s'agit actuellement de décrire leurs organes
intérieurs, et de quelle manière s'opère leurs fonctions
vitales : sujet obscur et difficile, attendu l'état d'imperfection où se trouve encore, malgré tant d'admira-
bles travaux, l'anatomie et la physiologie des Insectes.

Nous procéderons selon l'ordre que nous avons indiqué plus haut, en nous conformant à l'importance
relative des fonctions, et nous traiterons successivement : 1° de la respiration ; 2° de la circulation ; 3° de
la digestion ; 4° de la génération ; 5° des organes qui
produisent la soie, et 6° de ceux des sens.

Avant de procéder à l'examen de tous ces organes,
nous décrirons le *tégument* qui les recouvre. Celui du
corselet est musculaire, recouvert d'une peau coriacée.
L'abdomen est revêtu d'une double peau, l'une extérieure, assez forte et souple ; l'autre interne et visqueuse, sous laquelle se trouve l'épiploon, masse
grenue, agglomérée, dans l'intérieur de laquelle sont

tous les viscères de l'abdomen, à l'exception des branchies. L'épiploon est blanc dans la plupart des Aranéides; dans quelques espèces d'une couleur jaunâtre ou rougeâtre, tantôt très-mou, tantôt assez ferme.

De l'organe respiratoire. Les fentes et opercules par où l'air pénètre sont au nombre de quatre dans certaines Théraphoses, dans les Dysdères et les Segestries.; au nombre de deux dans toutes les autres Aranéides : elles aboutissent chacune à un enfoncement. Dans les Aranéides qui ont quatre ouvertures, il n'y a que les deux supérieures qui aboutissent à des branchies, les deux inférieures conduisent à des vaisseaux trachéens. Dans les deux ouvertures supérieures, le bord est attaché par un arc cartilagineux; et, dans l'enfoncement ou la cavité, se trouve une branchie qui, dans la Tégénaire domestique, est de couleur blanche et de forme triangulaire. Cette branchie est couverte d'une peau fine, et les feuillets qui la composent sont plus nombreux, plus fins, et plus mous, que ceux des branchies des Scorpions. La mollesse des feuillets de la branchie des Aranéides leur donne souvent l'aspect d'une peau visqueuse, mais leur feuillure se montre d'une manière sensible dans les individus âgés, ou dans ceux qu'on a plongés dans l'eau bouillante.

Ces branchies, qui sont destinées, comme celles des poissons, à décomposer l'air, le laissent ensuite pénétrer dans de petits vaisseaux très-fins dans l'intérieur du corps, aboutissant à un long vaisseau qui s'étend le long du dos et au-dessus de tous les autres viscères; ce vaisseau est l'organe du mouvement vital, et semble remplir les mêmes fonctions que le cœur dans les animaux d'un ordre supérieur.

Mais, avant de décrire cet organe, nous ne devons pas oublier de remarquer qu'il paraît certain, qu'indépendamment de ce mode de respiration par branchies, particulier à plusieurs ordres des Aptères-Acères, les Aranéides en ont en même temps un autre, semblable à celui des Insectes ; c'est-à-dire que l'air pénètre directement dans l'intérieur de leur corps au moyen de petits vaisseaux qui aboutissent à des orifices externes. Outre les ouvertures trachéennes que l'on remarque dans les Aranéides, qui en ont quatre à l'abdomen, dans toutes on observe, que de chaque côté du corselet, et dans la peau qui unit la cuirasse dorsale avec la sternale au dessus de la naissance des pattes, l'épiderme forme une élévation environnée d'un sillon carré. Dans l'angle postérieur de ce carré, on aperçoit des ouvertures ou stigmates : ils sont au nombre de quatre de chaque côté.

Ainsi, par leurs corselets, les Aranéides appartiennent à la division des Insectes trachéens, et par leur abdomen à celle des Insectes trachéens et des Insectes pulmonaires, s'il en est réellement qui soient purement tels.

Un habile anatomiste a cru que l'abdomen des Aranéides avait aussi des stigmates, et il a considéré comme telles les dépressions orbiculaires, dont nous avons parlé, que l'on remarque sur le milieu de leur dos ; mais lui-même a reconnu qu'elles ne présentaient aucune ouverture : un autre anatomiste s'est convaincu que ces dépressions servaient à l'attache des muscles filiformes qui traversent le foie, et qu'on retrouve aussi dans les Scorpions.

De la circulation. Lorsqu'on a découvert la peau du dos de l'Aranéide, et qu'on l'a débarrassée de l'épiploon, on aperçoit sur la ligne dorsale le vaisseau qui tient lieu de cœur qui a, comme dans tous les Insectes, la forme d'un tube allongé, et semble également avoir des muscles latéraux qui forment des dilatations ou des saillies ailées, triangulaires dans certaines espèces. Ce tube est élargi à l'endroit où l'abdomen est attaché au corselet ; il l'est encore plus dans son milieu, mais il va en se rétrécissant à son extrémité inférieure. Deux vaisseaux particuliers, qu'on ne retrouve pas dans les autres Insectes, s'insèrent à la partie antérieure, au-dessous de la première dilatation, et vont ensuite descendre dans son milieu, de chaque côté du cœur. De ce vaisseau sortent, dans les Aranéides de certains genres, un grand nombre de petits filets qui se perdent et se ramifient dans l'épiploon. Ces filets forment, vers la partie la plus large, quatre rameaux (deux de chaque côté), plus allongés et plus ramifiés que les autres. Plus bas, d'autres filets sortent des côtés du tube principal du cœur, qui se prolongent jusque vers l'anus, où le tube ne présente plus qu'un tuyau aminci sans filets latéraux.

La forme du cœur tubulé des Aranéides varie selon les genres : ainsi, dans la Clubione atroce, les saillies du tube ne sont point ailées ; elles sont arrondies, et la partie élargie est beaucoup plus courte ; les deux vaisseaux latéraux sont aussi moins longs, plus écartés ; ils sont dépourvus de filets latéraux, et ils vont se perdre, ou se rattacher par leurs pointes, sous les peaux qui recouvrent les branchies. Le tuyau étroit qui se rend à l'anus est beaucoup plus allongé dans cette espèce que dans la Tégénaire domestique, et l'on voit à son origine quatre grands vaisseaux qui se ramifient en tout sens dans l'épiploon.

Selon M. Strauss (1), le gros vaisseau que l'on ob-

----

(1) Strauss, *Considérations générales sur les animaux articulés ;*

serve dans la ligne médiane du dos des Aranéides serait un cœur aortique à un seul ventricule ; les deux
vaisseaux latéraux seraient les oreillettes ; et il y aurait chez ces Insectes une véritable circulation, comme
chez les Crustacés (1). Mais cette conclusion de ce très-
savant, et très-habile anatomiste, nous paraît hasardée,
et ne résulte pas des observations qui nous sont connues : il y a un mouvement oscillatoire dans le fluide
des Aranéides qui tient lieu de sang, et ce mouvement est plus vif que dans les Insectes ailés ; mais il
n'y a pas, nous le croyons, de véritable circulation.

De la digestion. Si nous ouvrons l'extrémité du
corselet, du côté du dos, nous trouvons au-dessous
de la cuirasse qui le couvre, les muscles des pattes,
qui sortent, en rayonnant, d'une membrane cartilagineuse, située dans l'enfoncement du corselet ; et dans
une fente de cette membrane nous apercevons l'estomac, qui est placé entre ces muscles (2).

L'estomac, placé dans la fente de la membrane
dont nous venons de parler, consiste, dans le genre Tégénaire ou dans l'Araignée domestique, en quatre sacs
pelliculés, deux plus grands et deux plus petits. Les
plus grands ont leur superficie appliquée l'une contre
l'autre : ils sont formés d'une peau fine et mince : celle
des deux petits est mucilagineuse. Ces sacs de l'estomac communiquent par une seule ouverture dans l'œso-

---

p. 346. Nous ne devons pas cependant déguiser que les observations de Leuwenhoek semblent confirmer l'opinion de M. Strauss.
Leuwenhoek prétend avoir vu dans les grandes Araignées de vignes
le sang circuler dans les veines, et avoir distingué les artères de ces
Insectes. Leuwenhoek, *Epistolæ ad societatem angliam, epist.* 138.

(1) Treviranus, *Ueber der innern Bau der Arachniden,* p. 30
et 31.

phage, qui est court, d'une contexture délicate, et attaché à une avance arquée du muscle de la languette.

Après sa jonction avec les sacs de l'estomac, l'œsophage, tuyau tendre, léger et étroit, descend en droite ligne le long du corselet jusqu'à la partie antérieure de l'abdomen, et il s'y convertit sous la partie supérieure en un tissu pelliculé extrêmement tendre, tellement uni avec l'épiploon, qu'il n'est pas possible de l'en séparer : mais, peu après, le canal intestinal prend une contexture plus ferme, et il se montre comme un tuyau situé sous le cœur. Ce tuyau a la forme d'un entonnoir, et son ouverture la plus étroite est dirigée vers l'anus. Cette partie étroite s'élargit en s'avançant vers l'anus et forme ainsi le rectum, qui s'unit avec un cœcum ovale allongé, aboutissant à l'anus. Dans ce cœcum s'ouvrent quatre vaisseaux biliaires disposés par paires, qui se réunissent en deux troncs avant d'arriver au cœcum. Le cœcum est d'une contexture très-ferme, et contient une matière blanche et fluide. Dans la Clubione atroce, le canal intestinal s'unit deux fois avec l'épiploon, tandis que dans la Tégénaire domestique il n'y a qu'une seule jonction de cette nature.

Outre ces parties, deux vaisseaux salivaires appartiennent encore aux organes de la nutrition. Ils sont situés dans les mandibules, et ont leurs ouvertures au sommet de l'articulation antérieure de ces dernières. On les voit, après avoir ouvert le corselet, saillir comme deux vessies blanchâtres des ouvertures postérieures de la tige des mandibules. Ces vessies, un peu courbées, ont une forme allongée, et se prolongent par un tube étroit jusqu'à la pointe pe[illegible]rou, de l'onglet de la mandibule. Ces vaisseaux sont formés de fils membraneux posés transversalement, et un peu obliquement, les uns sur les autres, et unis par une pellicule mince, mais forte. Cette conformation des mandibules paraît constante dans les divers genres d'Aranéides.

L'appareil des organes, tant extérieur qu'intérieur, relatifs à la nutrition, étant bien connu, il est facile d'expliquer de quelle manière s'opère cette fonction.

Les mandibules servent à l'Aranéide à saisir la proie, qu'elle tue aussitôt, par le moyen du venin contenu dans les sacs ou vaisseaux que nous venons de décrire. L'Insecte mort, ainsi pénétré et amolli par la salive de l'Araignée, est introduit tout entier, ou en partie, dans l'œsophage, par la fente longitudinale qui se trouve dans certaines espèces sur la surface inférieure de la languette, et dans d'autres sous la languette même. Les espèces dans lesquelles le canal alimentaire s'ouvre sur la languette, ne se nourrissent vraisemblablement que des sucs des Insectes qu'elles ont saisis, et la languette paraît chez elle faire l'office d'une espèce de trompe. Les Aranéides, ainsi conformées, ont un canal intestinal si étroit et si mince, que des matières fluides peuvent seules y être admises.

L'endroit où a lieu la première transmutation des aliments digérés dans la masse des sucs est, vraisemblablement, le point où le canal alimentaire amincit son tissu et s'unit étroitement à l'épiploon. C'est toujours au-dessous, jamais au-dessus, de ce point que l'on rencontre dans le canal intestinal des excréments noirâtres ou brunâtres. Il n'y a point dans cet endroit de transmission immédiate des aliments du canal intesti-

nal dans la cavité de l'épiploon, comme un habile anatomiste, M. Ramdhor, l'a prétendu.

Le second endroit où paraît s'effectuer la transmutation des aliments digérés, du canal intestinal dans
d'autres organes, est là où le cœcum se réunit au rectum et aux vaisseaux biliaires. Cette réunion ne peut
avoir d'autre but, que d'effectuer la dernière séparation,
des parties nutritives du chyle, d'avec les excréments.
Il est seulement singulier que cette séparation s'effec-
tue dans un lieu si peu ordinaire, puisqu'il est voisin
de l'anus. Mais la même chose s'observe aussi dans
les Punaises (1). On a remarqué que certaines Aranéides, des genres Épéire et Lycose, lancent souvent,
par l'anus, une liqueur excrémentielle, en partie d'un
blanc laiteux, et en partie d'un noir d'encre.

De la génération des Aranéides. Après la respiration, la circulation et la digestion, qui entretiennent
la vie de l'animal, il n'est pas pour lui de fonction plus
importante que celle qui sert à perpétuer son espèce.

Nous avons déjà décrit les organes extérieurs de la
génération des femelles dans les Aranéides.

Les organes intérieurs sont contenus dans l'abdomen, et consistent en deux tuyaux placés à côté l'un de
l'autre, aux deux côtés du canal intestinal. L'extrémité
de chacun de ces tuyaux aboutit à l'ouverture extérieure, divisée par une cloison formant une proéminence placée au milieu de l'espace qui sépare les ouvertures des branchies, que nous avons déjà décrites. De
ce point ces tuyaux vont en s'élargissant, et c'est à leur
superficie supérieure que les œufs sont suspendus en

----

(1) Treviranus.

forme de grappe. Les œufs qui avoisinent les bords extérieurs sont les plus gros, ceux qui sont au milieu sont les plus petits. Dans la Tégénaire domestique, d'après laquelle nous décrivons ces organes, on croit apercevoir dans certains individus, au milieu de chaque ovaire, un vaisseau très-fin, dirigé de bas en haut, qui manque dans d'autres (1).

De même que l'orifice extérieur de la génération des femelles, dans les Aranéides, varie un peu selon les genres, les organes intérieurs, surtout par l'extrémité des tuyaux ou oviductes, qui aboutissent à cet orifice, varient aussi ; ainsi, dans la Clubione, les tuyaux, ou oviductes, s'unissent à leur extrémité et ne forment plus qu'un seul tube circulaire, à l'endroit où ils aboutissent à l'ouverture des organes de la génération.

On a remarqué dans l'Épéire Diadème, que le sac où sont contenus les œufs, est divisé dans le sens de sa longueur en deux réservoirs par une cloison (2), et chacun de ces réservoirs est aussi transversalement partagé par une autre cloison. Ces cloisons des ovaires sont formées d'une peau ferme, qui est attachée par en haut à un arc membraneux ; la division longitudinale n'a aucune ouverture, les deux transversales sont au contraire perforées. Il n'y a donc aucune communication entre les deux chambres principales ; mais il y a un passage de la division antérieure à la division postérieure, et les œufs qui se trouvent dans la première doivent arriver dans la seconde avant de pouvoir être évacués. Cette organisation, qui s'est retrouvée sem-

---

(1) Treviranus.
(2) Roesel, *Insekten belustigungen*, theil. 4, fig. 1, 2, 3, 4.

blable dans des Aranéides de genres très-différents, explique pourquoi nombre d'espèces font des pontes à plusieurs époques distinctes, et séparées par un intervalle de temps assez grand (1). Une palette ovale aussi longue que l'abdomen, observée par Roesel dans l'Épéire Diadême, formant de petits tendons entrelacés, engrainés les uns dans les autres, recouverts d'une peau forte, est mise en mouvement pour l'expulsion des œufs.

Dans les mâles, à l'endroit de l'intérieur de l'abdomen où dans les femelles sont situés les oviductes, on trouve aussi deux longs filets pelliculés, contournés, qui de leurs extrémités postérieures sortent de l'épiploon, et qui à leurs extrémités antérieures s'ouvrent, par deux orifices, dans deux petits enfoncements entourés de muscles délicats. Ces deux cavités représentent donc la double ouverture de l'organe extérieur de la génération dans les femelles, et sont placées au même endroit. Mais examinées avec le plus grand soin dans les Aranéides de divers genres, et de la plus grande dimension, ces cavités dans les mâles n'ont offert aucune ouverture extérieure (2), quoiqu'au dehors on voie une légère éminence, et quelques raies obscures, qui marquent la place qu'elles occupent à l'intérieur.

Trompé par cette analogie de conformation entre les deux sexes, M. Treviranus, à qui l'on doit de belles recherches sur l'anatomie des Araignées, s'est persuadé que l'issue des organes intérieurs de la génération dans les mâles d'Aranéides était la même que

(1) Treviranus, p. 40.

(2) Conférez Strauss, *Anatomie comparée des animaux articulés*, 1828, in-4º, p. 286.

dans les femelles, et que, par conséquent, il n'était pas situé à l'extrémité des palpes, comme on l'avait cru jusqu'à lui. Il a été ainsi amené à conclure que ces Insectes s'accouplaient par le ventre ; que les organes qu'on observe dans les palpes des mâles des Aranéides n'étaient que des organes excitateurs ; et qu'enfin ce que l'on a pris pour l'accouplement n'en était que le prélude. Pourtant ni M. Treviranus, ni personne autre, n'a vu les Araignées se toucher par le ventre : mais à cela M. Treviranus répond que cet acte est si rapide qu'il a échappé à l'attention des observateurs.

Cette opinion, adoptée par un grand nombre de naturalistes, d'après l'autorité de M. Treviranus, n'en est pas moins, suivant nous, erronée et contraire aux observations les mieux faites, et les plus précises.

Il résulte de celles que nous avons faites, et souvent répétées, sur quatre espèces d'Aranéides de genres différents, que nous rapporterons en leur lieu, que le mâle, après de lentes approches, et de longs préludes, introduit successivement dans les ouvertures génitales de la femelle placées sous le ventre, les conjoncteurs de ses palpes ; qu'alors les valves de cet organe se gonflent, et deviennent transparentes ; que tous les conjoncteurs principaux et surnuméraires se tuméfient en même temps ; puis se lubrifient, et offrent des pulsations et un mouvement interne, qui ne permet pas de se méprendre sur leur nature. Certaines Aranéides (parmi les petites espèces ou du genre Théridion) paraissent tellement absorbées par leurs sensations pendant cet état, qu'elles deviennent insensibles à ce qui se passe à l'entour d'elles, et qu'on peut les examiner à la loupe sans qu'elles se dérangent ni se troublent. Cet accouplement dans les Théridions ou les petites espèces, se renouvelle un grand nombre de fois pendant l'espace de plus d'une demi-heure, sans que jamais le mâle fasse subir à son abdômen aucun mouvement qui témoigne le désir, ou l'intention, de toucher avec son ventre le ventre de la femelle. Dans les Épéires et les Tégénaires, le mâle aussitôt après avoir terminé l'acte de la génération, au moyen des conjoncteurs de ses palpes introduits dans la vulve de la femelle, s'éloigne avec rapidité, et s'il n'est pas assez prompt à fuir il est aussitôt dévoré par la femelle; ce qui prouve que l'acte s'est accompli, que les désirs sont satisfaits, et que les palpes du mâle n'ont pas agi comme des organes excitateurs, mais comme des agents de sensations amoureuses, et de fécondation.

Ces faits, constatés par nous avec un grand soin, confirment ceux qui ont été rapportés par les plus habiles observateurs, Lister, Clerk, Lyonet, Degéer, et beaucoup d'autres, et ils nous autorisent à penser que les filets contournés qui sortent de l'épiploon versent la liqueur séminale dans les deux enfoncements ou réservoirs décrits par M. Treviranus; que cette liqueur, au moment de l'accouplement, se transfuse dans les valves des palpes ou do l'organe générateur par des vaisseaux différents, qui, devant passer auparavant par le *vertébral*, doivent être d'une telle ténuité, qu'il sera toujours impossible de les apercevoir dans les Aranéides aussi petites que celles sur lesquelles M. Treviranus a fait ses observations, mais que, peut-être, on pourra découvrir un jour dans les grandes Théraphoses.

Cette conjecture, sur la manière dont s'opère l'acte de la génération dans les Aranéides, explique parfaitement pourquoi M. Treviranus n'a trouvé aucune liqueur séminale dans les valves des palpes des mâles d'Aranéides, puisque cette liqueur n'y séjourne pas, et n'y parvient qu'au moment même de l'accouplement. Elle rend aussi raison de l'extraordinaire tuméfaction, et du gonflement alternatif, qui a lieu pendant cet acte, où l'organe s'emplit et se désemplit à mesure qu'il s'opère, et se renouvelle, avec plus d'action. Enfin, la conformation vésiculeuse des conjoncteurs des palpes dans les mâles d'Aranéides, la finesse de l'épiderme qui les recouvre, et la grandeur relative de leurs pores, que démontre assez leur transparence, expliquent aussi très-bien pourquoi il n'a pas été besoin que la nature pratiquât des orifices particuliers, pour donner passage à la liqueur séminale.

Des organes qui produisent la soie dans les Aranéides. Outre les organes sexuels, et ceux de la respiration, de la circulation et de la digestion, on trouve encore dans l'abdomen des Aranéides les organes qui produisent la soie, dont nous avons déjà fait connaître les appareils extérieurs. Ces organes à l'intérieur sont placés à la partie postérieure de l'abdomen, et consistent en un petit nombre de vaisseaux contournés, sinués, ou ployés comme des boyaux, assez allongés, inégaux, élargis dans le milieu de leur longueur, à l'extrémité desquels, et proche des filières extérieures, sont une multitude d'autres vaisseaux semblables, mais beaucoup plus courts, et plus petits, qui se pressent et se réunissent à une base commune, sur laquelle s'appuient les filières extérieures, quoiqu'on n'ait encore pu découvrir leur connexion avec ces filières. La matière qu'ils renferment diffère de celles des grands vaisseaux.

Les appareils des organes de la soie offrent aussi des différences selon les espèces. Ainsi dans la Clubione atroce il n'y a que quatre grands vaisseaux, élargis dans leur milieu, ramifiés vers le haut, et se terminant en bas par un canal étroit qui aboutit aux mamelons sétifères. Dans la Tégénaire domestique, il y a de même quatre grands vaisseaux principaux, mais ils ne sont pas ramifiés, et les moindres sont proportionnellement plus petits. Dans l'Epéire Diadême, il y a six grands conduits sétifères au lieu de quatre (1). La matière qu'ils renferment est jaune dans cette espèce, au lieu d'être blanche ou brune, comme dans la Clubione Atroce ou la Tégénaire domestique.

Cette matière est semblable à une gomme ou à une colle transparente ; elle ne se dissout ni dans l'esprit-de-vin ni dans l'eau ; elle se casse si on la plie, et, comme le verre, elle ne peut être flexible que quand elle est divisée en filets fort déliés.

La nature, à cet égard, y a bien pourvu ; car dans l'Épéire Diadême seule, Réaumur estime à plus de mille le nombre des fils qui sortent des papilles qu'on remarque à l'extrémité des mamelons ; mais l'Insecte en réunit plusieurs à leur sortie. De là, collés à quelque objet, ces fils se dévident et durcissent à mesure qu'ils s'éloignent du point d'attache. L'Insecte les tire lorsqu'il en a besoin, avec ses pattes postérieures. Il les dévide encore par le seul poids de son corps :

---

(1) Roesel, *Insekten belustigungen*, 144, § 255-259 — Réaumur, *Mém. de l'Académie des sciences*, pour l'année 1713, p. 322, Pl. 3, fig. 1 à 6. — *Mémoire sur la prodigieuse ductilité de diverses matières.* — Treviranus, p. 42. — Réaumur n'a vu, représenté et décrit, que quatre grands filets sétifères dans l'individu qu'il a disséqué ; ce qui ferait croire que c'était une autre espèce que l'Epéire Diadême, qui cependant est celle dont il a donné la figure.

enfin, au besoin, avec ses pattes et sa bouche, il les réunit en pelottes, et par ses mouvements les rallonge et les raccourcit à volonté. Mais il paraîtrait que son corps en produit de différentes natures, qu'il peut émettre ou retirer; car dans les toiles que font les Orbitèles, les fils, qui sont en cercles, contiennent un gluten, ou matière visqueuse, propre à retenir les Insectes; celles qui sont en rayons, par où l'Aranéide descend, sont sèches et dépourvues de gluten. Enfin les fils, avec lesquels l'Aranéide compose le sac où elle se renferme, ou le nid où elle enveloppe ses petits, ne paraissent pas de la même nature que ceux qu'elle emploie pour attraper sa proie, ni que ceux dont elle se sert pour construire les cocons de ses œufs : ceux-ci, dans plusieurs espèces, sont d'un tissu tellement dur et serré, qu'ils ressemblent à une pellicule ou à du parchemin. La même espèce recouvre encore ce cocon pelliculé d'une bourre de soie lâche et molle, qui semble encore différente.

De tout ceci concluons, que les vaisseaux qui à l'extrémité de l'abdomen contiennent la matière de la soie, et l'organisation des mamelons et filets setifères, renferment bien des secrets qui seront longtemps encore, et peut-être toujours, ignorés.

Organes des sens. — Système nerveux. — Toutes les fonctions vitales des Aranéides nous sont connues; il nous reste à décrire les organes des sens et du mouvement.

C'est dans le corselet de l'Aranéide que l'on trouve, indépendamment des autres organes que nous avons décrits, le cerveau et les ganglions pectoraux, avec leurs nerfs.

Une des pièces principales du système nerveux des

Aranéides est un grand nœud, ou ganglion, qui repose sur la partie inférieure du corselet au-dessus des muscles, d'où sortent les nerfs des pattes, comme de petits cônes et en rayonnant. Les nerfs qui pénètrent dans les pattes sont, d'après le beau travail de M. Strauss, en si grande quantité, et ont un nombre si prodigieux de ramifications, surtout vers les extrémités, que la sensibilité de cette partie doit être exquise dans les Aranéides, et que le toucher chez elles, et les impressions nerveuses, doivent pouvoir suppléer au sens de l'ouïe, et même de l'odorat. Des organes si déliés devant être sensibles à toutes les impressions, et variations, de l'air.

Sur la partie antérieure du corselet au-dessous de la courbure de la membrane, qui soutient la languette, est le cerveau ; il consiste en deux parties piriformes séparées par une cloison (1). L'extrémité postérieure paraît être unie avec le nœud principal que nous avons décrit, et de l'extrémité antérieure sortent deux paires de nerfs, qui aboutissent aux muscles qui font mouvoir les pattes.

De l'extrémité inférieure du nœud principal sort un filet nerveux qui, au commencement de l'abdomen, se gonfle en un ganglion ovale. C'est de ce dernier nœud que sortent tous les nerfs abdominaux. Les principaux sont deux filets qui descendent aux deux côtés de la ligne médiane du ventre, et qui, après avoir donné naissance à quelques rameaux latéraux, se perdent dans la région du rectum. Il y a en outre six nerfs plus courts, qui sortent du même ganglion, descendent aux

---

(1) Conférez Treviranus, p. 45, tab. V, fig. 45; et Strauss, *Anatomie comparée des animaux articulés.*

deux côtés de l'abdomen, et se dirigent latéralement vers les branchies, et vers les parties sexuelles, et les autres viscères contenus dans la région antérieure du ventre.

Des principaux muscles ou des organes du mouvement dans les Aranéides. Par les nerfs, sur lesquels l'animal agit, par sa volonté, au moyen de ce principe mystérieux qu'on appelle la vie, les muscles sont contractés ou dilatés, et mettent en mouvement les divers organes du corps. Les muscles qui meuvent les pattes sont attachés au corselet, et partent tous en rayonnant d'un centre marqué par une fossule ou creux qui se trouve au milieu. Le tégument coriacé ou corné, dont le corselet est couvert dans toutes les Aranéides, fournit des moyens d'attache solides pour ces muscles, et pour ceux qui doivent mouvoir les palpes, les mandibules et les mâchoires, dirigés du même centre vers la partie antérieure.

Mais il n'en est pas ainsi de l'abdomen, dont le tégument est mou et flexible, dans presque toutes les Aranéides. Ce tégument ne peut donc servir de point d'attache à cette partie que l'Aranéide élève, abaisse et meut cependant à volonté; c'est ailleurs qu'il faut chercher ces points d'attache. En effet, sous l'ouverture extérieure des branchies et des organes sexuels, on remarque une membrane de laquelle sortent, au point médiant, deux ligaments qui descendent jusqu'au cercle qui entoure l'anus et les mamelons sétifères. La moitié supérieure de ces ligaments est cartilagineuse, la moitié postérieure, au contraire, est composée de filaments musculaires. Leurs extrémités supérieures servent à attacher deux muscles qui sont unis vers le haut avec la membrane située dans le *vertébral*, ou le tuyau qui joint l'abdomen au corselet (1)

À cette membrane est en même temps suspendue l'extrémité supérieure du cœur. De cette même membrane, sort encore une autre paire de muscles qui aboutissent aux extrémités extérieures de la membrane demi-circulaire située sous l'ouverture des branchies, dont nous avons parlé.

C'est au moyen de ce simple mécanisme que l'Aranéide exécute tous les mouvements de son abdomen. Quand les muscles que nous venons de décrire, qui s'allongent latéralement et convergent au vertical, se tendent simultanément, ils courbent plus fortement les arcs membraneux, qui se rattachent aux branchies, et les raccourcissent ; alors les branchies s'ouvrent : quand, au contraire, ces muscles se relâchent, les arcs membraneux s'allongent, et les branchies se referment. Ces muscles, ainsi qu'une autre paire qui se trouve posée obliquement, servent encore à tirer en avant les parties sexuelles. Lorsque les parties inférieures musculaires des ligaments qui sortent du point médiant de la membrane demi-circulaire, qui descendent le long de l'abdomen jusqu'à son extrémité postérieure, sont mis en mouvement, elles courbent nécessairement l'abdomen, et attirent vers la partie iuférieure du corselet les mamelons sétifères. De chaque côté de ces ligaments, et des paires de nerfs qui en dépendent, et entre l'espace qui les sépare, se trouvent les gros vaisseaux sétifères, ceux qui renferment la matière de la soie, et en dessous les petits.

------

(1) Treviranus, p. 45, tab. 3, fig. 30 et 31.

Ces deux sortes de vaisseaux remplissent en grande partie tout cet intervalle ; le reste, dans les femelles, est occupé par les œufs.

Des sens des Aranéides. Nous avons fait connaître, autant que l'état imparfait de la science nous le permettait, le système musculaire et le système nerveux dans les Aranéides ; le premier nous montre les agents des organes du mouvement, et le second ceux des sens.

Le peu que nous savons du système nerveux des Aranéides, ne nous permet pas de douter que le sens du toucher ne soit chez elles très-développé, surtout dans les palpes et dans les mamelons sétifères, et aux parties sexuelles. Par son exquise sensibilité aux moindres vibrations de l'air, le tissu des nerfs supplée-t-il au sens de l'ouïe, ou ce sens a-t-il chez ces Insectes un organe distinct ? C'est là une question à laquelle nous ne pouvons répondre. L'homme qui a mesuré les astres et calculé leurs mouvements, n'a pu encore parvenir à connaître, même imparfaitement, l'organisation d'un seul Insecte.

Ce qui est certain, c'est que le sens de l'ouïe existe chez les Aranéides. Plusieurs observations démontrent même qu'elles sont sensibles à la musique. Grétry raconte, dans ses mémoires, qu'à sa maison de campagne, une Araignée se rendait sur la table de son piano lorsqu'il se mettait à jouer, et disparaissait dès qu'il avait cessé de toucher le clavier.

L'anecdote de Pellisson, dont nous parlerons bientôt, démontrera que l'Araignée n'est pas moins sensible, aux sons rauques de la musette, qu'aux sons doux et fluttés d'un piano. J'ai été témoin du fait suivant : une dame, occupée à pincer de la harpe dans une chambre située au milieu d'un jardin, aperçut une Araignée fixée au plafond au-dessus d'elle. Aussitôt elle se transporta à l'autre extrémité de la chambre ; mais à peine eut-elle fait retentir l'air de son instrument, que l'Insecte commence à se mouvoir, et vient s'arrêter encore au-dessus de la dame ; là, l'Insecte reste sans mouvement, et comme attaché au plafond. La dame, dont la curiosité est excitée par ce phénomène, change de nouveau de place, et reste quelques moments sans jouer, et l'Araignée ne la suit pas, et attend immobile ; mais à peine les sons harmonieux ont-ils recommencé, que l'Insecte accourt se placer de nouveau au-dessus de l'instrument qui les produit. La dame répète de nouveau l'expérience, et elle parvient à attirer l'Araignée dans chaque partie de la chambre, et, comme une autre Amphion, à s'en faire suivre. Plusieurs autres faits, également certains, plus étonnants encore, que je pourrais citer, confirment ceux-ci, et ne laissent aucun doute relativement à l'effet produit, par des sons cadencés et mesurés, sur certaines Aranéides.

L'organe de l'odorat, dans les Aranéides, n'est pas mieux connu que chez les autres Insectes, quoique nombre d'observations semblent démontrer qu'il existe dans tous. Peut-être le siége de ce sens est-il, pour les Aranéides, dans ces ouvertures trachéennes que Treviranus dit avoir aperçues au-dessus des pattes de chaque côté de la partie postérieure du corselet, et par où s'opère aussi la respiration trachéenne. Quant à l'organe du goût, il est trop entièrement uni avec l'acte de la nutrition, pour pouvoir supposer qu'il existe ailleurs que dans la bouche ; et chez les Aranéides, la languette en est probablement le siége.

Les organes de la vue si intimement liés à ceux de

la nutrition, puisque c'est par leur secours que l'Insecte saisit sa proie et la choisit, s'aperçoivent facilement dans les Aranéides, puisqu'ils sont situés sur le devant, et quelquefois aussi sur les côtés du corselet. Mais les recherches de Sœmmering, de Léon Dufour, de Muller, de Goëze, de Strauss (1), n'ont pu encore éclaircir leur organisation, et ces profonds investigateurs ne s'accordent pas sur la manière dont s'opère la vision dans les Insectes à yeux composés, ou à facettes, comme les Insectes ailés, et ceux à yeux simples ou lisses comme les Aranéides et les Aptères. M. Muller a cru discerner dans les yeux simples des Aranéides, et des Scorpionides, une cornée très-convexe, un cristallin très-dense et convexe à sa partie postérieure, et une humeur vitrée, très-convexe aussi à sa partie antérieure; puis un espace creux, en forme de canal, entre le corps vitré et le cristallin. Dans cet appareil, la lumière, suivant lui, subit une quadruple réfraction, et il en résulte une vue éminemment propre à discerner les objets à une courte distance, mais qui ne peut voir que d'une manière trouble ceux qui sont placés dans un espace éloigné. M. Strauss, au contraire, considérant les yeux à facettes des Insectes ailés comme une réunion d'yeux simples, pense que la paupière, la cornée, l'iris, disparaissent dans ces animaux, et que les cristallins en nombre fort considérable se trouvent par-là adhérents aux téguments avec les yeux; ils sont suivant lui confondus, et en même temps soudés, entre eux, formant une calotte sphérique, connue sous

---

(1) Muller, *Recherches sur la physiologie comparée du sens de la vision.* Leipzig, 1826 (en allemand).— Strauss-Durckheim, *Annales des Sciences naturelles*, décembre 1829, t. XVIII, p. 483.

le nom de cornée : des nerfs optiques, qui se terminent derrière chaque cristallin , présentent un renflement pyriforme qui doit nécessairement renfermer la rétine des yeux , où les objets vont se peindre, et opèrent la vision.

D'après nombre d'observations qui nous sont propres, nous nous sommes convaincu que la grande lumière nuit aux Aranéides et les empêche de voir. Leurs yeux ne sont propres qu'à distinguer les objets dans l'ombre et dans l'obscurité , et seulement à une courte distance. Nous croyons aussi qu'elles ont deux espèces de yeux, les uns où l'on paraît distinguer une sorte de prunelle, qui doit présenter un foyer de vision plus prolongé , les autres plus simples , et pour distinguer les objets très-rapprochés.

X.

DU DÉVELOPPEMENT DE L'ŒUF DANS LES ARANÉIDES , ET DES
FACULTÉS GÉNÉRATRICES DE CES INSECTES.

Nous avons exposé dans les sections précédentes ce qu'il y a de plus certain sur l'organisation interne et externe des Aranéides , nous allons actuellement, d'après les belles observations de M. Moritz-Herold (1) , suivre le développement et la transformation de l'œuf d'Aranéide en Insecte : sujet curieux, et d'une haute importance, parce que, attendu la transparence et la faible pellicule de ces œufs , il est permis à l'homme

---

(1) Moritz-Herold, *De Generatione Aranearum in ovo.* Marburg, 1824, in-folio.

de suivre la progression des effets de cette force mystérieuse de la vie, mieux que dans des animaux d'un ordre supérieur.

L'œuf de l'Araignée a la forme globuleuse, ou ovale peu allongée, et diffère des œufs des Insectes ailés, en ce qu'il a une enveloppe à coque simple et unique, tandis que ces derniers en ont deux, une intérieure et l'autre extérieure ; mais cette enveloppe est revêtue d'une pellicule très-mince, soyeuse, et si tendre, ainsi que l'enveloppe même, que la moindre pression suffit pour les briser l'une et l'autre, et laisser échapper la liqueur qui s'y trouve contenue. Cette pellicule revêt la surface entière de l'œuf excepté dans un seul endroit ; c'est celui où l'œuf se trouve pressé contre un autre œuf dans le cocon commun, qui réunit tous ceux d'une même ponte. L'involucre, ou l'enveloppe de l'œuf dans cet endroit, est transparente comme du verre, mais dans le reste de sa surface elle est opaque. Si on enlève la pellicule dont j'ai parlé, on aperçoit sur sa surface intérieure de petits grains ; mais on n'a pu découvrir aux plus forts microscopes les pores de la surface extérieure de l'enveloppe. Lorsqu'on l'enduit d'huile, elle devient parfaitement transparente, et alors on aperçoit facilement ce qui est dans son intérieur, et on discerne trois parties distinctes dans l'œuf de l'Araignée :

1° Le vitellus qui remplit la partie la plus intérieure, formé de globules, et qui est comme le jaune dans les œufs d'Oiseau ;

2° L'albumen limpide, transparent, sans globule, qui entoure le vitellus, et qui est comme le blanc d'œuf des Oiseaux ;

3° Le germe, lenticulaire blanchâtre, formé de

grains globuleux comme le vitellus, mais beaucoup plus petits, et composant une masse plus opaque.

L'albumen et le germe se trouvent hors de la sphère formée par le vitellus, et le séparent de l'involucre ou enveloppe.

Dans l'Epéire diadème, dont l'œuf est celui auquel se rapportent plus spécialement les descriptions qui vont suivre, M. Herold n'a vu qu'un seul germe. Il en est de même de l'œuf de la Tégénaire Domestique, de la Sparasse verte, de plusieurs Epéires et de plusieurs Lycoses, que notre habile observateur a soumis à ses investigations ; mais un œuf d'Araignée, d'une espèce qui lui est inconnue, lui a fait voir jusqu'à douze petits globules blanchâtres opaques ; M. Herold ne considère ces globules que comme les portions d'un même germe, qui se réunissent en un seul au moment de la fécondation. — Ce fait singulier semblerait donner à penser que, dans les autres œufs qu'il a soumis à son examen, le travail de la fécondation était déjà commencé.

Pourtant il a vu toutes les parties de l'œuf en repos, et les a distinguées entres elles ; ce n'est que lorsqu'il a soumis cet œuf à la douce chaleur du soleil, que les bords du germe se sont dilatés, mais le centre est resté immobile.

Ainsi, le principe vital, la force créatrice, cette puissance mystérieuse dont la nature nous sera toujours inconnue, agit d'abord dans l'œuf de l'Araignée par irradiation, par expansion, ou du centre vers la circonférence. Quelques-uns de ces globules du germe, dont la substance poreuse, spongieuse, ressemble au pollen des fleurs, commencent enfin à se mouvoir et à se mêler avec l'albumen, dont ils ont troublé la transparence ; puis le noyau blanchâtre du germe a fait un mouvement, et se porte vers l'extrémité de l'œuf, sans se séparer de la partie unie avec l'albumen, qui, au contraire, s'est augmenté en raison du trajet qu'il a fait ; de sorte que le tout ressemble à une comète, portant avec elle une queue.

Le germe, arrêté à l'extrémité de l'œuf, émet aussitôt un grand nombre de globules qui se répandent dans toutes les parties de l'albumen, en troublent la transparence, et lui donnent une couleur lactée ; mais il reste toujours une petite portion de l'œuf opposée au germe, où l'on aperçoit dans sa couleur naturelle le vitellus, qui reste encore pur et sans mélange.

Ce mélange de l'albumen et du germe forme une substance composée, que M. Herold nomme *colliquamentum*, et que nous appelons le *mélange*.

Bientôt la *colliquamentum* ou le *mélange* se condense entre les deux espaces qu'a parcourus le germe, et où il a successivement séjourné. Ce *mélange* devient brillant comme une perle, mais tellement opaque, qu'on ne voit pas le vitellus. Cette transformation du *mélange* est la substance que M. Herold nomme *cambium*, et que nous nommerons en français le *composé*.

C'est dans ce *composé*, et dans l'endroit où était le germe, que vont se développer les diverses parties de l'Araignée. Le volume du composé est environ le quart de celui du vitellus, et bientôt il se divise en deux parties : la plus petite portion remplit l'espace qu'occupait le germe, c'est le *composé céphalique* ; la plus grande portion remplit l'espace tracé par la queue de la comète, c'est le *composé pectoral*. Dans le premier composé se développeront les parties de la tête et les palpes ; dans le second, les pattes.

Par cette troisième transformation, le vitellus reste

dans la partie postérieure de l'œuf dégagé de l'enveloppe nuageuse du *mélange*, et avec la transparence et la couleur qu'il avait avant le commencement du mouvement vital ; mais, entre lui et le composé, il reste une partie du mélange où doit se former non-seulement le corselet, mais une partie des viscères.

N'oublions pas de dire que dans les Araignées sphériques (probablement les Théridion), M. Herold a observé que le germe se métamorphose en *mélange*, et le *mélange* en *composé*, sans changer de place.

Du composé pectoral on voit naître comme des nuages cylindriques, au nombre de quatre de chaque côté, rudiments des pattes ; puis des raies légères tracent la séparation du corselet et de l'abdomen ; après on commence bientôt à distinguer la tête, et les premiers rudiments des appareils de la manducation blancs et opaques.

Ainsi, la cause formatrice, le principe de vie, réside dans le germe, puisque le premier il se meut ; mais le germe est stérile, et ne peut se développer s'il ne se combine avec l'albumen pour produire le *mélange* (colliquamentum), qui, par sa seule force plastique se contracte et forme le *composé* (cambium). Ainsi, le composé est le résultat de l'attraction continue et toujours plus intense des molécules du germe et de celles de l'albumen ; dans sa partie pectorale s'observe le premier développement des parties : cette partie est donc l'animal futur, comme l'embryon produit le fœtus dans les Oiseaux.

Lorsqu'on ouvre l'enveloppe de l'œuf de l'Araignée avant que le travail de la fécondation soit commencé, le germe, le vitellus, l'albumen, se séparent l'un de l'autre, et les globules du germe, comme ceux du vitellus, roulent et se désunissent; mais à l'époque de la fécondation où nous sommes arrivés, si on ôte la pellicule de l'œuf, on trouve le *composé* (cambium) matière visqueuse, qui adhère au vitellus, et qu'on ne peut en séparer.

La cause formatrice continue à agir : des plissures, et ensuite des courbures, marquent la séparation du corselet et de l'abdomen indiquée auparavant par une seule ligne. La partie antérieure s'allonge et se rétrécit; la surface du *composé* s'étend; les pattes s'allongent; et présentent avec la tête une surface blanche, homogène; tandis que le vitellus jaunâtre, globuleux, remplit la cavité de l'abdomen, et la partie postérieure et les côtés du corselet, s'avançant ainsi par deux cornes, ou triangles, vers les côtés de la tête.

On voit ensuite paraître sur le dos du vitellus, une ligne dorsale plus large à sa séparation avec le corselet, et qui va en diminuant graduellement. Ce sont là les premiers rudiments du cœur, ou du vaisseau dorsal qui en tient lieu, et dont nous avons parlé. Ces rudiments ne sont qu'un fluide sans mouvement, coagulé, sans qu'on puisse voir le vaisseau qui le contient, et il paraît être le résidu de l'albumen après que celui-ci a produit le *composé* (cambium). Dans la partie abdominale où est le vitellus, il n'y a point de *composé*; mais des raies que l'on observe sur la courbure du vitellus annoncent le développement du tégument, ou de la peau de l'Araignée.

Ainsi, le tégument ou la peau se forme en même temps que le cœur, et l'albumen donne naissance au système vasculaire; la liqueur contenue dans le canal du cœur se coagule, avant que l'enveloppe ou le vaisseau, qui doit la contenir, soit formé.

Le germe n'était, avant la fécondation, nullement
lié au vitellus; cette liaison ne s'est opérée que quand
le *composé* a été formé. Toutes les parties internes
du tronc, ou corselet, dérivent de la combinaison
des deux substances du *composé* et du vitellus; cette
combinaison agit sur l'albumen qui entoure le vitellus,
et cette action donne naissance au tégument, ou à la
peau, qui, par sa transparence au corselet, et même à
l'abdomen, dans nombre d'espèces, décèle son origine,
et montre assez qu'elle a été formée principalement
de l'albumen.

Le vitellus s'est, ainsi qu'on l'a vu, trouvé, par
les progrès de la fécondation, divisé en deux portions,
la thoracique et l'abdominale : la plus petite, la thoracique, se trouve restreinte à la partie postérieure et
supérieure du corselet. Il n'y a pas de vitellus sur la
poitrine ou sur le dessous du corselet où les pattes
sont produites; en dessus du corselet, il s'y montre
encore après le développement des pattes. Mais la
grande portion du vitellus est logée dans l'abdomen;
il enveloppe toutes les parties qui s'y forment comme
celles qui y sont formées, et il occupe la même place
que l'épiploon, ou matière graisseuse, dans les Araignées
adultes.

A mesure que le fétus se dessine, s'allonge et s'en-
fle, l'enveloppe de l'œuf se tend, et s'applique de plus
en plus contre toutes les parties qui se forment : mais
l'œuf, avec son enveloppe, est l'Insecte même, et
Degéer a eu raison de dire que l'enveloppe de l'œuf
n'était qu'une première peau de l'Araignée, et la
sortie de l'Araignée de l'œuf une première mue.
Il en est ainsi dans les Fourmis et certains Hyménoptères.

Le milieu de l'abdomen en dessous commence à présenter une partie plus opaque et pâle, qui bientôt développe les parties sexuelles..

En dessus, les dépressions dorsales se décèlent, et les filets sétifères commencent à montrer leurs petites cornes.

Ainsi, la tête, les pattes, le sternum, par leur couleur blanche, diaphane, luisante, nous indiquent qu'ils sont formés de *composé* ou de *cambium* pur; mais le corselet en dessus, à sa partie postérieure, et dans ses parties latérales, nous montre le vitellus et ses globules colorés, et semblables à ceux qui remplissent aussi l'abdomen.

Mais déjà, sur le dessus de la tête, on voit apparaître les huit yeux; puis après les hanches, et les mâchoires prennent leurs formes; ensuite la cuisse, les jambes et les tarses se divisent en articulations distinctes; les palpes et les mandibules se développent en dernier : mais toutes ces parties sont courbées, resserrées, et pressées les unes contre les autres.

L'abdomen est incisé par plusieurs lignes en cercles, et le ventre a deux taches blanches, l'une grande, qui marque la région des parties sexuelles, l'autre plus petite, ronde, qui indique l'endroit des filières.

L'Araignée est donc complétement modelée ; mais, enveloppée dans la coque de son œuf, elle ne pourra exécuter aucun mouvement qu'elle n'ait dépouillé cette peau primitive. Aussi la voyonsnous bientôt, cette peau, se rompre au corselet; la tête paraît, la première, revêtue d'une nouvelle épiderme ; les yeux ressortent plus distincts ; ensuite les mandibules; puis après le corselet; puis les palpes :

les pattes se dégagent en dernier, et par un travail de contraction, et d'extension, qui semble pénible. Enfin, l'enveloppe de l'œuf s'ouvre sur le dos, et l'abdomen se trouve débarrassé au moyen d'un léger mouvement ondulatoire.

On discerne encore le vitellus qui remplit l'abdomen, et adhère à la partie du corselet qui s'en approche.

L'Araignée qui vient d'éclore est faible et comme engourdie. Elle se meut difficilement, se tourne lentement, étend ses pattes et ses palpes; et quand on la retire de son nid, elle paraît accablée de fatigue après avoir fait un ou deux pas. La tête, précédemment ronde, est devenue polygonale, et on aperçoit à travers le tégument du corselet, les muscles qui font mouvoir les pattes. Le vitellus, qui se trouve dans l'abdomen et dans la partie postérieure du corselet, se laisse facilement distinguer par ses globules colorés. L'Araignée a acquis la faculté de se mouvoir, mais elle ne peut encore ni filer ni manger, car les organes de la manducation sont enveloppés dans une peau commune; et il en est de même des filières; ce n'est qu'au bout de deux jours qu'elle dépouille ces enveloppes partielles.

L'Insecte, ainsi complétement éclos et formé, doit, avant de quitter le cocon natal et chercher sa proie, subir encore une mue complète, qui n'a lieu que quelques jours après, et quelquefois au bout d'une semaine, selon le degré plus ou moins grand de chaleur. Jusqu'à ce dernier travail de la nature, qui doit la mettre en possession de la vie, et de toutes ses facultés, l'Araignée reste les pattes étendues et immobiles. Enfin, elle se délivre encore de cette peau, et comme pour recueillir ses forces épuisées, elle reste sans mouvement, mais pour peu de temps. Après un petit nombre d'heures on la voit marcher : elle se laisse tomber du nid, et tire de ses filières un fil violet et brillant; puis, emportée par l'air, elle accroche son fil à quelques branches ; et, petite comme un grain de millet, elle se met à construire une toile proportionnée à sa grandeur, mais dont les cercles et les rayons sont aussi réguliers que lorsqu'elle sera cinquante fois plus grosse, et sa toile cent fois plus grande. On trouve dans le cocon de ces Araignées autant de dépouilles, qu'on a vu sortir de jeunes Araignées.

Cependant l'Aranéide, ainsi nouvellement émancipée, conserve encore les couleurs qu'elle avait avant sa dernière mue. Ses pattes seulement sont plus allongées, les sillons latéraux du corselet dessinent mieux les deux côtés bombés du triangle de la tête; la portion du vitellus, qui a servi à former la partie postérieure du corselet, apparaît distincte à travers le derme transparent de celui-ci. Mais bientôt la peau de l'abdomen s'épaissit ; on ne voit plus comme précédemment, dans l'intérieur du corps, le vitellus répandu au milieu des intestins : le cœur, ou le vaisseau dorsal, se trouve voilé de soies rigides ; des piquants noirs commencent à paraître sur la surface de l'abdomen, des pattes, et des palpes. Tous les organes prennent une teinte plus foncée, excepté les mâchoires, le cubital des palpes, et le genual des pattes, qui conservent une couleur plus claire. Peu à peu la figure du dos de l'abdomen se revêt de nuances plus distinctes, et se dessine d'une manière plus nette; d'abord par le jaune et le noir, dans l'Epéire diadème; les nuances intermédiaires ne viennent qu'après. Mais à mesures que les filières noircissent, les opercules branchiales deviennent plus claires, et se détachent mieux sur le fond qui fait la couleur du ventre ; l'aréole qui contient les parties sexuelles dans les femelles prend une teinte noirâtre, et il en est de même dans le mâle ; mais il est remarquable que cette tache noire s'unit dans le mâle avec une ligne transversale également noire, dont l'épigastre, ou l'aréole commune aux opercules branchiales, se trouve orné. Cette dernière tache n'existe pas dans les femelles ; la tache noire des parties sexuelles reste isolée dans celles-ci ; et attendu que l'épigastre, traversé par la barre noire dans le mâle, s'étend, et se prolonge par le vertébral, jusque dans le tronçon du corselet, nous pensons que cette jonction des deux taches, indique une communication entre les réservoirs de la liqueur séminale avec le corselet et les palpes, opérée par des vaisseaux d'une telle ténuité, qu'ils ont échappé à l'œil des plus habiles anatomistes.

Les couleurs dont se revêt l'Aranéide se développent dans l'épiderme de la peau, et ne sont pas dues aux intestins ni au vitellus, converti en épiploon, car si on enlève la peau de l'Aranéide, toutes les couleurs disparaissent, et il ne reste plus trace de dessin.

Le vitellus ne sert pas immédiatement comme le composé et l'albumen à la formation des parties de l'Insecte, mais il sert à nourrir et à entretenir les parties formées qui l'absorbent, et y puisent la matière nécessaire à leur développement. Le vitellus, sans aucune diminution notable des globules, dont sa substance se compose, se transfuse de l'œuf dans le fétus, et du fétus dans la jeune Aranéide. Il est donc destiné aussi à fournir la matière nutritive nécessaire à la vie de celle-ci, dans le cas où elle resterait longtemps sans

qu'aucune proie vienne se prendre dans la toile qu'elle
a tissue. En effet, les jeunes Epéires diadèmes qu'on
a isolées aussitôt après leur naissance, ont vécu deux
mois sans prendre aucune nourriture : ce n'est que lorsque le vitellus n'est plus nécessaire, et que l'Aranéide
est assez forte pour pourvoir à sa nourriture, qu'il se
transforme en épiploon, et que l'Insecte est revêtu de
toutes les couleurs, et de tous les signes, qui caracté-
risent son espèce. Ainsi, le germe commence la création de l'Araignée ; le mélange de l'albumen et du
germe la continue ; le composé qui en résulte forme le
fétus ; et le vitellus nourrit le fétus, qui se développe
et croît en Insecte parfait.

Dans le jeune âge, si l'on excepte cette différence
dans les taches du ventre que nous avons signalées, les
deux sexes, dans les Aranéides, sont pareils, même
par rapport aux palpes ; et ce n'est que dans un âge
plus avancé, et après plusieurs autres mues, que le
dernier article des palpes se gonfle dans les mâles, et
dépouille l'enveloppe qui cache ses organes génitaux.

Le mâle se revêt aussi à cette époque de couleurs plus
foncées que celles de la femelle, et même quelquefois
ces couleurs deviennent toutes différentes, et font voir
des dessins et des figures qui ne s'y trouvaient pas,
avant cette époque : c'est ainsi que le Sparasse verdissime, d'abord d'un beau vert tendre comme la femelle, se montre au temps des amours avec un abdomen paré de lignes d'un jaune vif, et du plus beau
rouge écarlate.

Par un changement contraire, l'abdomen, dans
certaines espèces femelles d'Aranéides, change tellement après la ponte, qu'il devient méconnaissable à
cause de la disparition des figures qui se trouvaient

tracées sur son abdomen, et l'altération des couleurs dont ces figures étaient revêtues.

C'est la nécessité d'observer les Aranéides dans leurs différents âges, pour bien distinguer les espèces, qui a été cause que la plupart des naturalistes, doués de plus de talent pour la description que d'habileté pour l'observation, ont tant de fois décrit la même espèce sous des noms différents.

Ce n'est pas au seul développement des parties génitales du mâle, et aux changements de couleur, que se borne la force créatrice dans les Aranéides adultes. Il est démontré, du moins pour certaines espèces, que lorsqu'elles ont perdu une ou plusieurs de leurs pattes, ces pattes repoussent et se reproduisent avec toutes leurs articulations, quoique plus faibles et plus courtes que précédemment; mais ces régénérations n'ont lieu que par suite des mues successives.

Si on place les œufs d'Aranéides dans une liqueur quelconque, ou dans un gaz, même le gaz oxigène ou l'air pur, ou dans le vide, ils deviennent stériles. Ainsi, les mêmes causes qui tuent cet Insecte font aussi périr ses œufs. Ceux-ci, soumis à un froid de 17 degrés au-dessous de zéro du thermomètre de Réaumur, ne perdent pas leurs facultés génératrices, et nous avons vu, dans l'hiver de 1830, des Aranéides adultes résister à un froid de 15 degrés.

Les œufs de certaines Aranéides ont besoin d'un calme parfait pour pouvoir éclore. Ainsi, une simple chute à terre des œufs de l'*Epeira fusca* les rend inféconds; aussi cette espèce fait-elle sa toile dans les caves ou les lieux retirés. Les œufs de l'Épéire diadème, du Sparasse verdissime, et ceux de la Tégénaire domestique, peuvent être secoués sans cesse de pouvoir éclore. Un naturaliste (M. Tremeyer) fait mention de cocons où il a trouvé des œufs inféconds, ce qu'il attribue à ce que les œufs avaient été pondus sans accouplement; mais ces œufs avaient peut-être été rendus incapables de produire par les secousses qu'ils avaient subies (1).

L'époque où les œufs de l'Aranéide doivent éclore dépend entièrement du degré de chaleur. Leuwenhoek a fait éclore cent cinquante œufs de l'Araignée diadême, le 17 janvier, en les portant sur lui, et par la seule chaleur de son corps. Le 23 du même mois, toutes ces jeunes Araignées avaient changé de peau; et, le 25, il en vit qui levaient leurs pattes et leur abdomen pour filer leur toile, qu'elles construisirent avec autant de dextérité que les grandes (2).

Il résulte des observations de Lister, d'Audebert, de Tremeyer et de celles que nous avons faites qu'un seul accouplement suffit pour féconder les œufs dans les ovaires de l'Araignée femelle, non-seulement pour plusieurs pontes dans une même année, mais même pour les pontes qui sont faites dans deux années différentes. Tremeyer pense même que les Aranéides ne reçoivent le mâle qu'une fois dans leur vie; et cependant, quoique le plus grand nombre d'espèces périsse dans l'année, nous avons la preuve que quelques-unes peuvent prolonger leur existence, au moins pendant cinq ans.

Si la conjecture de Tremeyer est vraie, elle expliquerait peut-être pourquoi le nombre des mâles dans

____

(1) Trémeyer, p. 2.
(2) Leuvenhoek, *Epistolæ ad societatem angliam*; in-4°, p. 335 et 338.

les Aranéides est si petit en comparaison des femelles, et pourquoi l'accouplement dure si longtemps chez ces Insectes, et le grand nombre d'actes répétés qui ont lieu pendant sa durée. J'ai observé pendant quarante minutes la Lyniphie montagnarde et son mâle, occupés sans interruption à l'acte de la génération, sans qu'il parût vouloir cesser. J'ai compté une fois trente-cinq accouplements ou gonflements et dégonflements des conjoncteures du mâle en quatre minutes ; une autre fois, cinquante-trois en six minutes, ce qui donne environ neuf à dix par minute. Dans ces quarante minutes, il y a donc eu trois cent soixante ou quatre cents coïts ou versements de la liqueur séminale dans la valve de la femelle, M. Kummer, habile observateur, a compté en vingt minutes cent vingt-cinq éjaculations de l'Épéire calophylle mâle avec sa femelle, ce qui ferait deux cent cinquante en quarante minutes.

Les œufs des Araignées sont diversement colorés, et cette couleur est due à celle de leur vitellus. Généralement ils sont blancs, ou d'un blanc jaunâtre ; cependant quelques-uns sont jaunes comme ceux de l'Épéire diadême et de l'ombraticole, et ceux du Drasse brillant sont d'un rouge orangé, quoique son cocon soit d'une blancheur éclatante, et les couleurs de son abdomen plus sombres que claires ; mais les œufs du Sparasse verdissime sont d'un beau vert tendre, comme son abdomen ; tandis que dans le Drasse nocturne, dont l'abdomen est noir mat, les œufs sont d'un beau jaune.

Comme dans presque tous les Insectes chez les Aranéides, c'est la femelle qui est la plus grosse, la plus forte, la plus grande et la mieux organisée, parce que c'est elle qui doit prendre soin de la postérité. Le mâle n'est que pour la reproduction, et souvent dans certains genres, tels que les Épéires, les Tégénaires, il est, après l'accouplement, dévoré par la femelle; mais ceci souffre de nombreuses exceptions. Dans les Segestries, du moins celles de la première famille de ce genre dans les Argyronètes, et dans quelques autres genres, c'est le mâle qui est le plus grand, le plus gros, le plus fort.

<h1 style="text-align:center">XI.</h1>

DES TOILES, DES COCONS, DES RETRAITES FORMÉES PAR LES ARANÉIDES, ET DE LEUR INDUSTRIE POUR SE PROCURER LEUR NOURRITURE, SOIGNER LEUR POSTÉRITÉ, ET SE GARANTIR DE LEURS ENNEMIS. — DE LEUR FÉCONDITÉ.

1. *Des toiles formées par les Aranéides.*

Un Insecte, dont la moitié du corps se trouve suspendue à l'autre par un simple filet facile à rompre, dont la peau est molle, et ne peut résister à la moindre pression, dont les membres ne tiennent au corps que par des attaches si frêles, qu'un faible tiraillement les en sépare ; un être si faible ne paraît pas créé pour garantir sa vie contre toutes les causes qui tendent à la détruire, et semble dépourvu des moyens propres à se procurer sa nourriture, à se défendre contre ses ennemis, à protéger sa postérité naissante.

Telles sont cependant toutes les espèces d'Aranéides, surtout celles de la seconde tribu, ou les Araignées proprement dites, qui toutes seraient détruites et anéanties si la nature n'avait trouvé un moyen de suppléer à la faiblesse de leur corps, de manière à ce que, par des embûches multipliées, elles font d'Insectes beaucoup plus gros et beaucoup plus forts qu'elles, une proie facile ; et que, par des travaux souvent merveilleux, elles garantissent leur progéniture contre les inclémences de l'air et des saisons, et les attaques de leurs nombreux ennemis.

Pour produire des effets aussi puissants, et aussi merveilleux, la nature n'a employé qu'un moyen bien simple, c'est d'accorder aux Aranéides des viscères qui ont la faculté de sécréter deux liqueurs, dont l'une est un venin qui s'infiltre et se verse par leurs mandibules, et l'autre qui se transsude parleursfilières : avec la première, elles engourdissent instantanément les Insectes plus grands, plus redoutables qu'elles par la force de leur corps, ou l'énergie de leurs organes ; avec la seconde, elles produisent cette soie qui leur sert à marcher sans se heurter sur les corps les plus âpres, à glisser sur les plus polis, à se précipiter à terre, à monter verticalement, à traverser les airs, à tendre des filets pour surprendre leur proie, ou tapisser leurs demeures ; à construire ces cocons durs, serrés, qui doivent garantir leurs œufs des ennemis malfaisants, ou à les couvrir de ces légers édredons destinés à les protéger contre les atteintes d'un climat trop rigoureux. Pour apprécier la puissance de ce moyen, il suffit de dire que l'on a calculé que seize mille millions des fils les plus fins, qui s'échappent d'une des papilles des filières des plus jeunes et des plus petites espèces d'Aranéides, ne sont pas, lorsqu'ils sont réunis, plus gros qu'un cheveu humain, et qu'il est, sous les tropiques, des Aranéides qui forment des fils tellement forts , qu'on ne peut les rompre qu'avec un instrument tranchant (1).

La ténuité des fils que les Aranéides extraient de certaines papilles de leurs filières , a trompé nombre d'excellents observateurs ; ils n'ont pu comprendre comment ces Insectes parvenaient à s'échapper et à s'enlever dans l'air ; comment ils pouvaient tendre leurs subtils filaments, à deux arbres placés à une distance considérable. Les uns ont cru qu'ils avaient la faculté de faire jaillir ces fils de leurs filières; d'autres ont pensé , qu'en raison de la légèreté de leur corps, et de la longueur de leurs pattes , elles pouvaient, par le mouvement rapide de celles-ci , nager dans l'air (2).

L'organisation de l'Aranéide, la nature de la matière dont elle forme sa soie , nous semblent rendre ces deux opinions invraisemblables , et les observations suivies que nous avons faites nous-même y sont contraires.

La matière qui sort des papilles de toutes les Aranéides n'est point de la soie , mais une liqueur glutineuse dont les gouttelettes, par le seul contact de l'air, en s'éloignant des corps qui en ont été touchés, s'allongent en plusieurs fils qui se réunissent en un seul.

(1) Staunton , *Embassy to China*, t. I, p. 343.
(2) Degéer, t. VII, p. 191. M. P..., dans Lamétherie, *Journal de Physique*, t. IV, p. 319. — Virey, Observations sur l'ascension de petites Araignées dans l'air, p. 5; et dans le *Bulletin Universel* de Férussac, cahier d'octobre 1829, section 2 : et *London Magazine of Natural History*, 1828, n° 4, p. 320 à 324. — Lister, dans les *Philosophical Transactions*, vol. VI, n° 77, p. 3002; et*Collection Académique* , t. II , p. 195. — C'est une lettre qui contient des observations d'un anonyme, qui est, je crois, Lister. — Voyez aussi le journal *le Temps*, 20 août 1830 , où M. Lenoble suppose que les Araignées mettent des fils entre leurs pattes , se créent ainsi des ailes , et se gonflent l'abdomen d'air pour se rendre plus légères.

Les Aranéides, en se balançant, ne t uchent pas un corps qu'elles ne tendent un fil, et lorsque vous les prenez elles s'échappent par un fil latéral que vous n'aviez pas aperçu. Si vous prenez une très-jeune Épéire sur votre doigt, et que vous l'isoliez bien de tous les corps environnants, l'Aranéide n'ayant pas de fil latéral flottant, elle ne peut s'échapper latéralement; mais, suspendue à votre doigt par sa matière glutineuse, elle se laisse tomber assez lentement au bout de son fil qui s'allonge. Si plusieurs fois vous raccourcissez ce fil en le coupant avec un doigt de l'autre main, auquel il adhère, l'Aranéide, désespérant d'arriver à terre, emploie un autre moyen pour s'échapper. Elle remonte le long de son fil, et, à une certaine distance du point d'attache, elle travaille vivement avec ses pattes et sa bouche, et parvient à former, sur la corde où elle est suspendue, un petit flocon de soie; puis elle monte et descend rapidement au-dessus et en dessous de ce flocon, laissant des fils très-fins à chaque course, qui s'appuient sur le flocon et y aboutissent, et qu'on voit briller et flotter au soleil (1). (De telles observations ne peuvent se faire qu'au moyen d'un soleil brillant, et par un temps très-calme.) L'Araignée s'essaie sur un de ces fils, qui souvent n'est pas assez fort pour la porter; alors elle revient sur ses pas pour le renforcer, puis, se dirigeant le long de ce fil qui s'allonge toujours, devient plus ferme, et la soutient d'autant mieux qu'il est plus long, elle at-

---

(1) Cette observation, que je croyais m'être propre, est bien ancienne, car je la retrouve dans Redi, qui la rapporte comme ayant été faite aussi par un P. Blancanus. *V. Collection Académique*, t. I, 2ᵉ partie, p. 438.

croît de vitesse à mesure qu'elle s'éloigne du point d'attache. J'en vis une remonter ainsi, comme sur un plan incliné, vers un arbre, distant, de l'endroit où j'étais, de quatre toises. Le fil était tendu sur une longueur d'environ cinq pieds, et paraissait tenir encore à mon doigt. Au-delà de cette distance, je perdis ce fil de vue, mais non l'Aranéide que je continuai à suivre des yeux : je la vis s'élever toujours dans la direction de ce même plan incliné, sans dévier, plus haut ni plus bas, soit à droite, soit à gauche; mais sa rapidité fut telle, et elle était si petite, qu'elle disparut à mes yeux. Il ne serait pas impossible que l'électricité de l'air, comme l'a constaté M. Murray, ne contribuât à soulever et à faire diverger ces fils si fins (1)

Les Aranéides, au besoin, tirent de leurs filières différents fils et les composent diversement; chaque fil étant une sorte de petit écheveau formé de cinq ou six autres : la même espèce d'Aranéide forme des fils frisés ou tendus; elle les croise en tissu serré, comme une toile ou une pellicule, ou elle les écarte en mailles plus ou moins grandes. La même Aranéide a souvent pour sa toile des fils, dont la couleur sera bleuâtre, et d'autres pour son cocon d'un blanc éclatant, ou de couleur jaune ou fauve, et souvent de toutes ces sortes de fils dans un même cocon; enfin elle produit, sur une même toile, des fils gluants et qui gardent longtemps leur viscosité, et d'autres secs et cassants aussitôt qu'elle les a tendus.

Toutes les Aranéides d'une même espèce font leurs

---

(1) John Murray, *on the Aerial Spider*, dans *London's Magazine of Natural History*, november 1828, p. 320 à 324. — Coluérez *Collection Académique*, t. II, p. 195.

toiles et leurs cocons de la même manière, avec la
même sorte de fil, et selon les mêmes formes. Le cocon
ne varie jamais ; mais lorsque l'Araignée est empri-
sonnée et gênée dans le déploiement de ses moyens,
elle sait varier son industrie, et construit une toile
appropriée au local, différente de celle qui lui est
habituelle. Lorsqu'elle est violentée par l'homme ou
par une cause quelconque, c'est alors que se décèle
son degré d'intelligence ; car, dans l'état de nature,
elle n'a jamais occasion de l'exercer, attendu qu'elle
sait toujours choisir les lieux et les situations les plus
propices aux moyens qu'elle possède, et aux travaux
que son instinct la porte à exécuter.

Dans nos étables, dans nos écuries, dans l'intérieur
de nos maisons, des toiles construites par les Aranéides, couvertes de poussière, vieilles et tombant en
lambeaux, importunent nos regards et n'inspirent que
le dégoût.

Il n'en est pas ainsi lorsque, dans une de ces belles
matinées de la fin de septembre, si commune dans nos
climats, où la nature est souvent voilée par un léger
brouillard, on se promène au lever de l'aurore dans
une vigne à haute tige, ou dans un parterre orné d'arbustes et de fleurs, ou dans les larges allées d'un bois ou
d'un bosquet, ou dans un potager où végètent avec
abondance des arbres fruitiers et des plantes de toutes
pimensions, soutenues et protégées par des supports et
des treillages. Alors de tous côtés des toiles d'Aranéides, tendues en cercles concentriques, étalées en tapis,
suspendues en drapeaux, allongées en guirlandes,
frappent vos regards. Le soleil, après avoir dissipé
les vapeurs nocturnes, projette ses rayons sur les
chefs - d'œuvre d'industrie de nos Arachnées, donne

l'éclat des diamants aux gouttelettes de rosée qui s'y trouvent attachées, et les fait briller de toutes les couleurs de l'arc-en-ciel. Alors on aperçoit mieux la merveilleuse contexture de leurs tissus ; alors les plus indifférents observateurs admirent cet Insecte avant si dédaigné par eux, et éprouvent le besoin de connaître son étonnante industrie, et ses espèces si variées dans leurs couleurs et dans leurs formes.

Quand le soleil a fait disparaître et pompé dans l'air toutes les traces d'humidité qui se trouvaient sur ces légers filaments si on regarde de côté les écorces des arbres et de toutes les plantes ; si on se couche à terre de manière à considérer de profil les inégalités du terrain, on sera surpris de voir que les plantes, leurs écorces, leurs branches, le sol, les sillons, les pierres qui s'y trouvent, et que tous les corps de la nature placés en plein air sous la voûte du ciel, sont couverts de fils d'une ténuité extrême, invisibles à l'ombre, mais que leur éclat permet de voir à la lumière du soleil. C'est qu'à cette époque de l'année un grand nombre d'Aranéides viennent d'éclore, et par milliers dévident en marchant d'innombrables fils; c'est qu'un grand nombre aussi travaillent, pour mettre leur postérité à couvert contre les rigueurs de l'hiver ; et que toutes les générations, qui sont nées à différentes époques dans le cours de la belle saison, cherchent à s'accoupler, à engendrer, et à jouir des derniers beaux jours; et construisent des cocons qui, déposés par elles en lieu de sûreté, perpétueront leur espèce au printemps prochain, lorsqu'elles-mêmes auront cessé d'exister.

Cette prodigieuse multitude de fils d'Aranéides, ce nombre immense de toiles anciennes et nouvelles, que recèlent les forêts, les bosquets, les campagnes,

continuellement baignées par les brumes humides de
l'arrière-saison, s'agglomèrent et s'amoncèlent en longs
écheveaux qui, séchés par le soleil, et l'air souvent
âpre et pur, à cette époque de l'année, acquièrent une
blancheur extraordinaire; puis, agités par les vents,
ils s'enlèvent dans l'air en formant ces longs filaments blancs, nommés *fils de la Vierge*, sur l'origine
desquels on a tant disserté.

Les jeunes Araignées répandues de tous côtés, qui
se trouvent accrochées par ces fils, ne peuvent s'en
débarrasser, ou y restent volontairement, et voyagent
au loin par ce moyen. Les espèces du genre Lycose
qui marchent sur terre, et les Epéires qui construisent leurs toiles dans les lieux les plus découverts,
sont celles que l'on rencontre le plus souvent dans
ces fils. Plusieurs naturalistes ont cru qu'elles en
étaient les auteurs, et ont ainsi décrit de très-jeunes
Aranéides comme espèces distinctes. C'était attribuer
un bien grand effet à un bien petit agent. Car ces filaments sont souvent d'une prodigieuse longueur, et
se réunissent en flocons si nombreux et si gros, qu'ils
retombent par leur propre poids, et ressemblent à
une pluie de coton. Dans les contrées méridionales, où
les Aranéides sont grosses et très-abondantes, les
étangs, les rivières, les prairies, en sont quelquefois
couverts. Toutes les fois que j'ai eu occasion d'observer ces longues et blanches touffes, je n'y ai jamais
trouvé attachées qu'un très-petit nombre d'Aranéides,
et toujours des espèces diffférentes et de différents
genres.

Ces fils, résultat des toiles et des cocons de toutes
les espèces d'Aranéides, ne sauraient être confondus
avec ceux qui sont garnis de petits pelotons de soie,

par les jeunes Aranéides qui appartiennent à la grande tribu des Fileuses, pour se transporter dans l'air, de la manière dont je viens de le décrire, d'après des observations que Lister avait déjà faites avant moi (1). Ces fils sont plus diaphanes et ne forment que des flocons très-minces. L'*Aranea obtetrix*, à laquelle M. Gravenhorst a voulu attribuer exclusivement la formation des fils de la Vierge, n'est pas une espèce, mais un jeune individu mal décrit du genre Épéire, que ce savant naturaliste a vu avec, le fil qu'il avait fabriqué, pour se transporter dans l'air (2).

Il y a un fait rapporté par Lampridius, dont l'exagération même peut, cependant, donner une idée de la prodigieuse multiplication des Araignées. Cet historien, racontant les extravagances d'Héliogabale, dit de cet empereur : « Il se faisait un amusement de ses esclaves, et donnait des prix à ceux qui lui rapportaient un mille pesant d'Araignées ; on raconte, qu'il parvint ainsi à réunir dix mille pesant de ces Insectes, et par-là, selon lui, on pouvait apprécier la grandeur de la ville de Rome (3). »

2° *Classification des Aranéides d'après leurs toiles.*

Les tissus si compliqués des toiles d'Aranéides, et la variété des formes que l'on y observe, sont le résultat non-seulement du travail de leurs filières, mais encore de la plus ou moins grande flexibilité de leur abdomen, et aussi de leurs pattes, surtout de celles de derrière, qui

---

(1) *Voyez* Lister, *Collection Académique*, t. II, p. 195.
(2) Isis, 1823, 4ᵉ livraison, p. 378.
(3) *August. Script.*, p. 110 de l'édition in-folio.

agissent continuellement pendant toute la durée de ce travail; elles se trouvent aussi forcées d'employer quelquefois leurs palpes pour cette tâche laborieuse. La ressemblance dans les toiles tissues par les Aranéides, est donc un indice des rapports d'affinités qui existent dans leur organisation. Les Aranéides, qui font des toiles peu différentes entre elles, doivent appartenir au même genre, ou à des genres très-voisins.

On est donc certain de former une classification naturelle en groupant les Aranéides d'après les formes de leurs toiles, et nous allons y procéder en ne classant que celles dont nous avons nous-même observé les toiles, et mettant dans une classe à part toutes celles que le besoin de la méthode nous forcera ensuite de classer par induction. Sous ce rapport, les Aranéides peuvent se diviser en deux grandes classes, les *Sédentaires* et les *Vagabondes*.

Les *Sédentaires* à corselet proportionnellement plus court, plus petit, à pattes plus fines, et presque toujours plus allongées, sont celles qu'on pourrait dénommer les *Grandes Fileuses*, parce qu'elles construisent de grandes toiles, où elles se tiennent immobiles au milieu, ou cachées dans un des coins, en attendant que les Insectes viennent se prendre dans leurs filets; mais les toiles des unes ne sont que des *trames* formées de *fils écartés* à grandes mailles, celles des autres sont des *tissus* à mailles plus ou moins serrées.

Les premières comprennent deux tribus, les *Orbitèles* et les *Retitèles*. Les Orbitèles, habiles géomètres, forment ces grands filets composés de cercles concentriques ou en spirale, croisés par des rayons qui se réunissent à un centre commun, le plus souvent verticaux ou perpendiculaires au sol. Cette tribu se compose de quatre genres, qui renferment les Aranéides les plus remarquables, par la variété de leurs formes et le brillant de leurs couleurs ; ces genres sont : Épéire, Plectane, Tétragnathe, Ulobore.

Le premier de ces genres est de beaucoup le plus nombreux en espèces.

Les *Rétitèles* font des toiles grandes et en apparence irrégulières, et pourtant très-régulières, puisqu'elles sont toujours formées de même dans les mêmes espèces, et par des fils qui se croisent à distance dans tous les sens. Cette tribu, qui renferme en général les petites espèces d'Aranéides, est la plus curieuse peut-être par la variété étonnante de l'industrie des Aranéides qui la compose, elle compte plusieurs genres : Théridion, Épisine et quelques autres analogues.

Mais le premier de ces genres, le Théridion, est beaucoup plus nombreux en espèces, se subdivise en familles, assez différentes entre elles pour qu'on ait été tenté d'en former autant de genres.

Les Sédentaires ou les grandes Fileuses, qui font des toiles à tissus ou à mailles serrées, sont peu nombreuses en espèces ; mais ces espèces sont très-multipliées, et se rencontrent partout dans nos maisons et dans les champs.

Elles se subdivisent en deux sections, les *Napitèles* et les *Tapitèles.*

Les *Napitèles* forment une toile à mailles serrées, qui est comme une espèce de nappe ou de hamac suspendu horizontalement entre les plantes, sans aucun trou rond comme les Tapitèles ; leurs toiles sont aussi beaucoup plus claires et plus diaphanes que celles de ces dernières ; mais certaines espèces surmontent ces toiles en nappes, de grandes toiles à trames formées de fils croisés dans tous les sens, et à distance, comme les Rétitèles. Les Napitèles forment le genre Linyphie, et ceux qui lui sont analogues.

Les *Tapitèles* tissent, dans les angles des murs, sous les pierres et sur les buissons, ces toiles à mailles serrées, étendues horizontalement en tapis, étant pourvues d'une retraite arrondie, tissées de même que le reste de la toile. Cette tribu comprend peu d'espèces, mais ce sont les plus connues, les plus nombreuses, et celles qui fournissent la plus grande quantité de soie. Les genres dont elle se compose sont : Tégénaire, Agélène, Nyssus et quelques autres analogues.

Les *Vagabondes* ou Aranéides, qui cherchent leur proie et ne construisent point de grandes toiles, se subdivisent aussi en deux classes bien distinctes, en *Errantes* et en *Chasseuses*. Les premières n'ont pas seulement recours aux courses qu'elles font, à l'entour des lieux où elles résident, pour attraper leur proie, mais elles se fient principalement pour cela aux fils qu'elles ont tendus, et dont elles s'écartent peu ; les secondes sont sans cesse occupées à chasser les Insectes dont elles doivent se nourrir, et voyagent à de grandes distances.

Les premières, ou les *Errantes*, se subdivisent encore en deux sections : les *Niditèles*, qui font des nids où elles doivent renfermer leurs œufs, et une petite toile où aboutissent des fils pour attraper leur proie ; et les *Filitèles*, qui tendent de longs fils épars qui n'aboutissent à aucun nid ou à aucune toile. Les *Niditèles* se composent des genres suivants : dans les Théraphoses ; Mygale, Missulène, Olétère, Sphodros, Filistate : dans les Araignées ; Clubione, Drasse, Dysdère, Segestrie, Filistate, Argyronète ; auxquels il faut ajouter cependant les Dolomèdes, du moins la première famille formée par la Dolomède admirable, qui fait une assez grande toile à l'entour de son nid, et que cependant d'autres rapports d'organisation rangent dans une tribu différente. Il en est de même des Dysdères et des Segestries, que diverses affinités éloignent des Clubiones et des Drasses, et rapprochent des Mygales ou des Théraphoses en général.

Les *Nitidèles* ont en général le corselet allongé, et se rapprochent par leur organisation des Tapitèles et des Vagabondes proprement dites, tandis que les *Filitèles* ont le corselet plus petit, les pattes plus grêles, et sont plus voisines des Rétitèles. Les genres compris dans la tribu des Filitèles sont : Pholcus, Clotho, Enyo, Uptiotes, Scytodes.

Les *Chasseuses*, qui cherchent au loin leur proie, peuvent se diviser en deux tribus, les *Coureuses* et les *Marcheuses*.

Les premières, à corselet grand, à pattes longues et fortes, sont au nombre des plus grandes et des plus redoutables Aranéides ; elles courent avec une extrême rapidité. Elles comprennent les genres suivants : Mygale, Olétère, Lycose. Sphase.

Les Marcheuses, qui vont lentement et épient leur proie, se subdivisent en deux tribus ; l'une dont le corselet est épais, gros et grand, proportionnellement à l'abdomen, les pattes courtes et fortes, et qui sautent souvent en marchant, ce sont les *Marcheuses-Sauteuses* qui comprennent les genres Attus, Chersis, Erésus, Myrmécie.

L'autre tribu des Marcheuses, dont le corselet est élargi, court, proportionnellement à l'abdomen, dont les pattes sont étalées et souvent inégales entre elles, doivent être nommées *Marcheuses latérigrades*, parce qu'elles marchent de côté. Les genres dont se compose cette tribu sont : Déléna, Thomise, Sélenops, Sarotes, Philodrôme, Sparasse. Ces deux derniers genres ont cependant une marche assez rapide, et se rapprochent des Vagabondes coureuses.

Nous n'avons aucun renseignement sur les toiles formées par les espèces des genres suivants : Storène, Ctène, Hersilie, Eripus, Arkys, Dolophone, Clastes, Desis, Artema, Lachésis, Zosis.

Mais les rapports d'affinités les plus multipliés nous font ranger dans les *Vagabondes coureuses* les genres Storène, Ctène, Hersilie, Sphase et Dolophone.

Dans les *Marcheuses latérigrades*, les genres Eripus et Clastes.

Dans les *Vagabondes errantes*, nous plaçons le genre Artema.

Dans les *Sédentaires*, les genres Lachesis et Nyssus qui paraissent être des Tapitèles; et des Zosis qui semblent être des Épéires.

Mais des observations directes valent mieux que les inductions les plus fortes, et, en apparence, les mieux fondées : nous recommandons aux observateurs futurs, l'étude des mœurs et des habitudes, et de la forme des toiles, des genres que nous venons de nommer.

Les témoignages de plusieurs voyageurs, dignes de foi ne permettent pas de douter, que les fils tendus par certaines grandes Épéires, et certaines Théraphoses, sont d'une telle force, qu'elles arrêtent de petits oiseaux, et que l'homme même a besoin de faire effort pour les rompre. Selon M. Staunton, à Java on est obligé d'employer pour cela un instrument tranchant. Si cette assertion est exacte, il n'y a aucune raison pour ne pas croire à celle de Richard Stafford, qui assure qu'aux îles Bermudes certaines

Araignées font des toiles qui peuvent arrêter un oiseau gros comme une grive (1). Un autre auteur dit, qu'au Mexique, il est des Araignées qui tissent des fils assez forts pour soutenir le linge qu'on a lessivé. D'un autre côté, Leuwenhoek a démontré, d'après des observations microscopiques très-exactes, que dix mille fils qui sortent d'une des filières d'une Araignée adulte n'égalent pas la grosseur d'un cheveu de l'homme, et que les fils qui sortent des jeunes Araignées qui commencent à tisser leurs toiles sont quatre cent mille fois plus fins qu'un de ces cheveux (2).

La couleur des fils des toiles d'Araignées diffère selon les espèces, elle est tantôt blanche, jaune, bleuâtre, verdâtre. Il y a une Araignée au Mexique dont la toile se compose de fils rouges, jaunes et noirs, entrelacés avec tant d'art que l'œil ne peut se lasser de l'admirer ; d'autres dont les fils sont noirs et écarlates (3).

3. *De la réunion ou de la séparation des mâles et des femelles d'Aranéides.*

Les mâles et les femelles d'Aranéides construisent et habitent des toiles séparées. Dans la plupart des genres, le mâle se rend pour l'accouplement sur la toile de la femelle. Cependant un observateur assure que dans une espèce du genre Clubione le mâle con-

---

(1) Richard Stafford, Lettre dans la *Collection Académique*, t. II, p. 156.

(2) Leuwenhoek, *Epistolæ ad societatem Angliam* ; p. 335.

(3) Lesser, *Théologie des Insectes*, t. I, p. 361, chap. 14, il cite ses autorités.

struit une toile exprès pour l'accouplement, sur laquelle il n'admet la femelle que lorsque le moment propice est venu.

Dans certains genres, tels que les Tégénaires, les Épéires, après l'acte de la génération, le mâle se retire avec précipitation de la toile de la femelle, qui cherche à le saisir et à le dévorer; mais parmi les Rétitèles, et les nombreuses familles du genre Théridion, les mâles cohabitent longtemps sur la même toile, avec la femelle, avant, et après, l'accouplement. Le mâle de la Dolomède admirable, partage même avec sa femelle les soins de la postérité; il ramasse le cocon que la femelle laisse tomber, le place comme elle sous sa poitrine, et le défend contre toutes les attaques, jusqu'à ce que les petits soient éclos. Dans certaines espèces d'Épéires, tels que l'Apoclise, les mâles cohabitent avec les femelles, dans le même nid, sans se nuire.

Mais dans d'autres espèces, les mâles ne sont pas moins redoutables pour les femelles, que celles-ci pour elles. J'ai vu le mâle d'une Épéire inclinée profiter de ce qu'une femelle de son espèce ne pouvait que difficilement se remuer, parce qu'elle était pleine, pour l'attaquer, la garrotter et la sucer.

Si les individus d'une même espèce en agissent entre eux avec cette férocité, on pense bien que les espèces différentes, et de genres différents, sont dans un état de guerre continuelle. On ne voit pas cependant les Orbitèles et les Rétitèles se hasarder souvent sur les toiles de leurs congénères pour les attaquer; mais les Thomises tendent fréquemment des embûches aux Aranéides plus petites et plus faibles, et les surprennent et s'en nourrissent.

Quoique les Aranéides soient des animaux solitaires, cependant on remarque certaines espèces qui se plaisent à côté des individus de leur espèce, et forment une sorte de société ou de communauté. Le Théridion Sisyphe se rencontre rarement isolé, et toujours sa toile est proche de celles des autres individus de son espèce.

Azzara, naturaliste à la vérité plus zélé qu'éclairé, mais observateur exact, et narrateur sincère, rapporte qu'au Paraguay il y a une espèce d'Aranéide noirâtre et de la grosseur d'un pois chiche, dont les individus vivent en société de plus de cent, et qui construisent en commun un nid plus grand qu'un chapeau, qu'elles suspendent par le haut de la calotte à un grand arbre, ou au faîtage de quelque toit, de manière à ce qu'il soit un peu abrité par en haut; de là partent tout à l'entour un grand nombre de fils gros et blancs, qui ont cinquante à soixante pieds de long. Nous ne croyons pas à une société d'Aranéides de différentes mères travaillant en commun : il est évident pour nous qu'Azzara a décrit un Théridion gros et prolifique, qui, après la ponte, reste longtemps avec ses petits, comme tous ceux de ce genre; le nid déjà grand, formé par la mère, est accru par le travail des jeunes, jusqu'à ce qu'ils soient en état de se séparer de la famille, et d'en fonder une à part (1).

4. *Des cocons formés par les Araignées.*

Le mâle, dans les Aranéides, ne sert qu'à la génération; la femelle seule soigne les œufs qu'elle a pondus.

---

(1) Azzara, *Voyage à la Plata et au Paraguay*, chap. 7.

Presque toutes les Aranéides enveloppent leurs œufs dans des cocons de soie. Je ne connais encore qu'une seule exception, celle du genre Pholcus, qui se contente d'agglutiner ses œufs en une masse ronde ; mais peut-être la nature offre-t-elle plusieurs autres exemples semblables.

Ces cocons diffèrent selon les genres et les familles, par la nature de leur tissu ou de leur enveloppe, par leurs formes, et par leurs couleurs. Leur grosseur est souvent proportionnée à celle de l'Insecte ; toutefois, plusieurs petites espèces font des cocons proportionnellement plus gros que les grandes.

Les cocons diffèrent aussi par la manière dont les œufs se trouvent placés, tantôt agglutinés entre eux, ou unis par des fils de soie, tantôt libres ou isolés les uns des autres.

Enfin la manière dont l'Aranéide soigne ce cocon, ou se comporte à son égard, diffère aussi selon les genres et les familles.

Le cocon est simple lorsqu'il n'est formé que d'une seule matière, qui tantôt est une bourre de soie, tantôt une gaze transparente, tantôt un tissu serré comme un linge fin, ou plus souvent encore comme la pelicule de certaines graines. Le cocon est composé, lorsque les œufs se trouvent entourés à la fois de bourre et de tissu serré. Il est multiple quand il y a plusieurs enveloppes à tissus, ou à bourre de soie, contenues dans un tissu extérieur, et souvent de la terre, des petits cailloux, ou de petits débris d'Insectes ou de plantes, agglomérés en couches entourées par de la soie, ou la recouvrant.

La forme du cocon est toujours la même dans la famille, mais non pas dans le genre ; ainsi, dans presque toutes les Lycoses, le cocon est en général globuleux mais aplati, ou du moins comprimé; cependant la petite Lycose Albimane a un cocon entièrement sphérique.

Cette forme de cocon globuleux comprimé de la *Lycosa saccata*, et de beaucoup d'autres de ce genre, se retrouve aussi dans les espèces du genre Mygale, dans certaines Clubiones de la famille des Furies, telle que la Lapidicole. Les cocons sont globuleux dans les genres Olétère, Tégénaire, Dolomède, Sparasse, Ségestrie, Agelène; dans un grand nombre de familles du genre Théridion, dans les Renflées (Théridion Sisyphe), les Ovales (Th. redimitum, etc.); les Cryticoles, les Triangulilabres.

Ils sont au contraire aplatis et lenticulaires dans le théridion bienfaisant.

Ils sont aussi aplatis dans les genres Sphase et Thomise, si nombreux en familles et en espèces, et dans le genre Philodrome, qui en a été détaché : de même dans certaines Clubiones, telle que la Clubione soyeuse. Ils sont aplatis aussi, et ovales, dans la Ségestrie perfide.

Ainsi la forme sphérique, orbiculaire, ou globuleuse, ovale, aplatie, et la forme ronde, plate et lenticulaire, sont les formes les plus communes dans les cocons d'Araignées : mais pourtant il en est qui sont en ovale allongée et resserrée, et tronquée à sa partie supérieure, semblable à une amphore antique avec sept ou huit pointes, comme celui de l'Épéire Aurélie et de l'Épéire Fasciée : d'autres l'ont en forme de coupe profonde recouverte par une opercule, comme le Drasse brillant. Il en est enfin comme dans les genres Ulobore Philodrome, Plectane ou les Araignées Épineuses, qui font des cocons anguleux ou étoilés. Pour ces derniers, ilsse trouvent en rapport avec la forme de leur abdomen. Le rapport entre la forme du coçon et la forme de l'abdomen, est assez général quoiqu'il ne soit pas constant. Ainsi l'Épéire Fasciée a un abdomen ovale et fait un cocon ovale : le cocon des Thomises est en général aplati comme leur abdomen ; celui des Théridions, globuleux comme eux. Les Tégénaires, les Épéires et les Latrodectes, dont les cocons sont globuleux, ont aussi l'abdomen renflé en sphéroïde à leur partie antérieure. Mais il n'y a aucun rapport entre la forme ovale, allongée, un peu comprimée, du Drasse brillant, et son cocon hémisphérique ou en forme de coupe ; entre l'abdomen cylindrique du Pholcus, et sa grosse masse d'œufs agglutinée, globuleuse ; entre l'abdomen également allongé, mais diminué vers l'anus, de l'Ulobore ; et son cocon aplati et anguleux.

Nous avons déjà remarqué que la couleur, dans les œufs d'Aranéide. n'est pas toujours semblable à celle du cocon, quoique ce rapport ait lieu quelquefois. Il en est de même des couleurs du cocon, à l'égard de l'abdomen : le cocon d'un vert tendre du Sparasse Verdissime, d'un vert bleuâtre dans la Tétragnathe étendue, d'un vert sale dans le Théridion Nervosum, d'un rouge ferrugineux dans le Théridion Sisyphum, d'un blanc jaunâtre dans la Dolomède Admirable, ont des rapports évidents avec la couleur de l'abdomen de ces Insectes, ou avec certaines couleurs qui occupent une grande place dans les figures tracées sur leur dos. Mais le plus souvent les cocons d'Araignées sont d'un blanc plus ou moins pur, même dans les espèces dont les couleurs sont dépourvues de blanc ; et ces couleurs ne sont pas les mêmes dans les espèces d'un même genre, quelque naturel qu'il soit. Ainsi, dans la Lycose à sac, le cocon est d'un vert sale, tandis que celui de la Lycose Albimane est d'un blanc éclatant. Il ne faut pas oublier cependant que cette dernière espèce a les palpes garnis de poils très-blancs, ainsi que son nom l'indique, et que son abdomen a aussi une petite raie blanche: mais le cocon du Drasse brillant est peut-être encore d'une blancheur plus éclatante que celui de la Lycose Albimane, et cependant, son abdomen et son corselet, ne nous présentent que des couleurs sombres, ou métalliques et brillantes. Le Théridion Bienfaisant, d'un brun noirâtre, fabrique un cocon blanc de lait; enfin le Drasse nocturne, qui est noir comme du jais, a aussi son cocon d'un blanc éclatant. Le cocon de l'Épéire Aurélie est d'un vert sombre, quoique ses couleurs soient blanches, noires, argentées, dorées, sans mélange de vert.

Les Tégénaires et les Agelènes, dont les couleurs sont ternes et sombres, font des cocons très-blancs et couleur orange. Le cocon du Philodromus Tigrinus, d'un gris brun, est aussi très-blanc. Le cocon du Latrodecte Malmignatte noir et à taches couleur de sang, est d'un fauve jaunâtre clair.

Le cocon des Araignées est en général d'une seule couleur; pourtant certaines Aranéides, surtout parmi les Épéires, ont des cocons nuancés ou marqués de couleurs diverses; ainsi le cocon de l'Épéire Fasciée est grisâtre, mais panaché de petits traits noirs.

Dans les cocons composés, les tissus extérieurs ne sont pas semblables en couleurs aux tissus intérieurs. Ainsi la première enveloppe du cocon de la Tégénaire agreste est blanche, tandis que celle qui contient les œufs est orange. L'enveloppe extérieure du cocon de l'Épéire diadème est blanche, mais la bourre de soie qui recouvre les œufs est jaune comme eux. Le cocon de l'Agelène labyrinthique est de même formé de couches de terre et de soie, mais moins compliqué.

Dans les Araignées, dont le cocon est simple ou formé d'une seule enveloppe, il y a cependant une grande différence entre la surface extérieure de cette enveloppe, qui est d'un tissu en général plus fin et plus serré, et la surface intérieure, qui souvent est molle et garnie de duvet, et dont la couleur diffère souvent de celle de la superficie extérieure.

Les Aranéides, qui forment des cocons simples, sont celles qui les soignent avec le plus d'assiduité, ou qui suppléent à l'imperfection de ces cocons par les sacs ou fourreaux où elles se tiennent renfermées, ou des toiles extérieures qui suppléent à la multiplicité des enveloppes.

Ainsi la femelle du *Pholcus phalangioïdes*, ne fait point de cocon; elle agglutine seulement ses œufs, mais elle les porte constamment avec elle, jusqu'à ce qu'ils soient éclos. Les Scytodes, au moins les Thoraciques, portent aussi leurs cocons dans leurs mandibules.

Les Aranéides, dont le cocon n'est formé que par une enveloppe mince comme une gaze, tels que la Tégénaire domestique ou l'Araignée des chambres, la Clubione accentuée, la Clubione erratique, la Linyphie montagnarde, sont remarquables par les procédés ingénieux qu'elles emploient pour protéger les germes de leur postérité. Nous les ferons connaître, lorsque nous décrirons les espèces de cette nature, qu'on a le mieux observées.

Il en est de même des Aranéides qui recouvrent leurs œufs d'une simple bourre de soie, sans enveloppe extérieure, comme les Dysdères, les Théridions couronnés, rayés, ovales, et les Théridions de la famille des Crypticoles.

Les cocons simples, à tissus serrés, peuvent être divisés en deux sections : ceux dont le tissu est facilement déchirable; ceux qui, ayant la consistance du parchemin, ne peuvent être que difficilement déchirés.

Les espèces qui forment les premiers sont principalement des genres Mygale, Olétère, Lycose, Dolomède, Thomise, Clubione; et ceux-là veillent sans cesse sur leurs petits, imparfaitement protégés par le cocon. Les Lycoses, et certaines Mygales mineuses, les traînent sans cesse avec eux attachés à l'extrémité de leur abdomen; et lorsque leurs petits sont éclos ils les reçoivent sur leur dos, et les portent jusqu'à ce qu'ils soient assez forts pour chasser leur proie.

Les espèces de la première famille des Dolomèdes portent leur cocon sous le ventre ; et restent, avec leurs petits, dans les grands nids en soie que leur prévoyance maternelle leur a fait exprès fabriquer. Les Thomises et certaines Clubiones restent constamment sur leurs cocons, et les couvent en quelque sorte : ils s'en laissent difficilement écarter, jusqu'à ce que les œufs qui s'y trouvent contenus aient fait éclore leur postérité. Le Théridion Sisyphe, dont le cocon est d'un tissu plus ferme, et qui le cache sous des feuilles sèches suspendues au milieu de la toile, s'en écarte plus facilement que le Théridion couronné, et se laisse tomber à terre dès qu'on remue sa toile, même lorsqu'il a son cocon. Les Latrodectes, qui tendent des fils pour prendre leur proie, forment un cocon d'un tissu très-serré, et sphéroïdale comme leur abdomen.

Les espèces qui font un cocon d'un tissu plus ferme

et plus serré, comme du parchemin, abandonnent
encore plus facilement leurs cocons, qui, le plus souvent, ont la forme aplatie et lenticulaire. Tels sont
le Drasse noir, dont nous avons déjà parlé, le Théridion bienfaisant et plusieurs autres. Mais le Drasse
brillant, dont le cocon est aussi d'un tissu très-
difficile à déchirer, est en forme de coupe, se sépare difficilement du sien. Certaines Clubiones et les
Lycoses, ordinairement si farouches, se laissent prendre plutôt que de se séparer de leurs cocons. Bonnet
vit une Lycose qui aima mieux se laisser engloutir
dans le trou d'un fourmi-lion, plutôt que d'abandonner
son cocon (1).

Les Aranéides qui construisent des cocons composés, les abandonnent, le plus souvent, après les avoir
mis en lieu de sûreté. Telles sont les Épéires, dont le
cocon est formé par une bourre de soie, contenue,
presque toujours, dans une enveloppe extérieure à tissu
serré.

La Tégénaire agreste, dont les œufs sont renfermés
dans une bourre lâche qu'enveloppe un tissu serré,
recouvert ensuite de terre et de sable, et de débris
d'Insectes, renfermés dans une enveloppe de soie
mince et transparente, se tient vigilante au-dessus
de son cocon, sur une petite toile construite exprès et
suspendue comme un hamac.

Plusieurs Aranéides font deux pontes, l'une au
printemps, l'autre à l'automne, et font par conséquent
deux cocons dans l'année : mais il en est qui font consécutivement plusieurs pontes et plusieurs cocons,

____

(1) Bonnet, *Traité d'Insectologie*, dans ses œuvres, t. I,
p. 547, in-4°.

qu'elles placent les uns à côté des autres, et qui doivent éclore presque simultanément : ainsi j'ai compté jusqu'à sept petits cocons lenticulaires du Théridion bienfaisant, rangés l'un à côté de l'autre sur une seule ligne dans une feuille d'arbre, et la femelle qui s'y trouvait paraissait pleine encore. Les gros cocons de la Tégénaire agreste, que l'on trouve sous les pierres, sont toujours au nombre de trois ou quatre à côté les uns des autres. Quand on examine le nid composé de feuilles sèches, de débris de plantes qui paraissent comme tombés fortuitement au milieu de la toile du Théridion Sisyphe, on trouve toujours trois ou quatre petits cocons globuleux réunis. On en compte aussi souvent trois, et quelquefois cinq dans le nid en vase renversé, ou en forme de dôme, que le Théridion découpé construit dans un coin de sa toile. M. Tremeyer s'est assuré qu'en Italie l'Épéire diadême pond jusqu'à six cocons dans le cours de l'année; non consécutivement, mais à d'assez longs intervalles.

Mais les cocons d'Araignées qui sont multiples, c'est-à-dire qui sont formés consécutivement, et se trouvent réunis ensemble dans le même nid, ou dans la même retraite, contiennent ordinairement un petit nombre d'œufs; tandis que les cocons qui sont isolés et uniques, formés par les Aranéides, qui ne pondent qu'une ou deux fois dans l'année, et à de longs intervalles, en renferment un très-grand nombre.

Le nombre d'œufs qui sont renfermés dans les cocons d'Aranéides varie beaucoup, selon les différents genres, souvent même dans le même genre, mais peu dans la même famille. En effet, dans nos climats on trouve des Aranéides dont le cocon ne renferme que dix, douze à quinze œufs, et d'autres qui en contiennent quelquefois plus de six cents : certaines espèces exotiques nous en font voir qui en recèlent plus de mille ; il en est peut-être qui en contiennent le double de ce nombre. En considérant ce sujet d'une manière générale, on peut dire que les cocons sont peu productifs, quand le nombre d'œufs qu'ils renferment est de moins de quarante ; qu'ils sont médiocrement productifs quand ce nombre est au-delà de quarante, et ne dépasse pas soixante ; et qu'ils sont très-productifs quand ce nombre de soixante est dépassé.

En général, le genre Drasse ne forme que des cocons peu productifs. Le cocon du Drasse brillant ne renferme que dix à douze œufs, celui du Drasse nocturne une vingtaine.

La plupart des Attes, du moins ceux de nos climats, font des cocons qui ne contiennent que trente à quarante œufs au plus, et quelquefois moins. La Tégénaire agreste, quoiqu'elle appartienne à un genre où certaines espèces font des cocons productifs, ne nous présente dans le sien qu'une quarantaine d'œufs.

Presque toutes les Thomises font des cocons qui sont médiocrement productifs. On compte dans le cocon de la Thomise citron une cinquantaine d'œufs ; dans celui de la Thomise enfumée, je n'ai compté que seize œufs, tandis que le cocon de la Thomise crêté en septembre m'a donné cent vingt-cinq œufs.

Les genres Philodromes, et certaines familles de Clubiones, ouvrent la division des Aranéides, qui dans nos climats commencent à donner des cocons très-productifs. Le cocon de la Clubione amaranthe ne nous offre cependant que cinquante à soixante œufs, mais celui de la Clubione atroce en a au moins cent ; le

Philodrome sobrele même nombre, mais le Philodrome
flamboyant quarante à cinquante seulement. Les Théridions ne font pas en général des cocons très-productifs, cependant on compte environ quatre-vingts à
quatre-vingt-cinq œufs, dans le cocon du Théridion
découpé.

Le genre Sparasse, dans l'espèce dite Verdissime,
nous donne des cocons où l'on compte environ cent
quarante œufs ; mais le Sparasse Argelas n'a offert dans
le sien que soixante œufs.

L'Agelène labyrinthique enveloppe aussi une soixantaine d'œufs dans son cocon ; mais la Tégénaire domestique en fait compter dans le sien de cent soixante
à cent quatre-vingts. La Dolomède admirable produit
aussi depuis cent jusqu'à cent soixante œufs. Les
Latrodectes pondent jusqu'à deux cent vingt œufs,
et peut-être davantage. Les espèces dont les cocons
sont les plus productifs, et aussi les plus pleins,
les plus gros , sont les Lycoses et les Épéires. On
a compté jusqu'à cinq à six cents œufs dans le cocon
de la Lycose narbonaise : la Lycose agrétique , dont
le cocon n'a que cinq lignes de long, produit cent
quatre-vingts œufs. Je n'ai jamais compté que trois
à quatre cents œufs dans les cocons de l'Épéire diadême ; mais M. Tremeyer dit, qu'en Italie, le cocon de
cette espèce en produit le double de ce nombre. Cependant il est certaines Épéires beaucoup moins fécondes ; je n'ai trouvé que cinquante œufs dans le cocon de l'Épéire anguleuse. Mais la fécondité de ces
Insectes varie avec l'âge, et les jeunes femelles d'A-
ranéides pondent un moins grand nombre d'œufs, que
celles qui sont plus âgées.

Dans la plupart des cocons d'Épéires, dans ceraines Clubiones, les œufs sont agglutinés entre eux, et ne se détachent pas les uns des autres lorsque le cocon est ouvert. Les œufs sont libres au contraire, c'est-à-dire qu'ils roulent et se séparent entre eux lorsqu'on ouvre le cocon, comme dans le cocon des Tégénaires domestiques, du Sparasse verdissime, du Drasse brillant, et de certaines Thomises.

Dans plusieurs espèces, les œufs ne sont pas agglutinés, mais en quelque sorte soudés ensemble comme ceux du Pholcus; ils ont la superficie enduite d'une certaine viscosité qui les empêche de se séparer, et de rouler, par leur propre poids, lorsqu'on déchire le tissu du cocon.

Les œufs sont le plus souvent tellement couverts par le cocon, qu'on ne peut que soupçonner leur présence lorsqu'il est entier. Mais dans certains cocons, surtout parmi ceux qui sont aplatis, le tissu du cocon s'adapte tellement à la partie supérieure de la couche d'œufs, que ceux-ci sont en saillies, et forment sur le cocon autant de petites bosses hémisphériques. La Clubione soyeuse, et le Thomise crêté, nous présentent des exemples de ce genre de cocon.

Le cocon de l'Araignée est presque toujours plus gros que son abdomen, et la masse d'œufs qui se trouve contenue dans le cocon de plusieurs espèces, paraît ne pouvoir avoir été renfermée dans le ventre de celle qui l'a pondu, et semble être le résultat de plusieurs pontes. Il n'en est point cependant ainsi, mais ces œufs sont comprimés dans le ventre de la mère. à peine en sont-ils expulsés, que leur enveloppe molle se dilate aussitôt qu'elle se trouve en contact avec l'air, et c'est sans doute là le premier effet du mouvement vital, et celui qui prépare celui qu'on observe dans le germe.

On voit fréquemment le jour, les Araignées travailler à leurs toiles, mais jamais à leurs cocons, d'où l'on doit conclure qu'elles exécutent ce travail pendant la nuit. Pourtant, une femelle du Drasse brillant, que j'avais placée dans un tube de verre, a construit sous mes yeux, et au grand jour, son cocon, sans qu'elle fût intimidée ni arrêtée dans son travail par le mouvement de ma main, et par la loupe qui plongeait sur elle lorsque j'approchais le tube de mes yeux.

Dans plusieurs genres d'Aranéides, les femelles ont l'habitude de porter leurs petits sur leur dos lorsqu'ils sont éclos, et ces genres sont ceux dont les espèces se renferment dans des trous en terre ; ce sont les Lycoses, les Olétères, les Sphodros, et peut-être aussi les Mygales mineuses. Les jeunes vivent ainsi en société, pendant quelque temps, sous la direction de leur mère. Les Aranéides vagabondes qui vivent sur les plantes et construisent de grands nids de soie blanche, tels que la Clubione nourrice, la Dolomède admirable, ont des petits qui demeurent assez longtemps en société sous la protection de leur mère, dans le nid même où elles sont écloses, d'où elles sortent et rentrent pour aller chasser.

4. *De la diversité des lieux habités par les Aranéides, de la forme et de la nature de leurs retraites.*

La diversité des lieux habités par les Aranéides, et la nature et la forme de leurs retraites, n'est pas moins grande que celle de leurs toiles, et de leurs cocons.

La première et la plus grande distinction qui est

à faire à ce sujet est celle des Aranéides qui habitent au milieu de l'eau, et celles qui vivent dans l'intérieur de la terre, à sa superficie, ou suspendues dans l'air.

J'ai dit au milieu de l'eau, car aucune Aranéide ne peut vivre dans l'eau, c'est-à-dire longtemps baignée par ce fluide, ni dans la terre, froissée et touchée par les molécules terreuses comme les vers de terre, les scolopendres et certains scarabées. Leur genre de respiration, et la délicatesse de leurs membres, ne permettent aux Aranéides aucun de ces deux modes d'existence; il faut toujours de l'air et de l'espace à ces Insectes. L'unique espèce qui compose le genre Argyronète, et qui, dans le grand nombre d'Aranéides connu, nous offre la seule qui ait la faculté de nager dans l'eau, a son poil enduit d'une matière visqueuse, qui défend à l'eau d'y pénétrer; et elle est obligée, pour réunir le ballon d'air qui doit la contenir, et former le nid où elle se tient en respirant comme le plongeur dans sa cloche, de revenir fréquemment à la surface de l'eau, et d'en faire sortir son abdomen, afin qu'il reçoive le contact de l'air. Un journal a dernièrement fait mention d'une grande espèce d'Araignée ou de Théraphose de la Nouvelle-Hollande, qui aurait aussi la faculté de plonger dans l'eau, et d'y aller chercher sa proie.

Les Aranéides qui vivent dans l'intérieur de la terre y pratiquent des trous parfaitement ronds, qu'elles munissent d'une soie fine, et habitent ainsi de petits souterrains très-propres, et solidement construits : quelquefois ils sont munis d'une opercule, ou petite porte, qui s'ouvre et se ferme à volonté; ou bien murés simplement d'un petit rempart de terre, fortifié par des débris de plantes sèches.

Ce sont les Mygales, les Olétères, les Sphodros et les Lycoses qui nous offrent des exemples de ce genre de vie, et de cette admirable industrie, mais le mode d'existence varie à cet égard selon les genres et dans le même genre : ainsi, plusieurs Mygales habitent sur les plantes ; mais il n'y a que les Mygales mineuses et pourvues d'un rateau ou de dents à leurs mandibules, qui creusent des trous, et vivent sous terre à la manière des Sphodros et des Lycoses. Les grandes Mygales font dans l'écorce des arbres, dans les interstices des pierres, ou des rochers, des tubes ou sacs de soie où elles se renferment.

En général, presque toutes les Araignées vagabondes, les Dysdères, les Ségestries, les Attes, les Thomises, les Sparasses, les Clubiones, les Drasses, ont l'habitude de se cacher et de se renfermer dans des sacs ou tubes de soie, ou de former des cellules ou des tentes ; mais la forme de ces tubes, de ces cellules, de ces tentes, et les lieux où elles sont établies, diffèrent selon les genres, et quelquefois entre les diverses familles d'un même genre, et enfin même quelquefois entre les diverses espèces d'une même famille. Les Dysdères et les Ségestries se renferment dans des tubes de soie, mais les tubes des Ségestries sont plus arrondis et sont ouverts aux deux bouts ; ceux des Dysdères sont plus ovales et mieux clos. C'est dans les trous des murs, et en plein air, que les Ségestries établissent leurs demeures. Les Dysdères, au contraire, se cachent sous les pierres. Les Olétères et les Sphodros font de longs sacs, dont une moitié est sous le sol, et l'autre moitié à sa surface. Dans le genre Atte, toutes les espèces se renferment aussi dans des sacs d'une soie fine et blanche où doivent éclore leur cocon ; mais certaines espèces fabriquent ces sacs entre des feuilles qu'elles rapprochent; d'autres espèces choisissent de préférence les cavités des pierres, des réceptacles de fruits, des coquilles vides. L'Atte fourmi fait indifféremment son nid dans les fentes de pierre, ou dans les rugosités des écorces d'arbre. Il en est de même de certaines Clubiones, telles que les Clubiones amaranthe, soyeuse, féroce, atroce, corticale, que l'on trouve si souvent enveloppées dans leurs sacs blanchâtres, soit derrière les plâtres peu adhérents des murs, ou sous l'écorce à moitié détachée des arbres ; mais cependant avec cette différence, que l'on rencontre fréquemment les nids de la Clubione amaranthe, et de la Clubione soyeuse, dans des feuilles d'arbres qu'elles ont plissées ou rapprochées, et qu'on n'y rencontre pas les deux autres espèces. Aussi ces Aranéides appartiennent-elles à des familles différentes. La Clubione Epimelas, dont je n'ai aussi trouvé le nid que dans des feuilles ployées est, sous ce rapport, comme la soyeuse et comme la famille des Dryades. Dans les Clubiones dites Hamadryades, une espèce, la Clubione accentuée, fait son nid dans les feuilles, et surtout dans les feuilles desséchées ; une autre, la Rupicole, le construit dans les roches et les pierres.

Les Clubiones de la famille des Nymphes, la Clubione nourrice et la Clubione erratique, n'habitent que les plantes, et construisent leur sac spacieux dans des feuilles qu'elles ploient, ou entre des feuilles qu'elles rapprochent.

La famille des Furies, au contraire, où la Clubione Lapidicolle, ne se trouve jamais que sous les pierres ou parmi les rochers.

Les mêmes différences se remarquent parmi les Drasses.

Les nids, ou sacs formés par les Drasses Litophiles, ne se trouvent que sous les pierres.

Mais dans la famille des Cachées, il y a le Drasse nocturne, dont je n'ai jamais trouvé le nid que dans l'intérieur des feuilles d'arbres, qu'elles plissent et tapissent de soie, tandis que le nid du Drasse noir est toujours sous les pierres.

La famille des Drasses habiles ou le Drasse brillant, fait son nid dans les géodes ou cavités des pierres isolées reposant depuis longtemps sur l'herbe. Ce n'est point un sac, mais une espèce de tente. Les Drasses Spéophiles et surtout les espèces surnommées Atropos, Egorgeur, Ségestriforme, filent aussi leurs sacs soyeux et blancs sous les pierres.

Les Drasses Phytophiles, le vert et le jaunâtre, ne font pas précisément des sacs, mais une espèce de tente sous laquelle elles se tiennent, et qu'elles construisent sur la superficie des feuilles.

Dans le genre Sparasse, le Verdissime file aussi une sorte de tente pour retraite, mais entre des feuilles, tandis que le Sparasse Argelas fait une sorte de coque sur la surface antérieure des fragments de rochers; cette coque est appliquée contre la pierre, à peu près comme les palettes marines. Les Aranéides du genre Clotho font pour leurs nids une coque à peu près semblable, mais celle-ci est échancrée dans son contours et placée sous les pierres.

Les Argyronètes, ou Araignées aquatiques, ont au milieu de l'eau une demeure globuleuse ou ovale, d'une soie très-blanche, où elles se tiennent.

Telles sont les diverses formes d'habitations des

Aranéides, que l'on pourrait surnommer *Incluses*, parce qu'elles ont l'habitude de se tenir enfermées, même dans la belle saison.

Les Tapitèles, qui font au milieu de leur toile un tube rond où elles se cachent, ne s'y renferment pas et ne sont pas Incluses. Parmi elles, les Tégénaires recherchent nos habitations et les cavités des rochers, et se nichent sous les pierres. Les Agelènes, au contraire, résident sur les plantes et les hautes herbes ; mais les Aranéides de ces deux genres placent leurs cocons au fond d'une large poche ou sac, où elles-mêmes ne se renferment pas.

Dans toutes les grandes tribus des Orbitèles et des Rétitèles, plusieurs se cachent dans des tubes de soie, ou entre des feuilles qu'elles rapprochent, et d'autres se construisent des demeures près de leurs toiles. Ces Aranéides ne sauraient être rangées parmi les Incluses, puisqu'elles ne renferment ni elles, ni leurs cocons, dans ces demeures, la plupart du temps, très-informes, et qui sont plutôt des cachettes que de véritables retraites. Pourtant quelques espèces, qui sont organisées pour survivre à l'hiver, nous offrent des exemples de sacs de soie, où elles se tiennent renfermées durant toute la saison rigoureuse ; telle est l'Epéire Apoclise, qui construit un sac dans des roseaux, ou entre des graminées qu'elle rapproche, et dont elle le fortifie ; celle-ci, jusqu'à un certain point, pourrait être considérée comme incluse. Toutes les espèces de la famille à laquelle cette Aranéide appartient, qui est celle des Ovalaires Oviformes, se distinguent par l'industrie qu'elles emploient pour se dérober à la vue en se tenant près de leur toile. L'Epéire Qua-

drille se construit un nid en dôme, entièrement composé de sa soie. Dans d'autres familles de ce genre, il
en est, telles que les Epéires Calophylle et Tubuleuse, qui forment à la partie supérieure de leurs
toiles un tube de soie rond, assez semblable à celui
de la Segestrie, mais moins long, où elles se tiennent
assidûment. D'autres, telle que l'Epéire Scalaire, fabriquent, dans la partie supérieure de leur toile, une
demeure ceintrée de toutes parts par un tube de soie,
ou par des feuilles qu'elles rapprochent. Enfin, il est
d'autres Épéires qui se tapissent dans des nids de soie
pareils à des nids d'oiseau, ou à des coupes très-creuses,
qui ne sont pas recouvertes par en haut. Nous avons
parlé de l'industrie des Théridions découpé et Sy-
siphe, qui se cachent avec leurs œufs dans une retraite fabriquée par elles, en cloche renversée, là première dans un coin de sa toile, l'autre au milieu : mais
rien n'égale à cet égard les constructions formées par
certaines Plectanes, ou Araignées épineuses, qui,
ayant à se garantir des fortes pluies de la zone des
tropiques, se cachent près de leurs toiles, sous une
sorte de cornet renversé, d'une extrême dureté, lisse
et poli, et vernissé à sa surface externe, sur lequel
l'eau glisse facilement sans l'altérer. Du reste, nombre
d'Araignées Epéires ne se filent point de retraite, et
se contentent de se tenir cachées entre des feuilles
qu'elles rapprochent, comme les Epéires Diadèmes,
anguleuse, inclinée, et autres. Il en est qui se
tiennent constamment au milieu de leurs toiles ;
et d'autres qui ne cachent pas même leurs cocons.
L'Epéire Aurélie suspend le sien par les pointes de
son contour, à peu près comme les lampes de nos égli-
ses. L'Epéire conique, presque toujours au milieu

de sa toile, au lieu d'emporter sa proie dans sa retraite, se décèle elle-même, en tenant pendu à un fil
chacun des cadavres d'Insectes qu'elle a tués.

La plupart des Théridions, qui ne se cachent pas
sous les pierres, ou qui n'habitent pas des cavités sombres, tels que les Théridions Ponctué, Crypticole, Trian-
gulifère, Obscur, et Marqué, ne se construisent pas
de retraite : d'autres, tels que le Théridion Bienfaisant, et le Crénelé, restent au milieu de leur toile. Les
Tétragnathes, les Linyphies, les Pholcus et les Scytodes ne prennent aucun soin pour se cacher, et on les
voit toujours au milieu des toiles qu'elles ont formées,
ou des fils qu'elles ont tendus. Les Thomises se dérobent
le plus souvent aux regards, en se tenant sous la
surface inférieure des feuilles, des fleurs et des corps
où elles se trouvent, ou entre leurs parois, ou dans
les fentes; mais il ne paraît pas qu'aucune espèce de
ce genre, si nombreux en espèces, construise d'habitation ou de retraite.

XII.

DE L'EFFET DES LIEUX ET DES CLIMATS SUR LA PROPAGATION
DES ARANÉIDES, DE LEURS MOYENS DE SUBSISTANCE, DES
ENNEMIS QUE LA NATURE LEUR OPPOSE, ET DES AGENTS
QU'ELLES EMPLOIENT POUR LES DÉTRUIRE.

1. *Des lieux et des climats les plus favorables à
la propagation des Aranéides, et considérations
géographiques et topographiques auxquelles ces
Insectes donnent lieu.*

Les plus grandes espèces d'Aranéides, comme les
plus grandes espèces d'Insectes, se trouvent toutes

dans les climats les plus chauds. C'est en Asie, c'est
en Amérique que sont ces belles Épéires Chrysogas-
tre et Clavipède, dont on a voulu à tort faire un
genre. C'est aussi dans les parties chaudes de l'Asie,
et de l'Amérique, et en Afrique, que l'on voit ces
énormes Mygales Aviculaires, et ces Lycoses redoutables. La présence de la Mygale Calpéienne en Espagne, aux environs de Gibraltar, et de la grande
Tarentule dans la Pouille, sont des indices certains,
que ces contrées méridionales de l'Espagne, et de
l'Italie, sont les plus chaudes de l'Europe.

Certaines espèces d'Aranéides, remarquables par
leur taille et par leurs couleurs, pourraient servir, au
défaut d'observations précises, à apprécier la température moyenne d'une grande contrée; ainsi l'Épéire
fasciée ne se trouve nulle part dans les limites du bassin de la Seine, tandis qu'on la rencontre au Mans,
dans le bassin de la Loire, aux environs de Strasbourg,
et par conséquent dans le bassin du Rhin, et plus belle
et plus abondante encore dans le bassin du Rhône,
dans celui de la Garonne, ou de la Dordogne. Cette
Aranéide suit, en quelque sorte en France, la cul-
ture de la vigne. Certaines espèces vivent, au contraire, dans des climats très-différents, et occupent,
si je puis m'exprimer ainsi, de vastes contrées; ainsi
l'Araignée domestique se trouve dans toute l'Europe;
et la Thomise crêtée vit sous le climat glacé de la
Suède, et sous le soleil brûlant d'Égypte, et est commune en Europe comme en Afrique.

Le genre Argyronète, ou l'Araignée aquatique, n'a
encore été trouvé que dans des contrées froides et tem-
pérées, et il n'est pas prouvé que l'espèce qui le forme
puisse exister dans des eaux exposées à une trop grande

ardeur du soleil. Les Latrodectes ne commencent à paraître qu'en Italie, en Espagne et en Corse ; l'Afrique, et les parties chaudes de l'Amérique, nous en offrent ensuite une plus grande variété d'espèces.

Aucune espèce de Plectane, ou d'Araignée épineuse, n'a été trouvée en Europe, même dans les parties les plus chaudes : toutes paraissent particulières aux contrées des tropiques, à l'Asie, et à l'Amérique.

Presque tous les genres d'Aranéides de l'Ancien-Monde (Asie, Europe, Afrique) se retrouvent dans le Nouveau-Monde (Amérique septentrionale et méridionale); mais les espèces sont différentes. La plupart des genres particuliers au Monde-Maritime (l'Archipel Malais, la Nouvelle-Hollande ou Australie, et les îles du grand Océan) ne se sont point retrouvés ailleurs.

Le genre si singulier des Olétères, qu'on rencontre, quoique rarement, au nord de la France comme dans le midi, compte une ou plusieurs espèces en Amérique; il en est de même des Mygales mineures.

Les Filistates, genre non moins curieux que les précédents, s'est trouvé aux environs de Marseille et au Sénégal.

Les genres Sphodros, Éripus, Ctène, Myrmecie et Zosis, paraissent particuliers au Nouveau-Monde, quoique je soupçonne qu'il existe en Europe une espèce du genre Ctène.

Les genres Missulène, Storène, Dolophone et Deléna, n'ont encore été trouvés que dans le Monde-Maritime; mais le genre Nysse a son analogue en Afrique et en Europe.

Le genre Clastes s'est rencontré dans le Monde-Maritime et en Amérique.

Artema, ce genre si singulier par la conformation de ses mandibules, semble ne se produire nulle part ailleurs que dans l'île de France. Le genre Olios paraît aussi particulier aux îles du grand Océan, à l'Océan indien et à l'Amérique, et l'espèce qu'on trouve en Espagne s'écarte du genre.

Le genre Selenops se trouve dans l'Océan indien et en Afrique et dans l'Amérique méridionale. L'Espagne en montre au ssi une espèce. En général, l'Espagne a de l'analogie avec l'Afrique par les Aranéides qui y vivent.

Le genre Hersilie semble aussi appartenir particulièrement à l'Afrique. Il en est de même du genre Dyction, qu'on n'a encore trouvé qu'en Égypte. Le genre des Scytodes d'Europe, si remarquable par la forme du corselet, a son analogue en Amérique.

Le genre Latrodecte, qui se distingue par ses couleurs noires avec des taches couleur de sang, et par les effets désastreux de sa morsure, se trouve en Europe, en Afrique et en Amérique, et dans toutes ces contrées il est également redouté.

Le genre Sphase, qu'on trouve en Italie, compte aussi des espèces asiatiques, américaines et de l'Archipel indien. Mais le genre Ulobore et le genre Uptiote n'ont encore été trouvés qu'en Europe et en France, quoique peut-être les espèces singulières qui ont servi à les former, ou des espèces du même genre, se retrouvent dans d'autres contrées.

Les Orbitèles et les Rétitèles deviennent plus rares, et offrent une moins grande variété d'espèces à mesure que le climat est moins chaud et plus stérile ; car le nombre des Insectes est alors moins considérable, et les moyens de subsistance, pour les Aranéides, se trouvent diminués dans la même proportion.

Ce sont les Lycoses, les Clubiones, les Drasses, les Tégénaires, les Agelènes et certaines Thomises, toutes Aranéides à couleurs sombres, qui savent se mettre à l'abri dans les cavernes, sous les pierres, qui résistent le mieux aux climats froids. Ces genres sont communs aux pays septentrionaux et méridionaux. On les retrouve presque uniquement lorsqu'on est parvenu sur le sommet de hautes montagnes, à la hauteur de six cents à neuf cents toises au-dessus du niveau de la mer. A cette élévation on ne voit plus de ces Aranéides, qu'on pourrait surnommer aériennes, parce que les grandes toiles qu'elles construisent les font habiter et vivre, presque constamment, au milieu de l'air ; et leurs toiles ont besoin d'être abritées contre la violence du vent. Les Araignées semblent fuir aussi certaines plantes. J'ai remarqué que, dans nos climats, du moins, on n'en trouve pas sur la plante du tabac. On a prétendu aussi qu'elles évitent de souiller certains bois de leur toile ; et les habitants de la ville du Mans, lorsqu'ils vous entretiennent de leur grande halle toute construite en bois de châtaignier, prétendent qu'on n'y voit jamais une toile d'Araignée, quoiqu'on ne prenne aucun soin pour s'en garantir.

Les lieux où on trouve le plus grand nombre d'Aranéides, d'espèces diverses, sont ceux qui produisent le plus d'Insectes, c'est-à-dire, ceux qui ne sont ni trop humides, ni trop secs, ni trop ombragés, ni trop exposés au soleil ; et où la terre inculte fait voir, en plus grande abondance, un plus grand nombre d'espèces de plantes sauvages. Les forêts au milieu desquelles sont des taillis, des arbres de diverses essences, des sources, des marais, des roches, et des amas de pierres ou de cailloux, des coteaux découverts, des buissons,

et une grande variété d'accidents de terrains, d'exposi-
tions, et de productions végétales différentes, sont les
lieux les plus favorables à la propagation des Aranéides de toutes les espèces, et de tous les genres.
On doit, pour trouver ces Insectes, examiner les endroits ombragés, comme ceux qui sont à ciel ouvert ;
visiter chaque plante, chaque arbuste sous différents
aspects, et à plusieurs heures du jour, pour voir les
toiles et leur forme ; déployer les feuilles plissées ;
plonger les regards dans les calices des fleurs ; voir
en dessous, sans les toucher, celles qui ont de grandes
corolles ou forment de larges ombelles ; soulever l'é-
corce des arbres à moitié détachée ; retourner les
pierres exposées au soleil qui ne sont pas trop enfoncées dans le sol, mais qui y paraissent fixées depuis longtemps : enfin on doit aussi visiter l'entrée
des grottes et des cavernes qui ne sont pas trop humides.

Dans nos climats, par les raisons que j'ai déjà dé-
duites, ce sont les mois d'août et de septembre qui sont
les plus propices pour cette recherche.

L'harmonie que la nature a établie, entre les couleurs des Aranéides et les lieux qu'elles habitent, ne
doit pas être passée sous silence. Les Épéires qui font
leurs toiles en plein air, les Thomises qui se cachent dans les fleurs, les Sparasses qui courent sur
les gazons émaillés, ont des teintes jaunes, vertes et
pourpres ; tandis que les Mygales, les Lycoses, les
Tégénaires, qui se cachent dans des retraites sombres,
ont des couleurs brunes, comme les lieux où elles
vivent.

2. *Des moyens de subsistance des Aranéides.*

Les Insectes, et les autres animaux dont l'Aranéide fait sa proie, sont toujours proportionnés à la force de ses fils, à la grandeur de sa toile. Sous les tropiques, les grandes Mygales dévorent, dit-on, jusqu'à des oiseaux colibris et des reptiles; les Delènes et les Olios se nourrissent aussi de Kakerlaks et des gros Insectes de ces contrées. Cependant l'Araignée ne digère que les parties molles des Insectes, et dans ses excréments d'un blanc de lait on aperçoit souvent des portions de pattes de Mouches, et autres parties dures, non digérées.

Dans nos climats, ce sont des Diptères et des Lépidoptères, de petits Coléoptères et des Hyménoptères qui deviennent la proie des Aranéides. Les gros Insectes rompent les toiles de nos tisseuses. Cependant si une Guêpe, un Scarabée, un peu gros, vient à s'y prendre, l'Aranéide, quoique plus faible en apparence, l'attaque avec courage, mais non pas sans prudence, et sans prendre des précautions, ni sans enrouler ses fils avec une vivacité, et une adresse, qu'on ne peut se lasser d'admirer. Elle ne se hâte jamais de fondre sur cette proie dangereuse, et elle attend que l'Insecte captif se soit embarrassé dans les filets; s'il s'en dégage, elle le laisse volontiers échapper. Il n'en est pas de même des grosses Mouches, sans aiguillons, sur lesquelles des Aranéides de taille médiocre, se précipitent avec impétuosité. Aussi voit-on le plus souvent dans les toiles des jeunes Aranéides, de très-petites Tipules, des Psocus ou Pous de bois ailés, de petites Phalènes; et sur les grandes toiles, des Taons, de grosses Mouches, des Papillons. Selon une observation de M. Prevost, les grosses Tendeuses ne se jettent que sur les grosses Mouches. Quand il y a de petites Tipules prises dans leurs toiles, elles les laissent amasser et les avalent avec la toile : car, selon le même auteur, elles avalent leurs toiles avant d'en faire une nouvelle ; mais cette observation a besoin d'être confirmée ; et si elle est exacte pour quelques espèces, je suis certain qu'elle ne l'est pas pour toutes.

Ce n'est que sur sa toile, ou au milieu des fils qu'elle a tendus, que l'Aranéide a tout son courage ; elle le perd dès qu'elle ne peut plus se servir de son industrie filandière. J'avais reçu de la Guadeloupe une Mygale d'un pouce et demi de long ; vivante elle était dans un bocal assez grand pour pouvoir étendre ses pattes. Je mis dans le bocal une grosse Guêpe, la Mygale recula, fut bientôt piquée par la Guêpe, et mourut.

Si les Aranéides attaquent avec courage des ennemis beaucoup plus gros qu'elles, il en est qui sont plus petits, qu'elles redoutent jusqu'à fuir devant eux. Ainsi, lorsqu'une seule Fourmi, des plus minimes, pénètre à l'entrée de la toile de la Segestrie perfide, espèce redoutable aux plus grosses Mouches, l'Aranéide entre dans une agitation extraordinaire ; et si la Fourmi, ce qui arrive souvent, continue sa marche, notre Arachnée sort de sa toile et l'abandonne à l'animalcule ; elle n'y rentre que lorsque celui-ci en est sorti. Cette terreur, qu'une seule Fourmi peut inspirer à cet Insecte et à tout autre, se conçoit facilement. Une Fourmi est un soldat éclaireur détaché d'une avant-garde, qui annonce la présence d'une armée formidable par le nombre. Mais que dire de l'observation de Bonnet sur la Tégénaire domestique et une petite espèce d'Aranéide, que ce grand observateur

n'a qu'imparfaitement décrite, et que je soupçonne
être un Théridion? Cette Aranéide, qui est de la grosseur d'un petit pois, ne paraît pas construire de toile,
et arrache à la Tégénaire domestique la proie que celle-
ci a su se procurer par son industrie. Pour cet effet,
elle marche sur la toile de notre grande Fileuse, s'a-
vance hardiment vers elle, mais en arrière, à reculons
et en ruant (probablement pour lancer des fils); notre
grosse Tégénaire recule ; puis s'avance pour reprendre
sa Mouche ; puis recule encore, et revient de nouveau :
mais l'effronté voleur avance toujours, et ravit, en
ruant, et en enveloppant de ses fils, et l'entraînant, la
Mouche que la Tégénaire tenait déjà dans ses pattes,
mais qu'elle a abandonnée, pour s'enfuir tout effrayée
dans sa retraite (1).

Les Aranéides offrent une grande diversité dans la
manière dont elles se saisissent de leur proie, et il y
a sur ce point une opposition complète entre les habitudes des Araignées fileuses ou sédentaires, et les
Araignées vagabondes. « Pour saisir leur proie, dit
très-bien M. Kirby, les Araignées, prises en masse,
nous offrent l'attaque audacieuse du Lion, le rapide
élan du Tigre, la ruse tranquille et sédentaire du Paresseux, et la dextérité amphibie de la Loutre (2). »

Les Aranéides sont douées de la faculté de vivre longtemps sans manger. Celles qui s'enferment à l'entrée de
l'hiver ne sortent de leurs retraites qu'au printemps
suivant; leur état de maigreur et d'affaiblissement dé-

---

(1) Bonnet, *Traité d'Insectologie*, observat. 45 et 46, œuvres
in-4°, t. I, p. 43.

(2) Kirby, *Introduction to Entomology*, t. I, p. 431.

montre que, durant ce temps, elles n'ont pris aucune nourriture. Tels sont un grand nombre d'Attes, de Clubiones, de Drasses, et quelques Épéires, tels que l'Épéire Apoclise, ou l'Araignée à feuille coupée de Geoffroy, qui s'enveloppe dans un nid de soie recouvert par les filaments des graminées ou des roseaux, à l'extrémité desquels elle se loge, et qui y reste dans un état de torpeur tant que dure la saison rigoureuse. Le Philodrome Sobre a été pris par M. Panzer, en novembre, enfermé dans une boîte et laissé sans aucune nourriture : dans le mois de mars suivant il était vivant, et ne paraissait avoir nullement souffert d'une aussi longue abstinence.

3. *Des ennemis des Aranéides.*

Si les Aranéides font la guerre à tous les Insectes, et contribuent à prévenir leur trop grande multiplication, nombre d'animaux s'acharnent à leur perte.

Plusieurs espèces de singes, les écureuils, un grand nombre d'oiseaux, les reptiles, c'est-à-dire les lézards, tortues, grenouilles et crapauds, en font une destruction considérable. Une espèce de brebis noire, dans les steppes de la Russie asiatique, déterre les tarentules et les mange (1).

Il y a dans le grand Archipel oriental un genre d'oiseau de l'ordre des passereaux, qu'on a nommé Arachnoptères, parce que les différentes espèces dont il se compose ne vivent que d'Araignées (2).

---

(1) Lepechin, *Tagebuch der reise durch verschiedene provinzen der Russichen reich, aus dem Russichen ubersetzt.* Altenburg *erster theil*, p. 257.

(2) Cuvier, *Règne animal*; 1829, in-8°, t. I, p. 434.

Mais c'est parmi les Insectes que les Aranéides trouvent leurs plus nombreux, et leurs plus redoutables ennemis. Indépendamment de ceux qu'elles ont dans leurs propres classes, les Scolopendres, avec leurs serres puissantes, ne leur laissent aucun moyen de se défendre; plusieurs Philanthes, des Sphex, des Pompiles fondent sur elles et les enlèvent du milieu de leurs toiles avec leurs pattes, quoique souvent huit fois plus grosses et plus pesantes, puis les égorgent à moitié, et les emportent dans leur nid pour être dévorées vivantes, par les larves d'Insectes qui sont près d'éclore. Nous rapporterons à ce sujet l'observation curieuse de M. Smith-Abbot, dans son ouvrage manuscrit sur les Araignées de la Géorgie d'Amérique. Cet habile artiste, qui a passé cinq ans à recueillir et à peindre les Araignées de ce pays, indique, dans une courte introduction à l'explication de ses dessins, la manière dont on se procure les espèces les moins communes, et à ce sujet il dit :

« Plusieurs des espèces les plus rares, et les plus curieuses, se trouvent dans les nids de leurs plus grands ennemis, les Mouches maçonnes. Il y a trois espèces de ces Mouches : celle qui est toute noire, celle qui est noire et jaune ou oranger, et celle qui est d'un bleu foncé. Ces Mouches construisent des cellules oblongues ou des alvéoles, formées de couches de terre détrempée qu'elles maçonnent aux planchers, aux auvents, aux murailles et autres lieux convenables. C'est au fond de chacune de ces cases que la Mouche dépose un œuf; elle l'emplit d'Araignées, et ensuite en bouche l'ouverture. La larve qui éclot de l'œuf mange toutes ces Araignées, et se file ensuite un cocon formé d'une pellicule fine, semblable à celle des batteurs d'or, puis elle se change en chrysalide, et après en Insecte parfait. Ces Mouches commencent à construire leurs habitations au mois de mai, et continuent tout l'été. Mais ce qui est remarquable, c'est qu'elles ont la puissance d'engourdir les Araignées sans les tuer, ou de les embaumer, en quelque sorte, pour en former des momies vivantes. J'ouvris une de ces cellules, et je trouvai que toutes les Araignées qui y étaient contenues vivaient; cependant elles ne pouvaient marcher, elles ne pouvaient même faire aucune résistance. On les voyait seulement remuer, et étendre languissamment une jambe, et témoigner par-là qu'elles n'étaient pas privées de vie : bien plus, elles étaient grasses et fraîches, et n'avaient perdu aucune de leurs couleurs. Je mis une de ces Araignées dans une boîte à part, et elle s'y conserva ainsi longtemps avec tout son embonpoint, et fut bien plus lente à commencer à se flétrir, et à se dessécher, qu'une autre que j'avais fait mourir moi-même. La même Mouche construit plusieurs cellules à côté, et au-dessus les unes des autres. Ces Mouches détruisent une quantité énorme d'Araignées. C'est presque toujours des individus d'une seule espèce, dont elles se saisissent pour les entasser dans leurs nids; et souvent ce sont des espèces très-rares. Je présume qu'elles les prenaient sur les sommets des arbres les plus élevés, où je ne pouvais les atteindre. En ouvrant plusieurs de ces cellules à la fois, j'eus le plaisir d'y voir un nombre considérable d'Araignées revêtues des plus belles couleurs, et plusieurs individus d'espèces curieuses, et nouvelles pour moi. »

Les espèces que, d'après les descriptions d'Abbot, ces Mouches choisissent de préférence pour donner en aliment à leurs larves, sont celles dont le derme est le plus tendre, telles que certaines Thomises de la famille des Crabes ou Cancroïde, comme la Thomise Iris et autres. Le *Sphex cerulea* de Catesby est probablement une (1) de ces Mouches maçonnes. Selon M. Westwood, le *Pompilus petiolatus* saisit des Araignées beaucoup plus grosses que lui, leur coupe les pattes postérieures, et, avec ses mandibules enfoncées en dessous de l'extrémité inférieure de leur abdomen, il entraîne ainsi sa proie contre la paroi du mur où il a établi son nid (2).

Mais les plus faibles, en apparence, les plus minces, les plus déliés de tous les Insectes, sont peut-être ceux qui blessent le plus douloureusement les Aranéides, puisqu'ils s'attaquent à leurs œufs, à leur postérité, dont elles prennent tant de soin, et pour laquelle on les voit disposées à sacrifier leur vie. Le *Pimpla Ovivora*, le *Pimpla Arachnitor*, percent, avec leurs invisibles tarières, la tendre pellicule de l'œuf de l'Aranéide, et, sans la rompre, introduisent leurs propres œufs dans la liqueur. Bientôt cet œuf ne tarde pas à éclore, et la larve qui en provient dévore la substance de l'œuf de l'Aranéide, d'où sort un Insecte ailé; phénomène qui avait fait croire, aux naturalistes, que les Araignées pouvaient procréer des Mouches à quatre ailes (3).

On trouve rarement des Insectes parasites sur le corps des Araignées. J'ai cependant rencontré quelquefois une très-petite espèce d'Acarus, qui m'a paru être du genre Ixodes.

---

(1) Catesby, *Hist. of Carolina*, t. II, p. 105. —Kirby's, *Introduct. to Entomol.* t. I, p. 339. — Geoffroy, *Insectes des environs de Paris*, t. II, p. 361, n° 863, décrit l'Ichneumon des Araignées.

(2) Westwood, *Mém. de la Soc. entomol.* t. V, p. 398.

(3) C'est aussi ce qui a fait croire à Aristote que les œufs d'Araignées produisaient de petits vers (*Hist. An.* liv. I, c. 27).

Ces Insectes ont aussi leurs vers intestins. J'en ai trouvé un dans l'abdomen d'une Épéire, qui en remplissait presque toute la cavité. Il était du genre Filaria. Abbot a vu sortir deux vers de l'abdomen d'un individu de la Lycose courageuse qu'il avait piquée ; ils avaient un pouce de long.

Enfin les Araignées paraissent être accidentellement les victimes d'une espèce de larves, dont l'Insecte nous est inconnu.

Le 20 août, me trouvant dans les Pyrénées, je pris sur sa toile une Linyphie montagnarde, et la plongeai dans l'esprit-de-vin. A ma grande surprise, j'aperçus une larve blanchâtre, pareille à une petite chenille, le long de son dos. L'abdomen de l'Araignée avait une ligne et un quart de long, la larve deux tiers de ligne. Cette larve ou chrysalide, quoique ballottée dans l'esprit-de-vin avec l'Aranéide, ne s'en est point détachée, et s'y trouvait évidemment fixée. Je vis, en l'enlevant avec la pointe d'une aiguille, qu'elle adhérait fortement à l'épiderme de l'Aranéide, qui ne m'a paru avoir, dans la place que la larve occupait, aucune ouverture ni cicatrice, mais qui dans cet endroit était meurtri ou flétri. Cette larve ou chrysalide est granuleuse, d'un vert jaunâtre, ovale, allongée, aplatie en dessous, pointue aux deux bouts : mais le bout qui était tourné vers la tête de l'Aranéide était le plus mince et le plus long ; celui qui est vers la partie postérieure est arrondi. Ce qui pourrait faire penser que la larve était déjà convertie en chrysalide, c'est, qu'à travers sa pellicule transparente, je vis un petit corps ovale, brun, semblable à une graine, qui n'occupait guère que les deux tiers de la pellicule, ou de la partie gonflée du milieu. Ce corps brun, qui me parut être l'Insecte chrysalide, est divisé en trois ou quatre segments. Le dessous de la larve ou chrysalide est concave ou creux, et les côtés forment une saillie tranchée, comme le dessous d'une Limace. Le bout pointu, qui était du côté du corselet, est noirâtre, chargé de substance, et semble être une espèce de suçoir. J'ai pris plus de cent individus de cette espèce de Linyphie, sans avoir depuis observé ce fait, ni rien d'analogue.

XIII.

DES EFFETS NUISIBLES OU UTILES DES ARANÉIDES, RELATIVEMENT A L'HOMME.

1. *Du venin des Aranéides.*

Quelque subit, quelque violent que soit l'effet du venin que l'Aranéide verse dans la piqûre qu'elle fait à l'Insecte qu'elle saisit, ce venin, dans les espèces les plus grosses du nord de la France, ne produit aucun effet sur l'homme. Je me suis fait piquer par les espèces d'Araignées les plus grandes des environs de Paris, sans qu'il en résultât ni douleur, ni enflure, ni rougeur. Ces légères piqûres ne m'ont fait éprouver d'autre sensation que celle qu'aurait produite une aiguille ou épingle fine, dont j'aurais enfoncé la pointe dans mon doigt. Ainsi, le venin de l'Araignée n'a pas, sur l'homme, des effets aussi fâcheux que celui de la Punaise, de la Guêpe, de l'Abeille, du Cousin, de la Puce, et d'autres Insectes encore plus petits.

Il n'est pas rare de voir des personnes qui, à leur insu, ont été piquées par quelques-uns de ces Insectes venimeux, attribuer les suites fâcheuses qui résultent de ces piqûres à la morsure d'une Araignée, parce que c'est souvent le premier Insecte qui s'offre à leurs regards, lorsque dans la nuit elles se trouvent éveillées en sursaut par les démangeaisons ou la douleur. L'Aranéide, effrayée par l'approche inattendue de la personne, ou l'éclat de la lumière, fuit et se cache, et a ainsi toute l'apparence d'une coupable.

Dans les climats chauds, qui nourrissent de très-grosses Aranéides, la piqûre de celles-ci doit être plus forte, par conséquent plus douloureuse ; et, dans le moment des grandes chaleurs, chez des personnes mal disposées, les effets négligés de la petite plaie qui résulte de leur piqûre peut produire la fièvre, et la fièvre peut occasionner le délire sans l'action d'aucun venin. C'est ainsi que nous expliquons les effets extraordinaires attribués à la Tarentule de la Pouille, en Italie, et à la Latrodecte Malmignatte, dans l'île de Corse. Ces effets, au reste, ont été fort exagérés ; les observations qui les constatent sont toutes assez anciennes, et, dans le moment où elles faisaient le plus de bruit, plusieurs observateurs judicieux les ont traitées de fables.

Selon un assez grand nombre d'auteurs du dix-septième siècle, lorsque, dans la Pouille, on était mordu, au temps de la canicule, par la plus grosse espèce de Lycose Tarentule, il en résultait un spasme soudain, un froid mortel, puis une chaleur brûlante, une fièvre accompagnée d'un délire particulier, qui donnait une gaieté folle à celui qui en était atteint. Le malade *tarentulé* criait, riait, dansait, et faisait mille contorsions et mille extravagances. Il ne pouvait souffrir la vue du noir, mais le rouge et le vert le réjouissaient. Pour le guérir, on lui jouait deux airs, *la Pastorale* et *la Tarentola*, qui ont été notés avec soin dans de gros ouvrages. Cette musique s'exécutait avec un concert de plusieurs instruments, et notamment avec la guitare, le hautbois, le violon, les cimbales, la trompette, et le tambourin sicilien qui paraît être une espèce de tambour de basque. Alors le patient se mettait à danser, et on le laissait ainsi s'agiter, jusqu'à ce que, épuisé par les sueurs et la fatigue, il se laissait mettre au lit : là, un sommeil de douze heures le rendait à la santé ; il se réveillait sans se rappeler rien de ce qui s'était passé. Les femmes, à cause de leurs longs vêtements, étaient les plus exposées à la morsure de la Tarentule ; mais l'on a remarqué que celles qu'on prétendait en avoir été atteintes, parce qu'elles présentaient les symptômes de ce genre de fièvre qu'on nommait le tarentisme, étaient précisément celles qui se trouvaient dans l'âge critique du développement, ou d'autres chez qui les évacuations particulières à leur sexe n'avaient pas lieu régulièrement ; ou d'autres enfin d'une complexion particulière, offrant tous les indices d'un tempérament inflammable, et de nerfs singulièrement irritables (1).

On a attribué à la Latrodecte Malmignatte de Corse et de Sardaigne les mêmes effets qu'à la Taren-

---

(1) Conférez Wolferdius-Singuerdius, Boccone, Valetta, Valentini, Baglivi, Dapper, Homberg, Blumenbach, Busching, Dorthez, Swinburne, A. Fortis, et tous les auteurs cités page 11 de mon tableau des Aranéides, 1805 in-8° ; et en outre Mouffet, Keysler, *Travels, translated from the* 2ᵉ édit., 1760, in-8°, t. III, p. 35. — Keysler, *Neueste reisen*, 4 vol., 1751, 2 theil, p. 760 et 762. — *Commercium litterar.um ad rei medicæ*, ann. 1734, p. 318 ; 1735 ; p. 23 ; 1737, p. 183 ; 1738, p. 373 ; 1743, p. 391 et 392. — *Ferrante Imperato-dell' Historia natural*, 1599, in-folio, p. 787 et p. 901, et la trad. latine, Cologne, 1695.

tule (1). Les espèces de ce genre sont cependant beaucoup moins grosses, mais, en Amérique comme en Europe, elles sont considérées comme venimeuses.

Azara a eu plusieurs de ses nègres mordus par de grandes Mygales aviculaires de l'Amérique méridionale : il remarque qu'il est souvent résulté de ces morsures une fièvre de vingt-quatre heures, quelquefois accompagnée d'un peu de délire dans les grandes chaleurs, mais qui jamais n'eut de suites fâcheuses.

Les jardiniers se plaignent fréquemment du dégât que les Araignées font dans un plant de carottes nouvellement semées, probablement par l'effet des fils ou des toiles de ces Insectes ; quand ils se mettent dans les melons, il faut les déraciner : leurs toiles ont un venin qui fait périr leurs feuilles.

Barrow, dans ses voyages, parle d'une espèce d'Araignée, dont les Boschimans des environs de Khamies-Berg mêlent le jus à celui de la bulbe de l'*Amyrillis disticha* pour empoisonner leurs flèches (2).

2. *De l'utilité des Aranéides pour l'homme, comme aliment ou comme spécifique.*

Si parmi les nombreuses espèces d'Aranéides aucune n'est redoutable à l'homme, ni très-malfaisante, aucune non plus ne lui est d'une utilité particulière.

Elles le servent puissamment sans doute en maintenant l'équilibre des êtres, en diminuant le nombre des Insectes nuisibles ; en délivrant les étables, et les

---

(1) Boccone, *Museo di Fisica*, 1697, in-4°, p. 107.
(2) Barrow's *Travels into the interior of southern Africa*, t. I, p. 392. — Voyage dans la partie méridionale de l'Afrique, t. II, p. 274.

lieux de séjour des animaux domestiques, des Mouches hostiles ou importunes ; en empêchant les raisins et les fruits savoureux d'être dévorés par des Guêpes et d'autres Insectes avides ; en diminuant le nombre des Stomoxes, des Taons, des Cousins, qui s'attaquent à l'homme même, le troublent, l'irritent par leurs piqûres incommodes ; mais l'homme n'a su encore tirer qu'une bien faible utilité de ce nombreux ordre des Aptères, soit pour les nécessités, soit pour les agréments de sa vie.

Cependant certains peuples sauvages mangent des Araignées, et les habitants de la Nouvelle-Calédonie font leurs délices d'une grande espèce d'Épéire, qui leur paraît d'un goût exquis. La répugnance et l'espèce d'effroi que l'on éprouve à la vue de cet Insecte, suite d'un préjugé d'autant plus fort qu'il est plus général, ont empêché qu'on ne fît des expériences à cet égard ; mais l'astronome Lalande n'est pas le seul personnage que nous avons vu manger des Araignées. On leur ôte les pattes et le corselet, et on avale seulement l'abdomen, après l'avoir passé dans l'eau et frotté de beurre (1) ; je parle seulement des grosses, et surtout de l'Araignée domestique, qu'on dit avoir un goût de noisette. Quant aux petites, tout le monde en mange sans s'en apercevoir. Il n'est personne qui, en avalant des grains de raisin, n'ait englouti en même temps dans sa bouche beaucoup d'Araignées de l'espèce que j'ai nommée Théridion bienfaisant, et de plusieurs espèces du même genre qui s'y logent. On ne s'en aperçoit nullement, parce qu'on n'éprouve alors aucune de ces saveurs désagréables, souvent dues à

____

(1) *Commercium litterarium*, etc. Norimberg., ann. 1734, p. 318.

certaines petites Punaises et autres Insectes puants, qui s'attachent aussi aux fruits, et aux raisins.

On prétend que certaines Aranéides ont une vertu aphrodisiaque, et causent à ceux qui les ont avalées une excitation dans les organes génitaux (1). Si ce fait était bien avéré, peut-être verrait-on les Araignées recherchées à l'égal des nids de la Salingane, payés si chers dans l'Orient, et qui ne doivent leur vogue qu'à cette seule propriété.

M. Larrey parle d'une femme qui voulut se défaire de son mari, et qui, partageant le préjugé général, et croyant les Araignées venimeuses, mit huit grosses Araignées noires dans ses aliments, qu'elle lui fit manger à son insu. Loin d'en être empoisonné, le mari se trouva beaucoup plus animé, et fit goûter les plaisirs de l'amour à celle qui voulait lui donner la mort (2).

Plusieurs auteurs rapportent qu'au Brésil, et dans d'autres régions de l'Amérique, les femmes réduisent des Araignées en poudre, et mettent cette poudre dans les aliments et les boissons de leurs maris, dont elles veulent exciter l'ardeur amoureuse.

Il est certain qu'au Kamtchatka les femmes, qui désirent avoir des enfants, mangent des Araignées (3); probablement parce que ces peuples ont éprouvé que cette pratique était favorable à la propagation de l'espèce. C'est aussi, je le présume, par cette même raison que certaines peuplades de nègres s'ima-

----

(1) *Journal de Pharmacie et des sciences accessoires*, ann. 1826, p. 476.

(2) *Journal de Pharmacie*, 1822, p. 250.

(3) Krachenninikow, *Description de Kamtchatka*, traduit du russe; 2 vol. in-12, Amsterdam. 1770. p. 175 et 176.

ginent que l'homme fut créé par une Araignée nommée Anansé (1).

On a longtemps cru que les Araignées étaient malfaisantes lorsqu'on les avalait; et on leur attribuait alors des effets à peu près semblables à ceux qu'on prétendait être causés par leur morsure, et surtout par la morsure de la Tarentule. Les anciens recueils d'écrits relatifs à la médecine sont pleins d'observations de ce genre, qui paraissent toutes copiées les unes sur les autres. L'horreur qu'inspiraient ces insectes semble avoir donné naissance à cette croyance, qui ne paraît pas fondée sur des faits bien déterminés. Toutefois, il serait utile de faire à cet égard quelques expériences, surtout dans les pays chauds, pour s'assurer si l'opinion des anciens médecins sur ce point était entièrement fondée sur un préjugé. Quelques-uns d'entre eux ont cité des observations qui leur étaient propres. Ainsi Schwenckfeld, médecin du commencement du seizième siècle, nous instruit des effets produits par une Araignée, avalée par mégarde avec de la boisson, sur sa femme bien aimée. *In conjuge meâ suavissimâ*, dit-il. Elle ressentit un froid interne, et un gonflement par tout le corps, puis une prostration de forces complète. Schwenckfeld parvint cependant à la guérir assez promptement par les purgatifs et les sudorifiques (2).

Les anciens employaient plusieurs espèces d'Ara-

(1) *Hist. gén. des Voyages*, édit. in-12, t. XIII, p. 450. On lit Anausio dans cette édition. Bosman, *Description de la Guinée*, p. 338 de l'édit. 1705, mais la figure de Bosman indique un Solpuge.
(2) Schwenckfeld, *Therio - Trophæum Silesiæ*, Lignici, 1513, in-4., p. 509.

néides pour la composition de certains médicaments. Ainsi le Pholcus Phalangioïde, broyé dans de la vieille huile, formait un collyre propre à enlever les taies ou taches blanches des yeux; et l'Araignée domestique, attachée à un morceau d'étoffe, guérissait les inflammations des yeux (1). Gallien assure que les œufs d'Araignées, mêlés avec de l'huile de nard, guérissent du mal de dent.

La propriété qu'ont les toiles d'Araignées d'arrêter le sang qui s'épanche dans les coupures, ou dans les hémorragies, est un fait certain et bien connu.

On attribuait aussi aux toiles d'Araignées une vertu narcotique et anti-fébrifuge. C'était l'opinion générale dans le dix-septième siècle; et plusieurs médecins et naturalistes ont cherché de nos jours à la mettre en crédit. M. Hentz dit, qu'en Amérique on a administré avec succès, comme remède pour certaines fièvres, la toile de la Clubione médicinale qu'il décrit (2), et que toutes les toiles d'Araignées, filées dans des lieux obscurs, ont la même propriété. Le docteur Faust de Munich proposa, il y a quelques années, un médicament connu, disait-il, depuis longtemps, et propre à suppléer au quinquina dans les fièvres intermittentes. C'étaient des toiles d'Araignées, mangées entre deux tranches minces de pain de seigle, enduites de bon beurre frais (3).

On croyait au Brésil que l'Araignée, nommée Nhamdui, suspendue au col, chassait la fièvre quar-

---

(1) Plinius, *Hist. nat.* liv. XXIV, chap. 30, 12, t. VIII, p. 270.
(2) G. Hentz, *Journal of the Academy of natural sciences of Philadelphia*, vol. II, partie 1, Pl. 5, fig. 1, p. 53.
(3) *Journal de l'Empire*, 29 juillet 1808.

te (1). Au nombre des remèdes secrets que possédait le fameux Walter Raleigh, Lister nous apprend qu'il y avait une décoction de la *Lycosa Saccata* pour guérir les blessures.

Dans les îles d'Amérique, on se sert de l'onglet des mandibules de l'Aviculaire pour en faire des cure-dents ; l'on croit qu'elles ont la vertu d'empêcher les dents de se gâter, et qu'elles en apaisent les douleurs (2).

Dans certains pays, où les Insectes occasionnent de grands dégâts, on sait apprécier les services que rendent les Araignées en leur livrant la guerre. Ainsi, aux Antilles, l'Olios-chasseur, l'*Araneus Venatorius* de Linné, grande et redoutable Aranéide, qui ferait reculer d'horreur un Européen, et qu'il se hâterait, non sans de grandes craintes, de combattre et d'écraser, est, au contraire, considérée avec plaisir par les sages insulaires de la zone torride, qui les respectent comme des animaux sacrés, auxquels il faut se garder de nuire, et qu'on doit avoir soin de ne pas effrayer. Ces insulaires savent que ces bienfaisants insectes les délivrent des Kakerlacs si destructeurs ; et ceux qui parmi eux manquent de ces Aranéides, en achètent pour les transporter dans leurs maisons.

3. *De l'utilité de la soie d'Araignée*

Mais l'utilité la plus grande que l'homme pouvait espérer des Aranéides, c'était de tirer parti de cette faculté que toutes possèdent, comme les Bombyx, à

---

(1) Lemery, *Traité universel des drogues*; 2ᵉ édit., Paris, 1714.
(2) Bibliothéque universelle, t. VI, 1697, in-18.

un degré si éminent, de filer une soie fine, brillante et blanche. Il est étonnant que l'idée paraisse ne s'en être présentée à personne avant le commencement du siècle dernier. Ce fut le président Bon à qui on en fut redevable : il fit à ce sujet diverses expériences, mais la glu ou matière visqueuse de certains fils de l'Araignée, qu'on ne peut séparer des autres, et la difficulté de réunir une assez grande quantité de cocons ou de toiles, lui opposèrent de grands obstacles. Pourtant, il parvint à dissoudre la matière visqueuse en plongeant la soie d'Araignée dans l'eau bouillante, et il fit carder de cette soie une assez grande quantité. Il en fit ensuite filer assez pour fabriquer des bas, des gants et autres objets. Il les envoya en présent à des souverains, et à l'Académie des sciences de Paris. Sa découverte fit grand bruit ; et la dissertation qu'il fit imprimer à ce sujet fut traduite dans toutes les langues de l'Europe, et même ensuite en chinois, par ordre de l'empereur Kien-Long (1).

Voici de quelle manière Bon rend compte de son procédé :

« Après avoir fait ramasser douze à treize de ces coques d'Araignées, je les fis bien battre pendant quelque temps, avec la main, et avec un petit bâton, pour en faire sortir toute la poussière ; on les lava ensuite dans de l'eau tiède, jusqu'à ce que l'eau qui en sortait fût bien nette. Après quoi je fis tremper ces coques, dans un grand pot, avec du savon et du salpêtre, et quelques pincées de gomme ara-

---

(1) Walckenaer, *Vies de plusieurs personnages célèbres*, t. II, p. 129, ou l'article *Bon*, dans la Biographie universelle.

bique; je laissai bouillir le tout à petit feu pendant deux ou trois heures; je fis ensuite relaver, avec de l'eau tiède toutes ces coques d'Araignées pour en bien ôter tout le savon; je les laissai sécher pendant quelques jours, et les fis ramollir un peu, entre les doigts, pour les faire carder plus facilement, par les cardeurs ordinaires de la soie, excepté que j'ai fait faire des cardes beaucoup plus fines : j'ai eu par ce moyen une soie d'un gris très-particulier; on peut la filer facilement, et le fil qu'on en tire est plus fort et plus fin que celui de la soie ordinaire (1). »

Treize onces de soie brute ont ainsi fourni près de quatre onces de soie nette. « Il n'en faut que trois, ajoute Bon, pour faire une paire de bas à l'homme le plus grand. Ceux-ci ne pèsent que deux onces et un quart, et les mitaines environ trois quarts d'once, au lieu que les bas de soie ordinaires pèsent sept à huit onces. »

Réaumur fut chargé par l'Académie des sciences de Paris d'examiner cette découverte, et, dans un mémoire sur la soie des Araignées, le 12 novembre 1710, il la réduisit à sa juste valeur.

On a vu qu'il ne s'agissait pas ici de chercher à tirer parti de la soie d'Araignée dévidée, telle qu'elle sort des filières de l'Insecte, et qu'on la dévide du cocon du ver à soie. Ce n'était qu'avec le fil d'un amas de soie cardée, c'est-à-dire de la filoselle d'Araignée et non de la soie d'Araignée, que le président Bon était parvenu à fabriquer des bas, des gants et

---

(1) Bon, *Dissertation sur l'Araignée;* Paris, chez Saugrain, 1710, 32 pages, p. 18. — *Voyez* aussi l'*Histoire de l'Académie de Montpellier*, p. 137.— Le Mémoire de Bon fut traduit en anglais et inséré dans les *Philosophical Transactions*, ann. 1710, n° 325, vol. XXVII.

autres objets. Ce fut aussi d'après ces données que Réaumur fit ses expériences, et il reconnut (1) :

1° Que les fils des coques d'Araignées sont plus forts que les fils de leurs toiles, mais moins forts que les coques de Bombyx ou vers à soie.

2° Que la soie d'Araignées, à cause de la nature crépue des fils, a moins de lustre que la soie ordinaire.

3° Que quatre des plus gros cocons de soie d'Araignées bruts de nos climats égalent le poids d'une coque de ver à soie pesant un grain; mais le cocon d'Araignée, nettoyé, ne pèse plus que le douzième de la coque du ver à soie.

4° Qu'il faudrait 663,552 Araignées (2) pour obtenir une livre de soie, et si on prend les plus grosses il en faudrait 55,296.

Il continue en disant qu'il reste peu d'espérance de profiter de l'ingénieuse découverte du président Bon ; cependant il engage à faire de nouvelles expériences, et à chercher à naturaliser dans notre pays certaines grosses Araignées d'Amérique, qui, suivant lui, pourront y vivre, et qui font des coques beaucoup plus grosses que les nôtres.

Longtemps après, en 1777 et 1778, et depuis, en 1791, un Espagnol qui cependant a écrit en italien et en Italie, Raymondo Maria de Tremeyer, fit des expériences répétées sur la soie d'Araignée (3), et comme

---

(1) Réaumur , *Examen de la soie des Araignées*, dans le Recueil de l'*Académie des sciences* pour l'année 1710, p. 386 à 408.

(2) *Ibid*, p. 407.

(3) Raimondo Maria de Tremeyer, *Scelte d'Opusculi interressanti*, t. III, in-4°, p. 288, et *Opusculi scelti*, t. I, p. 49. — *Richerche e sperimenti sulla seta dei Ragni et sulla loro generazione.*

il opéra dans un climat plus chaud que n'avait fait Réaumur, il parvint à des résultats beaucoup plus satisfaisants. Il réussit d'ailleurs à obtenir directement la soie de l'Araignée, et à l'enrouler dans un dévidoir à mesure qu'elle sortait de son abdomen. Expérience qui a été répétée depuis avec plus de succès encore.

Selon Tremeyer, il est possible de réunir une plus grande quantité de soie d'Araignée, que ne l'a prétendu Réaumur. La femelle de l'Araignée Diadême, si commune en Italie, fait cinq à six cocons par an. Les premiers contiennent huit cents œufs, les seconds quatre cents. Ainsi chaque Araignée peut faire annuellement quatre mille petits, et douze Araignées mères peuvent produire cinquante mille Araignées. L'auteur assure que, lorsqu'il était en Amérique, dans le Tchiaco, il a recueilli deux mille quatre cent quatre vingt-quatre Araignées très-grosses, qui, placées sous un double rang de grenadiers, lui donnèrent deux mille treize cocons de belle soie jaune (1). Il en tira les œufs; et il calcula que, s'il n'avait pas été obligé de partir, ces œufs auraient pu lui donner l'année suivante dix-neuf millions d'Araignées, en estimant six cocons pour chaque Araignée, et mille à six cents petits pour chaque cocon.

Tremeyer affirme qu'en Amérique les cocons de l'Araignée aviculaire, lorsqu'ils sont nettoyés, donnent trois et quatre fois plus de soie qu'un cocon de ver à soie; et, dans nos climats, cinq cocons de l'Épéire fasciée suffisent pour donner autant de soie qu'un cocon de ver à soie.

Six cocons de l'Épéire Diadême équivalent pour le

____

(1) *Ibid*, p. 7.

poids, selon Tremeyer, à un cocon de ver à soie : il a même remarqué que, lorsqu'on recueille le cocon de l'Araignée Diadême quand elle vient de l'achever, et qu'on en extrait les œufs (c'est ce qu'il appelle un cocon vierge), quatre de ces cocons équivalent à un cocon de ver à soie. Ainsi, pour former une livre de soie d'Araignée il ne faudra que 13,825 cocons, au lieu de 55,296, comme le prétend Réaumur; et Tremeyer dit qu'en Italie les Araignées Diadêmes qu'il a nourries lui ont fait jusqu'à six cocons dans l'année, tandis que le ver à soie ne donne qu'un seul cocon.

Tremeyer a cherché à refuter ce que Réaumur avait dit sur la finesse de la soie de l'Araignée, dont la plus forte, selon ce dernier, est cinq fois plus fine que celle du ver à soie, celle-ci soutenant un poids de 180 grains, tandis que celle de l'Araignée n'en peut soutenir qu'un de 36. Tremeyer remarque qu'il a vu des Araignées au Mexique qui tendent des fils à travers les chemins, tellement forts, qu'ils renversent le chapeau de dessus la tête d'un homme avant de se rompre.

En effet, à l'île de Gorée et au Sénégal, certaines Araignées font des fils assez forts pour soutenir un poids de plusieurs onces ; et celui qui rapporte ce fait dit qu'on s'en servirait pour faire de petits cordons, si les nègres ne possédaient pas déjà une plante qui leur sert à cet usage (1).

Réaumur ayant dit qu'on ne pouvait pas dévider la soie d'Araignée, et que cette soie, ne pouvant être employée qu'après avoir été cardée, perdait nécessairement son lustre, Tremeyer s'attacha à faire sur

---

(1) Prelong, *Mémoire sur les îles de Gorée et du Sénégal*, *Annales de Chimie*, juillet 1793, t, XVIII, p. 278.

ce sujet de nouveaux essais. Il chercha d'abord à dévider la soie du cocon, mais il ne put dévider de cette soie que la longueur d'un pied au plus, attendu que le fil se rompait lorsqu'il était parvenu à l'endroit où le cocon était attaché au nid. Cependant, étant parvenu à dissoudre la matière visqueuse qui se trouve à l'endroit où le cocon est attaché, il dévida un fil de soie de la longueur de neuf pieds.

Il fit plus, il parvint à dévider directement le fil d'une Araignée à mesure qu'il sortait de ses filières. Pour cela, il imagina l'appareil suivant : il prit une petite plaque de liége qu'il coupa en ligne droite sur les côtés, qu'il arrondit par en haut, et à laquelle il fit en bas une échancrure en demi-cercle; il adapta cette plaque de liége, disposée verticalement, à des montants de fil de fer, de manière à ce qu'elle pût se hausser et se baisser à volonté sur une autre plaque cylindrique et arrondie, qui lui servait de base, comme une porte de cage d'oiseau qui serait trouéepar en bas ; il put entourer ainsi d'une sorte de ceinture l'Araignée Diadème, à l'endroit où son corselet se rétrécit, et ainsi prise dans ce trou, elle ne pouvait bouger, parce que ni son abdomen, ni son corselet n'y pouvaient passer; et comme il avait remarqué que l'Araignée, aussitôt qu'elle tirait des fils de ses filières, le scoupait aussitôt avec ses pattes de derrière, il eut soin d'isoler ses pattes de son abdomen, et de faire en sorte qu'elles fussent toutes placées du côté de la cloison, ou de la plaque, où se trouvait le corselet. L'Araignée, ainsi retenue captive, ne se saisit pas moins d'une Mouche qu'il lui présenta; elle la pelota dans ses pattes, et éleva son abdomen comme pour l'envelopper; et, au premier contact, elle ouvrit sa filière pour laisser

passer la soie abondamment. Tremeyer l'attacha à un
dévidoir de quatre pouces et demi , avec un bras
cylindrique en verre; il le tourna lentement, et dévida la soie d'Araignée, comme on dévide celle du
ver à soie. Quand le fil se rompait, il le renouait
comme on fait celui du ver à soie. Il obtint ainsi un
fuseau plein de soie d'Araignée. Il en fila un semblable de ver à soie avec le même dévidoir, de manière
à se procurer un fuseau pareil en grandeur, à celui
de la soie d'Araignée. En comparant les deux soies,
il trouva celle de l'Araignée beaucoup plus brillante
et plus belle ; elle a l'éclat d'un métal poli et reluit
comme un miroir. A la vérité, cette soie ne peut
s'enlever du dévidoir et se mettre en peloton. Tremeyer la fit filer avec la quenouille, et il en obtint un
fil très-fin et très - luisant, qui avait en outre une
telle élasticité, qu'il pouvait s'allonger considérable-
ment sans se rompre, et revenir, lorsqu'on le lâchait,
à sa première dimension. Un des avantages de la soie
des Araignées est qu'elle est diversement colorée.
Tremeyer pense que les Araignées ont différents réservoirs de la matière à soie, de manière à produire
cette diversité de couleurs selon le besoin , et c'est
aussi notre opinion. Une des qualités de la soie d'A-
raignée est que sa couleur ne s'altère jamais.

Tremeyer ne paraît pas avoir tiré assez de soie en
la dévidant, pour l'appliquer à aucun usage; mais en
cardant, comme Bon l'avait déjà fait, la soie des cocons
de l'*Aranea diadema*, il a pu faire filer chez lui assez
de soie pour fabriquer une paire de bas du poids
de deux onces un quart, qu'il envoya à sa majesté
Charles III, et diverses bourses dont il fit présent à ses
amis. En 1796, il avait recueilli vingt-deux onces de

soie, extraite de cocons vierges de l'Araignée Diadême.

Un négociant anglais, nommé M. D. B. Rolt, a été encore plus heureux que M. Tremeyer dans les essais qu'il a faits pour dévider la soie d'Araignée, et fut récompensé d'une médaille par la Société des arts de Londres. C'est aussi sur l'Araignée Diadême qu'il a fait ses essais. Ayant remarqué la facilité avec laquelle cet Insecte dévide son fil à mesure qu'on l'enroule, il mit en communication avec une machine à vapeur, et avec une vitesse de 150 pieds par minute, un dévidoir très-léger, autour duquel il enroula le fil d'une Araignée à mesure qu'elle l'abandonnait. M. Rolt trouva que les Araignées qu'il soumit à cet essai fournissaient un fil continu pendant un espace de trois à cinq minutes. L'échantillon présenté à la Société avait environ 18,000 pieds, et avait été filé en moins de deux heures par 22 Araignées. Le fil est blanc, brillant, d'un aspect métallique ; on n'a pas essayé de le doubler. Il est cinq fois plus fin que le fil du ver à soie, et en supposant que la force relative soit proportionnelle à la finesse, et qu'une Araignée fournisse deux fois l'an un fil de 750 pieds, tandis que celui du ver à soie est de 1,900 pieds, on voit que le produit de ce dernier est égal à celui de $6\frac{1}{2}$ Araignées (1).

Azara rapporte, dans son Voyage au Paraguay, qu'il existe dans cette contrée, jusque vers le trente-deuxième degré de latitude australe, une Araignée qui fait des cocons sphériques d'un pouce de diamètre, de couleur orange, que l'on file parce que sa couleur est permanente. Mais on remarque qu'il sort beaucoup d'eau aux fileuses par les yeux et par le nez tandis

____

(1) *Le Temps*, journal.

qu'elles filent, sans que cependant elles sentent de mauvaise odeur ni aucune autre incommodité, ni qu'elles éprouvent aucune suite fâcheuse. Cette Araignée est peut-être la même que celle dont parle M. de Bomare, dans une lettre écrite à la Société philomatique et datée de Buénos-Ayres; il dit qu'on nomme, dans le pays, l'espèce dont il parle, Araignée à soie. Son cocon est de la grosseur d'un œuf de pigeon, et peut se filer en entier; la soie en est moelleuse, et se carde facilement.

Si l'extrême finesse de la soie d'Araignée est un obstacle à ce qu'on puisse la filer et la tisser, c'est un avantage pour l'emploi qu'on en sait faire en astronomie. Cette propriété, jointe à celle de leur éclat métallique, rend ses fils très-propres à construire les micromètres que l'on adapte aux lunettes astronomiques : le fil d'argent le plus fin qu'on puisse se procurer pour cet objet, a $\frac{1}{974}$ de pouce de diamètre, tandis que les fils d'Araignées ont depuis $\frac{1}{4000}$ jusqu'à $\frac{1}{8000}$ de pouce d'épaisseur, selon qu'ils ont fait partie des amarres principales de la toile ou des fils moins essentiels à sa solidité. Throughton, habile artiste anglais, imagina de substituer aux fils d'argent qu'on employait avant lui, pour les micromètres, des fils d'Araignée, et ce moyen ayant réussi on l'a toujours employé depuis (2).

---

(1) Bulletin de la Société philomatique, t. I, part. 2, p. 18.
(2) Pictet de Genève, *Voyage de trois mois en Angleterre et en Écosse*, an II (1802), p. 302

4. *De la faculté qu'ont les Araignées de se laisser apprivoiser par l'homme.*

Il nous reste à considérer l'Araignée sous un dernier et curieux rapport. Tous les animaux redoutent l'homme et sont ses ennemis; et cependant, quoique inférieur en force à un grand nombre, il est parvenu, par la supériorité de son intelligence, à les dompter et à les asservir. La faim et la privation du sommeil sont les deux moyens que son habile, et industrieuse tyrannie, emploie avec succès contre les plus féroces. Mais cette faculté des animaux à se laisser apprivoiser par l'homme, qui démontre en eux la possibilité de les faire dévier de l'instinct pour obéir à l'intelligence, diminue avec la capacité intellectuelle; c'est-à-dire à mesure que l'organisation des animaux s'éloigne le plus de l'homme. Ainsi, elle est à son plus haut degré dans certains quadrupèdes ; à un degré moindre dans les oiseaux; encore assez remarquable chez certains Reptiles; peu apparente dans les poissons; à peine perceptible dans les Crustacés; et elle semble entièrement nulle dans l'innombrable classe des Insectes, si on excepte pourtant les Araignées. Les essais en ce genre ont été rares, les observations sont en petit nombre, mais elles sont si complètes et si bien constatées, qu'on est certain que cette exception existe.

Tout le monde connaît la noble conduite, la courageuse fidélité de Pellisson envers Fouquet, sa captivité à la Bastille, et les éloquents plaidoyers qu'il y composa pour la défense de son ami et de son bienfaiteur. Voici ce que d'Olivet, dans l'histoire de l'Aca-

13.

démie française, raconte au sujet de cette captivité et
ce qu'il tenait de Pellisson lui-même (1) :

« Resserré dans un lieu isolé qui ne prenait le jour
que par un soupirail, n'ayant pour domestique et
pour toute compagnie qu'un Basque stupide et morne,
qui ne savait que jouer de la musette, Pellisson crut
devoir se précautionner contre un ennemi que la
bonne conscience ne dompte pas toujours ; je veux
dire, contre les attaques d'une imagination oisive, qui
devient le plus grand supplice d'un solitaire lorsqu'une fois elle s'effarouche. Voici donc à quel strata-
gème il eut recours. Une Araignée faisait sa toile à
ce soupirail dont j'ai parlé : il entreprit de l'apprivoiser, et, pour cela, il mettait les Mouches sur le
bord de ce soupirail, tandis que son Basque jouait
de la musette. Peu à peu l'Araignée s'accoutuma à
distinguer le son de cet instrument, et à sortir de son
trou pour courir sur la proie qu'on lui exposait.
Ainsi, l'appelant toujours au même temps, et mettant
toujours sa proie de proche en proche, il parvint, après
un exercice de plusieurs mois, à discipliner si bien
cette Araignée, qu'elle partait au premier signal pour
aller prendre une Mouche au fond de la chambre, et
jusque sur les genoux du prisonnier (2). » Un éminent

---

(1) D'Olivet, *Hist. de l'Académie française*, article *Pellisson*.
Cette vie a été reproduite à la tête des *Lettres historiques de Pellisson*, 1729, in-12, t. I, p. 13.

(2) On ajoute à ce récit, pour le rendre plus dramatique, que le
geôlier de Pellisson avait, pour lui ôter ce passe-temps, écrasé sa
chère Araignée. C'est un conte inventé longtemps après ; mais il a
fourni de beaux vers à Delille. — Voyez une lettre de nous
à ce sujet dans les *Archives littéraires* de Vanderbourg, t. X,
p. 141-146.

naturaliste, M. Léon Dufour, avait accoutumé une Lycose Tarentule à venir prendre une Mouche vivante entre ses doigts, et cette espèce d'Aranéide est au nombre des plus féroces et des plus farouches (1).

Une femme qui possède toutes les vertus et tous les agréments de son sexe, fille de M. le comte de Béarn, auquel nous devons un exemplaire du mémoire de Tremeyer, que nous avions en vain cherché à nous procurer, nous a raconté qu'à l'âge de dix ans elle s'était amusée à mettre dans un petit flacon de poche une jeune Araignée noire qu'elle avait prise sur sa toile : d'après la description qu'elle nous en a faite, ce devait être une des deux espèces de Clubiones, auxquelles les naturalistes ont donné, peut-être bien injustement, les noms d'*atroce* et de *féroce*. Cette petite Araignée grossit au moyen des Mouches que mademoiselle de Béarn avait soin de lui présenter. Pour cela elle couchait son flacon sur une table, et y déposait la Mouche que l'Araignée emportait dans un nid en soie qu'elle avait construit dans le flacon. L'Araignée vécut ainsi, changea de peau et passa l'hiver. Au printemps suivant, le flacon se trouvant presque rempli par des dépouilles de Mouches et les peaux que l'Araignée avait quittées par la mue, mademoiselle de Béarn mit la Mouche qu'elle présenta à l'Araignée à quelque distance de l'ouverture du flacon. L'Araignée vint se saisir de la Mouche presque dans les doigts de celle qui la lui présentait. Mademoiselle de Béarn nettoya le flacon, et l'Araignée, qui avait erré quelque temps pour chercher l'entrée de sa

---

(1) Dufour, *Annales des Sciences naturelles*, 1835, Zool. t. III, p. 106.

demeure, s'y précipita dès qu'elle l'eut retrouvée, et se hâta d'y construire un nouveau nid. Ce manége se répéta pendant l'espace de quatre ans. L'Araignée grossit pendant deux ans, mais ensuite resta stationnaire. Elle ne fit point d'œufs ni de cocon, n'ayant aucune occasion de s'accoupler. Mademoiselle de Béarn, qui prenait alors des leçons de piano, plaçait son flacon à côté d'elle et l'ouvrait lorsqu'elle jouait. L'Araignée, sans qu'on lui offrît de Mouche, sortait alors de sa bouteille et se tenait sur le piano tant qu'on jouait, puis rentrait dans sa bouteille dès qu'on avait cessé de jouer. Mademoiselle de Béarn, soit à la ville, soit à la campagne, soit en voyage, portait toujours avec elle son merveilleux Insecte, et y était d'autant plus attachée, qu'il lui valait des louanges sans cesse répétées pour sa patience et sa dextérité : mais un jour qu'elle avait terminé le nettoiement du flacon, une jeune femme de chambre qu'on avait récemment placée près d'elle, ignorant l'usage de ce flacon, y versa de l'eau de Cologne et noya l'Araignée, dont la mort fut accompagnée des regrets et des larmes de celle qu'il l'avait si longtemps nourrie. Le récit de madame la comtesse de Villefranche, qui est cette demoiselle de Béarn à qui nous devons cette décisive et intéressante expérience, me fut fait en présence de son père et de sa mère, et de personnes qui avaient soigné son enfance, et qui toutes s'en rappelèrent les circonstances, que je fis préciser avec une rigoureuse exactitude.

Grétry, dans ses Mémoires, raconte de quelle manière il sut apprivoiser une Araignée, et la faire descendre de sa toile, à volonté, au moyen de son piano.

Les observations que nous avons faites nous-même

sont bien loin d'être aussi importantes pour leurs résultats. Pourtant nous nous sommes assuré par des
expériences répétées que l'Araignée aquatique est
susceptible d'une sorte d'éducation, et vient, à un
signal donné si on a soin de lui donner à manger, sur
les bords du vase rempli d'eau, où on l'a placée, et
où elle a coutume de se rendre pour changer de peau.

5. *De la manière de prendre les Aranéides et de les*
conserver.

Quand on veut recueillir des Aranéides, il faut
être muni d'une petite paire de pinces d'horloger; de
petites boîtes de carton rondes comme des bonbon-
nières ; d'un flacon rempli d'esprit de vin ; et de petits
tubes de verre cylindriques, arrondis et fermés à l'un
des bouts, ouverts et fermés avec un bouchon à l'autre bout, tels qu'on en fabrique à Paris pour le Muséum d'histoire naturelle ; et enfin d'un échiquier ou
nasse en toile, pouvant se plonger dans l'eau.

En prenant les Aranéides, il faut éviter de les toucher;
non par la crainte du mal qu'elles peuvent faire, c'est
là une crainte futile, surtout dans nos climats, où elles
sont si faibles qu'on ne sent pas leur morsure, mais
parce que, en les saisissant avec le doigt, on dé-
forme souvent leur abdomen, tendre dans beaucoup
d'espèces, ou leurs pattes, fines et délicates, et qui
se brisent facilement, ou se détachent de leur corps.
On les enferme dans les petites boîtes qu'on approche
près d'elles, et qu'on referme subtilement, ou bien
on les noye dans l'esprit de vin. Quand on veut les
conserver vivantes on les introduit dans de petits
tubes de verre, et de cette manière on les isole pour

qu'elles ne se mangent pas. Quand elles sont dans des fentes ou dans des retraites, on les en chasse avec les pinces ; mais il faut faire attention au moment de leur sortie, car elles se laissent tomber, sont très-subtiles à se cacher, et on ne les trouve plus. En secouant les branches d'arbre sur un mouchoir tendu par terre, en automne, on en fait souvent tomber que l'on prend facilement. C'est dans cette saison qu'il faut lever les pierres, qu'on voit être anciennes sur le sol, et qui cependant ne sont pas trop fortement enfoncées. Souvent aussi, en promenant l'échiquier, ou la nasse, sur les hautes herbes, d'une manière rapide, on en prend un grand nombre.

On a imaginé divers moyens de dessécher les Araignées, de manière à ce qu'elles conservent leurs formes dans les collections. Nous ne décrirons pas ces procédés, tout ingénieux qu'ils sont, parce qu'ainsi conservés, les individus, quand ils ne sont pas très-gros, deviennent presque inutiles pour l'étude. Le meilleur moyen de conserver ces Insectes est de les plonger dans l'esprit de vin rectifié ; mais, quand on veut les observer, il faut les sortir de la liqueur, les placer sur un papier non collé, et leur laisser le temps de sécher ; alors toutes leurs couleurs reparaissent, et comme leur forme ne s'altère jamais dans la liqueur, et que leurs membres conservent la souplesse de leurs mouvements, on peut les observer et les décrire avec plus de facilité que lorsqu'elles étaient vivantes.

XIV.

CLASSIFICATION DES ARANÉIDES ET DESCRIPTION DES ESPÈCES DE CET ORDRE.

Nous avons résumé tout ce qui concerne les Aranéides en général; il nous reste à faire connaître les nombreuses espèces de cet ordre, et les faits particuliers de leur histoire naturelle; mais nous ne pouvons parvenir à ce but qu'en classant avec méthode toutes ces espèces, d'après les organes qui décèlent dans leurs habitudes, et dans leur organisation des rapports d'affinités plus ou moins complets.

Nous appliquerons donc ici les principes que nous avons exposés ci-dessus, et après avoir reconnu que la ressemblance des yeux et de la bouche, sont, pour les Aranéides, les organes qui nous donnent les rapports d'affinités les plus génériques, nous proposerons le tableau synoptique suivant, comme présentant la méthode la moins imparfaite et la plus naturelle que l'on ait encore mis au jour pour cet ordre d'Insectes (1).

---

(1) Conférez sur nos premiers essais de classification des Aranéides la *Faune parisienne* (Insectes), t. 2; le *Tableau des Aranéides*, 1805, in-8°; la *Faune française;* le *Mémoire sur une nouvelle classification des Aranéides,* lu à la Société entomologique le 3 juillet 1833, et imprimé dans les annales de cette société. Je dois faire observer que presque tous les genres nouveaux indiqués par moi dans mon nouveau tableau, et dont quelques-uns ont déjà été proposés par d'habiles naturalistes sous d'autres noms, avaient été depuis longtemps caractérisés dans le Prodrôme publié en 1805, comme des familles pouvant former des genres. J'ai conservé à ces nouveaux genres, les noms que je leur avais donnés dans mes manuscrits ou dans mes diverses publications. J'ai eu grand soin, dans cet ouvrage, d'indiquer le petit nombre de genres véritablement nouveaux dont d'autres naturalistes ont publié les premiers le caractère.

Tête réunie au corselet. *Abdomen* ne tenant au corselet que par un filet. *Palpes* simples au nombre d deux. *Mandibules* d'un seul article, terminées par un onglet qui se replie. *Pattes* au nombre de hui onguiculées.

ARAIGNÉES. *Mandibules articulées sur un plan incliné ou vertical, à mouvement latéral.*

THÉRAPHOSES. *Mandibules articulées horizontalement, à mouvement vertical.*

Huit yeux.

Yeux ramassés. — Mygale. Oletera. Sphodros. Filistate. — **LATÉBRICOLES.** Se cachant dans des trous ou des fentes.

Yeux écartés. — Missulena.

Six yeux.

Yeux sur le devant. — Dysdera. Segestria. — **TUBICOLES.** Se renfermant dans des tubes de soie.

Yeux sur le devant et sur les côtés. — Uptiotes. Scytodes. — **CELLULICOLES.** Formant de petites cellules où elles se renferment.

Huit yeux.

Yeux sur le devant et les côtés, très-inégaux en grosseur. — Lycosus. Dolomedes. Storena. Ctenus. Hersilia. Sphasus. Dyction. Dolophones. — **COUREUSES.** Courant avec agilité pour attraper leur proie.

Myrmecia. Erésus. Chersis. Attus. — **VOLTIGEUSES.** Sautant et voltigeant avec agilité pour attraper leur proie.

Arkys. Delena. Thomisus. Selenops. Eripus. Philodromus. Olios. Sparassus. Clastes. — **MARCHEUSES.** Marchant de côté et en arrière, et tendant occasionnellement des fils pour attraper leur proie.

Clubiona. Desis. Drassus. — **NIDITÈLES.** Errantes, mais se faisant de leurs nids une toile où aboutissent des fils pour attraper leur proie.

Clotho. Enyo. Latrodectus. Pholcus. Artema. — **FILITÈLES.** Errantes, mais tendant de longs fils de soie, dans les lieux où elles se meuvent, pour attraper leur proie.

Yeux sur le devant, presque égaux en grosseur. — Tegenaria. Lachesis. Agelena. Nyssus. — **TAPITÈLES.** Fabriquant de grandes toiles à tissus serrés, en hamacs, et y résidant pour attraper leur proie.

Epeira. Plectane. Tetragnatha. Uloborus. Zosis. — **ORBITÈLES.** Tendant des toiles à mailles ouvertes, et régulières en cercles, ou en spirale, et se tenant au milieu, ou à côté, pour attraper leur proie.

Linyphia. — **NAPITÈLES.** Faisant des toiles étendues, en napes suspendues au milieu de réseaux irréguliers.

Argus. Episina. Theridion. — **RETITÈLES.** Formant des toiles à mailles ouvertes, à réseaux irréguliers, et se tenant au milieu, ou à côté, pour attraper leur proie.

Argyroneta. — **AQUITÈLES.** Tendant des fils dans l'eau pour attraper leur proie.

VAGABONDES. Sortant et courant souvent hors de leurs demeures pour chasser et attraper leur proie.

ERRANTES. Errant à l'entour des nids qu'elles ont construits, ou des fils qu'elles ont tendus pour attraper leur proie.

SÉDENTAIRES. Construisant de grandes toiles pour attraper leur proie, et se tenant au milieu ou à côté.

NAGEUSES. Nageant dans l'eau et y tendant des fils pour attraper leur proie.

TERRESTRES. Habitant su terre, suspendues dans l'ai ou dans de cavités de roche, de bois de plantes ou autres, ou dan des trous en terre.

AQUATIQUES. Habitant au milieu de l'eau, dans une cellule remplie d'air.

ARANÉIDES.

Iʳᵉ TRIBU.

THÉRAPHOSES.

Mandibules articulées horizontalement, proéminentes, à mouvement vertical.

Caractères de la tribu. Les Théraphoses ont les
mandibules grandes et fortes, proéminentes, articulées horizontalement, à mouvement vertical, le
plus souvent à dos arqué, couvert de poils courts,
et qui quelquefois, à l'extrémité de leurs tiges ou
premier article, ont des dents ou tubercules, formant
une sorte de rateau ou de herse caché dans des poils,
et à onglets qui se replient en dessous, forts et allongés dans presque tous, mais qui, dans un seul genre,
sont presque oblitérés.

Leurs yeux sont au nombre de huit, toujours
placés sur le devant du corselet, et souvent ramassés
et resserrés en un seul groupe, plus rarement disséminés.

Les palpes sont le plus souvent allongés, robustes
et pédiformes. Dans les femelles, le digital est muni
d'une petite griffe, et dans les mâles, d'une cupule
génitale, qui recouvre un conjoncteur globuleux ou en
ovale allongé, terminé par un filet, ou creusé en
gouttière comme le côté arrondi d'un cure-dent ou d'un
cure-oreille, et quelquefois muni de plusieurs con-

joncteurs auxiliaires en pointe ou en tire-bouchon.

Les mâchoires sont allongées; souvent divergentes; cylindroïdes ou triangulaires; et se terminant en pointe ou carrées, ou courbées et convergentes; la lèvre sternale, souvent courte ou étroite, quelquefois allongée et se prolongeant entre les mâchoires, quelquefois trapézoïde et enveloppée par elles.

Le corselet est grand, large et comprimé; ou bombé et allongé; arrondi, ovale, trapézoïde ou elliptique, et alors diminuant graduellement de largeur vers sa partie postérieure, et très-large vers la tête; quelquefois aussi, mais rarement, allongé et à tête pointue; très-rarement nu, et le plus souvent couvert de poils courts ou d'un duvet de couleur sombre, mais parfois avec un reflet métallique; ayant une fossule très-profonde dans le milieu.

Les pattes sont fortes, allongées, étalées latéralement, le plus souvent velues et munies de piquants mobiles; quelquefois avec des lignes nues et dépourvues de poils : elles s'appuyent dans un grand nombre sur un tarse charnu en dessous, et sur le dos duquel une petite griffe, cachée dans les poils, est insérée. Dans plusieurs ces pattes sont plus minces, et diminuent graduellement vers leurs extrémités, et se posent sur un tarse terminé par une griffe, tantôt pectinée, tantôt non pectinée : les pattes intermédiaires sont souvent peu différentes entre elles en longueur.

L'abdomen est ovale arrondi, ou échancré à sa partie postérieure, le plus souvent velu, de couleurs sombres, uniformes; ayant en dessous quatre fentes pulmonaires, qui dans un petit nombre de genres sont réduites à deux : le derme est tendu, homogène et membraneux, et la partie postérieure est terminée par quatre filières, dont deux sont souvent fortement allongées en tentacules.

Mœurs et habitudes. Les Théraphoses renferment les plus grandes espèces d'Aranéides, et retiennent dans leurs fils, outre de très-gros insectes, des petits oiseaux, tels que les colibris. Elles enveloppent leurs œufs dans un cocon de soie; elles chassent et courent après leur proie. Elles se retirent dans des trous qu'elles se pratiquent en terre, ou se cachent dans les larges feuilles des arbres, et des plantes, qu'elles rapprochent, ou dans l'intérieur des troncs d'arbre.

Les grandes Théraphoses habitent toutes des climats chauds; les moindres des climats tempérés; aucune espèce, jusqu'ici connue, ne s'est trouvée dans des climats froids.

Affinités de la tribu des Théraphoses et de celle des Araignées. La tribu des Théraphoses ne se compose que de cinq genres : Mygale, Olétère, Sphodros, Missulène, Filistate. De tous ces genres, le genre Mygale, qu'on a voulu à tort subdiviser en plusieurs autres, est le plus nombreux, et le type le plus complet de la tribu, ou celui qui s'éloigne le plus de la deuxième tribu des Aranéides, qui comprend les Araignées proprement dites. Les genres Olétère et Sphodros sont ceux qui ont des rapports les plus intimes avec le genre Mygale par leurs yeux ramassés et en un seul groupe, et leurs mâchoires allongées et divergentes; mais ils en diffèrent par leurs lèvres allongées entre les mâchoires, et par leurs pattes insérées, non à l'extrémité, mais sur les côtés des mâchoires. Le genre Missulène, par son corselet large à sa partie antérieure, ses mandibules fortes et ses mâchoires divergentes, a des rapports d'affinités très-étroits avec les genres Olétère, Sphodros, et

avec le genre Mygale ; mais il se rapproche des Aranéides par ses yeux, disséminés sur le devant de la
tête. Les Filistates s'en rapprochent encore plus par
leur corselet pointu à sa partie antérieure, et leurs
mandibules plus grêles, quoique proéminentes,
leurs mâchoires convergentes, qui les assimilent aux
Drasses, et aussi par l'oblitération presque totale du
crochet de leurs mandibules, qui établit un rapport
important d'affinités, entre elles et certaines Scytodes.
Les Filistates se rapprochent encore du plus grand
nombre des Araignées par le caractère de leurs ouvertures pulmonaires, qui sont seulement au nombre de
deux : mais par les yeux ramassés en un seul groupe,
les Filistates se rapprochent encore plus des Mygales
que les Missulènes, et elles appartiennent surtout aux
Théraphoses par leurs mandibules pressées l'une contre
l'autre, proéminentes, articulées horizontalement, et
ne pouvant se prêter qu'à un très-léger écartement
latéral.

Par la grandeur, la forme générale, et les pattes
étalées, les Théraphoses ont de si grands rapports
de ressemblance avec les grandes espèces d'Araignées
des climats chauds, démembrées du genre Thomise,
ou les Araignées crabes (Delena, Olios, Philodrômus),
qu'on les a confondues avec elles, et qu'on leur a
donné le nom d'Araignées crabes ; mais ces Insectes
sont séparés les uns des autres par tous les rapports
d'analogies et d'affinités. Cependant la Mygale Australienne, comme certaines Delènes et plusieurs Philodrômes, a la seconde paire de pattes plus allongée que
la première, ce qui établit un rapport d'affinité entre
es Mygales, les Delènes et les Philodrômes. Ce sont
es Dysdères et les Drasses, qui parmi les Araignées

se rapprochent le plus des Théraphoses, et qui forment la liaison des deux tribus d'Aranéides. Les Dysdères, par leurs fortes affinités avec les Olétères et les Sphodros ; les Drasses, par les rapports des organes de la manducation et du mouvement avec les Filistates ; les Tégénaires et les Agelènes, par la longueur des tentacules de leur anus ou de leur filière supérieure, la grandeur de leur corselet, et leurs pattes fortes et allongées ; établissent de grands rapports entre les Araignées et les Théraphoses ; surtout, par la deuxième race de la famille des Mygales digitigrades, et par la famille des Mygales mineuses, dont le corselet est ovale. Enfin les Érèses, par l'arrangement de leurs yeux, qui figurent deux quadrilatères renfermés l'un dans l'autre, et par leurs pattes robustes, ont aussi de l'analogie avec les Théraphoses par les Mygales, les Sphodros et les Missulènes.

Ier Genre. MYGALE.

Yeux *au nombre de huit, presque égaux entre eux, groupés et ramassés sur le devant du corselet entre les mandibules : trois de chaque côté formant un triangle irrégulier, dont l'angle le plus aigu est en avant ; les deux autres yeux situés entre les précédents sur une ligne transverse.*

Lèvre *petite, presque nulle, insérée sous les mâchoires.*

Mâchoires *allongées, cylindroïdes, divergentes, creusées longitudinalement à leur côté interne.*

Palpes *allongés, pédiformes, insérés à l'extrémité des mâchoires.*

Pattes *allongées, fortes, peu inégales entre elles.*

Aranéides *chasseuses et courant après leur proie, se renfermant dans l'intérieur des feuilles, des creux des arbres, des rochers, dans des retraites qu'elles se creusent en terre.*

Ire Famille. LES PLANTIGRADES.

Pattes terminées par un tarse court, obtus et charnu, et velouté en dessous, à griffes insérées en dessus.
Corselet grand, arrondi.
Mandibules inermes ou dépourvues de râteaux.

Aranéides se renfermant dans des cellules, sur les plantes, dans les creux d'arbres et des rochers ; cocon rond, déprimé.

1ʳᵉ Race. LES AVICELLES.

Pattes *allongées, presque égales entre elles en longueur ; première paire presque aussi allongée que la quatrième, qui est la plus longue : la seconde plus courte que la première ; la troisième la plus courte.*

1. Mygale fasciée. (*M. fasciata.*) Long. 2 pouces 6 lignes.)

D'un brun fauve ou rougeâtre, avec une bande ovale, festonnée, plus claire, longitudinale, sur le milieu du dos. M.

Aranœa maxima Ceilonica. Albert Seba, t. I, p. 109, Pl. 69, fig. 1. — *Mygale fasciée.* Walckenaer, Hist. nat. des Aranéides, Fasc. IV, 1. — Hahn, Monographie der Spinnen, in-4°, 1820, p. 15, Pl. 3. — *Ibid.* Die Arachniden, t. II, p. 63, Pl. 57, fig. 187, *Immense Spidern*, Percival, Account of Ceylan, London, 1805, p. 317.
Ancien-Monde — Asie — Ceylan.

Suivant Seba, cette espèce ne file point de toile, et se trouve sur les grands arbres. Elle dévide un gros fil au moyen duquel elle descend lentement, à la manière des chenilles, qu'elle imite aussi en formant un nid ovale où elle dépose ses œufs. Elle enchâsse ce nid si fermement entre les branches d'arbres qu'il est difficile de l'en tirer.

Selon le témoignage de Percival, cette espèce fabrique une toile assez forte pour arrêter les petits oiseaux. En comptant la longueur des mandibules, elle a 3 pouces de longueur. Mais nous évaluons toujours la longueur, sans compter les mandibules et les filets sétifères.

2. Mygale tachetée. (*M. maculata.*) Long. 2 pouces 6 lignes.

D'un brun cendré uniforme, bande ovale, longitudinale, plus claire sur le milieu du dos, avec une suite de taches rondes dans le milieu.

Tarantula 4. Maxima subcinerea hirsuta, the large hairy Taran-

tula. — Brown , Hist. of Jamaice, 1756, in-fol. p. 420, pl. 49, fig. 1. — Albin , pl. 34, fig 169, p. 51.

Nouveau-Monde — archipel d'Amérique.

Selon Brown, on trouve cette Mygale dans les rochers du centre de l'île de Jamaïque.

3. MYGALE DE LE BLOND. (*M. Blondii.*) Long. 2 pouces 6 lignes.

D'un brun rougeâtre uniforme , ayant deux tranches rougeâtres , allongées et pointues, sur le genual ou quatrième article des pattes formées par l'absence de poils. Mâchoires prolongées en pointe au côté interne ; digital des palpes du mâle pourvu d'un conjoncteur ovale, cylindrique ou resserré dans son milieu, figurant un cure-oreille. Filières-tentacules de l'anus allongés.

Mygale de Le Blond, Latreille , Dictionn. d'Hist nat. , t. XV, p. 304, 2ᵉ édit. , p. 118.—Palissot de Beauvois, Insectes d'Afrique, pl. 3, fig. 2, p. 135. — Hahn , Monographie der Spinnen , 1820, in-4°, pl. 1, p. 15. — *Ibid.* die Arachniden , t. I, p. 25, tab. VII. (Les pattes sont très-inexactement figurées.)

Nouveau-Monde — Cayenne — Saint-Domingue — Saint-Vincent — Martinique — Brésil.

J'ai dans mes manuscrits trois descriptions très-détaillées de cette espèce , accompagnées de dessins : la première d'après une femelle rapportée de la Martinique par M. Droz, qui est dans la collection du Muséum. La seconde d'après une jeune du même sexe , rapportée de l'île Saint-Vincent. La troisième est d'un mâle qui m'a été envoyé par M. Strauss, de la province du grand Para au Brésil. Voici les dimensions de cette dernière : la longueur totale du corselet et de l'abdomen est de 2 pouces 6 lignes ; y compris celle des mandibules, de 3 pouces. La longueur du corselet est égale à sa largeur, et a 1 pouce 3 lignes ; les palpes ont 2 pouces ; la quatrième paire de pattes , 4 pouces 4 lignes et demie ; la première, 4 pouces 1 ligne ; la seconde , 3 pouces 9 lignes ; la troisième, 3 pouces 7 lignes. Les yeux sont sur une gibbosité très-arrondie, formant un carré long transverse ; les latéraux rougeâtres, ovalaires ; les intermédiaires plus gros, arrondis, noirâtres.

Le médecin Le Blond a trouvé cette grande espèce à Cayenne. Palissot de Beauvois dit qu'elle est commune à Saint-Domingue, où on la nomme *Araignée-Crabe.* Serait-ce la même espèce que

Langsdorf (Reise um die Welt), 1812, in-4°, t. Ier, p. 63, a décrite
en la confondant avec l'aviculaire? Il a trouvé la sienne sur le
continent d'Amérique, sur la côte opposée à l'île Sainte-Catherine; il dit qu'elle est commune parmi les plantations de blé de
Turquie, et dans les lieux qu'on nomme os barreiros. Les naturels
nomment cette Araignée *Araa Caranguexeira;* les Portugais la
nomment *Araignée Crabe.* Selon Langsdorf, elle vit en terre dans
des trous, et ne fait point de toile : elle se nourrit de mouches,
de fourmis, d'abeilles, de guêpes et d'autres insectes, et non d'oiseaux et de colibris. Cette dernière assertion serait une fable, selon
Langsdorf. Pourtant Milbert, dans son Voyage à l'Ile-de-France
(t. II, p. 64), dit : « Je trouvai dans quelques touffes de bam-
bou des Araignées d'une grosseur monstrueuse. Un petit bengali
s'était pris dans leurs toiles perfides ; je me hâtai de le sauver de
l'atteinte de ces odieux insectes. » M. Perty, dans son ouvrage
sur les Insectes recueillis par MM. Spix et Martius au Brésil,
1834, in-folio, p. 37, affirme, que Langsdorff se trompe et, que
les grandes Aviculaires du Brésil mangent des petits oiseaux et
des Reptiles. Stedman dit qu'à la Guiane les grandes Araignées sont nommées *Araignées de Buissons,* et qu'elles font
une toile de peu d'étendue, mais forte. Suivant Palissot de
Beauvois, à Saint-Domingue la Mygale de Le Blond se tient dans
les champs, y pratique un trou où elle attend sa proie; mais
elle ne se confie pas à ce seul moyen de pourvoir à sa nourriture, elle sort le soir et le matin, elle grimpe aux arbres, pénètre
dans les nids des colibris et des oiseaux-mouches, suce leurs œufs
ou le sang de leurs petits. Son cocon est de la grosseur d'un
œuf de pigeon. Selon MM. Spix et Martius, elle se cache sous les
pierres, dans les bois pourris, et visite souvent dans la nuit les lits
des voyageurs.

4. MYGALE VERSICOLORE. (*M. Versicolor.*) Long. 1 pouce 8 lignes.

La femelle très-velue : corselet arrondi, recouvert de poils
courts ou de duvet d'un beau vert bouteille d'un éclat métallique. Abdomen ovale, plus gros à sa partie postérieure, et dont
l'épiderme est recouvert en dessus d'un poil ou duvet noir de
velours, et de longs poils d'un beau rouge ferrugineux, qui, du
côté du ventre, vus à un certain jour, ont un reflet violet. Les
pattes allongées sont revêtues de poils noirs en dessus, et les

14.

palpes de poils vert bouteille. Tout le dessous est d'un beau noir velouté.

Le mâle, un peu plus allongé, a 1 pouce 9 lignes. Le corselet très-grand et couleur d'un noir de velours. L'abdomen d'un rouge ferrugineux. Les pattes antérieures pourvues à l'extrémité du fémoral de deux appendices ou épines rouges et courbes. Aux palpes le digital a un conjoncteur globuleux à sa base, et est terminé par un filet à double courbure ou en tire-bouchon.

Aranæa Hirtipes, Fabricius, Entom. System., p. 428, n° 77.
Nouveau-Monde — Archipel — Guadeloupe — Martinique.

Ma description de la femelle de cette espèce est, d'après un individu vivant envoyé de la Guadeloupe à Paris; et le mâle d'après un individu envoyé du Brésil à la collection du Muséum. Les filières sont au nombre de quatre. Les filières supérieures ont 3 lignes de long, et sont composées de quatre articles. Les filières inférieures, insérées plus en avant sous le ventre, sont beaucoup plus courtes et n'ont que trois articles.

Une Mygale de 5 lignes de long, avec des poils longs blanchâtres, qui provient de la Martinique, et est dans la collection de M. Guérin, paraît être une Versicolore jeune. D'autres Mygales de la même taille et aussi jeunes ont les poils fauves rougeâtres.

Laet (Description des Indes occidentales, p. 505) parle d'une Araignée vivante qu'il avait reçue de l'île de Saint-Alexis, près Saint-Fernambouc. — Marcgrave, Hist. nat. du Brésil, p. 248, cap. 3, fait mention d'une grande Mygale trouvée dans la même île, qu'on appelle au Brésil l'*Araignée Gouacou* ou *Nhamdou-Guacou.* — Leschenault avait rapporté une Aranéide de la côte de Malabar, qui, dit-il, se nomme Nhamdou-Guacou. Il faut qu'il y ait confusion ou erreur dans ce fait.

M. Risso a décrit une Mygale d'Europe, qui paraîtrait, par la diversité des couleurs, se rapprocher de la Versicolore. Voici la description de ce naturaliste : *Mygale Solitaria.* Corpore thoraceque violascentibus lanuginosis; pedibus fuscescentibus; pellucidis. Cette espèce présente un corselet brun violet; l'abdomen ovale, arrondi, violâtre, plus clair sur les côtés, couvert d'un petit duvet; les pattes luisantes, d'un brun clair; les quatre yeux supérieurs géminés de chaque côté. — Argylle tertiaire. — Vallon obscur, juillet. (Risso, Hist. Nat. des environs de Nice et des Alpes maritimes t. V, p. 159.)

5. MYGALE CUBANE. (*Mygale cubana.*)

Mâle : 1 pouce 9 lignes.

Abdomen d'un brun foncé. Corselet rouge brun, à poils luisants, mais non métallique. Pattes fortes très-allongées, ayant deux épines ou crochets noirs courbés au fémoral. Digital des palpes peu renflé, à conjoncteur globuleux, rougeâtre, terminé en pointe peu allongée.

Femelle : 1 pouce 6 lignes.

Abdomen brun. Corselet ovale, allongé, bombé, rougeâtre. Pattes de longueur médiocre, sans crochet au fémoral.

Mygale Spinicrus de Latreille, Dictionn. d'Hist. nat., [2ᵉ édit. t. XXII, p. 118.

Nouveau-Monde — île de Cuba.

Les pattes antérieures du mâle, ou de la quatrième paire, ont 2 pouces 6 lignes; les pattes postérieures, ou de la quatrième paire, 2 pouces 8 lignes.

M. de la Sagra a rapporté treize individus de l'île de Cuba de cette espèce, et dans ces treize il y avait douze mâles et une seule femelle. Celle-ci était plus petite que le mâle comme dans la Versicolore. Serait-ce une jeune? ou les femelles, dans certaines Mygales, sont-elles plus petites que les mâles?

La Cubane diffère de la Versicolore, dans la femelle, par les couleurs non métalliques. Le mâle n'a pas le corselet si noir. Toutes deux ont des crochets dans les mâles seulement. Il fallait donc changer ce nom de *Spinicrus* qui pouvait induire en erreur.

6. MYGALE ROSE. (*Mygale rosea.*) Long. 1 pouce 9 lignes.

Très-velue. Abdomen et corselet couverts de poils d'un rouge tendre tirant sur le rose luisant. Fémoral garni de deux crochets.

Nouveau-Monde — Amérique méridionale — Chili. — Collection de M. Guérin. Envoyée par M. Année.

Cette espèce est voisine de la Versicolore, mais elle en diffère surtout par la couleur du corselet semblable à celle de l'abdomen.

7. MYGALE NIGRA. (*M. Nigra*.) Long. 2 pouces.

Corselet très-grand , d'un noir foncé, velouté ; abdomen très-velu , d'un brun noir foncé , avec des points rouges allongés ; poitrine d'un noir velouté. Mâle dont le digital est pourvu d'un conjoncteur globuleux , terminé par un crochet. Le tout figurant une larme batavique. Couleurs plus foncées et plus noires que celles de la femelle. (M.)

Mygale Avicularia. Hahn. , Monographie der Spinnen , 1820, in-4º, t. 1er, Hist. pl. 4 , fig. 16. — *Ibid.* die Arachniden, 1833, in-8º, t. Ier, tab. XXV, fig. 75. — Latreille, *Mygale Bartholomei*. Nouveau-Monde — Amérique méridionale — Brésil.

Latreille dit de sa *Migale Bartholomei* (Vues générales sur les Aranéides, t. Ier, p. 61 et suiv. des nouvelles Annales du Muséum, p. 9 de ce Mémoire tiré à part) , qu'elle ressemble à l'Aviculaire , mais que l'extrémité de ses pattes est moins large ; que le corps est d'un noir très-foncé , avec des poils d'un brun ferrugineux sur le dessus de l'abdomen et le contour du céphalothorax ; qu'elle a le céphalothorax plus carré et plus largement tronqué en avant que dans l'Aviculaire ; que les pattes ont des raies longitudinales , plus claires , et que les yeux lisses sont rougeâtres et placés comme dans l'Aviculaire. J'ajouterai qu'il y a des poils roux qui sont ferrugineux, ardents , comme cillés à l'extrémité du bandeau , et s'étendant à la naissance des mandibules. Ces mandibules sont noires, avec des poils roux allongés ; la petite raie fine de poils roux ardent qui est sur la tranche du bord du corselet , la raie plus épaisse de même couleur, à l'extrémité de la hanche et à la naissance du fémoral , font facilement distinguer cette espèce. Les pattes sont noires , avec des poils roux, allongés, hispides , peu épais.

8. MYGALE CANCÉRIDES (la femelle). (*M. Cancerides femina.*) Long. 1 pouce 8 lignes.

D'un brun fauve uniforme, avec des poils d'un fauve-rouge ardent.
Nouveau-Monde — île de la Martinique — Brésil.

Les mandibules sont plus allongées que dans l'Aviculaire, leur premier article est plus gros vers l'extrémité. Les yeux sont en carrés comme dans l'Aviculaire, mais plus écartés entre eux. Les postérieurs intermédiaires sont les plus petits, et sont placés plus bas que les extérieurs latéraux; les antérieurs intermédiaires plus gros et ronds ; les quatre extérieurs ou les latéraux sur les deux lignes, sont ovales. Les filets sétifères, les palpes et les pattes sont plus allongés que dans l'Aviculaire. Les pattes s'amincissent vers leurs extrémités, et se rapprochent par-là de la seconde famille, et aussi par leurs griffes plus apparentes. La quatrième paire de pattes a 2 pouces 3 lignes. La première 2 pouces 2 lignes.

Je regarde cette espèce comme la femelle de l'Aranéide mâle, décrite par Beauvois, qui suit :

8 *bis*. Mygale Cancéride (le mâle?). (*M. Cancerides mas.?*)
Long. 2 pouces.

Brune, velue; pattes dont le fémoral est terminé par un tubercule pointu et arqué; digital des palpes pourvu d'un conjoncteur pyriforme, à pointe arquée.

Palissot de Beauvois, Insectes recueillis en Afrique, in-folio, t. I, p. 135, pl. 3, fig. 1. — W. Hahn, Monographie der Spinnen, 1820, in-4°, pl. 3, p. 16. — *Ibid.* die Arachniden, 1833, in-8°, t. XIX, fig. 57, t. I, p. 77. — Dorthez, Transact. of the Linnean society, vol. 2, p. 68, Nouveau-Monde — Saint-Domingue.

9. Mygale ochracée. (*M. ochracea.*) Long. 14 lignes.

Corselet brun. Pattes et abdomen d'un rouge pâle. Yeux de la ligne antérieure plus bruns; yeux postérieurs rapprochés. Pattes velues d'un roux ochracé. Abdomen couvert de poils roux très-denses; ventre plus brun. (M.)

M. ochracea. Perty, Delect. animal quæ in itiner. Bras. ann. 1817 et 1820, colligerunt J.-B. de Spix et F.-P. Martius—Monachii, 1830 et 1834, Pl. 38, fig. 2.

Nouveau-Monde — Brésil, sur les bords du Rio-Negro.

Cette Aranéide est très-semblable à la Cancéride de la Martinique.

La *Mygale noire foncée* (*Mygale atra* de Latreille), Vue générale sur les Aranéides, t. I, p. 61 et suiv., des Nouvelles Annales d'hist. nat., p. 10 du mémoire tiré à part, me paraît se rapprocher des précédentes, si toutefois elle appartient à cette race. Latreille dit qu'elle est moins grande que la Mygale Aviculaire, toute noire ou noirâtre. La gibbosité oculifère paraît un peu plus élevée et plus arrondie ; les yeux, ou du moins leur iris, sont jaunâtres ; les deux jambes antérieures du mâle sont armées d'un fort ergot. — Conférez cette description avec celle de la Mygale funèbre, n° 16.

10. Mygale Javanaise. (*M. Javanensis.*) ♀ Long. 2 pouces.

Rouge brun clair ; griffes des tarses allongées et apparentes. (M.)

Monde-Maritime — Java.

Les pattes antérieures ont 2 pouces 1 ligne ; les postérieures 2 pouces 2 lignes.

Les yeux de cette espèce se rapprochent beaucoup de la Mygale de Le Blond, et forment un carré plus allongé, dans le sens transversale, que dans l'Aviculaire, et que dans certaines espèces de la race suivante. Les yeux intermédiaires de la ligne antérieure sont gros et ronds, bruns, les autres ovales, d'un rouge jaunâtre ; les intermédiaires postérieurs pas très-rapprochés des extérieurs, enfoncés et bombés.

11. Mygale Saint-Vincent. (*M. Sancti-Vincentii.*) ♂ Long. 1 p. 2 lignes.

Corselet d'un brun rougeâtre, presque entièrement glabre ; abdomen d'un brun moins vif ; pattes, palpes et mandibules de la couleur du corselet et très-velus. (M.)

Nouveau-Monde — île Saint-Vincent.

Dans cette espèce, la quatrième et la première paire de pattes sont presque égales ; les pattes antérieures sont plus renflées. Les yeux forment un carré long, transverse, dont la gibbosité est peu prononcée : les yeux postérieurs intermédiaires sont les plus petits de tous, et sur la ligne de l'extrémité des yeux latéraux postérieurs ; très-rapprochés d'eux. Les quatre yeux latéraux sont ovales, allongés ; les yeux intermédiaires antérieurs arrondis plus gros : tous, ou presque tous, sont rouges.

12. Mygale Walckenaer ♂. (*M. Walckenaerii.*) Perty.
Long. 1 pouce.

Corselet et abdomen arrondis. Corselet, aussi long et aussi large
que l'abdomen , d'un brun foncé, couvert de poils plus allongés
d'un brun plus pâle; les trois derniers articles des palpes et des
pattes d'un rouge sanguin à leur extrémité. Tarses larges et renflés,
et presque entièrement couverts de poils rouges sanguins. Ventre
et sternum noirâtres ; mandibules fortes , très-proéminentes.

Perty, Delectus animalium articulatorum quæ in itinere per
Brasiliam annis 1817 et 1820, colligerunt J.-B. Spix, Freder. Philip
de Martius.—Monachii, 1830 et 1834, in-fol. p. 191, Pl. 38, fig. 2.
Nouveau-Monde — Brésil, région équinoxiale.

Espèce bien distincte, et caractérisée par les belles couleurs
des anneaux d'un rouge sanguin, dont les articulations des
pattes et des palpes sont recouverts. Ses tarses sont élargis et
rouges à leur extrémité; les pattes antérieures et postérieures
presque égales, ont quinze à seize lignes de longueur : les deux
paires de pattes antérieures ont les anneaux rouges aux articulations beaucoup plus larges . et quatre des articulations sont ainsi
entourées , tandis qu'il n'y a que trois anneaux rouges aux
pattes postérieures. La tige des mandibules égale la moitié de la
longueur du corselet, et les onglets sont noirs. Cette espèce, rare
dans les collections, n'a encore été décrite et figurée que par
M. Perty.

2ᵉ Race. LES AVICULAIRES.

Pattes *courtes ou peu allongées , inégales entre elles en longueur ;
la première paire de pattes sensiblement plus courte que la
quatrième.*

13. Mygale Aviculaire. (*M. Avicularia.*) Long. 2 pouces.

Abdomen d'un brun uniforme ou noir jaunâtre, sans taches sur
le dos. Pattes grosses, très-velues, et à jambes et tarses dilatés.
Palpes gros, allongés ; digital du mâle pourvu d'un conjoncteur,
dont la base est en forme de fève ou d'un globule comprimé ,
qui se termine en filet délié, à double courbe.

Die west indianischen winkelspinne, Kleemann, dans Roesel Belüstigungen, 4 theil, p. 35-108, t. I du supplément, tab. XI et tab. XII. — *Araignée Aviculaire*, Degeer, Mém. pour servir à l'Histoire des Insectes, t. VII, p. 313, Pl. 38, fig. 8, 9 et 10. — Latreille, Mém. du Muséum d'hist. nat., t. VIII, p. 456 à 460. — Walckenaer, Tabl. des Aran. p. 4, Pl. 1, fig. 3.

Nouveau-Monde—Amérique méridionale, commune à Cayenne et à Surinam.

Les yeux, dans cette espèce, sont portés sur une gibbosité brusque, et sont plus ramassés que ceux de la race précédente ; ils figurent, par leurs lignes extérieures, presque un carré : les yeux postérieurs sont très-rapprochés, et les postérieurs intermédiaires plus petits que les postérieurs extérieurs, et placés un peu plus bas : tous les yeux sont ovales, hors les intermédiaires intérieurs qui sont gros et ronds : ils sont tous d'une couleur pâle blanchâtre. La quatrième paire de pattes a ordinairement 2 pouces, la seconde 1 pouce 4 ligne, la deuxième 1 pouce, la troisième 11 lignes.

L'Aviculaire fait, dans les gerçures des arbres, les interstices des masses de pierres, sur la surface des feuilles, à la campagne, dans les lieux solitaires, dans les habitations, une cellule d'une soie très-blanche, fine, demi-transparente, qui a la forme d'un tube, rétréci à son extrémité postérieure : c'est un ovale allongé, tronqué antérieurement, qui a 2 décimètres de long, sur 6 centimètres de large. Le cocon est enveloppé d'une soie de trois couches, dont l'intermédiaire est plus mince et n'est pas recouvert de bourre. La femelle place son cocon près de sa demeure, et y veille assidûment. La toile de l'Aviculaire est toujours propre, et jamais on n'y a trouvé de débris d'insectes. L'Araignée chasse pendant l'absence du soleil sur l'horizon.

Plusieurs voyageurs m'ont assuré qu'on les voit le soir courir sur l'écorce des arbres de l'avenue qui conduit à la ville de Cayenne. Selon M. Moreau de Joannès, elle enveloppe ses œufs dans une coque de soie blanche, au nombre de 1,800 à 2,000, et les fourmis rouges mangent les jeunes lorsqu'ils sont éclos. M. Guérin a dans sa collection un cocon de Mygale qui est couvert d'une multitude de très-petits Cynips : ce cocon est aplati, rond, et a trois pouces de diamètre ; il a été ouvert en ma présence. Les petits étaient éclos. Ils avaient deux lignes de

longueur ; couleur blanc-jaunâtre uniforme, excepté la gibbosité
des yeux qui est brune. Les tentacules allongés de l'anus, les
mandibules proéminentes et courbées, les yeux très-apparents,
tout ce qui caractérise le genre est bien développé. Les yeux intermédiaires intérieurs , très-gros, bruns rougeâtres. Les pattes antérieures, ou la première paire, étant aussi longues que la quatrième. Je soupçonne que ce cocon , d'ailleurs remarquable par
sa grandeur, appartient à une espèce de la race des Avicelles , et
non à l'Aviculaire. Les Cynips, comme certains Ichneumons,
introduisent probablement leurs œufs dans les œufs de ces Ara
néides , et la larve des Cynips se nourrit de la substance de l'œuf,
qui produit alors un Cynips au lieu d'une Aranéide.

14. Mygale Hostile. (*M. Hostilis.*) Long. 2 pouces 6 lignes.

D'un brun rougeâtre , yeux d'un rouge-brun obscur, avec un
reflet d'un jaune luisant. Pattes courtes. Le digital du mâle pourvu
d'un conjoncteur en forme de fève ou de globule comprimé,
terminé par un filet à double courbure. (M.)

La patrie de cette Mygale, remarquable par le peu de longueur
de ses pattes, relativement à la longueur de son corps, m'est inconnue. Les pattes antérieures ont 2 pouces 1 ligne, les postérieures
2 pouces 4 lignes. Les yeux forment un carré assez élevé comme
dans l'Aviculaire : les deux intermédiaires de la ligne postérieure
sont les plus petits , tous les yeux extérieurs sont ovales , les antérieurs intermédiaires arrondis.

Je n'ai aperçu de griffes qu'aux pattes antérieures, et cachées
dans les poils, les palpes et les pattes postérieurs en étaient dépourvus. Le mâle de cette espèce a les pattes plus allongées et
plus amincies vers le bout ; il est beaucoup plus petit et n'a que 1
pouce 3 lignes. Etait-ce un jeune ?

15. Mygale parsemée. (*M. conspersa.*) ♀ Long. 1 pouce 3 lignes.

D'un brun-marron uniforme, abdomen plus clair. Corselet
ovale, allongé, plus long et plus large que l'abdomen, presque
glabre, couvert d'un léger duvet, très-large à sa partie antérieure, et très-bombé vers la tête, peu dilaté dans son milieu et
coupé en ligne droite à sa partie postérieure. Sternum allongé ,
très-étroit, bombé, brun-foncé glabre et luisant ; mandibules

brunes, avec une large raie nue , glabre et luisante sur le devant ,
gibbosité des yeux très-élevée. — Collection de M. Buquet.

Nouveau-Monde — Amér. Mérid. — Brésil.

La gibbosité des yeux figurant un carré long, les yeux transversaux et intermédiaires beaucoup plus gros, à prunelle brune , entourée d'un cercle jaune brillant, les yeux de couleur jaune. Bandeau
ou bord antérieur du corselet glabre et rouge. Pattes fortes, peu
allongées, cuisses renflées, brunes, avec quelques piquants au
métatarse : le fémoral, le génual et le tibial ayant des raies longitudinales nues , glabres. La quatrième paire de pattes surpasse
de beaucoup la première, qui, elle-même, est sensiblement plus
allongée que la seconde. La troisième est la plus courte. Abdomen
ovale , allongé , étroit, très-bombé sur le dos, velu , mais garni
de poils égaux, peu allongés, mais bruns, en dessous desquels
sont de petites taches fauves semées irrégulièrement, obscures, au
milieu de taches plus grandes.

3ᵉ Race. LES AUCEPS.

Pattes *de longueur médiocre. La première paire la plus allongée,
la quatrième ensuite.*

16. Mygale grise (*Mygale murina*). Long. 2 pouces.

Noire , corselet velu, abdomen noir , à poil court; pattes avec
des poils plus longs. Les yeux forment un carré long , transversal,
étroit dans sa hauteur; ces yeux sont d'un rouge brun ; les quatre
de la ligne antérieure sont les plus gros. Les yeux intermédiaires
de cette ligne antérieure sont presque sur la même ligne que
les extérieurs ou latéraux , ronds et plus gros, tandis que les latéraux sont ovales. Les yeux intermédiaires de la ligne postérieure
sont les plus petits , placés plus bas , ou sur une ligne moins reculée que les latéraux extérieurs; très-rapprochés d'eux ; d'un
rouge pâle , et un peu enfoncés et aplatis, comme dans beaucoup d'autres Mygales. (M.)

Les yeux rapprochent cette race de la première et de certaines
Digitigrades. La Mygale Murina est une des plus fortes du genre.
Les pattes antérieures sont remarquablement plus grosses et plus
renflées que les postérieures.

Sa patrie m'est inconnue.

Observation générale sur les Mygales Plantigrades.

Les diverses espèces de Mygales Plantigrades sont difficiles à distinguer entre elles, à cause de l'uniformité de leurs couleurs; il paraît même qu'elles se dépilent avec l'âge, ou qu'elles perdent leurs plus longs poils. C'est par l'étude attentive des plus légères différences dans les yeux, dans la longueur relative des pattes et des tentacules de l'anus, qu'on parviendra à les bien caractériser : nous avons fait un premier pas, c'est aux naturalistes qui habitent les contrées où ces Aranéides sont communes, à s'avancer plus avant par d'assidues observations. Il nous a paru que certaines espèces de Mygales Plantigrades avicelles, n'avaient de griffes qu'aux pattes antérieures et aux palpes, et qu'elles en étaient dépourvues aux pattes postérieures, où ces griffes étaient remplacées par une simple callosité; mais cette observation doit être soumise à de nouvelles vérifications.

2° Famille. LES DIGITIGRADES INERMES.

Pattes amincies à leurs extrémités ; tarses allongés, avec des griffes terminales.

Mandibules inermes ou dépourvues de râteaux.

Aranéides *chasseuses, courant après leur proie.*

1re Race. LES OVALAIRES LARGES.

Corselet *ovalaire, large, déprimé.*
Filières-tentacules *très-apparents et médiocrement allongés.*

17. Mygale zébrée. (*Mygale zebra.*) Long. 1 pouce 5 lignes.

Corselet, abdomen et pattes d'un brun noir. Abdomen marqué sur le dos de sept bandes transversales d'un rouge ferrugineux, les quatre premières interrompues dans leur milieu. Première paire de pattes la plus longue. Tentacules allongés.

Mygale veinée. — Latreille, Analyse des travaux de l'Académie royale des sciences pour l'année 1830, partie physique, p. 80. —

Latreille, Vues générales sur les Aranéides, Nouvelles Annales du Muséum d'hist. nat. t. 1er, p. 161. — Walcken., Annales de la Société entomol. vol. IV, p. 637-650, pl. 19.

Nouveau-Monde — Amérique méridionale — Brésil.

Je ne connais que la femelle de cette belle espèce, qui se distingue de toutes les autres Mygales par ses couleurs bariolées, comme un zèbre. Les pattes ont au fémoral, au genual, et au tibial des parties nues et rouges. La longueur totale, avec les mandibules, est de 1 pouce 8 lignes. La première paire de pattes a 2 pouces 7 lignes; la quatrième, 2 pouces 6 lignes; la deuxième, 2 pouces 4 lignes et demie; la troisième, 2 pouces; les palpes, 1 pouce 3 lignes 1 tiers. Yeux formant un parallélogramme transversal, allongé, tous d'un jaune d'ambre brillant : les intermédiaires postérieurs plus petits et moins reculés que les latéraux extérieurs, les intermédiaires antérieurs arrondis. Les filières-tentacules sont allongées.

Cette espèce fait partie de ma collection. Elle m'a été donnée par M. Alexandre Lefebvre, secrétaire de la Société entomologique de France.

18. Mycale cruelle. (*Mygale sœva*.) ♂ Long. 1 pouce.

Corselet un peu déprimé, d'un brun fauve. Abdomen ovale, allongé. Palpes peu allongés ; le digital pourvu d'un conjoncteur globuleux, recouvert par une touffe de poils d'un fauve clair, ou couleur de chair. Mandibules un peu tombantes, courbées en bas, diminuant de grosseur vers leurs extrémités; poils d'un fauve clair très-long, au bas du bandeau et sur les mandibules .Yeux formant un trapèze dont le plus long côté est transversal ; les intermédiaires postérieurs sont les plus petits, et sont plus reculés que les latéraux postérieurs, mais très-rapprochés d'eux. Les intermédiaires antérieurs, ou les yeux de la seconde ligne sont ronds, et beaucoup plus reculés que les antérieurs, qui sont les plus gros et ovales.

Nouveau-Monde — Amér. mér. — Capitainerie de Montevideo.

Je ne connais que le mâle de cette espèce. — L'Aranéide femelle beaucoup plus petite, dont la description va suivre, paraît en différer spécifiquement par les yeux.

19. Mygale velue. (*Mygale hirsuta.*) Long. 6 lignes.

Rouge, très-velue, surtout les pattes. Mandibules minces, comprimées sur les côtés, subitement courbées à leurs extrémités. Abdomen allongé et de la longueur du corselet; corselet large, aplati. Yeux presque égaux entre eux, formant un trapèze; les intermédiaires postérieurs les plus petits, et un peu plus élevés ou plus reculés que les latéraux postérieurs, les intermédiaires antérieurs sont aussi beaucoup plus reculés que les latéraux antérieurs; les quatre yeux latéraux sont les plus gros; tous ces yeux sont d'un jaune brillant, et portés sur une forte gibbosité. Quatrième paire de pattes la plus longue. Filières-tentacules allongées. (M.)

Nouveau-Monde — Amér. mér. — Capitainerie de Montevideo.

Le caractère des yeux empêche de croire que cette espèce ne soit une jeune Aviculaire. Elle s'éloigne par ce caractère des espèces de cette race, et semble se rapprocher de celle des Avicelles, dont les yeux forment un carré long, transverse, mais avec des yeux intermédiaires antérieurs plus gros que dans cette espèce. Les pattes sont allongées, très-velues; les cuisses grosses, mais les extrémités fines, la quatrième paire plus longue.

. Dans la Mygale zébrée, les pattes antérieures et postérieures sont presque égales, mais la première paire est cependant un peu plus longue. C'est le contraire dans la *M. hirsuta.*

Par le corselet et par ses filières-tentacules, cette espèce appartient à cette race. Par ses yeux, dont tous les intermédiaires sont plus reculés vers la partie postérieure du corselet et forme une figure trapézoïde, elle se rapproche de la race suivante.

20. Mygale longitarse. (*Mygale longitarsis.*) Long. 1 pouce
1 ligne.

Abdomen brun, peu velu. Groupe des yeux comme dans les autres Mygales. Pattes allongées (les postérieures ont 22 lignes), sans épines ni piquants : le tarse et le métatarse ayant une brosse courte, serrée, qui se continue jusqu'à une brosse plus petite où se trouvent les griffes : l'ergot est remplacé par un appendice replié sur le côté postérieur de la saillie, en forme de dent, imitant un râteau, à raison d'une série d'une douzaine environ de petits points cornés que présente sa tranche inférieure ; de longs poils et un fin duvet plus intérieur enveloppent cet appendice. L'organe copulateur dans le mâle, sphéroïdal à sa base, se contourne fortement en manière de tire-bourre, puis est comprimé et strié longitudinalement, et se termine en une pointe aciculaire, longue et peu arquée ; le radial qui le précède est très-velu en dessous ; les filières-tentacules sont allongées. (M.)

Latreille, Vues générales sur les Aranéides, dans les Nouvelles Annales du Muséum d'histoire naturelle.

Ancien-Monde — Madagascar.

Cette espèce fait son habitation sous les troncs pourris des forêts, situées près de la rivière Troulouine.

Sur la Mygale de White.

Comme il ne s'est pas encore rencontré de Mygales plantigrades dans la Notasie ou Nouvelle-Hollande, je présume que la Mygale décrite et figurée par White, dans son voyage à la Nouvelle-Galle (Voyage to New-South-Wales, p. 277), est une Mygale digitigrade ; sa longueur est d'un pouce et demi, son corselet est proportionnellement, avec son abdomen, court et en cœur. L'abdomen est allongé, pyriforme, c'est-à-dire large et arrondi à sa partie postérieure. Elle a, selon White, les yeux disposés comme la grande Aviculaire du Brésil. Son corselet et ses pattes sont d'une couleur très-luisante. Les pattes ont des épines ou piquants mobiles, c'est-à-dire que l'insecte abaisse ou relève à volonté : et White fait observer que cette particularité se retrouve dans quelques autres espèces. La couleur de celle-ci est d'un brun-marron clair ; mais l'abdomen est d'un brun pâle, et a sur le dos une raie d'un noir foncé. Elle n'a point de filières-tentacules allongées, et formerait, si c'est une digitigrade, une troisième race à corselet cordiforme. Cette Mygale de White est peut-être cette grande Aranéide de la Nouvelle-Hollande qu'on dit avoir la faculté de se plonger dans l'eau et d'y aller chercher sa proie.

2ᵉ Race. LES OVALAIRES ALLONGÉES.

Corselet *ovalaire*, *allongé*, *bombé*.
Filières-tentacules *peu allongées*.

21. MYGALE CAFRERIÉNE. (*Mygale Cafreriana.*) Long. 13 lignes.

Couleur rouge clair, uniforme dans les femelles, gris de souris dans le mâle; digital dans le mâle, à conjoncteur pyriforme, terminé en filet peu allongé, courbe, et légèrement recourbé à l'extrémité, et quatrième paire de pattes la plus longue. Filières tentacules peu allongées.

Ancien-Monde—Afrique—Cap de Bonne-Espérance —Cafrerie.

Dans le mâle, la quatrième paire a 17 lignes, et la première paire n'a que 12 lignes.

Les yeux forment la figure d'un trapèze élevé en hauteur; les yeux intermédiaires postérieurs sont plus petits et, sont plus élevés, plus reculés vers l'abdomen que les extérieurs latéraux. Les intermédiaires antérieurs sont aussi plus petits et plus reculés que les antérieurs latéraux : ils sont tous portés sur une élévation; les intérieurs ou les plus petits sont bruns; la lèvre est courte et large, c'est-à-dire qu'elle forme une sorte de parallélogramme transverse. Les pattes ont des griffes sans dents apparentes, et ces griffes sont insérées un peu au-dessus de l'extrémité du tarse, ce qui rapproche cette espèce de la famille précédente; mais ces pattes sont fines et amincies vers leurs extrémités. Dans le mâle, le tibial des pattes antérieures est terminé par une forte épine cornée, courbe; le corselet est ovale, allongé, convexe, ou relevé en carène dans le milieu. L'abdomen est aussi ovale, allongé dans le mâle, moins long et moins large que le corselet, peu velu, mais garni de poils courts et serrés; le dessous est noir, sauf les poils rouges qui garnissent les mandibules.

VAR. 1, *la petite.* J'ai vu un individu plus petit, mais semblable, indiqué dans la collection du Muséum, comme provenant de l'île de Kangourous.

VAR. 2, *à yeux sessiles.* Un autre, plus petit encore, de la Cafrerie, mais dont les yeux sont plus sessiles, et ne sont pas portés sur une élévation aussi prononcée. Cependant elle me paraît être de la même espèce.

22. MYGALE POILUE. (*M. villosa.*) Long. 12 lignes.

Velue. Yeux d'un jaune-oranger brillant ; petite touffe de poils
sur le sommet de la gibbosité où sont les yeux.

Ancien-Monde — Afrique — Cap de Bonne-Espérance.

Cette espèce ressemble à la Cafrériène ; mais elle est plus velue ;
elle diffère surtout de la Mygale velue de Montevideo, par des
mandibules plus fortes, et un corselet plus élevé et plus bombé
dans son milieu.

Dans un individu de cette espèce, de la collection de M. Du-
fresne, la quatrième paire de pattes avait 18 lignes de long ; la
première 15, la deuxième et la troisième étaient presque égales,
c'est-à-dire que la deuxième avait 11 lignes de long, et la troisième
10 lignes et demie.

23. MYGALE FUNÈBRE, femelle. (*Mygale funebra.*) [Long. 1 pouce
3 lignes.

Corselet noir, abdomen brun , avec des poils fauves. Quatrième
paire de pattes la plus longue. Filières-tentacules peu allongées. (M.)
Mygale Atra. Latreille. — Vues générales sur les Aranéides. —
Nouvelles Annales du Muséum d'hist. nat. t. 1, p. 61 ; et p. 10
de ce Mém. tiré à part.

Ancien-Monde — Afrique — Cap de Bonne-Espérance.

Assez semblable à l'espèce précédente, sauf la couleur qui est
beaucoup plus sombre, et la grandeur que j'ai trouvée semblable
dans les deux individus de la collection de M. Catoire, et de celle
du Muséum.

Cette espèce a 17 lignes de long, y compris les mandibules, et
15 sans les compter.

Les yeux de ces deux espèces de Mygales forment un groupe plus
serré que dans la Mygale Aviculaire, et se rapprochent plus, sous
ce rapport, de la Mygale Calpéienne.

MYGALE FUNÈBRE, mâle. Long. 11 lignes.

Noire ; abdomen couvert de poils roux, globuleux. Yeux intermédiaires postérieurs, plus reculés que les latéraux postérieurs,
mais très-rapprochés d'eux. Les intermédiaires antérieurs ont les

yeux de la seconde ligne ronds, très-reculés, et écartés des yeux latéraux antérieurs, ou de ceux de la première ligne qui sont-o,va les, et dont l'axe visuel est dirigé latéralement : l'espace occupé par les yeux forme un carré ou trapèze, plus long en hauteur que dans sa largeur transversale : les quatre yeux antérieurs sont les plus gros, les quatre postérieurs les plus petits. Le digital des palpes est pourvu d'un conjoncteur petit, globuleux à sa base, et terminé par un crochet court, renflé à son insertion. Quatrième paire la plus longue, la première ensuite.

Ancien-Monde — Afrique — Cap de Bonne-Espérance.

Je crois cette Aranéide le mâle de la précédente. Elle a 1 pouce 2 lignes de long, en comptant les mandibules; son corselet a 6 lignes de long, et 5 lignes dans sa plus grande largeur; son abdomen 5 lignes; il est globuleux, déprimé, quoique aminci à son extrémité. Les pattes sont allongées, fines, très-velues, ou garnies de poils très-longs; la quatrième paire a 17 lignes, la première 15 lignes et demie, la deuxième paire 15 lignes, la troisième paire 13 lignes et demie, les palpes 8 lignes.

24. MYGALE AUSTRALIENNE. (*M. Australiana.*) ♂ Long. 1 pouce.

Corselet et pattes d'un brun rougeâtre, uniforme, abdomen ovale, d'un brun verdâtre. Yeux figurant un carré long, transversal, les quatre extérieurs ou latéraux plus gros, ovales, arrondis, luisants; ceux de la ligne antérieure plus rougeâtres, les intermédiaires postérieurs, les plus petits de tous, plus blancs et plus clairs, ils sont sur la même ligne que les latéraux extérieurs, et rapprochés d'eux, mais non connivants. Les intermédiaires antérieurs sont un peu plus reculés du bandeau, ou labre, que les latéraux, et plus petits qu'eux; les quatre intermédiaires sont ronds. Les pattes fines, pèu allongées, la quatrième paire est la plus longue, la seconde surpasse sensiblement la première, la troisième est la plus courte. (M.)

Monde-Maritime — Notasie — Port-Jackson.

Cette espèce est remarquable par la longueur respective de ses pattes, qui la rapproche de certaines Thomises. Ces pattes sont peu velues, et sont pourvues de griffes très-allongées, très-courbées, pectinées à leur base, avec un ergot opposé : la griffe des palpes est de même très-apparente. Les mandibules sont rougeâtres, très-allongées, proéminentes, fortes, et dépourvues de rateau. Le corselet est glabre.

25. Mygale Valencienne, mâle. (*M. Valenciana.*)Long. 10 lignes.

D'un brun noir, uniforme; les quatre tarses antérieurs sans piquants, et veloutés en dessous; métatarse postérieur armé d'épines. Le mâle avec digital pourvu d'un conjoncteur arrondi, ovale, terminé en bec droit et non courbé. Griffes terminales, pectinées près de leur insertion. Quatrième paire de pattes la plus longue.

Mygale Valencienne, Dufour. — Annales des Sciences physiques. Bruxelles, in-8°, t. 5. — Observ. sur quelques Aranéides, p. 27, Pl. LXXIII, fig. 1 et 2.
Ancien-Monde — Europe — Espagne.

M. Léon Dufour a trouvé cette Mygale dans les lieux déserts et arides de Moxenta en Espagne. Selon la figure et la description qu'il en donne, les yeux figurent un carré long, transversal; les intermédiaires postérieurs sont les plus petits, et très-écartés entre eux; ils sont très-rapprochés des latéraux ou yeux extérieurs postérieurs, et plus reculés vers la partie postérieure du corselet. Les mandibules, à une forte loupe, offrent, près de leur extrémité interne, deux ou trois petites épines cachées par des poils. Les filières tentacules sont peu allongées. — M. Léon Dufour n'a jamais trouvé que le mâle. Les griffes des tarses sont presque cachées par le duvet; elles sont dépourvues d'ergot, mais le côté externe paraît au microscope, à sa base, pourvu de quatre dents, et le côté interne de sept à huit dentelures.

26. Mygale naine. (*M. pumilio.*) ♀ Long. 8 lignes.

Allongée, ovalaire. Abdomen grisâtre. Corselet et pattes d'un fauve rougeâtre. Tarses très-amincis vers leur extrémité. Pattes antérieures très-courtes.

Perty, Delect. Anim. articul. quæ in Itinere per Bras. colliger, Spix, et Martius, Pl. 38, fig. 4.
Nouveau-Monde — Amérique méridionale — Brésil, province du Grand-Para.

Les yeux sont noirs, le corps est peu velu, le sternum et les pattes d'un fauve rougeâtre. Cette espèce est remarquable par la forme allongée de son corselet et de son abdomen, qui la rapproche de la race des Cténizes dans les Mygales mineures, et par sa quatrième paire de pattes, beaucoup plus allongée que les trois autres. Après la quatrième paire, c'est la troisième qui est la plus longue; les deux antérieures sont presque égales entre elles; la quatrième paire a 16 lignes de long, la première et la seconde 9 lignes, la troisième 9 lignes et demie.

3ᵉ Race. — LES OVALAIRES CAUDÉES.

Corselet *ovale, allongé*.
Abdomen *ovale, arrondi à sa partie postérieure*.
Filières-tentacules *très-allongées, simulant une double queue*.

27. **MYGALE CALPÉIÈNE**. (*M. Calpeiana*.) Long. 10 lignes.

Yeux portés sur une forte gibbosité du corselet. Couleur d'un brun rougeâtre, le corselet plus clair; corselet ovale, allongé, un peu déprimé; abdomen ovale, allongé, un peu plus gros à sa partie postérieure, et tenant au corselet par un vertébral très-gros et allongé; deux gibbosités carrées dans le milieu du ventre. Pattes allongées, fines; la quatrième paire la plus longue, la première et la seconde égales, la troisième la plus courte. Tarses épineux. Griffes pectinées. Digital du mâle pourvu d'un conjoncteur fusiforme, terminé par un filet long et fin, qui surpasse les deux tiers de la longueur des palpes. Filières-tentacules surpassant en longueur la moitié de la longueur de l'abdomen.

Walckenaer, Tableau des Aranéides, p. 5, nº 6, Pl. 1, fig. 1 et 2, *ibid.* Hist. nat. des Aranéides, fasc. 1, Pl. 8 et 9. — Hahn. Monographie der Spinnen, 3 heft, Pl. 1. Die Gebürgs, Würgs-spinne
Ancien-Monde — Europe — Espagne.
Commune aux environs de Gibraltar, où on la nomme Tarentule; on la trouve dans les champs, et aussi dans les caves et dans les lieux obscurs.

Les yeux sont de couleur jaune, ils figurent un trapèze plus étroit par en bas, et plus allongé transversalement. Les quatre latéraux extérieurs sont ovales et plus gros que les quatre intermédiaires. Les intermédiaires postérieurs sont les plus petits de tous, et sont moins reculés que les latéraux extérieurs, et les intermédiaires antérieurs le sont plus que les latéraux intérieurs. Les mandibules sont proportionnellement plus grosses à leurs extrémités qu'à leur insertion ; lèvre dilatée , plus large à sa base.

Dans ses Vues générales sur les Aranéides, extrait des Nouvelles Annales du Muséum d'hist. nat. t. 1, p. 61 et suiv. p. 12 de ce mém. tiré à part, Latreille dit que, les Mygales Calpéienne, Valencienne , et celle de Le Blond , n'offrant, dans aucun sexe, de crochet aux jambes antérieures, pourraient aussi former un genre propre. Ce genre ne serait nullement naturel, et ce caractère n'est bon qu'à déterminer les espèces, ou tout au plus à former des races dans les familles. Conférér. Walck. Ann. Ent. t, 4, p. 649.

28. Mygale Notasienne. (*M. Notasiana.*) ♀ Long. 10 lignes.

Yeux portés sur une très-légère gibbosité du corselet. Les quatre yeux des deux lignes postérieures réunis par paires ; les deux yeux latéraux de la ligne antérieure plus gros, en ovale arrondi ; les yeux intermédiaires antérieurs les plus petits de tous, ronds, et presque sur la même ligne que les latéraux. Lèvre carrée plus haute que large. Corselet brun ; abdomen ovale , brun , bordé de gris. Griffes des pattes pectinées.

Walckenaer. Tableau des Aranéides, p. 5, Pl. 1 , fig. 5.
Mygale inédite de la Nouvelle-Orléans, Latreille , Dict. d'hist. nat. t. 24, p. 133 ?
Monde-Maritime — Notasie — Port Jackson.

29. Mygale Antipodiane. (*M. Antipodiana.*) ♀ Long. 1 pouce 2 lig.

Les quatre yeux des deux lignes postérieures disjoints ; les intermédiaires postérieurs sont les plus petits, et sont moins reculés que les latéraux postérieurs ; les yeux intermédiaires antérieurs sont les plus gros, et sont sur la même ligne que les latéraux extérieurs ; les quatre yeux intermédiaires ou intérieurs sont ronds, les extérieurs ou latéraux ovales , arrondis ; l'espace occupé par les yeux forme un carré long, transversal. Corselet rougeâtre et abdomen d'un gris pâle , attaché au corselet par un vertébral très-gros et allongé. (M.)

Monde-Maritime — Nouvelle-Zélande.

Rapportée par MM. Quoi et Gaimard. Nommée Mygale de Quoi dans la collection du Muséum.

Le corselet est marqué d'une ligne noire longitudinale , qui part des yeux et aboutit au point enfoncé du milieu : il a six à sept lignes de long. Les mandibules sont noires, très-courbées et peu avancées en avant , grosses et renflées dans leur milieu. L'abdomen est bombé sur le dos, le ventre est aplati , les opercules branchiales sont arrondies , très-larges, et ont une tache brune dans le milieu : le tout est d'un rouge pâle. Les deux filières-tentacules sont longues de cinq à six lignes , et ont quatre articles qui diminuent de grosseur , depuis le premier jusqu'au dernier. Les deux autres filières en dessous sont courtes, n'ont qu'une ligne de long , et sont composées de trois articles. Les pattes sont grosses , fortes et rougeâtres ; la quatrième paire est la plus longue , et a un pouce de long ; la première est ensuite la plus allongée ; toutes ont deux griffes terminales, noires, petites, peu distinctes. Les palpes sont rougeâtres, velus , médiocrement allongés , et pourvus d'une griffe pectinée.

4° Race. LES CORDIFORMES CAUDÉES.

Corselet *court , en cœur.*
Abdomen *échancré à sa partie postérieure.*
Filières-tentacules *très-allongées , simulant une double queue.*

30. **Mygale Guianaise** (*M. Guianensis*) ♂. Long. 4 lignes et demie.

Yeux placés sur une petite gibbosité en trapèze , plus étroite antérieurement ; les yeux intermédiaires antérieurs les plus gros et noirs , les six autres d'un blanc jaunâtre ; les intermédiaires antérieurs sont aussi très-reculés , et rapprochés des intermédiaires postérieurs : ceux-ci sont les plus petits , et sont un peu moins reculés que les postérieurs latéraux. Abdomen allongé , vaséiforme , arrondi et rétréci à sa partie antérieure ; grossissant vers sa partie postérieure, qui est tronquée en deux segments de cercle ; d'un brun noir sur le dos, avec une raie longitudinale, jaune, dentée. Filières-tentacules, surpassant la longueur de l'abdomen. Cupule du digital, dans le mâle, terminée en pointe allongée, à la base de laquelle se trouve inséré, sur un petit globule, un conjoncteur ovale, terminé par un crochet court. Quatrième paire de pattes la plus longue, la première ensuite.

Nouveau-Monde — Amér. Mér. — Guiane.

Cette espèce, si singulière par la forme de son abdomen et ses très-longues filières, fait partie de ma collection, et m'a été donnée par M. Doumerc, qui l'a rapportée de la Guiane. Je n'ai encore vu que deux individus, tous deux mâles : dans ce sexe cette Aranéide a, à l'extrémité du tibial, un petit appendice rougeâtre qui se termine par une sorte de râteau ou peigne, formé par quatre petites dents : les pattes sont grandes, fortes, terminées par deux griffes et un ergot. Le corselet est arrondi en cœur, d'un brun rougeâtre, uniforme, légèrement bombé, pointu vers les yeux. La lèvre est petite, élargie à sa base ; les mâchoires carrées, allongées et garnies, ainsi que la lèvre, de poils fauves, dorés. L'abdomen a 2 lignes et demie de longueur, les filières-tentacules 3 lignes un quart, le corselet 1 ligne trois quarts, la quatrième paire de pattes 6 lignes. Les yeux sont en x.

Variété noire. Le second individu plus jeune ou plus petit, également mâle, m'a présenté un abdomen plus noir, mais dans tout le reste semblable à l'autre.

3ᵉ Famille. LES DIGITIGRADES MINEUSES.

Pattes amincies à leur extrémité ; tarses allongés, avec des griffes terminales.

Mandibules pourvues, à l'extrémité de leur tige, de pointes ou lames droites, cornées, formant un râteau.

Aranéides chasseuses courant après leur proie, et creusant un trou en terre, clos par une opercule qu'elles ouvrent, et ferment, à volonté.

1ʳᵉ Race. LES CTÉNIZES.

Yeux *portés sur une gibbosité de la tête.*
Corselet *ovalaire et arrondi à sa partie postérieure.*
Filières-tentacules *courtes, peu apparentes.*

31. Mygale recluse. (*M. nidulans.*) Long. 1 pouce 2 lignes.

Brune, légèrement velue.

Brown, History of Jamaïca, pag. 420, n° 2, Pl. 44, fig. 3, 3 *d*, 3 *b*, *Tarantula*, 2. — Olivier, Encyclopéd. Méth. t. 4, p. 230, n° 113. Latreille, Analyse des travaux de l'Académ. royale des sciences, partie physique, p. 80. — *Ibid.* Vues générales sur les Aranéides.
Nouveau Monde — Ile de la Jamaïque.

Suivant Brown, cette Aranéide est commune dans l'île de la Jamaïque ; on la trouve dans les lieux pierreux ; sa morsure cause pendant plusieurs heures une douleur très-vive, et est accompagnée de la fièvre et même du délire, mais on guérit facilement par les sudorifiques. Son nid, que Brown a figuré, a 3 pouces et demi de long sans l'opercule, qui a un pouce de diamètre. L'opercule est représentée entr'ouverte et surmontée d'une autre valvule ou nid, qui n'a que la moitié de son diamètre à l'endroit où il se joint à l'autre. Un nid d'Aranéide considéré comme celui de cette espèce a été envoyé au Muséum d'histoire naturelle, et décrit par Latreille en ces termes : « Il est long de 9 pouces, en forme de cône

renversé ou d'entonnoir à sa partie supérieure, et rétréci et cylindrique ensuite, son intérieur présente, au point où finit la
section conique, une saillie en forme de cordon ou de bourrelet.
L'ouverture a un pouce de diamètre. Elle se ferme au moyen
d'un opercule circulaire à charnière et mobile, comme celui
des Mygales mineuses, mais plus mince, très-plat, et qui, vu
extérieurement, paraît être composé de plusieurs feuillets de
terre appliqués les uns contre les autres. Une couche de terre de
même nature recouvre le tube qui forme les parois intérieures
de l'habitation. »

« Brown, ajoute M. Latreille, n'a représenté que ce tube, et, d'a-
près son dessin, l'on croirait que l'opercule est double. » Mais ce
n'est pas par son dessin seulement que Brown affirme que cette espèce construit deux opercules : dans son texte Brown dit : « Son
nid est représenté dans sa grandeur naturelle avec ses *deux valves*,
qui sont si bien arrangées, que quand elles sont ouvertes par
force, l'élasticité naturelle du ligament qui les attache les referme
aussitôt. » D'après cette description, il est permis de croire que
Latreille a décrit le nid d'une espèce de Mygale mineuse différente
de celle de Brown, et qui est peut-être la même que celle qui,
au rapport d'Olivier, a été observée à la Guadeloupe par M. Badier, et que celui-ci considérait aussi comme la même espèce que
la *Mygale Nidulans* de Latreille. L'opercule de son nid était fixée
à la partie la plus élevée du trou par une charnière en soie, et
se fermait par son propre poids. L'Aranéide, retirée de son nid, ne
faisait aucun mouvement, et paraissait languissante et engourdie.
M. Badier l'a tenue très-longtemps dans sa main sans jamais en avoir
été mordue. On la trouve dans les terrains argileux et en pente
douce. Le tube de la *Mygale nidulans* de Badier est cylindrique,
et de même largeur dans toute sa longueur ; il a 4 pouces 9 lignes
de long : les deux valves ne sont pas opposées, mais superposées, et ont une charnière commune : la plus grosse et la plus
large, est soudée dans la moitié de la partie postérieure de l'autre,
et doit la recouvrir, ainsi que les margelles du trou.

Latreille a décrit une Mygale femelle dans la collection de la
Société Linnéenne, qu'il regarde comme la *Mygale nidulans*, en
ces termes : « Son corps est long d'un bon pouce, et d'un noir brun
très-luisant, avec le dessus des pattes postérieures d'un brun plus
clair ; et l'abdomen, son premier anneau et les stigmates exceptés,
d'un noirâtre mat ; ces dernières parties sont jaunâtres. Les jambes

et les tarses sont chargés latéralement de petits grains; le second article des avant-dernières jambes offre en dessous une sorte d'échancrure lisse, ce qui le fait paraître presque réniforme : les deux crochets ordinaires de l'extrémité des tarses sont arqués et simples, ou sans dentelures apparentes. Les filières sont courtes et les deux plus grandes épaisses, convergentes, coniques et tronquées au bout. Les yeux, dont les deux latéraux antérieurs plus grands, sont jaunâtres. Le côté interne de la première pièce des Chelicères est un peu élevé, et hérissé de poils et de petites aspérités. Les dents du râteau sont petites et nombreuses; j'en ai compté sept à huit à l'extrémité interne. Cette espèce se rapproche de la Mygale pionnière de Walckenaer; mais le céphalo-thorax est plus ovale et assez brusquement rétréci vers l'extrémité postérieure. »

3₂. **Mygale maçonne.** (*M. cæmentaria.*) Long. 8 lignes, la femelle ; le mâle 6 lignes.

Dans la femelle, abdomen brun ou gris de souris, avec une raie crénelée, obscure sur le dos, où une suite de triangles disposés longitudinalement, et dont la pointe est dirigée vers la tête, côtés mouchetés de taches brunes. Dans le mâle : abdomen rougeâtre, velu, sans mouchetures : griffes pectinées.

Mygale cæmentaria, Mygale maçonne; (La femelle.)

Walckenaer, Hist. nat. des Aranéides, fasc. 3, Pl. 10. — *Ibid.* Aranéides de la France, dans la Faune française, p. 2, n° 1. — Dorthès, Transaction of the Linnean Society, vol. 2, Pl. 17, fig. 6. — *Ar. Sauvagesii*, Latreille, Mém. de la Sociéte d'Hist. nat. in-4°, p. 121. — *Mygale maçonne*, Dufour, Observations sur quelques Arachnides quadri-pulmonaires, p. 29, Pl. 73, fig. 5; et dans les Annales des Sc. phys. t. V. — Sauvage, Hist. de l'Académie des sciences, année 1758, p. 28. — Olivier, Encycl. t. VIII, p. 86.

Mygale carminans, Mygale cardeuse. (Le mâle.) 6 lignes.

Léon Dufour, Observations sur quelques Aranéides, p. 28, Pl. 63, fig. 4. — Latreille, Nouv. Dictionnaire d'hist. t. 22; et

Analyse des travaux de l'Acad. royale des sciences, partie physique, p. 79.

Ancien-Monde — Europe — France méridionale — Espagne.

Latreille, dans ses Vues générales sur les Aranéides, s'étant
rangé à l'avis de M. Léon Dufour, qui pense que la Mygale cardeuse n'est que le mâle de la Maçonne, je n'ose pas m'écarter de
l'opinion de ces deux habiles entomologistes; pourtant je soupçonne qu'il y a dans le Midi de la France deux espèces de Mygales maçonnes confondues ensemble. Dorthez a vu plusieurs fois
le mâle et la femelle, et n'indique pas de différence. M. Dufour
dit n'avoir jamais vu de chevrons sur le dos de la Mygale maçonne,
et ils se voyaient distinctement sur l'individu que j'ai décrit et
fait figurer. Olivier les a vus; et la figure donnée par Dorthez les
reproduit. Le digital du mâle ou de la Mygale cardeuse est, comme
dans l'Araignée Valencienne, pourvu d'un conjoncteur globuleux
à sa base, terminé en pointe courbe, et nullement bifide, suivant
M. Léon Dufour, tandis qu'au contraire, suivant M. Latreille,
ce conjoncteur, semi-globuleux, se termine en une pointe bifide.
(Latreille, dans Cuvier, Règne animal, t. IV, p. 230.) Il est bien
probable que ces deux excellents observateurs, ne se contredi-
sent, que parce qu'ils n'ont pas eu la même espèce sous les yeux.
M. Léon Dufour croit que le mâle de la Maçonne ou la Mygale
cardeuse ne fait jamais de trou; mais cela n'est pas probable,
puisqu'il a, de même que la femelle, cinq dents articulées et
mobiles, formant râteau à l'extrémité de la tige des mandibules,
et que les pattes sont de même, pourvues de deux griffes pectinées et d'un ergot. La lèvre ou le labium dans la Mygale maçonne
est un carré long transversal, peu élevé. Les yeux figurent
aussi un carré long transversal : les quatre extérieurs ovales,
les quatre intérieurs ronds; les intermédiaires antérieurs plus
gros, et reculés sur la ligne qui sépare les yeux postérieurs et
antérieurs; les intermédiaires postérieurs, les plus petits de tous,
et reculés sur la même ligne que l'extrémité des yeux latéraux
postérieurs.

Il paraîtrait, selon les observations de Dorthez, qu'après la
ponte cette espèce vit en société avec son mâle; puisqu'elle a été
trouvée avec lui accompagnée d'une trentaine de petits. Alors il est
présumable que le mâle aide la femelle dans la fabrication

de son trou, et on expliquerait pourquoi la Mygale cardeuse n'a jamais été trouvée dans un nid qui lui fût propre. Selon Dorthez, c'est la nuit qu'elle travaille à son habitation. L'abbé Sauvage a bien décrit les habitudes de cette espèce, qui creuse un trou cylindrique de sept pouces de long, rond, tapissé de soie, parfaitement clos par une opercule à charnière, qui s'ouvre et se ferme à la volonté de l'Insecte. L'ouverture du trou a cinq lignes de diamètre. Elle pond en septembre et en octobre.

33. Mygale pionnière. (*M. fodiens.*) Long. 10 lignes.

Abdomen d'un roux brun, uniforme, griffes armées d'une seule dent à leur base.

Walckenaer, Aranéides de France (dans la Faune française), p. 4, Pl. 2, fig. 2 et a. — Audouin, Observ. sur le nid d'une Araignée construit en terre, dans les Annales de la Société entomol. t. 2, p. 69-85, pl. 14, fig. 1 à 6. — *Migale Sauvagesii,* Dufour, Observ. sur quelques Arachnides quadri-pulmonaires, dans les Annales des sciences physiques, t. 5, p. 27, n° 2, Pl. 73, fig. 3. — *Araignée de Sauvage*, Latreille, Mém. de la Soc. d'hist. nat., in-4°, p. 125. — *Ar. Sauvagesii*, Rossi, Memoria della Societa italiana, vol. 4, p. 122-134, fig. 7 à 10. — Id. Fauna Etrusca, t. II, p. 138; t. III, Pl. 9, fig. 11.

Ancien-Monde — Europe — Ile de Corse.

Cette espèce se distingue facilement de la Mygale maçonne par un corselet plus large, plus carré, plus élevé. Ses yeux sont aussi plus espacés, les deux latéraux postérieurs sont plus éloignés des deux latéraux antérieurs. Les mandibules sont aussi plus grosses et plus inclinées; elles ont un râteau composé de dix dents ou lames, sans compter trois plus grosses, dont une isolée, placée plus en dehors, sur une légère saillie au-dessus du crochet de la mandibule.

On la trouve dans l'île de Corse, sur les bords des chemins; elle sort de son trou la nuit. Un petit bloc de terre, déposé dans la collection du Muséum d'histoire naturelle de Paris, présente sur l'une de ses faces, quatre nids de Mygale pionnière, ce qui, dit très-bien Latreille, autorise à présumer que ces animaux vivent en bons voisins, et sans se dévorer les uns les autres. M. Audouin a examiné ces nids avec attention et les a très-bien décrits. Le tube que construit cette Aranéide n'est pas simplement creusé dans la terre argileuse qui forme la masse de la motte, il est creusé à la manière d'un puits, c'est-à-dire qu'il a sa muraille de revêtement formée par une espèce de mortier assez solide, muraille qui peut être entièrement isolée de la masse qui l'entoure. La partie intérieure de cet ouvrage de maçonnerie semble avoir été faite avec un mortier plus fin que la partie extérieure; elle est unie à la surface comme si elle eût été passée à la truelle. De plus, elle se trouve revêtue d'une double tapisserie, dont la plus grossière est appliquée immédiatement sur la muraille, tandis que celle qui forme la tenture de cet appartement est fine et a l'aspect d'un papier satiné. La porte qui ferme ce conduit est un disque plus large en haut qu'en bas, maintenu en place par une charnière, et reçu dans un évasement, ou une feyure, qui clot le tube hermétiquement. Au dehors, cette porte ne présente qu'une surface raboteuse, qui se confond avec le sol environnant, mais au dedans elle est polie, et tapissée comme le reste du conduit. Quoique cette porte n'ait guère que trois lignes d'épaisseur, elle est formée par la superposition de plus de trente couches de terre séparées les unes des autres par autant de couches de toile. Toutes ces assises successives s'emboîtent les unes dans les autres, comme les poids de cuivre à l'usage de nos petites balances. Les couches de toile se terminent au pourtour de la porte; mais toute la partie de l'orifice du tube qui reçoit ce couvercle est taillée en biseau, comme les bords de cette porte, mais en sens inverse, de sorte que l'air ni le plus petit insecte n'y peut pénétrer. Les couches de toile, dans une portion de la rondelle qui forme la porte, se prolongent dans le mur même, et forment ainsi par leur réunion une charnière dont la force et l'élasticité sont en raison du nombre des couches, et par conséquent proportionnées au poids de la porte. Par cette construction cette porte s'ouvre lorsque l'Araignée la soulève, mais lorsqu'elle est sortie, elle se referme d'elle-même aussitôt. A l'endroit opposé aux gonds de cette porte, se trouvent une trentaine de petits trous, où l'Araignée se cramponne quand elle veut empêcher qu'on ouvre sa demeure. Rossi dit qu'après avoir détruit l'opercule d'une de ces Aranéides, elle le reconstruisit dans l'espace d'un jour, mais qu'il n'était plus mobile. Avec Latreille on peut inférer de là qu'elle calfeutre sa porte après la ponte, et aux approches de l'hiver. Rossi dit aussi qu'elle porte ses petits sur son dos lorsqu'ils sont éclos. Ce serait, si le fait est exact, un rapport de plus entre ces Aranéides et les Lycoses. Les fourmis sont les grands ennemis des Aranéides maçonnes.

34. Mygale Ariane. (*M. Ariana.*)

D'un rouge brun sale ; corselet très-exhaussé à sa partie antérieure ; mandibules peu proéminentes ; dents du râteau marquées par un enfoncement longitudinal.

Mygale Ariana, Walckenaer, Tabl. des Aran. 1805, in-8°, p. 6, n° 10.

Ancien-Monde — Europe, Archipel, île Naxos.

Cette espèce m'a été communiquée par Olivier, l'entomologiste : il l'avait trouvée dans l'île de Naxos. Elle est facile à distinguer de la Mygale maçonne par ses mandibules plus fortes, plus ramassées, plus courbées, plus grosses à leur insertion, et qui la rapprochent de la Mygale pionnière ; les yeux de celle-ci sont jaunes, tandis que ceux de la Mygale Ariane sont rouges. L'axe visuel des deux yeux intermédiaires antérieurs dans l'Ariane se dirige horizontalement, tandis que dans ceux de la Maçonne il se dirige verticalement. Le corselet est aussi dans l'Ariane beaucoup plus bombé à sa partie antérieure que dans la Maçonne.

2ᵉ Race. — LES NÉMÉSIES..

Yeux *portés sur une gibbosité de la tête.*
Corselet *ellipsoïde, élargi dans son milieu, diminuant de grosseur à sa partie postérieure.*
Filières-tentacules, *courtes, peu apparentes.*

35. Mygale cellicole. (*M. cellicola.*) Long. 3 lignes et demie.

Corselet gris ; abdomen d'un roux cendré, avec une bande festonnée brune, et deux séries de traits obliques également bruns ; mandibules d'un gris obscur ; pattes d'un gris clair ; le digital du mâle est pourvu d'un conjoncteur triarticulé, contourné, terminé par un filet arqué très-fin.

Nemesia cellicola, Savigny, Arachnides de l'Égypte et de la

Syrie, dans la description de l'Egypte, Hist. nat. t. 1, 4ᵉ partie, p. 106 à 108, Pl. 1, fig. 1.

Ancien-Monde — Afrique — Egypte, environs d'Alexandrie.

Dans cette espèce, les yeux intermédiaires postérieurs sont plus reculés que les postérieurs latéraux ; les yeux intermédiaires antérieurs sont également beaucoup plus éloignés du bord du labre ou bandeau que les antérieurs latéraux ; ces intermédiaires antérieurs sont ronds; tous les autres sont elliptiques; les latéraux antérieurs sont les plus gros , ensuite les intermédiaires antérieurs; les plus petits sont les intermédiaires postérieurs. Les mandibules sont armées de quatre ou cinq lamelles. Les pattes sont robustes; la quatrième paire est la plus longue de toutes , la première ensuite , la seconde et la troisième sont égales entre elles : toutes sont hispides ou velues, munies de griffes pectinées sur deux rangs dans le mâle, bidentées dans la femelle , et pourvues d'un ergot : les pattes antérieures sont renflées dans le mâle , et de plus armées sous l'extrémité de leur article tibial d'une apophyse aiguë et recourbée.

Cette espèce, supérieurement décrite et figurée par Savigny, rapproche par la forme de son corselet le genre Mygale du genre Olétère , et, nonobstant sa petitesse, paraît avoir atteint toute sa grandeur lorsqu'elle fut décrite, puisque Savigny en a vu les mâles. Aussi bien que les autres Aranéides mineuses , celle-ci ne s'éloigne pas par les mâchoires, la lèvre et les yeux des autres Mygales, il n'y a donc pas lieu à la séparer génériquement comme Savigny le voulait. Il donnait à ce nouveau genre le nom de Némésie. Olivier et Latreille avaient avant lui proposé, avec aussi peu de fondement, de placer dans un genre à part toutes les Mygales mineuses, et donné le nom de Ctenize à ce nouveau genre. Voilà pourquoi nous avons employé ces noms de Ctenizes et de Némésie comme noms de race.

Les caractères de cette race d'Aranéides, comparés à ceux de la race des Ctenizes, démontrent suffisamment l'erreur où est tombé le savant Latreille (p. 3 de ses Vues générales sur les Aranéides, extraites des Nouvelles Annales du Muséum d'hist. nat. t. I, p. 61 et suiv.), lorsqu'il dit que la Némésie de Savigny est spécifiquement identique avec notre Araignée maçonne du Midi, dont Latreille formait son genre Ctenize.

3ᵉ Race. — LES ALECTONS.

Yeux *portés sur une très-légère élévation de la tête.*

36. **Mygale sicilienne.** (*M. sicula.*) Le mâle.

Yeux portés sur une très-légère éminence ; les quatre yeux antérieurs tout ronds, sur une ligne presque droite; les intermédiaires antérieurs n'étant que peu reculés à l'égard des antérieurs.
Corps d'un brun foncé uniforme ; extrémité de l'article tibial des
deux pattes antérieures, dépourvue d'apophyse pointue dans les
deux sexes ; toutes les jambes, et le premier article des quatre
tarses postérieurs armés d'épines ou de piquants allongés ou mobiles. Les griffes supérieures découvertes, dentelées; mandibules
dont la tige, à son extrémité supérieure, est munie de petites
dents au nombre de six ou sept. Ventre qui présente une éminence
entre les deux premières opercules branchiales. L'organe copulateur du mâle dilaté et renflé à sa base antérieure. La pointe du
conjoncteur est indivise, et droite.

Latreille, Cours d'entomologie , p. 509. *Ibid.* Vues générales sur
les Aranéides, Nouvelles Annales du Muséum d'hist. nat. t. I,
p. 72 ou p. 12 du Mémoire tiré à part.
Ancien-Monde — Europe — Sicile.

Cette espèce, qui se trouve en Sicile, et qui ne m'est connue
que par la description incomplète de Latreille, me paraît devoir
former une race à part entre les Digitigrades inermes et les Digitigrades mineuses, et démontre surabondamment l'impossibilité
de séparer génériquement des autres Mygales les Mygales mineuses. Latreille a oublié d'indiquer la forme du corselet, ce qui
laisse incomplet le caractère de la race. Les deux plus grandes
filières dans cette espèce sont médiocrement saillantes, cylindro-
coniques, avec le premier article plus grand et le dernier court.
Les dents des mandibules sont au nombre de six ou sept.

Mygale de Barrow.

Je nomme ainsi provisoirement, et en attendant qu'elle soit
mieux connue, une Aranéide décrite par ce voyageur dans les
termes suivants :

« Son corps , y compris ses jambes courtes, a trois pouces de diamètre. Il est noir, couvert de poils ; ses jambes sont légèrement tachetées ; le devant de la tête est rouge. Elle vit sous terre, et construit au-dessus de son trou une couverture composée de terre et de fiente liée par une substance qu'elle file en la retirant de ses entrailles. Cette couverture tourne sur une charnière. Lorsque l'animal épie sa proie , il se tient auprès du couvercle entr'ouvert , prêt à s'élancer sur les insectes dont il se nourrit. A l'aspect du danger l'Araignée ferme son couvercle , et , peu d'instants après, elle l'ouvre, avec précaution, pour voir si l'ennemi a fait sa retraite. »

Barrow's, *Travels into the interior of southern Africa*, t. I, p. 391. — Trad. franç. t. II, p. 274.

Ancien-Monde — Afrique , dans la région du cap de Bonne-Espérance.

Barrow dit que les Boschimans des environs de Khamies-Berg mêlent le jus de cette Aranéide avec celui de la bulbe de l'Amyrillis distichà pour empoisonner leurs flèches.

2ᵉ Genre. OLÉTÈRE. (*Oletera.*)

Yeux *au nombre de huit, formant un groupe ramassé sur le devant du corselet entre les mandibules : trois de chaque côté en un triangle dont l'angle le plus aigu est dirigé en avant ; les deux autres situés entre les précédents sur une ligne transverse.*

Lèvre *petite, semi-ovalaire, insérée sous les mâchoires.*

Mâchoires *divergentes, allongées, coniques, dilatées à leur base, et se terminant en pointe à leur extrémité.*

Palpes *courts, minces, insérés sur une dilatation de la base des mâchoires.*

Pattes *allongées, fines, peu inégales entre elles.*

Aranéides *chasseuses, courant après leur proie et se creusant des souterrains qu'elles garnissent d'un tube de soie, dont une partie pend en dehors, et où elles se renferment.*

1. Olétère Atype. (*Oletera Atypa.*) Long. 9 lignes.

Le mâle est d'un noir luisant, la femelle d'un brun rougeâtre. L'abdomen, comme le corselet, est glabre, luisant, non velu. Le corselet grand, et plus large à sa partie antérieure que dans tout le reste de sa longueur, et se rétrécissant graduellement à sa partie postérieure. L'abdomen ovoïde va en grossissant vers l'anus. Les mandibules sont très-proéminentes, à dos très-arqué, ayant à la base du crochet et près de son insertion trois pointes obtuses ou trois proéminences qui ne sont visibles que lorsque l'insecte a ses crochets reployés. La quatrième et la première paire de pattes presque égales, mais la quatrième est la plus longue, la troisième la plus courte. Les griffes sont petites et pectinées. Le digital des palpes du mâle se termine par une capsule ovale peu renflée, allongée, pointue, qui est pourvue à l'intérieur d'un conjoncteur globuleux à sa base, et terminé par un prolongement bifide et crochu, armé d'une petite épine.

Aranea Picea, Sulzer *abgekurtzte Geschichte der Insecten*, p. 254, Pl. 30, fig. 2. — *Aran. subterranea*, Roemer, Gener. Ins. Pl. 30, fig. 2. — *Alypus Sulzeri*, Latreille, Gener. Crust. et Insect. t. Ier, p. 85, tab. 5, fig. 2. — *Alype de Sulzer*, Léon Dufour, Ann. des Scienc. phys. t. V, p. 34, Pl. 73, fig. 6. — *Olétère Alype*, Walckenaer, Tab. des Aran. p. 7, Pl. 1re, fig. 8, 9, 10. — *Ibid.* Hist. nat. des Aranéides, fasc. 2, n° 6. — *Ibid.* Aranéides de France, p. 7, Pl. 2, fig. 3. — *Alypus Sulzeri*, Hahn, Monographie der Spinnen. 2 Heft. 1829, in-4°. Pl. 1re.

Ancien-Monde — Europe — France, Franche-Comté — Suisse. On rencontre le mâle plus souvent que la femelle. Cette Aranéide construit dans les endroits un peu humides une galerie souterraine d'abord horizontale, mais qui s'incline ensuite; elle file dans l'intérieur de ce trou un tuyau de soie blanche très-serrée, qu'elle fortifie avec des brins d'herbe et de mousse, et au fond duquel elle pond ses œufs, qui présentent une masse ovoïde, enveloppée d'une toile blanche et fixée aux deux bouts avec de la soie. Elle laisse pendre une partie de son tube en dehors du trou pour en protéger l'entrée. Cette partie externe a deux ou trois pouces de longueur; son diamètre est de six lignes; le tissu de ce tuyau est très-serré et très-fin, très-blanc, et ressemble au cocon de plusieurs chrysalides. Il est partout d'une largeur égale, et se termine un peu en pointe à son extrémité inférieure. Cette extrémité est attachée à un paquet de bourre de soie, entrelacé avec des fibres des plantes. Ainsi le fond de ce tube se trouve garanti par cette bourre de l'humidité de la terre. Nous avons trouvé les petits de cette espèce éclos à la mi-septembre dans son nid, au nombre de trente-deux.

M. Lucas a observé que la variété de cette espèce, que l'on trouve dans les environs de Lyon, est plus noire que celle qu'on rencontre en Normandie. Les individus que j'ai vus provenant de Normandie étaient tous plus gros et d'une couleur plus claire que celle des environs de Paris. Des observations suivies peuvent seules apprendre si ce sont des espèces des variétés ou seulement des différences d'espèces.

2. OLÉTÈRE BICOLORE. (*Oletera bicolor.*) Long. 6 lignes. ♂

Corselet et abdomen noirs. Pattes rouge carmin. Palpes noirs.
Lucas, Annales de la Société entomol., tom. V, p. 213-217, Pl. 5, div. C, fig. 5.

Affinités du genre.

Les Alypes, par la forme de leur abdomen et celle de leur corselet, et l'insertion de leurs palpes, ont les plus grands rapports d'affinités avec les Sphodros. Mais, par la position de leurs yeux, elles tiennent fortement aux Mygales, tandis que par leurs palpes minces et l'insertion de ces palpes sur les côtés des mâchoires, elles se rapprochent des Missulènes et de la tribu des Araignées (1).

----

(1) M. Risso, dans son ouvrage sur l'histoire naturelle des environs de Nice, a décrit, sous le nom d'*Atypus limbatus*, une espèce d'Olétère de la manière suivante :
« Corselet très-noir, bordé de blanc. Abdomen arrondi, brun, avec deux lignes transverses blanches. »
Cette espèce d'Olétère serait tres-remarquable par ses couleurs ; mais nous ne pouvons, sans une nouvelle vérification, en admettre l'existence ; nous soupçonnons qu'il y a erreur dans le genre, et que M. Risso a eu sous les yeux une espèce du genre Attus. ou Araignée sauteuse, mais point une Olétère. Pour ce qui concerne les Aranéides, ce naturaliste a commis beaucoup d'erreurs semblables. Les Olétères, ainsi que les Mygales, n'ont que quatre filières ; mais je ne suis pas certain que ce caractère s'étende à toute la tribu des Théraphoses comme le croyait Latreille.

3ᵉ Genre. SPHODROS. (*Sphodros.*)

Yeux, *au nombre de huit, formant un groupe dilaté transversalement sur le devant du corselet, entre les mandibules : trois de chaque côté formant un triangle dont l'angle le plus aigu est dirigé en avant ; les deux autres situés entre les latéraux antérieurs sur une ligne transverse presque droite.*

Lèvre *allongée, étroite, s'avançant entre les mâchoires.*

Mâchoires *divergentes, allongées, fusiformes ou cylindroïdes.*

Palpes *très-allongés, pédiformes, insérés latéralement vers l'extrémité des mâchoires.*

Pattes *grosses, courtes, renflées.*

Aranéides *chasseuses courant après leur proie et se creusant des souterrains qu'elles garnissent d'un sac de soie, dont la moitié sort du sol, et dans lequel elles se renferment.*

1ʳᵉ Famille. LES ACUTILABES.

Yeux intermédiaires postérieurs plus reculés que les latéraux postérieurs.

Lèvre allongée, pointue à son extrémité, élargie à sa base, triangulaire.

Mâchoires allongées, étroites, pointues à leur extrémité, en forme de fuseau.

1. Sphodros Abbot. Femelle. (*Sphodros Abbotii.*) Long. 1 pouce
3 lignes.

Corselet et pattes d'un brun noir, abdomen en dessus fauve,
avec trois petites taches d'un rouge oranger sur les bords de l'extrémité supérieure, proche le corselet, celle du milieu en croissant, les latérales triangulaires, et deux points noirs enfoncés
dans le milieu de la partie antérieure.

Purse Web Spider, Abbot, Georgian Spiders. MSS. Pl. 8, n° 36,
p. 6 et 7 du MSS.

Genre *Sphodros*, Walcken. Mém. sur une nouvelle classification
des Aranéides, dans les Annales de la Société entomol. t. 2, p. 439.

Nouveau-Monde — Amér. Sept. — Géorgie.

Cette Aranéide a deux pouces de long, y compris les mandibules. Le corselet et l'abdomen ont une forme semblable à celle
des Olétères, c'est-à-dire que le corselet est large à sa partie antérieure, et va en rétrécissant à sa partie postérieure; mais dans
ce sexe il est moins allongé et moins large que l'abdomen, qui
est gros et élargi et en poire à sa partie postérieure. — Les
yeux intermédiaires postérieurs de couleur jaune; les yeux
latéraux antérieurs sont les plus gros. Les yeux intermédiaires antérieurs plus reculés que les latéraux antérieurs. Les palpes
sont singulièrement allongés. Les pattes sont de longueur médiocre, et les postérieures sont renflées, peu inégales entre
elles; la quatrième paire est la plus longue, la première ensuite;
la deuxième et la troisième sont presque égales. L'abdomen a
8 lignes dans sa plus grande largeur.

Géorgie.

Le mâle, 1 pouce.

Corselet noir brun, large, et très-relevé à sa partie antérieure,
ayant quatre lignes et demie de long. Abdomen fauve en dessus.
Yeux comme dans la femelle, jaunes, presque égaux entre eux,
mais les latéraux antérieurs sont plus gros; cuisses des pattes postérieures renflées, d'un rouge brun, et moins noires que le corselet;
la quatrième paire est la plus longue, la première ensuite, la
troisième et la deuxième presque égales. Ces pattes sont moins
noires que le corselet, et sont pourvues de poils et de piquants.
Les palpes sont singulièrement allongés, et le radial ou qua-

trième article surtout est très-long et renflé vers son extrémité. Les mandibules sont noires, et la tige est terminée par une lame ou dent à plusieurs pointes. (M.)

Nouveau-Monde — Brésil — Campos Geraës.

Pachiloscelis nigripes? Lucas, Annales de la Soc. entomolog. 1834, p. 364 et 365. Pl. 7, D, fig. 2. *Cratoscelis nigripes?*

Je crois que le Sphodros que j'ai décrit dans la collection du Muséum est le mâle de celui d'Abbot. Le *Pachiloscelis nigripes* de M. Lucas me paraît un jeune mâle de la même espèce ; les yeux intermédiaires postérieurs sont de même un peu écartés. Le corselet est aussi plus allongé que dans la famille suivante ; l'abdomen, moins globuleux et plus allongé, plus en poire. Il y a six articles aux palpes dans la figure de M. Lucas : sa description ne fait pas mention de cette circonstance, qui mérite une grande attention, parce que M. Perty donne aussi six articles à l'espèce de ce genre qu'il a décrite ; je crois que ce sixième article n'est qu'apparent, et n'est dû qu'à un étranglement du digital du mâle. J'avais décrit le Sphodros et suffisamment indiqué son existence dans mon Mémoire, publié dans les Annales avant que M. Lucas ne le proposât de nouveau sous le nom de *Pachiloscelis*, et de *Cratoscelis* dans sa planche. Les caractères qu'il donne à ce genre ne conviennent qu'à une seule des espèces qu'il a publiées. M. Perty avait déjà fait un genre de ces Aranéides sous le nom d'*Actinopus*, et l'avait publié avant M. Lucas.

Abbot, dans son ouvrage manuscrit sur les Araignées de la Géorgie, nous fait bien connaître les habitudes de cette espèce, qui sont fort semblables à celles des Aranéides du genre Olétère, dont celui-ci se rapproche. « Cette singulière Araignée fait, dit-il, une toile qui a la forme d'une bourse à argent, à la racine des grands arbres, dans les lieux marécageux (in the hanmocks and swamps). Cette bourse en soie est enfoncée de cinq ou six pouces en terre, et l'autre moitié aussi longue est en dehors de terre et attachée au tronc de l'arbre ; c'est au fond de la partie qui est en terre que se tient l'Aranéide ; elle en sort probablement la nuit, car je ne l'ai jamais trouvée hors de sa toile. En novembre, ses petits, en grand nombre, recouvrent l'abdomen de la femelle, qui alors est très-rapetissé. Les mâles sont plus petits que les femelles, mais ils ont des mandibules plus allongées. Prise en mars. Elle n'est pas rare. »

2. **Sphodros Milbert.** (*Sphodros Milberti.*) Long. 6 lignes
et demie.

Abdomen, corselet, mandibules et palpes noirs. Pattes d'un
rouge vif, excepté le premier article ou les hanches qui sont
brunes. (M.)
Nouveau-Monde — Amér. Sept. — Philadelphie.

Je ne connais que le mâle de cette espéce, qui a été rapporté
de Philadelphie par M. Milbert, et qui me paraît différer de la
précédente. Ses yeux sont placés de même, c'est-à-dire que les
intermédiaires postérieurs sont un peu écartés des latéraux postérieurs ; mais ils sont plus ramassés, et portés sur une élévation qui s'élève entre les mandibules. Ils sont sessiles. Ils sont
plus égaux en grosseur que dans l'espéce précédente, et les
latéraux antérieurs ne sont pas plus gros que les latéraux postérieurs. Devant les yeux et sur le bord antérieur du corselet, est une petite ligne jaune. Tous les yeux ont l'éclat et la
couleur de l'ambre jaune. La superficie du corselet ressemble un
peu à du chagrin. Les pattes sont glabres, et n'ont que de petits
poils noirs peu apparents, sans piquants. La quatrième paire la
plus longue, la première après, la seconde la plus courte, mais
la deuxième et la troisième paires sont presque égales. Les palpes
sont de longueur médiocre, le digital est renflé à sa base, en
un petit ovale allongé, qui supporte un conjoncteur principal
ovale, armé de trois petits appendices pointus ou conjoncteurs
auxiliaires, dont le plus interne est contourné en tire-bouchon.

2e Famille. LES FUSILABES.

Yeux intermédiaires postérieurs très-rapprochés des latéraux postérieurs.

Lèvre allongée, étroite, en forme de fuseau, un peu arrondie à son extrémité.

Mâchoires cylindroïdes ou carré long à côtés parallèles,
arrondies à leur extrémité.

3. SPHODROS LUCAS. (*Sphodros Lucasii.*)

Le mâle, long. 6 lignes.

D'un noir bleuâtre en dessus et en dessous, palpes uniformes et très-allongés, rouges. (M.)

Actinopus Tarsalis, Perty, Delect. animal. articulat. quæ in itin. per Brasiliam Spix et Martius colliger. p. 198-199, Pl. 39, fig. 6.

Nouveau-Monde — Amér. mér. — Brésil.

Dans cette famille, les yeux sont plus semblables à ceux de la Mygale Aviculaire que dans la famille précédente, mais plus écartés et plus disséminés; ils sont jaunes dans le Sphodros Lucas; les antérieurs sont un peu plus gros, les postérieurs sont très-petits. Le corselet, plus large et plus court que dans la famille précédente, est un peu arrondi, il est plus large dans son milieu, et la tête est extrêmement convexe. Les mâchoires sont fortes, en carré long ou cylindroïdes, très-divergentes, embrassant la lèvre par leur base, arrondies à leurs extrémités, assez semblables par la forme à celles de la Mygale Aviculaire. Les palpes sont pédiformes, articulés à l'extrémité des mâchoires très-allongées, et ayant le troisième article plus allongé, quoique plus mince que le second. Pattes fortes, allongées, propres à la course; la quatrième paire la plus longue, et renflée; la seconde paire est la plus longue après la quatrième, la troisième est la plus courte.

En réunissant les caractères du genre à ceux de l'espèce, et en consultant sa figure, la description que donne Perty de son *Actinopus tarsalis* doit être ainsi conçue: « ♂ long. 4 lignes et demie. Onglet des mandibules fléchi longitudinalement. Palpes très-allongé de six articles, d'un brun noir, à digital brun, ovale, très-échancré. Yeux, huit presque égaux; les quatre antérieurs sur une ligne presque droite; les quatre postérieurs disposés par paires, très-rapprochées. Première et quatrième paire de pattes très-allongées; la troisième la plus courte. Lèvre allongée, ovalaire. Corselet large et en ligne droite à sa partie antérieure, rétréci et arrondi à sa partie postérieure, comme dans les Atypes; plus large et plus long que l'abdomen, qui est ovalaire arrondi. »

Si cette espèce, dans le mâle, a réellement six articles aux palpes c'est une anomalie pareille à celle des pattes du genre Hersilie dans les Araignées.

Sphodros Lucas, la femelle, long. 1 pouce.

Brune, le corselet couvert de poils fauves, plus large dans son milieu, sternum rougeâtre; abdomen ovale globuleux, couvert de poils fauves; palpes très-allongés, pédiformes; le premier article fauve, le second rougeâtre, le troisième et le quatrième d'un rouge plus foncé; le dernier article terminé par un onglet simple et très-acéré. Pattes courtes, les postérieures renflées; la quatrième paire la plus longue, la troisième ensuite.

Pachiloscelis rufipes, Lucas, Annales de la Société entomologique, t. III, p. 361-462, Pl. 7, fig. 1.

Nouveau-Monde — Amér. Mér. — Brésil.

Cette espèce me paraît être la femelle du Sphodros Lucas mâle, que j'ai décrite dans la collection du Muséum. Cette femelle ne m'est connue que par l'excellente figure et la minutieuse description qu'en a donnée M. Lucas. Mais pour les couleurs, la figure n'est pas d'accord avec la description, puisqu'elle est représentée entièrement brune ou noire. Le corselet est plus large à sa partie antérieure, moins allongé et moins rétréci à sa partie postérieure que dans la famille des Acutilabes. Les mandibules sont très-grosses, et sont pourvues de chaque côté de leurs onglets de quatre ou cinq rangs de petites pointes plus ou moins aiguës. M. Lucas a distingué près de la pointe de leurs onglets le trou qui laisse échapper la liqueur vénéneuse. Elles sont hérissées de poils rouges. Les pattes sont de même couleur que les palpes. La troisième paire est couverte d'épines. Les tarses sont terminés par trois onglets aussi non pectinés.

Affinité de ce genre. — Les plus fortes affinités de ce genre sont avec les genres Olétères, les Missulènes et les Mygales mineuses; mais les Sphodros, par leur corselet large et épais, leurs pattes courtes et renflées, et les singularités des longueurs respectives de leurs pattes se rapprochent des Araignées par les Attes. Par leurs habitudes souterraines, et l'instinct maternel des femelles, qui portent leur postérité sur leur dos, ces Aranéides ont aussi des rapports d'affinité avec les Lycoses ou Araignées-Loups.

4ᵉ GENRE. MISSULÈNE. (*Missulena.*)

Yeux, *au nombre de huit, disséminés sur toute la largeur du corselet, formant un triangle dont la base est dirigée en avant et la pointe en arrière. Les deux autres yeux situés entre les précédents sur une ligne transverse.*

Lèvre *allongée, s'avançant entre les mâchoires en parallélipipède étroit ; distinguée du sternum par un sillon transversal.*

Mâchoires *larges, grandes, rhomboïdales, dilatées à leur base, divergentes vers leur extrémité qui se projette en pointe arrondie.*

Palpes *allongés, pédiformes, insérés sur les côtés des mâchoires, et à l'extrémité de leur dilatation.*

Pattes *courtes, renflées ; les postérieures les plus longues.*

ARANÉIDES.

1. MISSULÈNE HERSEUSE. (*M. occatoria.*) Long. 1 pouce.

Corps brun, mandibules brunes et luisantes. (M.)

Walckenaer, Tabl. des Aranéides, p. 8, Pl. 2, fig. 11, 12 et 13. — *Eriodon.* Guérin, Iconographie du Règne animal.
Monde-Maritime — Notasie ou Nouvelle-Hollande.

Le corselet est très-grand, presque carré. presque aussi large à sa partie antérieure qu'à sa partie postérieure ; élargi dans son milieu, très-exhaussé à sa partie antérieure, sur laquelle sont les yeux qui en occupent toute la largeur, et sont proportionnellement très-petits. L'abdomen est brun ovale, il est desséché ; mais il paraît avoir été plus long et plus large que le corselet.

Les mandibules sont brunes, luisantes, courtes, grosses et renflées, point aplaties sur les côtés extérieurs comme dans les Mygales. A l'extrémité de leurs tiges, et près de l'insertion des crochets, elles sont munies de trois rangs de pointes courtes et fortes. Les pattes sont courtes et renflées, les deux paires postérieures sont plus allongées que les antérieures, et ont leur fémoral très-renflé. La quatrième et la troisième paire sont presque égales entre elles, la première surpasse notablement la seconde en longueur, qui est la plus courte. Longueur de la quatrième et de la troisième paire, 8 lignes ; de la première, 6 lignes, et de la deuxième, 5 lignes et demie.

Affinités de ce genre. Dans ce genre, les yeux intermédiaires postérieurs sont si rapprochés des yeux intermédiaires antérieurs, et si éloignés des postérieurs, qu'ils deviennent presque des yeux antérieurs, et les postérieurs latéraux restent isolés, et font la pointe du triangle, les intermédiaires antérieurs sont sur la même ligne que les latéraux antérieurs. Par ses pattes courtes et renflées, par leur longueur relative, par ses mandibules armées d'une herse, ce genre a les plus grands rapports d'affinités avec les Sphodros, et d'un peu moins étroits avec les Olétères et les Mygales mineuses ; mais son corselet carré, le placement de ses yeux sur toute la largueur du corselet, et ses pattes le rapprochent aussi beaucoup des Érèses, et établit ainsi, par ces genres et les Attes, une transition entre la tribu des Théraphoses et celle des Araignées.

C'est peut-être de cette espèce qu'un voyageur récent a voulu parler quand il a dit : « Plusieurs Insectes déploient une industrie étonnante. Ainsi une espèce d'Araignées particulière à la Nouvelle-Hollande et à la Tasmanie, creuse un trou circulaire dans la terre de cinq ou six pouces de profondeur, qu'elle ferme avec une porte ; mais cette porte est toujours ouverte quand elle se trouve au logis. Bonne leçon pour les gens du beau monde. D'autres, parmi les espèces les plus grandes, ont des habitations de la même nature, mais sans aucune porte, parce que probablement elles se fient sur leurs forces pour se défendre contre tous les envahisseurs. »

5ᵉ Genre. FILISTATE. (*Filistata.*)

Yeux *au nombre de huit, presque égaux entre eux, groupés et ramassés entre les mandibules, sur une élévation du corselet : trois de chaque côté, formant un triangle irrégulier dont l'angle plus aigu est en avant; les deux autres yeux sont situés entre les précédents sur une ligne transverse.*

Lèvre *allongée, dilatée et pointue à son extrémité, distinguée du sternum par un sillon transversal.*

Mâchoires *allongées, arquées, entourant la lèvre, dilatées à leur base, inclinées vers leurs extrémités.*

Palpes *de longueur médiocre, insérés sur les côtés des mâchoires, et à l'extrémité de leur dilatation, très-rapprochés entre eux, resserrant et cachant les mandibules ; renflés et courts dans les femelles ; très-allongés dans les mâles.*

Pattes *de longueur médiocre dans les femelles, très-allongées dans les mâles.*

Aranéides *se renfermant dans des sacs de soie, sous les pierres, et en sortant pour courir après leur proie.*

2. Filistate bicolore. (*F. bicolor.*) Long. 8 lignes.

Femelle, couleur fauve-brun uniforme, dessous d'un rouge brun. Les yeux sont couleur d'ambre jaune. Le corselet est jaunâtre, entouré d'une ligne brune très-fine. Pattes et palpes de

longueur médiocre, renflés. Mâle à corselet et pattes jaune pâle,
dos gris de souris ; pattes et palpes très-allongés, à articles cylindriques et non renflés.

Walckenaer, Aranéides de France, dans la Faune française,
p. 9-11, Pl. 6, fig. 1 et 2-3. — *Filistata testacea*, Latreille,
Considérations, etc. p. 12. — Latreille, Cours d'entomologie,
p. 512.

Ancien-Monde. — Midi de l'Europe, en Espagne, en Provence.

Dans ce genre, le corselet est très-pointu à sa partie antérieure, très-élevé, et les yeux qui s'y trouvent placés sont très
ramassés entre eux, mais groupés comme dans les Mygales. Les
intermédiaires postérieurs un peu plus reculés que les latéraux
postérieurs, et les antérieurs intermédiaires beaucoup plus reculés que les latéraux antérieurs ; ceux-ci, dans l'espèce ici décrite, sont les plus gros, et les quatre yeux postérieurs sont très-
rapprochés entre eux. Le labre ou bandeau, qui est presque nul
dans les autres Théraphoses, est très-grand dans les Filistates, et
recouvre les mandibules à leur insertion. Ces mandibules sont
courtes, légèrement courbées, comme soudées à leur base, et
ont les onglets très-courts ou entièrement oblitérés. Les pattes
sont allongées, propres à la course ; la première paire est
la plus longue, la quatrième ensuite, la troisième est la plus
courte. Les cuisses en dehors sont mouchetées de points noirs
dans les deux sexes. La première paire de pattes est la plus
longue, la quatrième après, la troisième est la plus courte dans
les deux sexes.

Je ne connais encore que cette seule espèce dans ce genre que
j'ai décrit très au long, et fait figurer dans la Faune française.
Latreille, dans l'ouvrage cité, dit qu'il en connaît trois espèces,
deux de l'Europe méridionale, et une de la Guadeloupe, et il ne
dit rien de celle qu'il annonce, dans deux autres ouvrages, avoir
reçu du Sénégal. (Latreille, Règne animal de Cuvier, t. IV, p. 235 ;
et nouveau Dictionnaire d'Histoire naturelle, t. II, p. 468.)
Latreille n'a décrit aucune de ces espèces, il dit seulement qu'on
trouve à la Guadeloupe une espèce de Filistate de moyenne
taille, dont le mâle a les pattes longues et grêles ; les palpes
courbes, avec les organes sexuels situés à l'extrémité du dernier
article, et terminés par un crochet grêle en manière de faucille.
Le mâle de la Filistate bicolore est remarquable par ses palpes très-

allongés ; l'huméral et le radial très-longs , cylindriques ; le radial terminé par une ou deux soies ou piquants allongés ; le digital très-étroit , n'ayant pour conjoncteur qu'une épine allongée
rouge.

Affinités de ce genre. —Les palpes du mâle courbes , rapproche-
raient ce genre du genre Sphodros. Les Filistates, par leurs yeux et
l'articulation de leurs mandibules, appartiennent évidemment aux
Théraphoses; mais par le peu de proéminence de ces mandibules, surtout par la forme de leur corselet qui forme une tête pointue, et non
large comme dans tous les autres Théraphoses, elles s'éloignent déjà
fortement de cette tribu , et se rapprochent des Araignées par les
Dysdères. Par l'oblitération du crochet des mandibules, ces
Aranéides ont aussi de l'affinité avec les Scytodes, qui, comme
les Dysdères, n'ont que six yeux. Les Filistates ont fort embarrassé les méthodistes qui ont voulu en faire une coupe à part avec
les Dysdères ; mais les caractères de cette coupe seraient fondés
sur des particularités trop peu importantes , trop peu générales.
Latreille nous apprend que M. Savigny s'était proposé d'établir la
même coupe sous le nom de *Synchelis* , d'après une espèce qu'il
avait trouvée à Malte. Il remarque que , de même que dans les
Clotho, les Pholcus, les mandibules chez les Filistates se prolongent
en racine à leur base , et qu'elles sont réunies vers le milieu par un
connectif , qui les rend peu propres à s'élever. Il nous semble
qu'elles ne peuvent alors que s'élever toutes deux à la fois, et ne
peuvent en aucune manière ni se mouvoir ni s'écarter latéralement, comme les mandibules des Araignées.

Les espèces nommées par M. Reuss *Filistata atra, Sericea, Maculata , Funeralis, Dubia , Incerta ,* dans Zoologische Miscellen
de Museum Senckenbergianum, p. 202 à 209, Pl. 14 , fig. 2, 3, 4,
5 , 6 , sont des Araignées et non des Théraphoses. Ces Aranéides
n'appartiennnent pas au genre Filistate , mais au genre Drasse.

2ᵉ TRIBU.

ARAIGNÉES.

Mandibules articulées verticalement, non proéminentes, à mouvement latéral.

CARACTÈRES DE LA TRIBU. Les Araignées ont les mandibules de longueur médiocre dans les femelles ; ordinairement plus allongées et plus grêles dans les mâles ; de formes cylindriques ou coniques ; quelquefois, mais très-rarement, dilatées en cueillerons à leur extrémité ; le plus souvent glabres ou luisantes ; d'un éclat métallique, ou couvertes de poils courts dans certains genres ; dépourvus de râteaux ou de herses ; armées d'un onglet qui se replie latéralement dans un enfoncement, souvent denté des deux côtés, quelquefois d'un seul. Ces mandibules sont articulées verticalement, et à mouvement latéral, mais avec la faculté de se porter en avant, et dans certains genres naturellement ainsi portées, et par-là un peu proéminentes.

Les yeux des Araignées sont au nombre de huit, et quelquefois, mais plus rarement, de six ; disséminés sur le devant du corselet, ou souvent sur le devant et les côtés du corselet ; quelquefois insérés sur les côtés, ou à l'extrémité de tubercules élevés.

Les palpes ont peu de longueur, et sont de grosseur médiocre ; plus allongés dans les mâles ; garnis de poils et de piquants comme les pattes, mais quelquefois recouverts de poils allongés et comme plumeux ; le digital est, dans les femelles, muni d'une seule griffe ;

et dans les mâles, il se termine par une cupule arrondie ou ovale et en pointe, qui contient un conjoncteur, le plus souvent pourvu de deux ou même trois conjoncteurs auxiliaires, de formes diverses, selon les genres auxquels les espèces appartiennent. Les palpes sont toujours insérés latéralement et à la base des mâchoires qui s'avancent des deux côtés de la lèvre. Ces mâchoires et cette lèvre présentent, par les lignes de leurs contours, différentes figures selon les genres.

Le corselet est le plus souvent moins long, et moins large, que l'abdomen; arrondi à sa partie postérieure; rétréci à sa partie antérieure, et formant une tête carrée; quelquefois, mais rarement, plus large que long; plus rarement encore avec des éminences coniques, ou arrondies, ou cylindriques sur le devant de la tête; recouvert d'une peau coriace ou d'un teste dur; quelquefois glabre ou recouvert de poils courts : le plus souvent bombé dans le milieu et déprimé sur les côtés; quelquefois aplati, ayant une fossule peu profonde dans le milieu de la partie postérieure.

Les pattes, au nombre de huit, sont tantôt fortes et allongées, propres à la marche; tantôt fines et longues, et peu propres à la marche; tantôt courtes et renflées, et propres au saut; toujours diminuant de grosseur à leur extrémité; toujours terminées par deux griffes pectinées, et un ergot non pectiné formant une troisième griffe qui manque dans plusieurs. Ces pattes sont le plus souvent recouvertes par des poils et munies de piquants mobiles; mais dans les espèces où le corselet est recouvert d'un test elles sont dépourvues de poils. Ces pattes diffèrent en longueur; les antérieures et les postérieures sont ordinairement les plus allongées. Dans la marche, elles se dirigent le plus souvent en avant et en arrière ; mais dans certains genres elles sont étendues latéralement.

L'abdomen présente des formes et des couleurs très-variées. Il est le plus souvent enveloppé d'un derme continu, tendu et homogène ; mais quelquefois plissé en dessous comme en autant de segments, et recouvert en dessus d'un test dur. Les Araignées dont le derme est tendu nous font voir en dessus deux rangées longitudinales de très-petits points enfoncés, au nombre de quatre, six ou huit, et dans celles dont le test est dur un nombre plus considérable de spiracules arrondies, squammeuses, disposées tout autour du dos. Sa forme la plus générale est ovale ou arrondie et globuleuse, plus longue que large ; mais elle est souvent cylindrique ou conique, ou très-élargie à sa partie postérieure ; plus rarement l'ovale est découpé ou festonné ; quelquefois l'abdomen a deux tubercules coniques sur la partie antérieure du dos, et quelquefois aux parties antérieures et postérieures qui rendent sa forme irrégulière ; enfin, lorsque son dos est recouvert d'un test dur, il projette dans différents sens des épines très-acérées, plus ou moins nombreuses et plus ou moins longues, et sa forme est alors tantôt allongée, tantôt plus large que longue ; découpée, et échancrée dans divers sens. Le ventre présente le plus souvent deux fentes branchiales ; quelques genres en ont quatre : les parties sexuelles dans la femelle sont souvent pourvues d'une épygine ou organe prévulvaire très-allongé. A l'extrémité de l'abdomen, près de l'anus, sont six ou quatre filières, dont deux, quelquefois plus allongées, forment des tentacules anales. L'abdomen est tantôt formé d'un épiderme nu, tantôt recouvert de poils ; souvent orné de figures diverses sur le dos, tracées par des couleurs très-vives, jaunes, rouges, vertes, et quelquefois imitant l'éclat métallique de l'or, de l'argent ou du cuivre. Pourtant, le brun plus ou moins noir, et le fauve plus ou moins rouge, ou clair ou terne, sont les couleurs dominantes du plus grand nombre d'espèces. Les Araignées diffèrent beaucoup en grandeur; il s'en trouve qui atteignent jusqu'à trois pouces de long, et d'autres qui n'ont pas une ligne.

Les Araignées ne varient pas moins dans leur industrie et leurs habitudes que dans leurs formes, et dans leurs couleurs. Un grand nombre sont fileuses, et attendent leur proie dans les toiles qu'elles ont filées; d'autres sont chasseuses, comme les Théraphoses, et comme elles se retirent dans des trous en terre, tapissés de leurs fils; ou elles se tiennent sur la surface de la terre, dans le creux des rochers et sur les plantes, et s'enveloppent dans des sacs de soie : il est enfin une espèce qui a la faculté de plonger sans cesse dans l'eau.

Affinités. Nous avons indiqué les affinités des Araignées avec les Théraphoses. Les genres Filistate, Drasse, Dysdère, Ségestrie et Tégénaire forment la liaison naturelle entre ces deux tribus d'Aranéides, et ont entre eux de nombreux rapports.

Les affinités que les divers genres d'Araignées nous présentent ont déjà été l'objet de plusieurs remarques dans les généralités relatives aux Aranéides. L'exposition des caractères de ces genres, et les faits qui les concernent, achèveront de les mieux faire connaître.

1ᵉʳ GENRE. DYSDÈRE. (*Dysdera.*)

Yeux, *six, presque égaux entre eux, rapprochés sur le devant du corselet, et sur deux lignes ; les postérieurs au nombre de quatre contigus ; les deux antérieurs disjoints et écartés.*

Lèvre *allongée, ovalaire.*

Mâchoires *allongées, droites, dilatées à leur base.*

Pattes *de longueur moyenne, la paire antérieure plus allongée que la postérieure.*

Aranéides *se renfermant dans un sac oblong, d'un tissu blanc serré, ou dans des tubes de soie, sous les pierres ou dans les cavités des murs.*

1ʳᵉ FAMILLE. LES AGONES. (*Agonæ.*)

Yeux de la ligne antérieure plus gros.
Lèvre échancrée à son extrémité.
Mâchoires divergentes et pointues à leur extrémité.
Mandibules dirigées en avant.

1. DYSDÈRE ERYTHRINE. (*Dysdera erythrina.*) Long. 6 lignes.

Corselet grand, pattes et palpes glabres, luisants, d'un rouge vif, abdomen d'un rouge pâle ou d'un gris rougeâtre. Abdomen ovale, allongé. Yeux de couleur blanche.

Walckenaer, Tabl. des Aranéides, Pl. 5, fig. 49-50. — *Ibid.* Aranéides de France, dans la Faune française, p. 185. — Dufour, Observ. sur quelques Arachnides, Bruxelles, 1820, Pl. 73. — Hahn, die Arachniden, t. 1, p. 7, tab. 1, fig. 3.
Ancien-Monde — Europe — Afrique.

Le digital du mâle est armé d'un conjoncteur principal, globuleux, articulé à un eourt pédicule, qui est muni d'un conjoncteur auxiliaire, en cône, allongé, pointu, percé à son extrémité. Les pattes n'ont que deux griffes pectinées ; les antérieures ont les cuisses renflées. Cette espèce n'est pas rare dans toute la France, et plus au midi en Espagne, et dans le nord de l'Afrique et en Egypte ; mais elle ne se trouve pas en Suède ni dans les contrées froides. Elle est errante, et on la trouve depuis le mois de mai jusqu'en novembre. Intrépide et féroce, elle attaque souvent d'autres espèces d'Araignées. Elle se renferme dans des sacs de soie sous les pierres. Cette espèce, ou la suivante, est une grande ennemie des fourmis ; elle établit son nid dans l'intérieur même des fourmilières, suffisamment protégée contre leurs attaques par le sac où elle se renferme pour pondre ses petits.

Les mandibules, dans cette famille, sont naturellement portées en avant, et par ce caractère, et ses yeux occupant peu d'espace entre les mandibules, elle se rapproche des Mygales. La lèvre est aussi séparée du sternum par un sillon, comme dans certaines Théraphoses.

2. DYSDÈRE LARGE. (*Dysdera lata.*) Long. 6 lignes.

Corselet large, très-bombé, d'un rouge cramoisi, abdomen ovale, court, d'un gris noirâtre.

Reuss., Zoologische Miscellen, dans le Museum Senckenbergianum, t. 1, p. 201. — *Dysdère*, Savigny, Description de l'Egypte, Pl. 5, fig. 3, des Arachnides. — *Dysdera erythrina*, Audouin, dans les Arachnides d'Egypte, pag. 154.

Ancien-Monde — Afrique — Egypte.

Cette espèce diffère essentiellement de la Dysdère érythrine, par un corselet qui est d'un tiers plus court, et par-là proportionnellement plus large ; et aussi par un abdomen plus court et plus garni de poils. M. Reuss en a fait la description d'après un individu rapporté d'Egypte par M. Ruppell. Dans les explications des planches de l'ouvrage sur l'Egypte, on l'avait confondue avec l'Erythrine. Je soupçonne qu'elle se trouve aussi en France, et que c'est l'espèce qui se loge dans les fourmilières.

2ᵉ Famille. LES AGORES. (*Agoræ.*)

Yeux de la ligne antérieure les plus gros.
Mâchoires arrondies à leur extrémité. Côtés intérieurs parallèles et non divergents.
Mandibules inclinées perpendiculairement.

1ʳᵉ Race. LES GRANDES. (*Maximæ.*) Long. 5 lignes.

Lèvre échancrée à son extrémité.

DYSDÈRE ADROITE. (*D. solers.*) Long. 5 lignes.

Le corselet est glabre, allongé, très-bombé, chagriné, rouge; sternum glabre rougeâtre, avec des éminences à la naissance des pattes. Lèvre ovale, très-échancrée, d'un rouge brun et noir à son extrémité. Mâchoires de couleur pâle. L'abdomen ovale, allongé, cylindroïde, couleur fauve pâle. Mandibules brunes, rougeâtres. Yeux d'un rouge brun; les latéraux très-rapprochés. (M.)

Nouveau-Monde — Amérique méridionale, Carthagène.

Les mâchoires, dans cette espèce, du moins dans un des deux individus que j'ai vus, étaient un peu convergentes.

2ᵉ Race. LES PETITES. (*Minimæ.*)

Lèvre coupée en ligne droite ou arrondie à son extrémité.

4. DYSDÈRE HOMBERG. (*Dysdera Hombergii.*) ♀ Long. 2 lignes et demie.

Corselet allongé, bombé, noir; sternum d'un brun marron, avec des éminences à la naissance des pattes. Lèvre étroite, allongée, très-bombée, terminée en ligne droite, et séparée du sternum par une rainure. Mâchoires allongées, étroites, d'un rouge brun. Abdomen cylindrique, d'un brun marron en dessus, rougeâtre en dessous. Yeux couleur d'ambre jaune; pattes fines, annelées de brun et de jaune.

Le mâle, long. 2 lignes.

Semblable à la femelle, mais plus petit. Palpes rougeâtres, dont

le radial, ou l'avant-dernier article, est très-allongé. Digital pourvu
d'un conjoncteur ovale pyriforme, terminé par un crochet brun.

Walckenaer, Aranéides de France, p. 186-192. *Ar. Hombergii*
Scopoli, Entomol. Carniolica, p. 403, n° 1119.—*Dysdera parvula*,
Dufour, Annales des sciences physiques, t. 5, p. 40. — *Ibid.* An-
nales des sciences naturelles, 1831, t. 22, p. 370, Pl. 11, fig. 4.
—*Dysdera gracilis*, Reuss, Museum Senckenbergianum, t. 1,
p. 200, Pl. 14, fig. 1, *a, b, c*.
　　Ancien-Monde — Europe — France, Allemagne, Espagne.

Elle vit sous les pierres, et se fabrique dans leurs cavités un
petit sac de soie où elle se renferme : trouvée à la fin de mai aux
environs de Laon en France, à Valence en Espagne, et en Allemagne. La couleur de son corselet et ses pattes annelées la distinguent bien de l'Erythrina. M. Reuss donne à cette espèce 3 lignes et demie de long, et le trait à côté de la figure la suppose
encore plus longue. Elle ne vient pas si grande dans nos climats.

3ᵉ Famille. LES ARIADNES. (*Ariadna.*)

Yeux intermédiaires de la ligne postérieure plus gros.

Mâchoires arrondies à leur extrémité extérieure. Côtés inté-
　　rieurs parallèles et non divergents.

Mandibules inclinées perpendiculairement.

5. Dysdère artificieuse. (*Dysdera insidiatrix*.) Long. 3 lignes.

Corselet brun cendré, abdomen d'un cendré clair, soyeux,
marqué à sa base d'une tache oblongue, plus obscure ; pied roussâtre ; la paire antérieure avec des tarses bruns.

Ariadne insidiatrix, Savigny, Description de l'Egypte, Arachnides, p. 109, Pl. 1, fig. 3.
　　Ancien-Monde — Afrique — Egypte.

Dans l'intérieur des maisons d'Alexandrie : elle a, dit M. Savigny,
des habitudes semblables à l'*Aranea insidiatrix* de Forskael, c'est-
à-dire qu'elle se retire dans des trous, qu'elle s'y renferme dans un
tube de soie, et, à la circonférence que forme l'ouverture de ce

tube, elles font aboutir des fils dirigés en tous sens, de même que les Ségestries.

Les mandibules de cette petite Aranéide sont très-inclinées, à enfoncement ou gouttières, courtes, sans dentelures, et à crochet très-court. Les mâchoires sont un peu convergentes. Les palpes sont renflés; la lèvre sternale allongée, et très-arrondie à son extrémité.

Cette Aranéide, par ses yeux, appartient essentiellement au genre Dysdère; par ses mâchoires elle se rapproche des Segestries, et cette famille forme le passage des deux genres.

Affinités des Dysdères. Dans aucun genre d'Aranéides, les rapports de ressemblance ne sont plus grands qu'entre les espèces des deux premières familles de Dysdères. Couleur, forme, corps nu, glabre, dépourvu de poil, tout aide à tromper les yeux peu exercés; mais l'étude des caractères essentiels fait connaître d'assez grandes différences dans les rapports d'affinités pour séparer ces espèces en familles, et permet d'assigner à ces familles des caractères certains, qui seraient suffisants pour constituer des genres, si un plus grand nombre de rapports d'affinités n'unissaient pas toutes les espèces de ce genre d'une manière indissoluble. L'ergot des pattes manque aux Dysdères, et on ne compte chez elles que deux griffes, ce qui avait déterminé à les séparer beaucoup des Ségestries, auxquels elles tiennent étroitement par leurs rapports d'affinités. La fossule du corselet, et les sillons divergents qui aboutissent aux pattes ne se retrouvent pas dans ce genre, et sont à peine sensibles dans le suivant, ce qui éloigne ce genre des Mygales, et le rapproche de la première famille des Scytodes. Les Dysdères ont leurs plus fortes affinités avec les Ségestries : rapports de ressemblance par la forme allongée du corselet et de l'abdomen; rapports d'analogie par leurs yeux réduits au nombre de six, et placés d'une manière analogue; rapports d'affinités par leurs ouvertures pulmonaires au nombre de quatre. Par ce dernier rapport, les Dysdères et les Ségestries se rapprochent fortement des Théraphoses.

2ᵉ Genre. SÉGESTRIE. (*Segestria.*)

Yeux *six, presque égaux entre eux, rapprochés sur le devant du corselet et sur deux lignes; les postérieurs, au nombre de deux, placés sur les côtés et écartés; les antérieurs, au nombre de quatre, formant une ligne droite ou légèrement courbée en avant, transversale.*

Lèvre *allongée, cylindroïde, plus étroite à sa base que dans son milieu, légèrement échancrée à son extrémité.*

Mâchoires *droites, allongées, dilatées à leur base, et arrondies à l'extrémité de leur côté externe.*

Pattes *fortes, allongées; les deux paires antérieures les plus longues.*

Aranéides *tubicoles et vagabondes; formant dans les interstices des murs et des rochers en plein air, ou dans les cavités souterraines, une toile peu étendue, horizontale, à tissu serré; à la partie supérieure de laquelle se trouve un tube cylindrique où elles se tiennent immobiles : à l'embouchure de ce tube sont dirigés, extérieurement, des fils comme autant de rayons divergents. Cocon globuleux ou ovoïde.*

Iʳᵉ Famille. LES DIVERGENTES. (*Difllectantes.*)

Mâchoires dilatées, et arrondies à leur extrémité externe, divergentes, et coupées obliquement à leur extrémité interne.

1. Ségestrie perfide. (*S. Perfida.*) Long. 9 lignes.

Mandibules d'un beau vert bouteille , à éclat métallique, dirigées en avant. Abdomen allongé, ovalo-cylindrique, d'un brun
uniforme, ou avec une raie longitudinale dentée, formant une
suite de triangles obscurs.

Walckenaer, Tableau, Pl. 5, fig. 51 et 52. — *Ibid.* Aranéides ,
de France, t. 1 , p. 197 , Pl. 8 , fig. 5. — Savigny, Arachnides
d'Egypte, p. 108 , Pl. 1 , fig. 2. — *Ségestrie des caves*, Dufour,
Annales des sciences naturelles, t. 1 , p. 108 , Pl. 10, fig 5. —
Aranea Florentina, Rossi, Fauna etrusca, t. II , p. 133 , tab. 9,
fig. 3. — *Ségestria Florentina*, Hahn , die Arachniden, in-8°, p. 5,
tab. 1, fig. 1.—Homberg, *Araignées des caves* , *troisième espèce.*
Mém. de l'Acad. des sciences pour l'année 1707, in-4°, 1708, p. 358,
Pl. 8 , fig. 8.

Ancien-Monde — Europe et Afrique — France , Allemagne,
Italie et Egypte.

Les palpes des mâles ont un digital , dont la cupule est ovale,
allongée, pointue, armée d'un seul conjoncteur principal, piriforme, finissant en pointe allongée et légèrement recourbée à son
extrémité. On aperçoit à travers les parois de cet organe un petit
corps ou vaisseau large , aplati, contourné en spirale, plus brun
que le reste.

Le tube de cette Ségestrie a la forme d'une nasse de pécheur; elle
se tient en embuscade à l'ouverture de son trou , l'extrémité des
pattes appuyées sur les fils divergents qui y aboutissent. Les deux
paires de pattes antérieures sont plus longues que la quatrième ,
et la troisième est la plus courte dans la femelle , mais dans le
mâle la troisième paire de pattes surpasse la quatrième paire.

2. Ségestrie rufipince. (*S. Ruficeps.*) 8 lignes et demie.

Tête rouge , corselet d'un brun rougeâtre ; mandibules
fortes , d'un beau vert brillant , à extrémité rouge , onglet noir.
Abdomen brunâtre , soyeux. Pattes grandes , velues, plus obscures
que le corselet , avec des articulations rougeâtres.

Ségestrie à tête rouge , Guérin. — Magasin zoologique, classe VIII,
Pl. 1.

Nouveau-Monde — Amér. Mérid. — Brésil..

Trouvée à l'île Sainte-Catherine du Brésil, en octobre, par
M. Durville, sous les feuilles. Cette espèce est remarquable par
sa tête d'un beau rouge ; si l'on s'en rapporte à la figure, cette
espèce différeroit encore de la précédente par des yeux intermédiaires antérieurs plus arrondis, et moins reculés par rapport
aux yeux antérieurs latéraux.

3. SÉGESTRIE SENOCULÉE. (*S. Senoculata.*) Long. 6 à 7 lignes.

Mandibules d'un brun marron foncé, ou noires glabres, dirigées en avant. Abdomen allongé, cylindroïde, velu, avec une
bande longitudinale noire sur le dos, formant de petits trapèzes
ou triangles, brun ou noir, au milieu desquels sont des points ou
traits blancs, ou de couleur fauve claire.

Walckenaer, Tabl. p. 48, pl. 5, fig. 51 et 52. — Arachnides de
France, p. 194. — *Ibid.* Hist. nat. des Aranéides, fascicule, 7,
fig. 1 et 3, la femelle ; 2, et 4, le mâle, Degéer, *Mémoires*, t. VII,
p. 258, Pl. 5, fig. 5, 6, 7, 8 et 9 ; Hahn, die Arachniden, 1831,
in-8°, t. I, p. 6, tab. 1, fig. 2.— *Araneus anomalus*, Aran. angl.
Lister, p. 74, tit. 24, fig. 24.
Ancien-Monde — Europe.

J'ai trouvé un mâle de cette espèce à Toulon, qui avait 7 lignes de long ; mais les femelles même dans les environs de
cette ville n'atteignent que 4 lignes et demie, ou 5 lignes au plus
de longueur.

VAR. Les taches noires s'oblitèrent souvent, surtout dans les
mâles, et les triangles sont entièrement noirs.

Cette espèce construit dans les trous des murailles, sous les
saillies des murs, des tubes de soie, ouverts aux deux bouts, où
elles se tiennent les six pattes antérieures en avant, ramassées, et
passées par-dessus la tête, sortant du tube par la plus grande des
deux ouvertures, et reposant par leurs extrémités sur autant de
fils très-fins détachés de la superficie des parois où ces fils sont tendus, et attachés à une assez longue distance de la circonférence
du trou où ils aboutissent. Comme dans l'espèce précédente, le
mâle a la troisième paire de pattes plus allongée que la quatrième ; c'est le contraire dans les femelles. Cette espèce résiste à
de très-grands froids, et dans l'hiver de 1830 j'en ai trouvé un
individu sous l'écorce d'un arbre, encore très-vivace, au mois

de janvier, lorsque le thermomètre marquait depuis huit jours quatorze degrés au-dessous de zéro.

Dans la Ségestrie sénoculée le mâle est plus gros, plus grand et plus fort que la femelle. Il est probable qu'il en est de même dans toutes les races de ce genre. qui par-là s'éloignent du plus grand nombre des Aranéides, et se rapprochent du genre Argyronète, qui offre la même particularité.

2ᵉ FAMILLE. LES CONVERGENTES. (*Conjungentes.*)

Mâchoires rétrécies à leur extrémité, à côtés internes légèrement convergents.

4. SÉGESTRIE CRUELLE. (*S. Sæva.*) ♂ Long. 4 lignes et demie.

Mandibules brunes, non luisantes, rougeâtres, légèrement dirigées en avant. Corselet aussi long mais point aussi large que l'abdomen ; bombé, glabre, fauve brun. Abdomen fauve pâle ; six taches carrées, d'un noir mat, disposées longitudinalement sur le milieu du dos, sur deux lignes parallèles, auxquelles aboutissent des lignes latérales également noires sur les côtés ; ventre brun dans le milieu, d'un fauve pâle sur les côtés. (M.)

Monde-Maritime — Australie — Nouvelle-Zélande.

Affinités du genre Ségestrie. — Par ses mâchoires divergentes à leur extrémité, la première famille des Ségestries se rapproche fortement du genre Dysdère ; tandis que dans la seconde famille ces mêmes mâchoires ont des rapports d'affinités assez grands avec les Drasses et les Clubiones. Mais par les yeux, par la lèvre, par les pattes, et l'ensemble de leur aspect et de leur organisation, les deux familles d'Aranéides qu'on distingue dans les Ségestries se tiennent entre elles de manière à ne pouvoir être séparées génériquement.

3e **G**ENRE**. SCYTODES. (** *Scytodes.* **)**

Yeux *six, rapprochés et disposés par paires ; les deux antérieurs sur une ligne transverse ; les deux latéraux de chaque côté écartés des antérieurs, et placés sur une ligne longitudinale inclinée, de sorte qu'en la prolongeant elle forme un angle dont la pointe est en avant.*

Lèvre *trianguliforme, plus haute que large, bombée, et élargie à sa base.*

Mâchoires *étroites, allongées, très-inclinées sur la lèvre, cylindroïdes, élargies ou courbées à leur base.*

Pattes *fines, allongées ; la première et la quatrième paires presque égales et plus allongées que les autres ; la troisième la plus courte.*

ARANÉIDES *errant lentement, tendant des fils lâches qui se croisent en tous sens, et sur plusieurs plans différents. Cocon arrondi, enveloppé de bourre.*

1re **F**AMILLE**. LES GIBBEUSES. (** *Gibbosæ.* **)** Long. 4 lig.

Corselet très-bombé à sa partie postérieure.
Mandibules petites et courtes.

1re Race. — LES GIBBEUSES LABRÉES.

Corselet *arrondi, à labre ou bandeau arrondi.*
Lèvre *courte, arrondie à son extrémité, resserré à sa base.*

1. **S**CYTODE THORACIQUE**. (** *S. Thoracica.* **)**

Couleur d'un blanc-rougeâtre pâle. Mandibules, corselet et

abdomen marqués de taches noires très-distinctes. Pattes annelées de noir et de blanc.

Walckenaer, Hist. nat. des Aranéides, 1, fig. 10. *Ibid.* Tableau des Aranéides, Pl. 8, fig. 81 et 82. — Latreille, Gen. Crust. et Insect. t. I, p. 98, tab. 5, fig. 4. — Savigny, Arachnides de l'Égypte, p. 152, Pl. 5, fig. 1 et 2. — Guérin, Iconogr. du Règne animal. — Arachnides, Pl. 1, fig. 3.

Ancien-Monde — Europe — Afrique.

On la trouve aux environs de Paris, dans les armoires abandonnées, dans le Midi sous les pierres. Commune à Marseille, sur la montagne de la Garde. Je la crois originaire des pays chauds. Les naturalistes du Nord ne la connaissent pas.

Le corselet très-bombé, les yeux au nombre de six, ne sont pas les seules particularités de ce genre ; le corselet est sans aucune fossule enfoncée dans le milieu et sans sillons rayonnants. Les mandibules sont naturellement dirigées en avant, petites, conniventes, resserrées à leur insertion, plus grosses dans leur milieu ; non luisantes, et recouvertes en quelque sorte d'un épiderme de couleur pâle et blanc rougeâtre, comme le reste du corps, avec une tache d'un noir foncé dans le milieu : l'onglet, s'il existe, est petit, à peine visible. Le corselet est voûté à sa partie postérieure, et a deux taches noires qui figurent une crosse. Les yeux sont jaunes brillants, les deux antérieurs sont placés sur une tache noire. L'abdomen est globuleux, et présente deux rangées longitudinales de points noirs ; le ventre d'un rouge pâle sans tache ; immédiatement au-dessous des fentes branchiales, deux petits trous ronds sans organes prévulvaires, qui doivent être les organes génitaux, écartés et séparés l'un de l'autre ; alors ces organes seraient doubles extérieurement dans les femelles d'Aranéides comme dans les mâles : et, en effet, dans les genres où il semble n'y avoir qu'une seule ouverture, on aperçoit toujours une cloison qui la divise en deux. Les pattes sont allongées et fines, la première paire est la plus longue, la quatrième après, la troisième est la plus courte.

J'ai trouvé cette espèce en mai, en juillet, en septembre, toujours dans l'intérieur des maisons, jamais en plein air. Elle porte son cocon dans ses mandibules. Le 9 septembre, j'ouvris un de ces cocons, les petits étaient déjà éclos, ils étaient au nombre de trente ou trente-deux, et ces jeunes, quoique blancs, avaient déjà les raies noires sur le corselet et sur l'abdomen, qu'on remarque dans les grandes. Le cocon est de la grosseur d'un petit pois, recouvert de soie lâche et peu serrée, comme celui du *Théridion lineatum.*

2ᵉ Race. — LES GIBBEUSES ÉLABRÉES.

Corselet *resserré à sa partie antérieure, à labre échancré.*
Lèvre *allongée, grande, légèrement dilatée et coupée en ligne droite à son extrémité.*
Mâchoires *allongées, étroites, diminuant vers leur extrémité.*

2. Scytode brune. (*S. Fusca.*) Long. 5 lignes.

Corselet glabre et noir, rougeâtre, très-bombé à sa partie postérieure. Abdomen globuleux, brun. Pattes et palpes rouges, minces. Mâle rougeâtre, à pattes très-allongées.

Nouveau-Monde — Amér. Mér. — Cayenne.

La femelle. Les mandibules sont serrées, renflées dans le milieu, ou enfoncées sous le bandeau, couvertes de poils gris. Le labre ou bandeau est comme festonné, creusé dans le milieu, et à angles latéraux arrondis et luisants, de manière à pouvoir être pris pour des yeux. Les yeux sont égaux, d'un jaune brillant. La sommité du renflement du corselet est plus reculée vers la partie postérieure que dans la Thoracique ; et près du vertébral ce corselet est d'un rouge-oranger vif. Les mâchoires sont allongées, mais étroites, cylindriques, élargies à leur base, tronquées à leur extrémité, très-inclinées sur la lèvre, rougeâtres. La lèvre est brune, très-grande, allongée, bordée d'un bourrelet à son extrémité, qui est élargie et dilatée. Le sternum est ovale, d'un brun noir, comme le dessus du corselet, et il présente à la naissance des pattes des gibbosités qui ne laissent qu'un sillon enfoncé dans le milieu, de sorte qu'il paraît comme s'il était guilloché.

Le mâle. Il est remarquable par ses pattes très-allongées, qui le font ressembler à un faucheur. La première paire a 2 pouces 3 lignes de long : elles sont très-fines, et d'un rouge jaunâtre uniforme, tachées de noir ou de brun en dessous à l'extrémité de la hanche, et aussi au génual et à l'extrémité du fémoral. Les mandibules sont jaunes ou rouges pâles, petites, renfoncées sous le labre, un peu renflées dans le milieu, n'ayant qu'un petit onglet terminal qui se replie dans une rainure non dentée. Le corselet, à sa partie postérieure, s'aplatit et s'avance à la partie antérieure ; il est très-échancré en avant sur les côtés, et a 2 lignes et demie de long sur une ligne et demie de large. Le sternum est jaunâtre, avec des éminences tachées de noir. La lèvre est d'un jaune pâle, grande, coupée en carré, en bourrelet à son extrémité, le milieu vers la base bombé en triangle. Les mâchoires effilées, vers leur extrémité et inclinées sur la lèvre, sont d'un fauve verdâtre, avec une raie noire sur le bord extérieur, qui est creusé ; elles sont dilatées et soudées à leur base. Les palpes sont peu allongés, rouges, avec quelques points noirs ; digital terminé par une cupule ovale, pointue à son extrémité, sur laquelle s'articule à angle droit un conjoncteur ovale, piriforme, terminé par une petite épine, comme dans les Ségestries, mais moins allongée.

J'ai reçu deux individus de cette espèce de la Guiane, tous deux mâles, et je crois que c'est le mâle de la femelle décrite précédemment.

Cette race, par ses mâchoires allongées et effilées, forme la transition de cette famille à la famille suivante, mais ses mâchoires entourent moins la lèvre.

2ᵉ Famille. LES DÉPRIMÉES. (*Depressæ.*)

Corselet arrondi, déprimé.
Mandibules fortes, cylindriques.

3. Scytodes omosite. (*S. omosites.*) Long. 4 lignes.

Corselet glabre, d'un rouge brun, arrondi et aplati. Abdomen ovale, peu allongé, d'un fauve jaunâtre, avec des poils noirs plus abondants sous le ventre.

Genre *Omosites*, Walckenaer, Annales de la Société entomologique, t. 2. p. 438-440. — *Scytodes rufipes,* Lucas, Magasin zoologique de Guérin, class. viii, Pl. 6.

Nouveau-Monde — Guiane — Mexique — province de Guatimala.

La lèvre est rétrécie à sa base, élargie dans son milieu, arrondie à son extrémité comme dans la Scytodes thoracique, mais beaucoup plus allongée et ovalaire. Elle est bombée dans son milieu, et à sa base ; aplatie à son extrémité. Les mâchoires sont allongées, diminuant vers leur extrémité, et terminées en pointe arrondies, inclinées sur la lèvre et l'entourant; rouges dans toute leur longueur, mais blanches à leur extrémité. Les mandibules sont un peu dirigées en avant. Le corselet est aplati, et a une fossule dans le milieu; il est arrondi, et en cœur à sa partie postérieure, carré et déprimé vers la tête, presque glabre, et seulement couvert d'un léger duvet; il est plus large que l'abdomen, et presque aussi long. Sternum arrondi, rougeâtre, un peu bombé dans le milieu, mais n'offrant point de gibbosités à la naissance des pattes. Pattes fines, rougeâtres, allongées, sans taches, ni poils, ni piquants, avec des tarses armés de deux griffes sensiblement pectinées. La seconde paire, qui a 9 lignes, est plus longue que la quatrième. Les palpes sont rougeâtres, courts, sans griffes terminales, peu velues.

Cette espèce m'a été rapportée de la Guiane par MM. Leschenault et Doumerc.

4. **Scytodes blonde.** (*S. rufescens.*) Long. 4 lignes et demie.

Corselet et abdomen d'un rouge pâle, uniforme. Abdomen piriforme, avec de petites taches pentagonales entourées de jaune.

Dufour, Annales des sciences physiques, t. 5, p. 203, n° 2, Pl. 76, fig. 5. — Savigny, Arachnides d'Egypte, p. 153, n° 2, Pl. 5, fig. 2.

Ancien-Monde — Afrique — Egypte — Europe — Espagne.

La lèvre est ovalo-triangulaire, allongée, et les mâchoires étroites et courbées autour de la lèvre, comme dans l'espèce précédente. Ses mandibules sont cylindriques, fortes, allongées. Les pattes fines et longues. Le corselet est peu bombé, assez allongé. L'abdomen est ovale, allongé, piriforme, ou renflé à sa partie postérieure. Les yeux sont posés sur le dos du corselet, et les antérieurs assez éloignés des bords antérieurs du bandeau, ou du labre; ils sont petits, et d'un rouge de topaze. La lèvre, les mâchoires, le sternum et les pattes sont rougeâtres, comme le corselet. Selon M. Dufour, la deuxième paire serait plus longue que les deux postérieures.

M. Dufour a trouvé plusieurs fois cette Aranéide sous les débris calcaires des montagnes du royaume de Valence, principalement aux environs de l'antique Sagonte. C'est d'après un individu envoyé par lui à M. Latreille que notre description a été

faite. M. Dufour nous apprend que la Scytodes blonde se fabrique
un tube assez informe d'une toile mince d'un blanc laiteux, à peu
près comme la Dysdère érithrine.

Affinités du genre. Les affinités de ce genre sont curieuses;
par le placement de ses yeux, constant dans toutes les races, et
par ses mandibules portées en avant qui le rapprochent des Dysdères; et ses habitudes confirment cette analogie. Par la première
race (les Gibbeuses), la configuration de la lèvre et des mâchoires,
ce genre a des rapports assez grands avec le Pholcus Phalangioïde;
la longueur des pattes du mâle de la Scytodes brune confirme
encore ces analogies. Par son corselet épais, son corps globuleux, ses pattes fines, ses mâchoires inclinées, ses mandibules
petites, la première famille des Scytodes a des rapports d'analogie très-grands avec les Théridions, surtout avec la famille
des Théridions renflés (*Turgidæ*); mais le corselet plus allongé, plus aplati, les mandibules fortes et cylindriques, les mâchoires entourant la lèvre, rapprochent dans la seconde famille
les Scytodes déprimés des Drasses et des Clubiones. Dans la dernière
famille, celle des déprimées, le corselet a une fossule, tandis qu'il
en est dépourvu dans la première; et ce dernier caractère est
encore un rapprochement avec les Dysdères et les Ségestries, où
cette fossule est nulle, ou s'aperçoit à peine.

Les deux familles des Scytodes, quoique différant entre elles
par des rapports importants, ont des rapports d'affinités tellement forts, qu'on ne doit pas les séparer génériquement, comme
je l'avais pensé lors de la rédaction de mon dernier tableau des
Aranéides.

3ᵉ Famille. LES MITHRAS. (*Mithras.*)

Yeux six, séparés entre eux, disposés sur le rebord antérieur du corselet, par paires, sur trois lignes : les
deux antérieurs plus rapprochés; les deux intermédiaires plus écartés; les deux postérieurs encore plus
écartés. Le tout figurant un ᴠ tronqué à sa pointe.

Scytodes mithras. (*Scytodes Mithras.*) Long. 3 lignes.

Les quatre yeux latéraux sont sur une ligne inclinée; les deux
antérieurs sur une ligne transverse; les deux yeux antérieurs son

18.

plus petits que les autres ; et les deux yeux intermédiaires latéraux
un peu plus grands. Le corselet est petit, trapezoïde, pointu vers
les yeux, et sur les côtés d'un fauve brun. L'abdomen est globuleux, a dos renflé, et avec deux tubercules latéraux, d'un fauve
terreux, lavé de brun sur les côtés, et trois ou quatre lignes transverses, brunes, festonnées irrégulièrement, ou tremblées. Les
pattes ont les cuisses renflées ; elles sont d'un fauve verdâtre,
marquées de noir aux cuisses et aux jambes, et avec des tarses
rouges. La première paire de pattes paraît la plus longue, la quatrième ensuite, la troisième est la plus courte.

Mithras paradoxus, Koch, dans H. Schaffer, Deutschlands insecten. Fascic. 123, fig. 9.

M. Koch a trouvé cette Aranéidé vers le milieu de septembre,
dans la forêt de Kœchinger, près d'Ingolstadt. Elle avait attaché
un fil plusieurs fois doublé à travers un sentier de la forêt, et y
reposait suspendue. Ses habitudes sont lentes. Nul doute, d'après
ses yeux, que cette Aranéide ne doive former un genre à part. Mais
M. Koch, le seul qui ait encore décrit cette espèce, n'ayant pas fait
connaître la conformation de sa bouche, il est impossible de caractériser ce genre. Nous n'avons donc dû l'admettre que comme
famille du genre Scytodes, avec lequel ce nouveau genre a les plus
grands rapports. Tous deux tiennent par de fortes affinités au
grand genre Théridion qui a huit yeux.

4ᵉ Genre. UPTIOTES. (*Uptiotes.*)

Yeux , *six* , *sur trois lignes ; les antérieurs petits ; les quatre postérieurs plus gros ; les deux de la ligne postérieure plus écartés que ceux de la seconde ligne , gros , et portés latéralement sur une petite éminence du corselet.*

Lèvre *trianguliforme , plus haute que large , non resserrée à sa base, arrondie à son extrémité:*

Mâchoires *droites , courtes, dilatées et arrondies , recouvrant la lèvre, et se touchant presque par leurs côtés internes qui sont droits.*

Pattes *fortes et renflées, médiocrement allongées.*

1. Uptiotes incertaine , la femelle. (*Uptiotes anceps.*)
Long. 1 ligne $\frac{1}{10}$.

Corselet petit, d'un brun rougeâtre. Abdomen globuleux, renflé, brun et verdâtre, avec des taches brunes, triangulaires, disposées longitudinalement, séparées dans le milieu par une raie gris verdâtre, qui, dans sa partie antérieure, a un trait brun, longitudinal ; pattes courtes.
Ancien-Monde — Europe — France.

Cette espèce très-petite, mais qui forme un genre bien distinct, a été trouvée dans le bois de Boulogne sur des buissons épineux, à la fin de l'automne, par le docteur Doumerc. Son abdomen a , sur le dos de sa partie postérieure, quatre tubercules ou épines cornées, brillants. Sa couleur générale est d'un brun foncé, avec des poils blancs et roux mélangés. Le sternum est en cœur, allongé et bombé, d'un brun rougeâtre. Les mandibules sont resserrées entre les palpes , allongées , cylindriques. Le corselet est très-petit, renflé et épais ; les palpes fins et courts. Les pattes antérieures sont renflées et plus grosses ; les deux paires intermédiaires sont p'us minces et plus courtes que les deux autres. Elles sont toutes noirâtres , avec des taches d'un jaune clair à leur extrémité. Aidé de la plus forte loupe , je n'ai pu voir que six yeux.

Cette Aranéide suspend un fil lâche entre des plantes ou buissons assez écartés. Ce fil est très-blanc, et quand on le touche l'Aranéide lui communique un mouvement de trépidation pareil à celui du *Pholcus phalangioïdes.* Elle se laisse aussi tomber à terre, suspendue à son fil. Leur allure est lente comme celles de certains Théridions, mais elles filent facilement , et attachent leur fil à un corps avec une grande promptitude.

2. **Uptiotes ncertain de Schreber** ♂. (*Uptiotes anceps Schreberi.*)
Long. 2 lignes $\frac{1}{4}$.

Je ne décris cette espèce que d'après un dessin très-bien fait , qui m'a été envoyé par M. Schreber, directeur du Musée d'histoire naturelle de Vienne. Ce savant a trouvé cette Aranéide dans les environs de Vienne.

L'abdomen, qui est ovale arrondi, a les mêmes taches que l'Uptiotes incertaine femelle ; seulement le fond est d'une couleur plus claire, et les taches d'un noir plus foncé ; il est mélangé de couleur orange, jaune clair et noir. Le corselet est brun , petit, rétréci en avant, arrondi à sa partie postérieure comme dans les Epéires. Les yeux, si le dessin est exact , sont au nombre de huit ; et il y en a deux antérieurs , écartés sur la partie la plus bombée du labre ou du bandeau, mais assez éloignés du bord. Si l'on fait abstraction de ces deux yeux, les six autres sont exactement placés comme dans l'Uptiotes incertaine femelle. Les mandibules sont petites, portées en avant , renflées dans leur milieu, d'une belle couleur oranger. Les palpes sont de même couleur; mais ces palpes distinguent cette Aranéide par l'excessif gonflement de tous leurs articles qui va en augmentant jusqu'au dernier qui est ovale , un peu courbé au bout, et ressemblant au bec de l'oiseau nommé Toucan. Les pattes sont courtes , brunes et jaunâtres, leur longueur rela-tive serait 1, 4, 2 , 3 , d'après le dessin.

Mais ce même dessin ferait de cette espèce un genre différent, car la lèvre est échancrée en cœur, plus étroite à sa base ; les mâchoires droites, écartées, divergentes à leur côté interne, arrondies à leur côté externe, pointues à leur extrémité. Ces caractères, les yeux au nombre de huit, constitueraient le nouveau genre, si par la suite on découvre que cette espèce n'est pas le mâle de la précédente.

Affinités. Ce genre se rapproche beaucoup, par le placement de ses yeux et la forme de son corselet, du genre Uloborus ; et par sa bouche comme par ses yeux, il est intermédiaire entre les Attes et les Erèses, et tient aussi aux Dolomèdes. Ce sont là du moins les affinités de l'Uptiotes femelle qui se rapproche plus du genre Scytode que de tout autre, et par son abdomen globuleux, elle tient aussi, comme ce dernier genre, aux Théridions. Si l'Uptiotes incertain de Schreber n'est pas le mâle de la femelle que nous avons décrite, il forme un genre à part, voisin des Théridions, très-rapproché des Uptiotes. Mais je soupçonne qu'il y a erreur, et qu'on a pris deux points lisses et luisants du corselet pour deux yeux.

5ᵉ Genre. LYCOSE. (*Lycosa.*)

Yeux, *au nombre de huit, inégaux entre eux, formant un parallélogramme allongé, placés sur le devant, et les côtés du corselet, sur trois lignes transverses presque égales en longueur. La première ligne formée par quatre yeux, et chacune des deux autres par deux : les yeux de la ligne intermédiaire sensiblement plus gros que les autres.*

Lèvre *carrée, légèrement creusée à son extrémité.*

Mâchoires *droites, écartées, plus hautes que larges, dilatées dans leur milieu, et coupées obliquement à leurs côtés internes.*

Pattes *allongées, fortes : la quatrième paire est sensiblement plus longue que les autres, ensuite la première, la troisième est la plus courte.*

Aranéides *chasseuses, courant pour attraper leur proie, portant leurs cocons attachés à l'anus, soignant leurs petits, et les portant sur le dos.*

Iʳᵉ Famille. LES TERRÉNIDES. (*Terrenides.*)

Yeux antérieurs ne formant pas une ligne plus large que la ligne intermédiaire.

Filières-tentacules peu saillantes.

Aranéides se retirant dans des trous en terre, ou dans les fentes des pierres ou des arbres.

1ʳᵉ Race. LES TARENTULES. (*Tarentulæ.*)

Corps *dont la longueur égale ou surpasse dix lignes.*
Corselet *allongé, tête étroite.*
Abdomen *marqué sur le dos d'une suite de triangles ou de che-*
vrons transverses.
Yeux *antérieurs décrivant une ligne légèrement courbée en*
avant.

1. LYCOSE TARENTULE APULLIENNE. (*L. tarentula Apuliæ.*)
Long. 1 pouce 2 lignes.

Abdomen d'un fauve brun sur le dos, marqué de cinq ou six
chevrons noirs se joignant, bordés de fauve clair ou de blanc
rougeâtre, dont les pointes sont tournées vers le corselet ; les
deux antérieures en triangle et en fer de lance. Ventre d'un
rouge fauve, avec une large bande transversale noire dans le milieu : tache d'un noir velouté à l'endroit des parties sexuelles ;
ligne fine noire transversale séparant les plaques pulmonaires et
les parties sexuelles de la bande rousse. Pattes grises en dessus
et en dessous, rayées de larges bandes d'un blanc vif, et d'un
noir très-foncé au fémoral et au tibial. Mandibules et palpes
revêtus en dessus de poils roux, et noirs à leur extrémité.
Deux lignes rougeâtres fines qui se détachent sur en fond noir,
se font voir sur les côtés du corselet et aboutissent aux yeux latéraux de la première ligne.

Spezia de Phalangi appo noi dette Tarantole. Ferrante Imperato Neapolitano, dell' Historia naturale, libri xxviii, M DIC,
(1599), in-fol., p. 775 et 787.— Trad. latine du même ouvrage ;
Cologne, 1695, p. 901.— Aldrovande, Pl. 15, à la fin.—Mouffet,
Theatrum Insect., in-fol. 1634, les deux premières figures qui
sont au verso de la seconde planche additionnelle. — Wolferdi
Senguerdii, Phil. doct. tractatus Physicus de Tarantulâ, in-18,
Lugdunum, Bat. 1668. — Adam. Olearius Gottorfischen Kunst-
kammer, 1703, in-4°, Pl. 12, fig. 4.—Albin, Nat. Hist. of Spiders.
Pl. 39. — Hahn, die Arachniden, in-8°, t. I, p. 94, tab. 23, fig.
73, *a* et *b.* — *Lycosa Fascii. ventris,* Dufour, Annales des Sciences
nat., février 1835, t. 3, p. 101, dans la note (une jeune). —

Latreille, Gen. Crust. et Insect. t. I, p. 119. — Rossi, Faun. Etr. t. II, p. 132, n° 974. — Guérin, Icon. du Règne anim. Pl. 1, fig. 6. — *Ibid.* Traité élém. d'Hist. nat. Zoologie, p. 41, fig. 6.

Ancien-Monde — Europe méridionale — Dans le royaume de Naples, dans la Pouille, et commune aux environs de l'ancienne Tarente ; trouvée aussi en Espagne, aux environs de Valence et aux environs de Bologne, de Florence et de Rome.

C'est cette espèce, devenue célèbre par les effets venimeux de sa morsure, qui a été confondue par Linné, Fabricius, Olivier, Pallas, Léon Dufour, et autres naturalistes, avec l'espèce suivante et d'autres espèces qui lui ressemblent, mais qui en diffèrent spécifiquement. Le caractère spécifique de la Tarentule de la Pouille est dans le ventre fauve traversé par une bande noire, et par les taches particulière de son abdomen et de son corselet. La figure de Ferrante Imperato fut la première publiée, elle est bonne pour ce temps. Elle fut copiée par Aldrovande et par Mouffet. Celles de Senguerdius et d'Olearius faisaient bien distinguer l'espèce. L'erreur a commencé avec la trop célèbre dissertation de Baglivi en 1696, et s'est accrue depuis. Les particularités les plus importantes de l'histoire naturelle de la Tarentule de la Pouille seront données à la suite de toutes les espèces avec lesquelles on l'a confondue.

Dans cette espèce, les yeux intermédiaires de la ligne antérieure sont un peu plus gros que les latéraux de la même ligne. Les gros yeux, ou les yeux de la seconde ligne sont rouges ; les antérieurs noirs. Ce caractère distingue cette espèce des Tarentules Narbonnaises et Hispaniques. Rossi fait mention de la couleur ochracée du ventre et de la bande noire ; mais il dit que cette couleur passe avec l'âge.

2. Lycose tarentule Narbonnaise. (*Lycosa tarentula Narbonensis.*)
Long. 10 à 12 lignes. ♂ ♀.

Abdomen d'un fauve brun sur le dos, marqué de chevrons noirs, transversaux, à la partie postérieure, et de trois triangles de même couleur, dont les bases et les sommets se touchent et se pénètrent, formant une bande oblongue dentée sur les bords. Ventre d'un noir velouté uniforme. Pattes en dessous marquées de larges tranches blanches et noires.

Walckenaer, Aranéides de France, p. 12, Pl. 1, fig. 1, 2, 3.
— *Lycose Melanogastre*, Latreille, Nouv. Dictionnaire d'Hist. nat.
2ᵉ édit. t. XVIII, p. 291. — *Lycosa Melanogaster*, Hahn, die
Arachniden, 1833, in-8°, t. I, p. 102, Pl. 26, fig. 76.

Ancien-Monde — Europe. — Commune dans le midi de la
France, aux environs de Montpellier et de Nîmes, dans le nord
de l'Italie, en Morée, et en Allemagne, dans les environs de Nuremberg. Le fémoral et le tibial sont, dans cette espèce, marqués
en dessous de tranches blanches et noires, comme dans l'espèce
précédente.

Voici les dimensions de cette espèce, d'après un individu de
Provence, long seulement de 10 lignes. Corselet, 4 lig. et demie;
abdomen, 5 lignes et demie. Quatrième paire de pattes, 1 pouce
5 lignes; première, 1 pouce 4 lignes; deuxième, 1 pouce 2 lignes;
troisième, 1 pouce 1 ligne. Le corselet a 3 lignes de large; l'abdomen 3 lignes et un quart. La longueur de la tige des mandibules est de 2 lignes et un cinquième.

LYCOSE TARENTULE HELLÉNIQUE. (*Lycosa tarentula hellenica.*)
Long. 1 pouce.

Couleur plus grise que dans la Narbonnaise. Dos marqué de
même. Ventre noir. Yeux jaunes d'ambre dans un individu desse-
ché, tandis que, dans la Tarentule Narbonnaise vivante, ils
sont rougeâtres. Les gros yeux de la seconde ligne, dans l'individu desséché de la Morée, faisaient voir un point enfoncé dans
le centre, qui montre que la prunelle qui se voit dans l'individu
vivant, a une humeur différente du reste de l'œil, plus liquide,
qui s'évapore et forme un petit point rentrant. Pattes et corselet
rougeâtres.

Lycosa Hellenica (le mâle), 10 lignes. Koch. — Hahn, Forset-
zung; t. III, p. 24, Pl. 81, fig. 181. — *Lycosa prægrandis*, Ibid.
t. III, p. 22, Pl. 81, fig. 180 — *Lycose tarentule*, Brullé, Expéd.
scient. de Morée, t. III, 1ʳᵉ part. Zoologie, 1832, in-4°, p. 9.

Ancien-Monde — Europe — Morée.

Si la Tarentule de la Morée n'est pas une espèce distincte,
c'est au moins une variété remarquable et plus grande. L'anus
et les filières sont entourés de poils fauves, ce qui rapproche cette
espèce de la Tarentule Égyptienne et de l'Apullienne. Je l'ai dé-

crite d'après un individidu de ma collection rapportée de Grèce par M. Lefebvre. La quatrième paire de pattes a 1 pouce 6 lignes et demie.

J'ai décrit, dans la collection d'Olivier, une Tarentule longue d'un pouce, d'un gris pâle, uniforme, qui me paraît se rapprocher de la variété de la Morée, mais qui est plus pâle encore. Je lui avais donné le nom de Tarentule du Désert, parce qu'Olivier l'avait prise dans le désert, pendant son voyage du Caire à Bagdad. Dans cette espèce comme dans toutes celles de cette race, la couleur fauve des côtés et de l'anus se prolonge un peu sous le ventre. Les yeux sont rougeâtres, et les latéraux de la ligne antérieure sont un peu plus gros que les intermédiaires de la même ligne.

S'il était vrai, comme le dit Rossi, que la couleur ochracée de la Tarentule Apullienne passe avec l'âge, on pourrait croire que cette espèce est la même que l'Apullienne; mais je ne pense pas qu'il en soit ainsi, parce que jamais on n'a trouvé de Tarentule en Provence avec le ventre fauve et la bande noire. D'ailleurs Rossi ne dit pas que la couleur ochracée se convertit en noir; peut-être l'âge rend cette couleur plus grisâtre et d'un rouge moins vif.

3. LYCOSE TARENTULE HISPANIQUE. (*Lycosa tarentula Hispanica.*)
Long. 10 à 14 lignes.

Corselet grisâtre; abdomen fauve, marqué sur le dos de six chevrons disjoints, disposés par paires, et des raies fines, transversales, noires vers l'extrémité postérieure. Ventre d'un noir velouté, uniforme. Pattes en dessous marquées de larges tranches blanches et noires.

Lycosa tarentula, Dufour, Annales des sciences naturelles, 1835, t. III, p. 97, Pl. 5, fig. 1.
Ancien-Monde — Europe — Espagne.

Espèce, selon moi, bien distincte des précédentes. Commune en Espagne, aux environs de Madrid, de Tudela en Navarre, de Cadix. Elle a été bien décrite par M. Dufour, qui l'a confondue avec la Tarentule. J'en ai reçu de Cadix un individu, même grandeur que la Narbonaise, mais plus fauve et d'une couleur plus claire.

La région de l'anus est ochracée , ce qui rapproche cette espèce de l'Égyptienne. Dans la figure de M. Dufour, les yeux extérieurs de la ligne du devant sont figurés un peu plus gros que les intérieurs , ce qui rapproche cette espèce de la Narbonnaise, et l'éloigne un peu de l'Apullienne et de la Lycose tarentuline d'Égypte.

4. LYCOSE TARENTULE CAROLINOISE. (*Lycosa tarentula Carolinensis.*)
Long. 1 pouce 3 lignes.

Corselet rougeâtre ; abdomen d'un brun fauve , marqué de chevrons noirs à la partie postérieure , et de trois triangles de même couleur, dont les bases et les sommets se touchent et se pénètrent de manière à former une bande longitudinale oblongue, dentée sur ses bords. Ventre d'un noir velouté , uniforme. Pattes en dessous marquées de tranches noires et blanches.

Walckenaer, Tabl. des Aranéides, p. 12, n° 2 , Albin , fig. 38, au bas de la page.
Nouveau-Monde — Amér. septent. — Caroline.

Cette espèce m'a été remise par M. Bosc, qui m'a dit l'avoir rapportée de la Caroline : elle ne se trouve point décrite cependant dans le manuscrit qu'il m'a remis contenant les descriptions des Aranéides de la Caroline observées par lui. Si on excepte la grandeur, elle ressemble en tout à la Tarentule Narbonnaise , et par conséquent beaucoup plus à la véritable Tarentule de la Pouille qu'à la Tarentule Hispanique. Les yeux étaient rouges dans l'individu desséché. Les mandibules sont aussi recouvertes de poils rouges. Les pattes ont des tranches blanches et noires en dessous, mais les tranches noires paraissent moins allongées que dans la Tarentule Narbonnaise , et la tranche blanche du milieu est beaucoup plus grande : le dessous des cuisses est aussi d'un gris uniforme, et n'a de noir qu'à son extrémité. Voici les dimensions de cette espèce remarquable :
Longueur totale , 15 lignes; quatrième paire de pattes, 24 lignes ; première paire, 18 lignes; deuxième , 16 lignes ; troisième, 14 lignes et demie. La longueur de l'abdomen est de 8 lignes ; celle du corselet de 7 lignes. La tige des mandibules a 3 lignes et demie de long.

5. Lycose tarentule Georgienne. (*Lycosa tarentula Georgiana.*)
Long. 1 pouce 3 lignes.

D'un fauve clair ou brun, avec des points blancs ronds, au nombre de douze, disposés longitudinalement sur deux lignes le long du dos; les deux plus proches du corselet plus gros et plus rapprochés que ceux qui suivent immédiatement, et placés à la dilatation d'une figure noire trapézoïde; des chevrons au nombre de quatre, fauves, bordés de noir, aboutissant aux points blancs postérieurs. Dessous d'un noir velouté. Pattes en dessous avec des larges bandes noires et rouges.

The Ground-Hole spider, Abbot, Pl. 6, fig. 26, et Pl. 7, fig. 31, p. 6 du MSS.
Nouveau-Monde — Amér. Sept. — Géorgie.

Prise par Abbot en juin et en juillet sous de vieux bois. L'auteur se trompe lorsqu'il croit que l'individu, qu'il a figuré sous le n° 31, est une femelle, et le n° 26 un mâle; il a figuré deux femelles. Seulement le n° 31 est une variété plus brune.

Je crois cette espèce, que je ne connais que d'après les figures et les descriptions d'Abbot, différente de l'espèce précédente, sans en être bien certain; car on remarquera que c'est presque le même pays, et juste la même grandeur; mais les taches blanches sont, il nous semble, un caractère très marqué, et la Tarentule de la Caroline nous paraît plus semblable à celle d'Europe pour la figure du dos.

5 *bis*. Lycose tarentule suspecte. (*Lycosa tarentula suspecta.*)
Long. 12 lignes.

Grisâtre, avec des raies noires. Corselet ayant dans le milieu une bande brune allongée, uniforme ou en fer de flèche à la partie postérieure. Abdomen ovale, légèrement creusé ou en cœur à sa partie antérieure, plus large dans son milieu, se rétrécissant subitement vers l'anus. Varié de gris et de brun; ayant sur le milieu trois chevrons anguleux et joints, d'un beau jaune orangé bordé de noir; en dessus une tache oblongue en fer de flèche; des lignes latérales noires. Pattes annelées de blanc et de noir.

Abbot, Pl. 3, fig. 11, p. 4 des Observ.

Nouveau-Monde — Amér. Mérid. — Géorgie.

Prise dans un bois. La forme de l'abdomen et les couleurs vives des chevrons me font douter si cette belle espèce d'Aranéide n'est pas une Dolomède; mais les yeux tels qu'Abbot les indique en font une Lycose.

2ᵉ Race. LES TARENTULOIDES. (*Tarentuloides.*)

Corps *dont la longueur égale ou surpasse dix lignes.*
Abdomen *de couleur obscure sur le dos, et ne présentant pas de figure bien distincte.*

6. Lycose tarentuloïdes singorienne. (*Lycosa tarentuloides singoriensis.*) Long. 13 lignes.

Fauve brun, velue avec quatre lignes transversales de points blancs, et quatre bandes noires larges sur le dos. Ventre d'un noir uniforme, pattes en dessous avec des larges anneaux blancs et noirs.

Aranea singoriensise, Laxmann, novi commentarii academiæ scientiarum imper. Petropoli, 1770, in-4°, t. XIV, p. 602, n° 13, tab. 25, lig. 12. — *Aranea tarentula,* en russe *Misguir.* Pallas, Voyage trad. de Gautier de la Peyronnie, t. I, p. 337. — *Lycosa tarentula,* Hahn, Monographie der Arachniden 1822, in-4°, 3ᵉ fasc. tab. II, ibid. — *Lycosa Latreilleii,* Hahn, die Arachniden, in 8°, t. I, p. 98, Pl. 24, fig. 74. — *The Great tarantula,* nommée *Pôga* par les Grecs cypriotes, Alex. Drummond, Travels in-fol. p. 138.

Ancien-Monde — Europe — Russie, sur les bords du fleuve Singora, abondant aux environs de la forteresse de Vstammenogorsk, sur les bords du Jaïk, près de Sama, vers 44° de latitude, 33° de longitude: et peut-être aussi en Chypre.

Le corselet a 5 lignes de long, l'abdomen 6 lignes.

Espéce distincte et qui n'a point les taches triangulaires près du corselet, comme toutes celles qui se rapprochent le plus de la Tarentule. M. Hahn a décrit cette espèce sous deux noms différents, la première fois comme provenant d'Italie, d'Espagne et de Portugal; la seconde fois de la collection de M. Sturm : mais en annon-

çant d'après Latreille qu'on la trouve dans la Russie méridionale.

Le corselet dans cette espèce est moins allongé et proportionnellement plus large que dans les espèces précédentes.

Je rapporte à cette espèce la Grande Tarentule de Chypre qu'A-
lexandre Drummond a décrite dans son Voyage (in-fol. 1754,
p. 138), et qu'il dit avoir fait dessiner sur le vivant. Ce dessin
donne deux pouces de long à cette Aranéide, et l'auteur dans
sa description lui en donne trois, parce qu'il compte les filets
sétifères qui dans son dessin sont fort longs. L'autre espèce
plus petite que l'on nomme *Roba* en Chypre, n'a qu'un pouce
et demi de long, sans dessin sur le dos, et c'est peut-être la
même, plus jeune.

7. Lycose tarentuloïde ligurièrne. (*L. tarentuloides Liguriensis.*)
Long. 1 pouce.

Abdomen en dessus d'un fauve rougeâtre, et d'un noir velouté
en dessous. Tache obscure allongée, de couleur plus foncée sur le
dos proche le corselet, terminé par deux points noirs : deux traits
noirs de chaque côté de la partie de l'abdomen qui touche au
corselet, et presque cachés par lui. Pattes très-allongées, fortes.

Ancien-Monde — Europe — Italie.

Aux environs de Gênes, d'où elle m'a été envoyée par M. Maxi-
milien Spinola. Les mandibules sont fortes et garnies de poils
roux. Le corselet est rougeâtre, entouré d'une bande très-large
de poils gris, qui occupe aussi tout le devant de la tête. Les
pattes sont longues, et les palpes proportionnellement petits et
minces; ils sont, ainsi que les pattes, rougeâtres en dessus et en
dessous, coupées par de larges tranches, alternativement noires et
rougeâtres. La bouche et le sternum sont d'un noir velouté comme
le ventre.

8. Lycose tarentuloïdes Georgicole. (*Lycosa tarentuloides Geor-
gicola.*) Long. 14 lignes.

D'un fauve rougeâtre uniforme, corselet avec une bande longitudinale plus claire dans le milieu, abdomen avec une tache
obscure plus foncée brunâtre, crenelée sur la partie antérieure,
quatre points ronds rouges deux de chaque côté de la tache,

disposés sur deux lignes; ceux de la ligne antérieure plus rapprochés : deux lignes fines latérales plus brunes au-dessus et de chaque
côté de la tache , proche le corselet. Bandes transversales plus
brunes, obscures, au nombre de trois à quatre à la partie postérieure. Pattes fauve clair , avec des traits noirs nombreux qui
les font paraître comme tigrées ou annelées. Le ventre , le sternum
les hanches sont noirs.

Ground Spider, Abbots, *Georgian Spider*, Pl. 9, fig. 41 , p. 7
du MSS.

Ancien-Monde — Amér. Sept. — Géorgie.

Cette grande espèce de Lycose , bien distincte de toutes celles
qui précèdent a été prise par M. Abbot en Géorgie , le 10 octobre.
Elle courait dans un champ. M. Abbot remarque qu'elle ne
se loge pas dans les troncs d'arbres, et qu'elle n'est pas très-
commune.

9. Lycose tarentuloïde Philadelphiene. (*Lycosa tarentuloides
Philadelphiana.*) Long. 12 lig. ♀.

Corselet avec deux raies brunes , larges, et trois lignes claires ;
celle du milieu terminée en devant par une tache claire, étoilée
ou à cinq points, dont trois antérieurs ; le tout figurant un trident. Abdomen ovoïde , plus renflé dans son milieu. Deux larges
bandes brunes sur le dos , qui vont se joindre à l'anus; les côtés
clairs: sur les bandes brunes, sont à la partie antérieure de l'abdomen, trois traits obscurs inclinés, comme des extrémités de chevrons disjoints, dont la pointe serait tournée vers le corselet ;
entre ces traits, et dans la partie claire du milieu de l'abdomen ,
est une raie longitudinale fine. Quatre traits plus distincts, inclinés dans le sens inverse des précédents, c'est-à-dire en chevrons disjoints dont la pointe serait tournée vers l'anus, se voient
sur la partie postérieure des deux lignes brunes.

Journal of the Academy of the natural sciences of Philadelphia , vol. II, february 1821, n° 2, Pl. 5 , fig. 1. (Cette figure
n'est ainsi que dans quelques exemplaires.)

Nouveau-Monde — Amér. Sept. — Philadelphie , Géorgie.

La lèvre est courte et très-large , les mâchoires peu allongées,
et leurs extrémités internes tronquées en lignes obliques et divergentes.

Cette Aranéide est décrite d'après une figure jointe au mémoire imprimé de Hentz, intitulé Notice concernant une Araignée dont la toile est employée en médecine, et qu'il a nommée *Tegenaria Medicinalis*, quoique ce soit une vraie Clubione. Ainsi cette figure d'Araignée ne se rapporte donc pas au mémoire. Aussi a-t-on regravé sur cette même planche une autre Araignée. Nous possédons un exemplaire du numéro où l'erreur a été commise, ce qui nous a donné connaissance de la Lycose Philadelphiène, dont M. Hentz ne parle pas dans son mémoire.

Peut-être est-ce la même qu'Abbot a dessinée dans sa figure 61, mais plus jeune, et je l'ai décrite, n° 25, sous le nom de Mordax.

10. Lycose tarentuloïde festonnée. (*Lycosa tarentuloides encarpata.*)

Abdomen ovalaire. Couleur d'un vert tendre avec des raies noires. Corselet ovale peu allongé, entouré d'une bande large, verte, festonnée de noir; milieu lavé de noir; raies fines noires divergentes, qui, partant du centre, aboutissent aux angles des festons. Abdomen verdâtre avec le milieu du dos plus brun formant une figure festonnée sur les côtés, qui se termine en angle à l'anus. Côtés de l'abdomen avec trois raies transversales d'un jaune-oranger vif, bordé de noir, et les côtés de la partie noire proche l'anus bordés de même. Dans la partie antérieure est une ligne longitudinale brune qui fait suite a celle du corselet, et des raies plus fines en rond qui la traversent. Ventre avec deux bandes noires très-larges. Pattes et palpes vert tendre, annelés de noir.

Abbot, Pl. 58, fig. 286, p. 23.
Nouveau-Monde — Amér. Sept. — Géorgie.

Prise le 1ᵉʳ octobre sur le tronc du bois de fer (iron-wood-trea), dans la bruyère de Creek-Swamp.

Les belles couleurs claires de cette Araignée, la forme ovalaire, mais un peu arrondie, de son corselet, me font douter si ce n'est pas une Dolomède; mais la position des yeux tels qu'Abbot l'indique en fait une Lycose.

11. **Lycose tarentuloïde Madériène.** (*Lycosa tarentuloides Maderiana.*) Long. 1 pouce. ♀

Abdomen allongé ovoïde, fauve pâle, avec une figure longitudinale obscure, formée par deux lignes fuséiforme : deux taches brunes plus foncées proche le vertébral. Ventre fauve : le milieu brun pâle, bordé par deux raies longitudinales fauves, qui font ressortir deux raies brunes sur les côtés. Corselet fauve grisâtre, lavé de brun sur les côtés, très-bombé. Lèvre creusée à son extrémité. Mandibules fortes, noires. Ligne antérieure des yeux courbée en avant. Iris des yeux noir. Pattes rouges, lavées de brun en dessous, mais point armées, comme les palpes : des piquants bruns.

Ancien-Monde — Afrique — Ile de Madère.

Collection de M. Guérin.

Observations sur les habitudes, et sur les effets du venin,
des Lycoses tarentules et tarentuloïdes.

Dans toutes les contrées on trouve un assez grand nombre d'espèces du genre Lycose ; les dimensions de ces Aranéides sont partout ordinairement entre six ou huit lignes; les plus grandes ont huit à neuf lignes. Mais, dans les contrées chaudes, on en rencontre toujours une ou deux espèces particulières qui, par leur grandeur, semblent s'éloigner des dimensions particulières à ce genre, et dont la morsure est, en raison de cette grandeur, plus forte et par conséquent plus redoutée. Ce sont ces grandes espèces qu'on a indistinctement désignées sous le nom de *Tarentules*, d'après une espèce particulière, et assez rare, partout ailleurs que dans la Pouille, et les environs de la ville de Tarente. Cette espèce est devenue célèbre par les effets réels ou exagérés de son venin ; et par le grand nombre d'écrits, de traités et de dissertations auxquels elle a donné lieu (1).

____

(1) Nous en avons donné une liste dans notre tableau des Aranéides, p. 11. A cette liste déjà si longue, il faut encore ajouter

Il était d'autant plus facile de confondre cette espèce avec
les espèces de la même race, qu'elles se ressemblent toutes
par le dessin du dos de leur abdomen. Aussi, quoique les
premiers observateurs eussent publié des figures qui pussent
la faire facilement distinguer de celles qui s'en rapprochent le
plus, Linné et Fabricius ont cru la reconnaître dans toutes
les grandes Lycoses de cette race, qui ont été soumises à leurs
observations. De là il est résulté que leurs descriptions
s'appliquent aux Tarentules narbonnaises, hispaniques ou
autres, tandis que leurs synonymies prouvent qu'ils croyaient
décrire l'Araignée si célèbre de leur temps, et dont tant d'auteurs, avant eux, avaient parlé sous le nom d'Araignée Tarentule.

Comme il n'y a aucun doute, d'après les rapports d'ana-

Ferrante Imperato, Mouffet, Aldrovande, Dufour, cités dans la synonymie de la Tarentule Apulliène, puis Serao, *Della Tarentula*,
Naples, 1766.—Disputatio VI, *Aranea in primis vero Tarentulis*, res-
pondante Andrea Flaschio, dans l'ouvrage intitulé, *Disputationum
Zoologicarum*, Withberg, in-12.—Tournon, *Sur le Tarentisme Comment. Acad. Theodor. Palatin*, vol. V, Physique, p. 364.—Dominico
Cirillo, *Some Account of the mane tree, and of the Tarentulla*, dans
les *Philosophicel Transactions*, 1770, p. 233-236. — Walckenaer,
Lettre sur la Tarentule dans les Archives littéraires de Vanderbourg.— Bradley, Pl. 24, fig. 10, figure citée par Linné.—Linné
cite aussi Olearius, dont le *Gottorfische Kunst-Kammer* fut inséré en
1703 dans le recueil de l'auteur sur le duché de Schlesswig-Holstein,
Francfort, in-4.—Chabrier, *Société des amateurs de Lille*, 4e cahier,
p. 33. — Weiss ou Albinus, *de Tarentula mira*. — Abd-Allatif,
Relation de l'Egypte, traduit par M. Silvestre de Sacy, p. 18.—Klaproth, *Reise in den Kaukasus un nach Georgien*, t. 2, p. 289. —
Misson, *Voyage en Italie* t. 3, p. 58, et p. 569, John George
Keysler, *Travels Translated from the edit. of the German*, 1770,
London, t. 3, p. 35. — Poiret, *Voyage en Barbarie*, t. 1, p. 345.
—Le recueil intitulé : *Icones arborum fruticum et herbarum exo-
ticarum quarumdam a Bajo Mentzelio aliisque repertis*, oblong, sans
date, dédiée à Boerhave par Wander AA. à la Planche 40, représente
la Tarentule : c'est la même figure que celle d'Albin et de Drapper :
la Pl. 45 est une sorte de monstre ressemblant à une Grenouille,
et sous cette figure on a écrit *Tarantula*. — Drummond's *Travels*,
1754, in-fol. p. 138.

logie, d'affinité et de ressemblance, qu'à de très-petites variations près, ces Aranéides n'aient toutes la même organisation et les mêmes habitudes, nous réunirons dans un seul article tout ce que nous avons à dire sur l'histoire naturelle des Tarentules.

Toutes ont, ainsi que les Lycoses en général, un corselet grand et allongé, ovalaire à sa partie postérieure, rétréci et coupé en carré vers la tête, dont le devant est vertical ou perpendiculaire : un abdomen ovale, allongé, ovoïde : des pattes très-longues, fortes, propres à la course, et la paire postérieure, ou quatrième, plus allongée que les autres.

Les mâles sont semblables aux femelles, et ont seulement l'abdomen plus petit. Ils en diffèrent aussi par les digitales de leurs palpes, dont la capsule, arrondie et terminée en pointe conique, contient des organes génitaux très-compliqués. Celui de la Tarentule égyptienne est décrit en ces termes par Savigny (Arachnides d'Egypte, p. 144) : « Le bouton excitateur est beaucoup plus court que la valve, dans la concavité de laquelle il se trouve fixé. Il est elliptique, vêtu et pourvu de trois conjoncteurs exactement repliés, très-difficiles à reconnaître dans le repos : le conjoncteur principal est très-grand, triarticulé, large pour son épaisseur, convexe en dehors, roulé en deux ou trois tours de spire, divisé en avant, les trois derniers tours en trois parties inégales : le premier conjoncteur auxiliaire petit, très-dur, mince, large, irrégulièrement dentelé, prolongé en un crochet très-courbé, mais très-aigu, qui fait saillie au côté externe de la valve ; le second auxiliaire très-petit, demi-membraneux, oblong, et faiblement échancré. »

Les espèces de la première race de la famille des Lycoses terricoles sont très-difficiles à distinguer entre elles, excepté cependant celles de la vraie Tarentule, dont les caractères spécifiques sont très-bien résumés dans cette phrase d'un naturaliste qui avait, en l'écrivant, cette espèce sous les yeux sans qu'il s'en doutât, et qui même a écrit une dissertation pour prouver que ce n'était pas elle (1).

« D'un gris cendré, avec des taches noires en triangles réunis entre eux sur le dos, ventre d'un jaune rougeâtre, avec une bande noire transverse, dentée sur les côtés.»

Ferrante Imperato, dont l'ouvrage rare, publié à Naples après sa mort, par son fils, en 1599, ne paraît pas avoir été connu des naturalistes de ce siècle ni du précédent, est le premier qui ait parlé de la Tarentule; il dit, p. 775 : « Les espèces de phalanges qu'on appelle chez nous Tarentules sont ainsi nommées, parce qu'elles sont plus communes, et mieux connues sur le territoire de Tarente et dans les environs, que partout ailleurs. Ce sont des espèces d'Araignées, mais plus grandes que les autres. »

Ferrante en signale une espèce qui vit dans des trous en terre, et fait une toile façonnée pour encadrer ce trou à l'entrée duquel elle se tient. Celle-là, dit Ferrante, quand elle mord ne cause aucun accident, sa morsure même n'est accompagnée d'aucune douleur, « mais, il est une autre espèce que les paysans nomment *Solofizzi*, plus venimeuse, plus grosse, et de couleur noire; sa morsure est suivie d'une tumeur. Elle ne forme pas de toile, mais elle vit dans des cellules sous terre. Les accidents que sa morsure cause se renouvellent chaque année pendant l'été, et ceux qui les éprouvent ne guérissent qu'au moyen de la fatigue, et de la sueur, produite par le violent exercice auquel ils se livrent, quand on joue de la guitarre; car, alors, ils se met-

____

(1) Léon Dufour, Annales des sciences naturelles, 2ᵉ année, t. III, p. 101. *Lycosa fascii ventris*, nobis.
Cinereo grisea, abdominis dorso maculis triangularibus nigris coadunati ; ventre ochraceo fascia in medio transversa atra lateribus unidentata. Dans l'individu du Muséum de Paris, la bande noire a deux petites dents latérales, ou si l'on veut une large dent bifide. Il y a aussi à la partie supérieure du ventre, proche le corselet, quatre taches noires ; les parties sexuelles forment une autre tache ronde et noire. L'individu de la collection de M. Guérin, mieux conservé encore, m'a offert les mêmes caractères.

tent aussitôt à danser, et à sauter, jusqu'à ce que leurs forces soient épuisées. »

Bientôt les auteurs qui suivent ajoutent des détails plus merveilleux encore que ceux de Ferrante sur les effets de la morsure des Tarentules ou Solofizzi, et ces détails sont copiés et embellis par ceux qui les écrivent après eux. Selon eux, les tarentulés (tarentulati) ou ceux qui sont mordus de la Tarentule, crient, soupirent, rient, dansent et font mille extravagances. Ils ne peuvent souffrir la vue du noir et du bleu, mais le rouge et le vert les réjouit. Pour les guérir on leur joue avec la guitare, le hautbois, la trompette, et le tambourin sicilien, deux sortes d'airs, la *Pastorale* et la *Tarentola*, airs qui ont été notés avec soin dans différents ouvrages. Alors les malades se mettent à danser, sont bientôt baignés de sueur et accablés de fatigue : on les met au lit, ils dorment : à leur réveil ils sont guéris, et ne se rappellent de rien. Mais il y a des rechutes qui ont lieu pendant vingt ou trente ans de suite, et quelquefois toute la vie. C'est dans la canicule que la morsure de la Tarentule est la plus dangereuse, et celles des plaines de la Pouille sont les plus redoutées. On assure que celles des provinces d'Otrante et de Secce sont moins venimeuses. Quelques-uns ajoutent qu'il y a dans la Pouille huit espèces de Tarentules différentes en forme et en grandeur, dont la morsure est également venimeuse, et que le Scorpion y produit aussi le même effet. On dit encore que les Tarentules de Toscane ne sont pas dangereuses, et que l'espèce même de la Pouille, transportée à Rome ou dans les parties septentrionale du royaume de Naples, ne produit qu'une légère douleur sans suite fâcheuse.

Cependant, dès cette époque même, et au milieu du dix-septième siècle, plusieurs médecins éclairés d'Italie nièrent les effets désastreux de la morsure de la Tarentule, ou du moins ils affirmèrent, n'avoir jamais rencontré ces phénomènes dans la pratique. D'autres, tout en reconnaissant l'existence de l'espèce de fièvre chaude nommée *tarantisme*, se refusaient à croire que la cause dût être attribuée à la morsure de l'Araignée nommée Tarentule. Selon eux, presque tous les faits de ce genre, qu'on avait cherché à constater, concernaient des femmes dans l'âge du développement ou dans l'âge critique, ou d'un tempérament ardent, et dont les désordres nerveux provenaient de toute autre cause que de la morsure d'un insecte (1).

Ces débats médicaux dirigèrent sur l'insecte qui les avait fait naître l'attention des naturalistes. Cependant, quoique la série de leurs observations commence avec Ferrante, à la fin du seizième siècle, et se continue jusqu'à nos jours, au dix-neuvième siècle, dont le tiers est presque écoulé, bien des faits importants sur l'histoire de cet insecte sont encore ignorés et douteux ; mais ceux que nous possédons jettent une vive lumière sur l'histoire naturelle des Lycoses, genre d'Aranéides, dont les espèces offrent une telle conformité d'organisation, qu'il est permis de croire, que la ressemblance qui existe dans leur forme extérieure, se retrouve aussi dans leurs habitudes et leur manière de vivre.

« L'Araignée Tarentule, dit Valetta (2), se trouve dans les plaines de la Pouille. Elle pratique un trou en terre dans les lieux exposés au soleil, et qui s'élèvent en pente douce dans les endroits incultes et non défrichés, ou que le fer de la charrue n'a pas remué depuis longtemps. J'ai trouvé le plus souvent l'ouverture de ce trou exposé au midi. Par le moyen de ses fils, cette Araignée fortifie l'entrée de son habitation avec du chaume ou des plantes desséchées, et forme une sorte de rempart qui s'élève un peu au-dessus du

---

(1) Boccone, *Museo di fisica et di esperienze*, Venezia, in-4°, p. 101 ; Keysler, *Reisen* 2 their, p. 760 et 762 ; t. 3, p. 35 de la traduction anglaise.

(2) Thomas Cornelio, *Philosophical Transactions*, vol. VII, n° 83, p. 4066.

(2) *De Phalangio Apulo opusculum*, auctore D. Ludovico Valetta, 1706, in-12. Ce traité, quoique encore bien prolixe, est le meilleur que l'on ait écrit sur la Tarentule de la Pouille, et est bien préférable à celui de Baglivi, si souvent cité.

sol. Elle fixe au sol ce rempart par le moyen d'une glu
tenace, dont elle revêt la base, et dont elle enduit le dessus et l'intérieur. Toute cette petite fabrique, séchée par
la chaleur du soleil, acquiert la dureté de la pierre. L'incli-
naison du terrain, et le rempart qu'elle construit, garantissent la demeure de cette Aranéide de la pluie, et des
frimas, et empêchent qu'il n'y puisse rien tomber. »

Pallas a observé la Tarentule de Russie, et quoiqu'il
dise qu'elle ressemble à celle d'Italie, et qu'elle n'en diffère
que parce qu'elle est plus grosse, nous apprenons, par sa
description, que c'est la Tarentule singoriène décrite par
Laxmann, qu'il a vue ; espèce bien distincte de la Tarentule
de la Pouille (1). « Malgré sa ressemblance avec l'Araignée
de Tarente, dit Pallas, on ne connaît point dans toutes
ces contrées méridionales de dangereux effets de la morsure
de cet Insecte, quoique les enfants des paysans s'amusent
fréquemment à le déterrer. Ils se divertissent même à tirer
du corps de ces Insectes de longs fils. Ils en reçoivent souvent
des morsures assez douloureuses. J'ai été mordu moi-même
par une de ces Araignées ; il en a été de même d'un Cosaque
qui m'attrapait différents animaux. Il le fut jusqu'au sang ;
cette morsure lui causa pendant quelques jours une blessure
douloureuse ; mais elle ne fut suivie d'aucun accident dangereux (2). »

Les Kalmoucks ne sont pas aussi braves que les enfants
de Sama, dont parle Pallas. Lepechin, après avoir décrit
la Tarentule qu'il rencontra en abondance dans les steppes
aux environs de la ville de Sipowka, dit qu'une espèce de
brebis noire se plaît à les déterrer, et en fait une grande
destruction. Par cette raison, les Kalmoucks chérissent

---

(1) Voici comme Lepechin décrit sa Tarentule Singoriène :
« Abdomen cinereum fuscoque pulveratum stigmata ; alba sex pa-
rium linea transversa obsoletissimi connexorum a dorso abdominis. Subtus corpus totum aterrimum, holosericeum.
(2) Pallas, Voyag., t. p. 737.

beaucoup cette espèce de brebis, parce qu'ils redoutent les Tarentules, et ne dressent jamais leurs tentes dans les endroits où ils en rencontrent (1). Cependant Lepechin ajoute qu'en écrasant cette Araignée dans de l'huile d'olive, et en l'appliquant sur la tumeur occasionnée par sa morsure, on guérit facilement, et sans qu'il soit besoin d'emprunter le secours de la musique.

Pallas remarque que son Araignée *Misguir* fait des trous en terre dans les champs argileux, les ravins, de deux pieds de profondeur, et qu'elle ne sort que de nuit. Ceci est confirmé par Valetta pour les Tarentules de la Pouille ou l'Araignée *Solofizzi*.

Olearius dit de sa Tarentule qu'elle est redoutée des Persans, et il confirme ce qu'on dit des singuliers effets de son venin. Il a rencontré cette espèce dans les environs de Caschan en Perse (2).

Mais continuons l'analyse du Traité de Valetta.

« Les Tarentules ne sortent pas de jour, dit-il, ou du moins très-rarement, mais seulement lorsque le soleil est couché. Elles errent toute la nuit à l'entour de leur demeure pour chasser après leur proie. Elles se nourrissent de toutes sortes d'Insectes. Le jour elles restent cachées. Cependant, lorsque le soleil est prêt à se coucher, elles ne sont pas oisives, et j'en ai vu à l'entrée de leur trou, les deux pattes antérieures allongées et écartées, épiant leur proie, et toutes prêtes à s'élancer sur les insectes qu'elles apercevaient. Lorsqu'on les regarde ainsi dans l'obscurité on distingue bien leurs yeux, qui sont extrêmement brillants (3). »

Baglivi raconte que, dans le jour, les paysans de la Pouille, afin de faire sortir la Tarentule de sa retraite,

---

(1) Lepechin, *Tagebuch der Reise*, t. 1, p. 200 et 257-258.

(2) Olearius Gottorfische *Kunst-Kammer*, 1703, in-4, p. 21. Pour l'air qui guérit du tarentisme, il renvoie à Kircher, *de Arte magnetica*, part, 3, t. VIII, c. 2. On le trouve aussi dans Valentini, *Museum Museorum*, in-folio, 1704, p. 514.

(3) Valetta, p. 24.

prennent un chalumeau et sifflent dedans à l'entrée d'un de
leur trou, de manière à imiter le bourdonnement d'une
Abeille; aussitôt l'Araignée accourt au bruit (1). Valetta
n'ose affirmer que ce soit l'imitation du bourdonnement de
l'Abeille, qui fait accourir la Tarentule au bruit du chalumeau, mais il confirme le fait par son propre témoignage.
M. Dufour remarque qu'ayant plusieurs fois enfoncé un
épillet de blé dans le trou de la Tarentule Hispanique, il
ne fut pas peu surpris de la voir jouer comme avec dédain
de cet épillet, et le repousser à coups de pattes, sans se
donner la peine de gagner le fond de son réduit.

Valetta, après avoir tracé l'histoire de la Tarentule pendant l'été, au moment de son apparition, la continue pour
le reste de l'année.

« Il y a, dit-il, des Insectes qui se cachent pendant l'hiver, notre Araignée est de ce nombre, mais, pour se garantir de l'inclémence de l'air, elle bouche entièrement son
trou avec des pailles et des végétaux desséchés qu'elle entoure de soie, et dont elle forme une masse compacte que
ni la neige ni la pluie ne peuvent amollir. Ainsi renfermée
pendant tout le temps de la mauvaise saison, elle ne dort
ni ne veille, mais elle est plutôt engourdie. Sa réclusion dure
non-seulement tout l'hiver, mais même pendant une grande
partie de l'automne et du printemps; car vers la fin d'octobre on trouve plusieurs trous bouchés, et ils le sont encore pendant tout le mois de mars, et même plus tard si le
froid continu. Pendant tout ce temps ces Aranéides ne sortent
jamais. Cependant il arrive quelquefois qu'à cette époque le
laboureur, passant sa charrue dans un lieu en friche, ou qui
n'a pas été cultivé depuis longtemps, bouleverse et détruit
la demeure d'une de nos Araignées. Alors, bien loin de
chercher à mordre, elle est comme engourdie ou assoupie.
Elle paraît revoir à regret la lumière. Sa démarche est incertaine et chancelante. Elle semble ne savoir où se retirer

---

(1) Baglivi, Dissertatio, p. 13.

et fuir ; aussi n'a-t-on jamais eu d'exemple que quelqu'un dans la Pouille ait été mordu de la Tarentule dans l'automne, l'hiver ou le printemps (1). »

Pallas dit qu'en Russie, à peine la neige était fondue, qu'il vit les trous de la Tarentule. On était alors au mois d'avril.

Selon Baglivi, la Tarentule ne devient féconde que lorsqu'elle est âgée d'un an ou deux. Après la ponte, elle promène son sac à œufs attaché à la partie postérieure de son abdomen pendant quinze ou vingt jours. Son cocon est bleu de ciel. La figure qu'en donne Baglivi le représente comme une masse arrondie, de cinq lignes et demie de diamètre. Rossi, qui a observé la Tarentule Apuliène dans les environs de Florence, sur le mont Spertoli, nous dit que son cocon est blanc, et deux fois gros comme une noisette; que ses œufs sont d'une couleur jaunâtre, de la grosseur d'un grain de millet, et qu'il en a compté six cent vingt-sept dans un seul cocon. M. Serao en a trouvé huit cent vingt-cinq, qui tous étaient éclos. Valetta dit que dans la Pouille les œufs de la Tarentule éclosent aux mois d'août et de septembre. Quand les petits sont éclos ils montent sur le dos de la mère, qui les porte et les promène. L'espèce figurée par M. Guérin a été trouvée sur le plateau qui couronne le village de Paderno, à quatre milles de la ville de Bologne. Ce plateau sans arbre, sans habitation, est brûlé par le soleil. Les trous des Tarentules qu'on trouve en cet endroit ont un pouce de diamètre. Ils sont creusés perpendiculairement à la profondeur d'un pied. Ordinairement l'orifice extérieur du trou est entouré d'un bourrelet recouvert d'une toile blanchâtre.

Les premiers observateurs, ayant renfermé dans une même boîte, ou bocal, plusieurs Tarentules, ont, comme les derniers, remarqué que ces Aranéides sont féroces, qu'elles

---

(1) **Valetta**, chap. 6, p. 48.

se livrent la guerre aussitôt qu'elles sont en présence, et finissent par se dévorer mutuellement. Cependant j'ai mis sous le même bocal un mâle et une femelle de la Tarentule Narbonnaise vivantes, et je les ai gardées trois semaines sans qu'elles se soient fait aucun mal : elles étaient privées de toute nourriture.

Aldrovande a gardé vivante une Tarentule pendant cinquante jours sans aliments. M. Chabrier en a conservé une deux mois; au bout de ce temps elle était peu maigrie; elle était très-vivace, et se mit à manger une grosse mouche qu'il lui présenta.

Ce naturaliste a observé avec soin la Tarentule Narbonnaise, et, selon lui, si cette Aranéide s'engourdit en hiver, cet engourdissement est de bien courte durée; car, bien avant en automne et vers la fin de février, il a constamment vu les petites Araignées habiter avec la mère, toutes fort alertes (1). Au retour de la belle saison, la jeune couvée quitte l'habitation maternelle pour aller s'établir ailleurs, et c'est alors qu'un grand nombre périssent par l'effet des pluies, et des intempéries de l'air, avant d'avoir pu se creuser une habitation. Lorsqu'à la fin de mars les beaux jours commencent à reparaître, les jeunes Tarentules sortent de leur demeure pour jouir de la chaleur du soleil. Ces excursions sont ordinairement de courte durée. Le plus léger zéphyr suffit pour les faire rentrer. A la fin du second hiver, les Tarentules n'ont atteint que le tiers de leur grosseur, et M. Chabrier en infère que ce n'est qu'à la troisième année qu'elles cessent de grossir. Il est probable, au contraire, que c'est l'été qui suit ce second hiver qui les voit paraître dans toute leur grandeur, car la croissance des Insectes est toujours bien plus lente dans la pre-

----

(1) Chabrier, *Observations pour servir à l'histoire de la Tarentule*, dans les séances publiques de la Société des sciences et arts de Lille, 4ᵉ cahier, p. 32 à 35, et *Magasin entomol.* d'Illiger, 1806, p. 366.

mière période de leur existence, et nous avons vu que Baglivi affirme que les Tarentules s'accouplent lorsqu'elles
sont âgées de deux ans.

Le trou de la Tarentule Narbonnaise a, selon M. Chabrier, douze lignes de diamètre; il est un peu évasé intérieurement, et va en augmentant insensiblement de capacité
jusqu'au fond, de telle sorte que ce fond, qui n'est qu'à
dix pouces de profondeur perpendiculaire, a un diamètre
triple de l'entrée, et l'Araignée s'y trouve à son aise avec
sa progéniture. M. Chabrier a constamment trouvé les
mâles et les femelles dans des trous séparés, ce qui autorise
à croire que, hors le temps des amours, les deux sexes ne
cohabitent jamais ensemble. Le bourrelet ou fortification
extérieure que cette Aranéide fait en dehors de son trou,
est, d'après la description de M. Chabrier, semblable à
celui que Valetta a décrit pour l'espèce de la Pouille. On ne
peut que difficilement faire sortir ces Aranéides de leur trou
quand elles ont leurs cocons, et elles se roidissent contre la
baguette ou les pinces dont on se sert pour les en arracher.
Une grande espèce de Scolopendre, qui a cinq pouces de
long, et qu'on trouve dans le midi de la France, est le
plus grand ennemi des Tarentules; il les attaque, et s'em-
pare ensuite de leurs demeures. Les pluies et les orages,
malgré l'habileté de leur industrie, en détruisent une plus
grande quantité encore que les Scolopendres.

M. Dufour (1) remarque que le souterrain de la Tarentule
a été mal décrit. Celui de la Tarentule Hispanique qu'il a
observé est cylindrique et a un pouce de diamètre : il n'est
pas perpendiculaire dans toute sa longueur, mais seulement
à son entrée : à quatre ou cinq pouces, il se fléchit à angle
obtus, et forme ainsi un coude horizontal, puis ensuite il s'enfonce de nouveau perpendiculairement. Sa profondeur totale
est d'environ un pied. M. Dufour décrit très-bien la fortifica-

______

(1) Dufour, Annales des sciences naturelles, février 1835, t. 3,
p. 103.

tion que la Tarentule construit au-dessus de son trou, qui représente, dit-il, en grand, les fourreaux de certaines Friganes. Mais ce grand entomologiste se trompe lorsqu'il avance que les auteurs ne font pas mention de cette particularité de l'industrie des Tarentules ; on a eu la preuve du contraire. Selon M. Dufour, ce tuyau s'élève jusqu'à un pouce au-dessus du sol, et a parfois deux pouces de diamètre, en sorte qu'il est plus large que le terrier lui-même, ce qui est nécessaire au développement obligé des pattes au moment où l'Insecte doit saisir sa proie. Il est tapissé de soie. M. Dufour a souvent rencontré des trous de Tarentules où il n'existait pas de trace de ces tuyaux. M. Chabrier remarque que ces bourrelets ou tuyaux sont souvent emportés par les pluies. M. Dufour prit une Tarentule Hispanique mâle, le 7 mai, et l'enferma. Il la nourrit en lui présentant des mouches qu'elle s'était habituée à venir prendre entre ses doigts. Le 28 juin elle changea de peau, et cette mue, qui fut la dernière, n'altéra pas d'une manière sensible la couleur de sa robe, ni la grandeur de son corps.

La Tarentule de Morée, dont nous avons décrit les légères différences avec notre Tarentule Narbonnaise, nous a été donnée par M. Alex. Lefebvre, qui l'avait prise dans les environs de Patras. M. Brullé, qui l'a observée vivante sur les lieux, en parle dans les termes suivants (1) : « Les paysans grecs sont ceux de l'univers qui craignent le plus les animaux nuisibles ; cependant la Tarentule ne leur inspire aucune crainte : la plupart ne la connaissent même pas. Identiquement la même que celle que M. Walckenaer a nommée Narbonnaise, elle se creuse des trous à l'entrée desquels elle attend, blottie et immobile, le passage de la victime qu'un destin fatal doit amener à sa portée. Aperçoit-elle un Insecte, elle se jette dessus avec une grande agilité, et le rapporte en sa demeure avec non moins de vitesse.

---

(1) Brullé, *Expédition scientifique de Morée*, t. 3, 1re partie zoologique, 1832, in-4°, p. 9 ; introduction.

D'autres fois on la rencontre errant parmi les plantes
basses, où elle prend à la course l'Insecte dont elle fait sa
proie. Rien n'égale la vivacité de cet animal. On croit le
saisir, et à l'instant il échappe par un ou plusieurs sauts
presque électriques, après lesquels il reprend sa marche
ordinaire pour recommencer cette manœuvre, si on cherche
encore à le prendre. Ses couleurs, agréablement variées de
noir et de rouge vif, le font apercevoir. C'est l'espèce la
plus remarquable du genre Lycose. Les autres sont petites
et n'ont rien qui attire l'attention.»

Drummond, dans ses Voyages (1), dit que la grande
Tarentule de Chypre, quoique nombreuse dans cette île,
n'est nullement redoutée des habitants; qu'on n'a aucun
exemple d'effets fâcheux de sa morsure, et qu'on ignore
dans ce pays tout ce que les Italiens débitent sur cet Insecte.

Abbot nous fournit peu de particularités sur les Tarentules
de Géorgie. Il dit seulement qu'elles vivent sous terre, le plus
souvent sous les troncs des arbres vieillis; qu'on les voit,
principalement après la pluie, stationner le soir à l'entrée
de leurs trous, qui est d'une profondeur considérable;
que, si quelques Insectes s'en approchent, elles s'en saisissent et l'entraînent avec vivacité dans leurs retraites. Il
ajoute qu'elles sont rares.

3ᵉ Race. LES TARENTULINES. (*Tarentulinæ.*)

Corps *dont la longueur n'excède pas dix lignes.*
Abdomen *avec une suite de triangles ou de chevrons transver-*
saux sur le dos.

12. LYCOSE TARENTULINE. (*Lycosa tarentulina.*) Long. 8 lignes.

« Abdomen d'un cendré roussâtre clair, sur lequel se dessine
imparfaitement une figure composée de cinq triangles noirs,
bordés postérieurement de blanc; les deux triangles antérieurs

____

(1) Drummond's *Travels*, in-folio, 1754, p. 138, Planche.

divisés sur leur axe par une ligne rousse, longitudinale ; les trois
postérieurs plus larges et plus courts que les précédents, réduits
chacun à leur extrême base, et formant autant de lignes sensiblement arquées ; sternum et ventre noirs. Les filières entourées
de jaune orangé. Pattes grises en dessus ; en dessous, tranchées
largement de fauve et de noir.» (Savigny.)

Lycosa tarentulina. Savigny, Aran, d'Égypte, p. 143, Pl. 4,
fig. 2. — *Lycosa radiata*. Latreille, Gener. 142, p. 120.— *Lycosa
maculata*. Hahn, Monog. die Arachniden, in-4°, p. 34, Pl. 3,
fig. 1 ? — *Lycosa inquilina*, Koch, dans Schoëffer, p. 120, tab. 1,
le mâle ; tab. 3, la femelle.

Ancien-Monde — Europe, midi de la France—Afrique, Égypte.

M. Savigny remarque que, dans cette espèce, les deux yeux intérieurs de la ligne antérieure sont un peu plus gros que les deux
extérieurs, et en note, que dans la *Tarentule ordinaire*, ce sont
les yeux antérieurs qui sont un peu plus petits que les extérieurs.
Mais il paraît au contraire que, dans la Tarentule de la Pouille,
ce sont les intérieurs qui sont les plus gros. Dans la Tarentule
Narbonnaise et dans celle de Morée, ce sont les yeux extérieurs
qui, étant un peu plus proéminents, paraissent plus gros. Mais
ce caractère est peu sensible ; car ces quatre yeux antérieurs sont
presque égaux. Cependant on ne doit pas négliger ce caractère ;
il faut s'en assurer par des observations répétées ; il est plus
décisif que les taches du dos. Dans cette espèce, les filières sont
entourées de jaune orangé, au lieu que, dans la Tarentule Narbonnaise, le noir du ventre se prolonge jusqu'aux filières ; mais
l'espèce de Morée paraît tenir, par ses yeux, plus à l'espèce Narbonnaise qu'à l'Égyptienne.

La Tarentuline de Savigny ne me paraît pas différer de la
Lycosa radiata du Gener. Crust. t. I, p. 120, de Latreille. Je
trouve dans mes manuscrits la mention d'une espèce semblable à
celle-ci, reçue de Montpellier, mais qui en diffère en ce que le
dessous de l'abdomen, la poitrine et les mâchoires sont verdâtres
au lieu d'être noirs. Je l'avais nommée Lycose lapidicolle, *Lycosa
lapidicolla*. La *Lycosa sabulosa*, citée par M. Koch comme syno-
nyme de cette espèce, est évidemment notre *Fabrilis*, espèce
différente. Il faut en dire autant de la *Meridiana* du même.
L'espèce décrite et figurée par M. Koch n'a que 5 lignes de long.
Il dit qu'elle s'accouple en mai, dans les environs de Ratisbonne.

Ni la figure, ni la description de Clerck, pour son *Inquilinus*, ne peuvent se rapporter non plus à cette Aranéide si bien figurée par M. Koch, dont la figure ressemble exactement à celle d'une petite Tarentule. C'est à notre *Lycosa fabrilis* qu'elle ressemble le plus.

13, Lycose preneuse, (*Lycosa captans.*) Mâle. Long. 7 lignes.

Corselet brun. Abdomen ovale, allongé, ayant en dessus deux rangées longitudinales de taches ovales, inclinées l'une vers l'autre, au nombre de sept de chaque côté. Ventre avec un triangle isoscèle noir dans le milieu.

Walckenaer, tableau des Aranéides, p. 14. — *Lycosa fabrilis*, Koch, dans Panzer Forgesezt, 21. 120. 11. — *Lycosa Melanogaster*, Hahn, die Arachniden, t. I, p. 102, tab. 26, fig. 76.

Ancien-Monde — Europe — Italie, dans les environs de Turin, en Allemagne.

Les deux premières taches de l'abdomen proche le corselet forment une sorte de croissant ; les trois taches postérieures se réunissent au sommet, en accents circonflexes ; ces taches dessinent la raie longitudinale qui les sépare, et qui se trouve être crénelée et comme formée de petits triangles : les côtés de l'abdomen sont mélangés de fauve et de brun. Le ventre, aux deux côtés du triangle isoscèle noir, est fauve. A la pointe ou au sommet intérieur de ce triangle noir est une marque fauve, qui présente une fourche ou croissant, ou plutôt un V. dont la pointe est tournée vers l'anus. La région des yeux est noire. Les mandibules sont couvertes de poils roux. En dessus, les pattes et les palpes sont jaunâtres ; les pattes ont quelques taches irrégulières, d'un noir pâle ; et en dessous le sternum, les pattes, la lèvre et les mâchoires sont d'un fauve clair. Dans les jeunes, le ventre est pâle, le triangle noir n'existe pas, mais le V s'y trouve,

14. Lycose ouvrière. (*Lycosa fabrilis.*) Long. 6 à 9 lignes.

Abdomen ovoïde, allongé, ayant sur le dos une suite de cinq triangles étroits, dont les bases touchent aux sommets de ceux qui les suivent, bordés de jaune. Dessous de l'abdomen d'un noir velouté.

Walckenaer, Aranéides de France, p. 17, Pl. 2, fig. 5. —
Lycosa sabulosa. Hahn, die Arachniden, t. I, p. 16, Pl. 5, fig. 13.
—*Ar. fabrilis*. Clerck, Aran. Suecici, p. 86, spec. 1, Pl. 4, tab. 2.
— *Lycosa fabrilis*, J. Sundevall, Spindlarnes Beskrifning, p. 182,
n° 7,

Ancien-Monde — Europe — aux environs de Paris, dans le
midi de la France, en Italie, en Suède, en Allemagne.

Le mâle a des couleurs plus vives. J'en ai décrit un qui avait
9 lignes de long. Les mâles seraient-ils dans cette espèce plus
grands que les femelles ? J'ai trouvé, le 28 mai 1824, une femelle
de cette espèce avec son cocon, dans le bois de Boulogne. Ce
cocon est très-gros, globuleux, point aplati. Il est divisé en deux
hémisphères, non par une suture plus pâle, comme dans le cocon
de la Saccata, mais par une espèce de suture qni fait saillie.
L'hémisphère qui est du côté où le cocon est attaché à l'abdomen,
est beaucoup plus blanc. Les œufs étaient au nombre de 105,
tous d'un blanc jaunâtre, presque tous éclos et semblables, pour
leur état de transformation, aux fig. 17 et 23, Pl. 1; de l'ouvrage
de M. Hérold (De generatione Araneorum in ovo). L'abdomen de
cette femelle, après la ponte, n'était ni maigre ni déformé. Les
triangles du dos étaient seulement alors moins marqués, et se ré-
duisaient presque à des chevrons transversaux ; mais la ligne longitudinale de points noirs et blancs qui est de chaque côté des
triangles ressortait davantage.

M. Sundevall dit qu'en Suède, cette espèce n'est adulte qu'en
juillet. M. Hahn, au contraire, dit qu'en Allemagne, aux environs de Nuremberg, on la voit paraître en mars, dès que la neige
est fondue ; mais qu'on ne l'aperçoit qu'en mai avec son sac, qui
est d'un blanc d'argent. Tous les observateurs s'accordent à dire
qu'elle fréquente les lieux sablonneux.

Dans cette espèce comme dans la Lycose Allodrome, les yeux
latéraux de la ligne antérieure sont plus petits que les antérieurs
intermédiaires, et forment une courbe un peu fléchie en arrière,
tandis que, dans toute la race des Tarentules, cette ligne des
yeux antérieurs forme une courbe très-fléchie en avant.

15. LYCOSE ORNÉE. (*Lycosa ornata.*) Long. 8 lig. ♀.

D'un brun grisâtre. Corselet entouré d'une ligne blanche festonnée. Abdomen ayant sur le milieu du dos une ligne brune,

dentée ou formée par six petits triangles, dont les bases touchent aux sommets de ceux qui les suivent. Ligne antérieure des yeux courbée en avant.

Perty, Delectus anim. quæ colliger. Spix et Martius, p. 196, Pl. 39, fig. 1.
Nouveau-Monde — Amérique mérid. — Brésil.

Cette espèce a beaucoup d'analogie avec la *Lycosa fabrilis;* mais la ligne des triangles est plus étroite et les couleurs sont plus claires.

16. Lycose Pélusienne. (*Lycosa Pelusiaca.*) Long. 6 lignes.

Abdomen d'un brun nébuleux, varié par une double série de taches blanches, oblongues, divergentes, unies en chevrons par un axe commun, d'un brun plus obscur. Les pattes sont d'un brun noirâtre, à peine annelées.

Savigny, Arachnides d'Égypte, p. 148, Pl. 4, fig. 8.
Ancien-Monde — Afrique.
Trouvée sur bords du lac Menzaleh, en Egypte.

Les quatre yeux antérieurs figurent une ligne très-sensiblement courbée en avant.
' Comparer cette espèce avec la *Lycosa captans.*

4e Race. INSIGNÉES. (*Insignatæ.*)

Corps *dont la longueur n'excéde pas dix lignes.*
Abdomen *ayant sur le dos une figure régulière, tantôt formant un ovale ou un polygone allongé, tantôt une raie à la partie antérieure, accompagnée de taches disposées régulièrement avec une figure bien distincte, à la partie postérieure.*

17. Lycose Agrétique. (*Lycosa Agretyca.*) Long. 6 à 7 lig. ♂ ♀.

Fauve rougeâtre. Abdomen ayant en dessus une ligne longitudinale plus claire, bordée de noir, qui n'atteint pas la moitié de sa longueur, et semble la continuation de la ligne du milieu du corselet; et deux rangées de points enfoncés et plus clairs, de chaque côté, qui convergent vers l'anus.

Walckenaer, Aranéides de France; p. 18, n° 5. — *Ar. Lupus ruricola*. De Geer, t. VII, p. 282, Pl. 17, fig. 1, et Pl. 11, fig. 13 et 14.— *Lycosa ruricola*, Sundevall, p. 192, n° 18. Hahn, die Arachniden, t. I, p. 103, Pl. 26, fig. 76. Albin, Pl. 3, fig. 13.— *Lycosa ruricola*. Koch, 122. 11 (le mâle) ; 12 (la femelle).

Ancien-Monde—Europe— En France, en Allemagne, en Suède.

Vᴀʀɪᴇ́ᴛᴇ́. Corselet et abdomen avec une teinte verdâtre.

Cette espèce se trouve dans les jardins, sur le gazon, dans les chemins, sous les pierres. Le mâle est plus petit et a des couleurs plus vives : le cocon de la femelle est globuleux, blanc mat, de la grosseur d'un pois ordinaire, et elle le traîne attaché à l'extrémité de son anus, comme les autres espèces congénères. Il contient environ cent quatre-vingts œufs. M. Sundevall, en Suède, n'en a compté que cent à cent cinquante. Mais peut-être est-elle plus prolifique dans les climats plus chauds. Lorsqu'on lui arrache son cocon, elle court après, le saisit avec ses mandibules et l'attache de nouveau à son anus, en faisant agir ses filières avec vivacité. Son accouplement a lieu dans les premiers jours du printemps, et elle pond dans le mois de mai. De Geer ayant renfermé un individu de cette espèce dans un poudrier, il y jeta contre les parois une soie blanche à laquelle elle attacha son cocon ; il s'en éloignait à quelque distance, puis de temps en temps s'en rapprochait et se plaçait dessus avec affection.

Cette espèce supporte un très-grand froid. J'en ai trouvé une vivante près de Chauny (département de l'Aisne), en 1830, par un froid de 13°.

La ligne antérieure des yeux est un peu courbée en avant, et les yeux latéraux de cette ligne sont un peu plus gros que les intermédiaires. Selon M. Koch, cette espèce atteindrait jusqu'à 8 lignes et demie de longueur. C'est, selon lui, l'*Araneus trabalis* de Clerck ; mais la description, et la figure, de Clerck ne sont pas assez caractériques pour qu'on puisse être certain de cette synonymie.

18. Lᴠᴄᴏsᴇ ᴄʜᴀᴍᴘᴇᴛʀᴇ. (*Lycosa campestris*.) Long. 5 lignes.

Abdomen ovoïde allongé, bombé, étroit, de couleur fauve grisâtre ; raie fauve plus claire, faisant la continuation de celle du corselet, bordée d'un peu de noir ; suite de points noirs et fauve clair, partant de chaque côté de la partie postérieure de la ligne fauve ; et formant deux lignes peu écartées l'une de l'autre, qui convergent vers l'anus. Ventre d'un fauve doré.

Aranéides de France, Walckenaer, p. 19, n° 6 (mais la citation de Clerck doit être effacée). — *Araneus fuscus*. Lister, tit. 26, p. 73, fig. 26.

Ancien-Monde — Europe, France, Angleterre.

La ligne antérieure des yeux est droite, et est placée très en avant sur les bords du bandeau ; les yeux intermédiaires de cette ligne antérieure sont plus gros que les latéraux. La ligne fauve rougeâtre du milieu du corselet va en s'élargissant dans sa partie antérieure, et se divise en trois branches, de manière à laisser de chaque côté une petite ligne brune ; et à la partie inférieure, la ligne unique formant la tige de ces trois branches est encore divisée longitudinalement par un trait fin. Cette ligne, en s'approchant de l'abdomen, se rétrécit et se termine en angle allongé et pointu. Le corselet est en outre entouré d'une raie brune, peu large proche les pattes, qui borde une bande fauve rougeâtre, assez large et festonnée ; les côtés sont d'un gris brun, avec des rayons fauves obscurs. La poitrine est d'un rouge pâle ainsi que les mâchoires ; la lèvre est d'un rouge de corail, bombée, glabre, profondément échancrée et très-dépassée par sa languette ; les pattes sont grosses, fortes, d'un vert sale et transparent, rougissant un peu vers leurs extrémités, mais sans annelures aux articulations, avec des piquants noirs, relevés sur les cuisses, couchés sur les jambes.

Cette espèce, quoique ressemblant beaucoup à la précédente, est cependant essentiellement différente. Son cocon est d'un vert bleuâtre, quelquefois tirant sur le jaune, mais toujours aplati. Lister dit qu'il a vu en octobre, aux environs de Cantorbéri, les jeunes de cette espèce naviguer dans l'air, avec plusieurs autres de différents genres. Tantôt, dit-il, elles se servaient d'un seul fil, tantôt elles en *éjaculaient* plusieurs, brillants comme la queue d'une comète. Ces fils, peu de temps après avoir été éjaculés, devenaient luisants, et les Aranéides qui n'émettaient qu'un seul fil le rompaient, et le ramassaient en petits flocons blancs au-dessus de leur tête, puis se confiaient au souffle du zéphyr, s'élevaient à une grande hauteur, et se perdaient dans les nuages. Lister, p. 80. (*Voyez* ci-dessus p. 131.)

19. LYCOSE ÉGORGEUSE. (*Lycosa trucidatoria*.) ♂ ♀ Long. 8 lig.

Abdomen d'un brun olivâtre, ovoïde, ayant sur le dos, à sa partie antérieure, une raie longitudinale et rhomboïdale, ou en fer de flèche; de chaque côté deux bandes brunes, obscures, qui circonscrivent un ovale plus clair. Les côtés du dos et du ventre sont mouchetés de points fauves plus clairs; le milieu du ventre a deux lignes fauves bordées de brun, et convergent vers l'anus. Les pattes sont tachées de brun et assez régulièrement annelées. Le mâle a la bande ovale presque noire, et le milieu du dos plus pâle.

Lycosa Agretyca. Savigny, Arachnides d'Égypte, p. 147, Pl. 4, fig. 6. — *Lycosa tæniata*, Koch-Panzer fortgesetzt, 131. 16. 17.

Ancien-Monde — Europe et Afrique — Égypte, France, Italie.

L'individu décrit et très-bien figuré par Savigny, n'avait atteint que la moitié de sa grandeur.

Les yeux sont rougeâtres, la ligne antérieure des yeux est courbée en avant : les intermédiaires de la ligne antérieure sont sensiblement plus gros que les autres. Le corselet, le sternum, la mâchoire, la lèvre, sont d'un fauve brun. Le corselet est entouré d'une bande fauve, qu'environne une ligne brune festonnée ou dentée; une raie longitudinale divise par le milieu le corselet. Dans la femelle, cette raie est d'un fauve clair; elle se rétrécit vers la tête, se prolonge entre les yeux, et aboutit entre les yeux intermédiaires de la ligne antérieure. Ce corselet est allongé. Les palpes sont fauves, lavés de noir, avec des piquants couchés. Les mandibules sont très-fortes, cylindriques, s'écartant un peu latéralement, très-bombées, et revêtues de poils fauves. Le mâle a les palpes noirs, la moitié des pattes antérieures, le commencement des cuisses, des autres pattes, et la ligne qui entoure le dos, noirs; tandis que le milieu du corselet et de l'abdomen est blanchâtre, la figure trapézoïde est fauve et presque oblitérée.

20. LYCOSE ACCENTUÉE. (*Lycosa accentuata*.) Long. 5 à 7 lig. ♀ ♂.

Corselet noirâtre, avec des poils roux, ayant à sa partie postérieure deux raies blanches, convergentes, et correspondantes à deux raies semblables de l'abdomen, qui divergent en sens contraire, et sont suivies de points blanchâtres, formant deux lignes longitudinales presque parallèles. Dans le milieu est une ligne de points blancs, qui sont accompagnés de chevrons noirâtres ; de sorte qu'il y a trois lignes longitudinales de points blancs, accompagnés de chevrons noirs qui les font ressortir. Le mâle est noir, et les accents ou lignes transverses sont souvent oblitérées.

Lycose accentuée. Latreille, Nouveau Dictionnaire d'Histoire naturelle, t. XVIII, p. 294. Walckenaer, Aranéides de France, p. 20, n° 7. — *Lycosa nigra.* Koch, 122. 13 (le mâle), 14 (la femelle. — Variété noire. — *Lycosa Schmidtii,* Hahn, die Arachniden, in-8°, t. II, p. 58, Pl. 63, fig. 147. — Variété fauve.

Ancien-Monde — Europe — France, dans les bois.

Les yeux intermédiaires de la ligne antérieure sont plus gros que les latéraux. La région des yeux est noire, très-élevée, bombée et dépourvue de poils. Le ventre est d'un rouge pâle, uniforme ; mais le sternum est noir, glabre, luisant et bombé.

Je l'ai trouvée dans le bois de Boulogne et dans la forêt de Carnelle, près Beaumont-sur-Oise, à la fin de mai. M. Hahn l'a dessinée d'après une espèce des environs de Laybach. M. Koch a pris le mâle et la femelle près de la rivière de Nassfelderalpen, dans le Salzbourg. Le 15 juin le mâle était adulte, mais la femelle ne traînait pas encore son cocon.

21. LYCOSE GRAMINICOLE. (*Lycosa graminicola.*)
Long. 4 lignes et demie. ♀ ♂.

Abdomen ovale, allongé, plus gros vers le corselet ; d'un fauve pâle sur le dos, avec des poils gris, qui forment à la partie antérieure un ovale allongé, suivi d'une ligne grise longitudinale, qui s'amincit en approchant de l'anus. Six à sept points gris de chaque côté de cette ligne, et d'autres points semblables sur les côtés. Le mâle est d'une couleur plus sombre.

Walckenaer, Aranéides de France, p. 21, n° 8. — *Araneus cuneatus,* Clerck, spec. 10, Pl. 4, tab. 11. *Idem,* p. 99, Pl. 4, fig. 10 ? — *Lycosa cuneata,* Sundevall, p. 287, n° 14. — *Lycosa gasteinensis,* Koch, 122. 21 (le mâle), 22 (la femelle).

Ancien-Monde — Europe — France, dans les champs et en mai.

Dans la Vorace, l'ovale brun, qui est sur le milieu du dos, est plus allongé et moins brun, et les deux espèces offrent des différences notées en détail dans mon ouvrage précité. M. Koch a trouvé le mâle et la femelle de cette espèce près de Gastein. La femelle traînait son cocon, qui est d'un brun clair, presque globuleux, et sans que la couture ou la jonction des deux calottes ou hémisphères soit marquée par une couleur particulière.

22. Lycose vorace. (*Lycosa vorax.*) Long. 5 à 6 lignes ♂ ♀.

Fauve rougeâtre. Ligne antérieure des yeux courbée en avant. Abdomen ayant sur le milieu du dos une tache longitudinale, allongée, ovale, pointue à sa partie postérieure, brune ou fauve brun, entourée de fauve clair, et deux bandes longitudinales noires sur les côtés du dos, faisant suite aux bandes de même couleur qui sont sur le corselet, et formant un ovale allongé qui entoure le premier.

Walckenaer, Aranéides de France, p. 22. — *Lycosa Alacris*, Koch, dans Schæffer, Panzer Fortsetzt, 120, 17 et 18.—*Lycosa cuneata*, Koch, 122, 17 (le mâle), 18 (la femelle).—*Lycosa miniata*, Koch, 123. 13 et 14. — *Lycosa arenaria*, Koch, 123. 15 et 16. — *Lycosa bifasciata*, Koch, 125. 17. 18. — *Lycosa pulverulenta*, Koch, 131, fig. 14 et 15, mâle et femelle. — *Lycosa silvicultrix*, Koch, dans Hahn, Arachniden Fortgesetzt, t. III, p. 25, Pl. 82, fig. 182 et 183. — *Araneus pulverulentus*, mas. Clerck, p. 93, Pl. 4, tab. 6, fig. 2 et 3. Martyn-Spiders, p. 43, Pl. 4, fig. 5. — Hahn die Arachniden, t. I, p. 105, fig. 78. —*Araneus trabalis*, Clerck, p. 97, Pl. 4, tab. 9 et 10.—*Lycosa vorax*, Sundevall, p. 183, n° 9. — Ibid. *Lycosa trabalis*, p. 182, fig. 8. — *Lycosa Ephippiam*, Hahn, Monographie, in-4°, 1827, 5 heft, Pl. 3, fig. A.

Selon le sexe, l'âge et les localités, cette espèce présente plusieurs variétés qu'on peut prendre facilement pour des espèces différentes, quand on n'a pas observé cette Aranéide dans toutes ses variations et dans toutes ses nuances intermédiaires.

Variété 1. Bandes longitudinales des côtés de l'abdomen fauves, et offrant seulement une suite de points noirs, vestiges de sa vraie couleur. (Femelles pleines, et les mâles âgés.)
Koch, *Lycosa arenaria*, 123. 16.— *Lycosa Alacris*, Koch, dans

Schæffer, ı2o. ı8. —*Lycosa miniata*, ı23. ı3. ı4. — *Lycosa bifasciata*, Koch , ı25, ı8.—*Lycosa pulverulenta*, Koch,ı3ı, fig. ı4
et ı5.—*Lycosa silvicultrix*, Koch, die Arachniden, Hahn , Forset.
fig. ı82-ı83.

2. Même variété que la précédente, avec le corselet presque
entièrement noir, et les deux paires de pattes antérieures plus
noires; quelquefois le fauve qui entoure l'ovale noir proche le
corselet, de couleur vive tranchée, formant un Λ renversé (certains mâles).

Lycosa bifasciata. Koch , ı25. ı7. — *Aranea trabalis*, Clerck,
p. 97, Pl. 4, tab. 9.

3. Ovale du milieu de la partie antérieure de l'abdomen, et
bandes longitudinales d'un brun pâle.

Clerck, Pl. 4, fig. 6. (La figure y répond, mais non la description.)

4. Ovale du milieu de bandes latérales d'un noir foncé. (Les
mâles.)

Lycosa lugubris. Hahn , t. I , p. 29, tab. 5, fig. ı5. — *Lycosa
Alacris* (Mas), Koch , ı20. ı7.

5. Bandes latérales de l'abdomen très-noires et très-distinctes,
tandis que la tache ovale, allongée, du milieu du dos, est presque
oblitérée.

Lycosa arenaria. Koch, ı23. ı5.. (Un mâle.)

6. Pattes et bords de l'ovale jaune. (C'est l'Aranéide toute
jeune.)

Lycosa flava lineata, Latreille , Nouv. Dict. d'Histoire nat.
Ancien-Monde — Europe — France — Allemagne — Suède.
Dans les lieux arides, sablonneux.

Les yeux antérieurs sont presque égaux, mais les latéraux sont
peut-être un peu plus gros que les intermédiaires. Les mandibules sont très-bombées. Espèce facile à confondre avec l'Andrénivore, dont elle diffère cependant beaucoup. Son corselet et son
abdomen sont plus allongés, et ont des formes plus sveltes. Ses
yeux antérieurs sont courbés en avant, et dans l'Andrénivore ils
forment une ligne droite. La ligne fauve du milieu du corselet est
d'égale largeur dans la Vorace , et ne se dilate pas vers les yeux ,
comme dans l'Andrénivore. Les ovales des côtés du corselet sont
plus noirs dans la Vorace, et se prolongent sur le devant de la tête,
qui est noir, au lieu que, dans l'Andrénivore, ces lignes s'arrêtent
aux yeux postérieurs. Dans la Vorace, le sternum est brun sur les

bords , et rougeâtre dans le milieu ; tandis que le sternum', dans
l'Andrénivore , est uniforme. Le dos est d'une couleur fauve rouge
dans la Vorace; il est presque brun dans l'Andrénivore ; les bandes
latérales sont mieux marquées dans la Vorace. Le petit ovale intérieur brun du dos se ressemble dans les deux espèces , mais il
est mieux marqué dans la Vorace. Le ventre est d'un fauve clair
dans la Vorace; il est plus brun dans l'Andrénivore. Les pattes de
la Vorace sont rouges, uniformes , celles de l'Andrénivore tachées
de noir; surtout aux cuisses.

Le 5 juillet 1814, j'ai trouvé cette espèce sous une pierre, dans
un trou parfaitement arrondi jusqu'au fond , incliné, et ayant un
pouce et demi de profondeur. Elle avait attaché à son anus un
cocon de 3 lignes et demie de diamètre , globuleux, ovalaire,
et ayant la forme qu'on donne aux aérostats ; le milieu formant
un cerceau cylindrique, d'un tissu de soie plus fine et de couleur
blanche , séparant les deux hémisphères qui sont d'un vert foncé
dans le milieu : à l'endroit du cercle on aperçoit , à travers
la soie , les petits , qui sont de couleur blanche ; ils étaient
éclos et prêts à sortir, ce qui explique la grosseur du cocon
et sa forme. Il y avait 120 jeunes ; les plus grands avaient
près d'une ligne de long. Ils étaient d'un blanc-jaunâtre uniforme : leurs yeux étaient distincts et blancs, M. Koch a trouvé
cette espèce avec un fort cocon d'un bleu clair vers le milieu de
mai, aux environs de Ratisbonne ; il remarque avec raison qu'elle
est vive et difficile à prendre. Les quatre espèces qu'il a décrites
sous des noms différents ne me paraissent être que des variétés
d'une seule espèce ; mais il est étonnant qu'il ne se soit pas aperçu,
par la seule comparaison des figures qu'il a données de sa *Pulveru-*
lenta et de sa *Silvicultrix*, qu'il reproduisait sous deux noms différents une même variété de la même espèce.

23. Lycose Andrénivore. (*Lycosa Andrenivora.*)
Long. 4 lignes et demie. ♂ ♀.

D'un fauve pâle gris, ou d'un brun foncé. Abdomen avec une
tache plus foncée en forme de fer de flèche à la partie antérieure
du dos. Milieu de l'abdomen plus clair, et traversé par des chevrons peu arqués , dont les points milieux et les deux extrémités
sont plus marqués et forment trois rangs de points longitudinaux.
Pattes fauve-blanc, rouges et brunes.

Walcken. Arachnides de France, p. 23, n° 10, fig. 2 et 3. — *Lycosa. alpica*, Koch, 120, 23, 24. — *Araneus pulverulentus femina*, Clerck, p. 93, Spec. 6, Pl. 4, tab. 6, fig. 1. — Albin, Natural. Hist. of Spiders, p. 27, n° 85, Pl. 17, fig. 85. — *Lycose entrecoupée*, Latreille, Nouv. Dictionnaire d'histoire naturelle, 2ᵉ édit. t. XVIII, p. 295. — *Lycosa albo-fasciata*, Brullé·, Expédition de Morée, Pl. 28, fig. 7.

Ancien-Monde — Europe — France — Allemagne — Grèce, dans la plaine de Modon.

La tête est d'un fauve rougeâtre. La ligne antérieure des yeux est courbée en arrière, et les yeux intermédiaires de cette ligne sont plus gros que les latéraux. Après la ponte, l'ovale de la partie antérieure du dos est presque oblitéré. ·Le ventre est d'un brun-fauve uniforme. Les parties sexuelles de la femelle, après la ponte, sont très-ouvertes, arrondies, entourées d'un bourrelet ou de valves d'un brun luisant, et divisées en deux par un filet de même couleur.

Cette espèce se tient au milieu de l'espace où les Andrènes nommées Halictes (sortes d'Hyménoptères dont nous avons écrit l'histoire) pratiquent leurs trous : elle s'élance avec rapidité sur ceux que le vent, ou quelque autre cause, oblige de se poser à terre. (Conférez Walck., Mémoires pour servir à l'histoire des Abeilles solitaires, p. 89.)

J'ai trouvé une fois un individu de cette espèce, le 5 juillet, sous une pierre. Elle était logée dans un trou en terre. L'ouverture de ce trou était grande et irrégulière, et recouverte d'une toile, en tapis, légère et transparente. Cette ouverture était aussi enduite à l'entrée d'une soie blanche. A l'entour de cette toile et du trou était un bon nombre de petites Araignées d'une demi-ligne de long. J'en pris une ou deux avec mes pinces. Alors toutes les autres, effrayées, rentrèrent dans le trou. J'écartai la toile, et je vis la mère Araignée au fond de son trou qui me regardait immobile, ayant les pattes en avant et prête à fuir. Je la touchai avec mes pinces. Elle sortit aussitôt de son trou, mais lourde, et portant tous ses petits qui s'étaient réfugiés sur son dos. Dans cet état, elle était hideuse à voir, mais intéressante par son dévouement. Ainsi chargée, elle ne put fuir qu'avec lenteur. Je la saisis, et, suspendue à mes pinces, ses petits restèrent cramponés sur son dos. Je laissai ensuite tomber cette mère et sa nombreuse famille dans l'alcool. Je comptai cinquante jeunes, tous ayant déjà trois quarts de ligne de long. Ils étaient blancs, tant en dessus qu'en dessous.

Le mâle est semblable à la femelle. M. Koch remarque avec raison qu'elle varie du gris au brun : la description et la figure de cet auteur sont bonnes, mais toute sa synonymie est à réformer.

24. LYCOSE ARMILLÉE. (*Lycosa Armillata.*)
Long. 3 lignes et demie. ♂ ♀.

Brune. Ligne antérieure des yeux courbée en avant. Abdomen ayant à la partie antérieure du dos un ovale brun, ou fauve brun, entouré de fauve claire. Deux bandes longitudinales sur les côtés qui, faisant suite aux bandes de même couleur qui sont sur le corselet, forme un ovale qui entoure le dos. Le tibial ou le quatrième article des pattes, dans le mâle, renflé en ovale et recouvert de poils noirs.

Lycosa barbipes, Sundevall, p. 184, n° 11. — *Lycosa cuneata*, Sundevall, p. 187, n° 14 (*mas adultus*). — *Lycosa clavipes*, Koch, 122 ; 19, le mâle ; 20, la femelle.
Ancien-Monde — Europe — France — Suède.

L'ovale est en fer de flèche ; la ligne fauve est d'un jaune plus vif que dans la *Vorax*. Le sternum est brun sur les bords, les pattes sont fauves et sans annelure. Le ventre est d'une couleur grise plus pâle que le sternum et les pattes. Les filières tentacules du mâle sont plus longues, et plus distinctes, que dans la Vorace.

Cette espéce, facile à reconnaître par le caractère des pattes de son mâle, ne se distingue de la Vorace que par une taille plus petite et des couleurs plus vives.

Cette espèce a d'abord été trouvée par MM. Doumerc et Kummer, le 9 avril, sous une pierre. Elle court fort vite, et s'arrêtant de temps en temps. Nous l'avons vue se retirer dans des trous en terre, porter son cocon de soie serré et attaché à l'anus : quand ses petits sont éclos ils grimpent sur son dos, comme dans les autres espéces de ce genre. L'Armillée ressemble beaucoup à la Vorace, à la Graménicole, et est cependant différente, comme le remarque très-bien M. Koch, dont la figure et la description sont excellentes.

25. LYCOSE AGILE. (*Lycosa agilis.*) Long. 5 lignes. ♂ ♀.

D'un brun rougeâtre. Corselet allongé, abdomen allongé, à
fond rougeâtre, avec une petite figure ovale, droite, bordée de
noir proche le corselet ; des raies noires ondées, fines, transverses, plus en arrière, et deux lignes longitudinales de même couleur de chaque côté, qui deviennent plus fines vers l'anus. Le dos
paraît ainsi subdivisé en petites cases ou réticulé, mais d'une manière peu distincte.

Walcken. Arachnides de France, p. 23, n° 11, Pl. 3, fig. 6.—
Lycosa Alpica, Koch, dans Schaffer, 122, 23 (le mâle), 24 (la
femelle).—*Lycosa Alpina*, Hahn, die Arachniden, tom. 2, p. 57,
Pl. 63, fig. 146.
La tête est noire en dessus, rouge en dessous des yeux.
Ancien-Monde — Europe — France, dans les Alpes.

La *Lycosa alpina* de Hahn est plus grande, et a 6 lignes un quart
de long, l'ovale du dos proche le corselet est converti en une tache
d'un fauve plus vif. Le reste est semblable à la nôtre. Pourtant,
si ce n'est pas une espèce, c'est une variété bien distincte.

26. LYCOSE HABILE. (*Lycosa perita.*) Long. 3 lignes et demie.

D'un gris noirâtre. Corselet court, déprimé ; yeux intermédiaires de la ligne antérieure plus gros que les latéraux de la
même ligne. Abdomen d'un gris noirâtre, offrant à sa base une
grande tache roussâtre, avec le centre gris et figuré en forme de
hache. Ventre d'un gris pâle.

Walckenaer, Arachnide de France, p. 25, n° 14.—Latreille,
Bulletin de la Société philomatique, n° 22, t. I, part. 2, p. 170.
Ancien-Monde — Europe — France.

Le corselet est en cœur, et large à sa partie postérieure. La tête
est pointue, les mandibules sont courtes, renfoncées. Cette espèce
élève, au-dessus du trou où elle se réfugie, une espèce de cône en
soie, recouvert en dehors de poussière et de grains de sable, qui
garantit sa demeure et la dérobe aux regards. Ce cône a environ
10 lignes est demie de hauteur.

27. **Lycose prompte.** (*Lycosa velox.*) Long. 5 lignes. ♂ ♀.

Abdomen en dessus, à sa partie antérieure d'un fauve rougeâtre-vif, bordé de bandes noires sur les côtés, et ayant au milieu trois points noirs en triangle; la bande noire des côtés se recourbant dans le milieu du dos, sépare la partie antérieure de la partie postérieure; le milieu de cette dernière portion est fauve comme la première; mais elle a de chaque côté des traits rougeâtres, entourés de noir : les deux traits antérieurs ont plus du double de la grandeur des deux autres placés plus près de l'anus. Quelquefois ces traits forment une suite de cinq ou six chevrons noirs bordés de fauve plus clair.

Walckenaer, Aranéides de France, p. 24, n° 11, Pl. 3, fig. 4. — *Lycosa cursor*, Hahn, die Arachniden, *Ibid*, t. I, p. 17, tab. 5, fig. 14.— *Lycosa nilotica*, Savigny, Arachnides d'Égypte, p. 147, Pl. 4, fig. 7.—*Lycosa paludicola*, Koch, 118; 2 (le mâle), 3 (la femelle).

Ancien-Monde — Europe — France, Italie, Allemagne, Égypte.

La femelle ne diffère du mâle que par des couleurs moins vives et le digital de ses palpes. Cette espèce endure le froid de l'hiver, et j'en ai pris un individu le 1ᵉʳ décembre courant, et très-vivace, dans les environs de Paris.

Selon M. Koch, le mâle devient adulte vers le commencement de mai. La synonymie de cet auteur est à réformer; sa figure et sa description ne peuvent nullement s'adapter à la figure et à la description de la Palludicola de Clerck. Savigny, qui a observé cette espèce en Egypte, dans les environs d'Alexandrie, et en Italie, dit qu'elle est variable pour les couleurs, mais que le fond du dessin paraît constant. Ce dessin varie aussi, mais les larges taches d'un fauve clair font facilement distinguer cette espèce.

28. **Lycose adroite.** (*Lycosa solers.*) Long. 3 lignes et demie.

Abdomen ovale, allongé, grossissant vers sa partie postérieure, ayant sur la partie antérieure du dos une raie d'un rouge ou fauve vif, faisant suite à celle du corselet, légèrement dilatée dans son milieu, et anguleuse à sa partie postérieure, courte, et n'atteignant pas la moitié de la longueur de l'abdomen. De chaque côté

de cette raie sont des taches arrondies, fauves; et derrière une
suite de cinq ou six chevrons rougeâtres, traversés dans leur
milieu par une ligne fine, longitudinale, et dilatés à leurs extrémités latérales en taches de même couleur, qui se réunissent et
se touchent irrégulièrement. Ventre, sternum, mâchoire et lèvres d'un fauve pâle, rougeâtre, uniforme. Pattes rougeâtres,
annelées.

Lycosa palludosa, Hahn, die Arachniden, t. II, p. 14, Pl. 42,
fig. 105. — *Araneus lignarius.* Clerck, p. 90, Pl. 4, fig. 4. —
Lycosus lignarius, Sundevall, p. 74.

Ancien-Monde — Europe — France, Allemagne.

Dans les bois, et les lieux humides et marécageux.

M. Hahn dit que cette espèce fait un cocon d'un blanc sale, ou
brunâtre (hell-braünlich-weiss), qui a une ligne et demie de
diamètre.

Dans cette espéce, la ligne des yeux antérieurs est presque
droite, ou fléchie un peu en avant. Les yeux de cette ligne sont
égaux. Les côtés de la tête sont perpendiculaires.

J'ai décrit cette espéce d'après un individu de ma collection;
mais je ne sais où je l'ai prise. M. Sundevall dit qu'elle se trouve
dans les bois; que c'est une des plus vives; que son cocon est déprimé; qu'il a 2 lignes et demie de diamètre; qu'il est d'un vert
sale, et ceint d'une très-mince zone blanche.

29. LYCOSE ENRAGÉE (*Lycosa rabida.*) Long. 8 lig. et demie.

Abdomen d'un fauve pâle, ayant une grande bande brune,
plus large à sa partie postérieure, avec des points enfoncés sur
les bords, et une raie plus claire; côtés d'un fauve brunâtre.
Ventre d'un fauve pâle, uniforme, avec deux raies longitudinales, enfoncées, parallèles. Pattes fauves, uniformes. La ligne
des yeux antérieurs très-courbée en avant. (M.)

Nouveau-Monde — Amérique septentrionale — État de New-
Yorck.

Le corselet est aussi long et aussi large que l'abdomen, d'un
fauve pâle, avec deux bandes brunes, longitudinales, plus fauves
sur les côtés; un petit trait noir de même couleur entre ces deux
raies, et les côtés entourés d'une double raie de même couleur.
La poitrine d'un gris pâle légèrement velouté, mâchoire et lèvres

fauves. Les pattes ont des piquants noirs, allongés ; la partie
sexuelle dans la femelle est creusée, ronde, et entourée d'un orifice glabre et brillant. Dans les femelles pleines, les côtés sont
plus pâles et sont parsemés vers le ventre de points et de taches
rousses.

30. LYCOSE MORDANTE. (*Lycosa mordax.*) 8 lignes. ♂ ♀.

Abdomen allongé, fauve sur le dos, avec une tache brune allongée en parallélogramme, dilatée dans son milieu, de manière
à former saillie sur chacun des plus grands côtés. Ventre d'un
brun noir, uniforme. Corselet moins long que l'abdomen, élargi
et aplati à sa partie postérieure, glabre, d'un brun fauve. Pattes
fauves, rougeâtres et annelées, surtout les pattes postérieures.
Yeux de la ligne postérieure très-écartés, et plus rapprochés de
ceux de la ligne intermédiaire que ceux-ci ne le sont de la ligne
des yeux antérieurs ; ces derniers sont égaux et forment une ligne
droite. Le mâle a le dos plus fauve et plus pâle, entouré de noir,
la tache oblongue plus noire. (M.)

Walckenaer, Tableau des Aranéides, 1820, in-8°, p. 12, n° 5.—
Aranea Nisa. Bosc, MSS. sur les Araignées de la Caroline, n° 8,
Pl. 5, ligne 5.— Abbot, Georgian Spiders, Pl. 13, fig. 61, p. 8, des
notes et observations manuscrites. (Variété brune, la femelle.) —
Ibid. Pl. 14, fig. 66, p. 9. (Variété fauve, la femelle.) — *Ibid.*
Pl. 15, fig. 71, p. 9. (Variété plus pâle, avec trois rangées de
petits chevrons.)— *Ibid.* Pl. 61, fig. 301, p. 25 (le mâle).

Nouveau-Monde — Amérique septentrionale — Caroline —
Géorgie — État de New-York.

L'individu que j'ai décrit n'avait que 5 lignes de long. Bosc,
dans sa description, lui donne 8 lignes. Il dit que les poils
fauves, blancs et bruns du dos sont disposés de manière que
les côtés, dans le bas, sont blancs, et dans le haut bruns,
et formant quatre points blancs. En avant de la figure brune
est un autre point blanc, qui se retrouve dans les figures
d'Abbot ; mais la variété fauve a de petits chevrons mieux marqués derrière la tache brune, qui est plutôt vaséiforme et bifurquée par en bas qu'en parallélogramme, et les poils blancs sur
les côtés y sont plus abondants, et y forment de petites taches.
Ces deux figures ont 9 lignes de long. Abbot lui-même a reconnu

que les deux figures 61 et 66 appartenaient à la même espèce ;
mais ce sont deux femelles qu'il a dessinées, et non pas le mâle
et la femelle, comme il le croyait. Abbot n'a dessiné que plus tard
le mâle qu'il a méconnu. Il a pris la variété brune, le 23 août,
sur un chêne, et en a aperçu d'autres courant à terre à la fin
d'octobre, dans un bois planté en chêne, du comté de Burke ; et
la variété fauve s'est présentée à lui, courant à terre, le 4 décembre. Il dit de celle-ci que son ventre varie du noir au brun.
Le mâle a été trouvé en avril dans un bois du comté de Burke.
Selon Abbot, cette espèce ne fait point de toile, et court avec
vivacité et sur l'écorce des arbres, particulièrement le soir. Bosc,
au contraire, dit que cette espèce fait une toile épaisse dans son
trou ; mais, comme Abbot, il dit aussi qu'elle se trouve dans les
bois et qu'elle y est commune.

Cette espèce est surtout remarquable par la disposition de ses
yeux, qui la place dans une famille ou race distincte, et rapproche par elle le genre Lycose du genre Dolomède.

Abbot dit du mâle qu'il est rare. Son corselet, qui est fauve, a
la région des yeux noirs, avec deux taches en avant, triangulaires, d'un noir pâle. Les palpes sont fortement marqués de noir,
et le digital forme un petit ovale noir, pointu ; l'abdomen est bordé
sur les côtés et dans les trois quarts de sa longueur de noir qui
s'étend sous le ventre, mais en formant un fer à cheval brisé
ou interrompu par un court espace fauve proche du corselet. Les
pattes sont pâles, mais fortement annelées de noir. L'abdomen
est renflé, plus gros et plus long que le corselet. Dans la troisième variété d'Abbot, les taches noires latérales de l'abdomen
font un ovale noir foncé, pointu, qui a la forme d'une larme
batavique. A côté et derrière les taches brunes du dos, les points
blancs forment de petits chevrons comme dans notre Lycose accentuée. La tache brune du dos est plus étroite, et n'est pas dilatée dans son milieu, elle a seulement quatre petits traits latéraux
dont les postérieurs forment un chevron, ce qui donne à cette
tache une sorte de ressemblance avec la partie inférieure d'un
poisson. Le ventre est noir. Cette variété est rare. Trouvée dans
une maison en bois de chêne, le 2 novembre.

31. LYCOSE AVIDE. (*Lycosa avida.*) Long. 5 lig. ♂.

Abdomen ovale, renflé dans son milieu, fauve sur le dos, avec
une tache allongée, en fer de bêche, plus brune dans le milieu

de la partie antérieure, avec deux raies brunes qui se rejoignent
en formant un ovale qui entoure le dos. Côtés fauves. A la suite
de l'ovale, de petits traits transversaux. Ventre noir et fauve;
la partie fauve formant un ovale, encadré par une partie noire
qui figure un fer à cheval. (M.)

Abbot, Pl. 10, fig. 46, p. 7.

Nouveau-Monde — Amér. septent. — État de New-York —
Géorgie.

Les pattes sont fauves, annelées de noir. Le corselet est moins
long et moins large que l'abdomen, dans la femelle. Il est couvert
de poils à la tête et au bandeau, et il a troies raies fauves longitudinales.

L'individu figuré par Abbot est un mâle. La figure a 10 lignes
de long; les pattes sont très-grandes et ne sont point annelées,
mais ont des traits noirs, allongés. Le corselet est aussi long et
aussi large que l'abdomen. La tache noire du milieu du dos a une
forte échancrure en avant; les raies latérales ont de petits traits
transversaux. Les palpes sont annelés de fauve et de blanc; le
digital est ovale, pointu, d'un brun pâle. Abbot dit qu'en dessous
le ventre et les hanches sont d'un noir de velours, et que les
mandibules sont couvertes de poils jaunes, variables. Abbot a pris
cette Aranéide courant par terre, dans un bois planté de pins,
le 27 octobre.

Cette espèce se rapproche beaucoup de l'Andrénivore d'Europe.

32. LYCOSE CRASSIPÈDE. (*Lycosa crassipes.*) ♂ Long. 6 lig. et demie.

Corselet et abdomen d'un fauve rougeâtre, avec deux bandes
longitudinales qui se continuent sur l'abdomen, d'un noir foncé:
les bandes de l'abdomen devenant plus pâles vers la partie postérieure, et accompagnées d'un petit rond blanchâtre dans le milieu du côté interne, et de trois points obscurs, rentrants, à la
partie postérieure, qui se trouve ainsi dentée ou festonnée. Ventre
d'un brun roux. Pattes fauves, avec le tibia des jambes antérieures
très-renflé par une touffe de poils noirs, dans les mâles.

Abbot, Pl. 63, fig. 311.

Amérique septentrionale — Géorgie. — Prise le 17 mai, parmi
les feuilles, à terre, dans le Briar-creek-Swamp.

Abbot remarque que cette espèce est rare, et que ses yeux de
la seconde ligne sont d'une grosseur remarquable. D'après son
dessin, les palpes sont peu allongés, fauves, et le digital du mâle
en ovale, renflé et pointu, mais petit.

Abbot n'a décrit que le mâle, qui a le tibial renflé comme dans
l'*Armillata*, et il est probable que, comme dans cette dernière
espèce, le caractère du renflement du tibial n'existe pas dans les
femelles. Pour les couleurs et le dessin du dos, cette espèce se
rapproche beaucoup de la variété de la Vorace, dont les bandes
longitudinales extérieures du dos ont tourné au noir, et dont
l'ovale intérieur s'est oblitéré. Sa couleur, le peu de grandeur
de son corselet, et la remarque d'Abbot sur la grosseur de la
seconde ligne de ses yeux, donneraient aussi lieu de soupçonner
que ce n'est point une Lycose, mais une Dolomède voisine de la
Dolomède marginale.

33. Lycose véhémente.(*Lycosa vehemens*.) Long. 8 lig. et demie. ♀.

Abdomen ovoïde, plus large dans son milieu. Dos d'un
fauve rouge ou orangé, avec des taches plus jaunes et d'un rouge
plus foncé sur les côtés, qui aboutissent à une série de points
blancs qui se joignent en angle à l'anus : sur le milieu de la partie
antérieure du dos est une tache allongée, noire, accompagnée
de chaque côté de deux points blancs. Ventre d'un noir velouté.

Abbot, Georgian Spiders, Pl. 16, fig. 76, p. 10, n° 76.
Nouveau-Monde — Amér. septent. — Géorgie.

Le corselet est d'un rouge pâle, et a deux bandes longitudinales brunes de chaque côté en dessus. Sternum et hanches noirs.
Pattes d'un fauve orangé, avec des anneaux bruns.

Prise le 30 avril, à terre, dans un champ de blé fraîchement
remué.

34. Lycose impassible. (*Lycosa impavida*.) Long. 8 lig. ♂.

Abdomen d'un fauve pâle ; ayant sur le dos deux taches blanches carrées à la partie antérieure ; puis deux points noirs sur le
milieu du dos ; et six points blancs, trois de chaque côté, sur la
partie postérieure. Ventre noir.

Abbot, Georgian Spiders. Pl. 15, fig. 74, p. 9, n° 74.
Nouveau-Monde — Amér. septent. — Géorgie.

Le corselet est bordé de blanc, et a une raie longitudinale, blanchâtre dans le milieu. Les pattes sont fauves pâles, lavées de brun.

Trouvée par Abbot, les 6 et 7 mars, courant à terre pendant la nuit, dans un champ autrefois cultivé, près du marais d'Ogechee. Cette espèce est voisine de notre Allodrome.

35. LYCOSE ASPERGÉE. (*Lycosa irrorata.*) Long. 8 lignes. ♂.

Abdomen ovale, plus renflé à sa partie postérieure. Dos d'un brun marron, avec des raies longitudinales, formant des festons ou des zigzags, aspergé à la partie antérieure, et vers la partie postérieure, de points jaunes, et de petits traits de même couleur, formés par des poils dorés au-dessus de l'anus. Ventre de même couleur que le dos, aspergé aussi de points jaunes. (M.)

Monde-Maritime — Australie, terre de Van-Diémen.

La ligne des yeux antérieurs est courbée en avant. Les quatre yeux des deux lignes postérieures sont portés sur un léger renflement du corselet; leur intervalle est noir, et des poils dorés, rares, apparaissent à l'endroit du bandeau. Les mandibules sont fortes, brunes, avec des poils dorés sur la partie antérieure et sur les côtés. Le corselet est très-grand, plus long et presque aussi large que l'abdomen. La poitrine, les mâchoires et la lèvre sont glabres et d'un brun rougeâtre, comme le corselet. Les hanches en dessous sont de même, sans aucune tache. Les palpes sont d'un rouge plus pâle, et de la même couleur que les pattes en dessous.

36. LYCOSE LAPÉROUSE. (*Lycosa Laperousi.*) Long. 4 lig. ♂.

Abdomen brun, noirâtre, avec des poils fauves; le dos ayant à sa partie antérieure une ligne longitudinale d'un fauve clair, bordé de deux taches noires, triangulaires. La partie postérieure a aussi des lignes fauves et noires, transversales, et quelques taches noires, plus grandes, le tout obscur. Ventre d'un rouge clair, uniforme. Pattes annelées. Corselet glabre, brun rougeâtre, couvert de poils fauves. (M.)

Monde-Maritime—Ile de Vanicoro, où Lapérouse a fait naufrage.

Mandibules fortes et noires. Yeux latéraux de la ligne antérieure plus gros que les intermédiaires de la même ligne.

Elle a de l'analogie avec l'Andrénivore.

5ᵉ Race. LES PONCTUÉES. (*Punctatœ.*)

Corps *dont la longueur n'excède pas dix lignes.*
Abdomen *ponctué, et marqué sur le dos de taches ou points obscurs,
de même couleur que le fond, plus clair ou plus foncé, mais
ne formant pas de figure distincte.*

37. Lycose a sac. (*Lycosa saccata.*) Long. 3 lig. ♂ ♀.

Corselet allongé, brun, d'un fauve rougeâtre dans le milieu.
Abdomen tantôt d'un brun de suie, tantôt d'un brun fauve, avec
deux rangées de points alternativement noirs et fauves, à la partie
postérieure, et une petite touffe de poils blancs proche le corselet. Ventre d'un gris cendré. Pattes annelées.

Walckenaer, Aranéides de France, p. 27, n° 16. — *Lycosa
saccata*, Hahn, die Arachniden, t. I, p. 108, Pl. 27, fig. 81.—Koch,
dans Schœffer, 120, tab. 8. — *Araneus amentatus*, Clerck, p. 96,
Pl. 4, tab. 8, fig. 2. (La fig. 1, donnée comme un mâle, appartient à une autre espèce.) — *Araneus niger*, Lister, p. 77, tit. 25,
fig. 25. — *Lycosa amentata*, Sundevall, p. 177, n° 4. — *Lycosa
saccata*. Hahn, Monog. der Arachniden, fascic. 5, Pl. 1, fig. 6 c.
— *Ar. Lyonetii*, Scopol. Entom. carn. n° 116.

Ancien-Monde — Europe — France, Allemagne, Suède.

Cette espèce est la plus commune dans le nord de la France. On
la trouve dans les bois, dans les champs, dans les jardins potagers.
C'est une des premières qui paraît au printemps, en avril. Elle
supporte de grands froids. Dans les hivers, on en trouve en janvier
de très-vivaces, et c'est une des espèces que j'ai trouvées vivante
dans l'hiver de 1830, par un froid de 13°, réfugiée derrière l'écorce
des arbres. Lister et M. Sundevall remarquent qu'elle a la faculté
de courir sur l'eau, mais elle ne s'y hasarde que lorsqu'elle y est
forcée par la nécessité. Elle fait une ponte vers le commencement de juin; à Ratisbonne, vers la moitié de mai. Son cocon
est aplati, de couleur verdâtre, tantôt tirant sur le bleu, tantôt
sur le gris, avec un cercle blanc plus pâle et d'un tissu moins
serré: elle le traîne avec elle, attaché à son anus; et si on le lui
arrache, elle s'arrête, et tourne autour des doigts ravisseurs pour
tâcher de le reprendre. Après avoir gardé pendant trois semaines

un cocon de cette Aranéide, je l'ai ouvert, et j'y ai compté cent jeunes éclos, et très-vivaces. M. Sundevall n'a compté que 60 à 70 œufs dans le cocon de cette espèce en Suède. Les mâles, suivant lui, périssent après l'accouplement. Ils sont semblables aux femelles pour les taches et la grandeur, ils ont des couleurs plus sombres. Lister dit que, parmi les remèdes approuvés par son aïeul, Mathieu Lister, il a trouvé une infusion de cette espèce d'Araignée comme étant propre à guérir les blessures. C'était un des remèdes secrets transmis par le fameux Walter Raleigh.

38. LYCOSE SACCIGÈRE. (*Lycosa saccigera.*) Long. 3 1/4 lig. ♀ ♂.

Corselet noir, plus allongé, marqué de trois raies longitudinales, blanches ou fauves. Abdomen ovoïde, grossissant légèrement vers l'anus, mélangé de fauve et de noir, mais avec une raie fauve plus claire sur le dos, qui s'arrête au quart de la longueur de l'abdomen : de chaque côté de la partie postérieure de cette raie sont de petits points noirs, que font ressortir les points fauves clairs auxquels ils sont accolés, et qui vont se joindre en angle à l'anus.

Lycosa monticola, Sundevall, p. 175, n° 2. —*Araneus monticolus*, Clerck, p. 91, Pl. 4, tab. 5 ♂. Cette figure ne donne qu'une raie au corselet, mais la description en indique trois. — *Lycosa lapidicola*. Hahn, Monograph. der Arachniden, in-4°, 1827, 5 heft, Pl. 1, fig. B *b*. — *Lycosa riparia*, Koch, 120. 19 (la femelle); 123. 1 (le mâle.)
Ancien-Monde — Europe — France, Suède, Allemagne.

Espèce bien distincte de la *Saccata*, quoique presque toujours confondue avec elle. Elle lui ressemble par sa couleur obscure et ses points, mais elle en diffère par un corselet plus allongé, et qui a trois raies longitudinales de couleur claire : elle est aussi voisine de la Graminicole, mais elle en diffère par la grandeur, une figure moins marquée, et la couleur de sa lèvre.
La ligne antérieure de ses yeux est un peu courbée en avant. La tête est noire en dessus, garnie de poils fauves entre les yeux et sur les côtés. Le bandeau est d'un fauve pâle, ainsi que les mandibules ; les mâchoires sont aussi d'un fauve pâle, et d'une couleur jaune verdâtre, tirant sur le gris. La lèvre est noire et glabre. Le sternum est noir, mais recouvert de poils gris. Le

ventre est couvert de poils gris blancs, uniforme. Les pattes sont irrégulièrement annelées. Les tarses sont verts jaunâtres, comme les palpes.

Le cocon de cette espèce est aplati, de couleur vert foncé; mais la jonction n'est pas marquée comme dans la *Saccata*, par une ligne plus pâle, mais par une lisière ou bordure saillante. Ce cocon a une ligne et demie ou une ligne et un quart de diamètre. Il contient 37 œufs d'un jaune orangé, très-petits. Dans un cocon pris le 6 juillet, dans le bois de Boulogne, j'ai trouvé 26 jeunes verdâtres, et non jaunes comme ceux de la *Saccata*. C'est sous les pierres que l'on rencontre cette espèce. Toutes les Lycoses sont *Saccigères*, mais la dénomination impropre de *Saccata*, appliquée à une seule espèce, a dû en entraîner une autre entachée du même défaut, pour indiquer l'analogie. M. Sundevall dit avoir trouvé 50 œufs dans le cocon de cette Aranéide : cependant sa description et celle de Clerck répondent bien à notre espèce.

Clerck a vu cette espèce s'accoupler vers le milieu de juin, sur un rocher exposé au soleil. Les deux sexes s'approchent en faisant des sauts, qui deviennent plus rares et plus lents à mesure qu'ils sont plus rapprochés. Le mâle finit par sauter subitement su   ι femelle, et passe ensuite l'un de ses palpes sous le ventre; puis, en la retenant et l'inclinant avec l'autre, il se sert alternativement de l'un et de l'autre palpes. Quand l'accouplement est terminé, les deux sexes se séparent et s'écartent l'un de l'autre avec promptitude.

39. LYCOSE MONTICOLE. (*Lycosa monticola.*) ♂ ♀
La femelle, 3 lig. 1/4. Mâle, 2 lig. 1/2.

Corselet noir, avec trois lignes longitudinales blanches. Celle du milieu se continue sur l'abdomen dans une partie de sa longueur, par un blanc vif, et finit par un fauve plus clair. De chaque côté de cette ligne, aux deux tiers de la partie postérieure, sont cinq points blanchâtres, qui vont se réunir en angle à l'anus. L'abdomen est fauve dans la femelle, et noir dans le mâle, qui a aussi le commencement des cuisses noir, tandis que les pattes sont entièrement fauves dans la femelle.

Lycosa monticola, Koch, 123, 11 (le mâle).—*Ibid.* 123, 12 (la femelle). — *A. armentatus*, Clerck, p. 96, Pl. 4, tab. 8, fig. 1 (le mâle).

Ancien-Monde — Europe — France, Allemagne.

Cette espèce ressemble beaucoup à la Lycose saccigère, mais elle en diffère par des couleurs moins sombres dans la femelle, et ses pattes ne sont pas annelées comme dans la Saccigère. Elle s'accouple à la fin d'avril, et la femelle traîne son cocon vers le milieu de mai.

40. LYCOSE LUGUBRE. (*Lycosa lugubris.*) Long. 3 lig. ♂ ♀.

Abdomen ovale grossissant vers la partie postérieure, à dos de couleur noire, revêtu de poils blancs très-abondants vers le corselet. Ces poils forment quelquefois une ligne blanche sur la moitié postérieure du corselet et la moitié antérieure de l'abdomen; et l'on remarque des lignes fines sur les côtés de celui-ci, et aussi une petite ligne blanche vers l'anus. Ventre noir.

Walckenaer, Aranéides de France, p. 24, n° 13. — *Lycosa pullata*, Koch, 123, 10. — *Aranea pullata*, Clerck, p. 104, n° 16, Pl. 5, tab. 7.—*Lycosa meridiana*, die Arachniden, Hahn, in-8°, t. I, p. 20, tab. 5, fig. 15.—*Lycosa nivalis*, Sundevall, p. 184, n° 10. — *Lycosa sylvicola*, ibid. p. 176, n° 3. — *Lycosa borealis*, ibid. p. 180, n° 6?

Ancien-Monde — Europe — France, Allemagne.

Elle pond vers le milieu de mai. Son cocon est verdâtre.

41. LYCOSE DES SABLES. (*Lycosa arenaria.*) Long. 3 lig. ♀.

Corselet brun, avec trois lignes rougeâtres, longitudinales sur le dos. Abdomen gris roussâtre, varié de gros points blancs, entourés de brun, disposés symétriquement sur quatre rangs. Le ventre gris blanc.

Savigny, Arachnides d'Egypte, p. 146, Pl. 4, fig. 3.

Ancien-Monde — Afrique — Égypte, dans le désert des environs de Rosette.

42. LYCOSE VOYAGEUSE. (*Lycosa peregrina.*) Long. 3 1/3 lig. ♀.

Corselet brun, avec trois lignes longitudinales rougeâtres. Abdomen roux olivâtre, avec quatre rangs de gros points bruns obscurs. Ventre olivâtre plus clair.

Savigny, *ibid.* p. 146, Pl. 4, fig. 4.

Ancien-Monde — Afrique — Égypte, dans les environs de Rosette.

La ligne des yeux antérieurs est droite ou légèrement fléchie en arrière. Les yeux intermédiaires, dans cette ligne, sont plus gros que les latéraux.

6°. Race. LES MACULÉES. (*Maculatœ.*)

Corps *dont la longueur n'excède pas dix lignes.*
Abdomen *à dos sans figures, ou à figures peu distinctes, sans lignes de points régulières ; mais maculé de taches plus claires ou plus foncées, écartées ou disséminées.*

43. Lycose allodrome. (*Lycosa allodroma.*) Long. 6 lig. ♀.

Abdomen à dos varié de gris, de rouge et de noir ; quatre taches allongées, pâles, grises ; celle qui est près du corselet est la plus grande ; d'autres plus petites, alternativement brunes et grises, forment avec elles deux lignes longitudinales qui convergent un peu vers l'anus ; quatre autres petites taches en carré renfermées entre les quatre grandes. Corselet rouge, avec une tache noire à l'endroit des yeux. Pattes fortement annelées de noir et de rougeâtre. Ventre d'un gris pâle.

Walcken. Aranéides de France, p. 15, n° 3, Pl. 2, fig. 6. —*Ibid.* Histoire naturelle des Aranéides, fasc. 1, tab. 4. — *Lycosa cinerea*, Sundevall, p. 190, n° 17. — *Lycosa lynx*, Hahn, die Arachniden, in-8°, t. II, p. 13, tab. 42, fig. 104. —*Lycosa picta,* Hahn, *ibid.* t. 1, p. 106, tab. 27, fig. 79.

Ancien-Monde — Europe — Environs de Paris, Prusse, Allemagne.

M. Latreille dit qu'elle se retire dans les fentes des murs, qu'elle ferme au temps de la ponte par une toile fine, de près de deux pouces de longueur, très-lisse à l'intérieur, fortifiée et déguisée à l'intérieur par des parcelles de sable imitant la coque de certains Bombyx. Son cocon est sphérique, gros et blanc. Elle court après lorsqu'on le lui arrache. Elle fait une première ponte vers la fin d'avril ou le commencement de mai. M. Klug nous a écrit qu'il avait trouvé cette espèce dans des trous en terre aux environs de Berlin. M. Hahn en a pris en juillet dans un champ sablonneux.

La ligne des yeux antérieurs est fléchie en arrière dans cette espèce, et les yeux intermédiaires de cette ligne sont sensiblement plus gros que les latéraux antérieurs.

Selon M. Sundevall, sa *Lycosa cinerea* (dont la description correspond bien à notre Lycose allodrome) se trouve sur les rivages de la mer dans les endroits sablonneux ; elle s'y pratique un trou qui, selon son âge, varie de 5 à 10 pouces : ce trou s'éloigne peu de la verticale, et l'intérieur est garni d'une soie blanche. Il est probable qu'elle n'y habite que le jour, et qu'elle court après sa proie pendant la nuit, car on n'a aperçu aucune dépouille ni trace d'Insectes, ni dans l'intérieur de sa toile, ni dans les environs. Son cocon est globuleux, gros, et a 3 lignes à 3 et demie de diamètre. La mère le tient dans son trou, et on la voit peu voyager. Les petits, lorsqu'ils sont éclos, ont la couleur des adultes, mais beaucoup plus pâle. M. Koch, qui a trouvé cette Aranéide sur les bords du Danube, remarque qu'elle est assez lente dans ses mouvements. Le mâle devient adulte, et a ses palpes developpés dans les mois de mai et de juin.

44. LYCOSE COURAGEUSE. (*Lycosa animosa.*) Long. 8 lig. ♀.

Abdomen fauve jaunâtre, lavé de brun pâle, avec des traits larges disposés longitudinalement sur quatre raies, les deux premiers traits de la ligne extérieure, les plus rapprochés du corselet, d'un brun un peu plus foncé.

Abbot, Georgian Spiders, Pl. 17, fig. 81, p. 10. — *Ibid.* Pl. 58, fig. 288, p. 24. (Long. 5 lignes et demie, la même, jeune.)
Nouveau-Monde — Amér. septent. — Géorgie.

Le corselet est d'un fauve-jaune pâle, et a deux lignes latérales d'un brun pâle sur les côtés. Les pattes sont d'un fauve jaunâtre avec quelques taches d'un brun pâle, plus grandes et plus noires aux pattes postérieures. Prise le 9 juin dans des feuilles desséchées des bois du comté de Burke. (Abbot.)

Abbot dit encore, relativement à sa figure 288 :

« Prise dans les bois de chêne du comté de Burke le 23 septembre. Ce qu'il y a de surprenant, c'est que lorsque je l'eus piquée pour la dessiner, deux petits vers blancs d'un pouce de long, tels que ceux qu'on trouve dans les intestins des animaux, sortirent par le côté de son abdomen ; ils s'enlacèrent mutuellement et moururent bientôt. Je n'ai jamais, depuis ni avant, observé rien de semblable. »

45. Lycose incolore. (*Lycosa discolor.*) Long. 7 lig. ♂.

Couleur gris fauve. Abdomen avec trois bandes ou lignes larges, longitudinales, obscures, formées par une suite de points bruns, les deux latérales convergeant à l'anus et entourant le dos. Celle du milieu n'atteignant qu'à la moitié de sa longueur.

Walckenaer, Tabl. des Aranéides, p. 12, n° 4. — Bosc, Araignées de la Caroline, Pl. 1, fig. 7, n° 7.
Nouveau-Monde — Amér. septent. — Caroline.

Les mandibules sont gris fauve, de longueur médiocre. Les palpes gris, le digital du mâle, ovalaire, pointu, allongé, très-petit. Le corselet, très-élevé dans son milieu, est gris avec deux bandes brunes, obscures. Les pattes sont grises, les tarses sont noirs.

Cette espèce, dit M. Bosc, est assez rare. Elle pince très-fort, et est couverte de poils courts.

46. Lycose malfaisante. (*Lycosa infesta.*)
Long. 9 lignes et demie. ♂ ♀.

Abdomen ovoïde, d'un brun verdâtre, plus foncé sur les côtés avec six petits points ronds jaunâtres sur le dos : sur trois lignes et par paires ; ceux de la ligne antérieure proche le corselet, les plus rapprochés ; ceux de la ligne intermédiaire les plus écartés.

Abbot, Pl. 18, fig. 86, p. 11.
Nouveau-Monde — Amér. septent. — En Géorgie.

Le corselet est rougeâtre, bordé de noir et peu allongé en proportion de l'abdomen, qui est gros, grand et parfaitement ovale. Les pattes sont d'un rouge brun lavées de noir. Prise dans une maison du comté d'Effingham, le 11 décembre. (Abbot.)

7⁰ **Race. LES UNICOLORES.** (*Unicoloratæ.*)

Corps *dont la longueur n'excède pas dix lignes.*
Abdomen *d'une seule couleur, sans figures, sans taches, sans points distincts sur le dos, ou avec des teintes inégales, obscures, irrégulières.*

47. **Lycose paludicole.** (*Lycosa paludicola.*)
Long. 3 lignes et demie. ♂ ♀.

Abdomen ovoïde, grossissant à sa partie postérieure, d'un brun de suie uniforme sur le dos, avec trois touffes de poils fauves proche le corselet. Ventre fauve.

Walcken. Aranéides de France, p. 26, n° 15. — *Lycosa lignaria*, Koch, dans Schæffer, 120, tab. 9, le mâle, tab. 10, la femelle. — *Aranea paludicola*, Clerck, p. 94, spec. 7, Pl. 4, tab. 4; et *Ar. pullatus*, Pl. 5, tab. 7. — Araignée des rivages, *Aranea littoralis*, De Geer, t. VII, p. 274, Pl. 15, fig. 17 et 18. — *Lycosa paludicola*, Sundevall, p. 179, n° 5.
Ancien Monde — Europe — France, Suède, Allemagne.

Variété. Abdomen d'un fauve uniforme.
Le cocon de cette espèce est aplati, d'un blanc pâle, entouré d'un cercle blanc, d'une soie moins serrée que le reste, et s'ouvrant par ce cercle en deux calottes pour donner passage aux petits. Clerck dit que ce cocon est lavé de noir en dessous, et De Geer que ses parois intérieures sont d'un blanc un peu verdâtre.
Cette Aranéide est commune au printemps sur les bords des étangs et des fossés, et dans les lieux humides. C'est au mois de juin qu'elle fait sa ponte. Quand on tire avec lenteur le cocon qui est fixé à son anus, le fil qui le retient s'allonge. Si on lâche ensuite ce cocon sans avoir rompu le fil, il reprend aussitôt la place qu'il occupait, soit par l'effet de l'élasticité du fil, soit parce que l'Aranéide a le pouvoir de le replier sur elle-même au moyen des muscles de ses filières. Nous avons constaté ce fait sur cette espèce et sur la Lycose à sac; il est probablement commun à toutes les espèces du genre. Nous avons compté 70 œufs dans le cocon de la Lycose paludicole. Ils étaient d'un jaune aurore, non adhérents entre eux. Les

petits qui éclosent ans le cocon y meurent si on l'ouvre trop tôt.
M. Sundevall n'a compté que 60 œufs dans un cocon. Ils étaient d'un
jaune olivâtre; il a vu des femelles plus petites de la même espèce,
qui cependant avaient leurs cocons, mais il n'y compta que trente
œufs. Ainsi, non - seulement le climat, mais l'âge peut aussi faire
varier ce nombre. Selon M. Koch, les organes du mâles sont développés vers la fin de juillet, et la femelle porte ses petits sur son
dos en août. Elle se trouve en quantité dans les grands bois près
des endroits humides. L'*Araneus lignarius* de Clerck est une autre
espèce.

48. LYCOSE ENFUMÉE. (*Lycosa fumigata*.) Long. 4 lig. ♂ ♀.

Brune. Abdomen d'un brun foncé uniforme, avec des teintes
transverses plus foncées, touffes de poils blancs près du vertébral.
Des points blancs obscurs, disposés sur deux lignes longitudinales.

Lycosa fumigata, Koch, 123, 4 (la femelle).—*Ar. fumigatus*,
Clerck, p. 104, Pl. 5, tab. 6. —*Ar. fumigata*, Linneus, System.
nat. p. 1032, n° 16. — *Ibid*. Faun. Suecica, édit. 2ᵉ, p. 488,
n° 2006.
Ancien -Monde — Europe — Suède, dans les prairies et les
champs.

Linné dit que cette espèce se tient près du nid des larves de
certains Insectes, et à mesure qu'il sort de terre une de ses larves,
elle la prend, la suce, la rejette, en saisit ensuite une autre, et
continue de cette manière jusqu'à ce qu'elle soit rassasiée. Selon
M. Koch, les points blancs forment quelquefois des lignes transverses obscures. Le mâle ne diffère de la femelle que parce qu'il
est plus petit. Cette espèce, qui n'est pas commune, ne se trouve
que dans les endroits humides et dans le voisinage des forêts.

49. LYCOSE PALE. (*Lycosa pallida*.) Long. 4 lig. ♀.

D'une couleur pâle, uniforme, grise, verdâtre, irrégulièrement tachée de noir. Corselet élargi et déprimé. Pattes d'un
fauve verdâtre, annelées de noir.

Lycosa littoralis, Walckenaer, Aranéides de France, p. 29, n° 4.

— *Ibid.* Tableau des Aranéides , p. 13 , n° 9. — *Lycosa Wagleri* , Hahn , Monographie , 3 heft. Pl. 3 , fig. 2 *a* et B.

Ancien-Monde — Europe — Sur les bords des rivières , en France et en Allemagne.

50. LYCOSE AUDACIEUSE. (*Lycosa audax.*) Long. 6 lignes ♀, ♂ 5 et demie.

Abdomen ovale , un peu piriforme , à dos brun , revêtu de poils fauves , plus abondants et plus uniformes , et d'une teinte plus vive, dans le mâle : une teinte plus claire sur la partie anté-rieure dans les femelles. Ventre d'un noir foncé , velouté.

Ancien-Monde — Europe — Prusse ; envoyée de Berlin par M. Klug.

Le corselet est brun , revêtu de poils fauves. Le côté antérieur de la tête n'est pas perpendiculaire , mais arrondi , de sorte que les yeux antérieurs et les bords du bandeau sont avancés. La ligne des yeux antérieurs est un peu plus large que celle de la seconde ligne. Les yeux intermédiaires de cette ligne sont plus gros que les latéraux. Cette ligne est presque droite ou se courbe très-légè-rement en avant. Tous les yeux sont couleur d'ambre jaune. Les mandibules sont grandes et fortes , noires , revêtues de poils fauves , bombées à leur partie supérieure. Les mâchoires , la lèvre et le sternum sont noirs. Les palpes et les pattes sont rouges , avec des taches brunes , des poils gris très - courts , et des piquans noirs.

51. LYCOSE INTRÉPIDE. (*Lycosa intrepida.*) Long. 9 lignes. ♀.

Corselet d'un rouge brun , entouré d'une large raie de poils fauves , peu bombé. Abdomen fauve doré , uniforme , avec quel-ques places légèrement plus foncées , et deux points enfoncés très-marqués à la partie antérieure du dos. Ventre d'un noir-velouté uniforme.

J'ignore d'où vient cette grande et belle espèce de Lycose, que je décris d'après un individu de ma collection. Les yeux anté-rieurs sont égaux, et s'il y a quelque différence , ce sont les yeux intermédiaires qui sont les plus gros. La ligne de ces yeux anté-rieurs est droite , ou très-légèrement courbée en avant ; des poils roux cillés bordent le bandeau. Il y a aussi une petite touffe de

poils entre les gros yeux ou ceux de la seconde ligne , qui sont
d'un rouge brillant sur les bords. Les autres yeux sont noirs. Les
mandibules sont noires. Dans le milieu du corselet et sur le point
le plus éminent, au lieu de la fossule enfoncée qu'on observe dans
les Mygales, chez cette Lycose , on voit une petite fente bombée,
longitudinale , bordée par deux petites valvules fines , glabres
et rouges comme le reste du corselet. Les pattes sont longues ,
fortes, de couleur rouge en dessus ; en dessous il y a des poils
fauves au fémoral et aux tarses. Les palpes sont fins , rouges,
plus pâles que les pattes. On voit sur la partie antérieure de
l'abdomen qui touche au corselet, et de chaque côté du vertébral, une tache noire. Le ventre, qui est d'un noir foncé, a une
suite de petits points enfoncés, disposés longitudinalement, auxquels aboutissent des raies formées seulement par des poils qui
sont de même couleur, comme s'il était divisé en segments. L'organe sexuel est glabre , rouge , luisant , en forme de coquille,
avec un bourrelet droit, transverse à sa partie antérieure , accompagné de deux ailes ou concavités latérales; il est arrondi et
relevé à sa partie postérieure , et creusé en gouttière dans son
milieu. Le sternum , la lèvre et les hanches sont bruns , ou d'une
couleur moins noire que le ventre ; la lèvre et les mâchoires sont
bordés de rouge. Je la crois du Nouveau-Monde.

52. Lycose Pellione. (*Lycosa Pelliona.*) Long. 5 lig. et demie. ♀.

Corselet brun , avec trois larges raies fauves ou blanchâtres.
Abdomen d'un brun moins obscur , marqué à sa partie antérieure d'une tache plus foncée, peu apparente, sinuée, terminée
en pointe. Ventre d'un brun-clair uniforme. Pattes brunes faiblement annelées de noirâtre.

Savigny, Arachnides d'Égypte, p. 146, Pl. 4 , fig. 5. (La figure
n'indique aucune tache.)
Ancien-Monde — Afrique — Dans les environs de Rosette.

53. Lycose Milbert. (*Lycosa Milberti.*) Long. 10 lignes.

Corselet, abdomen et pattes de couleur brun-marron uniforme.
Ventre d'un brun sale. Ligne des yeux antérieurs légèrement
courbée en avant ; les latéraux de la ligne antérieure un peu plus

gros que les intermédiaires, ou au moins les égalant en grosseur. (M.)

Nouveau-Monde — Amér. septent. — New-York. Rapportée par Milbert.

Aucune trace de raies transversales : cette espèce et la suivante s'éloignent le plus, et par leur grandeur et par leur caractère, de toutes les races de Tarentules, qui toutes jusqu'ici, ainsi que nous l'avons vu, ont le ventre d'un noir foncé.

54. Lycose Say. (*Lycosa Sayi.*) Long. 10 lignes. ♀.

Corselet et pattes d'un brun-marron clair. Abdomen brun-marron uniforme. Ventre marron clair. Ligne des yeux antérieurs droite et non courbée en avant. Yeux latéraux de la ligne antérieure un peu plus petits que les yeux intermédiaires. (M.)

Nouveau-Monde — Amér. septent. et mérid. — New-York — Brésil.

Dans cette espèce, les gros yeux présentent un iris d'un brun-rouge encadré dans un cercle jaune-rouge clair et brillant. Les yeux latéraux de la ligne antérieure sont un peu plus rapprochés des intermédiaires que dans l'espèce précédente. Le corselet est marron clair, avec des rayons plus bruns. Les mandibules sont très-fortes et noires. Espèce différente de celle qui précède, quoiqu'elle lui ressemble par les couleurs. J'ai vu, dans la collection du Muséum, une Lycose provenant de Rio-Janeiro, de 10 lignes de long, qui m'a paru semblable à celle-ci : son cocon, pris avec elle, est rond.

55. Lycose gloutonne. (*Lycosa helluo.*) Long. 8 lig. ♀.

Fauve velouté uniforme, tant en dessus qu'en dessous. Pattes d'un rouge-brun fortes et grosses. Lèvre noire ; mâchoires rougeâtres. (M.)

Nouveau-Monde — Amér. septent. — New-York.

Yeux noirs. La ligne des yeux antérieurs est droite ou légèrement courbée en avant. Le corselet est d'un brun velouté, presque aussi long et aussi large que l'abdomen, avec une raie longitudinale fine, rougeâtre dans le milieu, et une autre de même couleur entourant le corselet à sa partie postérieure. L'abdomen a une touffe de poils roux proche le corselet qui semblent former

deux lignes noires obscures , et de petits chevrons ou accents noirs
sur le dos , presque invisibles.

56. LYCOSE GOULUE. (*Lycosa gulosa.*) Long. 8 lig. ♀.

Corselet et pattes rougeâtres. Abdomen d'un rouge-jaunâtre
plus pâle que les pattes-mâchoires. Lèvre et sternum rougeâtres.
(M.)

Nouveau-Monde — Amér. septent.

Les yeux sont blanchâtres. La ligne antérieure des yeux est
légèrement courbée en avant , et les yeux intermédiaires de cette
ligne sont sensiblement plus gros que les latéraux. Les mandibules
sont brun-foncé ou noir. Espèce très-rapprochée de la *Lycosa
Helluo.*

5_7. LYCOSE RAVISSEUSE. (*Lycosa raptoria.*) Long. 8 lig. ♂.

Mandibules et palpes couverts de poils rouges ferrugineux.
Corselet noir entouré de poils gris. Abdomen (défiguré par la
dessiccation) gris en dessus et noir en dessous. (M.)

Nouveau-Monde — Amér. mérid. — Brésil.

Les pattes postérieures, celles de la quatrième paire, ont un
pouce de long. La ligne des yeux antérieurs est droite ; les intermédiaires sont plus gros que les latéraux. Les gros yeux ont une
prunelle noire entourée d'un cercle rouge. L'organe sexuel du mâle
(je ne connais pas la femelle) est ovale allongé, pointu et lavé de
noir à son extrémité. Les pattes sont grises, avec des taches noires
en dessous,

Appartient-elle à cette race ?

58. LYCOSE DOUTEUSE. (*Lycosa dubia.*) ♀.

Abdomen couvert de poils blancs , surtout sur les côtés (il est
desséché). Corselet, pattes et palpes couleur rose pâle ou couleur
de chair uniforme. Mandibules longues, fortes et noires, se dirigeant en avant. (M.)

Nouveau Monde —Amér. mérid —Brésil, Rio-Janeiro.

Les longues mandibules et la couleur claire rendent cette espèce
très-remarquable ; mais je n'ai pu voir les yeux, qui étaient écra-
sés. Il y a donc du doute sur le genre , mais toute la conformation

de cette Aranéide est d'une Lycose. Le corselet est un peu lavé de
noir à sa partie antérieure et a des poils blancs sur les côtés ; les
mâchoires sont brunes et bombées, et ont la forme de celles des
Lycoses.

59. LYCOSE CHERCHEUSE. (*Lycosa indagatrix.*) Long. 7 lig. ♀.

Corselet et abdomen d'un rouge-brun en dessus. Ventre noir,
avec quatre lignes de points longitudinaux jaunâtres. Mâchoires,
lèvre et sternum noirs. Pattes d'un rouge plus pâle que l'abdomen,
annelées de brun. (M.)

Ancien-Monde — Asie — Inde, côte de Coromandel.

La ligne antérieure des yeux est droite, et les yeux intermédiaires de cette ligne sont plus gros que les latéraux.

2ᵉ FAMILLE. LES CORSAIRES. (*Piraticæ.*)

Yeux dont la ligne antérieure est sensiblement plus large
que la ligne intermédiaire.

Abdomen orné de taches ou de raies d'un blanc éclatant.

Filières-tentacules peu saillantes.

ARANÉIDES courant sur les bords et sur la surface de l'eau.
Cocon sphérique.

60. LYCOSE PIRATE. (*Lycosa piratica.*) Long. 4 lig. ♀ ♂.

Abdomen en dessus d'un brun fauve, entouré de chaque côté
d'une raie blanche un peu azurée très-distincte ; deux taches
oblongues peu marquées d'un blanc azuré, disposées longitudinalement. Ventre d'un gris uniforme.

Walckenaer, Aranéides de France, p. 30, n° 18.— *Lycosa pa-
lustris*, Koch, 131. 13 (la femelle). — *Aran. piraticus*, Clerck,
Aran. Suec. p. 102, Spec. 13, Pl. 5, tab. 4 (le mâle). — Ibid.
Araneus piscatorius, p. 103, Spec. 14, Pl. 5, tab. 5 (une femelle
pleine). — *Lycosa piratica*, Hahn, die Arachniden, in-8°, t. I,
p. 107, Pl. 27, fig. 80. — Sundevall, p. 193, n° 19, *L. piratica.*
Ancien-Monde — Europe — France, Suède, Allemagne.
Le mâle est plus petit que la femelle, mais semblable.

Cette espèce, dans les environs de Paris, pond vers la fin de juin. Son cocon est d'un beau blanc mat; il est parfaitement sphérique, et plus petit que celui de la *Saccata*. L'Aranéide le porte ordinairement attaché à son anus, mais quelquefois aussi contenu entre ses mandibules, lorsqu'il a été détaché de son anus par quelque accident. Ses œufs sont d'un jaune orange. Après avoir gardé un cocon de cette espèce pendant un mois, je l'ouvris, et j'y trouvai les petits éclos, mais morts et desséchés, au nombre de cent.

61. Lycose Triton. (*Lycosa Triton.*) Long. 9 lig. ♀.

Abdomen en ovale allongé fauve, à dos blanc sur ses côtés, et au milieu seize points d'un blanc-bleuâtre clair , six de chaque côté disposés longitudinalement, et quatre plus petits placés sur deux lignes transversales au-dessus de l'anus. Corselet allongé fauve , bordé d'une raie blanche sur les côtés. Pattes fauves mouchetées de taches plus foncées.

Water-spider, Abbot, Pl. 19, fig. 91, p. 11.
Nouveau-Monde — Amér. septent. — Géorgie.

« Peu commune. Prise le 4 juin. Elle ne fait point de toile , mais elle marche sur les étangs et les sources, comme sur la terre. Elle se retire sous les bois, les planches, et fait sa proie de tous les Insectes qui tombent dans l'eau ou s'en approchent. »(Abbot.)

62. Lycose nautique. (*Lycosa nautica.*)

Abdomen ovale, court, renflé dans son milieu, à dos d'un brun rougeâtre, avec une raie longitudinale d'un fauve clair, dans la moitié de sa partie antérieure. Quatre points ou taches rondes d'un fauve clair, disposées en carré, les postérieures beaucoup plus larges. Côtés fauves. Ventre fauve. Pattes d'un fauve-clair uniforme. (M.)
Monde-Maritime — Australie, Nouvelle-Zélande.

La ligne antérieure des yeux est droite et non courbée en avant, et dépasse par ses yeux latéraux la seconde ligne ou celle des gros yeux. Le corselet , le sternum , la lèvre et les mâchoires sont fauves ; les mandibules sont rougeâtres.

3e Famille. LES PORTE-QUEUE. (*Caudatæ.*)

Yeux antérieurs formant une ligne fortement courbée en
avant, qui n'est pas plus large que la ligne des yeux
intermédiaires, mais disposés en deux paires écartées
l'une de l'autre.

Filières-tentacules très-apparentes.

Aranéides courant par terre, et se cachant sous les pierres.
Cocon sphérique.

63. Lycose albimane. (*Lycosa albimana.*) Long. 1 ligne et demie
ou 2 lignes.

La femelle est noire. Palpes allongés, minces, noirs, mais avec
un cubital revêtu en dessus d'un blanc très-vif. Abdomen ovale
plus gros à sa partie postérieure ; à dos couvert de poils fauves-
rougeâtres, avec une petite raie blanche à la partie antérieure
du corselet qui fait suite à celle du corselet.

Le mâle a le corselet et les cuisses des pattes antérieures très-
noirs, et l'abdomen d'un fauve-brun sur le dos, avec des petits
points blancs disposés sur deux lignes longitudinales qui aboutissent ensemble à l'anus. Les trois paires de pattes postérieures
sont fauves.

Walckenaer, Aranéides de France, p. 31, n° 19. — *Ibid.* Tableau des Aranéides, p. 14, fig. 19. — *Lycosa albimana*, Koch,
12. 121. 15 (le mâle).

Ancien-Monde — Europe — France, environs de Paris.

Cette espèce a le corselet grand, plus long et aussi large que
l'abdomen, même dans les femelles ; très-déprimé sur les côtés ;
pointu à sa partie antérieure ; d'un noir glabre et luisant ; entouré
d'une raie fine d'un blanc très-vif, formée par des poils : cette
raie, qui est peu visible, disparaît dans les femelles après la
ponte.

Cette espèce est rare ; je l'ai cependant prise plusieurs fois : une
fois, le 6 juillet, dans le bois de Boulogne. Elle courait vite,
traînant son cocon. Je le lui arrachai ; elle s'arrêta aussitôt,

tourna à l'entour et se laissa saisir. Ce cocon est comme un grain de pavot et a 1 millimètre et demi de diamètre; globuleux et d'un blanc bleuâtre, il est divisé en deux hémisphères par une ligne fine d'un blanc de lait et ondulée. Ce cocon ne renfermait que huit œufs qui avaient déjà commencé à se métamorphoser, et ressemblaient aux figures 14 et 17 de M. Herold. Le 25 juillet, je trouvai une autre femelle, avec son cocon globuleux aussi, ayant une légère dépression que je n'avais point remarquée dans l'autre; les fœtus étaient rougeâtres et à moitié transformés. M. Koch a aussi trouvé cette espèce en Bavière, et avec son sac, dans le mois de juillet. Elle a été décrite par nous très au long dans la Faune française.

Affinités de ce genre. Le genre Lycose est, parmi ceux qui sont nombreux en espèces, le plus naturel de toute la classe des Aranéides. Les espèces se tiennent entre elles d'une manière si compacte, et par des rapports d'analogie, d'affinités et de ressemblance si intimes, qu'il est très-difficile de donner des caractères pour les distinguer, et par conséquent d'établir des subdivisions propres à faciliter cette distinction. Pour y parvenir, nous nous sommes efforcés de rapprocher entre elles toutes les espèces qui ont le plus d'affinités communes; mais, faute peut-être d'observations assez précises, nous n'avons pu donner à nos subdivisions que des caractères artificiels. M. Sundevall a proposé des divisions plus savantes. Il partage les Lycoses en deux sections ou familles. La première, celles dont la tête est à pans perpendiculaires : ce sont, d'après lui, les Lycoses proprement dites, qui comprennent les espèces que nous avons nommées *Solers, Saccigera, Saccata, Paludicola, Fumigata.* La deuxième famille est celle dont la tête est à pans inclinés, auxquels M. Sundevall donne le nom de Tarentules. Il les subdivise en trois races : celles dont le labre ou le bandeau est plus élevé que la moitié des mandibules, et le corselet droit. Dans celle-ci, il comprend la *Lycosa trabalis* de Clerck, et les espèces nommées par nous *Vorax, Armillata, Andrenivora, Graminicolis,* et *Lugubris.* La seconde subdivision comprend celles dont le labre ou bandeau est plus court que la moitié des mandibules, et comprend les espèces que nous avons nommées *Pallida, Agretyca.* La troisième race a le corselet conformé comme dans les races précédentes, mais plus glabre, et comprend la *Pirata ;* mais M. Sundevall avoue que les caractères de ces races sont artificiels, et qu'elles comprennent des individus très-différents par leurs mœurs et leurs habitudes.

Pour établir une subdivision des Lycoses parfaitement naturelle, il faudrait prendre en considération la forme des cocons, qui sont sphériques ou globuleux dans les Tarentules, dans les Pirates, dans plusieurs Signées et Maculées, telles que l'*Agretyca*, l'*Allodroma;* tandis qu'ils sont, dans d'autres espèces des mêmes familles, aplatis ou déprimés, comme dans la *Saccata*, la *Saccigera*, la *Paludicola*, l'*Arenaria*.

Une étude approfondie des formes de la lèvre et des mâchoires, conduirait aux résultats les plus certains. Généralement, ces formes sont semblables, mais cependant quelques espèces offrent des différences notables. Ainsi la Lycose Pellione d'Égypte a la lèvre plus large que haute, et les mâchoires plus évasées à l'intérieur que ses congénères.

La ligne antérieure des yeux fournit aussi de bons caractères, sinon pour la subdivision des genres, au moins pour la distinction des espèces. Ainsi :

1° Cette ligne est courbée en avant dans les Tarentules, et les Tarentuloïdes ; dans la *Saccata*, la *Saccigera*, l'*Agretyca*, la *Trucidatoria*, la *Vorax*, l'*Armillata*, l'*Irrorata*, la *Pelusiana*, l'*Albimana*.

2° Cette ligne est courbée en arrière dans l'*Andrenivora*, l'*Allodroma*, la *Pelliona peregrina*.

3° Cette ligne est droite, ou insensiblement courbée en avant, dans la *Campestris*, la *Solers*, la *Mordax*, l'*Audax*, l'*Intrepida*, la *Gulosa*, la *Raptoria*, l'*Indagatrix*, la *Nautica*.

Les yeux intermédiaires de cette ligne antérieure sont plus gros que les latéraux, dans l'*Allodroma*, la *Trucidatoria*, la *Peregrina*, l'*Accentuata*, la *Pelliona*, l'*Andrenivora*, la *Perita*, la *Sayi*, la *Gulosa*, l'*Indagatrix*, la *Raptoria*.

Les yeux latéraux de cette ligne antérieure sont plus gros que les intermédiaires dans les Lycoses *Tarentula*, *Narbonensis*, *Hispanica*, *Audax*.

Les yeux de cette ligne antérieure sont égaux dans plusieurs espèces de Lycoses, dans la *Vorax* et la *Peregrina*.

Les yeux postérieurs sont plus ou moins écartés entre eux : dans la *Mordax*, ils forment un écartement latéral remarquable.

Les yeux de la seconde ligne sont toujours gros ; mais dans certaines espèces, telles que la Crassipède, ils sont beaucoup plus gros que dans d'autres.

Enfin ces lignes des yeux occupent plus ou moins d'espace sur le corselet, sont plus ou moins près des rebords du bandeau, et se trouvent à des distances relatives différentes.

Quoique le genre Lycose soit un des plus compactes, cependant la deuxième famille, celle des Pirates et l'espèce que j'ai nommée *Mordax* se rapprochent déjà du genre Dolomède : les premières, par la largeur de la ligne antérieure des yeux, et la dernière par celle de la ligne postérieure : aussi c'est avec les Dolomèdes que les Lycoses ont le plus d'affinités.

Par les mâchoires, la lèvre, la forme allongée et bombée en carène du corselet, les Lycoses se rapprochent aussi des Tegénaires, et la famille des *Caudatæ*, par ses filières, ajoute encore à cette alliance par la famille ou le genre des Tegénaires Agelènes, surtout par la Tegénaire Agelène *macululata*, qui a le corselet et l'abdomen d'une Lycose ; et il y a une grande analogie de mœurs et d'habitudes entre ces Aranéides. Mais cette analogie semble encore plus forte entre les Lycoses et les Mygales, qui pourtant ne se rapprochent des Lycoses que par la grandeur de certaines espèces, la force et la longueur de leurs pattes.

Cependant, après les Dolomèdes, les Lycoses, par leurs yeux inégaux, et sur plusieurs lignes, par l'ensemble de leur organisation, se rapprochent le plus des genres Attes et Ctènes, et de tous ceux qui composent la grande division des coureuses, surtout des Myrmecies, qui semblent être les représentants de la parenté qui unit les Dolomèdes, les Lycoses et les Attes. La petite Lycose Albinana est l'espèce qui réunit le plus de rapports d'affinités avec tous ces genres, et avec la *Tegeneria Agelena macululata*.

Nul genre d'Aranéide n'offre d'aussi grandes différences de grandeur que les Lycoses, puisque les plus grandes, les Tarentules, ont jusqu'à 18 et 24 lignes de longueur, et que l'Albimane, qui est la plus petite, n'a qu'une ligne et demie ou 2 lignes de long.

6ᵉ Genre. DOLOMÈDE. (*Dolomedes.*)

Yeux *au nombre de huit, inégaux entre eux, placés sur le devant et les côtés du corselet, sur trois lignes, quatre sur la ligne antérieure, et deux sur chacune des deux postérieures : la ligne intermédiaire beaucoup plus courte que les deux autres.*

Lèvre *carrée, aussi large que haute.*

Mâchoires *droites, écartées, plus hautes que larges.*

Pattes *allongées, fortes, propres à la course.*

Aranéides *chasseuses, courant après leur proie, mais construisant une toile à l'époque de la ponte pour y placer leur cocon..*

1ʳᵉ Famille. LES CAMPESTRES. (*Campestræ.*)

Yeux antérieurs formant une ligne courbée en arrière, presque égaux entre eux. Yeux des lignes postérieures plus gros qu'aucun de ceux de la ligne antérieure.

1ʳᵉ Race. LES RIVERAINS (*Ripuarii.*)

Yeux *de la ligne du milieu les plus gros.*
Lèvre *carrée.*
Corselet *ovale allongé.*
Abdomen *allongé ovalaire.*

1. **Dolomède entouré.** (*Dolomedes fimbriatus.*) Long. 8 lig. ♂ ♀.

Abdomen d'un brun rougeâtre, bordé d'une large bande blanche ou jaunâtre ou grisâtre ; points blancs sur le dos placés sur deux rangs.

Dol. fimbriatus, Dol. marginatus, Walck. Aranéides de France, p. 33, n°s 1 et 2. — *Ibid.* Tableau des Aranéides, p. 16, n° 2, Pl. 2, fig. 19 et 20. — *Dolomedes limbatus, Dolomedes fimbriatus,* Hahn, t. I, p. 14, Pl. 4, fig. 10 et 11. — Araignées de marais, De Geer, t. VII, p. 278, n° 23, Pl. 16, fig. 9 et 10. — *Araneus undatus,* Clerck, p. 100, Pl. 5, tab. 1. — *Araneus fimbriatus,* Clerck, p. 106, spec. 18, Pl. 5, tab. 9. — *Aranea marginata,* Panzer, 71, 22. — *Dolomedes fimbriatus,* Sundevall, p. 194, n° 1. (Excellente description.) — *Dolomedes fimbriatus,* Koch, 122 : 9 (le mâle), 10 (la femelle).

Ancien-Monde — Europe — France, Suède, Allemagne.

Le mâle est plus petit ; il a la couleur des pattes et du corps plus pâles. Les yeux postérieurs sont portés sur une éminence noire, que Panzer a pris à tort pour des yeux. Cette espèce varie beaucoup. Les bandes et les points sont souvent jaunes ou verdâtres. Lorsqu'elle est jeune, toutes ses couleurs sont plus fortes, son abdomen est d'un brun velouté, et ses pattes d'un vert livide. Les points blancs du milieu sont souvent oblitérés, ce qui forme une autre variété.

Ces Aranéides se plaisent aux bords des marais et des étangs. Elles courent avec vitesse sur la surface de l'eau, qui ne leur mouille ni le corps ni les pattes, pas même quand elles entrent un peu dans l'eau, et quand, poursuivies, elles descendent sur les plantes aquatiques. Quand elles se tiennent en repos sur l'eau, leurs pattes sont toujours étendues et appliquées tout de leur long sur la surface de l'eau. Elles se précipitent sur les mouches sans avoir tendu de filets. Au moment de la ponte, elles se rendent sur quelques plantes ou arbustes près de l'eau. Là elles filent une grosse toile irrégulière, dont les fils s'étendent sur plusieurs tiges ou branches à la ronde. Elles pondent leurs œufs au milieu de cette toile, et elles les enferment dans un cocon ovale qu'elles ne quittent jamais, à moins que les petits ne soient éclos.

L'*Aranea virescens* de Linné, F. s. 2022, est, je crois, un individu de cette espèce qui venait de changer de peau. L'*Aranea Swammerdii* de Scopoli (Ent. Carn. n° 1079), que M. Koch veut rapporter à cette espèce, est une Épéire.

2. DOLOMÈDE BORDÉ. (*Dolomedes vittatus.*) Long. 11 lig. ♂.

Couleur d'un brun rougeâtre ou carmélite. Corselet et abdomen entourés d'une large bande blanche, celle de l'abdomen ayant deux traits également rentrant à sa partie la plus large, qui ne se rejoignent pas, mais qui divisent le dos en deux aires, dont la plus grande, proche le corselet, a deux points ronds d'un blanc vif : deux traits bruns rougeâtres plus foncés, en travers, au-dessous des taches blanches. Pattes allongées, rouge-brune, avec de petits traits longitudinaux plus foncés.

Abbot, Georgian Spiders, Pl. 5, fig. 21.
Nouveau-Monde — Amér. septent. — Géorgie.

« Prise le 10 avril, sur l'écorce d'un arbre près de la rivière marais (Swamp) d'Ogechee. Très-rare. » (Abbot.)

3. DOLOMÈDE RAYÉ. (*Dolomedes lineatus.*) Long. 10 lig. ♂.

Corselet et abdomen fauve clair ou rougeâtre, avec des bandes d'un brun fauve sur le corselet. Abdomen ayant un ovale brun fauve sur le milieu du dos entouré d'une bande fauve clair, et deux taches ovales plus claires sur le milieu de l'ovale. Ventre d'un blond jaunâtre ou d'un brun pâle.

Abbot, Georgian Spiders, p. 8, Pl. 11, fig. 51 (variété jaune), et Pl. 12, fig. 56 (variété rouge).
Nouveau-Monde — Amér. septent. — Géorgie.

La variété jaune, prise le 29 octobre dans un bois de chêne à terre : la variété rouge, prise à terre le 14 novembre.

2ᵉ Race. LES INSULAIRES. (*Insulicolæ.*)

Yeux *de la ligne antérieure les plus gros.*
Lèvre.....
Corselet *en cœur, court.*
Abdomen *allongé, cylindroïde.*

4. Dolomède ponctué. (*Dolomedes signatus.*) Long. 4 lig. ♀.

Abdomen ovale, allongé, plus gros vers le corselet, et diminuant graduellement vers l'anus, de couleur bistre à sa partie
antérieure, et lavé de noir à sa partie postérieure, entouré d'une
bande blanche ou jaune sur les côtés. Des poils roux proche le
corselet ; deux petits traits d'un blanc vif, parallèles, et derrière
une suite de ronds au nombre de huit (quatre de chaque côté),
rangés parallèlement ; ces lignes se rapprochent et vont se joindre
en angle à l'anus. (M.)

Monde-Maritime — L''île Guam, dans l'archipel des Mariannes.

Les yeux postérieurs sont portés sur des éminences. Le corselet
est plus large et aussi long que l'abdomen, rougeâtre, et entouré
d'une bande plus claire qui cerne aussi le bandeau ; les palpes
sont fins et rougeâtres. Les pattes sont fauves ou d'un rouge clair ;
la quatrième paire est la plus longue, la seconde ensuite, la première après qui surpasse de peu la troisième. Je n'ai vu que deux
griffes aux pattes ; elles ne sont pas pectinées, elles sont cachées
dans les poils et insérées en dessus de l'extrémité du tarse.

Conférer avec cette description celles des Dolomèdes Herbicole
et Admirable.

3ᵉ Race. LES RUPIAIRES. (*Rupiariæ.*)

Yeux *peu inégaux entre eux, ceux de la seconde ligne les plus gros ;
       ceux de la première ligne formant une ligne courbe en avant ;
       les intermédiaires de cette ligne plus gros que les latéraux de
       cette même ligne.*
Lèvre *arrondie.*
Corselet *ovalaire, allongé.*
Abdomen *ovalaire.*

5. Dolomède Lycæna. (*Dolomedes Lycæna.*) Long. 2 1/2 lig. ♂ ♀.

Abdomen ovoïde, allongé, un peu déprimé après la ponte,
grossissant légèrement vers sa partie postérieure, de couleur fauve
très-pâle, parsemé de points ou traits bruns, très-fins, plus abondants sur les côtés, et formant à la partie antérieure deux raies qu
se touchent presque proche le corselet, et sont plus bruns. Ventre

fauve pâle, avec des points bruns, presque imperceptibles, sur les côtés. Le mâle a des points plus foncés, et une bande continue qui entoure le dos.

Dolomedes spinimanus, Koch, 128. 23 (le mâle). *Ibid.*, 128. 24 (la femelle). — *Lycœna spinimana*, Sundevall, p. 266. — *Dolomedes Hippomene*, Savigny, Arachnides d'Égypte, p. 148, Pl. 4, fig. 9. — *Dolomedes errans*, Léon Dufour, Annales des sciences naturelles, t. XXII, Pl. 11, fig. 1 ; p. 9 des Mém. tirés à part ?

Ancien-Monde — Europe — Afrique — France, Allemagne, Espagne, Égypte.

Je n'hésiterais pas sur la Synonymie avec le Dolomède errant, si M. Dufour n'avait pas dit que les pattes antérieures de son espèce sont un tant soit peu plus longues que les quatrièmes. Dans la nôtre, au contraire, la première paire de pattes, plus longue que la seconde, est sensiblement plus courte que la quatrième: Selon la figure de Savigny, les yeux de la seconde ligne sont les plus gros, et les latéraux antérieurs sont les plus petits. Mais ces yeux sont noirs, gros pour la dimension de l'Araignée, plus rapprochés que dans les autres espèces de Dolomèdes ; et les intermédiaires antérieurs posés sur des taches noires, paraissent plus gros qu'ils ne le sont. Le corselet est allongé et s'arrondit vers sa partie postérieure. Il est presque aussi long et aussi large que l'abdomen, bordé d'une ligne grise ou fauve près des pattes, et ayant deux lignes grises longitudinales sur les côtés, qui s'élargissent en ovale à la partie postérieure. Poitrine fauve blanchâtre, avec de petits points bruns presque imperceptibles à la naissance des pattes. Mâchoires d'un blanc pâle, écartées, bombées, cunéiformes à leur extrémité. Lèvre semi-circulaire, avec une petite raie transversale à sa base. Bandeau presque nul. Mandibules d'un blanc pâle. Les pattes fines, allongées, amincies, mais propres à la course. Les cuisses blanches, avec de petits points bruns, très-fins, plus abondants en dessous. Le fémoral et le métatarse bruns. Tarses rougeâtres.

Cette espèce, remarquable par son extrême vivacité, a été trouvée par moi, le 5 juillet 1824, dans le bois de Boulogne, sous une pierre, et couchée sur sa toile, qui est petite, aplatie, lenticulaire. Ses pattes étaient allongées, et comme collées dans toute leur longueur sur le sol, c'est ainsi qu'elle se tient immobile ; mais à peine l'a-t-on touchée qu'elle fuit avec rapidité. Sa forme svelte et la finesse des traits bruns qui se détachent sur sa couleur pâle, la font facilement distinguer. La toile qui recouvre ses œufs est très-petite, et formée d'une soie lâche et d'une espèce de bourre blanche ou jaune en dessous. Je n'ai compté que 23 œufs détachés et non agglutinés. La toile a 5 lignes de diamètre, mais la masse des œufs se trouve attachée aux parois de la pierre, sur une couche de soie mince, non lisse, qui n'a que 2 lignes de diamètre.

M. Koch dit que le mâle est adulte en septembre. Son digital est ovale, allongé, pointu. M. Sundevall affirme, au contraire, que les femelles sont adultes au printemps. Nous avions déjà parlé de la nécessité de former cette nouvelle famille dans les Dolomèdes, dans le Mémoire sur une nouvelle classification des Aranéides, inséré dans les Annales de la Société entomologique, t. II, p. 440. Nous avions nommé cette espèce Dolomède rapide ; mais M. Sundevall ayant depuis proposé d'en faire un genre sous le nom de *Lycœna*, nous avons donné ce nom à l'espèce : ce genre ne serait pas assez tranché. M. Sundevall a raison [de dire que sa *Lycœna* forme la liaison des Dolomèdes avec les Drasses.

2ᵉ Famille. LES CRYPTICOLLES. (*Crypticollæ.*)

Yeux antérieurs formant une ligne courbée en arrière, inégaux entre eux.

Yeux des lignes postérieures plus gros qu'aucun de ceux de la ligne antérieure.

Corselet large, en cœur.

Abdomen ovoïde.

1ʳᵉ Race. LES COUREURS. (*Cursores.*)

Yeux *de la ligne du milieu les plus gros ; yeux intermédiaires de la ligne antérieure plus gros que les latéraux de la même ligne,*

Lèvre *large, carrée, resserrée à sa base, creusée ou légèrement échancrée à son extrémité.*

6. DOLOMÈDE ROUX. (*Dolomedes rufus.*) 12 à 15 lig. ♀.

Abdomen ovoïde, plus large à sa partie antérieure, diminuant vers son extrémité, légèrement creusé en cœur près du corselet, à dos rougeâtre, fauve ou gris blanc, avec des taches anguleuses, brunes ou noires, formant des lignes transverses en zigzag, quelquefois interrompues dans leur milieu, et laissant une ligne plus claire, longitudinale ; ces raies transverses, quelquefois marquées par une suite de points.

Tree-spider, Abbot, Georgian Spiders, fig. 1 (long. 14 lignes), fig. 6, fig. 16 (11 lignes), et fig. 281 (15 lignes). — *Aranea rufa*, Degéer, t. VII, pag. 319, n° 4, Pl. 39, fig. 6 et 7.

1ʳᵉ VARIÉTÉ. Celle à fond rouge clair, avec une tache brune à tête de bélier à la partie antérieure, et des raies brunes et transverses en zigzag qui, en se réunissant, forment au milieu des courbes.

Tree-spider, Abbot, fig. 1.

2ᵉ VARIÉTÉ. Rouge, à lignes transverses, interrompues dans leur milieu et laissant une ligne longitudinale plus claire sur le dos. (Long. 15 lignes.)

Abbot, fig. 281.

3ᵉ VARIÉTÉ. A fond grisâtre, les taches fauves pâles ; les lignes de points bruns bien distinctes, plus noirs vers l'anus. (Long. 14 lignes.)

Abbot, *ibid.* fig. 6.

4ᵉ VARIÉTÉ. A fond blanc, avec des points et des raies noirs, mais les postérieures peu arquées. (Long. 11 lignes.)

Abbot, fig. 16.

Nouveau-Monde — Amér. septent. — Géorgie.

Les deux individus, d'après lesquels j'ai décrit cette espèce, se rapportent mieux à la seconde des variétés d'Abbot (p. 4, Pl. 2, n° 6), que les deux autres. Ces quatre variétés ont été figurées par Abbot comme des espèces différentes ; mais je ne doute pas que ce ne soit la même à différents âges, et elles ne me paraissent pas différer de l'*Aranea rufa* de Degéer. La variété 3 a l'abdomen plus arrondi à son extrémité, ce qui peut provenir de ce que c'était une jeune femelle pleine. La même cause aura distendu les lignes transverses et converti les arcs en lignes droites.

Les deux individus décrits par moi avaient onze lignes de long. Les mandibules sont brunes, longues et fortes, avec deux raies longitudinales grises ; la lèvre est noirâtre, et a une ligne enfoncée, transverse dans le milieu. Les mâchoires sont noirâtres, luisantes, écartées, plus hautes que larges ; arrondies et dilatées à l'extrémité externe. Le corselet, à sa partie antérieure, carré, et, à sa partie postérieure, arrondi ; il est couvert de poils blancs argentés. Poitrine brune. Les points bruns ou noirs du dos dessinaient sur l'individu desséché des espèces de losange. Le ventre d'un blanc jaunâtre. Les pattes sont allongées, fortes ; cuisses renflées, avec des anneaux bruns, des piquants noirs allongés, et des poils courts et blancs. La quatrième paire de pattes est la plus longue, la seconde ensuite ; la troisième est la plus courte ; les palpes sont grisâtres, minces, annelés de brun. Abbot, sur sa figure 6, dit : « Prise le 18 juillet dans une maison, près de la rivière Swamp, dans l'Ogechee (Ogeche River-Swamp). C'est la seule espèce de ce genre que j'aie rencontrée. » A la fig. 16, il dit : « Prise le 4 novembre sur un tronc d'arbre, près de la rivière Savannah. » Mais Abbot donne plus de détails sur la figure 1, ou la variété rouge, avec de larges taches brunes au lieu de ligne de points ; il la nomme Araignée-d'arbre (tree-Spider), et dit : « Prise sur un tronc dans la rivière Swamp (marais) d'Ogechee, le 5 mai. Elle ne fait pas de toile, mais se retire dans le creux des arbres : dans le beau temps, elle en sort et se tient immobile la tête en bas. Elle se nourrit d'Insectes qui s'arrêtent sur l'arbre ou rôdent dans le voisinage. Elle les saisit avec une promptitude surprenante. Si on la trouble, elle se retire aussitôt dans son trou. Cette espèce se trouve aussi dans les caves, les puits et quelquefois on la voit sur les murs des maisons. J'en ai rencontré un individu plus grand que celui qui est figuré dans le dessin. » (Abbot.) L'individu n° 281 a été pris dans l'intérieur d'une maison, et Abbot dit qu'elle est nommée Tarentule dans le pays.

2ᵉ Race. LES SAUTEURS. (*Saltatorii.*)

Yeux *de la ligne du milieu les plus gros.* **Yeux intermédiaires de**
la ligne antérieure un peu plus petits que les latéraux de la
même ligne.
Lèvre *large, carrée, bombée , un peu rétrécie à sa base.*
Corselet *court , en cœur.*
Abdomen *allongé , ovalaire.*

6. Dolomède ocyale. (*Dolomedes ocyale.*) Long. 5 lig. ♀.

Abdomen cylindroïde , jaune olivâtre, avec le dessous pâle
et bordé de deux raies obscures, peu marquées. Corselet brun
rougeâtre. Pattes d'un roux fauve, régulièrement annelées de noir.

Ocyale Atalante , Savigny, Aranéides d'Égypte , p. 149 et 150,
Pl. 4, fig. 10.
Ancien-Monde — Afrique — Egypte , environs de Jaffa.

La quatrième paire de pattes est la plus longue ; la seconde ensuite ; mais celle-ci n'excède que très-faiblement la première.
La troisième paire est la plus courte. L'abdomen se termine par·
six filières bi-articulées, peu saillantes ; les deux antérieures plus
épaisses et plus courtes que les deux postérieures. Le corselet est
plus court, rétréci et tronqué verticalement en devant, en cœur
inverse, à bandeau élevé en forme de triangle. Ce dernier caractère est commun à la race précédente et aux races de la famille de Sylvains, ou à la *Dolomedes mirabilis;* c'est ce qui avait·
porté Savigny à faire de cette espèce africaine un genre où il
plaçait la *Dolomedes mirabilis.* Mais ce genre est inadmissible.
Les yeux et les organes du mouvement diffèrent aussi dans la Mirabilis et l'Ocyale ; et il faudrait de même les séparer en deux genres. Cette espèce saute avec agilité sur sa proie.

7. Dolomède herbicole. (*Dolomedes plantarius.*) Long. 5 lignes
trois quarts à 7 lignes. ♂ ♀.

Abdomen d'un brun olivâtre ou fauve rougeâtre. Les bords du
dos poudrés de blanc ; dans le milieu une ligne fine·longitudinale
de points fins, blancs; et de chaque côté de cette ligne, à la partie

antérieure, une rangée de trois ronds blancs entourés de noir : à la partie postérieure, les blancs continuent sur quatre rangées. Ventre de couleur plus claire.

Dolomedes Plantarius, Hahn die Arachniden, vol. II, p. 6o, Pl. 64, fig. 149.— *Araneus Plantarius,* Clerck, Ar. Suec. p. 105, Spec. 17, Pl. 5, tab. 8. — *Dolomedes Riparius,* Hahn. — *Ibid.* p. 39, vol. II, Pl. 64, fig. 148.

Ancien-Monde — Europe — Suède, Allemagne.

Cette espèce varie. Dans celle que M. Hahn a nommée *Plantarius,* les quatre rangées postérieures de points blancs existent. Le corselet, qui est plus brun que l'abdomen, a aussi deux bandes de poils blancs. Dans celle qu'il a nommée *Riparius,* le corselet est sans bande blanche, olivâtre, et seulement bordé de brun, et à l'abdomen les deux raies longitudinales de points blancs manquent ; de sorte qu'on ne compte que douze de ces points, au lieu de vingt-cinq et vingt-six. Cette variété a 7 lignes de long, est la plus âgée, et a les couleurs les plus claires ; les poils blancs ou gris qui entourent le dos sont chinés de brun. Le mâle du Plantarius n'a que 4 lignes et demie ; il ressemble à la femelle.

L'individu de ma collection a 6 lignes de long ; il est de couleur fauve, uniforme ; le corselet grand, plus large que l'abdomen, d'un fauve uniforme, sans raies ni taches, et plus pâle que le dos de l'abdomen. Les pattes sont de même couleur que le corselet. L'abdomen allongé, s'amincissant vers l'anus. Tous les points blancs du dos, au nombre de vingt-deux sur deux lignes, à la partie antérieure, sur quatre à la partie postérieure, sont bien marqués, mais ils sont très-fins, et les poils blancs, sont dans des enfoncements, et point entourés de noir. Le ventre est d'un fauve doré, et a aussi quatre rangées de points enfoncées, mais de même couleur que le reste, et sans poils blancs ou gris. Le digital des palpes est allongé, ovalaire et pointu, très-légèrement renflé, quoique ce soit une femelle. La lèvre, ainsi que les mâchoires, sont glabres, luisantes, bombées. La lèvre n'est nullement échancrée ni creusée. La poitrine ou le sternum est rougeâtre, et a des enfoncements à la naissance des pattes, qui reçoivent une légère apophyse des hanches.

Cette espèce se rapproche de la Dolomède admirable, mais elle s'en distingue facilement par un corselet plus grand, plus déprimé, par ses yeux intermédiaires de la première ligne, qui ne sont ni aussi rapprochés, ni aussi petits, comparativement aux yeux latéraux de la même ligne, que dans la Dolomède admirable. Le bandeau est aussi moins perpendiculaire dans la Dolomède herbicole que dans l'Admirable.

3ᵉ Race. LES VIGILANTES. (*Vigilantes.*)

Yeux *de la ligne postérieure les plus gros. Yeux intermédiaires de la ligne antérieure plus petits que les latéraux de la même ligne.*

Lèvre *carrée, légèrement tronquée à son extrémité, arrondie sur les côtés.*

Corselet *court, en cœur.*

Abdomen *ovalaire, allongé, piriforme.*

8. **Dolomède merveilleuse.** (*Dolomedes mirificus.*) Long. 9 lignes.

Abdomen d'un brun rougeâtre, ovale, allongé, plus renflé dans son milieu. Ventre d'un brun rougeâtre. Corselet en cœur, d'un brun rougeâtre, avec une raie fine, longitudinale, dans le milieu, d'un rouge plus pâle, et une raie très-large, de même couleur, de chaque côté du corselet. (M.)

Monde-Maritime — Australie — Nouvelle-Zélande.

Le bord du bandeau au-devant du corselet forme une ligne droite. La ligne antérieure des yeux est plus large que les autres, et courbée en arrière; les yeux postérieurs, portés sur un tubercule, sont plus gros. Les yeux latéraux de la ligne antérieure sont au moins égaux à ceux de la ligne du milieu, s'ils ne sont pas plus gros. Les mâchoires sont singulièrement dilatées dans le milieu de leur côté extérieur, et creusées à l'intérieur, et entourant la lèvre : quoique droites et écartées, elles sont rougeâtres, velues. La poitrine est en cœur, rougeâtre, peu velue. Les mandibules sont noires, fortes, bombées dans leur milieu, courtes, courbées, et la rainure qui reçoit les crochets n'est dentée qu'au côté intérieur. Pattes allongées, fortes, la quatrième la plus longue, les trois autres presque égales ; mais la seconde paire excède la première sensiblement, et la première est un peu plus longue que la troisième. Les deux griffes principales sont pectinées à leur base.

23.

3ᵉ Famille. LES SYLVAINS. (*Sylvani.*)

Yeux antérieurs formant une ligne droite, très-inégaux
  entre eux, dont deux sont aussi gros, ou plus gros.
  que ceux des deux lignes postérieures.

1ʳᵉ Race. LES BREVI-TRONCS. (*Brevitronci.*)

Yeux *latéraux de la ligne antérieure égalant en grosseur ceux de
  la ligne du milieu.*
Lèvre *allongée, carrée, épaisse, plus haute que large.*
Corselet *court, en cœur.*
Abdomen *très-allongé, cylindroïde, se rétrécissant à la partie pos-
  térieure.*

9. Dolomède admirable. (*Dolomedes mirabilis.*) Long. 5 lig. ♂ ♀.

Abdomen ovale, bordé de chaque côté d'une bande festonnée,
d'un blanc très-vif, qui entoure le dos d'un beau fauve carmélite,
ayant dans le milieu des chevrons plus foncés et de même couleur.

Walckenaer, Aranéides de France, p. 34 et 35, n° 3, Pl. 4,
fig. 1. — *Ibid.*, Hist. nat. des Aranéides, fasc. 1, n° 9. — Martyn,
Aranei, p. 50, n° 19, Pl. 7, fig. 1. — *Araneus mirabilis*, Clerck,
p. 108, Spec. 19, Pl. 5, tab. 10.— *Aranea Rufo-fasciata*, De Géer,
t. VII, p. 269, n° 21, Pl. 16, fig. 1 à 8. — Schæffer, Insect.
Ratisbona, Pl. 187, fig. 5 et 6; 172, fig. 6. — Albin, Pl. 129,
fig. 141 et 143. Hahn, die Arachniden, t. II, p. 35, Pl. 51,
fig. 120 ♀. — *Ibid.* Monograph. Fascicul. 5, tab. 2. — *Ocyale
mirabilis*, Sundevall, p. 198, 1.
Ancien-Monde — Europe — France, Suède, Allemagne.

L'abdomen varie beaucoup, selon l'âge, et l'état de l'Aranéide.
J'ai observé les variétés suivantes.

Variété 1. Abdomen sans bandes blanches, avec des taches
latérales noires. Schæffer, Icon. 172, 6.

2. Bandes de l'abdomen d'un blanc roux, milieu du dos brun,
sans chevrons distincts.

3. Abdomen grisâtre (après la ponte).

Cette espèce, admirable en effet par son industrie, fait sa ponte en août: Elle entoure pour cet effet les extrémités des branches ou des herbes d'une toile en dôme ou en ballon, de la grosseur du poing, ouvert par en bas, et elle place au milieu son cocon qui est globuleux, d'un blanc un peu jaunâtre; et de la grosseur d'une groseille. Quand elle quitte sa demeure, elle emporte avec elle ce cocon : elle le tient serré contre sa poitrine et une partie de son ventre, au moyen de ses mandibules et de ses palpes. Dans son nid, elle ne quitte point ses petits qu'ils ne soient éclos. Lorsqu'elle est sur son cocon, rien ne l'effraie, et elle se laisse prendre plutôt que de l'abandonner. Dans tout autre temps, elle est farouche et fuit avec rapidité. Quand les petits sont éclos, ils restent agglomérés dans une des moitiés du cocon ouvert ou dans une partie du nid. Si on secoue ce nid, les jeunes Aranéides quittent aussitôt la portion du cocon où elles étaient blotties, et errent dans tout l'intérieur du nid ou de la toile. La femelle est souvent alors sur la surface extérieure de ce nid, sans qu'on puisse la contraindre à quitter sa toile ou à entrer dedans. Sa ponte est depuis 100 jusqu'à 150 œufs, selon l'âge.

Le mâle est semblable à la femelle, mais il a des couleurs plus vives. Cette Aranéide est la même que celle qu'a décrite Lister, *de Araneis,* p. 80, tab. 27, fig. 27 ; mais il a mal décrit les yeux, et n'a pas observé cette espèce avec le même soin que les autres.

10. DOLOMÈDE REMARQUABLE. (*Dolomedes mirus.*)
Long. 6 lignes et demie ♀.

Abdomen allongé, aminci vers l'anus en dessus, d'un fauve brun, avec deux bandes festonnées d'un blanc jaunâtre sur les côtés, et une bande ovale étroite, allongée, à la partie antérieure qui fait suite à une bande semblable du corselet. De chaque côté deux rangées de taches rondes, blanches, disposées longitudinalement, au nombre de douze. Ventre d'un jaune pâle.

Abbot, Pl. 65, fig. 321.
Nouveau-Monde — Amér. septent. — Géorgie.
« Prise le 6 juillet sur un petit pin, dans le bois de chêne du comté de Burke. Je n'ai jamais pris que ce seul individu. » (Abbot.)

Cette espèce ressemble tant par son aspect et ses couleurs à notre *Dolomède admirable,* que je suis tenté de croire qu'elle n'en est qu'une variété, et qu'elle ne s'est trouvée en Amérique que parce qu'elle y a été importée. Ses points blancs la rapprochent de la Dolomède herbicole (*plantarius*), mais elle a ses trois bandes longitudinales blanches du corselet fortement tranchées, ainsi que les bandes festonnées de l'abdomen. Elle a aussi des rapports par ses points blancs avec la Dolomède ponctuée de l'île Guam.

11. **Dolomède verceté.** (*Dolomedes virgatus.*) Long. 8 lignes ♀.

Corselet, abdomen et pattes d'un jaune-oranger uniforme; abdomen ayant dans le milieu du dos une suite de quatre à cinq faisceaux en gerbe, ou verges, formés par de petits traits plus foncés qui font suite à trois autres semblables qui sont sur le corselet, et dessinent une figure continue, accompagnée sur les côtés de l'abdomen de petits traits inclinés. Pattes annelées de brun, seulement aux articulations.

Abbot, Pl. 59, fig. 291, p. 24.
Nouveau-Monde — Amér. septent. — Géorgie.
« Prise sur un buisson de pin, le 1er juin, dans les bois de chêne du comté de Burke. C'est le seul individu que j'aie jamais rencontré. » (Abbot.)

Cette espèce a tout-à-fait la forme et l'aspect de notre *Mirabilis*, mais elle est plus grande et elle en diffère aussi par le dessin de son abdomen.

2ᵉ Race. LES LONGI-TRONCS. (*Longitronci.*)

Yeux *latéraux de la ligne antérieure égalant ou surpassant en grosseur ceux de la ligne du milieu.*
Lèvre *carrée.*
Corselet *ovale, allongé, convexe.*
Abdomen *ovale, étroit, peu allongé.*

12. **Dolomède Dufour.** (*Dolomedes Dufourii.*) Long. 5 lig. ♀.

Abdomen de la longueur du corselet, blond, picoté de noir et marqué de deux taches dorsales, l'une vers son tiers antérieur, l'autre vers son extrémité.

Dolomedes spinimanus, Léon Dufour, Description de cinq Arachnides, dans les Annales générales des Sciences physiques, t. V, p. 5o, Pl. 76, fig. 3.

Ancien-Monde — Europe — Espagne, sous des pierres, dans les montagnes de Gironne, en haute Catalogne.

Les pattes sont de moyenne longueur, mais assez robustes, surtout les deux premières paires. La première paire est la plus longue, ensuite la seconde ; la troisième est la plus courte ; mais le dessin de M. Dufour n'est pas d'accord avec sa description : ce dessin nous donne une première paire beaucoup plus longue que les autres, et une quatrième plus longue que la seconde. M. Dufour nous apprend que le fémoral et le métatarse des pattes antérieures sont pourvus de piquants tout-à-fait couchés dans l'inaction, mais qui se redressent selon la volonté de l'animal sur leur base, qui est bulbeuse. M. Koch ayant aussi donné le nom de Spinimane à une autre espèce de Dolomède, nous avons dû changer le nom imposé à celle-ci par l'habile naturaliste qui l'a décrite le premier.

Affinités du genre Dolomède. Le genre Dolomède est un des plus naturels, et cependant un de ceux qu'il est le plus difficile d'assujettir à la méthode et à des caractères rigoureux de classification. Ses yeux, les organes de la bouche, ses couleurs variées, sa conformation générale, en font distinguer facilement les individus de tous les autres genres d'Aranéides, mais il se lie à plusieurs genres. C'est avec les Lycoses, auxquelles ils se trouvaient autrefois réunis que les Dolomèdes ont le plus de ressemblance ; et entre la famille des Pirates, dans le genre Lycose et la race des Dolomèdes campestres riveraines, le passage est étroit et les mœurs diffèrent peu ; mais elles diffèrent beaucoup dans les familles et les races suivantes, et dans les grandes espèces. Par la forme de leur abdomen, leurs yeux, leurs pattes, dont la seconde surpasse quelquefois la première, les Dolomèdes ont des rapports d'analogie très-grands avec les genres Philodromes, les Delènes, autrefois compris dans les Araignées crabes. Les grandes toiles que forme le Dolomède admirable rapprochent ce genre des Clubiones fileuses et des Tégénaires, et les Dolomèdes Dufour et Lycæne ont quelque chose des habitudes et des mœurs qui les rapprochent de certains Clubiones et de certains Drasses ; mais les Dolomèdes, par la forme allongée et conique de leur abdomen, et le bandeau élevé et la tête rétrécie par haut, de la famille des Sylvains, s'allient étroitement avec les Sphases. Certains Ctènes, tel que le Ctène bordé, ont de tels rapports de ressemblance avec quelques espèces de Dolomèdes, qu'on pourrait les confondre si ces deux genres ne s'écartaient pas beaucoup entre eux par la position de leurs yeux. Les Dolomèdes, quoique féconds, ne se rencontrent que rarement, et échappent, lorsqu'on veut les prendre, par leur extrême vivacité; c'est ce qui contribue encore à en rendre l'étude difficile.

7ᵉ Genre. STORÈNE. (*Storena*.)

Yeux, *huit, presque égaux, occupant le devant et les côtés du corselet sur trois lignes ; ceux de la ligne antérieure, au nombre de deux, écartés entre eux, et assez loin du bandeau et de la seconde ligne, qui est composée de quatre yeux ; les intermédiaires plus rapprochés entre eux qu'ils ne le sont des latéraux ; la troisième ligne composée de deux yeux plus rapprochés entre eux que les intermédiaires de la seconde ligne ne le sont entre eux, et plus rapprochés de ces intermédiaires de la seconde ligne que ceux-ci ne le sont des quatre autres ; de sorte que ces intermédiaires de la seconde ligne, et les yeux postérieurs ou de la troisième ligne, forment un quadrilatère plus étroit par en haut.*

Lèvre *ovale allongée, arrondie à son extrémité.*

Mâchoires *allongées, cylindriques, inclinées sur la lèvre.*

Pattes *de longueur médiocre, les antérieures les plus longues ; cuisses renflées. La première paire la plus longue, ensuite la seconde, et après la troisième.*

1. **Storène bleue.** (*Storena cyanea*.) Long. 3 lignes.

Abdomen bleu foncé avec des taches. Corselet bombé à sa partie antérieure d'un rouge vif un peu lavé de noir aux yeux ; lèvre et mâchoires rouges. Pattes rouges, un peu lavées de noir à leur extrémité. Mandibules coniques.

Storène bleue, Walckenaer, Tabl. des Aranéides, 1805, in-8°, p. 83, Pl. 9, fig. 85 et 86.

Monde-Maritime — Australie — Nouvelle-Galle méridionale.

Affinité du genre Storène. Par les yeux, ce genre a de fortes affinités avec les Latrodectes ; mais par ses pattes, dont la troisième est plus grande que la quatrième, il tient à certaines familles de Philodrome et de Thomises ; il y tient aussi, de même qu'aux Théridions, par ses mâchoires inclinées sur la lèvre. Cette lèvre et ces mâchoires ont tant de ressemblance avec celles de l'Araignée aquatique, que dans notre premier tableau nous avions placé ce genre près du genre Argyronète.

8ᵉ Genre. CTÈNE. (*Ctenus.*)

Yeux *inégaux entre eux, occupant le devant et les côtés du corselet sur trois lignes ; deux sur la ligne antérieure assez rapprochés entre eux pour former un carré avec les yeux intermédiaires de la seconde ligne, qui sont au nombre de quatre. Cette seconde ligne, tantôt droite, tantôt courbée en avant, selon la position des yeux latéraux placés sur une élévation qui leur est commune avec les yeux de la troisième ligne : ceux-ci, au nombre de deux, très-écartés entre eux, de manière à former la ligne la plus large. Ces huit yeux figurent un carré intermédiaire, projeté en avant et accompagné de chaque côté de deux yeux latéraux, dont le postérieur est toujours plus reculé que les yeux postérieurs du carré intermédiaire.*

Lèvre *carrée plus haute que large, rétrécie à sa base, dilatée dans son milieu.*

Mâchoires *droites, écartées, plus hautes que larges, coupées obliquement, et légèrement échancrées à leur côté interne.*

Pattes *allongées, fortes ; la première paire la plus longue.*

Aranéides.

Ire Famille. LES AMBIGUES. (*Ambiguæ.*)

Yeux latéraux de la seconde ligne plus bas que les yeux intermédiaires de la même ligne, et formant avec eux une ligne courbée en avant.

1. Ctène bordé. (*Ctenus fimbriatus.*) Long. 8 lignes ♀.

D'un brun rougeâtre, carmélite. Corselet et abdomen entourés d'une bande d'un blanc jaune très-clair. Corselet allongé.

Ancien-Monde — Afrique — Cap de Bonne-Espérance. Collection de M. Audinet-Serville.

Cette espèce ressemble tellement au Dolomède bordé, qu'au premier coup d'œil on peut la confondre avec cette Aranéide, quoiqu'elle en diffère génériquement. Comme dans toutes les espèces de cette race, le bandeau est grand et non coupé perpendiculairement, mais en pente. Les quatre yeux postérieurs sont les plus gros; ces yeux sont rouges de feu; ceux de la ligne intermédiaire, blanchâtres. Les latéraux ont leur axe visuel dirigé de côté. L'abdomen et le corselet sont couverts de poils courts, soyeux. La bande jaune du corselet est large et fortement tranchée. Le corselet est ovalaire, allongé, élargi dans son milieu. La lèvre est épaisse, carrée. Les mâchoires brunes, larges, arquées à leur intérieur, arrondies à leur côté extérne. La poitrine enfoncée en cœur, couverte de poils roux. L'abdomen est ovale, bombé, un peu plus allongé que le corselet, mais dans l'état de dessiccation plus étroit. Les pattes sont grandes, fortes, à cuisses renflées, armées de piquants très-longs et de même couleur que le corps. La quatrième paire est la plus longue, la seconde ensuite la troisième est la plus courte.

2. Ctène janéire. (*Ctenus janeirus.*) Long. 7 lig. ♀.

Corselet rougeâtre. Abdomen ovale très-allongé, pointu. Ventre brun, avec des lignes fines jaunes. (M.)

Nouveau-Monde — Amér. mér. — Rio-Janeiro.

Le bandeau est dans cette espèce très-allongé, ainsi que dans l'espèce précédente. Les mandibules sont très-fortes, bombées, proéminentes, conniventes, et ont sur le dos des poils fauves dorés. Les yeux sont noirs, comme ramassés en un croissant dont les pointes figurées par les yeux postérieurs, paraissent très-anguleuses. Les pattes sont allongées, fines, la première paire beaucoup plus longue que la quatrième.

2ᵉ Famille. LES FRANCHES. (*Genuinœ.*)

Yeux latéraux de la seconde ligne au niveau des yeux intermédiaires de la même ligne , et formant avec eux une ligne droite.

3. Ctène sanguinolent. (*Ctenus sanguineus.*)
Long. 10 lignes et demie. ♀.

Abdomen ovale allongé , d'un rouge brun en dessus, d'un rouge clair en dessous. Corselet ovale , très-épais , d'un brun rougeâtre velouté. Cuisses des pattes rouges ou semées de taches pourpres. (M.)

Nouveau-Monde — Amér. mérid. — Brésil.

Les yeux postérieurs sont les plus gros. L'axe visuel des quatre yeux antérieurs est dirigé en avant. Les antérieurs latéraux qui sont les plus petits, ont leurs axes dirigés en bas , tirant sur les côtés ; ceux des postérieurs sont dirigés en arrière. Ces yeux sont d'un rouge clair. Les mandibules sont fortes, allongées , bombées à leur partie antérieure, recouvertes de poils longs et noirs mêlés de poils blanchâtres ou fauves. Elles sont noires à leurs extrémités et dépourvues de poils. Pattes allongées, fortes, les antérieures les plus longues ; elles ont dix-neuf lignes de long. La seconde paire et la quatrième ne diffèrent pas sensiblement ; la troisième est la plus courte. La quatrième paire a seize lignes de long. Le corselet quatre lignes de long : sa largeur est de quatre lignes. Les pattes sont d'un brun rouge comme le corselet ; mais les pattes postérieures sont d'une couleur plus claire, et ont la troisième paire de pattes toute rouge. Toutes ces pattes ont des poils fauves, avec des piquants très-longs et très-abondants aux tarses.

4. Ctène unicolore. (*Ctenus unicolor.*) Long. 8 lig. ♂ ♀.

Abdomen ovale , allongé , moins long et moins large que le cor-

selet, recouvert de poils fauves jaunâtres ou grisâtres comme le
corselet, mais plus pâles. (M.)

Dolomedes concolor, Perty, Delect. anim. quæ init. per Bras.
coll. de Spix J. Martius, p. 197, Pl. 39, fig. 4.

Nouveau-Monde — Amér. mérid. — Brésil, de Rio-Janeiro et de
Saint-Sébastien.

Les yeux intermédiaires de la ligne antérieure égalent ou surpassent en grosseur les yeux de la ligne postérieure, les quatre
autres sont plus petits. Tous les yeux sont bruns, et ont un cercle
rouge ou orange qui entoure la prunelle. Les mandibules sont
fortes, allongées, cylindriques, comme dans les Lycoses; elles sont
rouges, et couvertes de poils gris. Le corselet a 5 lignes de long, et
4 lignes dans sa plus grande largeur; il est très-élevé, garni de poils
fauves. Les palpes sont allongés et revêtus de poils fauves, avec des
piquants très-longs. Le digital du mâle a une capsule ovale, comme
les Ségestries, et le conjoncteur est de même ovale, pointu, piriforme. Les pattes sont longues, fortes, recouvertes de poils fauves, bruns, avec des piquants noirs très-forts. La première paire
est la plus longue et a 15 lignes et demie de long; la seconde, la
plus longue ensuite, en a 14.

Cette espèce diffère du Ctène douteux par la couleur de ses
mandibules, et du Ctène sanguinolent par la couleur de ses yeux
et d'autres caractères.

5. CTÈNE DOUTEUX. (*Ctenus dubius.*) Long. 9 lignes, ♂.

Mandibules ayant une reflet bleu azuré, violet. Corselet rouge
ferrugineux, bordé d'une ligne jaune sur les côtés. Pattes ferrugineuses, annelées de taches obscures peu marquées, et revêtues
de piquants très-longs. (Collection de l'ancienne Société d'hist. nat.
de Paris.)

Ctène douteux, Walckenaer, Tabl. des Aranéides, 18, Pl. 3,
fig. 22.

Nouveau-Monde — Amér. septent. — Cayenne.

Les mâchoires ont aussi un reflet bleuâtre. Le corselet est large,
peu allongé. Les pattes sont étendues latéralement. Les yeux intermédiaires de la seconde ligne sont les plus gros. La première paire
de pattes est plus longue que la seconde; sa longueur est de onze
lignes (la quatrième manque); la troisième est la plus courte.

6. **Ctène roux.** (*Ctenus rufus.*) Long. 5 lignes, ♂.

Corselet allongé. Abdomen ovoïde allongé, mais pas plus long ni plus large que le corselet, grossissant légèrement vers sa partie postérieure, très-bombé sur le dos, entièrement nu ou glabre; d'un roux orangé foncé; un peu plus brun que le corselet et les pattes. Ventre de même couleur. Mandibules renflées à leur naissance.

Nouveau-Monde — Amér. mérid. — De la Guiane. Ma collection. Rapportée par MM. Doumerc et Leschenault.

Je n'ai pu apercevoir aucune trace d'ouverture à l'endroit des parties sexuelles; ce qui ferait présumer que c'est peut-être un jeune mâle, mais ses palpes n'en offrent aucun indice. Cette espèce a la forme et l'aspect de la Lycose campestre. Les yeux sont noirs, saillants, très-inégaux en grosseur. Les deux postérieurs du carré intermédiaire et les deux postérieurs latéraux, ou ceux de la troisième ligne, sont plus gros que les quatre autres; les plus petits sont les latéraux antérieurs. Les deux gros yeux postérieurs du carré intermédiaire présentent, sous un certain jour, un iris très-noir, entouré d'un cercle oranger brillant comme un œil de chat. Les autres sont noirs et n'ont point ce reflet. Le corselet est coupé en carré à sa partie antérieure rougeâtre, et il a un sillon très-fin, longitudinal dans son milieu. Le sternum est en cœur arrondi; rougeâtre, ferrugineux, sans taches; couvert de poils fins, blanchâtres. Les mandibules sont d'un rouge ferrugineux et très-fortes, mais tellement bombées à leur partie antérieure, qu'elles paraissent presque articulées horizontalement, comme les mandibules des Théraphoses, quoiqu'elles le soient verticalement; de sorte que, vues de côté, elles sont coniques : elles ont des poils rougeâtres sur le côté, et une bosse allongée, luisante et glabre; qui sert à faciliter leur mouvement. Les mâchoires sont d'un rouge ferrugineux sans taches, ainsi que la lèvre, également bordée de poils de la même couleur. Les pattes sont allongées, fortes, propres à la course, et semblables à celles d'une Lycose. La quatrième paire est sensiblement la plus longue; la troisième est la plus courte, mais cependant elle égale presque la seconde en longueur. Ces pattes sont d'un rouge ferrugineux, glabre, avec des piquants noirs très-abondants; les deux griffes principales sont pectinées.

7. CTÈNE BRUN. (*Ctenus fuscus.*) Long. 4 lig. ♀.

Abdomen allongé, bombé, brun, avec deux figures, en triangle ou fer de lance, surmontées l'une par l'autre, dans le milieu du dos.

Nouveau-Monde — Amér. mérid. — Guiane. (Rapporté par MM. Doumerc et Leschenault.)

Forme du Rufus; mais il en diffère par les yeux, moins inégaux entre eux, et dont les quatre latéraux postérieurs sont portés sur une éminence plus élevée. Tous ces yeux offrent un iris noir entouré d'un cercle orangé. Cette Aranéide diffère aussi du Rufus par le bandeau, qui est brun ou noir entre les yeux, et bordé de petits points blancs, comme dans la Dolomède admirable. Son corselet est aussi plus relevé, moins arrondi à sa partie antérieure. Il est brun foncé, presque noir sur les côtés, et il a dans le milieu une raie formée par des poils d'un roux vif-clair, qui s'élargit à l'approche de la tête, commençant par une pointe à la partie postérieure. Ce corselet est entouré d'une large raie de poils roux, comme la raie du milieu. Le Ctène brun diffère encore du roux par des mandibules qui ne sont pas aussi renflées à leur naissance, et ont l'air d'être plus verticales et de niveau avec le bandeau : ces mandibules sont d'ailleurs noires en devant, et bordées sur les côtés de poils roux, pareils à la raie latérale. Enfin il diffère encore du Rufus par un abdomen ovoïde très-bombé (au lieu d'être cylindroïde), par le dessin de cet abdomen, par son ventre qui est gris et non rouge, comme dans le Ctène roux. Les parties sexuelles, dans le Ctène brun femelle, offrent une fente accompagnée de deux lèvres. Le Fuscus diffère encore du Rufus par des mâchoires moins dilatées à leur extrémité, et qui sont, ainsi que la lèvre, d'un rouge uniforme. Les palpes sont fortement annelés de blanchâtre et de brun noir. Les pattes qui manquent sont probablement de même.

Ainsi la Guiane renferme au moins trois espèces différentes du genre Ctène.

8. CTÈNE D'OUDINOT. (*Ctenus Oudinoti.*) Long. 3 lignes.

Corselet court, en cœur. Abdomen ovale allongé, pointu à son extrémité postérieure, noir, ainsi que le corselet, mais rayé ainsi

que lui de quatre raies blanches longitudinales, dont les deux
intermédiaires s'écartent l'une de l'autre dans le milieu et se rapprochent en angle à leur extrémité : les deux latérales sont festonnées. Pattes de couleur plus pâle, avec des taches noires, de
longs poils et des piquants.

Ancien-Monde — Europe — France, aux environs de Paris.

Au moyen des bandes longitudinales blanches, qui se correspondent, cette jolie espèce d'Aranéide se trouve régulièrement
rayée, comme ces étoffes auxquelles on donnait autrefois le nom
de siamoises. Elle a été trouvée par Oudinot, qui, longtemps
peintre en chef pour le Muséum d'histoire naturelle de Paris,
avait fait une étude particulière des Araignées. Je ne connais cette
espèce que par un dessin très-détaillé qu'il en a fait, où les yeux
sont bien figurés, et qui se trouve accompagné d'une courte
note descriptive. Albin, *Natural history of Spiders*, Pl. 34,
fig. 167, p. 51, a aussi trouvé en Angleterre une espèce de Ctène,
qui pourrait bien être la même espèce que celle d'Oudinot. Sa
figure lui donne 4 lignes de long et un abdomen ovale allongé.
Le corselet d'un vert pâle, avec deux bandes brunes. L'abdomen
sur le dos est brun, avec une longue raie longitudinale, verte
dans le milieu. Les pattes et les palpes bruns : ces derniers très-
minces. Albin a trouvé cette espèce courant, le 4 août, dans End-
field-Chace.

3ᵉ FAMILLE. **LES PHONEUTRES.** (*Phoneutriæ.*)

Yeux latéraux antérieurs très-reculés des intermédiaires, et
    très-rapprochés des latéraux postérieurs, formant
    avec les yeux intermédiaires une courbe très-forte-
    ment prononcée en arrière, et laissant isolés les
    yeux qui forment le carré antérieur.

9. CTÈNE RUFIBARBE. (*Ctenus rufibarbis.*) Long. 14 lig. ♀.

Corselet allongé, étroit, figurant un parallélogramme légèrement arrondi sur les côtés, et élargi à sa partie postérieure.
Abdomen ovoïde pas plus allongé que le corselet, de couleur
jaune rougeâtre, ayant sur le dos trois lignes de points blancs
disposés longitudinalement. Pattes allongées; la première et la

quatrième paire presque égales ; la troisième beaucoup plus courte.
Lèvre arrondie.

Phoneutria rufibarbis, Perty, Delect. anim. articul. quæ in itin.
per Brasil. collig. de Spix et Martius, p. 196 et 197, tab. 9, fig. 2.
    Nouveau-Monde — Amér. mérid. — Brésil, sur les bords du
Rio-Janeiro.

10. **Ctène sauvage.** (*Ctenus ferus.*) Long. 15 lig. ♀.

D'un brun-foncé uniforme ; pattes noires légèrement velues.

Phoneutria fera, Perty, *ibid.* p. 197, tab. 39, fig. 3.
Nouveau-Monde — Amér. mérid. — Brésil, bords du Rio-Negro.

Les yeux latéraux de la seconde ligne sont un peu moins rapprochés des postérieurs, et un peu moins éloignés du carré antérieur que dans l'espèce précédente. Cette famille s'éloigne par ses
yeux de celle des Ctènes franches ; mais, par l'ensemble de ses
rapports, elle appartient à ce genre, et ne doit pas, par conséquent, former un genre spécial.

Affinités du genre Ctène. C'est avec les Lycoses et les Dolomèdes que les Ctènes ont le plus d'affinités. La première famille,
celle des Ambigues, a, dans plusieurs de ses espèces, la plus
grande ressemblance par la forme du corps, et même par les couleurs, avec les Dolomèdes qui se rapprochent le plus des Lycoses.
Les Ctènes de la seconde famille, dont le corselet est plus court,
ressemblent plus aux Dolomèdes Sylvains par les mâchoires et la
lèvre. Ce genre se rapproche du genre Dolophone ; et, par sa
troisième famille, les Phoneutres, il a des rapports d'analogie
avec le genre Sphase.

9ᵉ Genre. HERSILIE. (*Hersilia.*)

Yeux *au nombre de huit, inégaux entre eux, ras-
semblés sur une éminence du corselet, disposés sur deux lignes transverses recourbées en
arrière. Les intermédiaires antérieurs plus
grands; les latéraux antérieurs très-petits;
les quatre intermédiaires figurant un carré
parfait; et les quatre latéraux, deux lignes
parallèles.*

Lèvre *courte, large, transverse, arrondie sur les côtés,
très-faiblement rétrécie au sommet.*

Mâchoires *convergentes, très-inclinées sur la lèvre,
petites, oblongues, rétrécies et contiguës à
leur sommet.*

Pattes *allongées; les antérieures les plus longues; la
troisième très-courte; tarses divisés en deux
articles.*

Aranéides.

1. Hersilie caudée (*Hersilia caudata.*) Long. 3 lig. ♀.

Roux, le corselet marqué de deux bandes dorsales brunes, et
bordé de taches de la même couleur. Abdomen ovale, déprimé,
varié sur le milieu de deux rangées contiguës de taches cannelées
brunes, et sur les côtés de traits bruns obliques, et terminés par
des filières-tentacules très-allongées.

Savigny, Aranéides d'Égypte, p. 114, Pl. 1, fig. 8.—Lucas,
Mag. de Zoologie de Guérin (1836), VIII, 12, fig. 1 à 7.

D'Égypte, prise dans les environs du Caire.

Le corselet est sous-orbiculaire, rétréci et élevé verticalement
sur le devant; le sternum est ovale, terminé postérieurement en
pointe. L'abdomen est terminé par six filières; les filières tenta-

cules très-longues et distinctement tri-articulées. Les mandibules
sont abaissées perpendiculairement, petites, coniques, à gouttière oblique, armées d'un seul rang de dentelures et à crochets
très-relevés dans le repos. Les tarses sont armés de deux griffes
supérieures, bidentées à la base, d'un ongle inférieur simple, et
de deux dentelures en scie; mais ils offrent cette singularité qu'ils
sont subdivisés en deux articles.

2. HERSILIE INDIENNE. (*Hersilia Indica.*) Long. 3 lig. 1/2. ♂ ♀.

La femelle.—Corselet et abdomen arrondis : tous deux élargis à
leur partie postérieure d'un jaune sale, avec des traits et des points
noirs. Ventre d'un jaune clair ; milieu piqueté de brun et jaune
plus foncé. Filières-tentacules très-allongées. Mandibules petites,
jaunâtres, à crochets très-petits, roussâtres.
Le mâle. — Corps plus allongé et plus grêle que dans la femelle.
Mandibules noirâtres, couvertes de poils fauves, à crochets noirs.
Palpes courts, dont le digital présente une capsule en ovale, allongée, pointue à son extrémité, renfermant dans son intérieur un
conjoncteur à cône tronqué supportant un conjoncteur surnuméraire, arrondi à sa base, doublement échancré à son extrémité
et terminé par un petit appendice cylindroïde.
Hersilia Savignyi, Lucas, Magasin de Zoologie de Guérin (1836),
t. VIII, p. 7, Pl. 13, fig. 1. Long. 8 lig. et demie. — *Hersilia Indica*, Lucas, *ibid*. Pl. 13, fig. 2. Long. 3 lig. (Une jeune.)
Ancien-Monde—Asie.—Côte du Malabar, environs de Bombay.
La variété de la *Hersilia Savignyi* présente sur le dos deux lignes
noires, légèrement festonnées, opposées en croissant, avec un
petit rond noir obscur à la partie postérieure. Dans l'*Hersilia
Indica* les raies noires ne sont pas festonnées, et il y a des points
noirs, au lieu de ronds, à la partie postérieure. Légères variétés
d'âge qui n'ont pu fournir que deux descriptions, et deux figures,
presque identiques, au jeune entomologiste qui le premier a fait
connaître cette espèce.

Affinités du genre Hersilie. Par ses yeux, ce genre semble se
rapprocher des Dolomèdes et des Sphases. Par ses mâchoires, et sa
lèvre du genre Storène, et aussi des Théridions et des Scytodes.
Ses longues filières tentacules et la forme de son abdomen lui
donnent de grands rapports de ressemblance avec les Agelènes,
les Lachésis, les Tégénaires.

10ᵉ Genre. SPHASE. (*Sphasus.*)

Yeux, *au nombre de huit, inégaux entre eux, placés sur le devant et les côtés du corselet sur quatre lignes par paire figurant un pentagone allongé. Les deux yeux antérieurs les plus rapprochés de tous, et ceux de la troisième ligne les plus écartés, pouvant être considérés comme formant avec ceux de la ligne postérieure une seule et même ligne très-courbée en avant.*

Lèvre *allongée, étroite, dilatée à son extrémité, plus étroite à sa base.*

Mâchoires *étroites, allongées, cylindriques, droites, arrondies à leur extrémité ; les deux côtés formant des lignes droites parallèles.*

Pattes *allongées, fines.*

Aranéides *courant après leur proie et se renfermant dans des feuilles qu'elles rapprochent pour pondre leurs œufs. Cocon orbiculaire aplati.*

1. Sphase hétéropthalme. (*Sphasus heteropthalmus.*)
Long. 4 lignes et demie ♀, ou 3 lignes ♂.

Abdomen ovoïde, allongé, s'amincissant vers l'anus, de couleur rouge dans la femelle, noir dans le mâle, ayant en dessus un ovale entouré d'une bande blanche, une ligne blanche courbée sur les côtés, et à la partie postérieure cinq ou six chevrons blancs. Pattes fauves, annelées, velues.

Walckenaer, Aranéides de France, t. 1, p. 36, Sp. 1. — *Ibid.* Hist. Nat. des Aranéides, fasc. 3, tab. 8. — *Oxyopes variegatus*, Koch,

131, 1 (le mâle), 2 (la femelle). — *Oxyopes variegatus*, Latreille, Gener. Crust. et Insect. t. 1, p. 116, tab. 4, fig. 9. — *Oxyopes variegatus*, Hahn, *die Arachniden*, in-8°, 2, p. 36, Pl. 52, fig. 121.

Ancien-Monde — Europe — Dans le midi de la France, et en Allemagne aux environs de Nuremberg et de Ratisbonne.

Le mâle a l'abdomen très-allongé.

Comme toutes celles du même genre, cette espèce a les mandibules perpendiculaires, terminées par un onglet assez petit. Le corselet est ovoïde, étroit et tronqué antérieurement. Il est gris, velu, et presque aussi long que l'abdomen. Les côtés du dos et le ventre sont recouverts de poils gris surmontant quatre raies longitudinales, dont les latérales sont les plus larges. Ces raies sont séparées par trois lignes fines de couleur rougeâtre ou carmélite, irrégulièrement tachées de bistre très-clair. Les pattes ont des piquants très-longs. Hahn dit que cette espèce saute comme une de celles du genre Atte. Les palpes du mâle sont fauves, et ont un digital noir, ovale et allongé ; la pointe de la cupule se recourbe en dessus, et le conjoncteur qu'elle renferme se recourbe aussi en dessous en sens contraire. M. Koch dit que les organes du mâle sont développés en mai et en juin. Il ajoute que cette espèce est commune dans toutes les forêts. Pourtant elle est rare en France. Jamais nous ne l'avons prise nous-même, et nous ignorons encore l'industrie, et la forme du cocon des Aranéides de ce genre.

2. SPHASE ITALIEN. (*Sphasus italicus.*) Long. 5 lig. ♀.

Corselet rouge. Abdomen fauve, avec trois raies longitudinales brunes sur le dos, celle du milieu renfermée dans les deux autres et dentée des deux côtés ; les raies latérales festonnées sur leurs bords externes.

Sphase transalpin, Walckenaer, Aranéides de France, p. 37, Pl. 4, fig. 2. — *Ibid.* Hist. nat. des Aranéides, fasc. 4, tab. 8.

Ancien-Monde — Europe — Italie.

Les yeux postérieurs dans cette espèce paraissent moins inégaux que dans le Sphase héteropthalme, et sont placés sur des taches noires.

3. Sphase rayé. (*Sphasus lineatus.*) Long. 3 lig. et demie. ☿.

Abdomen d'un brun foncé, rayé dans toute sa longueur de roussâtre clair. La ligne du milieu du dos bifide en devant.

Walckenaer, Aranéides de France, p. 37, n° 2. — *Oxyopes variegatus*, Latreille, Gener. Crust. et Insect. t. 1, p. 117, spec. 2.

Ancien-Monde — Europe — France, environs de Bordeaux.

Les mandibules et le corselet sont d'un jaune roux pâle ; les mandibules ont une raie noirâtre. Le corselet en a trois de la même couleur et longitudinales.

4. Sphase conchinchinois. (*Sphasus conchinchinensis.*) ☿.
Long. 3 lignes et demie.

Abdomen cylindro-conique, avec trois bandes longitudinales, alternativement d'un jaune argenté, à éclat métallique et rouge. Les bandes latérales sont bordées d'une petite ligne noire, et vers le corselet est une petite ligne métallique qui les double, et qui court parallèlement à elles. De chaque côté est une ligne rougeâtre orangé, puis une ligne longitudinale de couleur obscure dans le milieu du dos, diminuant de grosseur et terminée en pointe à sa partie postérieure, bordée d'une ligne métallique très-fine. Le ventre est brun dans le milieu, recouvert d'un duvet jaune, bordé par les côtés d'une raie large argentée un peu jaunâtre. (M.)

Ancien-Monde—Asie—De Cochinchine. Apporté par M. Diard.

Les six yeux postérieurs sont placés sur une tache noire ; ceux de la seconde ligne sont plus gros. Dans ceux des deux premières lignes, l'axe visuel est dirigé en avant, ceux de la troisième ligne latéralement, la quatrième verticalement. Ces yeux sont placés au sommet d'un bandeau très-élevé, et qui se rétrécit à sa partie postérieure, formant comme une espèce de triangle équilatéral. Des poils d'un jaune vif entourent les yeux. Le corselet est en cœur, bombé, glabre, rougeâtre, ainsi que la tête et le bandeau. Les mandibules sont allongées, tombant verticalement, cylindro-coniques. Les mâchoires, la lèvre et la poitrine sont rougeâtres, un peu velues ; la lèvre est très-échancrée. Les palpes sont courts et fins. Les pattes sont allongées, fines, rougeâtres comme le corselet, avec des piquants noirs très-longs, courbés.

5. Sphase indien. (*Sphasus indicus.*) Long. 5 lignes.

Abdomen ferrugineux, bordé de noir. Corselet et pattes ferrugineux.

Des Indes orientales, au Bengale, d'où cette Aranéide m'a été
envoyée.

Walckenaer, Tabl. des Aranéides, Pl. 3, fig. 23 et 24.

Les pattes sont très-longues, revêtues de piquants abondants et
apparents. La quatrième paire est la plus longue, la seconde
ensuite.

6. Sphase Timorien. (*Sphasus Timorianus.*) Long. 5 lig. ♂.

Abdomen ovale allongé, très-pointu à sa partie postérieure,
bordé de rouge à sa partie antérieure proche le corselet. Ligne
blanche, longitudinale dans le milieu. Deux traits blancs longitudinaux, bordés de rouge et de noir à la partie antérieure proche le corselet, n'atteignant pas la moitié de l'abdomen. Ligne
d'un blanc éclatant bordée de noir, régnant sur les côtés. Ventre
d'un noir foncé éclatant, entouré ou encadré dans une bordure
blanche. Bouche et sternum d'un jaune aqueux, comme le corselet et les pattes. (M.)

Monde-Maritime — Malaisie, île Timor.

Les yeux de la troisième ligne m'ont paru plus écartés que dans
le Sphase Indien ; mais ce Sphase Timorien doit être comparé au
Sphase Conchinchinois auquel il ressemble.

7. Sphase alexandrin. (*Sphasus Alexandrinus.*) Long. 4 lig. ♂.

Abdomen soyeux, brun en dessus, avec une large bande longitudinale d'un brun beaucoup plus clair, surtout vers les bords,
à laquelle aboutissent trois raies blanchâtres qui traversent obliquement les côtés. Ventre blanchâtre, avec une bande obscure
aboutissant à l'anus.

Savigny, Arachnides d'Égypte, p. 142, Pl. 4, fig. 1.

Ancien-Monde — Afrique — Égypte. Prise dans le désert près
d'Alexandrie.

Le corselet est soyeux, brun, avec trois bandes blanchâtres, deux exactement marginales, étroites, et une intermédiaire large, terminée en pointe près des yeux. Pattes annelées de brun, de roux et de blanchâtre, hérissées de quelques poils noirs. Les yeux les plus latéraux, ou ceux de la troisième ligne, sont très-écartés entre eux dans cette espèce.

8. Sphase fossane. (*Sphasus fossanus.*) Long. 7 lig. ♂.

Abdomen allongé, à côtés supérieurs renflés, gibbeux, surpassant deux fois la longueur du corselet, d'un vert mêlé de rouge. Ligne longitudinale qui n'atteint que la moitié du dos; quatre chevrons blanchâtres, très-larges, dont deux se rattachent à la ligne du milieu.

Nouveau-Monde — Amér. septent. — Caroline.

Les yeux de la seconde ligne les plus gros, et les yeux postérieurs plus rapprochés de ceux de la troisième ligne, qui semble former avec la quatrième une ligne courbée en avant. Le corselet est presque cylindrique, vert, avec un point enfoncé dans le milieu. Les bords ont six points et une bande à trois rameaux d'un rouge sanguin. Le bandeau a deux bandes de même couleur et deux points noirs. Les pattes sont de couleur pâle, maculées de rouge, et ponctuées de noir avec de longs piquants.

« Cette espèce se trouve dans les grands bois. Elle fait sa toile entre les branches, et se cache sous les feuilles, qu'elle réunit, ainsi que ses œufs qui sont jaunes. » (Bosc, manuscrit sur les Araignées de la Caroline.)

D'après les yeux, cette espèce semble former une famille dans ce genre, distincte de celle des Sphases de l'Ancien-Monde.

9. Sphase lancéolé. (*Sphase lanceolatus.*) Long. 4 lig. ♂.

Abdomen ovale, dilaté dans son milieu, pointu à son extrémité, rouge, avec deux figures triangulaires ou en fer de lance, dont les bases opposées sont réunies par une courte raie qui forme un pédicule commun : ces figures sont d'un blanc rougeâtre et plus pâle, entouré d'une ligne noire, fine. Le corselet et les pattes sont d'un fauve jaunâtre.

Abbot, Georgian Spiders, Pl. 9, fig. 42.
Nouveau-Monde — Amér. septent. — Géorgie.

Prise le 16 juin, dans des bois de chêne en Géorgie, et une seconde fois le 20 mai, mais d'une couleur plus foncée.

Les yeux de la troisième ligne dans cette espèce se trouvent plus reculés vers ceux de la quatrième, et forment avec elle une seule ligne courbée en avant.

10. SPHASE ARQUÉ. (*Sphasus arcuatus.*) Long. 4 lig. et demie. ♀.

Abdomen ovale, dilaté dans son milieu, pointu à son extrémité, d'un beau jaune, quelquefois lavé de rouge, avec deux doubles traits courbes noirs, l'un à côté de l'autre, et placés transversalement, de manière à figurer le haut d'un cœur; une large bande d'un rouge vif est au-dessus de ces quatre traits noirs. Vers l'anus, il y a également un ou deux petits traits transversaux, noirs, accompagnés de rouge vif. Ventre d'un roux brun. Corselet et pattes d'un beau jaune.

Abbot, Georgian Spiders, Pl. 65, fig. 322 et 323.
Nouveau-Monde — Amér. mérid. — Géorgie.

1ʳᵉ VARIÉTÉ. Abdomen rougeâtre, avec deux petits points rouges entre les deux taches supérieure et inférieure (fig. 322).

2ᵉ VARIÉTÉ. Abdomen d'un jaune pâle, à quatre petits points noirs. Au-dessus de la tache antérieure, un quadrilatère plus étroit vers le corselet, renfermant quatre points rouges en carré. Deux petits points noirs (323).

Prise par Abbot : la première variété le 26 août, dans les bois de chêne, du comté de Burke; et la seconde variété le 28 septembre.

11. SPHASE A BANDES. (*Sphasus vittatus.*) Long. 5 lig. ♀.

Corselet et pattes jaunes. Abdomen d'un blanc verdâtre, et deux bandes longitudinales d'un rouge carmin, formant un ovale allongé ouvert par les deux bouts.

Abbot, fig. 369.

Prise le 12 mai sur les arbres et les buissons dans les bois de chêne et les ronces du marais de Creek. Elle est rare. Les figures 489 et 490 d'Abbot ressemblent beaucoup à notre Sphase Hétérophtalme et à notre Sphase Italique; et les figures 487 et 488, au Sphase Alexandrin; mais les yeux ne sont pas figurés.

1 2. **Sphase Idiops.** (*Sphasus Idiops.*) Long. 4 lig. et demie ♂.

Corselet large, arrondi. Abdomen ovale, allongé. Brun-noir foncé, excepté les cuisses et les tarses qui sont rouges. Yeux de la seconde ligne beaucoup plus gros que les autres, éloignés des antérieurs et rapprochés des quatre postérieurs, qui, égaux entre eux, semblent ne former qu'une seule ligne courbée en avant. Palpes très-allongés, à digital renflé en ovale allongé. Première et quatrième paire de pattes presque égales entre elles ; la troisième très courte.

Idiops aculeatus, Perty, Delectus anim. quæ in itiner. per Bras. colliger. de Spix et Martius, p. 197 et 198, tab. 39, fig. 5.

Nouveau-Monde — Amér. mérid. — Brésil.

D'après les yeux et la forme arrondie du corselet, cette espèce semble former une famille distincte, et différente du Sphase fossane,

Affinités du genre Sphase. Par leur bouche et leurs yeux, les Sphases ont une très-grande affinité avec les Ctènes et les Attes. Elles se rapprochent aussi de ces dernières par leurs habitudes, s'il est vrai qu'elles sautent au lieu de marcher ; mais leurs pattes allongées et fines, la forme de leur corselet et de leur addomen, surtout leur tête élevée et leur bandeau perpendiculaire, leur donnent des rapports plus étroits avec les Dolomèdes qu'avec tout autre genre, surtout avec la quatrième famille de ce genre, par le Dolomède admirable, dont le bandeau et la tête sont comme dans les Sphases. Les Sphases ont aussi de grands rapports avec certaines familles de Philodromes.

Toutes les espèces de Sphases de l'Ancien-Monde ne font qu'une seule famille, mais celles du Nouveau-Monde paraissent différer entre elles et avec leurs congénères, et semblent devoir se partager en plusieurs familles ou races. Mais on ne peut se hasarder à assigner des caractères avec le seul secours des descriptions et des figures, quelque exactes qu'elles puissent être.

———

11e Genre. DYCTION. (*Dyction.*)

Yeux, *huit, inégaux entre eux, sur quatre lignes, mais les trois premières lignes sont très-rapprochées entre elles, et forment une bande figurant un ✕ très-étalé, ou une croix de Saint-André : les deux yeux intermédiaires de la seconde ligne ayant de chaque côté, en avant et en arrière, de petits yeux rapprochés d'eux qui forment un carré long, dans lequel ces deux intermédiaires se trouvent placés. A une certaine distance de ce groupe de six yeux, se trouvent deux yeux sur le sommet de la tête et plus rapprochés entre eux que les deux intermédiaires antérieurs.*

Lèvre *petite, carrée.*

Mâchoires *grandes, larges, plates, entourant la lèvre, qu'elles dépassent beaucoup en hauteur.*

Pattes *allongées, fines ; la quatrième paire la plus longue, les autres presque égales, mais la troisième un peu plus longue que la seconde ; la première paire est la plus courte.*

1. **Dyction Reuss.** (*Dyction Reuss.*) Long. 7 lignes.

Abdomen ovale, comprimé, d'un jaune verdâtre, pâle, terminé par des filières-tentacules, grosses, allongées, cylindriques, blanchâtres. Corselet et pattes fauves. Les deux yeux de la seconde ligne sont beaucoup plus gros que les autres, et ceux qui se trouvent auprès d'eux sont très-petits. Les deux yeux postérieurs sont ovales.

Megamyrmaekion caudatum, Reuss. Zoologische Miscellen, dans le Museum Senckenbergianum, t. I, p. 217, Pl. 18, fig. 12.

Ancien-Monde — Afrique — Égypte.

Les mandibules sont petites, peu allongées, velues ; l'onglet est petit. Les pattes sont peu velues, et ont des piquants noirs, allongés. Les palpes sont minces, et ont des poils et des piquants. Le corselet est grand, glabre, voûté vers la tète, arrondi et déprimé à sa partie postérieure. Le sternum est ovale, bombé, glabre.

Affinités du genre Dyction. Ce genre est de M. A. Reuss, mais nous avons dû changer le nom par trop long qu'il lui a donné. Le genre Dyction, par ses yeux, a une étroite affinité avec les Sphases. Sa bouche ne nous est pas bien connue, et paraît se rapprocher du genre des Drasses. La forme de l'abdomen et du corselet se rapproche beaucoup de ce dernier genre et de celui des Clubiones : la seule espèce de Dyction que nous connaissons a l'aspect de la Clubione soyeuse, dont elle s'éloigne beaucoup par les yeux.

12ᵉ Genre. DOLOPHONE. (*Dolophones.*)

Yeux, *huit, inégaux entre eux, sur quatre lignes ;
les deux lignes antérieures longues, très-
rapprochées, et formées par de petits yeux latéraux presque connivents placés dans les angles antérieurs du bandeau ; les deux lignes
postérieures moins allongées et formant un
quadrilatère plus rétréci par en bas, placées
sur la partie postérieure du bandeau, qui est
très-élevée et resserrée vers son sommet. Les
deux yeux de la ligne postérieure plus gros
que les autres, plus écartés que ceux de la
ligne intermédiaire et moins que ceux de la
bande antérieure.*

Lèvre *triangulaire plus haute que large, terminée en
pointe arrondie et bombée.*

Mâchoires *allongées, ovalaires, plus hautes que larges, grossissant vers leurs extrémités, arrondies à leurs côtés externes, très-échancrées à
l'extrémité de leurs côtés internes.*

Pattes *allongées, aplaties ; la première et la quatrième presque égales ; la troisième est la plus
courte.*

Aranéides *courant après leur proie, mais faisant au
moment de la ponte une toile irrégulière entre
les plantes.*

Dolophone notacanthe. (*Dolophones notacantha.*) Long. 4 lignes ; larg. 3 lig. ; hauteur du tubercule postérieur, 1 lig. ♀.

D'un fauve rougeâtre, pâle, presque uniforme. Corselet large, convexe, très-élevé vers la tête, flanqué à sa partie postérieure par l'abdomen, qui forme une espèce de chaperon arrondi, festonné à sa partie antérieure, qui le recouvre en partie et dans lequel il est enfermé. Du milieu de l'abdomen, le chaperon s'élève perpendiculairement. Le corps en cylindre est terminé par des callosités brunes. (M.)

Aranea notacantha, Quoy et Gaymard, Voyage de l'Uranie et de la Physicienne ; Zoologie, p. 544, Pl. 82, fig. 6, 7 et 8.

Monde-Maritime — Notasie, ou Nouvelle-Hollande. Trouvée dans une petite île de la rade de Sidney, au port Jackson, au milieu d'une toile irrégulière ; elle fit la morte lorsqu'on s'en saisit.

J'ai décrit ce genre singulier d'après l'individu même rapporté par M. Quoy, et qu'il m'a lui-même remis. Les callosités brunes du cylindre de l'abdomen avaient été prises pour des yeux. Les palpes de cette Aranéide sont fauves, velus, courts, terminés par un dernier article en ovale allongé, pointu, un peu dilaté en cuiller, comme les mâles des autres Araignées ; mais ils sont velus en dessous, et ne renferment aucun corps calleux : quelques espèces d'Attes femelles ou d'Araignées sauteuses ont aussi ce dernier article des palpes dilaté. Les trois griffes des tarses sont courbées. La lèvre et les mâchoires sont d'un rouge pâle. Les gros yeux de la ligne postérieure sont brillants et couleur d'ambre jaune, et leur angle visuel est dirigé latéralement, et entre ces deux yeux postérieurs la tête a un gonflement noir et glabre, qu'il faut se garder de prendre pour des yeux. Les yeux de la ligne qui précède cette dernière ou les antérieurs du quadrilatère sont plus petits : leur axe visuel est presque de face, et ils sont portés sur une légère éminence, mais sans espace glabre ; ils sont entourés de poils fauves comme tout le reste du bandeau. Les yeux des deux lignes antérieures, qui, étant géminés, ne doivent être considérés que comme une seule ligne et la plus large, sont très-petits. Les yeux antérieurs sont plus brillants et de couleur jaune d'émeraude, ainsi que l'œil postérieur. Les

yeux latéraux sont portés sur une même éminence, mais l'antérieur dirigé en bas et latéralement, et le postérieur de côté et
en haut.

Affinités du genre Dolophone. Ce genre s'éloigne de tous les
autres genres d'Aranéides, par le placement de ses yeux et la
forme de son abdomen. Mais cependant par ses yeux, par la hauteur et la forme de son bandeau, il a une grande affinité avec les
genre Hersilie et avec le genre Sphase : par le placement de
ses yeux, ce genre a aussi quelque rapport avec le genre Storène.
Mais par son corps revêtu d'une carapace, par ses pattes, et
même par ses yeux latéraux géminés, de chaque côté d'un quadrilatère intermédiaire, il a de fortes affinités avec le genre Plectane ou les Épéires épineuses, mais il s'en éloigne par ses mâchoires et sa lèvre. Il faudra que les mœurs et les habitudes des
espèces de ce genre, s'il en existe plus d'une, soient mieux
connues, pour pouvoir lui assigner une place bien certaine dans
la méthode. J'en dis autant des genres Hersilies, Sphase et
Dyction, qui dissolvent un peu la chaîne qui unit les Clènes et
les Dolomèdes aux Myremécies, et par conséquent aux Érèses,
aux Chersis et aux Attes.

13ᵉ Genre. **MYRMECIE.** (*Myrmecia.*)

Yeux, *huit, inégaux entre eux sur le devant du corselet, sur trois lignes ; l'antérieure formée par quatre yeux légèrement courbée en arrière ; la ligne intermédiaire plus courte formée par deux yeux faisant un carré avec les intermédiaires antérieurs ; la troisième ligne, formée par deux yeux ; les yeux latéraux de la ligne antérieure formant une ligne plus longue que cette dernière.*

Lèvre *ovale, allongée.*

Mâchoires *droites, allongées, dilatées et arrondies à leur extrémité.*

Pattes *allongées, fines ; la quatrième et la première paire les plus longues, la seconde ensuite, la troisième la plus courte.*

Aranéides.

1. Myrmecie fauve. (*Myrmecia fulva.*) Long. 8 lignes.

Rougeâtre. Corselet à trois renflements, allongé à sa partie postérieure, pédiculiforme. Abdomen court et petit, grisâtre en dessus, ovale, élargi dans son milieu.

Latreille, Annales des Sciences naturelles, tome III, p. 27.
Cuvier, Règne animal, 2ᵉ édition, t. IV, p. 261.
Nouveau-Monde — Amér. mérid. — Brésil.

Les yeux intermédiaires de la ligne antérieure sont plus gros que les latéraux et que les yeux postérieurs. Les mandibules sont

fortes et tombent perpendiculairement. Le corselet est divisé en
trois ou quatre parties ; la portion antérieure plus large, presque
carrée, épaisse, qui porte les yeux et forme la tête, est comme chagrinée ; puis cette partie se prolonge postérieurement en un tuyau
cylindrique, qui a trois ou quatre nœuds ou renflements semblables aux pédicules de certaines fourmis, de sorte que les pattes
postérieures ont les hanches en saillie et non cachées sous le corselet, comme dans les autres Aranéides, parce que dans cette
espèce le corselet n'est pas assez large pour les couvrir. L'abdomen
petit, carré, n'a que deux lignes de long et a comme une plaque
grisâtre sur le dos, dans l'individu desséché; mais il est probable
qu'il était ovale, pointu aux deux bouts dans l'individu vivant,
ainsi que dans les espèces suivantes.

2. MYRMECIE NOIRE. (*Myrmecia nigra.*) Long. 6 lig. ♀.

Toute noire. Les tarses antérieurs et les palpes jaunes. Le corselet partagé en quatre étranglements : le premier ou la tête
carré, le second tubiforme, le troisième en cône renversé, le
quatrième cylindrique. L'abdomen court, en ovale, dilaté dans
son milieu trapézoïde.

Abbot, Georgian Spiders, Pl. 92, fig. 457, p. 36 du MSS.
Myrmecia nigra, Perty, p. 199, Pl. 39, fig. 9.
Nouveau-Monde — Amér. septent. — Géorgie, Brésil.
« Prise le 8 juillet dans les bois de chêne du comté de Burke.
Le seul individu de cette espèce que j'aie rencontré. » (Abbot.)

3. MYRMECIE VERTÉBRÉE. (*Myrmecia vertebrata.*) Long. 5 lig.

Abdomen ovale allongé (2 lignes), rouge et glabre sur le dos
à la partie antérieure, et brun à sa partie postérieure. Corselet
rouge, allongé, nu, chagriné, à quatre étranglements, terminé
par un vertébral allongé, cannelé, reçu dans un tube court,
cylindrique, que projette l'abdomen. Pattes fines, très-allongées,
rouge uniforme; les pattes postérieures seulement ayant l'extrémité du fémoral brune.
Collection de M. Buquet.

Le premier étranglement du corselet est gros, bombé, et forme
la tête; le second est renflé, conique, en entonnoir; le troisième

est renflé en fuseau, court; le quatrième court, cylindrique; le vertébral est brun, cannelé longitudinalement en dessus. Les pattes, surtout les postérieures, ont le tarse un peu renflé à son extrémité, et terminé par une petite brosse de poils roides, au milieu de laquelle je n'ai aperçu qu'une seule petite griffe courbée. Les pattes sont très-inégales et dans l'ordre suivant : 4, 1, 2, 3 ; elles ont des poils fins et des piquants fins et longs. Le corselet est bombé en voûte, en s'arrondissant et s'inclinant vers les yeux, sur les côtés, et par derrière. Les mandibules sont verticales, rouges. Le bandeau rouge.

4. MYRMECIE A CROISSANT. (*M. lunata.*) Long. 5 lig. et demie, ♂.

Fauve rougeâtre, avec un croissant noir sur le dessus de l'abdomen. Pattes d'un jaune verdâtre. Corselet à trois étranglements, l'antérieur arrondi, le suivant ovalaire, le postérieur trapézoïde. Abdomen court, arrondi.

Abbot, Pl. 43, fig. 214, p. 19 du MSS.
Nouveau-Monde — Amér. septent. — Géorgie.
« Pris sur un chêne, en le secouant, le 22 mai, dans le marais nommé Briar-Creek. Très-rare. » (Abbot.)

Le croissant noir très-tranché sur le dos distingue cette espèce de toutes les autres; mais nous ignorons si ce caractère se retrouve dans la femelle qu'Abbot n'a point rencontrée.

5. MYRMECIE ROUGE. (*M. rubra.*) Long. 5 lig. ♂ ♀.

Rougeâtre. Corselet divisé en deux renflements, le premier ovalaire, le second en cône renversé. Abdomen plus foncé. Les paires de pattes antérieures jaunes, allongées, fines ; les postérieures rouges ou brunes.

Abbot, Georgian Spiders, p. 5 du MSS. Pl. 3, fig. 12 (la femelle), fig. 14 (le mâle).
Nouveau-Monde — Amér. septent. — Géorgie.
La femelle de la fig. 12 , prise dans les bois de chêne du comté de Burke, en secouant les feuilles d'un chêne; le mâle de la fig. 14, pris le 30 juillet courant, dans une maison située dans les mêmes bois.

Cette espèce a le corselet divisé en deux par un étranglement
qui ne forme pas pédicule. La partie antérieure est très-élevée ;
un renflement marque la tête, mais il n'y a point de rétrécisse-
ment : cette partie antérieure du corselet est ovalaire, arrondie
et diminuant vers sa partie postérieure ; la seconde portion du
corselet est un triangle isocèle renversé, ou un cône dont la pointe
est tournée vers la tête, de sorte que le corselet est élargi à sa
partie postérieure. L'abdomen est court, ovale, très-dilaté dans
son milieu, et tellement pointu à ses deux extrémités, qu'il est en
quelque sorte trapézoïde. Dans le mâle, fig. 14, le corselet est rouge
sanguin, ainsi que les pattes postérieures ; les palpes noirâtres,
les trois paires de pattes antérieures d'un jaune clair, l'abdomen
noirâtre. La femelle, fig. 12, a le corselet, l'abdomen et les palpes
d'un fauve-rougeâtre uniforme ; les pattes jaunes.

6. MYRMECIE SOMBRE. (*M. caliginosa.*) Long. 4 lig. ♂.

Corselet, pattes et palpes d'un brun-marron uniforme. Abdomen noir. Corselet divisé en deux segments, l'antérieur ovalaire,
le postérieur en cône renversé. Les pattes antérieures courtes,
dont les articulations sont dilatées.

Abbot, *Ibid*. Pl. 43. fig 212, p. 19 du MSS.
Nouveau-Monde — Amér. septent. — Géorgie.
 « Pris le 3 mai sur un buisson de pin, dans les bois de chêne
du comté de Burke. Peu commun. » (Abbot.)

Les quatre espèces qui précèdent, décrites d'après les dessins
d'Abbot, sont, suivant nous, de ce genre ; cependant l'examen de
ces espèces en nature pourrait seul nous apprendre si des différences dans les organes principaux ne divisent pas ce genre en plusieurs
familles ou races ; déjà les subdivisions du corselet pourraient enga-
ger à former une famille de *quadrisectes* (*quadrisectæ*), comprenant les Myrmecies fauve et noire, et une famille de *trisectes* qui
comprendrait la M. à croissant, la Rouge et la Sombre ; mais il
faut que ce genre soit mieux connu pour établir avec sûreté ces
divisions, et pour savoir s'il n'y en a pas de meilleures à former.

Affinités du genre Myrmecie. Par ses yeux, ce genre semble
se rapprocher des Dolomèdes ; mais la forme de sa tête épaisse et
carrée, la lèvre, les mâchoires, et même les deux yeux intermé-

diaires plus gros, l'unissent étroitement aux Attes, qui semblent
même, par la forme si étrange du corps et la ressemblance avec
les Fourmis, se rapprocher et se confondre avec ce genre par les
familles des Voltigeuses, et par l'espèce dite *Atte-Fourmi*. Les
yeux du genre Myrmecie se rapprochent des genres Chersis et
Erèse, qui, plus rapprochés des Attes par la forme générale du
corps, forment les chaînons intermédiaires entre les Myrmecies
et les Attes. L'allongement des pattes et du fémoral, qui semblerait éloigner ce genre des Attes, l'en rapproche, au contraire,
par la longueur excessive des pattes des Attes de la famille des
Longimanes, au moyen du singulier allongement de l'exinguinal
ou premier article des cuisses antérieures de ces dernières.

14ᵉ Genre. CHERSIS. (*Chersis.*)

Yeux *inégaux entre eux, sur quatre lignes, formées chacune par deux yeux : ceux des lignes antérieures et postérieures plus écartés entre eux que ceux des deux lignes intermédiaires, et les huit formant deux carrés ou trapèzes renfermés l'un dans l'autre.*

Lèvre *allongée, triangulaire, pointue à son extrémité.*

Mâchoires *larges, dilatées et conniventes à leur extrémité, rétrécies vers leur base.*

Pattes *de longueur médiocre, peu inégales entre elles : la paire antérieure plus allongée, et dont le fémoral et le génual sont gros et renflés.*

Aranéides *se retirant sous les pierres.*

1. **Chersis bossu.** (*Chersis gibullus.*) Long. 3 lig. et demie. ♂ ♀.

Corselet brun marron. Abdomen rougeâtre. Pattes plus claires.
Palpimane bossu (*P. gibullus*), Dufour, Description de six Arachnides nouvelles, p. 12, Pl. 69, fig. 5. — Tom. IV des Annales des Sciences physiques, 1820, in-8°. — *Palpimanus haematinus*, Koch, dans Hahn, t. III, p. 21, Pl. 80, fig. 178 et 179.

Ancien-Monde — Europe — Espagne ; trouvé sous les pierres dans les montagnes arides et désertes de Moxente, aux confins du royaume de Valence. — En Grèce.

Les yeux, dans ce genre, forment une sorte de croix de Saint-André, et sont disposés sur deux séries transversales légèrement arquées en sens contraire. Dans cette espèce et dans la suivante, les deux yeux de la seconde ligne sont beaucoup plus gros que les six autres. Le corselet est bombé comme dans les Erèses, mais un peu moins arrondi. Les griffes sont dépourvues de dentelures, et les pattes antérieures, singulièrement grosses et renflées, ne présentent pas de griffes; mais le tarse, dans ces pattes, au lieu d'être articulé bout à bout avec le métatarse, est inséré sur le côté de l'extrémité de ce dernier. L'exinguinal de cette première paire de pattes est gros et bombé; le fémoral renflé et cambré : par une exception remarquable à la règle commune, le génual est non-seulement plus gros, plus renflé, mais plus allongé que le tibial. Les mandibules sont verticales, point bombées. Le derme de cette Aranéide est dur et coriace. Elle est revêtue par tout le corps d'une sorte de duvet ou de feutre composé de poils grisâtres égaux entre eux. Les individus qui ne sont point adultes ont une couleur de brique claire. Le *Palpimanus haematinus* a le corselet noirâtre à la partie postérieure. Le mâle a des couleurs plus claires, et l'abdomen plus petit.

Cette espèce marche avec lenteur, et se sert de ses grosses pattes antérieures pour sonder le terrain.

2. CHERSIS SAVIGNY. (*Chersis Savignyi.*) Long. 2 lig. et demie.

Abdomen ovalo-cylindrique non velu, sans aucune figure sur le dos, mais parsemé de petits traits blanchâtres ou plus clairs que le fond. ♂ ♀.

Platyscelum Savignyi, Arachnides d'Egypte, p. 167, Pl. 7, fig. 6 et 7.

La fig. 6 est le mâle; la fig. 7 la femelle; la fig. *d* représente un palpe femelle avec sa mâchoire; la fig. 6, *d...f*, ♂, qui est à côté, représente le palpe du mâle.

Ancien-Monde — Afrique — Egypte.

Le corselet est très-bombé à sa partie antérieure, mais le devant de la tête, ou le bandeau, tombe perpendiculairement. Les yeux intermédiaires antérieurs et postérieurs forment un carré un peu rétréci en avant; mais les quatre yeux latéraux et externes sont sur deux lignes très-obliques, de sorte que la ligne transverse des deux postérieures forme une ligne beaucoup plus large. La lèvre est très-allongée, triangulaire, en pointe allongée et bifide

à son extrémité. La première paire de pattes est la plus allongée
(6 lignes et demie); son fémoral est singulièrement renflé ; le
génual est simplement dilaté et aussi long que le tibial qui n'est
point dilaté. Dans le mâle , qui est du reste semblable à la femelle,
les trois derniers articles des palpes sont singulièrement renflés.
Le cubital est très-court et globuleux. Le radial est de même court
et globuleux , mais monstrueusement gros. Le digital, en ovale
pointu , est moins gros que le radial , et sa capsule renferme un
conjoncteur principal globuleux, qui supporte un ou deux conjoncteurs surnuméraires formant un triangle qui présente des
enroulements sur les côtés de sa base.

Si les yeux du *Chersis gibullus* de M. Dufour sont bien figurés ,
nul doute que le Chersis Savigny ne soit une espèce différente ,
car celle-ci a les yeux postérieurs beaucoup plus écartés entre eux ;
et alors ce genre se trouverait divisé en deux familles : l'une a les
yeux latéraux et extérieurs formant un quadrilatère presque
aussi large à sa partie antérieure qu'à sa partie postérieure ; l'autre
a les yeux latéraux et extérieurs formant un quadrilatère beaucoup
plus large à sa partie postérieure qu'à sa partie antérieure. La
première pourrait être nommée les Erésiens , la seconde les
Dolomédiens; mais de nouvelles observations sont nécessaires
pour être bien certain que ces espèces diffèrent autant, et même
que ce soient deux espèces différentes.

Savigny n'ayant pas terminé lui-même la gravure de sa planche,
s'est glissé des erreurs dans l'explication que j'ai rectifiée.
Savigny, pour bien faire connaître ce genre, a figuré le mâle et
la femelle , et a placé l'un à côté de l'autre les palpes de chacun
des individus dessinés; mais, au lieu de mettre 7. *d* au palpe de
la femelle , il y a simplement *d*.

3. CHERSIS DOUTEUX. (*Chersis dubius.*)

Noir velu. Abdomen ovale , rouge en dessus, et une raie rouge
à la base du corselet. Première paire de pattes noires , annelées
de blanc aux articulations ; pattes postérieures dont le fémoral et
le tibial sont rouges et les tarses noirs. Région de l'anus avec des
poils blancs.

Aranea nigra , Vincentii Petagni , Specim. Insect. Ulter. Cala-
briae, p. 31, n° 176.

Dans le royaume de Naples.

Si les yeux sont bien indiqués dans Petagna, cette espèce que je n'ai pas vue appartient au genre Chersis; mais s'ils l'étaient inexactement, elle pourrait bien être du genre Erèse. Si cette espèce est un Chersis, et que les yeux soient bien figurés, elle appartiendrait à la famille des Erésiènes, si toutefois ce genre comprend plus d'une espèce et se subdivise en deux familles.

Affinités du genre Chersis. Par l'épaisseur de son corselet, la forme de son corps, de ses mâchoires droites, le genre Chersis tient au genre Atte. La grosseur de ses pattes antérieures, et leurs fonctions comme tentacules, est même un caractère qui lui est commun avec quelques familles d'Attes; c'est pourquoi nous n'avons pu adopter le nom de Palpimane que M. Dufour avait imposé à ce genre, ni celui de *Platyscelum* que M. Audoin lui avait donné dans ses Explications des planches de Savigny. Ce dernier avait le premier imposé à ce genre le nom de *Chersis*, ainsi que nous l'avons lu dans une épreuve de son travail sur les Arachnides d'Egypte, et déjà M. Latreille avait fait avant nous cette observation (Cours d'Entomologie, p. 542). Le placement des yeux des Chersis a de l'analogie avec celui des Dolomèdes et des Erèses; mais, par l'ensemble de son organisation, il se rapproche plus de ce dernier genre que de tout autre. Il a de même une lèvre plus pointue et des mâchoires plus conniventes que celle que présente le genre Atte. Les Chersis n'ont que deux griffes aux tarses, et par ce caractère se rapprochent plus des Attes que des Erèses qui en ont trois.

15ᵉ Genre. ERÈSE. (*Eresus.*)

Yeux *au nombre de huit, inégaux entre eux, placés sur le devant et les côtés du corselet ; quatre sur la ligne antérieure, et deux sur chacune des deux autres lignes postérieures. Les intermédiaires de la ligne antérieure et les deux yeux de la seconde ligne tellement rapprochés entre eux, qu'ils forment un petit carré ou trapèze renfermé dans un plus grand figuré par les yeux latéraux de la ligne antérieure, et les deux yeux de la ligne postérieure.*

Lèvre *allongée, triangulaire, terminée en pointe.*

Mâchoires *droites, allongées et dilatées, et arrondies à leur extrémité.*

Pattes *grosses, de longueur médiocre, propres au saut et à la marche.*

Aranéides *épiant leur proie, renfermées dans un fourreau d'un tissu serré, tendant des fils irréguliers entre des arbustes épineux, ou se pratiquant sous les pierres une retraite en soie fortement tissue.*

1ʳᵉ Famille. LES RUSÉES. (*Callidæ.*)

Yeux de la ligne postérieure presque aussi écartés entre eux que les yeux latéraux de la ligne antérieure ne le sont entre eux, formant avec eux un quadrilatère dont les côtés supérieurs et inférieurs sont presque égaux.

1. ERÈSE CINABRE. (*Eresus cinaberinus*.) Long. 4 lig. et demie. ♂ ♀.

Abdomen ovale, déprimé, d'un rouge écarlate, ou couleur de brique, sur le dos, avec quatre ou six taches noires disposées parallèlement et bordées d'un cercle blanc. Ventre, sternum, lèvre et mâchoires noirs.

Walckenaer, Hist. nat. des Aranéides, fasc. 2, Pl. 10. — *Ibid.* Aranéides de France, p. 38, Pl. 4, fig. 7 et 8. — *Ibid.* Tableau des Aranéides, p. 21, Pl. 3, fig. 25 et 26. — *Ibid.* Faune Parisienne, t. II, p. 249. — *Eresus cinnaberinus*, Hahn, Monographie der Spinnen, in-4°, 2 heft. Pl. 2, fig. A. — Ibid. *Eresus annulatus*, *ibid.* fig. B (variété). — Ibid. *Eresus 4-guttatus* — *Annulatus*, Die Arachniden, in-8°, t. I, p. 45 et 47, Pl. 12, fig. 35 et 36.—*Aranea 4-guttata*, Coquebert, Illust. Icon. Insect. dec. 3, p. 122, Pl. 27, fig. 12.—Rossi, Faun. Etrusc. t. II, p. 135, Pl. 1, fig. 8 et 9.—*Aran. moniligera*, De Villers, Entomol. t. IV, p. 128, n° 119, Pl. 11, fig. 8. — *Araignée rouge*, Olivier, Encyc. Méth. t. IV, p. 221, n° 85, Pl. 340, fig. 17. — Shaeffer, Icones, Insect. Ratisb. Pl. 32, fig. 20. — *Eresus Audoin*, Brullé, dans l'ouvrage sur la Morée, p. 51, Pl. 28, fig. 10.

En France, dans les environs de Paris; en Bavière, en Italie, en Hongrie, en Morée.

La variété avec six points noirs, deux très-petits à la suite des quatre, avait déjà été signalée par moi avant que M. Hahn en fît une espèce sous le nom d'*Annulatus*. Cette Aranéide varie quelquefois dans ses couleurs, mais pas assez pour n'être pas facilement reconnue. Le corselet est très-épais dans les Erèses ainsi que dans les Attes; mais il se courbe vers les mandibules, qui dépassent le corselet et ne sont pas renfoncés sous le bandeau.

L'Erèse cinabre marche et saute peu; elle relève souvent en l'air ses pattes de devant, et lorsqu'elle a saisi sa proie elle l'entraîne de côté. Selon une observation de M. Hahn, elle fabriquerait sous les pierres un sac de soie très-épais, d'un blanc argenté, où elle se renferme. C'est dans le milieu de l'été et en automne qu'on la trouve plus communément.

Le mâle ressemble à la femelle. La cupule de son digital est ovalaire et pointue à son extrémité, et renferme un conjoncteur globuleux, sur lequel s'articule un autre petit conjoncteur sur-

numéraire, piriforme et conique, tenant au conjoncteur principal par un court pédicule, au-dessus duquel il se renfle pour se
terminer ensuite en pointe arrondie.

2. ERÈSE PHARAON. (*Eresus Pharaonius.*) Long. 9 lig. ♀.

Abdomen ovale, semi-allongé, un peu déprimé, d'un brun
rougeâtre, devenant rouge clair proche le corselet et l'anus, avec
des raies festonnées rougeâtres à la partie postérieure, et quatre
points ombiliqués. Corselet et pattes d'un brun noir. (M.)

Ancien-Monde — Egypte. Rapporté par M. Bové.

Les pattes sont dans l'ordre suivant pour leur longueur relative
1, 4, 2, 3.

Les yeux sont noirs. Les yeux du carré antérieur sont très-
rapprochés; les yeux latéraux de la ligne antérieure très-écartés,
cachés dans les poils, très-difficiles à discerner, et inclinés sur la
ligne transverse du bandeau. Les yeux postérieurs sont gros,
noirs, très-reculés, et sur le versant postérieur du corselet, qui
est bombé, brun et couvert de poils rougeâtres. Le bandeau est
cilié de longs poils qui se prolongent sur les mandibules. Les
mandibules sont velues, rougeâtres vers leurs extrémités. Les
mâchoires allongées, rougeâtres, très-velues. Le sternum plat,
rouge dans son milieu, garnis de poils ferrugineux sur les bords.
Les pattes sont courtes, fortes, à cuisses très-renflées, garnies de
poils ferrugineux.

3. ERÉSE FRONTALE. (*Er. frontalis.*) Long. 5 lig. ♀.

Abdomen ovale, allongé, arrondi aux deux extrémités, d'un
noir-mat velouté, avec des points enfoncés, petits, blancs, ou
rougeâtres, disposés longitudinalement, au nombre de huit.
Ventre noir. Corselet grand, carré, noir et couvert de poils
rouges ferrugineux à sa partie antérieure.

Walckenaer, Aranéides de France, p. 39, Pl. 4, fig. 3 et 4.—
Latreille, Nouveau Dictionnaire d'hist. nat. 2ᵉ édit. t. X, p. 393.

Ancien-Monde — Europe — France, dans les environs de Montpellier, et en Espagne.

Peut-être le *Chersis douteux* appartient-il à cette famille ou à
la suivante.

La famille des Erèses rusées a les quatre yeux du carré intermédiaire renfoncés, et les deux yeux antérieurs de ce carré très-petits. Les deux yeux postérieurs du même carré, ou les deux yeux de la seconde ligne; sont les plus gros de tous. La tête est aussi de la largeur du corselet, et n'est marquée par aucun resserrement de cette partie du corps.

Dans cette espèce, et peut-être dans les suivantes, la forme du corselet écarte les yeux latéraux antérieurs, de manière à ce qu'avec les yeux postérieurs ils forment un parallélogramme transverse, ou un carré long, beaucoup moins long que dans l'Erèse cinabre et Pharaon, et cette considération pourrait donner lieu à une subdivision de cette famille en deux races.

4. ERÈSE IMPÉRIALE. (*Eresus imperialis.*) Long. 9 lignes. ♀.

Noir ardoisé ou obscur, velouté. Abdomen ovale, très-obtus et déprimé, pointillé de blanc en dessus, ainsi que le corselet, et marqué de trois paires de points ombiliqués.

Dufour, Description de six Arachnides nouvelles, p. 3, Pl. 69, fig. 2, dans le quatrième tome des Annales générales des Sciences physiques. — *Eresus Petagnæ*, Savigny, Arachnides d'Egypte, Pl. 4, fig. 11. (Long. 4 lignes et demie.) — *Eresus Theis*, Brullé, Morée, Pl. 28, fig. 11 ?

Ancien-Monde — Europe — Espagne, dans les montagnes du royaume de Valence, et en Egypte; en Morée, dans la plaine d'Arcadie.

Comme M. Dufour dit que son Erèse impériale a le front et la base antérieure des mandibules d'une teinte ochracée, bien marquée, qui tend à s'effacer dans la vieillesse, il y a lieu d'examiner si cette espèce n'est pas la même que l'Erèse frontale, que j'ai décrite très au long et fait figurer dans les Aranéides de France. La figure de Savigny n'indiquant aucune nuance différente dans la couleur du corselet, il n'y a aucune raison pour la distinguer de l'Érèse impériale, ou de la Frontale. L'Erèse Petagna a la même forme et les mêmes points ombiliqués, la lèvre est triangulaire ou ovalo-triangulaire, et légèrement arrondie à son extrémité : les mâchoires sont bombées et dilatées à leurs côtés externes, coupées en lignes droites inclinées et connivantes à leurs côtés internes : le corselet est très-bombé à sa partie antérieure

et se courbe vers les mandibules, et les yeux sont comme dans
l'Erèse cinabre. La quatrième paire de pattes est la plus longue
dans l'Erèse Petagna, la première après.

On ne connaît pas le mâle de cette espèce ni de la suivante.
M. Dufour a trouvé l'Erèse impériale dans les montagnes arides
de Moxente, au royaume de Valence, et dans celles de Mora de
Ebro en basse Catalogne. Elle a, dit-il, une marche grave.

5. Erèse Walckenaer. (*Eresus Walckenaerius.*) Long. 8 à 13 lig.

Abdomen ovale, noir, velouté sur le dos. Ventre d'un jaune
d'ocre on verdâtre. Corselet très-bombé à sa partie antérieure,
incliné en pente douce à sa partie postérieure, qui est d'un
brun rougeâtre ; bords plissés près des pattes, dont la seconde
articulation est d'un brun rougeâtre.

Brullé, Description de la Morée, p. 51, n° 17, Pl. 28, fig. 4.—
Eresus ctenizoïdes, Koch, die Arachniden de Hahn, t. III, p. 29,
tab. 80, fig. 176. — *Eresus luridus,* ibid. p. 20, tab. 80, fig. 177.
En Morée, dans les plaines de la Laconie.

Deux variétés d'âge dans cette espèce.
1° La noire. D'un noir velouté. Ventre ochracé. Long. 13 lig.
Eresus ctenizoïdes (Koch).
2° L'olivâtre. D'un brun olivâtre. Ventre plus pâle. Long. 7 lig.
(La même jeune.)
Er. luridus (Koch).

Nous n'avons point vu cette espèce, décrite et nommée par
M. Brullé, et qui est bien distincte. Elle est jusqu'ici la plus grande
du genre. Nous ne la plaçons dans cette famille que par conjecture. Les mandibules sont d'un rouge ferrugineux à leur extrémité. Le dessous du corps est moins noir et moins velu. Les pattes
en dessous sont rouges ; mais leur dernière moitié est noire comme
le reste du corps. Le sternum et les mâchoires sont garnis de
poils roux. M. Brullé remarque que dans cette espèce le corselet
est élevé, bombé en avant, séparé en deux parties distinctes,
mais réunies à la postérieure par une pente douce, et non
brusque comme dans l'Erèse Audoin (l'Erèse cinabre).

2ᵉ Famille. LES SUBTILES. (*Subtilæ.*)

Yeux de la ligne postérieure sensiblement plus rapprochés entre eux que ne le sont entre eux les yeux latéraux de la ligne antérieure, et formant avec eux un quadrilatère à côtés supérieurs et inférieurs inégaux, et plus étroit en haut qu'en bas.

6. Erèse acantophile. (*Eresus Acantophilus.*) Long. 6 lig. ♂ ♀.

Abdomen ovale, allongé, convexe, d'un beau noir velouté, divisé en deux par un ovale blanc, disposé longitudinalement, sur lequel se trouvent de petits points noirs, placés presque régulièrement et par paires. Ventre noir, garni de poils rougeâtres,

Erèse rayé, Walckenaer, Aranéides de France, p. 40, Pl. 4, fig. 3 et 4. — *Erèse Acantophile*, Dufour, Observations générales sur les Arachnides, p. 14, Pl. 95, fig. 3 (le mâle), et 4 (la femelle), dans le tome VI des Annales des Sciences physiques. — *Erèse rayé*, Audoin et Milne Edwards, Icon. in-16, Pl 40, fig. 1. — *Erèse rayé*, Latreille, Nouv. Dict. d'hist. nat. t. X, p. 393.

Ancien-Monde — Europe — Espagne, dans les montagnes du royaume de Valence et de la basse Catalogne.

Nous avons reçu deux fois le mâle et la femelle de cette belle espèce,

Le corselet est carré à sa partie antérieure et sur les côtés, très-relevé et arrondi en bosse sur le dos. Tête noire, avec des raies longitudinales, blanches entre les yeux et dans le milieu. Yeux d'un rouge jaunâtre; ceux du carré antérieur, ou intermédiaires, ne sont point renfoncés comme dans l'Erèse cinabre, et sont moins inégaux entre eux, et les yeux latéraux de la première ligne sont portés sur une éminence tuberculeuse ; leur axe visuel se dirige latéralement et en bas. La lèvre est plus arrondie à son extrémité que dans l'Erèse cinabre, et le contour extérieur des mâchoires est plus droit. Le corselet, qui est bombé, noir, est couvert à sa partie postérieure de poils d'un blanc gris. Le sternum est ovale, noir, entouré de poils fauves. Les pattes et les palpes sont tachetés de fauve, de brun et de gris, et ont de petits anneaux blancs aux articulations. Les pattes sont fortes et grandes. Les palpes sont grêles et un peu velus. Le digital du mâle a sa cupule en ovale, pointue à son extrémité, et le conjoncteur est tourné du côté extérieur. Son radial est très-court, si on le compare à celui de la femelle. Du reste, les deux sexes se ressemblent. Les mandibules sont garnies de poils fauves mélangés de poils gris.

L'Erèse acantophile établit constamment son domicile sur les plantes et les arbustes très-épineux, tels que le *genista scorpius*, l'*asparagus horridus*, l'*ulex Europœus*. Cette Aranéide tend entre les branches, d'un arbrisseau à l'autre, des fils qui forment un réseau très-irrégulier, lié par de nombreux fils à un fourreau long de plus d'un pouce, tissu d'une étoffe serrée et enclavée dans l'aisselle des rameaux au milieu des épines. C'est dans ce fourreau que l'Aranéide se tient en embuscade. Elle attaque et tue tous les insectes même les plus forts, qui se trouvent engagés dans ses fils ; des Mouches, des Hyménoptères, des Coléoptères, et même des Sauterelles.

7. ERÈSE DUFOUR. (*Eresus Dufourii.*) Long. 2 lignes

Abdomen ovoïde, plus gros à sa partie postérieure, s'amincissant à sa partie antérieure, ayant en dessus une bande longitudinale plus foncée, échancrée sur les deux côtés ; deux raies fines plus foncées, presque réunies proche le corselet, s'écartant à mesure qu'elles s'avancent vers le milieu du dos qu'elles ne dépassent pas. Quatre petites raies transversales vers l'extrémité postérieure de la tache, dans la région anale, de couleur plus foncée, interrompues dans leur milieu, et formant autant de chevrons disjoints, renversés, dont la pointe est tournée vers l'anus.

Savigny, Aranéides d'Egypte, p. 151, Pl. 4, fig. 12.
Ancien-Monde — Afrique — Egypte.

Espèce bien distincte de la précédente, dont les yeux sont placés de même, et qui appartient à la même famille. La lèvre est plus large que dans l'*Eresus Petagnus* ; les mâchoires sont plus courtes, plus arrondies, plus larges près de leur insertion, coupées à l'intérieur en lignes moins droites et moins inclinées, et par conséquent moins conniventes, enfin elles sont moins dilatées à leurs côtés externes. Le corselet est aussi moins bombé.

Il y a encore ici une erreur dans l'explication de cette planche de Savigny. Ce n'est pas un mâle que représente la figure, comme on le dit, p. 151, mais une femelle.

Affinités du genre Erèse. Les Érèses, par leur conformation générale, ont les plus grands rapports avec les Attes, et par leurs yeux avec les Chersis et les Myrmecies. Comme ils ont trois griffes aux tarses, M. Savigny les a placés à côté des Dolomèdes, et les éloigne des Chersis et des Attes, qui n'ont que deux griffes aux tarses. C'est par ce caractère que M. Savigny se trouve engagé à placer les Attes à côté des Thomises et loin des Erèses, ce qui démontre que le nombre des griffes ne peut servir dans les Aranéides à l'établissement d'une méthode naturelle ; car tous ces genres se tiennent par des affinités trop intimes pour, dans une telle méthode, pouvoir être désunis. Le genre Erèse, dans tous les pays, ne renferme en général que de petites espèces ; mais par l'*Eresus Walckenaerius* décrite par M. Brullé, et par quelques espèces d'Amérique, ce genre, pour la grandeur, se rapproche des Lycoses tarentules. L'Erèse Walckenaer est la même espèce que M. Koch a décrite sous le nom d'*Eresus ctenizoides* (Hahn, Arachniden, t. III, p. 19, Pl. 80, fig. 176 ; long. 12 à 13 lig.)· L'*Eresus Luridus*, du même (t. III, p. 20, Pl. 80, fig. 177 ; long. 9 lig.) nous paraît être la même plus jeune. Toutes les deux ont été prises dans des vignes près de Nauplie. L'abdomen du *Ctenizoides* est noirâtre sur le dos, et a le ventre jaune d'ocre. Le *Luridus* a l'abdomen d'un brun-olivâtre plus clair sur les côtés.

14ᵉ Genre. ATTE. (*Attus.*)

Yeux *au nombre de huit, inégaux entre eux, occupant le devant et les côtés du corselet, placés sur trois lignes : quatre sur la ligne antérieure, et deux sur chacune des deux lignes postérieures. Les deux intermédiaires de la ligne antérieure toujours plus gros, et les deux de la seconde ligne toujours plus petits, que les autres. Tous figurant un quadrilatère ouvert postérieurement, et arrondi à sa partie antérieure.*

Lèvre *allongée, ovale, obtuse ou tronquée à son extrémité.*

Mâchoires *droites plus hautes que larges, arrondies et dilatées à leur extrémité.*

Pattes *variables dans leur longueur relative, propres au saut et à la course.*

Aranéides *épiant leur proie, la saisissant à la course ou en sautant, se renfermant dans un sac de soie fine, entre des feuilles qu'elles rapprochent, ou dans l'intérieur des coquilles vides, des réceptacles de fruit, des fentes, et des cavités des pierres et des rochers.*

1ʳᵉ Famille. LES SAUTEUSES. (*Saltatoriæ.*)

Pattes grosses et courtes dans les femelles,

ₗʳᵉ Race. LES COURTES. (*Abbreviatæ.*)

Abdomen *court*, *n'égalant pas deux fois la longueur du corselet.*

A. — Les Européennes.

Attes de cette race qui ont été trouvées en Europe.

1. ATTE QUINQUEFIDE. (*Attus quinquepartitus.*) Long. 3 lig. ♂ ♀.

Abdomen ovale, court, pointu vers l'anus, divisé longitudinalement dans son milieu, par une raie d'un blanc vif, bordé de chaque côté par une ligne mince, rougeâtre, à côté de laquelle sont deux bandes noires, plus larges que la bande blanche. Corselet noir, bordé de blanc très-vif, avec deux accents circonflexes sur la pente inclinée de la tête. Pattes rouges avec des anneaux bruns, les antérieures les plus courtes.

Walckenaer, Aranéides de France, p. 41, n° 1.— *Salticus quinquepartitus*, Hahn, die Arachniden, t. II, p. 41, Pl. 55, fig. 126 (le mâle). — *Attus Redii*, Savigny, Egypte, p. 172, Pl. 7, fig. 21, (le mâle).—*Aranea* W *litterá insignita*, Clerck, Aran. Suec, p. 121, Pl. 5, fig. 16 (le mâle).—*Attus insignitus*, Sundevall, p. 211, n°9.

France— Italie — Suède — Egypte.

Notre description a été faite sur une femelle trouvée par nous dans les environs de Paris. Les mâles paraissent beaucoup plus communs. Pattes, 4, 3, 1 et 2.

Dans le mâle, le W est bien marqué. L'abdomen est court, pointu ; il n'est pas plus long ni plus large que le corselet ; il a une raie longitudinale formée par de petits points blancs dans son milieu ; une ligne bordée de chaque côté par deux raies de poils roux. Le corselet est bombé, d'un noir luisant, glabre, mais entouré sur les côtés d'une large bande de poils blancs. La poitrine comme le ventre et le dessous des pattes, sont couverts de poils gris. Les yeux latéraux de la ligne antérieure sont plus reculés que dans beaucoup d'autres espèces. Les yeux de la seconde rangée sont plus rapprochés des yeux postérieurs que de la ligne des yeux antérieurs, Le corselet non rayé de cette espèce la fait facilement distinguer de la suivante à laquelle elle ressemble.

26.

2. **Atte fascié.** (*Attus fasciatus*.) Long. 2 lignes et demie. ♂, ♀.

Abdomen ovale, allongé, étroit, à fond noir ou brun, élégamment partagé par trois bandes longitudinales, fines, étroites, blanches sur le dos, qui est entouré de noir et ensuite de blanc sur les côtés. Corselet noir, divisé également par deux bandes étroites, longitudinales, blanches, et entouré près des pattes de deux bandes blanches. Une cinquième bande longitudinale plus obscure, blanche ou rousse, se trouve dans quelques individus, et est oblitérée dans d'autres. Pattes fauves, rougeâtres ; les postérieures les plus longues.

Salticus fasciatus, Hahn, die Arachniden, in-8°, t. I, p. 54, Pl. 14, fig. 41 (le mâle). — *Ibid*, Monograph. der Arachniden fasc. t. IV, Pl. 1, fig. D (la femelle).

Le midi de la France — Allemagne.

Je l'ai prise souvent dans les montagnes des Pyrénées, sous les pierres.

Facile à distinguer de la précédente, par son corselet plus allongé et rayé ; les bandes plus nombreuses ; les blanches plus fines et plus étroites ; caractère qui distingue aussi cette espèce de l'*Attus Paikulli* d'Egypte, dont le corselet est allongé.

L'*Attus fasciatus* a les yeux de la seconde ligne plus rapprochés des yeux postérieurs que de la ligne antérieure. Les pattes sont rougeâtres; les postérieures sensiblement plus allongées ; leur grandeur relative dans l'ordre suivant : 4, 3, 1 et 2. Les palpes sont de couleur fauve rouge comme les pattes, mais tachés de noir à leur extrémité dans les femelles. Dans ce sexe, la cinquième bande blanche du corselet manque souvent entièrement, et quand elle existe, elle est fuséiforme. Dans le mâle, ces bandes blanches sont souvent d'un rouge orangé, comme dans certaines femelles. Le milieu des bandes noires de l'abdomen est souvent rendu moins noir par une ligne de poils roux. Les pattes sont plus brunes dans le mâle, et les yeux entourés de poils roux orangés. Le dernier article des palpes, dans les mâles, est médiocrement renflé, et la cupule de son digital recouvre un conjoncteur ovoïde, qui, à son extrémité et vers la pointe de la carapace, se termine par un petit corps globuleux, lui-même servant de support à une petite pointe. La lèvre se rapproche de la forme semi-circulaire, et les mâchoires sont arrondies et rougeâtres. Dans les Pyrénées, j'ai pris cette espéce du 15 au 20 août : la femelle sous une pierre, le mâle sautant sur l'herbe avec vivacité. Le corselet comme l'abdomen, dans cette espèce, sont peu épais, et se rapprochent un peu sous ce rapport de la troisième famille.

L'*Aranea trilineata* de Fabricius, Entomolog. Systematica, t. III, p. 423, pourrait bien être la même espèce ; il me l'a rapportée du Danemarck, mais il n'en restait plus que le corselet qui était noir. Les yeux de la seconde ligne sont à égale distance des yeux postérieurs et des yeux antérieurs. Voici la description qu'en donne Fabricius : « Grande, brune ; les gros yeux antérieurs sont rouges ; le corselet est brun, et a ses bords entourés d'une ligne marginale grise. L'abdomen est ovale, cendré, brun en dessous ; tout le corps est brun ; les pattes sont grises, annelées de brun. » Fabricius rapporte cette espèce à l'*Aranea pugnax* de Rossi, mais avec doute.

3. ATTE BILINÉE. (*Attus bilineatus.*) Long. 4 lignes (la femelle), 3 lignes (le mâle).

Abdomen brun avec des poils rougeâtres, et deux lignes d'un blanc très-vif sur le milieu du dos. Ventre et côtés rougeâtres.

Atte à deux lignes, Walckenaer, Aran. de France, p. 42, n° 2.—
Salticus pini, Hahn, die Arachniden, t. I, p. 59, Pl. 16, fig. 45.
France — Montpellier — Allemagne.

Ne serait-ce pas le Saltique de Catesby de Latreille, trouvé dans les environs d'Aix ? *Voy*. Nouv. Dict. d'Hist. nat. t. XXX, p. 100.
Dans la figure de l'individu décrit et dessiné par M. Hahn, les deux raies blanches sont interrompues à leur partie postérieure, ce qui forme deux croissants blancs au-dessous de chaque ligne blanche. La Synonymie donnée par M. Hahn est à réformer.

4. ATTE PUBESCENT. (*Attus pubescens.*) Long. 3 lignes. ♂ ♀.

Abdomen ovale, déprimé, pointu vers l'anus, mélangé de gris et de noir sur les côtés ; petite touffe de poils gris proche le corselet ; quatre points gris sur le dos, plus marqués que les autres, et en carré.

Attus pubescens, Sundevall, p. 206, n° 6. Walckenaer, Aran.
de France, p. 43, n° 3. Albin. fig. 62. Hahn, die Arachniden,
in-8°, p. 68, Pl. 17, fig. 51 (la femelle). — *Ibid.* Monographie,
in-4°, fascic. 4, Pl. 2, fig. D, *Attus pubescens.*

En France et en Suède.

Le mâle est plus petit, a des couleurs plus vives. Les taches
blanches postérieures, au lieu d'être rondes, forment quelquefois deux petits traits blancs angulaires.

Ne serait-ce pas l'*Aranea rupestris* de Linné ? Fauna Suecica,
2° édit. p. 291, n° 2019.

5. ATTE PARÉ. (*Attus scenicus.*) Long. 3 lignes. ♂ ♀.

Abdomen d'un brun fauve et quelquefois doré, avec trois chevrons blancs disjoints, très-larges sur le milieu du dos. Entre
ces chevrons sont des taches grises, et la pointe vers l'anus est
blanche.

Walckenaer, Aranéides de France, p. 44, n° 5, Pl. 5, fig. 11
et 12 (le mâle).— *Salticus scenicus*, Hahn, die Arachniden, in-8°,
t. I, p. 57 et 58, Pl. 15, fig. 43 (le mâle), fig. 44 (la femelle).
—*Ibid.* Monographie, in-4°, fascic. 4, Pl. 1, A (le mâle), B (la femelle). — *Araignée à bandes blanches*, de Geer, tom. VII, p. 287,
Pl. 17, fig. 8, 9 et 10. — *Aran. cinereus*, Lister, de Aran. tit. 31,
p. 87, fig. 31. Schæffer, Icon. Insect. Pl. 44, fig. 11. — *Aranea
scenica*, Clerck, p. 117, n° 3, Pl. 5, tab. 13. Albin, Natural
Hist. of Spiders, 1737, in-4°, p. 5, Pl. 3, fig. 12 et 14 — *Attus
scenicus*, Sundevall, p. 202, n° 1. — *Aranea cingulata*, Panzer,
fasc 40, tab. 22.

France — Italie — Allemagne — Suède.

Les yeux de la seconde ligne sont plus rapprochés de la ligne
antérieure que de la ligne postérieure. La quatrième paire de
pattes est la plus longue ; la première ensuite (et non la
troisième), la seconde est la plus courte. Cette espèce est la
plus commune de ce genre dans les environs de Paris ; elle
se renferme dans les fentes des murs, des poutres ou des arbres, et y file aux approches de l'hiver une petite toile très-
serrée, formant un tuyau ovale, percé des deux côtés, dans

lequel elle se renferme, et d'où elle sort dès la fin de février, lorsque la chaleur du soleil commence à se faire sentir. Elle résiste aux plus grands froids, et dans l'hiver de 1830, par un froid de 14 degrés au-dessous de zéro au thermomètre de Réaumur, j'en ai pris deux cachées sous une écorce d'arbre, vivantes, et n'ayant rien perdu de leur grosseur ordinaire. Comme toutes les espèces de ce genre, l'Atte parée marche par secousses et saute; alors elle hausse ses pattes de devant sur sa tête. Elle s'arrête souvent et épie sans cesse sa proie. Si elle aperçoit une petite mouche ou un insecte, elle s'élance sur lui et par un seul bond. En cas de danger ou pour toute autre cause, elle saute aussi au bas de la muraille ou du corps sur lequel elle marche, dévidant en même temps un fil qui la suspend à ce corps, et au moyen duquel elle remonte ou descend à volonté. De Geer a vu sur une muraille l'accouplement de cette espèce. Le mâle monta sur le corps de la femelle, en passant sur sa tête et en se rendant vers sa partie postérieure. Il avança un de ses palpes sous l'abdomen de sa compagne, il souleva doucement cet abdomen, et il appliqua ensuite l'extrémité de son palpe à l'ouverture sexuelle de la femelle. Un instant après, les deux Aranéides se séparèrent et s'éloignèrent un peu l'une de l'autre; mais le mâle ne tarda guère à se rapprocher de nouveau, et réitéra à plusieurs reprises l'action que nous avons décrite. Le mâle a les palpes très-allongés. La femelle pond ses œufs, dans nos climats, vers la fin de mai, et ils éclosent dans le commencement de juillet. Le 22 juillet, j'en pris une jeune dans les environs de Paris, dans son tuyau de soie construit sous une pierre, qui avait la moitié de la grandeur ordinaire. C'est l'espéce d'Atte qu'on rencontre le plus souvent sur l'habitation de l'homme ou dans ses environs.

Conférez avec cette espèce l'Attus scénicoïde (*Ar. Fulvata* de Fabricius). J'ai eu tort de rapporter à l'espèce suivante, dans mes précédents ouvrages, l'*Aranea cingulata* de Panzer, elle appartient à celle-ci.

6. Atte Psylle. (*Attus Psyllus.*) Long. 2 lignes et demie. ♂, ♀.

Abdomen ovoïde, pointu vers l'anus, d'un beau noir en dessus, entouré sur le dos par des poils d'un blanc rougeâtre, ayant une ligne longitudinale médiane de même couleur, quelquefois interrompue dans son milieu; une autre ligne transverse d'un blanc rougeâtre, croisant dans son milieu la ligne longitudinale, suivie d'autres plus petites et plus courtes. Quatre points ronds en carré, blancs, de chaque côté de la ligne médiane, à la partie antérieure. Le mâle est semblable à la femelle, mais la cupule de son digitale est noire et recouverte de poils blancs.

Walckenaer, Aranéides de France, p. 45, n° 6. — *Attus terebratus*, Koch, dans Schæffer, fasc. 119, tab. 3 (le mâle), tab. 4 (la femelle). — *Ar. terebratus*, Clerck, p. 120, Pl. 5, tab. 15 (un mâle). — *Attus terebratus*, Sundevall, p. 205, fig. 12.

Trouvée en France, dans les environs de Paris, de Lyon, en Allemagne et en Angleterre.

Espèce distincte du *Scenicus*, quoique voisine.

En juillet, j'ai trouvé cette espèce dans le nid de l'Epéire Calophylle, dont les petits venaient d'éclore. C'était sans doute pour s'en nourrir.

7. ATTE BORDÉ. (*Attus limbatus*.) Long. 3 lignes. ♂

Abdomen ovoïde, un peu plus renflé vers sa partie postérieure. Dos noir entouré d'une raie d'un blanc jaunâtre, formant trois larges festons ou courbes rentrantes ; tache triangulaire jaune à la partie postérieure, au-dessous de laquelle est un gros point rond de même couleur. Corselet noir, avec des taches d'un jaune vif derrière les yeux postérieurs, et au bandeau.

W. Hahn, Monographie der Arachniden, in-4°, fascic. 4, Pl. 1, fig. C.

Trouvée en Allemagne, dans les bois, sur le tronc des arbres, dans les environs de Munich et de Nuremberg. Rare.

8. ATTE DEMI-BORDÉ. (*Attus semi-limbatus*.) Long. 7 lignes. ♀

Abdomen court, quadriforme, peu allongé, déprimé, d'un brun fauve, avec des poils plus noirâtres, qui forment un carré proche le corselet, dans le milieu duquel est un point brun ; Derrière ce carré sont quatre ou cinq chevrons entourés d'un ovale festonné dont les festons ont leur partie concave tournée extérieurement, ou en dehors, le dernier chevron formant, avec la pointe de l'ovale, un trapèze au milieu duquel est un point brun. Corselet grand et noir, bordé de blanc sur les côtés de sa partie postérieure; palpes, et pattes antérieures, noirs marqués de blanc : pattes postérieures fauves.

Attus semilimbatus, Hahn, Monographie, in-4°, 5 heft, Pl 3, fig. B.

En Italie, dans le royaume de Naples. — Une des plus grandes du genre parmi celles d'Europe.

9. ATTE ERRATIQUE. (*Attus erraticus.*) Long. 1 lig. et demie. ♀.

Abdomen ovale, d'un fauve grisâtre moucheté de noir : une petite touffe de poils blancs à la partie antérieure se dirigeant vers le corselet. Sur le milieu du dos une bande ou raie large un peu obscure, longitudinale, qui s'élargit vers les deux extrémités, qui est crénelée, et forme une espèce de crémaillère à deux crans, bordés par des poils plus bruns. Tout le long de cette bande, au milieu, sont de petits chevrons ou accents circonflexes, d'un brun plus foncé, qui sont plus visibles aux endroits où la bande s'élargit ; sur les côtés de petites raies plus jaunes qui suivent la courbure du ventre, et sont plus visibles vers la partie postérieure. Un point blanc entre les deux filets setifères de l'anus termine la bande.

Walckenaer, Aranéides de France, p. 46, n° 7.

En France. Trouvée une seule fois dans mon cabinet, à Paris. Jolie espèce bien distincte.

Les yeux de la seconde ligne, dans cette espèce, sont plus rapprochés de la ligne postérieure que de la ligne antérieure. Les deux paires de pattes postérieures sont plus allongées que les pattes antérieures ; d'abord la quatrième, ensuite la troisième, la seconde est la plus courte de toutes.

10. ATTE CUIVRÉ. (*Attus cupreus.*) Long. 2 lig. et demie. ♂ ♀.

La femelle. — Abdomen d'un rouge verdâtre ou vert-cuivré luisant. Pattes d'un jaune-verdâtre clair. Abdomen pyriforme, pointu vers l'anus ; sur le dos, un demi-cercle blanc ou d'un jaune vif entoure sa partie supérieure jusqu'à la moitié de sa longueur ; à la suite de cette ligne sont deux chevrons blancs ou jaunes, moins marqués, ou gris, quelquefois oblitérés à leurs sommets, ou se réduisant à quatre points carrés , blancs ou jaunes. L'anus est noir , même en dessus.

Le mâle.—Abdomen plus allongé, noir, violacé, quatre taches jaunes ou blanches sur le dos. Bandeau blanc ou jaune. Palpes noirs. Cuisses très-renflées.

Walckenaer, Aranéides de France , p. 47 , n° 8. — Albin , n° 69. — *Attus cupreus*, Audoin et Savigny, Descript. de l'Égypte, p. 171, Pl. 7, fig (le mâle). 15.—*Salticus cupreus,* Hahn , die Arachniden , t. II , p. 42 , Pl. 55, fig. 127. — *Attus cupreus*, Hahn , Monogr. in-4°, fasc. IV, Pl. 2A (le mâle), B (la femelle). — *Attus Mouffetii,* Audoin et Savigny, Égypte , p. 171 , Pl. 7 , fig. 16 (la femelle). — *Salticus æneus* , Hahn, t. I, p. 65 , Pl. 17 , fig. 49 : long. 3 lignes. Individu âgé , avec la partie antérieure des palpes et des pattes jaune brun ; les points blancs ou chevrons sont oblitérés. — *Salticus flavipes,* ibid. , t. I , p. 66 , Pl. 17, fig. 50. — *Heliophanus cupreus* , Koch , dans H. Shaeffer deutsche Insecten , fascic. 119, 1 (le mâle), tab. 2 (la femelle avec le cercle et les points blancs). — *Heliophanus flavipes*, Koch , 131 , 3 et 4. — *Heliophanus auratus* , Koch , 128 , 8 (un mâle brun d'or sans taches sur le dos), 228 , 9 (la femelle , dos vert, avec la bande blanche courbée).—*Heliophanus dubius* , Koch , 128, 12, 13 (mâle et femelle, couleurs ternes : long. 2 lignes deux tiers. La même espèce plus jeune, avec les points blancs, les pattes et les palpes d'un jaune clair). — *Attus atro-virens,* Sundevall , Svenska beskrifning , K. V. A. Handlung , 1832 , p. 210, n° 8 (bonne description des deux sexes).

En France, en Allemagne et en Suède , en Egypte.

J'avais signalé dans la Faune française, tous les changements que subit cette espèce, et qui ont servi à M. Hahn et à M Koch pour en faire autant d'espèces différentes. La quatrième paire de pattes est la plus longue ; la troisième ensuite, la seconde est la plus courte. Cette espèce saute avec agilité : en ayant mis un individu dans une boîte, il se fila un nid à deux issues composé d'une soie fine et transparente. On trouve cette Aranéide en mai et en juin dans les jardins de Paris. M. Sundevall dit qu'elle est commune dans les bois de la Scanie et de Gottland, et que , dans les mois de juin et de juillet, les femelles se renferment dans des nids assez resserrés, construits sous l'écorce morte des arbres ; là elles pondent une vingtaine d'œufs blancs , ronds , séparés ou non agglutinés entre eux : elles enveloppent ces œufs dans un filet ou cocon très-mince, qui est grand, en le comparant à l'insecte. M. Sundevall dit que dans la femelle, c'est la troisième paire de pattes qui est la plus courte, tandis que dans le mâle, c'est la seconde paire; mais il remarque qu'il a trouvé une femelle brune et de couleur foncée comme le mâle, et avec la même proportion relative dans les pattes, anomalie qu'il attribue à ce qu'elle n'avait pas été fécondée. Selon lui, les mâles jeunes sont semblables aux femelles; mais ils ont cependant, même alors, les pattes moins vertes. Cette Araignée varie beaucoup, et j'ai observé tous les passages d'une variété à l'autre, avec toutes les taches; d'autres avec quelques taches à demi effacées, d'autres avec les taches oblitérées. Enfin j'en ai vu dont le corps était noir-corbeau uniforme. Ses palpes et ses pattes jaunes, et sa couleur luisante la font toujours facilement reconnaître. J'en ai pris une dans les Pyrénées, aux Eaux-Bonnes, en août, avec son sac fermé et contenant quatorze ou quinze jeunes d'un millimètre et demi de long, déjà bruns, corselet noir, le dos de couleur cuivrée; le ventre et les filets sétifères d'un jaune verdâtre; les pattes blanches. Les cuisses postérieures de la quatrième paire de pattes dans les individus adultes à pattes jaunes, ont une tache blanche près du génual. M. Koch a donné de bonnes figures et une bonne description de cette espèce. Il a vu les deux sexes accouplés en juin et juillet, dans les environs de Ratisbonne.

11. ATTE DES MOUSSES. (*Attus muscorum.*) Long. 2 lignes. ♂ ♀,

Abdomen ovoïde, renflé à sa partie postérieure; couleur vert bouteille ou doré, avec deux points enfoncés dans le milieu. Bande transversale formée par des points blancs proche le corselet; ventre couvert de poils gris blanchâtres; deux petites raies plus blanches vers l'anus.

Walckenaer, Aranéides de France, t. I, p. 58, n° 21. — *Heliophanus truncorum*, Koch, 128, 10 (la femelle), 11 (le mâle). En France et en Allemagne.

Le mâle est semblable à la femelle. Je l'ai prise vivante en février. M. Koch dit que le mâle est adulte en septembre. Cette espèce ressemble beaucoup à la précédente.

12. ATTE CHALYBÉIEN. (*A. Chalybeius.*) Long. 3 lignes. ♀.

Abdomen ovale allongé, élargi dans son milieu, pointu vers l'anus, de couleur d'acier bronzé sur le dos, ainsi que le corselet. Ventre fauve dans le milieu. Pattes antérieures renflées. Yeux intermédiaires de la ligne antérieure très-gros.

Walckenaer, Aranéides de France, p. 43. n° 4. — *Salticus Chalybeius*, Hahn, die Arachniden, t. II, p. 42, Pl. 55, fig. 127. — *Salticus heterophthalmus*, Museum Senckenbergianum, p. 279, Pl. 18, fig. 11. (Long. 2 lignes.)
En France, en Allemagne.

Les yeux intermédiaires de la première ligne sont, dans cette espèce, comparativement plus gros que dans plusieurs autres. Cette Aranéide varie pour les couleurs. J'en ai rencontré de noir foncé. Les individus que j'ai décrits avaient les pattes noires. Celle de M. Reuss a les pattes jaunâtres, et seulement le tibial des jambes antérieures noir. Mais je crois que ce n'est qu'une variété produite par le sexe ou l'âge.
Cette espèce ressemble à l'*Attus cupreus* pour les couleurs; mais elle est différente. La forme de son corselet diffère : ses couleurs sont toujours plus sombres.

13. ATTE NOIR. (*Attus niger.*) Long. 2 lig. ♀.

Tête et corselet noirs. Abdomen à dos et ventre noirs. Pattes et palpes noirs. Extrémité des pattes et vertébral de couleur grise.

Walckenaer, Aranéides de France, p. 56, n° 18. — Sundevall, p. 204, n° 3.
Environs de Paris, et en Suède.

La quatrième paire de pattes est plus longue que la première, et la troisième un peu plus que la seconde. Les cuisses en dessous sont noires. Je l'ai prise en juin.

14. ATTE ENTOURÉ. (*Attus coronatus.*) Long. 3 lig. ♂ ♀.

Abdomen ovoïde allongé, un peu déprimé, plus large dans son

milieu, et sur les côtés d'un ovale blanc qui, lui-même, entoure deux bandes brunes qui se joignent presque aux deux bouts, et forment un ovale, le milieu d'un fauve doré. Les deux bandes noires ou brunes sont un peu festonnées à leur intérieur. Le milieu fauve doré est un peu lavé de brun. Ce brun près de l'anus forme une petite échancrure en lunule.

Araignée entourée (*A. coronatus*), Walckenaer, Faune Parisienne, t. II, p. 245, n° 119. — *Attus coronatus,* ibid. Aranéidés de France, p. 49, n° 9 (le mâle), long. 2 lig. — Atte cabri (*Attus capreolus*), ibid. Aranéides de France, p. 53, n° 13 (la femelle), long. 3 lig. — *Salticus Blancardii*, Hahn, die Arachniden, t. I, p. 64, Pl. 16, fig. 48. — *Araneus falcatus*, Clerck, p. 125, Pl. 5, tab. 19. — *Attus falcatus*, Sundevall, p. 218, n° 11. — Albin, p. 21, Pl. 14, n° 66. — *Aranea Blancardii,* Scopoli, Entom. Carn. p. 402, n° 1112. — *Aranea corollata,* Linné, Syst. nat. t. II, p. 2, p. 1032, n° 15. — *Ibid.* Faun. Suecica, 2ᵉ édit. p. 488, n° 2005, iter. Al. p. 126.

France, Allemagne, Carniole, Suède.

Les deux sexes diffèrent peu; le mâle est plus petit. Les gros yeux antérieurs sont vert-bouteille foncé, entourés de poils fauves dorés qui rabattent sur le bandeau; ceux qui entourent immédiatement les yeux sont d'un rouge ferrugineux. Les yeux de la seconde ligne paraissant un peu plus rapprochés des yeux postérieurs que des yeux antérieurs. Suivant nos observations, la première paire de pattes serait la plus longue, et ensuite la quatrième; mais M. Sundevall, qui a très-bien étudié cette espèce et décrit toutes ses variations d'âge et de sexe, prétend que c'est la troisième paire qui est la plus longue, ensuite la quatrième; la seconde, selon lui, est la plus courte. Notre *Attus coronatus* a le ventre noir; tandis que notre *Capreolus,* même dans un mâle que nous avons trouvé, l'a revêtu de poils fauve-pâle uniforme, ou d'un rouge pâle et sale : mais ce n'est là qu'une variété. Le mâle est plus petit. Je crois que les pattes varient selon les sexes : dans le mâle la première paire est renflée et plus allongée que la quatrième, qui vient ensuite; après la seconde, la troisième, selon nous, serait la plus courte. Mais dans ce genre ce caractère est d'une difficile investigation. M. Sundevall cite, suivant nous à tort, l'*Ar. flammatus* de Clerck. C'est dans les bois qu'on trouve l'*Attus coronatus*. M. Sundevall dit qu'elle est commune tout l'été. Son cocon n'a cependant encore été décrit par aucun naturaliste. La cupule du digital, dans le mâle, présente un conjoncteur principal globuleux glabre, qui supporte à sa partie supérieure un conjoncteur surnuméraire conique et terminé en pointe arrondie.

15. ATTE VIRGULÉ. (*Attus virgulatus.*) Long. 8 lig. ♂ ♀.

Abdomen ovoïde qui va s'élargissant à la partie postérieure et devient pointu à l'anus. Dos d'un noir mat, avec une raie fine, blanche ou fauve-jaunâtre à la partie supérieure, croisée par deux autres raies de même couleur et fines; ensuite de petits points blancs ou fauves de chaque côté, qui vont, en diminuant de grandeur et de distance, se réunir à l'anus.

Walcken. Aranéides de France, p. 49, n° 10, Pl. 5, fig. 6 et 9. (La fig. 6 est à tort attribuée à la lettrée.) — *Aranea truncorum,* Linneus, Faun. Suecica, 2° édit. p. 491, n° 2018. — *Salticus littoralis*, Hahn, t. I, p. 70, Pl. 18, fig. 53.
France, aux environs de Paris. En Suède, en Allemagne.

J'ai trouvé le nid de cette espèce, le 16 mai, sur une tige de froment qui traversait des feuilles sèches amassées au milieu. Le nid était placé dans ces feuilles sèches; c'était un grand sac blanc à tissu serré. Ce sac renfermait deux Attes virgulées qui y habitaient. Chacune avait son cocon de deux lignes de diamètre. Ce cocon est rond, aplati, formé d'une soie fine qui prend la forme des œufs, et on les voit à travers leur tissu. Les œufs sont libres et non agglutinés entre eux.

16. ATTE NIDICOLE. (*Attus nidicolens.*) Long. 3 lig. et demie. ♂ ♀.

Abdomen ovoïde, renflé vers l'anus, plus long et plus large que le corselet, d'un fauve doré en dessus, avec une suite de traits blancs et noirs qui forment des taches latérales inclinées; milieu du dos fauve, ayant une suite de chevrons et de points formés par des poils bruns et gris-blanc pyramidés, le dernier figurant un petit ovale vers l'anus.

Walckenaer, Aranéides de France, p. 50, n° 11, Pl. 5, fig. 14. — *Salticus abietis*, Hahn, die Arachniden, t. I, p. 61, Pl. 16, fig. 46. — *Salticus scolopax*, Reuss, Museum Senckenberg, p. 276, Pl. 18, fig. 9.
France, Allemagne, Egypte, et Italie, d'où je l'ai reçue.

Les yeux de la seconde ligne plus près de la ligne des yeux antérieurs que des postérieurs. Pattes presque égales entre elles ; la quatrième est la plus longue , ensuite la première ; la troisième la plus courte. M. Reuss (p. 277) dit, dans sa Description , que la troisième paire est plus longue que la première, et que c'est la seconde qui est la plus courte. Quand cette espèce a pondu , son abdomen est alors pointu et moins large que le corselet. J'ai trouvé en juillet le nid de cette Aranéide renfermé dans une feuille sèche toute roulée et tapissée d'une soie blanche. Là elle habitait avec ses petits éclos en grand nombre. Une seconde fois , au jardin des Plantes de Paris, j'ai pris la même espèce , à la fin de juin , à l'extrémité d'une petite branche de sapin, qu'elle avait entourée d'une soie très-blanche. Elle était pleine, fort grosse , et avait des couleurs très-vives. Les côtés du bandeau étaient rayés comme le tigre du Bengale. J'ai encore pris la même espèce au Paraclet, près Nogent-sur-Seine ; les yeux étaient entourés de poils jaunes.

17. ATTÉ A RAIES JAUNES. (*Attus xanthogramma.*) ♀.
Long. 3 lig.

Abdomen ovoïde déprimé, pointu , et d'un rouge-capucine brillant sur les côtés. Dans le milieu deux lignes d'un jaune pâle, interrompues postérieurement et bordées de noir , qui tendent à se réunir à leur base, et sur chacune desquelles sont des points enfoncés. Corselet couvert d'un duvet fauve rouge en dessus , entouré sur ses bords d'une bande d'un jaune clair. Pattes jaune clair, non annelées, mais parsemées de taches noires.

Walken. Aranéides de France , p. 52, n° 12. (La synonymie est fautive.)—*Salticus xanthogramma* , Latreille, Nouv. Dictionnaire d'hist. nat. t. XXX, p. 103. — *Aran. subflavus*, Lister, p. 90, tit. 33.

France, Angleterre, Italie, d'où elle m'a été envoyée; mais les individus de ce pays avaient le ventre rougeâtre, au lieu d'être jaune pâle comme ceux des environs de Paris.

18. ATTE FRONTALE. (*Attus frontalis.*) Long. 3 lig. ♀.

La femelle.—Corselet d'un jaune-fauve lavé de brun vers la tête, entouré de noir. Abdomen ovale, noir, avec une large tache jaune proche le corselet mélangé de noir; puis deux séries de taches

jaunes, grandes, ovalaires, au nombre de cinq ou six sur chaque
ligne, inclinées l'une vers l'autre, et formant des chevrons disjoints
qui vont en diminuant de grandeur en approchant de l'anus ;
fond très-noir. Côtés du ventre chinés de jaune et de noir. Pattes
et palpes fauve clair.

Araignée frontale, Walckenaer, Faune Parisienne, t. II, p. 246,
n° 123. — *Atte frontale*, Walck. Tableau des Aranéides, p. 24,
n° 21. — *Euophrys frontalis*, Koch, dans Schæffer, 123,8.

Le mâle.—Long. 2 lig. Corselet noir-foncé uniforme, avec des
poils d'un rouge oranger. Abdomen d'un fauve rougeâtre sur le
dos, avec deux petits traits noirs parallèles, suivis de cinq ou six
triangles noirs dilatés, dont les bases touchent aux sommets de
ceux qui les suivent. Côtés de l'abdomen chinés de brun et de
rouge. Pattes de la première paire noires, sauf le tarse qui est
fauve, ainsi que toutes les pattes postérieures. Palpes : les deux
premiers articles noirs ; les autres rougeâtres ; digital long et
renflé
Euophrys frontalis, Koch, *ib.* 123, 7.
Le mâle diffère, dans cette espèce, beaucoup de la femelle.
M. Koch dit qu'elle est rare et qu'il l'a trouvée sur des plantes
basses près de Ratisbonne, et à Gartein, dans le Saltzbourg.

19. ATTE LUNULÉ. (*Attus lunulatus.*) Long. 3 lig. ♀.

Abdomen ovoïde, plus gros dans son milieu, coupé en ligne
droite vers le corselet, pointu à l'anus, couvert sur le dos de poils
fauves clairs, avec deux croissants d'un fauve brun, ou seulement
d'un fauve plus foncé que le reste du dos, qui tendent à former
un ovale, et se rapprochent vers l'anus. Pattes courtes, verdâtres,
sans taches ni anneaux.

Walckenaer, Aranéides de France, p. 54, n° 14. —*Attus dor-
thesi*, Savigny, Egypte, n° 170, Pl. 7, fig. 9.
France, environs de Paris. Egypte.

Pattes presque égales ; cependant la quatrième paire est la plus
longue ; la troisième ensuite, puis après la première ; la seconde
est la plus courte. Les palpes sont velus, rougeâtres ou verdâtres.
Dans quelques individus, les croissants se trouvent oblitérés.

20. **Atte a pieds annelés.** (*Attus annulipes.*) Long. 3 lig. ♀.

Abdomen couleur jaune-souci foncé, avec la base supérieure d'un gris jaunâtre, Corselet noir, entouré de blanc à sa partie postérieure. Pattes et palpes d'un fauve-pâle tacheté de noirâtre.

Walck. Aranéides de France, p. 55, n° 16. — *Saltique à pieds annelés*, Latreille, Nouv. Dictionnaire d'hist. nat. t. XXX, p. 100. — *Salticus brevipes*, Hahn, die Arachniden, t. I, p. 75, fig. 56. (2 lig.)
France et Allemagne.

M. Hahn remarque que cette espèce a des habitudes moins vives que celles de ses congénères, et saute moins bien.

21. **Atte bicolore.** (*Attus bicolor.*) Long. 4 lig. ♂.

Abdomen ovoïde plus large dans son milieu, revêtu sur le dos d'un duvet rouge de brique, ou de couleur brune peu foncée, caduc ; espace noir à la partie supérieure du dos ; deux taches jaunes sur les côtés ; quatre points enfoncés sur le milieu du dos ; côtés d'un rouge de brique. Dessous du ventre noir. Corselet grand et noir. Pattes noires, fortes et allongées.

Walck. Aranéides de France, p. 54, n° 15. — *Ibid.* Faune Par. t. II, p. 247, n° 125.
En France.

Une des plus remarquables espèces des environs de Paris, par sa grandeur, la longueur de ses pattes, ses couleurs et ses habitudes. Elle se file une retraite spacieuse entre des feuilles qu'elle rapproche. Je l'ai prise au commencement de mai. Le duvet du dos s'efface par le frottement et cache une épiderme noire. La première paire de pattes est sensiblement plus longue que les autres ; la quatrième ensuite ; la troisième et la seconde sont presque égales.

22. **Atte rusé.** (*Attus callidus.*) Long. 2 lig. et demie. ♂ ♀.

Abdomen ovoïde, pointu vers l'anus, plus large dans son milieu, coupé carrément près du corselet. Le dessus d'un brun de bistre, avec des chevrons rougeâtres, obscurs, au nombre de quatre ou cinq, peu visibles, et qui s'oblitèrent lorsque la couleur est plus foncée et tire sur le noir. Dans certains individus, le chevron du milieu forme un petit triangle. Dans d'autres, la couleur obscure du dos s'éclaircit sur les côtés et forme une bande plus pâle; et souvent on remarque une petite ligne brune proche le corselet. Pattes annelées.

Walck. Aranéides de France, t. I, p. 55, n° 17.— *Salticus agilis*, Hahn, die Arachniden, t. I, p. 72, Pl. 18, fig. 54. (Long. 1 ligne et demie.) Une jeune.—*Attus Soldanii,* Savigny et Audoin, Arachnides d'Egypte, p. 171, Pl. 7, fig. 17 ; le mâle; fig. 18, la femelle ? (Long. 2 lig. 3/4.) Un mâle.

En Égypte, en France et en Allemagne, dans les bois. — Aux environs de Paris, et dans les montagnes des Pyrénées, où j'en ai pris un individu le 20 août. La troisième paire de pattes est la plus longue, la quatrième après, la seconde ensuite ; la troisième est la plus courte. L'individu figuré par Savigny est un mâle. Le corselet est grand, l'abdomen court, et il y a cinq chevrons transverses. Selon cette figure, dans le mâle, la première paire de pattes serait la plus longue, la quatrième ensuite, et la troisième serait la plus courte.

23. ATTE TRIPONCTUÉ. (*Attus tripunctatus.*) Long. 3 lig. ♀.

Abdomen ovoïde, allant en grossissant vers l'anus, qui est bordé de poils rougeâtres. En dessus, trois points ronds d'un blanc très-vif, disposés longitudinalement, formés par des poils. Ventre d'un fauve pâle.

Walcken. Aranéides de France, p. 57, n° 19. — Faune Paris, t. II, p. 247, n° 129.

Araneus subflavus cui secundùm clunes tres virgulæ croceæ Lister, de Aran.tit. 33, p. 90.

France, Angleterre.

Lister a gardé cette espèce plusieurs mois conservée dans une boîte sans nourriture, et au bout de ce temps elle s'échappa avec beaucoup d'agilité.

24. ATTE LETTRÉ. (*Attus litteratus.*) La femelle. Long. 4 lig. ♂ ♀.

Abdomen ovoïde, recouvert en dessus de poils fauves et gris,

et ayant deux lignes longitudinales et parallèles de points blancs
rehaussés par des points noirs connivents. Ventre gris. Deux accents circonflexes sur le corselet.

Walcken. Aranéides de France, p. 57, n° 20, Pl. 5, fig. 6. —
Euophrys festiva, Koch, dans Schæffer, 123, 6. (La femelle.) —
Araneus littera V *notatus*, Clerck, p. 125, Pl. 5, fig. 17.—Albin,
p. 44, Pl. 29, fig. 144. — Schæffer, Icon. Pl. 226, fig. 5, Pl. 35,
fig. 8. (Femelle pleine.) — *Attus Gesneri*, Savigny et Audoin,
Descript. de l'Egypte, p. 170, Pl. 7, fig. 12.

France, Allemagne, Egypte.

Il y a dans le milieu deux points ovales, gros, et deux plus petits plus près du corselet, plus apparents que les autres. Le corselet
a une suite de points blancs et une ligne blanche fine dans le milieu. Forme moins allongée que la Virgulée, et ressemblant un peu
à la Nidicole. Les yeux de la seconde ligne sont plus rapprochés
des postérieurs que des antérieurs.

Le mâle. Long. 3 lig. — Corselet brun, avec deux bandes arquées plus pâles. Abdomen d'un brun gris, avec deux lignes de
petits points blancs sur le dos qui vont se réunir en angle à
l'anus.

Euophrys festiva, Koch, dans Schæffer, 123, 5. (Le mâle.)

Ce mâle, que je n'ai jamais trouvé, ressemble peu à la femelle.
Il a été décrit et figuré par M. Koch. Les pattes sont entièrement
jaune clair, sans annelures. Le corselet et l'abdomen d'un brun
pâle, et les taches blanches. On le rencontre en automne, mais
il n'est propre à la génération qu'au printemps suivant. On le
trouve sur les pierres, dans les collines exposées au soleil. Il saute
avec beaucoup d'agilité.

25. ATTE TIGRE. (*Attus tigrinus.*) Long. 3 lig. ♀.

Abdomen allongé, fauve, entouré de poils gris et d'une double
raie de points noirs peu tranchés sur les côtés ; dans le milieu trois
grands chevrons réunis, à pointes aiguës, disposés à la suite les uns
des autres, formés de même par des taches brunes. De chaque côté
du chevron antérieur sont deux larges taches brunes, disposées en
carré, et au-dessus, proche du corselet, une autre tache de
même couleur. Pattes et palpes fauves, annelés de brun.

C. W. Hahn, die Arachniden, in-8°, t. I, p. 62, Pl. 16, fig. 47.

Trouvée en Allemagne, dans les environs de Munich et de Landshut. — Rare.

26. ATTE CRUCIGÈRE. (*Attus crucigerus.*) Long. 3 lig. et demie. ♀.

Abdomen ovoïde, un peu déprimé, mais gros et épais ; fond brun ou noir, entouré sur tous les côtés de poils gris blanc, ayant dans le milieu du dos une ligne longitudinale blanche, formée par quatre points blancs allongés, croisés par deux petits arcs de cercle blancs, opposés par leurs côtés convexes, qui coupent doublement cette ligne en croix ; l'arc le plus rapproché du corselet moins apparent et souvent oblitéré. Palpes jaunâtres.

Walckenaer, Aranéides de France, p. 59, n° 23 (la figure de la planche n'est pas la Crucigère). — *Araneus sanctus*, Mouffet, Theatr. Insect. p. 254, lig. 5. — *Salticus crux*, Hahn, die Arachniden, t. I, p. 69, Pl. 17, fig. 52. — *Attus crucifer*, Sundevall, p. 215, n° 13.

Dans les environs de Paris, et dans les Pyrénées. — En Allemagne.

Les yeux de la seconde ligne sont plus rapprochés de la ligne postérieure que de la ligne antérieure. Les pattes antérieures ont les cuisses renflées ; la première moitié des cuisses est d'un fauve rougeâtre, le génual et le tibial sont d'un brun foncé ; le tarse d'un fauve rougeâtre. La troisième paire de pattes est la plus longue, et la quatrième ensuite ; la première égale presque la quatrième ; la seconde est de beaucoup la plus courte. Le corselet est moins long et moins large que l'abdomen, noir et recouvert en dessus de poils d'un fauve doré. C'est une des plus grosses espèces des environs de Paris.

Le 3 août, j'ai pris dans le bois de Boulogne, près Paris, un individu de cette espèce, sous une pierre. L'Aranéide était renfermée avec ses œufs dans un sac de toile blanche, construit dans une des cavités de la pierre, et recouvert d'une bourre blanche ; les œufs étaient d'un jaune pâle au nombre d'environ cinquante. J'ai retrouvé la même espèce, le 14 juin 1833, sur le mont Olivet, près Bagnères en Bigorre, dans les Pyrénées, avec son nid de toile blanche.

27. **Atte arcigère.** (*Attus arcigerus.*) Long. 3 lig. ♀.

Corselet, abdomen et pattes noirs. Abdomen ayant sur le dos un arc de cercle blanc, qui entoure sa partie antérieure, et une ligne longitudinale blanche dans le milieu qui se prolonge jusqu'à l'anus, mais qui n'atteint pas la portion de cercle blanc. Côtés de l'abdomen avec des bandes blanches inclinées. Palpes fauves rougeâtres, tachés de noir à leur extrémité. Pattes noires, les antérieures à cuisses très-renflées.

Midi de la France.

Envoyée de Montpellier par M. Dugès. Différente de l'*Attus Frischii* de Savigny.

Cette espèce est fort semblable à la précédente, mais elle est différente. Les yeux de la seconde ligne sont plus rapprochés de la ligne antérieure que de la ligne postérieure. La troisième paire de pattes est la plus allongée; ensuite c'est la première qui est fort grosse et à cuisse renflée; la quatrième est grêle, et sensiblement plus courte que la première; enfin la seconde est de beaucoup plus courte qu'aucune des autres.

28. **Atte tacheté.** (*Attus maculatus.*) Long. 2 lignes et demie à 3 lignes. ♂ ♀.

Abdomen ovoïde, légèrement déprimé, nu ou point velu, un peu renflé vers sa partie postérieure, presque tronqué en ligne droite à sa partie antérieure, et pointu vers l'anus; verdâtre ou d'un fauve rougeâtre pâle; parsemé de petites taches ou mouchetures noires, qui forment sur le dos trois lignes longitudinales parallèles, qui vont se joindre à l'anus. Un petit triangle noir, et trois chevrons ou accents circonflexes à la partie postérieure. Corselet et pattes rouges.

Walckenaer, Aranéides de France, p. 60, n° 24, Pl. 5, fig. 7. — *Attus pulchellus*, Hahn, Monographie, in-4°, 5 heft, Pl. 1, fig. c.

Trouvée en France, en Italie, en Allemagne, et dans les environs de Paris, le 6 juillet; aux Eaux-Bonnes, vallée d'Ossau (Basses-Pyrénées) le 23 juillet, et à Ems, dans l'état de Nassau, le 6 juillet; la première fois sous une pierre, la seconde fois sous

la mousse qui croît sur le buis; toujours enveloppée dans un sac
de soie.

La quatrième paire de pattes est la plus longue; la troisième
ensuite; la deuxième et la première presque égales; mais la première est plus longue. Les yeux de la seconde ligne sont plus
rapprochés de la ligne postérieure que de la ligne antérieure.

En Italie, cette espèce devient beaucoup plus grande.

Dans la variété trouvée à Ems, les yeux étaient rougeâtres.
Les points noirs du milieu étaient de petits triangles disposés à la
suite les uns des autres. La variété figurée par Hahn paraît avoir
été d'un fond blanc bleuâtre.

29. ATTE STRIÉ. (*Attus striatus.*) Long. 3 lignes. ♀.

Abdomen allongé, déprimé, renflé dans son milieu, pointu à
sa partie postérieure, coupé en ligne droite ou un peu creusé
à son sommet, proche le corselet. Dos d'un fauve rougeâtre ou
grisâtre dans son milieu, entouré d'un ovale brun, pâle à la
partie antérieure, devenant plus noire vers la partie postérieure,
et là coupé par quatre ou cinq petits traits blancs ou rouges,
obliques ou rayonnants. Ventre gris, pattes rouges, palpes plus
pâles.

Araneus striatus, Clerck, Aran. Suecic., p. 119, spec. 4, Pl. 5,
fig. 14. — Sundevall, *Attus striatus,* p. 204, nº 4.

En France, à Nevers, et en Suède.

D'après la figure, l'*Aran. flammatus* de Clerk, Pl. 5, fig. 18,
paraît devoir se rapporter à la même espèce, mais la description
de cet auteur l'en éloigne.

Le corselet de l'*Attus striatus* est déprimé, allongé, étroit, peu
épais. Les yeux de la seconde ligne sont plus rapprochés de la
ligne des yeux antérieurs que des postérieurs. Les pattes sont peu
velues et rouges: la quatrième paire est la plus longue; la troisième et la première paraissent presque égales; mais la troisième
est plus longue; la première, comme de coutume, est la plus grosse
et la plus renflée, la seconde est la plus courte.

Certains individus ont le fond du dos rose, la partie postérieure de l'ovale très-noire, et les lignes rayonnantes passant du
rouge au blanc le plus vif, qui forment autant de petits trian-

gles noirs des parties de la bande ovale qu'elles séparent. Alors cette espèce est une des plus jolies du genre.

3o. **ATTE GRÊLE.** (*Attus gracilis.*) Long. 1 ligne et demie. ♂ ♀.

Abdomen petit, élargi dans son milieu, plus pointu à sa partie postérieure, large et coupé en ligne droite à sa partie antérieure, brun foncé avec des poils fauves. La partie antérieure du dos bordée d'un demi-cercle blanc en fer à cheval, avec deux points blancs de chaque côté, qui font rentrer cette courbe blanche. Une bande transversale, blanche à la partie postérieure, plus large vers les côtés de l'abdomen, et presque interrompue dans son milieu ou n'étant liée que par un trait. Pattes courtes, brunes. Palpes d'un jaune pâle, à dernier article ovale, pointu, très-allongé.

Salticus gracilis, Hahn, Arachniden, in-8°, t. I, p. 73, Pl. 18, fig. 55 (le mâle).

Je n'ai pris cette espèce qu'une seule fois dans mon cabinet, et elle s'est échappée avant que j'aie pu mesurer les pattes. Le corselet est aussi long que large ; la poitrine est brun noir, glabre, échancrée à sa partie antérieure. M. Hahn a décrit la femelle, et cependant c'est un mâle qu'il a figuré.

3i. **ATTE A DEUX BANDES.** (*Attus Bivittatus.*) Long. 4 lignes. ♀.

Abdomen ovale, allongé, étroit, déprimé ; gris blanc, avec deux raies longitudinales, noires sur les côtés. Ventre gris. Corselet allongé, déprimé, d'un gris blanc en dessus, entouré d'une raie très-noire.

Salticus bivittatus, Saltique à deux raies. Léon Dufour, Annales des sciences naturelles, 1831, Pl. 11, fig. 5, p. 15, n° 7, du Mémoire intitulé Description et figures de quelques Aranéides, etc. — *Araneus muscosus*, Clerk, p. 116, n° 2, Pl. 5, tab. 12.

En France, en Espagne et en Suède.

Trouvée en Espagne, sur les vieux troncs d'olivier. Elle se fabrique sous les écorces d'arbres une espèce de cocon ovale, très-blanc, dans lequel elle se renferme pour y subir sa mue : espèce bien différente de celle à laquelle M. Léon Dufour, qui le premier l'a bien décrite, était tenté de la rapporter.

32. **Atte grossipède.** (*Attus grossipes.*) Long. 3 lignes. ♂ ♀.

Abdomen court, ovale, élargi dans son milieu, pointu à sa partie postérieure, d'un brun noir, avec six points enfoncés sur le dos. Corselet d'un brun marron, déprimé, noir. Yeux et bandeau garnis de poils blancs jaunâtres. Pattes courtes et fortes, d'un brun-marron ; les antérieures très-renflées.

Araignées à grosses pattes, Degéer, Mém. pour servir à l'histoire des Insectes, t. VII, p. 290, n° 28, Pl. 17, fig. 11, 12 et 14. — *Salticus grossipes*, Hahn, die Arachniden, t. I, p. 53, fig. 40. — *Araneus arcuatus*, Clerck, Aran. p. 125, Pl. 6, tab. 1. France — Suède — Allemagne.

Les pattes nous ont paru être dans l'ordre suivant : 1, 3, 2, 4. Le corselet est grand, carré, aplati, ayant un enfoncement dans le milieu du dos, et de plus un petit sillon. Le sternum est ovale, brun, velu ; les mâchoires sont grandes, arrondies, brunes, et bordées d'une ligne jaune ou blanche, fines. La lèvre est courte, arrondie à son extrémité. L'abdomen, quoiqu'à fond noir, est quelquefois couvert de poils fauves, caducs. Les palpes sont rougeâtres ; le digital, dans la femelle, est cylindrique en dessus, aplati en dessous. Dans le mâle, la cupule est de même peu dilatée, cylindrique en dessus, et le conjoncteur en dessous est glabre, brun, compacte, divisé en deux comme un gland écrasé, le milieu ayant seulement une saillie en pointe, mais sans crochets ni corps caverneux. Les côtés de ce digital, dans le mâle comme dans la femelle, sont emplumés par des poils blancs jaunâtres. Les gros yeux, ou les intermédiaires de la ligne antérieure, présentent un iris vert et une prunelle jaune. Les yeux de la seconde ligne sont plus rapprochés de la ligne des yeux antérieurs que des yeux postérieurs.

Cette Araignée, selon Degéer, s'élance sur sa proie et l'atteint à un pouce et demi de distance. La citation de Lister, faite par Degéer, copiée par M. Hahn, ne se rapporte point à cette espèce, mais à notre *Attus tripunctatus.*

33. **Atte brun.** (*Attus fuscus.*) Long. 2 lignes et demie. ♀.

Abdomen ovale, large, déprimé, noir sur le dos, avec des

raies d'un gris rougeâtre sur les côtés, se prolongeant aussi sur les côtés du ventre. Pattes annelées de noir et de rouge, les antérieures renflées.

Attus rufifrons, Sundevall, p. 216, n° 14.
France, Suède.

Cette espèce est facile à confondre avec l'*Attus grossipes;* mais le corselet est plus étroit, plus petit; l'abdomen plus allongé; les yeux de la seconde ligne sont à égale distance des yeux antérieurs et postérieurs.

34. ATTE DOUMERC. (*Attus Doumerci.*) Long. 2 lignes. ♀.

Abdomen ovale, allongé, fauve, marqué de petites taches obscures; corselet brun; pattes fauves.
France.
Trouvée, vers le milieu de juin, au bois de Boulogne, dans le parc de Madrid, par le docteur Doumerc. Petite espèce, remarquable par sa merveilleuse industrie. Elle se construit un cocon ovoïde, tronqué à son extrémité, formé d'une soie serrée et d'un blanc éclatant; elle l'attache aux branches de l'aubépine, ou autres arbustes, au moyen d'un pédicule à base large et dilatée, collée le long de la branche : le tout ressemble, en petit, à un de ces grands nids d'une espèce de guêpe cartonnière d'Amérique, communs dans nos cabinets d'Histoire naturelle. Après avoir gardé le nid de cette Atte depuis le 15 juin jusqu'au 3 juillet, M. Doumerc vit ce jour-là une petite crevasse se former à la partie antérieure, et il en sortit douze à quinze petites araignées longues d'une ligne.
Je ne connais cette espèce que par la description et le dessin qui m'a été remis par M. Doumerc. Si la manière dont il a figuré les yeux était exacte, elle formerait dans ce genre une famille très-distincte, car elle aurait les quatre yeux de la première ligne de grosseur médiocre et égaux, et ceux de la seconde ligne très-gros et très-rapprochés de la première; les yeux postérieurs très-reculés à l'égard des deux autres, seraient les plus petits. Mais je présume qu'il y a erreur dans l'observation, causée par une éminence glabre qui se trouve assez souvent derrière les yeux de certains Attes, et qu'il est facile de confondre avec les yeux. Toutefois, cette supposition est douteuse. Le docteur Doumerc a

étudié les Araignées avec un soin particulier, et dès sa jeunesse
il se montra habile à les prendre et à les observer. Je lui dois la
connaissance de plusieurs espèces nouvelles qu'il a rapportées
d'Amérique. Sa description et son dessin ont été faits depuis son
retour, et sont datés de 1825. Mais cette Aranéide est si petite
que je n'ai pas cru devoir admettre cette anomalie sans une nouvelle vérification.

B. — Les Africaines.

Espèces d'Attes d'Afrique qui appartiennent à cette race.

35. ATTE BICHE. (*Attus Ligo.* **) Long. 3 lignes et demie. ♂.**

Abdomen court, ovale, noir foncé, avec une bande longitudinale d'un blanc jaunâtre, qui s'élargit en fer de bêche vers
l'anus, dont la partie antérieure plus étroite correspond à une
bande semblable du corselet, qui n'atteint pas jusqu'aux yeux.
Corselet grand, large, noir en devant et de chaque côté de la
bande. Pattes fauves, tachées de noir.

Au Sénégal. — De ma collection.

Il y a de chaque côté de la bande du dos deux points de même
couleur. Les dessous et les côtés du ventre sont fauves. Les palpes
sont courts, couverts de poils fauves rougeâtres, et se terminent
par un bouton. Le corselet s'abaisse vers le bandeau. Les yeux
de la seconde ligne sont placés à égale distance des deux autres
lignes; ils sont tous rougeâtres. Les mandibules sont renfoncés
sous le bandeau; elles sont brunes, recouvertes de poils fauves
comme le bandeau. La première paire de pattes paraît la plus
longue; la quatrième ensuite, après la seconde; la troisième
est la plus courte.

36. ATTE DE PAYKULL. (*Attus Paykullii.* **) Long. 5 lig. et demie. ♂.**

Corselet grand, allongé, qui dans le milieu a une bande ovale,
blanche, qui fait suite à celle de l'abdomen. Abdomen ovoïde,
allongé, avec une bande blanche sur le milieu du dos, large et
dilatée à sa partie postérieure, entourée de deux larges bandes
brunes qui se rejoignent à l'anus. Deux traits fauves obscurs

rompent transversalement ces bandes à la partie postérieure.
Savigny et Audoin, Egypte, p. 172, Pl. 7, fig. 22.
Les pattes sont dans l'ordre suivant : 4, 3, 1, 2. Cette espèce a
de l'analogie avec l'*Attus Ligo*, et est cependant différente.

37. ATTE D'ADANSON. (*Attus Adansonii.*) Long. 3 lignes, ♂.

Abdomen ovale, pointu à son extrémité. Bandes ovales, avec
des lignes transversales flanquées de trois points ronds de chaque
côté. Corselet avec un arc transversal plus clair à sa partie postérieure.
Savigny, Egypte, p. 169, Pl, 7, fig. 8.
Les pattes sont dans l'ordre suivant : 4, 3, 1, 2.

38. ATTE DE FRISCH. (*Attus Frischii.*)—Long. 2 lig. et demie, ♀.

Abdomen ovale, allongé, beaucoup plus étroit que le corselet,
pointu à sa partie postérieure, avec une bande longitudinale
plus claire, formée par des triangles étroits, tronqués à leurs
pointes, qui se suivent. Petites lignes plus foncées, latérales, inclinées sur les côtés.
Savigny, Egypte, p. 170, Pl. 7, fig. 11.

39. ATTE DE BONNET. (*Attus Bonnetii.*) Long. 4 lignes. ♂.

Abdomen ovale, allongé, avec deux rangs de chevrons parallèles, très-disjoints, au nombre de sept de chaque côté; nombre
au moins égal de raies inclinées sur les côtés de l'abdomen en sens
inverse.
Savigny et Audoin, Egypte, Pl. 7, fig. 14.
Egypte.
Les pattes sont dans l'ordre suivant : 4, 1, 3, 2.

40. ATTE DE SOLDANI. (*Attus Soldani.*) Long. 4 lignes. ♂.

Abdomen court, avec une suite de chevrons joints, obscurs,
traversant toute la largeur de l'abdomen, au nombre de cinq.
Savigny et Audoin, Egypte, p. 171, Pl. 7, fig. 17.
Voisine de l'*Attus callidus*.
Les pattes sont dans l'ordre suivant : 1, 4, 2, 3.

41. **Atte d'Hunter.** (*Attus Hunteri.*) Long. 2 lig. et demie. ♀.

Corselet grand ; abdomen ovoïde, avec deux larges chevrons réunis, transverses, accompagnés de gros points plus clairs, qui ne vont que jusqu'aux deux tiers du dos. Ensuite une raie transverse, renfermant entre elle et l'anus quatre points obscurs.

Savigny et Audoin, Egypte, p. 171, Pl. 7, fig. 19.

Peut-être la femelle de l'espèce précédente.

42. **Atte d'Illiger.** (*Attus Illigeri.*) — Long. 4 lignes. ♀.

Corselet grand, avec une figure en triangle à sa partie postérieure. Abdomen allongé, dilaté vers son milieu, resserré à sa partie antérieure, et s'amincissant vers l'anus. Bande festonnée, plus claire, longitudinale, sur le milieu du dos, avec quatre ronds sur les côtés. Deux petits points d'un clair vif proche la pointe.

Audoin et Savigny, Egypte, p. 171, Pl. 7, n° 20.

Les pattes sont dans l'ordre suivant : 4, 3, 1 et 2.

Espèce distincte et différente de l'*Adansonii* et de mon *Attus litteratus.*

43. **Atte Forskael.** (*Attus Forskaeli.*) Long. 4 lig. ♀.

Corselet grand, Abdomen ovoïde de couleur clair proche l'abdomen, avec une bande longitudinale de même couleur, ayant deux dents à sa partie postérieure. Pattes : 4, 1, 2, 3.

Attus tardigradus, Audoin et Savigny, Egypte, p. 170, Pl. 8, fig. 13.

D'Egypte.

44. **Atte ocellé.** (*Attus ocellosus.*) Long. 4 lignes ? ♀.

Corselet carré, ayant un tubercule à côté des yeux de la seconde ligne, qui ressemble à deux gros yeux ; côtés rougeâtres. Raie longitudinale d'un jaune doré à la partie postérieure. Mandibules courtes, renflées, divergentes, de couleur vert foncé ou vert-bouteille brillant. Onglets allongés, non reployés dans la rainure. Pattes allongées, fauves, d'un gris pâle, annelées ; les antérieures renflées et les plus allongées. Palpes fauves, avec des poils de couleur d'or. (L'abdomen manque.)   (M.)

De l'Ile-de-France.

La première paire de pattes est plus longue et plus grosse que les autres, ensuite la troisième ; la quatrième est la plus courte.

45. ATTE INCERTAIN. (*Attus incertus.*) — Long. 4 lignes. ♀

Abdomen ovoïde, peu allongé, renflé dans son milieu, entouré de chaque côté sur le dos d'une large bande fauve, moucheté de brun, et ayant une bande également large, d'un brun foncé, qui s'étend longitudinalement entre les deux bandes fauves. Ventre d'un fauve clair doré. Corselet grand, large, déprimé, revêtu en dessus de poils jaunes et bruns à la tête ; espace glabre derrière les yeux, duvet fauve sur les côtés et à la partie postérieure. Sternum et hanches en dessous d'un fauve plus foncé que le ventre.

De ma collection. — Patrie inconnue.

Je la crois exotique ou étrangère à l'Europe.

C. — Les Colombiennes.

Espèces d'Attes de l'Amérique méridionale qui appartiennent à cette race.

46. ATTE ROUGISSANT. (*Attus rubescens.*) Long. 5 lig. ♀.

Abdomen ovoïde, allongé, bombé sur le dos. Le fond est de couleur fauve clair ; sur le milieu du dos une ligne de poils rouge sanguin, et sur les côtés trois ou quatre taches rehaussées de poils noirs ; côtés proche le ventre garnis de poils blancs, qui se prolongent au-dessus de l'anus, coupés et formant deux petits traits blancs interrompus par la ligne rouge ; l'écusson anal noir, très-distinct . les filets sétifères au nombre de six, très-apparents, allongés ; les antérieurs bruns, égaux ; les deux intérieurs plus minces, presque aussi allongés, rougeâtres. Ventre gris sur les côtés, avec une large bande plus sombre dans le milieu. Corselet épais, rhomboïdal, rouge brun, tournant au noir entre les yeux, et ayant à sa partie postérieure, sur la déclivité, une bande d'un rouge clair qui aboutit au vertébral. (M.)

De la Guiane.

Les pattes sont d'un rouge brun avec des teintes plus claires ; les antérieures sont renflées, les postérieures sont les plus longues. Leur longueur relative est dans l'ordre suivant : 4, 3, 1. 2. Les griffes sont très-apparentes. Les mandibules sont rouges. Les palpes grêles, assez allongés, empennés de poils jaunes. Les yeux sont d'un gris jaunâtre ; ceux de la seconde ligne sont plus rapprochés de la ligne des yeux antérieurs que des yeux postérieurs. Partie sexuelle de la femelle formée par une petite lame mince entre deux sillons longitudinaux, placés entre deux plaques ovales, brunes.

47. ATTE CEINT. (*Attus cinctus.*) Long. 3 lignes. ♀.

Abdomen ovoïde, déprimé, un peu renflé vers son extrémité, couvert sur le dos de poils orangés, mélangés de poils bruns ou noirs, mais entourés d'une ligne ovale de poils noirs. Corselet grand, aplati, brun marron, entouré proche les pattes d'une ligne de poils blancs. Palpes garnis à leur extrémité d'une touffe globuleuse de poils jaunes. Pattes d'un fauve blanchâtre, les postérieures les plus longues. Mandibules noires, courtes, coniques. (M.)

De la Guiane.

La longueur relative des pattes est dans l'ordre suivant : 4, 3, 2, 1. Les yeux de la seconde ligne sont plus rapprochés des yeux postérieurs que des yeux antérieurs. Les gros yeux antérieurs sont verdâtres, avec un iris jaune. L'abdomen a près du corselet une petite rangée de poils fauves. Cette espèce a le plus grand rapport avec l'*Attus bivittatus* de M. Dufour, et doit être placée à côté d'elle.

48. ATTE TÉNÉBREUX. (*Attus tenebrosus.*) Long. 2 lig. et demie. ♂.

Abdomen, corselet et pattes noirs tant en dessus qu'en dessous. Abdomen ovoïde, allongé, diminuant graduellement depuis la partie voisine du corselet jusqu'à l'anus. Corselet très-épais, rhomboïdal. Palpes noirs, mais avec le cubital recouvert de poils du blanc le plus vif. Pattes postérieures les plus longues. (M.)

Guiane.

Ressemble à l'Atte Niger. Les pattes, pour leur longueur relative, sont dans l'ordre suivant : 4, 3, 1, 2. Les yeux de la seconde

lignesont plus rapprochés des yeux antérieurs que des yeux postérieurs ; ils sont de couleur sombre. Cependant les gros yeux de
la ligne antérieure, sous un certain jour, montrent un iris vert
bouteille et une prunelle d'un jaune orangé , brillant d'un éclat
vitré.

49. Atte trématé. (*Attus trematus.*) Long. 2 lign. et demie. ♀.

Abdomen ovale, renflé dans son milieu, bombé sur le dos,
d'un brun velouté, avec quelques petites taches de poils fauve-
roux obscur. Raie fauve, sinuée, transverse dans le milieu, et une
petite raie de poils blancs, formant un petit tréma ou ligne transverse au-dessus de l'anus. Ventre d'un gris pâle. Pattes d'un
rouge uniforme, les postérieures plus longues. (M.)
Guiane.
La longueur relative des pattes est dans l'ordre suivant : 4, 3,
1, 2. Les yeux de la seconde ligne qui , comme dans les espèces
précédentes, sont portés sur l'éminence glabre et luisante des yeux
latéraux de la première ligne , sont plus rapprochés de ceux-ci
que des postérieures.

50. Atte sourcilleux. (*Attus superciliatus.*) Long. 4 lig. ♂.

Abdomen ovale, paraissant de couleur fauve (il est écrasé).
Corselet et pàttes rouge pâle , tirant sur le rose. Corselet très-
épais, rhomboïdal , ayant le dessus de la tête aplati et d'un jaune
vif ; teinte qui forme un carré limité par les yeux et les taches
brunes qui les entourent. Sur les côtés les plus reculés de ce carré,
et entre les yeux postérieurs , sont deux larges traits bruns ,
courbés , ovales à leur base, et se terminant par un trait fin , qui
s'écartent l'un de l'autre et ressemblent à deux larges sourcils,
qui, au moyen d'une tache plus foncée placée au milieu du carré
jaune , et des yeux postérieurs qui sont à côté des sourcils, donnent à ce dessus du corselet la fausse ressemblance d'une tête de
hibou qu'on y aurait dessinée. Pattes postérieures plus allongées
que les antérieures. Palpes fins, filiformes, peu velus. Mandibules
rouges.
Guiane.
Les yeux sont saillants , gros , assez rapprochés , ont un reflet
brun ; ceux de la seconde ligne sont plus rapprochés de la ligne

des yeux antérieurs que des postérieurs. Longueur des pattes,
4, 3, 2, 1. Les belles, vives et singulières couleurs du corselet de
cette espèce la rendront toujours facile à reconnaître. (De ma
collection.)

51. ATTES A QUATRE TACHES. (*Attus quadrimaculatus.*)
Long. 5 lig. ♂.

Abdomen ovale, plus renflé vers sa partie postérieure, d'un
noir velouté en dessus, avec quatre grandes taches d'un rouge
oranger disposées en carré. Corselet et pattes noirs. Mandibules
d'un brun-marron rougeâtre. (M.)

Du Brésil; collection de M. Buquet.

Les taches antérieures sont rondes; les postérieures plus grandes
et ovales. Le corselet et les pattes sont noirs, revêtus de poils
jaunes, qui ne sont pas assez épais pour couvrir la couleur du
fond. Les yeux de la seconde ligne sont plus rapprochés des yeux
antérieurs que des postérieurs. Les pattes sont dans l'ordre suivant : 4, 3, 1, 2.

D. — Les Américaines.

*Attes de l'Amérique septentrionale qui appartiennent à
cette race.*

52. ATTE MORDANT. (*Attus morsitans.*) Long. 9 lig. ♂.

Abdomen ovale plus large dans son milieu. Fond noir, en dessus, avec une tache blanche en croissant dans le milieu : deux autres de même couleur plus proches de l'anus sur les côtés. Tour
de l'abdomen, les côtés et le dessous entourés de poils blancs très-
longs, plus denses vers le corselet, et formant là un demi-cercle.
Entre ce demi-cercle et le croissant ou tache triangulaire, six points
blancs disposés, sur deux lignes, se rapprochant pour former un
angle dont la pointe est tournée vers le corselet. Ventre noir
dans le milieu, blanc sur les côtés. Mandibules d'un vert-doré
brillant, qui se change en rouge à la partie antérieure. Corselet
grand, presque aussi large que l'abdomen, entouré de poils
blancs sur les côtés. Palpes fauves rougeâtres.

Bosc, MSS. p. 23, Pl. 4, fig. 5.— Abbot, p. 11 du MSS. fig. 89-
90. — Walckenaer, Tabl. p. 13, n° 1.

En Géorgie et en Caroline.

C'est une des plus grandes de ce genre. Les pattes sont courtes
et fortes ; celles de la première paire très-renflées. Elles sont brunes, revêtues de poils fins et longs. Leur longueur respective est
dans l'ordre suivant : 1, 4, 3, 2. Les palpes sont fins, garnis de
longs poils blancs qui couvrent les mandibules. Yeux de la seconde ligne plus rapprochés des antérieurs que des postérieurs.

J'ai décrit cette espèce d'après un individu de la collection de
Bosc. Ce naturaliste dit, dans son ouvrage sur les Aranéides de la
Caroline : « Cette grosse espèce habite de grands bois. Elle peut
prendre de fort grands insectes, car ses pinces sont très-vigou-
reuses. Elle paraît rare. » Abbot, au contraire, dit qu'elle est
commune en Géorgie ; il l'a prise le 10 juin dans une feuille d'é-
rable avec ses œufs.

53. ATTE DE MILBERT. (*Attus Milberti.*) Long. 6 lig. ♀.

Abdomen ovale très-allongé, plus large dans son milieu : gris
blanc sur le milieu du dos. Ventre d'un brun uniforme dans le
milieu, avec un duvet jaune sur les côtés. Corselet moitié moins
long que l'abdomen, aplati, noir vers la tête, gris à la partie postérieure et sur les côtés, avec une bande noire proche les pattes.
Sternum, lèvres et mandibules rougeâtres, avec des points fins et
noirs. Pattes antérieures très-renflées. (M.)

Etat de New-York ; rapportée par M. Milbert.

C'est une des plus grandes du genre. Les yeux sont rouge brun ;
ils sont entourés de poils jaunes, longs et dirigés en avant,
formant un pinceau ; ceux de la seconde ligne sont plus rapprochés de la ligne antérieure que de la ligne postérieure. Les
pattes, pour leur longueur relative, sont dans l'ordre suivant : 4,
1, 3, 2.

54. ATTE TEMPORISEUR. (*Attus cunctator.*) Long. 5 lig. ♀.

Abdomen ovale allongé, plus renflé dans son milieu, pointu
vers l'anus, avec une figure longitudinale blanche, festonnée sur
les côtés, qui a une ligne d'un brun pâle, longitudinale dans son

milieu. Ventre brun dans le milieu, gris sur les côtés. Corselet court, d'un brun marron. Pattes courtes, rougeâtres et annelées de brun. (M.)

États-Unis.

Le corselet s'abaisse en dos d'âne, en avant, vers les yeux ; tandis qu'il y est droit dans l'*Attus Milberti*. La lèvre et les mâchoires sont d'un brun marron, ainsi que le sternum, qui est en cœur ou pentagonal. La lèvre est ovale, bombée, arrondie à son extrémité ; les mâchoires sont dilatées à leur extrémité, et droites Les yeux sont blancs aqueux ; ceux de la seconde ligne sont à égale distance de la ligne antérieure et de la ligne postérieure. Les palpes sont filiformes, rougeâtres, avec des poils jaunes à leur extrémité. Les pattes dans l'ordre suivant : 4, 1, 2, 3.

55. Atte marqué. (*Attus signatus.*) Long. 3 lig. et demie. ♀.

Abdomen ovale, déprimé en dessus, d'un beau fauve oranger, bordé d'un cercle blanc à sa partie antérieure et d'une suite de très-petits points blancs obscurs disposés longitudinalement. Le ventre est noir, recouvert de poils fauves. Le corselet, aussi long et aussi large que l'abdomen, est d'un rouge brique en dessus, et sur les côtés et en arrière noir. Pattes courtes ; les antérieures renflées. (M.)

États-Unis.

Cette espèce a beaucoup d'analogie avec l'*Attus virgulatus* d'Europe ; mais ses yeux diffèrent, ils sont noirs, et ceux de la seconde ligne sont plus rapprochés de la ligne antérieure que de la postérieure. Les mandibules sont courtes, rouge brun, renfoncées sous le bandeau, recouvertes par les palpes, qui sont allongées, ovales, velues. Les pattes sont dans l'ordre suivant : 4, 1, 3, 2.

56. Atte sauterelle. (*Attus locustoides.*) Long. 4 lig. ♂.

Abdomen ovale allongé, d'un brun pâle, avec deux raies courbes, blanches, sur les côtés, qui sont jointes près du corselet par deux autres de même couleur, qui se joignent en angle au milieu du dos. La partie brune parsemée de petits poils noirs au nombre d'environ vingt, dont quatre disposés en carré de chaque côté de la double raie blanche du milieu ; les autres ensuite, sur deux lignes, se joignant au-dessus et à l'anus. Pattes de couleur pâle.

Walckenaer, Tabl. des Aranéides, p. 23, n° 2. — *Aranea locustata*; Bosc, MSS. sur les Ar. de la Caroline, p. 16, Pl. 2, fig. 3.

Commune dans les environs de Charlestown, en automne, sur la *Chrysæoma cynosiris*, où elle se fait une retraite en liant ensemble, par un tissu fort serré, l'extrémité faible des tiges de la plante.

57. ATTE GERBILLE. (*Attus Gerbillus.*) Long. 2 lig. et demie. ♀.

Abdomen ovale allongé, brun foncé, vert sur les bords, avec des taches irrégulières brunes; deux bandes longitudinales irrégulières, et deux autres très-courtes. Corselet épais, rhomboïdal, brun foncé, couvert de poils blancs sur les côtés. Pattes et palpes pâles annelés de brun. Mandibules fortes, brunes.

Walckenaer, Tabl. des Aran. p. 23, n° 3. — *Ar. Diana*, Bosc, MSS. p. 15, Pl. 3, fig. 2.

Dans la Caroline. Commune.

58. ATTE OPPOSÉ. (*Attus oppositus.*) Long. 1 lig. ♀.

Abdomen ovale allongé, brun, avec trois bandes longitudinales vertes sur la moitié supérieure du dos; celle du milieu beaucoup plus claire, et deux autres transverses à la moitié postérieure circonscrivant deux ovales bruns transverses Corselet aplati, presque carré, d'un brun rougeâtre, avec quelques poils blancs. Mandibules, palpes et pattes de couleur pâle.

Ar. opposita, Bosc, MSS. p. 14, Pl. 3, fig. 4.

En Caroline. Commune.

59. ATTE A CLOUS. (*Attus clavatus.*) Long. 2 lignes. ♀.

Abdomen ovale, étroit, déprimé. Dos entouré d'une raie blanche, avec une autre raie blanche longitudinale dans son milieu, qui commence à l'écusson anal et s'arrête aux deux tiers de la partie antérieure. Six ou huit points blancs de chaque côté de cette ligne médiane. Corselet grand, allongé, noir, avec une bande de poils blancs assez large autour de sa partie supérieure, et une plus mince à sa partie inférieure. Mandibules noires, velues. Digital allongé, ovalaire. Pattes annelées de noir et de blanc.

28.

Attus annulatus, Walckenaer, Tab. des Aranéides, p. 23, n° 5.
Aranea anomala, Bosc. MSS. p. 8, Pl. 2, fig. 1.

En Caroline. — Commune.

Cette espèce a beaucoup de rapport avec l'*Attus quinque partitus* d'Europe.

60. ATTE GUETTEUR. (*Attus excubitor.*) ♂ ♀.

La femelle. Long. 7 lig.

Abdomen ovale, gros, non rétréci à sa partie postérieure, à dos fauve ou rouge, ayant deux arcs noirs qui entourent le dos sur les côtés, comme une bordure interrompue : une figure noire longitudinale règne dans les deux tiers de la partie postérieure du dos ; la partie antérieure de cette figure est un carré plus ou moins long, élargi à sa base, et quelquefois bifurqué à sa partie antérieure ; ce carré a une tige courte, qui l'unit à une autre figure arrondie ou carrée, laquelle a une tige qui l'unit à l'anus. Toute cette figure ressemble à un porte-flambeau, ou dans la variété bifurquée à une fourchette à deux branches et à manche arrondi et ovalaire. Corselet noir à dessus fauve ou rayé. Mandibules vertes, dorées, brillantes, très-fortes. Palpes et pattes noirs, à derniers articles annelés de fauve.

Walckenaer, Tab. des Aranéides, p. 23, lig. 9.

1re VARIÉTÉ. *Aranea Lovisana*. Bosc. MSS. p. 2, Pl. 4, fig. 2.

Variété avec la partie supérieure de la tache noire en carré long.

2e VARIÉTÉ. Abbot, Pl. 19, fig. 95, p. 11 du MSS.

Variété avec la figure en fourche.

3e VARIÉTÉ. *Ibid.*, Pl. 42, fig. 206, p. 19.

Variété avec les deux parties grandes et dilatées de la figure en carré, et avec le corselet et l'abdomen d'un rouge sanguin.

En Géorgie et en Caroline.

Bosc dit que cette grande et belle espèce se trouve dans les grands bois. Abbot a pris sa variété fig. 95, le 10 novembre, dans une maison en bois de chêne. Il dit qu'elle est rare ; mais il prenait toutes les variétés pour des espèces. Sa variété fig. 206 a aussi été prise sur les murailles d'une maison située dans le bois de chênes (Oak-Woods) du comté de Burke, le 20 octobre.

Le mâle est si différent de la femelle qu'il doit être décrit séparément.

Le mâle. Long. 5 lig et demie.

Corselet rouge pourpre, plus pâle sur les bords, noir sur les côtés et à la jonction de l'abdomen. Abdomen ovale, rétréci à sa partie postérieure, rouge sur le dos, avec une figure noire près de l'anus, disposée longitudinalement, formée de deux petits ovales qui se joignent. Quelquefois cette figure s'oblitère, et alors le dos est entièrement rouge. Pattes noires, avec des anneaux d'un blanc vif vers les extrémités ; les antérieures plus longues. Palpes noirs ; les derniers articles peu renflés à leur extrémité. Mandibules vertes, brillantes.

Abbot, fig. 94, p. 11.

De Géorgie.

Prise le 2 octobre, sur un chêne rouge, commun sur les arbres et les bois de chêne.

Nul doute que cette Aranéide, si différente de la précédente, ne soit cependant le mâle de la même espèce. Il ne reste dans le mâle, de la figure du dos qu'on remarque dans la femelle, que la portion resserrée en deux ovales noirs, qui est près de l'anus ; mais Abbot nous apprend qu'il prit un sac de soie d'un tissu serré, placé entre des épis de maïs, où ces deux Aranéides (fig. 94 et 95) se trouvaient renfermées ensemble. Il les contraignit à sortir ; elles sortirent ensemble, et rentrèrent aussitôt après ensemble dans leur nid. Abbot en conclut avec raison que celle dont les palpes sont renflés à leur extrémité, était le mâle de l'autre, et les vestiges de la figure du dos, dans la variété qui n'est pas entièrement rouge, confirment cette opinion.

D'après les diverses descriptions de la femelle, on a pu voir que cette espèce varie beaucoup.

61. ATTE ATTENTIF. (*Attus attentus.*) Long. 5 lig. ♀.

Couleur générale grisâtre, parsemée de brun fauve ou carmelite. Corselet court, avec trois bandes transversales, grises et fauves. Abdomen ovale, allongé, grisâtre, avec une bande fauve, brune, transversale proche le corselet ; deux ou trois traits longitudinaux, brun-noir sur les côtés, et un chevron blanc, bordé de deux chevrons bruns à la partie postérieure, proche l'anus. Pattes annelées de gris et de brun.

Abbot, fig. 157, p. 16.

De Géorgie.

Prise le 10 avril, dans les bois près d'Ogechee-Swamp. Peu commune. A de l'analogie avec l'*Attus maculatus* d'Europe.

62. ATTE VAGABOND. (*Attus multivagus.*) Long. 5 lig. ♀.

Corselet noir. Abdomen ovale, pointu vers son extrémité, brun fauve, bariolé sur les côtés de lignes obliques plus pâles, et ayant sur le milieu du dos neuf points blancs, dont deux antérieurs, proche le corselet, sont disposées transversalement: trois dans le milieu du dos sont ramassées en triangle, et les quatre postérieures forment un carré. Les pattes sont courtes, annelées de noir et de blanc. Les palpes sont noirs et ont les derniers articles renflés. Les mandibules sont d'un vert brillant.

Abbot, fig. 158, p. 16.
De Géorgie.
Prise le 6 avril, dans les mêmes bois que l'*Attus attentus*. Rare.

63. ATTE REMUANT. (*Attus inquies.*) Long. 5 lig. ♀.

Couleur générale, jaune pâle. Abdomen ovale, allongé, pointu, jaune, avec deux bandes fauves, faisant des lignes courbes au côté externe, droites au côté interne, se rapprochant en angle à l'anus, divergentes vers le corselet, et bordées d'une rangée de points noirs, au nombre d'environ sept de chaque côté, en tout quatorze. Pattes et palpes jaunes, avec des points noirs.

Abbot, fig. 159, p. 16.
De Géorgie.
Prise le 15 juin. Commune sur les arbres et les buissons, dans les bois de chêne.

64. ATTE LARGE. (*Attus latus.*) Long. 7 lig. ♀.

Corselet court, carré, d'un fauve rougeâtre ou orangé. Abdomen presque arrondi, très-large, d'un fauve rougeâtre, avec un large croissant blanc proche le corselet; un petit carré long dans ce croissant, formé par des lignes d'un noir pâle. Des lignes obliques de même couleur sur les côtés, et deux lignes plus noires, longitudinales, à la partie postérieure, qui font angle à l'anus, et sont interrompues par deux points blancs. Pattes rouge orangé, avec des points noirs. Palpes d'un jaune pâle, avec des anneaux noirs aussi très-pâles.

Abbot, fig. 160, p. 216.
Prise le 21 mai, sur un buisson de chênes. Rare.

65. ATTE BEAU. (*Attus pulcher.*) Long. 8 lig. ♀.

Corselet carré, large, blanc jaunâtre, avec une figure noire ayant la forme d'un billot sur le milieu. Abdomen ovale, gros, renflé, d'un blanc jaunâtre ou fauve pâle à la partie antérieure, mais d'un rouge fauve dans le dernier tiers de la partie postérieure. Au milieu du dos est une figure disposée longitudinalement, qui est brune, resserrée dans son milieu, et qui simule la forme d'un violon dont le manche s'élargit et se resserre en deux ovales allongés. Au milieu de la partie large est une grande tache jaune, et au-dessus en dehors de la figure sont deux ronds ovales jaunes, inclinés l'un vers l'autre comme des lunettes. Les côtés, de la figure du violon, sont chinés de petites raies brunes, parallèles. De chaque côté du manche, ou de la partie étroite de la tache brune vers l'anus, le dos est d'un beau rouge orangé. Pattes courtes, d'un fauve jaunâtre pâle. Palpes de même couleur. Mandibules vertes, recouvertes de poils blanchâtres à leur partie antérieure.

Abbot, fig. 201, p. 18.
De la Géorgie.

Prise le 27 décembre. Plusieurs individus de cette espèce restent blottis dans leur nid l'hiver, entre l'écorce et l'épiderme des vieux chênes. Dans les bois de chêne de Briar-Creek Swamp.

L'autre variété de cette belle espèce, dessinée par Abbot comme une espèce distincte, en diffère assez pour être décrite séparément.

VARIÉTÉ pâle. (*Attus pulcher pallida varietas.*)

La figure sur le corselet n'est plus noire, mais d'un fauve brun : elle n'a plus la même forme, et ressemble à un capuchon troué. La figure sur le dos est oblitérée ; il n'y a plus que les deux ronds ovales en lunettes ; la croix du milieu est convertie en une tache festonnée qui simule une fleur de lis imparfaite. Tout le côté est chiné par des raies parallèles. La région de l'anus sur le dos n'est plus rouge fauve , mais jaune comme le reste.

Abbot, fig. 436 , p. 35.

Prise le 6 novembre dans sa retraite d'hiver derrière l'écorce d'un pin mort, dans les bois de chêne.

66. ATTE CENDRÉ. (*Attus cinereus.*) Long. 5 lig. ♀.

Corselet avec trois taches de poils blancs, bordés de noir à la partie antérieure, et l'extrémité du bandeau rouge. Abdomen ovale, allongé, grisâtre, avec une figure blanche festonnée, ouverte à sa partie antérieure , terminée en cœur à sa partie postérieure ; le haut proche le corselet entouré d'un demi-cercle de poils blanchâtres. Trois traits courts, blancs, inclinés sur les côtés, pas assez prolongés sur le dos pour former des chevrons, et deux autres de même longueur disposés longitudinalement au-dessus de l'anus. Pattes et palpes fauves, annelés de brun. Mandibules bleues.

Abbot, fig. 438 , p. 35. du MSS.

De Géorgie.

Prise le 9 août, dans la cour d'une maison du comté de Burke.

Cette espèce , pour la figure du milieu du dos, a de l'analogie avec l'*Attus pulcher.*

67. ATTE INSIDIEUX. (*Attus insidiosus.*) Long. 6 lig. ♂ ♀.

La femelle.

Corselet fauve pâle, avec deux bandes transversales noires; la partie postérieure noire. L'abdomen ovale , d'un rouge-fauve vif, ayant à la partie antérieure un croissant d'un jaune pâle proche le corselet. Sur le milieu est une figure longitudinale noire, qui a dans son milieu un triangle jaune et deux petits ronds en dessus. Pattes annelées de noir et de jaune. Palpes jaunes; des taches jaunes et blanches sur les côtés. Mandibules vertes.

Abbot, fig. 440, p. 35. du MSS.

De Géorgie.

Prise le 1er août dans les pattes d'un Sphex qui la portait à son nid : dans les bois de pin du comté de Burke. Abbot croit que c'est la seule qu'il a trouvée de cette espèce : il se trompe.

1re VARIÉTÉ. Long. 6 lig. Fauve lavé de noir. Petits traits noirs sur le corselet. Le triangle blanc du milieu du dos entouré de noir. Quatre traits noirs parallèles sur deux lignes derrière le triangle. Proche le corselet, deux traits noirs au-dessus des ronds. Le dessous de l'abdomen est d'un brun noir, avec un carré noir dans le milieu.

Abbot, fig. 437, p. 35.

Prise le 9 novembre dans un bois de chêne.

2° Variété. Long. 6 lig. Jaune vert. Point de ligne transversale noire sur le corselet; mais ce corselet est plus brun. Les pattes et l'abdomen sont d'un fauve pâle presque blanc et non rouge. La figure du dos présente de même le triangle blanc et les deux lunules; mais la ligne postérieure est verte, flanquée de quatre gros points noirs. Mandibules bleuâtres.

Abbot, fig. 439, p. 35.

Prise le 12 juin sur un buisson de chêne, dans le comté de Burke,

Le mâle. Long. 6 lig.

1re Verte. Corselet gros, carré, noir, avec deux grandes taches triangulaires jaunes sur les côtés, de sorte que la partie noire forme deux triangles qui se touchent par leurs pointes; la tache noire du devant se prolonge jusqu'au bandeau. Abdomen d'un beau rouge sanguin, bordé d'une bande blanche ou jaunâtre en demi-cercle à la partie antérieure : figure d'un vert foncé sur le milieu du dos, formée par trois ronds ou ovales joints ensemble : celui du milieu, qui est le plus grand, n'a de vert que les bords, et l'intérieur est rouge comme le reste du dos. (Ainsi la tache, qui est blanche dans la femelle, est rouge dans le mâle, et le milieu, au lieu d'être noir, est d'un vert foncé.) Pattes noires annelées de jaune à leur extrémité. Palpes tout noirs, avec un digital ovale crochu très-renflé.

Abbot, fig. 410, p. 33.

Prise le 4 juillet dans la cour d'une maison construite dans les bois du comté de Burke.

Variété du mâle. Noir. Corselet carré, blanc vif sur les côtés et à la région des yeux, mais avec une tache noire resserrée dans le milieu, et une ligne qui se prolonge de chaque côté jusqu'au bord, la tache noire du devant est précédée d'une bande blanche entre elle et le bandeau. Abdomen ovoïde d'un blanc vif à sa partie antérieure et sur les côtés, avec une tache noire échan-

crée sur les côtés et à la partie antérieure, qui est en cœur ou en
deux courbes arrondies ; sur le milieu de cette tache est une tache
de couleur rouge-orangé vif, derrière laquelle s'en trouve une
autre, ovale ou trianguliforme, d'un blanc vif. (Ainsi les parties
rouges de la variété précédente, sauf la tache du milieu, sont
blanches dans celle-ci, et les parties du milieu vertes et noires,
comme dans la femelle première variété.) Ventre d'un noir
pâle. Mandibules vertes. Pattes noires, annelées de blanc.

Abbot, fig. 465, p. 37.
De Géorgie.
Prise par terre parmi des feuilles, le 4 avril, dans des bois de
chêne du comté de Burke. Une seule fois.

68. ATTE FRAUDULEUX. (*Attus fraudulentus*.) Long. 5 lig. ♀.

Corselet carré, fauve orangé. Abdomen ovale a'longé, de couleur orangé sur les côtés, avec un ovale ou demi-cercle blanc dans
le milieu, précédé en dessus de quatre lunules bordées de noir,
deux de chaque côté, suivies de deux autres traits blancs. Les
intervalles triangulaires de couleur verte. Raie verte, bordée de
noir à la partie postérieure, se prolongeant jusqu'à l'anus. Pattes
orangées, annelées de fauve rougeâtre. Palpes plus pâles et jaunâtres.

Abbot, fig. 210, p. 19.
De Géorgie.
Prise le 18 septembre sur un chêne dans Briar-Creek Swamp.

VARIÉTÉ. Noire. Mêmes forme et dimension ; mais le corselet,
l'abdomen et les pattes sont d'un noir pâle, au lieu d'être fauve
orangé. La tache blanche du milieu du dos est entourée de noir
plus foncé ; il y a au-dessus, près du corselet, deux petites lunules
noires, et à la partie postérieure deux traits noirs.

Abbot, fig. 209, p. 19.
De Géorgie. — Prise le 9 mai sur un buisson.
Cette espèce ressemble beaucoup à la précédente ; le rapprochement des figures 439 et 210 font douter si ce ne sont pas des
variétés de la même espèce.

69. Atte divisé. (*Attus divisus.*) Long. 4 lig. et demie, ♂.

Corselet, abdomen et pattes noires. Le corselet est court, carré, entouré d'une large raie blanche. Bandeau d'un rouge-carmin foncé. Mandibules vertes, brillantes. Abdomen ovale allongé, avec une large raie blanche qui s'étend long'tudinalement depuis le corselet jusqu'à l'anus. Pattes courtes, à articles renflés. Palpes minces, noirs; le dernier article terminé en un bouton ovale, renflé, globuleux.

Araneus elegans, Fabricius, Syst. Ent. p. 428, n° 79. — Abbot, fig. 370, p. 30.

De Géorgie. — Prise le 28 avril dans l'herbe, dans les bois de chêne : elle doit être placée à côté de notre *Attus quinquepartitus* d'Europe. (*Voyez* ci-dessus p. 403, n° 1, et Clerck, Pl. 5, tab. 16, *Ar. littera* Ⅴ *insignita.*)

Le corselet de cette Aranéide est moins allongé que dans l'Atte annelé de Bosc, dont elle se rapproche aussi.

70. Atte insolent. (*Attus protervus.*) Long. 5 lig. ♂.

Corselet court, carré, brun dans le milieu, entouré sur les côtés et à la partie postérieure d'une large bande blanche, de sorte que le milieu brun du corselet simule la figure d'un vase. Abdomen ovale, peu allongé, d'un rouge pâle sur le dos, avec la partie antérieure proche le corselet entourée d'une large bande blanche. Pattes annelées de fauve orangé et de brun. La paire antérieure a les cuisses renflées et noires; le reste est annelé de fauve orangé et de brun. Palpes couleur orangé; digital renflé, d'un noir pâle.

Abbot, fig. 402, p. 32.

De Géorgie. Prise le 8 juin dans un nid de Sphex.

71. Atte clandestin. (*Attus clandestinus.*) Long. 5 lig. ♀.

Corselet d'un fauve-pâle grisâtre. Région des yeux d'un noir foncé. Deux taches noires triangulaires sur le milieu du corselet, disposées transversalement. Tache triangulaire rouge à la partie postérieure proche l'abdomen. Abdomen ovale, d'un fauve-pâle grisâtre , avec une raie en fer à cheval d'un fauve rougeâtre , mais dont les deux branches sont resserrées et très-prolongées ; un trait de même couleur dans le milieu de cette raie placée longitudinalement ; chevron blanc très-large au-dessus de l'anus , entre les deux branches de la raie. Pattes et palpes fauve pâle , annelés de fauve rougeâtre.

Abbot , fig. 4o3 , p. 3a.

Prise le 9 juillet dans des bois de chêne. Secouée de dessus un petit pin.

7 2. ATTE SCÉNICOÏDE. (*Attus scenicoides.*) Long. 4 lig. ♀.

Corselet carré , court , fauve brun , ou couleur de suie foncée ; ses côtés ont deux taches plus claires. Abdomen ovale , renflé , couleur de suie foncée , avec une large lunule blanche qui entoure la partie antérieure proche le corselet. Plusieurs taches plus claires , ou d'un fauve plus pâle , au nombre de neuf : trois dans le milieu de la partie antérieure , rondes , disposées en triangle ; une plus grande , figurant un champignon , placée au-dessous des trois autres ; une autre proche l'anus , qui est comme divisée en deux par un petit trait brun. Pattes fauve brun , annelées de fauve couleur de suie ; la paire antérieure renflée.

Abbot , fig. 4o4 , p. 3a. — *Aranea fulvata* , Fabricius , Entom. Syst. p. 4a2 , n° 58.

Dans les deux Amériques , à Cayenne et en Géorgie.

Prise le 7 juin sur un buisson de pin , dans le bois de chêne du comté de Burke.

Cette espèce, pour la figure du dos de son abdomen , diffère très-peu de l'*Attus scenicus* d'Europe. (*Voyez* p. 4o6, n° 5.)

VARIÉTÉ. — La variété de Cayenne, qui est l'*Aranea fulvata* de Fabricius, m'a été apportée de Danemark par ce naturaliste , qui l'a très-bien décrite , et l'a placée avec raison à côté de l'*Attus scenicus* d'Europe. Mais les couleurs , dans cette variété , sont plus vives que dans celle de Géorgie , qui a été peinte par Abbot. Les trois bandes semi-circulaires et transversales de l'abdomen sont d'un rouge de brique. Le corselet est entouré d'une ligne très-fine de même couleur , et une autre raie de même couleur entoure le carré formé par les yeux , et s'élargit beaucoup à la partie postérieure. Les pattes sont courtes. Les palpes garnis de poils longs et plumeux. Les yeux de la seconde ligne sont plus rapprochés des yeux antérieurs que des yeux postérieurs.

73. ATTE INVESTIGATEUR. (*Attus investigator.*) Long. 5 lig. ♂.

Corselet grand, carré, tout noir. Abdomen ovale allongé, d'un fauve-rougeâtre orangé, avec une ligne courbe obscure, ayant un trait dans le milieu ; deux points noirs au bout de chacune des deux branches de la courbe supportée par ce trait : deux lignes courbes, ou virgules, qui divergent en chevron disjoint entre les deux points. Le tout d'un noir très-pâle, simulant un caractère chinois. Filières noires. Pattes noires. Palpes noirs, renflés à leur extrémité, avec un crochet. Mandibules vert d'émeraude.

Abbot, fig. 407, p. 33.

Prise sur un buisson de chêne, dans des bois de chêne du comté de Burke. Très-rare.

74. ATTE PÈLERIN. (*Attus peregrinus.*) Long. 5 lig. ♂.

Corselet grand, carré, d'un blanc jaunâtre sur les côtés, noir dans le milieu ; mais la partie noire s'évase vers les yeux et se rétrécit vers l'abdomen. Abdomen ovale, un peu renflé vers la partie postérieure ; noir dans le milieu, avec quatre taches d'un rouge orangé, disposées en carré. La partie antérieure proche le corselet, est bordée d'une large raie d'un blanc jaunâtre, en demi-cercle. Sur les côtés de la partie postérieure est une tache d'un blanc jaunâtre, et une autre d'un rouge sanguin, tachée elle-même d'un point noir, taches qui resserrent et diminuent en la festonnant la figure noire du milieu. Ventre noir. Les pattes sont blanches, finement annelées de points noirs. Palpes blancs, à digital noir, ovalaire, renflé, crochu.

Abbot, fig. 409, p. 33.

De Géorgie.

Prise le 21 juillet dans un bois de chêne du comté de Burke.

75. ATTE SCRUTATEUR. (*Attus scrutator.*) Long. 5 lig. ♂.

Corselet noir, arrondi, épais, avec des poils rougeâtres. Abdomen ovale, aminci vers l'anus, noir, entouré d'une bordure d'un beau rouge ; et deux rangées parallèles de points rouges

sur le milieu du dos, disposés longitudinalement, au nombre de
huit : les points de la seconde ligne, à partir du corselet, sont
plus gros que les autres. Pattes courtes ; les trois paires postérieures annelées de noir et de blanc jaunâtre ; la paire antérieure
plus allongée, à articles renflés ; les cuisses noires ; le second article rouge, et l'extrémité marquée d'un petit anneau blanc vif.
Palpes noirs, à cupule ovale allongé. Mandibules bleu brillant.

Abbot, fig. 93, p. 11.

De Géorgie.

Prise le 30 mai dans un bois de pin du comté d'Esfingham.

76. ATTE POURPRÉ. (*Attus purpurarius.*) Long. 5 lig. ♀.

Corselet court, carré, rouge ; garni de poils jaunes vers les
yeux, et noir à la jonction de l'abdomen. Abdomen ovale allongé,
aminci ou rétréci vers l'anus, rouge, avec quatre points parallèles d'un rouge plus foncé sur le milieu du dos ; une lunule jaune
à la partie antérieure, bordée de noir près du corselet ; quatre
traits jaunes obliques sur les côtés, et quatre points jaunes vers
l'anus, qui font suite aux quatre points plus rouges de sa partie
antérieure. Jonction du corselet et de l'abdomen noir. Pattes
courtes, à articles un peu renflés ; cuisses noires ; les autres articles rouges. Palpes rouges.

Abbot, fig. 92, p. 11.

De l'Etat de Géorgie.

Prise le 2 avril dans le marais d'Ogechee. Fort rare.

77. ATTE EXAMINATEUR. (*Attus rimator.*) Long. 4 lig. ♀.

Corselet carré, allongé, rougeâtre, pâle. Abdomen allongé,
ovale, rouge sur les côtés, rouge plus pâle dans le milieu ; lunule
blanche entourant la partie antérieure proche le corselet ; quatre
points noirs sur le milieu du dos ; deux raies noires formant un V,
dont la pointe est vers l'anus, accompagnées de chaque côté de
deux points d'un blanc vif. Pattes courtes, rouge jaunâtre, grosses,
hérissées de poils noirs.

Abbot, fig. 33, p. 6 du MSS.

De Géorgie.

Prise le 15 août, dans les bois de chêne de Briar-Creek.

78. ATTE CANCROÏDE (*Attus cancroides.*) Long. 5 lig.

Corselet large, ovale, blanc sur les côtés et à la partie postérieure, mais de couleur fauve brune dans le milieu de la partie
antérieure. Abdomen ovale, allongé, avec un ovale brun sur le
milieu du dos, dont le côté le plus pointu touche à l'anus, et dont
les bords sont plus bruns que l'intérieur. Cet ovale est entouré
d'une bande blanche, très-large vers le corselet, où se trouvent
quatre petits points bruns, très-fins. Côtés de l'abdomen et du
ventre fauve pâle. Pattes courtes, fauve brun, annelées de brun
foncé. La première paire a tous les articles courts et renflés, et l'intérieur des jambes garni de piquants très-forts, de sorte que ces
pattes ressemblent un peu à des pattes d'écrevisses.

Abbot, fig. 34, p. 6.

De Géorgie.

Prise le 15 septembre, sur un chêne. N'est pas très-commune.

Par ses pattes antérieures, cet Atte a de l'analogie avec l'Atte
grossipède et l'Atte tardigrade.

79. ATTE VELU. (*Attus pilosus.*) Long. 5 lignes.

Corselet noir, carré, court, avec deux points ronds d'un beau
rose carmin, disposé transversalement. Mandibules vertes. Abdomen velu, dos d'un jaune pâle, avec quatre taches d'un noir
pâle, disposées en carré, et trois raies transversales, parallèles,
d'un noir pâle à la partie postérieure. Palpes et pattes jaunes,
annelés de noir. La première paire de pattes est plus longue que
les autres.

Abbot, fig. 35, p. 6.

De Géorgie.

Prise le 9 octobre, sur un chêne rouge (*red-oak*), dans les bois
de chêne de Briar-Creek. Cette espèce a de l'analogie avec notre
Attus virgulatus d'Europe.

80. ATTE JAUNATRE. (*Attus subflavus.*) Long. 4 lignes.

Palpes, pattes, corselet et abdomen d'une couleur fauve pâle,
uniforme. Sur le milieu de la partie antérieure du corselet sont

deux petites raies noires, parallèles, qui vont jusqu'au milieu. Abdomen ovale, gros, renflé à sa partie postérieure, ayant sur le dos un ovale étroit, disposé longitudinalement, d'un brun très-pâle. Des lignes pâles, très-fines, obscures, au nombre de quatre, formant des courbes transversales en croissant sur toute la largeur de l'abdomen et sur les côtés.

Abbot, fig. 64, p. 9.

La partie antérieure du corselet, dit M. Abbot, où sont les yeux, est très-proéminente et carrée, et comme un col dont on aurait retranché la tête. Cette espèce enveloppe ses œufs dans un sac triangulaire de la couleur d'un papier brun qu'on aurait blanchi. Prise le 10 août dans un chantier de bois chêne du comté de Burke.

81. Atte bleu. (*Attus ceruleus.*) Long. 4 lig. ♀

Palpes, pattes, corselet et abdomen d'un bleu de ciel uniforme, sans aucune tache. Abdomen ovale, allongé. Pattes courtes, ayant les articles renflés.

Abbot, fig. 82, p. 10.

De Géorgie.

Extrêmement vive. Prise le 8 avril, sur un pin, près du marais d'Ogechee, dans le comté d'Esfingham. Très-rare.

82. Atte émeraude. (*Attus smaragdinus.*) Long. 5 lign. ♂.

Palpes, pattes, corselet et abdomen d'un vert d'émeraude, uniforme en dessus. Abdomen ovale, allongé, étroit. Le dos avec six points rouges, disposés longitudinalement sur deux lignes parallèles de trois chacune. Les pattes sont courtes, et ont les articles renflés. Mandibules vertes.

Abbot, fig. 83, p. 10.

Prise le 20 septembre, à terre, dans une cour, dans les bois de pin du comté d'Esfingham. Très-rare; a beaucoup de ressemblance avec le *Ceruleus*, mais il est plus grand. Serait-ce son mâle ?

83. Atte Quine. (*Attus quinque-tesseratus.*) Long. 5 lig.

Corselet carré fauve, avec deux points blancs disposés transversalement. Abdomen ovale, plus large à sa partie antérieure,

pointu vers l'anus, peu allongé, de couleur fauve, avec un carré
d'un beau vert d'émeraude sur le milieu du dos, dans lequel se
trouvent cinq points blancs, dont quatre en carré et un au milieu;
de sorte que ce carré ressemble à la face d'un dé à jouer, qu'on
aurait teint en vert, et qui présenterait la face du *cinq.* Derrière
cette figure et vers l'anus sont deux autres points blancs. Les
pattes sont courtes, de couleur fauve uniforme, comme le corselet et l'abdomen. Les palpes sont de même fauves, et ont leur
digital ovale, très-renflé.

Abbot, fig. 85, p. 10.

De l'Etat de Géorgie.

Prise le 8 juillet, sur un buisson de pin, dans le bois de chêne.
Très-rare.

84. Atte sagace. (*Attus sagax.*) Long. 4 lignes ♀.

Corselet allongé, noir, avec deux raies blanches parallèles,
obscures, placées longitudinalement à la partie antérieure. Abdomen ovale, noir, pointu vers l'anus, avec quatre raies blanches
ou jaunes sur le dos, qui forment de petits carrés longs, les deux
parallèles antérieures placées transversalement l'une au-dessous
de l'autre, les deux postérieures placées aussi transversalement,
mais sur la même ligne et opposées; la postérieure des deux premières, qui est au milieu du dos, beaucoup plus grande et plus
large que les autres. Pattes courtes, cuisses noires, le reste jaune,
annelé de noir. Palpes annelés de jaune et de noir. Les mandibules
sont vertes.

Abbot, fig. 87, p. 11.

De Géorgie.

Prise le 12 septembre, dans un bois de chêne.

85. Atte a trident. (*Attus tridentiger.*) Long. 6 lig. ♀.

Corselet noir, court, arrondi, avec deux raies d'un jaune pâle
en zigzag de chaque côté. Partie antérieure des mandibules d'un
bleu brillant métallique, le reste bleu. Abdomen ovale, un peu
allongé, d'un beau rouge carmin sur le dos, avec une figure formée par des lignes d'un beau vert, figurant une sorte de vase,
terminé par trois pointes ou un trident. Pattes de longueur mé-

diocre, cuisses noires, annelées de noir, de blanc et de rouge. Palpes entièrement noirs.

Abbot, fig. 19, p. 5.

En Géorgie. Prise le 18 mai, dans des bois de pins du comté d'Esfingham.

86. ATTE COIFFÉ. (*Attus pileatus*.) Long. 6 lignes.

Corselet court, carré, noir, uniforme. Mandibules d'un vert d'émeraude brillant. Abdomen ovale, allongé, d'un beau rouge orangé sur le dos, avec une figure qui ressemble à deux bourses carrées ou à deux pyramides tronquées superposées : la première est rouge-brun sale, la seconde n'est ainsi que sur les bords, le milieu est blanc ; le tout est suivi d'une raie longitudinale, formée par trois lignes fines qui se prolongent vers l'anus, de chaque côté duquel est un point blanc. Sur les côtés et les bords du dos sont de chaque côté deux taches brunes. Les pattes ont les cuisses noires ; le reste est annelé de noir, de rose et de blanc. Les palpes ont les premiers articles roses et les autres noirs.

Abbot, fig. 20, p. 5.

De Géorgie.

Dans les bois de pins du comté d'Esfingham ; prise le 24 avril.

Toutes ces espèces et les deux suivantes, aussi à dos rouge, sont voisines de notre *Attus sanguineus* d'Europe. Les pattes sont moins allongées ; celles de l'*Attus pileatus* sont plus courtes que celles du *Tridentiger*.

87. ATTE EXPLORATEUR. (*Attus explorator*.) Long. 4 lig. ½.

Corselet petit, carré, rouge à la partie antérieure, et noir à la partie postérieure, qui a des poils blancs dans son milieu. Abdomen ovale, peu allongé, un peu élargi vers la partie postérieure, rétréci brusquement à sa partie postérieure, varié sur le dos de rouge, de blanc et de noir. Le blanc forme proche du corselet une lunule ou un demi-cercle très-large, qui, à son intérieur, est bordé de noir. Le milieu du dos est rouge, mais sur les côtés il a deux taches blanches, dont deux bordées de noir, ovales ; et dans le milieu de sa partie postérieure il y a une bande noire qui se prolonge jusqu'à l'anus, et qui elle-même a deux rangées de points blancs ronds, disposés par paires. Pattes

et palpes noirs, courts, petits et fins. La quatrième paire de pattes
la plus longue.

Abbot, fig. 32, p. 6 du MSS.

De Géorgie.

Prise le 1er juillet, dans les bois de chênes près Briar-Creek.
Très-rare.

88. ATTE CHAT. (*Attus felis.*) Long. 3 lig. et demie. ♀.

Corselet court, large, carré, fauve, avec des taches noires.
Abdomen court, arrondi, fauve, avec un demi-cercle noir à sa
partie antérieure, un double croissant ou le haut d'un cœur renversé, noir, vient après le demi-cercle; ensuite sont deux traits
inclinés, bruns, et un chevron de même couleur près de l'anus;
dans le milieu deux petits traits noirs, divergents vers la partie
postérieure. Anus noirâtre; pattes courtes, fauves, annelées de
brun; la paire antérieure est remarquablement plus grosse, et a
tous les articles renflés. Palpes fauves, annelés de brun.

Abbot, Georgian Spiders, fig. 17, p. 5 du MSS.

De Géorgie.

Prise le 26 mars, sur un chêne, dans un hamac, Ogechee river
Swamp. Peu commune.

Cette espèce, par ses pattes antérieures et sa forme, a de l'a-
nalogie avec l'*Attus depressus*. Abbot dit qu'elle file derrière
l'écorce des arbres, dans les derniers jours d'automne, un sac de
soie pareil à celui qui contient ses œufs; qu'elle s'y renferme et y
passe l'hiver.

89. ATTE GRISONNANT. (*Attus canosus.*) Long. 4 lig. ♀.

Corselet fauve, bien entouré de blanc sur les côtés, avec deux
raies de points blancs formant un V allongé. Abdomen ovale,
court, dessus blanc et fauve, avec deux taches ovales ou rondes
dans le milieu, jointes par une tache fauve vers la partie postérieure, et une figure noire en forme de V, dont la pointe est vers
l'anus. Il y a deux lignes fines, noires, transversales, annelées
de même. Pattes fauves annelées de blanc.

Commune dans les marais et les bois de chênes. Prise dans sa
retraite d'hiver, le 20 novembre.

Abbot, fig. 18, p. 5.

Cette espèce se rapproche de la précédente par la forme et les couleurs, mais elle n'a pas les articles des pattes antérieures renflés.

90. ATTE ICTÉRIQUE. (*Attus ictericus.*) Long. 4 lig. ♀.

Abdomen ovale, de couleur gris pâle, avec quatre traits jaunâtres, obscurs, disposés longitudinalement sur le dos. Corselet jaunâtre à sa partie antérieure, avec deux points noirs, ronds; partie postérieure grisâtre, avec un triangle noir proche l'abdomen. Pattes d'un noir pâle, avec les cuisses d'un blanc jaunâtre.

Abbot, fig. 502, p. 40.

De Géorgie.

Prise en mars, sur un petit pin, dans le bois de chênes du comté de Burke.

91. ATTE AMBESAS. (*Attus ambesas.*) ♀.

Abdomen gros, renflé à sa partie postérieure, noir, avec une tache d'un jaune vif proche le corselet, ayant la figure d'un coin, et derrière sont deux bandes d'un noir moins obscur, et sur lesquelles sont marquées deux taches carrées, noires. Corselet fauve, jaune à sa partie antérieure, noir sur les côtés et en arrière. Pattes et palpes jaunâtres, annelés de noir.

Abbot, fig. 503, p. 40.

De Géorgie.

Prise le 20 juin, dans un bois.

92. ATTE QUATERNE. (*Attus quaternus.*) Long. 4 lig. ♂ ♀.

La femelle. — Abdomen ovale, renflé à sa partie postérieure, d'un fauve rougeâtre, avec quatre taches rondes, jaunes, bordées de noir, disposées en carré sur le dos. Corselet fauve rougeâtre. Palpes jaunes; pattes jaunes, excepté les cuisses postérieures et antérieures, qui sont noires et ont les tarses qui sont annelés de noir.

Abbot, fig. 443, p. 35.

De Géorgie.

Prise une fois sur un sureau, le 22 juin, et une seconde fois, sur un sumac, dans un bois.

Voisine de l'*Attus rubescens* d'Europe.

Le mâle. — D'une couleur rouge cuivrée, mais point de taches sur le dos, qui est d'un fauve rougeâtre, uniforme. Palpes rougeâtres, renflés à leur extrémité. Pattes rougeâtres, les jambes et les tarses annelés.

Abbot, fig. 442, p. 35.
De Géorgie.
Prise par Abbot, dans une maison construite dans le bois où a été trouvée la précédente.

93. ATTE DISSIMULATEUR. (*Attus dissimulator*.) Long. 5 lig. 1/2. ♀.

Corselet noir, carré, très-gros. Abdomen ovale, un peu renflé vers sa partie postérieure, à dos d'un rouge orangé sur les côtés, et en devant au milieu une figure vert foncé, longitudinale, resserrée dans son milieu, et qui simule la forme d'une semelle de soulier. Dans la partie étroite est une tache rouge, carrée, qui la partage en deux. Vers la partie postérieure sont quatre points ou taches d'un rouge plus pâle en carré, et à la partie antérieure deux taches d'un rouge pâle. Le dessous de l'abdomen est entièrement noir. Pattes noires, annelées de jaune. Les palpes sont tout noirs ; les deux derniers articles arrondis, moniliformes. Les mandibules très-renfoncées sous le corselet et d'un vert foncé.

Abbot, fig. 408, p. 33.
Prise le 13 juin, dans un champ de blé, dans les bois de chênes du comté de Burke.

94. ATTE FURTIF. (*Attus furtivus*.) Long. 5 lig. ♀.

Corselet brun, carré. Abdomen brun, avec huit points ronds, blanc pâle, disposés parallèlement et longitudinalement sur le dos. Pattes jaunes ponctuées de noir.

Abbot, fig. 412, p. 33.
Prise le 3 mai, dans un bois de chêne. Conférez cette espèce avec l'*Attus maculatus* d'Europe, à laquelle elle ressemble.

95. ATTE MAGE. (*Attus magus*.) Long. 4 lig. et demie. ♂ ♀.

Corselet grand, région des yeux fauve ; la partie postérieure blanche : sur le devant une figure avec un V noir, traversé longitud.nalement par une raie de même couleur. Abdomen ovale, fauve, court, pointu vers sa partie postérieure, bordé de noir à sa partie antérieure, avec un V noir à sa partie postérieure ; les deux branches se terminant par un rond noir, et au-devant de ces deux branches sont deux gros ronds noirs encore plus gros. Pattes fauves, avec des points noirs. Palpes blanchâtres.

Abbot, fig. 5o4, p. 4o.

De Géorgie.

Plusieurs individus mâles et femelles de cette espèce ont été pris dans leur toile d'hiver, entre l'écorce des vieux chênes, dans Briar-Creek-Swamps, le 27 décembre. L'abdomen du mâle est plus mince que celui de la femelle.

96. ATTE CHRYSIS. (*Attus Chrysis.*) Long. 5 lig. ♂.

Tout le corps est d'un vert doré, rouge, brillant, et d'un éclat métallique. Corselet très-large et très-épais à sa partie antérieure. Abdomen petit, conique, très-pointu vers l'anus, avec six points enfoncés sur le dos.

Walckenaer, Tableau des Aranéides, p. 25, n° 34. Collection de M. Buquet et de Bosc.

De la Caroline.

La lèvre est ovale, mais échancrée ou coupée à son extrémité. Les mâchoires sont droites, peu dilatées à leurs extrémités. La tête n'a presque pas de bandeau ; et les yeux latéraux de la première ligne sont si reculés en arrière, qu'on pourrait les considérer comme étant sur une ligne distincte des deux yeux intermédiaires. En considérant ces yeux latéraux comme les extrémités courbées en arrière de la première ligne, les yeux de la seconde sont plus rapprochés de cette ligne antérieure que de la postérieure. Les mandibules sont coniques et portées en avant. Pattes : 4, 1, 2, 3. Les palpes sont allongés, bruns, fins, noirâtres, terminés par un digital dont la cupule est épaisse, courte, cylindroïde, et comme tronquée à son extrémité ; le conjoncteur divisé en deux a la forme d'une agrafe. En dessous le sternum, les mâchoires et la lèvre sont d'un brun noir.

97. **Atte iris.** (*Attus iris.*) Long. 5 lig. et demie ♀.

Abdomen ovale, allongé. Milieu du corselet et du dos de l'abdomen d'un beau vert brillant irisé. Les côtés sont roses , mais ces couleurs sont changeantes, et, selon les positions relativement aux rayons de la lumière , le vert se change en bleu et le rose en pourpre. En dessous , l'abdomen a une couleur dorée d'un brun pâle. Les pattes sont jaunes , avec des lignes longitudinales noires. Palpes jaunes.

Abbot , fig. 415 , p. 33.
De Géorgie.
Trois individus pris sur un pin , dans une île , dans Briar-Creek-Swamps, le 13 juin. Peut-être est-ce la femelle de l'espèce précédente.

98. **Atte plumeux.** (*Attus plumosus.*)

Palpes très-velus , noirs. Corselet carré , plus large que dans l'espèce précédente , vert non irisé , avec deux petits traits noirs, obliques , à la partie antérieure. Abdomen ovale, allongé , vert tendre comme le corselet, avec une tache rose à l'anus. Pattes jaunes , les antérieures avec des lignes longitudinales.

Abbot, fig. 414 , p. 33.
De Géorgie.
Prise le 13 juin , sur le même pin que l'*Attus Iris.* M. Abbot ajoute : « Malgré la différence dans la couleur , je crois que c'est le mâle de l'Araignée changeante (*Changeable Spi-der*) ». C'est, au contraire , la similitude de la couleur de l'abdomen et des pattes, et de l'*habitat* , qui semble conduire à cette conclusion; mais cependant les palpes, quoique plumeux, ne paraissent pas renflés vers le bout, et la forme du corselet est différente : elle semble plus large à sa partie antérieure.

Cette espèce doit être conférée avec celle de la figure 445 d'Abbot, à laquelle elle ressemble beaucoup , mais dont l'abdomen est plus allongé , et qui appartient à la seconde race.

99. **Atte observateur.** (*Attus speculator.*) Long. 3 lig. ♀.

Abdomen, ovale allongé, à dos brun, avec une bande plus claire dans le milieu, figurant un fer de hallebarde renversé, à quatre dents latérales, et un point prolongé vers l'anus. Les bords postérieurs du dos bordés d'une raie plus claire, festonnée ou dentée, corselet étroit, petit, de couleur brune foncée, avec des poils gris en dessus, et des poils blancs sur les bords. Mandibules noires. Pattes annelées de brun, velues. Palpes hérissés de longs poils blancs.

Walckenaer, Tabl. des Ar. p. 23, fig. 5.—*Aranea rigata*, Bosc, MSS. p. 10, Pl. 1, fig. 3.
De la Caroline. Commune.

« Elle se fabrique de petites retraites dans les facettes des bois, et » chasse en sautant. » Bosc. Cette espèce, par la figure du dos de son abdomen, ressemble beaucoup à l'*Arancus hastatus* de Clerck.

100. **Atte Galathée.** (*Attus Galathea.*) Long. 2 lig. ♀.

Abdomen ovale, allongé, à dos couvert de poils gris, mêlés de poils noirs, avec huit taches plus blanches, les quatre antérieures inclinées longitudinalement, les quatre postérieures transversales. Deux ou trois autres petites taches de même couleur sur les côtés, peu prononcées. Ventre d'un brun pâle, avec une bande brune longitudinale, noirâtre dans le milieu. Corselet étroit, épais, presque cubique, avec quatre taches plus foncées. Mandibules brunes et fortes. Pattes et palpes de couleur pâle, annelés de brun, velus en dessus.

Walckenaer, Tabl. des Aranéides, p. 23, n° 4.—*Aran. Galathea.* Bosc, MSS. p. 22, pl. 1, fig. 4. — Abbot, Georgian Spiders, fig. 405, p. 32.
En Caroline et en Géorgie.

Bosc dit que cette espèce se trouve fréquemment sur les plantes avec l'*Attus gerbillus*. Abbot dit au contraire qu'elle n'est pas très-commune, il l'a prise le 10 avril, et il ajoute qu'on la trouve sur les chênes et d'autres arbres dans les bois.

101. **ATTE LÉOPARD.** (*Attus leopardus.*) 4 lig. ♀.]

Abdomen ovale, d'un blanc fauve ou gris, avec huit taches sur le dos, disposées sur deux lignes longitudinales et parallèles, quatre de chaque côté, les deux antérieures rouges, les six autres noires. Corselet, pattes et palpes jaune clair Les pattes antérieures sont renflées.

Abbot, fig. 509, p. 40.

De Géorgie.

Prise le 4 juillet, sur un pin de Old-Field, près du marais Briar-Creek.

102. **ATTE CONTEMPLATEUR.** (*Attus contemplator.*) Long. 5 lig.

Corselet noir, grand, carré, cubique, avec des poils blancs sur les côtés. Abdomen ovale, peu allongé, velu et noir, avec une tache blanche triangulaire sur le milieu du dos, et deux traits obliques blancs sur les côtés de la partie postérieure. En dessous sont deux bandes blanches, qui, ainsi que les taches du dos, sont quelquefois rouges. Les pattes sont noires, velues, légèrement annelées.

Araneus auridens, Bosc, pl. 4, fig. 3, p. 16. — Abbot, fig. 90, p. 11. — Walckenaer, Tabl. des Aranéides, p. 23, n° 8.

En Caroline et en Géorgie.

Les mandibules, dans la fig. d'Abbot, sont vertes; Bosc dit qu'elles sont d'une couleur bronzée très-brillante, striées et ponctuées. Cette espèce ressemble beaucoup pour la forme et les couleurs, à celle qu'il a nommée *morsitans*, la même que celle de la fig. 89 d'Abbot, qu'on serait tenté de considérer comme étant la même espèce. Cependant, comme Bosc et Abbot, qui les ont décrites d'après nature, les ont distinguées, nous ne pouvons les réunir sans de nouvelles observations.

Prise par Abbot, sur un pin, le 10 juin. Elle est assez commune.

E. — Les Australiennes.

Attes de cette race qui ont été trouvées dans le Monde-Maritime, c'est-à-dire dans le grand Archipel d'Orient, la Nouvelle - Hollande et terres adjacentes, et les îles de l'Océan Pacifique.

103. ATTE SPLENDIDE. (*Attus splendidus.*) Long. 3 lig. et demie. ♀.

Abdomen peu allongé, à côtés parallèles, et droits, formant un carré long aplati, la couleur du fond vert-d'eau, et brillant d'un éclat métallique. Deux lignes vert-pré transversales à la partie postérieure, surmontées de deux ronds de même couleur. Six taches d'un rouge vif dans le carré postérieur que dessinent les deux lignes transversales. Trois lignes longitudinales dans le carré de la partie antérieure, les deux latérales rouges, l'intermédiaire noirâtre, et rouge seulement à la partie antérieure. Ventre avec des lignes courbes alternativement oranger et rouges, disposées longitudinalement. (M.)

Walckenaer, Tabl. des Aranéides, p. 25, n° 33.
De Timor.

Les yeux de la seconde ligne sont beaucoup plus rapprochés des yeux postérieurs que des antérieurs. Pattes courtes, noires et blanches, les postérieures beaucoup plus longues. Palpes courts et revêtus de poils blancs. La forme singulière de l'abdomen de cette Aranéide est remarquable, et ses couleurs, formées par un duvet très-fin, sont tellement brillantes, qu'aucune description, aucun pinceau, ne pourrait en donner une juste idée.

104. ATTE ROUGE. (*Attus ruber.*) Long. 3 lig. et demie. ♀.

Abdomen ovale, allongé, de couleur rouge sanguin sur le dos. Ventre gris brillant, nacré. Corselet avec des poils rouges au bandeau et sur les côtés, sternum d'un gris mat. Mandibules brunes. Pattes d'un brun rougeâtre.
De la Nouvelle-Guinée.
Les pattes, pour leur longueur relative, sont dans l'ordre suivant : 4, 1, 2, 3.

105. ATTE D'URVILLE. (*Attus d'Urvillii.*) ♂. Long. 5 lig. et demie.

Abdomen, ovale allongé, se rétrécissant à sa partie postérieure, à dos noir, brillant, avec une bande courbe transversale, à poils irisés, et à reflet métallique, comme les plumes de certains colibris, formant une ligne fine près du corselet, et plus large sur les côtés. Autre raie transversale plus étroite que la première, plus blanche, mais irisée aussi, et élargie, sur les côtés, en deux taches blanches, triangulaires. Deux petits traits inclinés, fins, à la suite de cette bande et près des filières. Ventre noir, recouvert de poils gris, courts. Corselet noir, épais. (M.)

De la Nouvelle-Guinée.

Rapportée par MM. Quoy et Gaymard, qui faisaient partie, comme naturalistes, de l'expédition commandée par le capitaine d'Urville.

Yeux couleur blanc de lait. Ceux de la seconde ligne sont placés plus près des yeux antérieurs que des yeux postérieurs, et derrière les latéraux antérieurs est une bosse glabre. Le corselet est très-bombé, rhomboïdal, au moins aussi large que l'abdomen. La lèvre et les mâchoires sont noires, bordées de rouge. Les mandibules sont courtes, glabres, d'un brun marron et à onglets d'un rouge clair. Les pattes sont assez allongées, noires, à extrémité rougeâtre, les deux paires antérieures, plus grosses et plus renflées. Ces pattes sont sensiblement inégales entre elles; la troisième paire est visiblement plus longue que les autres, la quatrième ensuite. La seconde est de beaucoup la plus courte. Les parties sexuelles, au milieu du ventre, présentent deux trous ronds, séparés par une membrane glabre.

106. ATTE DOREYÈNE. (*Attus doreyanus.*) ♀. Long. 5 lignes 1/2.

Abdomen ovale, renflé dans son milieu, rétréci et en pointe à sa partie postérieure, bombé, brun, avec un grand chevron renversé, ou un V formé par deux traits jaunes à la partie postérieure, et deux taches carrées opposées à la partie antérieure, dont la limite latérale ou extérieure n'est point tracée. Ventre brun, à corselet grand, aussi long et aussi large que l'abdomen, très-épais, courbé en devant, noir, avec une bande jaune, entourant l'espace occupé par les yeux. Mandibules noires, glabres, dirigées en avant. Pattes d'un rouge brun.

Prise au port de Dorey, dans la Nouvelle-Guinée.

Les yeux sont d'un brun rougeâtre. Ceux de la seconde ligne sont plus rapprochés de la ligne postérieure que de la ligne antérieure. La ligne jaune du corselet forme une ligne anguleuse, ou un zigzag entre les yeux postérieurs. Les mâchoires et la lèvre sont rougeâtres ; les filets fétifères sont allongés, égaux entre eux, très-apparents. Les pattes, pour leur longueur relative, sont dans l'ordre suivant : 4, 3, 1, 2.

F. — Asiatiques.

Attes de cette race qui ont été trouvées en Asie.

107. ATTE DE DIARD. (*Attus Diardi.*) ♀. Long. 5 lig.

Abdomen ovale, allongé, renflé à sa partie postérieure, à fond d'un brun noirâtre, avec un demi-cercle de poils jaunes entourant la partie antérieure proche le corselet et les côtés ; puis dans le milieu deux raies légèrement courbées, de couleur jaune roux, ou carmelite, opposées par leur côté convexe : deux autres raies inclinées, avec un chevron à la suite, et deux petites courbes d'un jaune vif à la suite des chevrons, immédiatement au-dessus des filières, opposées par leur côté concave. Ventre brun, avec une ligne longitudinale plus brune dans le milieu, et deux plus jaunes et larges de chaque côté. Corselet carré, noir, large, moins long que l'abdomen, entouré de poils jaunes sur les côtés, proche les pattes, et sur les côtés du dos. (M.)

De la Cochinchine, rapportée par M. Diard.

Les yeux de la seconde ligne sont plus rapprochés de ceux des antérieurs que des postérieurs ; des poils jaunes, allongés, bordent le bandeau au-dessous des yeux. Ces yeux sont d'un jaune pâle, et entourés de poils d'un rouge jaunâtre cuivré, et à reflet métallique. Les palpes sont filiformes, revêtues de poils jaunes. Les mandibules sont d'un brun-foncé rougeâtre, elles sont bombées, et font une avance devant le bandeau, et ont des poils jaunes à leur insertion. Le sternum et la lèvre sont velus, couverts de poils jaunes, ainsi que les mâchoires, qui sont verdâtres à leur extrémité. Les pattes sont courtes et fortes, la première paire est la plus allongée, mais la quatrième surpasse très-peu la troisième. La deuxième est la plus courte.

2° Race. LES ALLONGÉES. (*Elongatæ*).

Abdomen *égalant ou surpassant deux fois la longueur du corselet.*

A. — Les Européennes.

Attes de cette race qui ont été trouvées en Europe.

108. ATTE TARDIGRADE. (*Attus tardigradus.*) Long. 4 ou 5 lig. ♂ ♀.

Abdomen ovoïde, allongé, plus gros vers le corselet, varié de poils fauves, rouges et noirs, avec une bande grise longitudinale, dentelée sur les côtés, et des poils noirs perpendiculaires plus longs que les autres. Côtés de l'abdomen, et même du ventre, très-noirs; milieu du ventre d'un gris rougeâtre, moucheté de petits points noirs. Pattes courtes; les antérieures plus grosses.

Walckenaer, Aranéides de France, p. 61, n° 25, Pl. 5, fig. 13. — *Ibid.* Hist. nat. des Aran. fasc. 5, Pl. IV. — *Salticus Rumpfii,* Hahn, die Arachniden, in-8°, t. I, p. 56, Pl. 15, fig. 42. — *Salticus Rumpfii,* Scopoli, Entomol. carn. p. 401, n° 1110.
En France et en Allemagne.
L'*Attus tardigradus* de Savigny, Égypte, p. 170, Pl. 7, fig. 132, n'est point cette espèce, et appartient à la première race de cette famille, et est notre *Attus Forskaelis.* Voyez ci-dessus p. 428, n° 43.

La longueur relative des pattes, dans l'*Attus tardigradus,* est dans l'ordre suivant: 4, 1, 3, 2. On trouve assez souvent cette espèce sur les murailles, dans les trous d'arbres, et sur les portes des jardins.

109. ATTE JARDINIER. (*Attus pomatius.*) Long. 4 lig. ♂ ♀.

Abdomen en ovale allongé, plus pointu vers l'anus, vert, avec deux lignes longitudinales d'un rouge ferrugineux, qui se joignent proche le corselet, et vont s'amincissant vers l'anus sans y converger, mais qui sont réunis dans cette partie par quatre ou cinq traits brisés, ou chevrons transversaux. Ventre d'un noir verdâtre. Pattes antérieures renflées. Le mâle ayant au digital une cupule large en cœur, à pointe recourbée.

Walckenaer, Aranéides de France, p. 62, n° 16.

En France; dans les vergers, les bois. On la trouve au milieu de mai ou à la fin de ce mois. Dans le mâle les palpes sont verts, et le digital est terminé par une cupule très-large qui a la forme d'un bouclier en cœur, dont la pointe est recourbée. Longueur relative des pattes : 1, 4, 3, 2.

* ATTE FOSSILE. (*Attus fossilis.*) Long. 4 lig. ♀.

Atte contenu dans un morceau d'ambre jaune, avec un Elater, une Mordele, un Hemerobe, une Fourmi, un Téttigone, et des pattes détachées d'une grosse Araignée. Ce morceau a quatre pouces et demi de long, sur un pouce et demi de hauteur. L'Atte fossile y a les pattes étalées, et comme si elle avait été subitement enveloppée par l'ambre, toutes ses parties sont et ont une couleur jaune produite par l'ambre.

Walckenaer, Tableau des Aranéides, p. 25.

L'abdomen est ovale, bombé, élargi dans son milieu, avec une ligne longitudinale moins brillante dans la partie antérieure, qui aboutit à une large tache arrondie de même couleur, au milieu de laquelle est une espèce de pentagone, qui devait faire une autre tache. Derrière cette figure, et au-dessus de l'anus, sont trois ou quatre petits chevrons transversaux. Le corselet petit, plus étroit, et n'égalant pas deux fois la longueur de l'abdomen, est large à sa partie antérieure, et arrondi à sa partie postérieure; aplati sur le dos, où le duvet formait une petite tache en cœur dans le milieu, et des quadrilatères irréguliers en avant. Mandibules peu allongées. Palpes filiformes. Pattes de longueur médiocre; les antérieures plus courtes; les jambes et les tarses annelés de fauve rougeâtre plus foncés; ayant toutes les cuisses renflées. Ces pattes sont dans l'ordre suivant, pour leur longueur relative : 4, 3, 2, 1. Les filets sétifères sont saillants, cylindriques, et très-apparents. (De ma collection.)

B. — Américaines.

Attes de cette race qui ont été trouvées en Amérique.

110. ATTE ONDÉ. (*Attus undatus.*) Long. 7 lig. ♀.

Abdomen ovale allongé, d'un brun noirâtre, avec une large bande festonnée, cendrée, entourant le dos. Pattes antérieures courtes et renflées.

Araignée à bande découpée, De Géer, t. VII, p. 320, Pl. 39, fig. 8.

Amérique du nord — Pensylvanie.

La figure de De Géer donne plus de sept lignes de longueur à cette espèce. J'en ai reçu d'Amérique un individu qui n'a que quatre lignes. Le ventre est d'un fauve pâle, avec une raie longitudinale plus foncée au milieu. Le corselet est aplati sur le dos, plus large que l'abdomen, noir entre les yeux ; le reste, couvert d'un duvet fauve gris et orangé, est d'un brun rougeâtre. La lèvre est ovale allongée ; les mâchoires très-allongées, s'écartant et s'évasant beaucoup au-dessus de la lèvre, arrondies à leurs côtés externes, et creusées à leur base. Les yeux sont bruns, entourés de poils blancs et orangés. Les yeux de la seconde ligne sont plus rapprochés des antérieurs que des postérieurs. Les palpes sont rougeâtres. Les pattes sont courtes, rougeâtres, annelées de taches plus foncées. La première paire a les cuisses renflées. Leur longueur relative est dans l'ordre suivant : 4, 1, 2, 3.

111. ATTE ENSANGLANTÉ. (*Attus cruentatus.*) Long. 3 lig. ♂ ♀.

Le mâle. — Abdomen ovale allongé, déprimé, pointu vers l'anus ; dos d'un rouge sanguin, avec un ovale étroit blanc, entouré de noir, disposé longitudinalement à la partie antérieure, qui est environnée d'une raie noire semi-circulaire. Côtés du ventre blancs. Corselet grand, épais, rhomboïdal, très-élevé, noir, entouré de deux lignes blanches proche des pattes.

La femelle. — Le dos de l'abdomen a des taches jaunes au milieu d'une tache noire resserrée dans son milieu. Les taches jaunes postérieures sont chevronnées au nombre de trois. La tache de la division supérieure plus grande, arrondie, échancrée à la partie postérieure, pointue vers le corselet. Le corselet rouge à la partie antérieure de son dos.

Collection de M. Buquet, pour le mâle; pour la femelle, de ma collection.

Amérique mérid. — Du Brésil et de la Guiane.

Les yeux sont d'un jaune fauve, et les latéraux de la seconde ligne sont plus rapprochés de la ligne des yeux antérieurs que des postérieurs. Les palpes sont noirs; le digital est peu renflé. Les pattes sont noires, et les antérieures ont le fémoral renflé. Elles sont, pour leur longueur relative, dans l'ordre suivant : 1, 4, 3, 2

M. Doumerc a pris le mâle et la femelle de cette espèce à Cayenne, vers la fin de juillet, sur les feuilles de l'*althea*. Le corselet, dans le mâle, est proportionnellement plus allongé, et cette espèce, par ce sexe, se rapproche de la race précédente; elle est sur la limite des deux races.

112. Atte cylindrique. (*Attus cylindricus.*) Long. 5 lig. 1 2 ♂.

Abdomen très-allongé, cylindrique, d'un brun obscur sur le dos; ventre à côtés jaunâtres, avec une bande longitudinale; les plaques pulmonaires, et la plaque qui recouvre les parties sexuelles d'un blanc bruni, mais à éclat argenté; et une suite de petits points nombreux disposés sur deux lignes parallèles. Corselet allongé, brun, rougeâtre, d'un brun plus foncé entre les yeux. Palpes à digital dilaté, blanc, marqué de deux traits triangulaires noirs, transversaux, sur le dos de la cupule. Pattes de longueur ordinaire, rouges, annelées de brun; la première paire renflée et plus fortement annelée.

Amérique mérid. — Guiane.

Les mandibules sont recouvertes de longs poils jaunes. La poitrine, la lèvre et les mâchoires sont de couleur jaune pâle; la lèvre est allongée, triangulaire, et terminée en pointe arrondie; les mâchoires sont droites, parallèles, arrondies, mais peu dilatées à leur extrémité. Les yeux sont de couleur jaune, et ceux de la seconde ligne sont beaucoup plus rapprochés des antérieurs que des postérieurs. Les pattes, par leur longueur relative, sont dans l'ordre suivant : 4, 1, 2, 3. Comme dans quelques espèces de ce genre, les palpes sont dilatés, ovalaires, et cependant ils sont velus en dessous, et ne présentent aucune trace de conjoncteur ; ils sont d'un jaune-pâle uniforme en dessus, garnis de poils.

113. ATTE AGGRESSEUR. (*Attus provocator.*) Long. 6 lig. ♂.

Corselet, abdomen et pattes d'un rouge pâle. Le corselet est large, légèrement échancré à sa partie antérieure, le milieu est brun ; il est bordé de brun. L'abdomen égale deux fois la longueur du corselet ; il est ovale, étroit, cylindroïde ; le milieu et les côtés sont lavés de brun ; il y a deux raies brunes transversales, obscures à la partie postérieure du dos. Pattes fortes ; la paire antérieure renflée, avec des taches brunes. Palpes rouges, terminés par un digital ovale renflé.

Abbot, fig. 461, p. 36.

De Géorgie. —Prise le 6 septembre, dans une maison du comté de Burke.

114. ATTE PÉTULANT. (*Attus protervus.*) Long. 6 lig. ♂.

Forme en tout semblable à l'*Attus provocator*, tout noir. Abdomen avec quatre points et quatre ou cinq chevrons noirs transversaux. Les pattes noires, annelées de points plus noirs. Palpes noirs, avec un ovale renflé.

Abbot, fig. 463, p. 93.

De Géorgie. — Prise le 17 mai, sur un mûrier, dans le comté de Burke. J'en ai trouvé, dit M. Abbot, le 27 décembre, plusieurs individus dans leurs toiles d'hiver, sous l'écorce des grands chênes, dans Briar-Creek-Swamp.

115. ATTE INCLÉMENT. (*Attus inclemens.*) Long. 6 lig. ♂ ♀.

La femelle. — Corselet carré, un peu en cœur, gris, avec des chevrons noirs, transversaux, coupés par une ligne perpendiculaire de même couleur. Le corselet égale au plus la moitié de la longueur de l'abdomen. Abdomen deux fois plus long que le corselet, ovale, allongé, aminci vers sa partie postérieure, gris blanc ou bleuâtre, avec quatre chevrons bruns transversaux, et deux autres petits traits transversaux de même couleur au-dessus de l'anus ; en dessous, l'abdomen est pâle et de couleur de plomb. Pattes jaunes, avec des points noirs. Palpes bruns, à derniers articles renflés.

Abbot, fig. 413, p. 33.

De Géorgie. Prise le 23 avril, dans un bois de chêne.

Le mâle. — Noir, avec des raies bleues transversales; dessous de l'abdomen d'un bleu pâle. Est une variété de la même espèce, mais les pattes sont jaunes, sans être annelées, et l'abdomen est ovale, moins rétréci à sa partie postérieure.

Abbot, fig. 464, p. 37.

De Géorgie. — Prise le 28 avril, courant par terre parmi les feuilles, dans les bois de chêne du comté de Burke.

116. ATTE LENT. (*Attus lentus.*) Long. 6 lig. et demie.

Corselet court, élargi en avant, de couleur fauve, avec deux rangées de points noirs disposés transversalement. Abdomen ovale allongé, de couleur fauve sur les côtés, mais ayant sur le milieu une figure ou bande très-large festonnée, ouverte du côté du corselet, se terminant en pointe vers l'anus, de couleur rougeâtre, bordée de noir. Pattes courtes, fauves; la paire antérieure un peu renflée.

Abbot, fig. 88, p. 11.

Amérique septent. — De la Géorgie. — Prise le 11 mai. Se trouve sur les pins. Pas très-commune.

117. ATTE MARGINÉ. (*Attus marginatus.*) Long. 6 lig. ♂.

Abdomen allongé, pointu vers sa partie postérieure, fauve brun, entouré d'une large bande blanche. Corselet carré, avec deux bandes blanches sur les côtés, et une ligne blanche et très-courte dans le milieu. Pattes antérieures très-renflées, de fauve brun; les trois paires de pattes postérieures fines et jaunes. Les palpes bruns, fins, avec un digital petit, renflé, crochu. Mandibules brunes, allongées, portées en avant.

Abbot, fig. 444, p. 35.

Amérique septent. — De Géorgie. — Prise sur un myrthe, le 4 avril, à côté d'un étang, dans les mêmes bois.

118. ATTE ARROSÉ. (*Attus irroratus.*) Long. 6 lig. ♀.

Abdomen ovale, allongé, renflé à sa partie antérieure, diminuant et se terminant en pointe à sa partie postérieure ; jaune orangé, avec des lignes longitudinales, fines, obscures, de même couleur, mais plus foncées, qui passent par des points d'un rouge carmin fin, disposées d'abord sur deux lignes inclinées sur les côtés à la partie antérieure. Sur la moitié de la partie postérieure du dos, ces points rouges dessinent un triangle, dont la pointe est tournée vers l'anus. Les points de la base du triangle, qui forment une ligne transverse, sont plus gros que ceux qui forment les côtés latéraux. Corselet, pattes et palpes jaunes, taches noires sur le corselet, entre les yeux postérieurs.

Abbot, fig. 508, p. 40.

De Géorgie.

Prise sur un chêne, dans les bois du comté de Burke.

119. ATTE ASPERGÉ. (*Attus aspergatus.*) Long. 5 lig. ♀.

Abdomen ovale, allongé, renflé vers sa partie postérieure, et se rétrécissant vers l'anus, d'un jaune orangé, avec des points d'un rouge carmin, tous disposés longitudinalement, entourant le dos de chaque côté, et dessinant un ovale, puis traçant une ligne médiane, qui part du corselet, et qui se prolonge jusqu'aux deux tiers de la longueur du dos, où sont deux autres lignes parallèles qui se rapprochent et font angle vers l'anus. Corselet jaune à sa partie postérieure, et noir à sa partie antérieure, entre les yeux ; ayant ainsi à la tête comme un masque noir, qui tranche avec la partie postérieure. Palpes et pattes jaune orangé. Pattes antérieures ayant les cuisses renflées.

Abbot, fig. 507, p. 40.

Amérique septent. — De Géorgie.

Prise le 20 août, dans un champ de maïs, dans les bois de chêne du comté de Burke.

Ressemble à la précédente pour les couleurs, mais c'est une espèce différente.

120. ATTE AMBIGU. (*Attus ambiguus.*) Long. 5 lig.

Abdomen ovale, allongé, jaunâtre, avec quatre chevrons transverses, fauves, sur le dos, dont le premier est disjoint et ne forme que deux traits inclinés, écartés proche le corselet, les deux intermédiaires réunis en angle, et le postérieur n'étant qu'une ligne

droite transverse. Corselet, palpes et pattes d'un jaune pâle.
Pattes antérieures renflées.

Abbot, fig. 510, p. 40.

Amérique septent. — De Géorgie.

Prise le 1er mai, sur un chêne, dans un bois. L'abdomen n'est
que médiocrement allongé, et cette espèce est sur les limites des
deux races.

121. ATTE DANGEREUX. (*Attus infestus.*) Long. 5 lig. ♀.

Corselet carré, noir, avec une ligne longitudinale plus foncée
dans le milieu, élargie vers les yeux, rétrécie à sa partie postérieure. Abdomen ovale, allongé, noir, pointu vers son extrémité
postérieure, deux fois aussi long que le corselet, avec deux ronds
noirs, plus foncés dans le milieu, et des raies noires sur les côtés.
Pattes noires, les antérieures et les postérieures renflées, mais
surtout les antérieures.

Abbot, fig. 460, p. 36.

De Géorgie.

Prise le 23 septembre, dans un bois de chêne. Pour la longueur de son abdomen, cette espèce se rapproche de la première
race ; elle est sur la limite des deux.

122. ATTE PRINTANIER. (*Attus vernus.*) Long. 5 lig. ♀.

Abdomen ovale, allongé, noir, avec dix points fins, jaunes ou
blancs, disposés longitudinalement sur deux lignes parallèles,
chacune de cinq. Corselet noir. Pattes courtes, les antérieures
renflées, ayant les cuisses et les jambes noires, le métatarse et
le tarse rouges ; les pattes postérieures ont les cuisses noires et
l'extrémité rouge.

Abbot, fig. 505, p. 40.

Amérique septent. — De Géorgie.

Prise en mai, sur les murailles d'une maison dans le comté
de Burke.

123. ATTE PISTACHE. (*Attus pistacius.*) Long. 5 lig. ♀.

Abdomen ovale, allongé, plus large dans son milieu, d'un
vert pistache uniforme. Corselet court, étroit, carré, vert dans

le milieu, bordé de rouge fauve. Pattes de couleur rouge, fauve uniforme. La première paire beaucoup plus grosse et plus renflée que les autres.

Abbot, fig. 445, p. 35.

De la Géorgie. — Prise le 7 juin, sur un buisson de chêne, dans les bois de chêne du comté de Burke. Rare.

124. ATTE VERT. (*Attus viridis.*) Long. 4 lig. ♀.

Corselet, abdomen, pattes et palpes vert uniforme, pâle. Le corselet a deux points d'un rouge vif, carrés, accompagnés d'un trait noir qui les borde à l'extérieur. Abdomen ovale, étroit, allongé. Sur le milieu du dos de l'abdomen sont six points noirs, disposés longitudinalement.

Abbot, fig. 52, p. 8.

De Géorgie.

Prise le 11 avril. Commune sur les arbres et les buissons, dans les swamps (marais).

3e Race. LES APLATIES. (*Complanatæ.*)

Abdomen et corselet *courts*, *larges*, *aplatis*.

125. ATTE DÉPRIMÉ. (*Attus depressus.*) Long. 1 lig. 1/4.

Abdomen très-aplati, peu allongé ; il s'élargit et s'arrondit vers l'anus, et est coupé en ligne droite à sa partie antérieure. La couleur en dessus est d'un rouge sale ou couleur de bois ; mais sur la partie antérieure on voit deux lignes longitudinales, fauve clair, qui se terminent en crochets noirs sur le milieu du dos.

Atte aplati, Walckenaer, Aran. de France, p. 69, n° 33.

En France. — Environ de Paris. — Trouvée en juin.

2ᵉ Famille. **LES VOLTIGEUSES.** (*Voltitariæ.*)

Pattes allongées, de grosseur médiocre, propres à la course et au saut.

Palpes allongés, filiformes; le dernier article à digital peu renflé dans les mâles, et un peu dilaté dans les femelles.

A. — Les Européennes.

Attes de cette famille trouvées en Europe.

126. Atte fourmi. (*Attus formicarius.*) Long. 3 lig. ♀ 2 lig. ♂.

Corselet noir, relevé en bosse. Abdomen allongé, fusiforme; moitié antérieure d'un fauve rougeâtre, avec deux bandes transversales brunes, formant des chevrons disjoints; moitié postérieure noire. Pattes rougeâtres, avec quelques taches noires. Mandibules rougeâtres, très-allongées dans le mâle.

Walckenaer, Aranéides de France, p. 62, n° 27, Pl. 5, fig. 1, la femelle; fig. 2 et 3, le mâle. — *Araignée fourmi* de De Géer, t. VII, p. 293, n° 29, Pl. 18, fig. 1 et 2, la femelle.

Les yeux de la seconde ligne sont plus rapprochés de la ligne des yeux antérieurs que des yeux postérieurs. La quatrième paire de pattes est la plus allongée, la première après, ensuite la troisième; la seconde est la plus courte.

Cette espèce se trouve en France et en Suède. Elle se retire sous les pierres et dans les cavités des arbres : elle construit une petite coque de soie blanche, ouverte par les deux bouts, dans laquelle elle se loge, et qu'elle quitte dès qu'elle se voit découverte, en glissant par terre au moyen d'un fil de soie attaché à son anus. Elle ne tarde pas ensuite à former une autre coque dans le nouvel endroit où elle se cache. C'est dans sa coque qu'elle change de peau. Quand elle marche, elle s'arrête de temps en temps, tient les deux pattes élevées en l'air, puis les agite de haut en bas comme des antennes, afin de tâter le terrain ; elle paraît alors n'avoir que six pattes, et ressemble tout à fait à une fourmi. Elle a aussi la faculté de donner toutes sortes de mou vement à son abdomen, en le haussant, le baissant et le dirigeant de tous côtés.

Conférez avec cette espèce l'Atte chasseur, n° 128, et avec l'Atte parallèle de l'Amérique, n° 135. Ces trois espèces bien distinctes ont entre elles les plus forts rapports de ressemblance.

127. ATTE FORMICOÏDE. (*Attus formicoides.*) Long. 2 lig. et demie

Abdomen allongé, conique, rouge à sa partie antérieure, et noir à sa partie postérieure. Mandibules d'un vert cuivré, à éclat métallique, très-allongés dans le mâle, à onglets bruns et rameux.
Saltique Fourmi des départements méridionaux de la France; Latreille, Nouv. Dict. d'hist. nat. 2ᵉ édit. t. XXX, p. 105. Walckenaer, Aranéides de France, p. 66, n° 28.

En France.

128. ATTE CHASSEUR. (*Attus venator.*) Long. 2 lig. ♂ ♀.

Corselet plane à sa partie antérieure, et déprimé à sa partie postérieure. Tête bronzée. Mandibules d'un jaune sale. Abdomen resserré dans son milieu, avec ses parties antérieures et postérieures noires, et une bande roussâtre transversale, sur laquelle est une raie blanche qui la partage.
Lucas, Magasin de Zoologie de Guérin pour 1833, Cl. VIII, Pl. 15, fig. 1, 2, 3.
Forme des deux espèces précédentes, mais bien distincte. Le mâle est plus allongé, a les pattes plus robustes, et le digital dilaté en une cupule ovale et large. L'abdomen est plus allongé plus étroit, et plus resserré dans son milieu.
Prise par M. Lucas en octobre dans les îles de la Marne, près Charenton, et en novembre sur les écorces de sapin au jardin des Plantes. Selon ce naturaliste, dans cette espèce la première paire de pattes serait la plus longue, même dans les femelles, et la seconde la plus courte, ce qui l'éloignerait encore du *Formicarius.*

129. ATTE FESTONNÉ. (*Attus encarpatus.*) Long. 1 lig. 1/2. ♂ ♀

Atte d'un brun noir, ou cuivré, ou mélangé de roux. Corselet allongé, déprimé, avec trois bandes longitudinales; les latérales entourent le corselet; celle du milieu s'élargissant vers la tête en

une tache grisâtre , et ayant à sa partie postérieure un petit trait
transversal blanc en croix. Abdomen ovale , allongé, s'amincissant vers son extrémité postérieure. Dos entouré sur les côtés de
deux larges bandes blanches, fortement festonnées dans la femelle, plus légèrement dans le mâle. Milieu du dos brun noir,
avec deux points blancs à la partie antérieure, l'une proche le
corselet, l'autre un peu plus bas ; côtés de l'abdomen brun noir.
Ventre gris , ou entouré d'une bande grisâtre, et noircissant dans
le milieu. Sternum et bouche brun noir, glabres. Pattes finement
annelées de brun noir et de fauve ; les antérieures plus grosses et
plus noires.

Walckenaer, Tab. des Aranéides, p. 66, n° 29. — *Atte fes-
tonné* (le mâle). Walckenaer, Tab. des Aranéides, p. 26, n° 40.
— *Atte X* (la femelle), Tab. des Aranéides, p. 26, n° 41. — *Id.*
Faune parisienne , t. II , p. 241, n° 3.

En France et dans les environs de Paris. — J'ai pris le mâle et
la femelle le 30 juin. M. Aubé a pris deux mâles en décembre.
Les organes du mâle étaient parfaitement développés; la cupule
est allongée , étroite ; mais en dessous elle a un conjoncteur
simple, sans filets, sans crochets ni cavités, rougeâtre, de forme
globulo-conique. Dans cette espèce, les yeux de la seconde ligne
sont plus rapprochés des yeux postérieurs que des yeux antérieurs.
La quatrième paire de pattes est la plus allongée, la première
après ; la troisième est la plus courte. La première paire de pattes
est notablement plus grosse et plus renflée, les autres fines, toutes
allongées, propres à la marche. Aussi cette espèce relève souvent
la partie antérieure de son corps presque verticalement : elle
porte ses pattes antérieures en avant lorsqu'elle marche , et tâte
avec elles le terrain comme avec des antennes.

130. ATTE ENFARINÉ. (*Attus pulverulentus.*) Long. 2 lig.

Abdomen ovale, petit, conique, pointu à sa partie postérieure,
plus large à sa partie antérieure , noir, avec un reflet verdâtre ;
ligne blanche à la partie antérieure du dos proche le corselet.
Deux petites lignes transversales , blanches vers la pointe et au-
dessus des filières. Corselet large , épais , rhomboïdal , noir,
bordé de blanc.

Walckenaer, Aranéides de France, p. 67, n° 3o.

France, environs de Paris. — Prise au commencement de juin, voyageant sur un fil tendu entre deux feuilles, le dos tourné contre terre.

i3i. **Atte neigeux.** (*Attus nivosus.*) Long. i lig. et demie. ♂.

Abdomen ovale, allongé, noir, ayant la partie antérieure bordée de deux raies blanches qui se joignent presque en demi-cercle, et trois traits ou virgules inclinées blanches de chaque côté.

Walckenaer, Aranéides de France, p. 68, n° 3i.

France, environs de Paris.

i3a. **Atte blanchi.** (*Attus candefactus.*) Long. a lig. et demie ♂.

Addomen ovale, noir, entouré à sa partie supérieure d'un demi-cercle blanc, et ayant quatre taches blanches disposées en carré. Les antérieures plus grosses. Corselet grand, déprimé.

Walckenaer, Aranéides de France, p. 68, n° 3a.

En France, environs de Paris. Dans les jardins.

Les yeux de la seconde ligne sont plus rapprochés des yeux antérieurs que des postérieurs; les gros yeux ont l'iris brun et la prunelle fauve. Les mandibules sont fort allongées, proéminentes; la cupule digitale est très-étroite et garnie de points, et le conjoncteur simple, brun, tronqué, et creux à son extrémité, qui présente une cavité blanchâtre.

i33. **Atte sanguinolent.** (*Attus sanguinolentus.*) Long. 3 lig. ♂.

Abdomen ovoïde, plus large dans son milieu, noir, entouré d'une large bande d'un rouge sanguin. Ventre rouge sanguin et noir, seulement vers l'anus. Corselet épais. Pattes antérieures avec des cuisses noires, et les tarses rouges.

Walckenaer, Aranéides de France, p. 58, n° aa. — *Salticus sanguinolentus* Hahn, die Arachniden, t. 1ᵉʳ, p. 5i, Pl. i4, fig 3g. — *Aranea sloani* Scopoli, Entom. Carn. p. 4oi, u° iio8.

En France, en Allemagne, en Carniole.

Les deux yeux de la seconde ligne sont à peu près à égales distances des yeux antérieurs et des yeux postérieurs.

B. — Les Américaines.

Attes de cette famille qui ont été trouvées en Amérique.

134. ATTE ÉMACIÉ. (*Attus emaciatus.*) Long. 3 à 5 lig. ♂ ♀.

Abdomen étroit, ovoïdo-cylindrique, diminuant vers l'anus,
d'un fauve clair dans la femelle, noirâtre dans le mâle, avec la
figure d'un fer de hallebarde, à extrémité dentée, et à pointe
triangulaire, de couleur fauve, plus pâle que la couleur du milieu du dos ; deux autres petites taches ou points ronds de même
couleur au-dessus de cette figure. Corselet très-épais, tête très-
élevée.
Guiane.
La femelle de ma collection n'a que trois lignes de long , et
les deux individus mâles ont cinq lignes de long. La femelle est
fauve, le mâle presque noir ; mais la tache du dos est fauve , la
tête est très-élevée au-dessus du niveau de l'abdomen. Les pattes
sont fort allongées, et surtout dans le mâle ; les cuisses des pattes
antérieures renflées. Leur longueur relative est dans l'ordre suivant pour le mâle : 1, 4, 2, 3; mais dans la femelle, les pattes
postérieures m'ont paru être dans l'ordre suivant : 3 et 4 égales,
1 et 2. Les yeux de la seconde ligne sont plus rapprochés des yeux
antérieurs que des postérieurs.
La figure que Clerck donne de son *Araneus hastatus* (p. 120,
Pl. 5 , tab. 1), ressemble beaucoup à cette espèce, et on serait
tenté de l'y rapporter, si l'on ne connaissait pas son origine exotique. Clerck ayant trouvé son *Hastatus* entre des feuilles de pin
sylvestre qu'elle avait rapprochées, De Géer l'a confondue avec
une espèce trouvée aussi sur le pin , et cette erreur en a occa-
sionné d'autres.

135. ATTE PARALLÈLE. (*Attus parallelus.*) Long. 3 lig. ♂.

Mandibules plates , dirigées en avant , parallèles, tellement
allongées qu'elles surpassent deux fois la longueur du corselet;
elles sont rouges, aplaties, et leurs onglets, presque aussi longs
que leurs tiges, sont noirs, peu courbés. Une dent forte, allongée,

se remarque à la partie antérieure de la tige de la mandibule. Le corselet et le bandeau sont entourés de poils blancs ou duvet argenté, très-brillant; ce duvet recouvre aussi les palpes en dessus. Le digital est noir, en ovale allongé. L'abdomen est petit, conique, déprimé, brun, avec des poils blancs sur les côtés. Les pattes sont de couleur pâle en dessous et noires en dessus.

Walckenaer, Tab. des Aranéides, p. 26, n° 39. — *Araneus parallelus*. Fabricius, Syst. Entom. Supplément, p. 292, n° 73-4.
Des îles d'Amérique.

Espèce voisine de l'Atte fourmi et de la Formicoïde. Notre description est faite sur l'individu même qui a servi à celle de Fabricius, et qu'il nous a rapporté de Danemark. Les yeux de la seconde ligne sont dans cette espèce beaucoup plus près des yeux antérieurs que des postérieurs,

136. ATTE FLAMBOYANT. (*Attus igneus.*) Long. 3 lig. ♂.

Corselet brun, couvert de poils rouges à sa partie antérieure. Abdomen verdâtre. Pattes brunes, dont les cuisses et les tarses sont jaunes.
Salticus igneus, Perty, Delect. anim. p. 199, Pl. 39, fig. 7.
Du Brésil, dans la province des Mines.
La seconde ligne des yeux est plus rapprochée des yeux anté-rieurs que des yeux postérieurs. Les pattes sont allongées; mais le corselet est grand; l'abdomen ovale, allongé, pointu vers l'anus, plus large dans son milieu.

137. ATTE SOMPTUEUX. (*Attus sumptuosus.*) Long. 3 lig. 1/2. ♂.

D'un bleu argenté. Corselet et abdomen allongés, étroits. Ab-domen ayant sur le dos quatre lignes d'un bleu-de-ciel clair, transversales, qui alternent avec quatre raies d'un rouge vif. Corselet bleu-de-ciel argenté, brillant.
Salticus sumptuosus, Perty, Delect. anim. p. 199, Pl. 39. fig. 8.
Du Brésil.
Magnifique par ses couleurs. Les pattes antérieures ont les cuisses très-renflées, bleu-de-ciel, avec des taches. Pattes posté-rieures d'un jaune clair. Le digital du mâle a une cupule ovale, couverte extérieurement de poils argentés.

C. — Les Australiennes.

Attes de cette famille qui ont été trouvées dans le Monde-Maritime.

138. Atte Quoy. (*Attus Quoyi.*) Long. 6 lig. ♀.

Abdomen ovale, allongé, presque cylindrique, d'un jaune doré, plus velu sur les côtés que sur le dos. Ventre d'un jaune doré, uniforme, plus pâle que la couleur du dos. Corselet aussi large, mais moins long que l'abdomen, épais, rhomboïdal, recouvert de poils courts, de couleur d'or bruni, brillant, avec de petits traits bruns inclinés dans le milieu. (M.)

De l'île de Vanikoro, rapportée par MM. Quoy et Gaymard.

. Les yeux sont de couleur d'ambre jaune, entourés de poils rouges, brillants. Les yeux de la seconde lignes sont à égale distance des yeux antérieurs et des yeux postérieurs. Les mandibules sont renfoncées sous le bandeau, renflées, ovoïdes, divergentes, dirigées en avant, rouges, à crochets très-forts, non reployées entièrement dans la rainure. La lèvre est triangulaire, arrondie à son extrémité. Les mâchoires sont allongées et divergent vers leur extrémité, quoique arrondies à leurs côtés internes, tandis que le bord externe est en ligne droite, et forme à l'extrémité angulaire un petit corps saillant, glabre et luisant. Les palpes sont minces, rougeâtres, avec des poils jaunâtres à leur extrémité. Les pattes sont allongées, propres à la course, rougeâtres, et terminées par des tarses blancs ou jaunes. Les pattes antérieures sont plus grosses que les postérieures, et ont en plus grande abondance des piquants forts et couchés. Leur longueur relative est dans l'ordre suivant : 1, 3, 4, 2.

139. Attte Gaymard. (*Attus Gaymardius.*) Long. 5 lig. ♂.

Abdomen ovale, allongé, un peu renflé dans son milieu, pointu vers l'anus, d'un fauve pâle, avec une raie brune entourant le dos, interrompue vers sa partie postérieure, ou plutôt suivie de deux traits de même couleur, qui, avec un autre trait brun au-dessus de l'anus, font trois traits bruns disposés en triangle. Le ventre est lavé de brun dans le milieu, et d'un fauve pâle sur les côtés. Le corselet est brun noir à la tête et sur les côtés, avec une ligne rougeâtre, longitudinale, à la partie postérieure, et deux bandes plus pâles sur les côtés. (M.)

De l'île de Vanikoro. Rapporté par MM. Quoy et Gaymard.

Les yeux de la seconde ligne sont plus rapprochés des yeux postérieurs que des yeux antérieurs. Les yeux sont de couleur vert foncé. Les palpes sont d'un rouge pâle, le digital peu renflé, mais qui montre en dessous de sa cupule un conjoncteur en forme de bouton. Le sternum est ovale, enfoncé, d'un roux pâle, velu. Les pattes sont assez allongées, propres à la course, avec des piquants noirs. Les deux premières paires sont plus grosses et plus renflées. Leur longueur relative est dans l'ordre suivant : 1, 4, 3, 2.

140. ATTE RACCOURCI. (*Attus abbreviatus.*) Long. 3 lig. ♀.

Abdomen plus étroit, plus court et plus petit que le corselet, fuséiforme et très-pointu vers l'anus, brun, avec deux raies transversales jaunes ; celle du milieu ondulée. D'autres raies plus obscures. Ventre brun. Corselet très-grand, bombé, noir et glabre. (M.)

De la Nouvelle-Zélande.

Les yeux de la seconde ligne sont plus rapprochés des yeux antérieurs que des yeux postérieurs. Ces derniers sont d'un jaune-doré brillant. Les pattes sont allongées, fortes, velues, brunes, excepté le commencement des cuisses qui est plus pâle. Elles sont, pour leur longueur relative, dans l'ordre suivant : 4, 3, 2, 1, et leur différence de longueur est très-sensible. Les palpes sont d'un fauve pâle, non velues. Les mandibules sont allongées ; elles sont brunes, avec un léger iris verdâtre.

141. ATTE OPULENT. (*Attus opulentus.*) Long. 5 lig. ♀.

Abdomen ovalo-cylindroïde, allongé, plus étroit que le corselet, noir sur les côtés, avec une ligne longitudinale d'un fauve-rougeâtre doré ; des poils de même couleur entourent, sur les côtés, la raie brune qui s'y trouve et les côtés du ventre. Corselet grand et large, qui présente en avant des yeux, sur les côtés, une dilatation. Bandeau revêtu de poils épais de couleur d'or brillant, et de poils rouge carmin à l'entour des yeux. (M.)

De l'île de Tongatabou, dans la Polynésie.

Les yeux de la seconde ligne sont à égale distance des yeux postérieurs et des yeux antérieurs. Les mandibules sont courtes,
larges, bombées, d'un brun rougeâtre, avec de petits poils
courts jaunes. Les palpes sont allongés, filiformes, rougeâtres,
avec des poils jaunes et des piquants; le sternum est velu et recouvert de poils jaunâtres, ainsi que la base des mâchoires. Les
pattes sont rougeâtres, allongées, propres à la course; les antérieures renflées et plus brunes, et leur longueur relative dans
l'ordre suivant: 4, 1, 2, 3. L'abdomen n'excède pas d'un tiers
la longueur du corselet.

142. ATTE DE COOK. (*Attus Cookii,*) Long. 5 lig. ♀.

Abdomen allongé cylindroïde, s'amincissant vers l'anus, d'un
roux-doré clair, avec deux bandes longitudinales plus brunes sur
les côtés. Ventre brun dans le milieu. Corselet brun, grand,
épais, élargi à sa partie postérieure. Mandibules aplaties, d'un
noir-verdâtre brillant. (M.)

De la Nouvelle-Zélande.

Les yeux de la seconde ligne sont plus rapprochés des yeux postérieurs que des yeux antérieurs. La lèvre et les mâchoires sont
brunes. La lèvre est ovalo-triangulaire; les mâchoires allongées,
divergentes et peu dilatées à leur extrémité. Les palpes sont rougeâtres, avec des poils d'un gris blanc. Les pattes sont longues et
propres à la course; les antérieures plus longues et plus grosses,
avec des poils grisâtres; les trois paires postérieures d'un rouge
pâle. Leur longueur respective est dans l'ordre suivant: 2, 1, 4, 3.
C'est la seule Atte que j'aie observée où j'ai trouvé la seconde paire
la plus longue de toutes; mais je n'ai pu mesurer les pattes de
toutes celles que j'ai décrites.

143. ATTE JOLI. (*Attus lepidus.*) Long. 3 lig. 1 ;2.

Abdomen petit, ovale, arrondi, d'un jaune soyeux, garni
vers les bords d'écailles métalliques d'un doré verdâtre à reflets
argentés. Corselet grand, large et long, carré à sa partie antérieure, rétréci et arrondi à sa partie postérieure, noirâtre. Bandeau et mandibules coniques recouvertes de poils brillants, d'un
vert-bleuâtre-argenté-irisé.

Salticus lepidus, Guérin, Magasin de Zoologie, VIII, 7.

Du port de Dorey, dans la Nouvelle-Guinée.

Les yeux de la seconde ligne sont plus rapprochés des yeux postérieurs que des yeux antérieurs. Les pattes sont allongées, inégales ; la troisième paire est la plus allongée, la première est presque aussi longue qu'elle, la quatrième est la plus courte. Les pattes antérieures sont renflées.

3ᵉ FAMILLE. LES LONGIMANES. (*Longimanœ.*) ♂.

Pattes allongées, égalant près de trois fois la longueur du corps ; dont les articles se replient les uns sur les autres, et dont le fémoral est dilaté en forme de rame.

144. ATTE PHRINOÏDE. (*Attus phrinoides.*) Long. 4 lig.

Abdomen allongé, ovalo-cylindrique, d'un brun-fauve uniforme, tant en dessus qu'en dessous, recouvert de poils fauve doré. Corselet aussi long et aussi large que l'abdomen, très-élevé vers la tête, déprimé à la partie postérieure, recouvert de poils fauve doré. Pattes et palpes rougeâtres.

Rapportée par MM. Quoy et Gaymard, du Monde-Maritime, mais j'ignore de quelle partie.

Dans tout l'ordre des Aranéides, cette espèce singulière se distingue par ses pattes antérieures extraordinairement longues, et dont la conformation me fait présumer qu'elle doit avoir la faculté de se soutenir, et de marcher, sur la surface de l'eau. Ces pattes ont 9 lig. 2/3 de long. La hanche plus grosse se prolonge ici hors du corselet, et l'exinguinal, qui dans toutes les Aranéides est si court, et en quelque sorte annulaire, est dans cette espèce si fort allongé, que sa longueur surpasse celle du fémoral, qui se replie entièrement sur sa surface supérieure ; alors le tibial, uni au génual qui précède, se replie aussi en même temps sur la surface inférieure du fémoral : au moyen de ces superpositions d'articles, les pattes cessent de gêner les mouvements de l'Insecte par leur extrême longueur. Cette longueur, par ce repliment, se réduisant à celle de l'exinguinal, du tarse et du métatarse, la proportion se trouve ainsi rétablie avec les autres pattes, qui sont minces et allongées. Quant à la patte antérieure, la hanche a 2/3 de ligne, l'exinguinal 2 lignes, le fémoral

2 lignes, le génual 1 ligne, le tibial 1 ligne 2/3, le métatarse
2 lignes, le tarse 1 t2 ligne. La hanche est cylindrique, grosse ;
l'exinguinal mince ; le fémoral un peu plus gros, mais mince
encore et cylindrique ; le génual commence à se dilater à son
extrémité, mais cette dilatation se continue jusqu'à l'extrémité
du tibial, qui est large, comprimé, et a des poils et piquants
au côté intérieur. Ce fémoral ressemble à celui d'un grand
nombre de Coléoptères, parce que le métatarse articulé à cette
extrémité dilatée est mince et long ; le tarse, qui est blanc, se
renfle un peu à son extrémité, et se termine par un seul crochet
non pectiné, à base grosse et renflée : ce renflement forme un petit
lobe qui s'étend horizontalement de manière à s'appliquer en entier sur la surface des corps où l'Aranéide pose. Les palpes sont
peu allongés, peu velus, et ont un digital ovalo-cylindrique peu
renflé muni d'un conjoncteur aplati, sans aucune saillie, et qui
ne se distingue comme organe particulier que parce qu'il présente
une surface rougeâtre, glabre, sans poils, légèrement festonnée.

La lèvre est allongée, un peu élargie dans son milieu, tronquée en ligne droite à son extrémité, d'un brun rougeâtre, recouverte de poils fauve doré. Les mâchoires sont droites, allongées, écartées, peu dilatées à leur extrémité, mais à bords
extérieurs plus courbes que les côtés internes, garnies de poils
fauve doré. Les mandibules sont courtes, rougeâtres, creusées à
leur insertion, et très-bombées à leur extrémité, comprimées sur
les côtés, et en dessous, et ayant un onglet court qui s'enfonce
très-profondément dans la rainure. Les yeux sont couleur d'ambre jaune ; ceux de la seconde ligne sont un peu plus près des
yeux antérieurs que des yeux postérieurs.

4° Famille. LES CAUDÉES. (*Caudatæ.*)

Filets sétifères supérieurs, très-allongés.

145. Atte bœuf. (*Attus bos.*)

Corselet grand, arrondi, convexe, pourvu de deux cornes
formées par huit à dix soies, arquées, qui s'élèvent verticalement
de dessous les petits yeux latéraux de la seconde ligne ; une
bande blanche entoure le corselet et l'abdomen.

Attus bos, Sundevall, Conspectus Arachnidum, Londini Go-
thorum, 1833, in-12, p. 27.

Du Bengale.

Je ne connais cette singulière Aranéide que par la description
très-abrégée que M. Sundevall en a donnée. Cet habile naturaliste avait très-bien remarqué qu'elle est le type d'une famille spé-
ciale, pour laquelle il avait proposé le nom de *Semicaudatæ*,
Semi-caudées.

Affinités du genre Atte. Ce genre est un des plus naturels, un
des plus nombreux de tout l'ordre des Aranéides ; un de ceux où
la nature a le mieux marqué la distinction des espèces, par la
riche diversité des couleurs, et la variété des dessins qui ornent
leur abdomen. Mais la petitesse du plus grand nombre de ces
espèces, leur peu de fécondité, qui est la cause qu'on ne rencontre
chacune d'elles que rarement, en rend l'étude difficile. Aucun
genre ne s'éloigne en apparence plus fortement du type vulgaire
de l'Araignée ou d'un insecte à longues pattes, courant avec rapidité et se filant une toile. Ce sont de petits animaux sautant,
marchant avec précaution, épiant à l'entour d'eux, et dont
on ne voit la toile que quand on les prend dans les nids où elles
se renferment. Le placement de leurs yeux sur trois lignes, la
configuration de leurs mâchoires, leurs habitudes vagabondes les
rapprochent des Lycoses, surtout par la seconde famille, celle
des voltigeuses, mais par les pattes courtes, et variant si singulièrement dans leur longueur relative, et la manière lente et souvent latrigrade de plusieurs, elles avoisinent les Thomises, et
elles ont avec ce genre ce caractère particulier, de n'avoir que
deux griffes aux tarses, ainsi que les Dysdères, les Drasses, les
Clubiones, qui, de même qu'elles, se renferment dans des nids
ou sacs de soie : mais ce même caractère les éloigne des Erèses ,
qui ont trois griffes, et qui tiennent aux Attes par tous les autres
rapports d'analogie. Certains Attes, semblables par la forme à des
Fourmis , ont un rapport de ressemblance avec les mâles du Théridion bienfaisant et du Drasse brillant; mais c'est avec le genre
Erèse, et ceux de Myrmecie et de Chersis, que les Attes ont les
plus fortes affinités. Nous avons, dans notre Tableau, p. 202,
formé de ces genres une petite tribu sous le nom de Voltigeuses,
(*volitariæ*). M. Sundevall, *Conspectus Arachnidum*, p. 25, a donné
à ce groupe le nom d'*Attides*. Il le divise en six sections et en

plusieurs genres ; ses divisions fondées sur la longueur relative
des pattes, sur l'épaisseur du corselet, sur la grosseur des yeux
latéraux, sur le plus ou moins de longueur des filets filifères, ne
pouvaient être employées qu'autant qu'il aurait fait connaitre les
espèces qui s'y rangent, et il n'a nommé qu'une seule espèce
pour chaque : s'il avait tenté d'en agir autrement, il se serait
convaincu que ses caractères étaient trop peu marqués, dans
le plus grand nombre d'espèces, pour pouvoir recevoir une juste
application. Dans sa description des Araignées de Suède (*Svenska
spindlarness beskrifning*, p. 199 à 105), M. Sundevall a subdivisé ses
Attides en deux genres. A l'un il a donné le nom de *Salticus*,
adopté par Latreille, à l'autre celui d'*Attus*, dont je me suis toujours servi pour le genre entier. Cette division est la même que
celle que j'avais faite dès l'époque de la publication de ma
Faune parisienne. Le genre *Attus* de M. Sundevall représente
notre famille des Sauteuses; son genre *Salticus* celle des Voltigeuses. Mais nous avouerons sans difficulté que cette subdivision
est vicieuse, et que nous ne l'avons adoptée que faute d'une
meilleure, car les mâles, dans un grand nombre d'espèces de
Sauteuses ou d'Attes à pattes courtes, ayant des pattes fort allongées, nous ne sommes pas certains de n'avoir pas placé à tort
dans la famille des Voltigeuses, des Aranéides dont nous n'avons
vu que les mâles, qui auraient été rangées dans la famille des
Sauteuses, si nous avions connu les femelles. De même, notre
subdivision en deux races de la famille des Sauteuses, l'une à
abdomen court, l'autre à abdomen long, ne peut recevoir de
caractères certains et rigoureux, parce que la limite entre ces
deux races est impossible à tracer. Toutefois, faute de mieux, nos
subdivisions auront leur utilité pour la distinction des nombreuses espèces de ce genre. Les divisions de M. Sundevall, par
la longueur relative des pattes, seraient sans doute préférables
si ce caractère n'était pas d'une vérification pénible, à cause
du peu de longueur des pattes des Attes, et de la difficulté
qu'on éprouve à les étaler : il est par conséquent peu certain,
vu la presque impossibilité d'eviter des erreurs ; il est d'ailleurs
si variable, qu'on ne peut fonder sur lui que des distinctions
spécifiques; encore ne sont-elles pas toujours valables pour les
deux sexes. C'est ce dont on va être convaincu par la classification que nous allons donner de tous les Attes décrits par
nous, sur lesquels nous avons pu examiner ce caractère : nous

l'avons vérifié plusieurs fois sur toutes les espèces où cela nous
a été possible.

Nous donnerons aussi une classification par les yeux de tous
les Attes que nous avons pù examiner. Cette classification est
fondée sur la position de la distance relative des yeux de la
seconde ligne avec ceux des lignes antérieure et postérieure;
mais on doit, pour vérifier ce caractère, et pour éviter des
illusions d'optique, observer à la loupe l'Aranéide, en plaçant
la tête de côté, et se rappeler que, pour la ligne antérieure,
la distance est prise à l'égard des deux yeux latéraux de cette ligne
antérieure, qui sont toujours plus ou moins reculés en arrière
à l'égard des deux gros yeux intermédiaires. Quant aux pattes,
nous les désignerons par des chiffres, en commençant par la
première qui sera le n° 1, et ainsi de suite jusqu'a la quatrième;
de sorte que les numéros des pattes les plus longues précéderont
toujours celles qui le sont moins.

CLASSIFICATION D'UN CERTAIN NOMBRE D'ATTES D'APRÈS LA LONGUEUR RELATIVE DE LEURS PATTES.

I.

Attes dont la première paire de pattes est la plus allongée.

A

1, 3, 2, 4.

Attus grossipes   (n° 32, p. 424).
— ocellosus   (n° 44, p. 428).

B

1, 3, 4, 2.

Attus Quoyi   (n° 138, p. 476).

C

1, 4, 2, 3.

Attus emaciatus   (n° 134, p. 474) *mas.*
— ligo   (n° 35, p. 426).
— soldanii   (n° 40, p. 427).

D

1, 4, 3, 2.

Attus xanthogrammatus (n° 17, p. 415).
— callidus   (n° 22, p. 417) *mas.*
— bicolor   (n° 21, p. 417).
— pomatius   (n° 109, p. 461).
— morsitans   (n° 52, p. 432).
— Milberti   (n° 53, p. 433).
— Gaymardus   (n° 139, p. 476).
— Diardus   (n° 107, p. 460).
— phrynoïdes   (n° 144, p. 479).
— cruentatus   (n° 111, p. 463).
— venator   (n° 128, p. 471).

II.

Attes dont la seconde paire de pattes est la plus allongée.

2, 1, 4, 3.

Attus Cookii   (n° 142, p. 478).

III.

Attes dont la troisième paire de pattes est la plus longue.

A

3, 1, 4, 2.

Attus arcigerus   (n° 27, p. 421).

B

3, 1, 2, 4.

Attus lepidus (n° 143, p. 478).

C

3, 4, 1, 2.

Attus coronatus (n° 14, p. 412).
— callidus (n° 22, p. 417) *femina.*
— crucigerus (n° 26, p. 420).
— emaciatus (n° 134, p. 474) *femina.*
— D'Urvillii (n° 105, p. 459).

IV.

Attes dont la quatrième paire de pattes est la plus allongée.

A

4, 1, 2, 3.

Attus scenicus (n° 5, p. 406).
— nidicollens (n° 16, p. 414).
— fasciatus (n° 2, p. 404).
— maculatus (n° 28, p. 421).
— cupreus (n° 10, p. 409).
— undatus (n° 110, p. 463).
— cunctator (n° 54, p. 433).
— opulentus (n° 141, p. 477).
— ruber (n° 104, p. 458).
— cupreus (n° 10, p. 409) *femina.*
— encarpatus (n° 129, p. 471).

B

4, 1, 3, 2.

Attus tardigradus (n° 108, p. 461).
— formicarius (n° 126, p. 470).
— Bonnetii (n° 39, p. 427).
— signatus (n° 55, p. 434).
— cupreus (n° 10, p. 409) *mas.*

C

4, 3, 1, 2.

D

4, 3, 2, 1.

CLASSIFICATION D'UN CERTAIN NOMBRE D'ATTES D'APRÈS LA POSITION DES YEUX.

I.

Attes dont les yeux de la seconde ligne sont plus rapprochés des yeux postérieurs que des yeux antérieurs.

. II.

Attes dont les yeux de la seconde ligne sont à une égale distance des yeux antérieurs et des yeux postérieurs.

III.

Attes dont les yeux de la seconde ligne sont plus rapprochés des yeux antérieurs que des yeux postérieurs.

Attus cupreus	(n° 10, p. 409).
— formicarius	(n° 126, p. 470).
— formicoïdes	(n° 127, p. 471).
— parallelus	(n° 135, p. 474).
— undatus	(n° 110, p. 463).
— splendidus	(n° 103, p. 458).
— morsitans	(n° 52, p. 432).
— Milberti	(n° 53, p. 433).
— signatus	(n° 55, p. 434).
— quadrimaculatus	(n° 51, p. 432).
— cruentatus	(n° 110, p. 463).
— rubescens	(n° 46, p. 429).
— tenebrosus	(n° 48, p. 430).
— trematus	(n° 49, p. 431).
— superciliatus	(n° 50, p. 431).
— D'Urvillii	(n° 105, p. 459).
— Diardi	(n° 107, p. 460).
— prhynoïdes	(n° 144, p. 479).

Les espèces suivantes n'ont pas été observées par nous, et ne sont placées dans cette section que sur les indications fournies par les figures de l'ouvrage MSS. d'Abbot, intitulé : *Georgian Spiders*.

Attus tridentiger	(n° 85, p. 449).
— ceruleus	(n° 81, p. 448).
— smaragdinus	(n° 82, p. 448).
— lentus	(n° 116, p. 466).
— pileatus	(n° 86, p. 450).
— rimator	(n° 77, p. 446).
— cancroïdes	(n° 78, p. 447).
— pilosus	(n° 79, p. 447).
— contemplator	(n° 102, p. 457).
— excubitor	(n° 60, p. 436).
— Gerbillus	(n° 57, p. 435).
— inquies	(n° 63, p. 438).
— latus	(n° 64, p. 438).

Remarque sur le nom d'Attus.

Je suis le premier qui ai employé le mot *Attus* comme nom de genre, dans mon Tableau des Aranéides, publié en 1805, p. 22. M. Jurine, dans sa nouvelle Méthode pour classer les Hyménoptères, 1807, in-4°, p. 274, a fait usage du mot *Atta* pour désigner un genre d'Hyménoptère démembré du genre Fourmi. MM. Fabricius et Latreille ont adopté ce nom pour ces derniers insectes; mais, comme la priorité de l'emploi de ce nom m'appartient, c'est le nom du genre d'Hyménoptère qu'il convient de changer, pour éviter la confusion, mais non le nôtre.

15ᵉ Genre. DELÈNE. (*Delena.*)

Yeux *huit, presqu'égaux entre eux, sur deux lignes rapprochées sur le devant de la tête, et dilatées transversalement.*

Lèvre *large, carrée, échancrée ou coupée en ligne droite à son extrémité.*

Mâchoires *droites, ou légèrement écartées, et divergentes à leurs côtés internes, inclinées sur la lèvre arrondie.*

Pattes *de longueur inégale ; les antérieures plus longues.*

Aranéides.

Iʳᵉ Famille. LES CANCÉRIDES (*Canceridæ.*)

Corselet aplati.

Mandibules renflées à leur naissance, courtes et cunéiformes.

Lèvre courte.

Mâchoires courtes, inclinées.

Yeux intermédiaires antérieurs plus rapprochés entre eux que les intermédiaires postérieurs.

Pattes de la seconde paire la plus longue.

1. Delène cancéride. (*Delena cancerides.*) Long. 14 lig. ♀.

Abdomen ovale, allongé, coupé en ligne droite à sa partie antérieure, plus élargi à sa partie postérieure, déprimé, fauve, entouré sur les côtés et en devant de lignes noires qui forment un carré ; cinq à six points noirs disposés en triangle isocèle sur le milieu du dos. (M.)

Thomisus cancerides, Walckenaer, Tabl. des Aranéides, p. 29, Pl. 4, fig. 29 et 30.

De l'île Van-Diemen. — Rapportée par Péron, et par Quoy et Gaymard. — Latreille, Nouv. Dictionn. d'hist. nat, t. 34, p. 31.

Les yeux intermédiaires de la seconde ligne sont plus petits que les autres, et les intermédiaires antérieurs plus rapprochés entre eux que les latéraux et que ne le sont entre eux les intermédiaires postérieurs. Le corselet est très-aplati, plus large et moins long que l'abdomen, avec une fossule très-profonde dans le milieu et deux sillons en V dessinant la tête. Région des yeux noire. Sternum rougeâtre, légèrement velu. Lèvre large, coupée en ligne droite à son extrémité, rougeâtre. Mâchoires fortes, inclinées, en carré long, coupées en ligne inclinée à leurs côtés internes, légèrement dilatées à leur insertion, glabres, rougeâtres. Mandibules fortes, très-larges, dirigées en avant, bombées, glabres à leur naissance, avec des poils roux vers leur extrémité, courtes et cunéiformes. Pattes antérieures légèrement plus grosses que les postérieures. Les deux paires postérieures diffèrent peu de la première paire pour la longueur ; mais la seconde paire est beaucoup plus longue que les autres ; elle a 26 lignes ; la troisième paire a dix-huit lignes et est la plus courte ; les cuisses et les jambes sont rougeâtres, avec des piquants ; mais le métatarse et le tarse sont garnis à l'intérieur de poils noirs serrés en forme de brosse, qui est plus dense et plus compacte à l'extrémité des pattes. Les griffes, au nombre de deux, sont insérées en dessus du tarse et non pectinées. Les palpes ont, à l'extrémité de leur radial, une petite épine écailleuse, et un conjoncteur contourné en anneau interrompu, muni d'un tubercule tronqué ayant une ouverture circulaire.

2ᵉ Famille. LES PLAGUSES. (*Plagusiæ.*)

Corselet aplati.
Mandibules renflées et bombées dans leur milieu.
Lèvre allongée.
Mâchoires courtes, allongées, rétrécies à leur basé, écar-
tées et très-divergentes à leur extrémité.
Yeux intermédiaires rapprochés.
Pattes, la seconde paire la plus longue.

2. Delène plaguse. (*Delena plagusia.*) Long. 11 lig. ♀.

Abdomen ovale, allongé, déprimé. Corselet brun. Mandibules
très-bombées, courtes, noires, luisantes. (M.)

Thomisus plagusius, Walckenaer, Tabl. des Aranéides, p. 29,
n° 2.
Du port Jackson, dans l'Australie, ou Nouvelle-Hollande.

Les mâchoires sont arrondies à leur côté externe et pointues à
leur extrémité. Elles ressemblent beaucoup aux mâchoires du
genre Sélénops.

3ᵉ Famille. LES CRABOIDES. (*Craboides.*)

Corselet aplati.
Mandibules courtes, cunéiformes, non renflées.
Lèvre aussi haute que large, échancrée à son extrémité.
Mâchoires écartées, mais légèrement courbées sur la
lèvre.
Yeux intermédiaires antérieurs plus gros que les autres et
plus écartés que ne le sont entre eux les intermé-
diaires postérieurs.
Pattes, la seconde paire la plus longue.

3. Delène craboïde. (*Delena craboides.*) Long. 8 lig.

Abdomen ovale, aplati (5 lig. de long), ovale, allongé, à

côtés parallèles ; la partie antérieure proche le corselet coupée
en ligne droite, à dos de couleur mélangée de gris et de brun,
mais régulièrement, par le moyen de trois bandes brunes longitudinales et parallèles, avec des raies brunes transverses. Ventre
d'un fauve pâle. Corselet (3 lig. de long) plat, rougeâtre, arrondi, aussi large, mais beaucoup moins long que l'abdomen.
Sternum rougeâtre, en cœur. Mâchoires et lèvre rougeâtres.
Mandibules noires, courtes, coniques. Le dernier article renflé,
un peu glabre sur le côté. (M.)

De l'Australie ou Nouvelle-Hollande.

Cette espèce a beaucoup d'analogie avec la Delène cancroïdes.
Le dernier article des palpes est un peu renflé et un peu glabre,
de sorte qu'on doute si ce n'est pas un mâle. Les pattes sont de
longueur médiocre, mais les pattes postérieures sont sensiblement
plus courtes que les antérieures. Après la seconde, c'est la première qui est la plus longue ; la troisième est la plus courte de
toutes.

4ᵉ Famille. LES FORCIPULÉES. (*Forcipulatæ.*)

Corselet bombé.

Mandibules fortes, allongées, cylindriques.

Lèvre allongée, carrée.

Mâchoires rétrécies à leur base, inclinées sur la lèvre, et
courbées ou dilatées à leur extrémité interne.

Pattes, les deux premières paires presque égales, mais la
première surpasse un peu la seconde en longueur.

4. Delène Péronien. (*Delena Peronianus.*) Long. 13 lig. ♂.

Abdomen ovale, allongé, coupé en ligne droite à sa partie
antérieure, diminuant vers l'anus d'un fauve-doré uniforme,
sur le dos et au ventre. Corselet bombé en cœur, plus large, et
presque aussi long que l'abdomen, entouré d'une bande orangé
vif, poils de même couleur dans la région des yeux. Pattes rou
geâtres, avec des poils fauves. (M.)

Monde-Maritime, de la Nouvelle-Irlande.

Les yeux sont sessiles, gros ; les yeux de la ligne antérieure
rapprochés entre eux ; les latéraux antérieurs un peu plus gros

que les autres ; ceux de la ligne postérieure égaux. Le sternum est ovale, velu, couvert de poils fauve rouge. Le corselet a un sillon fin, enfoncé, longitudinal à sa partie postérieure. Les pattes antérieures ne sont pas beaucoup plus renflées que les postérieures, quoique légèrement telles. Elles ont 2 pouces 7 lignes (deux fois et demie la longueur du corps); la quatrième paire a 22 lignes, et la troisième seulement 19 lignes. Le digital est peu renflé, et le conjoncteur est dans une cavité de la cupule.

5ᵉ FAMILLE. LES RENFLÉES. (*Turgidæ.*)

Corselet renflé, globuleux.

Mandibules cunéiformes, aplaties.

Lèvre arrondie et dilatée, resserrée à sa base.

Máchoires droites, écartées, resserrées à leur insertion, arrondies à leurs côtés externes, tronquées et divergentes à l'extrémité de leurs côtés internes.

Yeux intermédiaires plus petits que les autres, et les intermédiaires antérieurs plus rapprochés que ne le sont entre eux les intermédiaires postérieurs.

5. DELÈNE HASTIFÈRE. (*Delena hastifera.*) Long. 3 lig. ♂.

Corselet rouge, glabre, semi - globuleux, luisant. Abdomen déprimé, ovale, élargi, et arrondi dans son milieu et à sa partie postérieure, et se terminant en pointe à l'anus ; ayant sur le milieu du dos une figure jaune, qui présente un triangle supporté par un carré resserré dans son milieu, et trois raies jaunes transversales, séparées entre elles par trois raies noires. Ventre noir.

Epeira hastifera, Percheron, dans le Magasin de Zoologie de Guérin, classe VIII, Pl. 4.

Patrie inconnue.

J'ai décrit cette singulière Aranéide sur l'individu même d'après lequel M. Percheron a fait sa description et sa figure. Les yeux sont noirs et saillants, sur deux lignes formant un croissant étroit et très-étalé ; les antérieurs latéraux sont plus gros que les autres, et entourés d'un petit sillon placé dans un enfoncement: ils ont une cornée jaunâtre, très-étroite et unie, prunelle visible à un certain jour. Les quatre yeux latéraux sont entourés de

cercles noirs qui les font paraître plus gros qu'ils ne sont. Les
yeux latéraux ont leur axe visuel dirigé de côté, ainsi que les
intermédiaires antérieurs. Il n'y a que les yeux postérieurs intermédiaires dont l'axe visuel soit de face. Les mâchoires sont
très-rétrécies, et très-bombées à leur insertion. La lèvre et les
mâchoires sont rouges. Les mandibules sont rouges et ne se terminent pas en pointe, mais sont à leur extrémité coupées en
ligne droite, comme un coin. Le corselet est tellement bombé
et globuleux, qu'il ressemble à une graine d'Amérique; il est
sans aucun fossule, sans sillon, parfaitement glabre, uni, luisant. L'abdomen très-déprimé donne à cette Aranéide l'aspect
d'une punaise à couleurs vives, et jolie. Le ventre est aussi aplati
et comme concave. A la partie antérieure du dos, dans le milieu du triangle jaune, l'abdomen présente une fossule où sont
cinq petites bosses rougeâtres, auxquelles aboutit un enfoncement, qui a fait croire à tort que la partie antérieure de l'abdomen était échancrée, ou cordiforme. Les pattes sont très-inégales : la première manque ; elles sont glabres, assez allongées,
le fémoral cylindrique, brun noir, le genual renflé, noir, le
tibial et le métatarse fauve rougeâtre à la seconde paire, et noir
aux pattes postérieures. Les griffes, non pectinées, sont garnies
de forts faisceaux de poils. Les palpes sont noirs, très-courts. La
cupule du digital très-large, triangulaire, pointue à son extrémité, articulée dans un radial, ayant un crochet extérieur et
un long poil intérieur. Le conjoncteur contenu dans la cupule
est rouge, pâle, arrondi et concave.

Affinités du genre Delena. Presque entièrement composé d'un
petit nombre d'Aranéides du Monde-Maritime, qui diffèrent notablement entre elles pour la forme des mâchoires, ce genre
se distingue dans la plupart de ses espèces par l'extrême apla-
tissement, ou le gonflement, du dos du corselet, d'où résulte
dans les deux cas un rapprochement dans les deux lignes
parallèles sur lesquelles les yeux sont placés. Les mandibules
courtes, coniques ; les pattes étalées latéralement et très-inégales entre elles, le peu de longueur des pattes postérieures,
sont des caractères qui rapprochent les Delènes des Thomises.
Leur grandeur et leurs pattes recourbées en avant sont de grands
rapports d'affinités avec les Thomises et avec le genre Olios, qui
formait la huitième famille du genre Thomise, dans mon premier

tableau des Aranéides, de même que les Delènes formaient dans ce tableau la première famille. La cinquième famille de ce genre se rapproche des Thomises par sa petitesse, et la seule espèce connue a des rapports de ressemblance avec le *Thomisus rotundatus*. Ces deux groupes de grandes Aranéides, les Delènes et les Olios, peuvent être considérés ainsi : les unes (les Délènes) comme des Thomises du Monde Maritime qui ont éprouvé des modifications assez importantes pour devoir former un nouveau genre, et les autres (les Olios) comme des Philodromes du Nouveau-Monde et du Monde-Maritime, dont les mâchoires, la lèvre et les pattes sont conformées de manière à former aussi un genre à part. La quatrième famille des Delènes, celle des Forcipulées, par ses mandibules allongées, son corselet et ses yeux, se rapproche des Philodromes et des Olios; mais elle s'en éloigne par ses pattes postérieures, beaucoup plus courtes que les antérieures (quoique pas autant que celles des autres familles de Delènes), et elle s'en rapproche, ainsi que des Arkys et des Thomises, par ses mâchoires inclinées et presque conniventes à leur extrémité, mais dilatées, et non amincies comme dans ces deux genres. La cinquième famille, à laquelle ses yeux, ses mandibules cunéiformes, ses pattes inégales donnent les plus grands rapports d'affinités avec les trois premières familles de Delènes et avec les Thomises, s'en écarte par ses mâchoires droites et dilatées extérieurement, sa lèvre arrondie, et par ces caractères se rapproche des Sparasses et des Clubiones. Ces deux familles forment la liaison de tous les genres du grand groupe des Latérigrades, et de plusieurs autres genres des grands groupes des Vagabondes et des Errantes.

16ᵉ Genre. ARKYS. (*Arkys.*)

Yeux, *huit presque égaux entre eux, placés sur deux lignes occupant le devant du corselet ; les quatre intermédiaires formant un quadrilatère : les latéraux écartés sur les côtés de la téte, et rapprochés entre eux.*

Lèvre *courte, arrondie à son extrémité, légèrement resserrée à sa base.*

Mâchoires *allongées, inclinées sur la lèvre, cylindroïdes, arrondies à leur extrémité, légèrement creusées sur leur côté interne.*

Pattes *allongées, étendues latéralement ; les deux paires antérieures beaucoup plus grosses et plus allongées que les postérieures. La première paire la plus longue, la seconde ensuite, la troisième la plus courte.*

Aranéides.

Arkys lancier. (*Arkys lancearius.*) Long. 4 lig. ♀.

De couleur fauve. Abdomen plus foncé, court, large, et creusé à sa partie antérieure, qui est renflée et arrondie sur les côtés, et diminuant rapidement en pointe à sa partie postérieure, ayant la forme régulière d'un cœur, à bords ornés à l'entour de sa moitié antérieure de petites taches rondes d'un jaune pâle, au nombre de seize environ : trois autres taches rentrant dans le milieu ; les deux plus externes, beaucoup plus grosses, forment le commencement de deux lignes longitudinales de dix taches jaunes (cinq de chaque côté), qui se réunissent en angle à l'anus. Corselet fauve, rougeâtre, large, divisé par un étranglement ou sillon transversal. La partie antérieure, où est la

tête , projette de chaque côté une pointe arquée d'un rouge
foncé. (M.)

Nouveau-Monde — Amér, mérid. — Brésil, de Rio-Janéiro.

Les yeux intermédiaires d'en bas sont plus. petits et plus rapprochés que ceux d'en haut. Les deux latéraux très-écartés des
intermédiaires sont rapprochés entre eux, et placés dans les
angles antérieurs du corselet. La lèvre et les mâchoires sont
rouges ; le sternum est rouge glabre, avec de petites éminences
à la naissance des pattes. Les pattes antérieures sont barbées par
des piquants ; les postérieures, fines et courtes, n'ont ni poils ni
piquants.

Affinités du genre Arkys. Ce genre, par ses pattes inégales et
étalées, se rapproche des Thomises ; mais il s'en éloigne beaucoup
par les yeux. Par les yeux, il a de l'affinité avec le genre Epéire,
et encore plus avec le genre Plectane, qui en a été démembré.
Son corselet , élevé à sa partie antérieure , et très-large , le rapproche beaucoup de la famille des Plectanes larges. Par ses mâchoires inclinées et cylindriques, c'est encore avec les Thomises
que ce genre se trouve le plus étroitement lié, mais la forme de
sa lèvre le rapproche du genre Delène , et c'est avec ce dernier
plus qu'avec aucun autre du groupe des latérigrades qu'il a les
plus fortes et les plus nombreuses affinités. La forme de l'abdomen de la seule espèce connue dans ce genre lui est particulière,
et ne ressemble à celle d'aucune des Aranéides décrites jusqu'à
ce jour ; quoique par sa largeur et la forme pointue de son anus ,
elle ait de l'analogie avec les formes de plusieurs espèces de Thomises.

17ᵉ Genre. THOMISE. (*Thomisus.*)

Yeux *au nombre de huit, presque égaux entre eux,
occupant le devant du corselet, placés sur
deux lignes en croissant ou en segment de
cercle.*

Lèvre *grande, plus haute que large, triangulaire,
arrondie à son extrémité.*

Mâchoires *allongées, inclinées sur la lèvre, conniventes à leur extrémité.*

Mandibules *courtes, cunéiformes ou cylindroïdes.*

Pattes *articulées pour être étendues latéralement,
très-inégales entre elles : les deux paires postérieures sensiblement plus courtes que les deux
paires antérieures.*

Aranéides *marchant de côté et avec lenteur, épiant
leur proie, tendant des fils solitaires pour
l'arrêter, se cachant dans des feuilles qu'elles
rapprochent pour faire leurs pontes. Cocon
aplati qu'elles gardent assidûment.*

1ʳᵉ Famille. LES BREVIPÈDES. (*Brevipedes.*)

Yeux en segment de cercle; les quatre latéraux portés sur
une saillie de la tête.

Pattes courtes; les antérieures plus grosses; la deuxième
paire plus longue que la première; la troisième la
plus courte.

Corselet convexe, semi-circulaire, légèrement déprimé.

32.

1ʳᵉ Race. LES ARRONDIES. (*Rotundatæ.*)

Abdomen *déprimé, arrondi, ou n'étant pas très-élargi à la partie postérieure.*

1. THOMISE ARRONDI. (*Thomisus rotundatus.*) Long. 2 lig. 1|2. ♂ ♀.

Abdomen déprimé, noir en dessus et en dessous. Le dos est bordé d'un cercle d'un rouge vif ou jaune, ou orangé, projetant à son intérieur quatre lignes anguleuses et transversales de même couleur, qui vont en décroissant de grandeur en approchant de l'anus.

Walckenaer, Aranéides de France, p. 71, n° 1, Pl. 6, fig. 4.— *Ibid.* Hist. nat. des Aranéides, fascic. 2, Pl. 7. — *Aranea globosa*, Fabricius, Entom. Syst. t. II, p. 411, n° 15.— *Ar. irregularis*, Panzer. Faun. Insect. Germ. fasc. 74, n° 20 (Variété à bande jaune) : les pattes sont mal figurées.— *Thomisus globosus*, Monographie der Spinnen, in-4°, fasc. 7, Pl. 4, fig. d. — *Ib.* Hahn die Arachniden, t. I, p. 34, tab. 9, fig. 28. (Variété à bande rouge.) — *Th. rotundatus*, Savigny et Audouin, Egypte, p. 166, Pl. 7, fig. 3 et 4.

Ancien-Monde — Europe — En France, en Allemagne, en Italie. — Commune sur les fleurs.

Le mâle ressemble à la femelle ; mais son abdomen est peu allongé. Le digital de ses palpes est renflé en forme de cuillère ; la cupule en dessous est plate, et le conjoncteur est un disque glabre, rond, déprimé.

2. THOMISE TRÉMATÉ. (*Thomisus trematus.*) Long. 1 lig. 1/2. ♂ ♀.

Couleur fauve. Abdomen fauve orangé sur les bords, avec deux petites lignes brunes ou deux trémas transversaux de chaque côté du dos dans le milieu de sa longueur ; les poils du dos portés sur de petites tiges ou points noirs. Ventre d'un fauve rougeâtre. Corselet d'un brun foncé sur les côtés, avec le milieu formant une large bande longitudinale jaune clair. Le bandeau et les mandibules sont pareillement jaune clair. Le sternum est glabre, fauve clair, mais avec des taches plus brunes parsemées irrégulièrement , très-distinctes. Les pattes et les palpes sont jaunes ou d'un fauve clair. Les pattes ont les extrémités du fémoral tachées de brun, et elles ont des piquants forts et allongés, en dessous d'un jaune pâle uniforme.

Th. Diana , Savigny, p. 166, Egypte, Pl. 7, fig. 2.

Ancien-Monde — Afrique , en Egypte — et en Europe.

De notre collection. — Les yeux latéraux de la ligne antérieure sont sensiblement plus gros que les autres. Par ce caractère les espèces de cette famille se rapprochent du *Thomisus cristatus* et de la famille des Cancroïdes; mais elles s'en éloignent par la longueur relative des pattes.

3. THOMISE PARESSEUX. (*Thomisus desidiosus.*) Long. 4 lig. ♀.

Corselet vert pomme avec un demi-cercle rouge brun , dont la partie arrondie est tournée vers les yeux. Abdomen globuleux, plus large que long , élargi dans son milieu , et non à sa partie postérieure comme la *Th. citreus.* Couleur d'un vert pomme , mais avec des raies larges , triangulaires, de couleur rouge brun. Elles sont au nombre de sept : quatre à la partie postérieure, qui diminuent vers l'anus; les latérales beaucoup plus minces : trois à la partie antérieure; mais celle du milieu dans cette partie n'est pas seulement une raie, mais un triangle sur un carré , et cette figure du milieu est liée avec les raies latérales par une raie très-fine. Les lignes ou figures rouges de la partie antérieure et de la partie postérieure sont disposées de manière qu'au lieu de se correspondre, elles sont opposées par leurs extrémités aux espaces verts qu'elles laissent entre elles. Pattes vertes : les antérieures annelées de rouge aux jambes. Les deux paires postérieures de couleur verte , uniforme, et très-courte.

Abbot, fig. 198, p. 18 du MSS.

Nouveau-Monde — Amérique septent., de la Géorgie.

Jolie espèce par les couleurs. Prise le 19 juillet, sur des buis, dans les bois. C'est la seule qu'Abbot ait prise.

4. THOMISE SPHÉRIQUE. (*Thomisus sphericus.*) Long. 4 lig. ♀.

Corselet fauve, pâle, avec quatre tachès noires. Abdomen globuleux, large dans son milieu , ét dont les contours for-

ment un cercle; le fond est d'une couleur de paille passée
(fauve pâle). Sur le dos est un cercle rouge pâle, coupé par
plusieurs lignes : la première, qui forme une corde à la partie
supérieure ; l'intervalle entre cette corde et la circonférence,
ou le segment de cercle, est teint en rouge pâle. Il y a ensuite
une ligne rouge, brisée, qui forme un angle au centre du cercle,
de même rouge pâle ; puis deux lignes ou cordes parallèles qui
suivent. Les endroits où les lignes se joignent à la circonférence du cercle, ou font angles, sont marqués par des points
d'un rouge plus foncé. Pattes jaune pâle, la paire antérieure
renflée et ciliée aux jambes. Palpes fauves.

Abbot, fig. 223.

Nouveau-Monde — Amér. septent. , de la Géorgie.

Prise le 4 octobre, dans les bruyères. (Bryar-Creek-Swamps.)—
Je présume, sans en être certain, qu'elle appartient à cette race.

5. **Thomise enflée.** (*Thomisus turgidus.*) Long. 4 lig. ♀.

Corselet allongé, vert pomme. Abdomen globuleux, renflé sur
les côtés, c'est-à-dire plus large que haut, bordé d'une ligne fine
vert pomme sur les côtés, le milieu d'un jaune pâle et sale. Les
côtés sont bordés d'un jaune plus clair, de sorte que le milieu
forme un rond, mais ce rond a une petite échancrure à la partie
antérieure proche le corselet, et dans son milieu une figure en
jaune plus clair, formée par trois lignes en équerre ; puis à la
partie postérieure un triangle équilatérial aussi en jaune plus
pâle, dont la pointe est tournée vers le corselet, et aux deux extrémités de la base de ce triangle sont deux points rouge carmin, très-petits. Pattes vert pomme, les derniers articles jaunes.

Abbot, fig. 224, p. 10.

Nouveau-Monde — Amér. septent. — De Géorgie.

Prise le 16 mai, sur le gommier doux (sweet-gum) dans les
bruyères. (Bryar-Creek-Swamp.)

6. **Thomise gonflé.** (*Thomisus tumefactus.*) Long. 6 lign. et demie,
larg. 4 lig. et demie. ♀.

De couleur rouge orangé très-foncé ; corselet et pattes plus
clairs. L'abdomen très-large est jaunâtre sur les côtés, avec de
petites lignes brunes, ondulées, parallèles, obscures et peu vi-

sibles; il a cinq points noirs disposés en angles dans le milieu; entre ces points la couleur est plus rouge , et l'on observe que les lignes ondulées qui sont sur les côtés se continuent transversalement , comme divisant le corps de l'Aranéide en cinq ou six segments.

Abbot, fig. 431 , p. 34.

Nouveau-Monde — Amérique septent. — Géorgie.

Prise le 2 mai, sur un noyer.

2° Race. LES PYRIFORMES. (*Pyriformæ.*)

Abdomen *déprimé, et élargi à sa partie postérieure.*

7. THOMISE BORDÉ. (*Thomisus marginatus.*) Long. 3 lig. ♂ ♀.

Abdomen déprimé, d'un brun foncé , avec des bandes transversales plus claires, rougeâtres, mais minces , obscures et peu distinctes. Corselet arrondi, d'un brun rougeâtre , entouré de rouge plus clair. Pattes rouge clair, les antérieures plus grosses.

Walckenaer, Aranéides de France , p. 71, n° 2.

Ancien-Monde — Europe — France.

Le mâle a les couleurs plus foncées. Son digital est en cuiller, aplati en dessous , et présentant un disque arrondi, plat, sur lequel on aurait appliqué un croissant également aplati ; les lignes rouges , ferrugineuses, formant un V à la partie postérieure du corselet, et les lignes transversales de même couleur sont très-visibles. Il y a cinq points ronds , grands, ombiliqués sur le dos, comme dans le *Thomisus bufo.*

8. THOMISE BRÉVIPÈDE. (*Thomisus brevipes.*) ♀

Pattes très-courtes ; abdomen très-élargi à sa partie postérieure, un peu rugueux , de couleur fauve, ferrugineux, avec des lignes, transverses, plus brunes, plus abondantes et plus larges à sa partie postérieure. Ventre ferrugineux, parsemé de points bruns et ronds. Corselet petit , en cœur, resserré vers la tête, avec des raies brunes sur les côtés , le milieu fauve , ferrugineux, parsemé de petits points bruns. Pattes fauves , ferrugineuses , annelées de brun .

Th. brevipes, Hahn, die Arachniden, t. I, p. 8o, Pl. 8 , fig 25.

Ancien-Monde — Europe — En France et en Allemagne.

Les palpes sont courts et fins dans la femelle. Les yeux latéraux de la première ligne sont plus gros que les autres , comme dans le *Th. globosus*. Les mouchetures répandues sur tout le corps et la largeur de l'abdomen , à sa partie postérieure, font facilement reconnaître cette espèce.

9. THOMISE VARIABLE. (*Thomisus varians*.) Long. 4 lig. 1 '2. ♀.

Abdomen le plus souvent jaune orangé, quelquefois d'un blanc crémeux, ou d'un vert foncé , avec quelques taches plus pâles sur le milieu du dos, et une bande transversale noire ou d'un brun rougeâtre, à la partie postérieure. Corselet et pattes antérieures , et palpes d'un rouge orangé. Pattes postérieures vertes.

Abbot, fig. 417, 197, 419, p. 33, 18 , et 34 du MSS.
Nouveau-Monde — Amér. septent. — De la Géorgie.
Fig. 417. La variété blanche , avec de petits points et un trait longitudinal orangé à la partie antérieure, à trait postérieur d'un brun rougeâtre et échancré comme le haut d'un cœur. Abdomen un peu terminé en pointe.
Fg. 197. La variété jaune orangé, avec la bande postérieure d'un brun rougeâtre, non échancrée, et droite à sa partie antérieure.
Fig. 419. Variété verte, avec cinq points blancs ou d'un vert plus pâle, dont deux vers le corselet, et trois à la partie postérieure disposés transversalement , la ligne transversale noire derrière les trois taches postérieures.

La variété blanche est commune sur les arbres et sur les fleurs du cerisier sauvage, dans le comté de Burke, en mai ; et Abbot lui-même la considère comme la même espèce que la variété de la figure 417. Il a pris la variété 419 , le 1er juin, sur un buisson de Huckle-Berry, dans le comté de Burke, et la variété blanche sur les fleurs blanches de la cerise sauvage.

10. THOMISE BELLE-PATTE. (*Thomisus formosipes*.)
Long. 4 lig. et demie. ♂ ♀.

Abdomen d'un jaune citron, avec deux taches latérales ovalaires d'un rouge violet proche le corselet, qui est vert jaunâtre, et a une petite ligne verte. Pattes antérieures d'un rouge violet, grosses et renflées ; les postérieures d'un jaune verdâtre pâle.
Abbot, fig. 418, p. 33 du MSS.

Nouveau-Monde — Amér. septent. — Géorgie.

Prise sur la petite espèce bleue de la plante nommée en anglais huckleberry. Le mâle a l'abdomen plus allongé et plus étroit, et la couleur plus vive.

Cette espèce ressemble beaucoup, par ses couleurs, à une des variétés du *Thomisus citreus*; mais la seconde paire de pattes figurée par Abbot, remarquablement plus allongée que la première, l'éloigne de la race à laquelle le *Citreus* appartient.

2ᵉ Famille. LES OBSCURES. (*Obscuræ*.)

Yeux en croissant ; les quatre latéraux portés sur des saillies de la tête ; les antérieurs latéraux un peu plus gros que les autres.

Pattes courtes; les antérieures plus grosses ; la deuxième paire plus longue que la première ; la quatrième la plus courte.

Corselet convexe, en cœur.

11. Thomise enfumé. (*Thomisus fuccatus*.) Long. 3 lig. et demie ou 4 lig. ♀.

Abdomen ovale, arrondi, un peu plus large à sa partie postérieure, rugueux, d'un brun uniforme en dessus et en dessous. Corselet et mandibules rugueux, chagrinés de même que l'abdomen, et bruns comme lui. Mandibules brunes, avec une tache rougeâtre.

Walckenaer, Aranéides de France, p. 72, n° 4. — *Thomisus robustus*, Hahn, die Arachniden, t. I, p. 5o, Pl. 13, fig. 38, *a*A C. — *Th. obscurus*, ibid. Monog. in-4°, fasc. 7, Pl. 4, fig. C? — *Ar. fusco marginata*, De Géer, t. VII, p. 3o1, n° 31, Pl. 18, fig. 23 et 24.

Ancien-Monde — Europe — En France, en Suède, en Allemagne.

Le mâle est plus petit (2 lig. et demie). Ses pattes et son corselet sont d'une couleur plus foncée ; il y a une raie plus claire sur le devant du corselet, formée par des lignes qui entourent les yeux.

Cette espèce se réfugie dans des feuilles de lilas qu'elle ploie.
Cocon rond, aplati, de deux lignes de diamètre, les œufs y forment saillie, au nombre de seize seulement. Elle pond, aux environs de Paris, au commencement de juillet. Trouvée aussi le
8 avril, sous une pierre, par un temps froid.

12. THOMISE CRAPAUD. (*Thomisus bufo.*) ♀.

Abdomen plus large que le corselet, arrondi, déprimé, et
marqué sur le dos de cinq points ombiliqués, quatre en carré :
le cinquième proche le corselet, formant la pointe d'un angle
avec les quatre autres, de couleur obscure, terreuse, avec des
poils épineux, courts, entouré d'une fine bordure blanchâtre,
qui quelquefois l'oblitère.

Dufour, Annales générales des Sciences physiques, t. V, p. 51,
Pl. 76, fig. 4.—*Thomisus brevipes.* M. Hahn, Monog. von Spinnen,
IV, Heft, in-4°, Pl. 3, fig. C. (Esp. diff. du *Thomisus brevipes*, n° 8.
Hahn, die Arachn. Pl. 8, fig. 25.)

Ancien-Monde — Europe — En Espagne, sous les pierres,
dans les lieux arides et montueux de la Catalogne, de l'Aragon et
du royaume de Valence, et en Allemagne.

Lorsque ce Thomise est menacé, au lieu de prendre la
fuite, il fait le mort et reste immobile, ou il se redresse sur
son derrière, faisant le trépied avec les pattes postérieures,
tandis que toutes les autres sont en l'air, plus ou moins portées
en arrière. Ce Thomise a une grande analogie avec le Thomise
enfumé ; mais comme le savant entomologiste auquel nous en em-
pruntons la description n'a pas marqué la longueur relative des
pattes, nous ne sommes pas certains qu'il appartienne à cette
famille.

13. THOMISE INSOUCIANT. (*Thomisus indiligens.*) Long. 5 lig.

Corselet fauve, sablé de points noirs. Abdomen globuleux,
plus large à sa partie postérieure ; fond fauve, sablé de points
noirs à sa partie antérieure ; côtés d'un fauve clair, ligne plus
brune qui trace une figure ovale en poire, laquelle a la forme de
l'abdomen. Deux raies transversales, d'un noir plus vif, qui se détachent sur du blanc ; ces lignes, à la partie postérieure, partent
de chaque côté de la circonférence de la figure, ce qui fait en tout

quatre lignes qui laissent un intervalle dans leur milieu ; rayé de même couleur au-dessus de l'anus. Pattes fauves, tachetées de brun ; les antérieures à cuisses très-renflées et à jambes ciliées de poils forts à l'intérieur.

Abbot, fig. 148, p. 15.

Nouveau-Monde — Amér. septent. — Géorgie.

Ressemble au *Thomisus cristatus*, et peut-être en est-il voisin ; mais, pour ce genre, Abbot figure tous les yeux égaux, et n'indique que le placement. — Prise le 12 avril, une seule fois, dans le marais d'Ogechee.

3ᵉ Famille. LES RANULES. (*Ranulæ.*)

Yeux en croissant, et sur deux lignes longues parallèles ; les intermédiaires des deux lignes écartés entre eux , et rapprochés des latéraux de manière à figurer deux trapézoïdes écartés l'un de l'autre ; les deux yeux latéraux antérieurs plus gros et portés sur un tubercule.

Pattes , les deux paires antérieures renflées , beaucoup plus longues et plus grosses que les posterieures ; la première surpassant de très-peu la seconde, et la quatrième surpassant aussi de très-peu la troisième.

Corselet bombé.

14. Thomise Maugé. (*Thomisus Maugi.*) Long. 4 lig. ♂.

Abdomen ovale, plus gros à sa partie postérieure , noir, avec une croix jaune ou rouge dans le milieu du dos. Sur la barre transversale de la croix qui est près de l'anus sont deux points enfoncés très-distincts. (M.)

Patrie inconnue. Rapportée par M. Maugé.

Corselet d'un rouge brillant , non aplati sur les côtés. Sternum rouge. Mandibules cunéiformes , aplaties, noires , avec une grande tache rouge au côté. Palpes rougeâtres , à digital noir, mais peu renflé ; cuisses et jambes des deux premières paires de pattes noires. Tarses d'un jaune blanchâtre avec des piquants noirs.

Cette famille , par ses yeux latéraux antérieurs, se rapproche de celle des Cancroïdes.

15. Thomise pourpré. (*Thomisus purpuratus.*) Long. 3 lig.

Corselet jaune, avec quatre traits noirs aux quatre angles. Abdomen globuleux, plus large dans son milieu qu'à sa partie postérieure. La moitié de la partie antérieure est d'un rouge-pourpre foncé, la partie postérieure est d'un beau jaune. Il y a deux lignes rouges sur les côtés, qui convergent vers l'anus, et qui ont un trait ou une dent à l'intérieur, de même couleur. Pattes jaunes avec des points noirs. Palpes de même.

Abbot, fig. 103, p. 12 du MSS.

Nouveau-Monde — Amér. septent. — Géorgie.

« Jolie espèce par ses couleurs vives. Prise une seule fois, le 19 avril, dans un bois de *iron wood*, dans Ogechee-Swamps. » (Abbot.)

Les yeux figurés par Abbot semblent rattacher cette espèce à cette famille, mais je ne l'ai point examinée par moi-même.

16. Thomise gravé. (*Thomisus exaratus.*) Long. 2 lig. 1/2.

Abdomen déprimé, triangulaire, vert, avec tache triangulaire de couleur rouge orangé à la partie antérieure, et deux raies larges de même couleur à la suite de cette tache, qui se rapprochent et se réunissent en angle à l'anus. Corselet vert, avec deux lignes brunes latérales. Mandibules et palpes verts. Pattes vertes, armées de piquants noirs.

Araneus exaratus, Bosc, MSS. sur les Araignées de la Caroline, Pl. 1, fig. 5, p. 17, n° 24.

Nouveau-Monde — Amér. septent. — De la Caroline.

Cette espèce, la seule du genre Thomise que Bosc a décrite, me paraît être voisine de la précédente. Elles ont toutes deux, et surtout cette dernière, par les couleurs et les taches de leur abdomen, de l'analogie avec certaines variétés du *Thomisus Diana* et du *Thomisus citreus.*

17. Thomise noirci. (*Thomisus infumatus.*) Long. 3 lig. 3/4.

Corselet, abdomen et pattes d'un brun uniforme. Seulement le milieu de l'abdomen a deux ronds plus pâles, avec une tache noire plus foncée dans chacun de ces deux ronds. L'abdomen est très-court et très-large à sa partie postérieure, qui est plissée, probablement à cause de la ponte. Transversalement il a 3 lignes de largeur sur 3 lignes 3 quarts de long. Les pattes sont toutes brunes, les antérieures ont les cuisses renflées et les jambes fortement ciliées.

Abbot, fig. 147, p. 15 du MSS.

Nouveau-Monde — Amér. septent. — De Géorgie. — Prise dans les bois, sur un chêne, le 7 septembre. Pas très-commune.

18. Thomise lent. (*Thomisus lentus.*) Long. 4 lig. ♀.

Corselet ovale, allongé, fauve, entouré d'une raie de fauve plus brune. Abdomen ovale, plus large à son extrémité postérieure, fauve, avec huit taches sur le dos, quatre de chaque côté, disposées longitudinalement. Les deux antérieures d'un jaune pâle, les six autres pareillement d'un jaune pâle, mais bordé de fauve brun, plus foncé que le reste de l'abdomen. Pattes fauves comme le corselet et l'abdomen, sans taches ni annelures; la paire antérieure renflée, avec les jambes ciliées. Palpes fauves.

Abbot, fig. 200, p. 18 du MSS.

Nouveau-Monde — Amér. septent. — De Géorgie. — Prise le 15 août, sur un chêne, dans un bois. Peu commune.

M. Abbot a pris, le 29 juin, aussi sur un chêne et dans le même bois, un individu de la même espèce, plus jeune. La couleur est d'un fauve plus clair ; il y a seulement six traits d'un fauve foncé sur le dos de l'abdomen. Les taches jaunes, qui les bordent dans la variété précédente comme les deux taches antérieures, ne paraissent pas, ou plutôt le fond est de ce fauve pâle qui forme seulement les taches dans l'individu plus âgé. Il y a une croix fine, obscures, ou une ligne plus foncée sur le milieu du dos, entre les six taches brunes. Les pattes sont d'un fauve plus pâle, mais les articulations sont d'un fauve plus foncé ; les pattes antérieures sont de même renflées et ciliées. Grandeur, 3 lignes et demie.

Abbot, fig. 199, p. 18 du MSS.

Cette espèce a beaucoup de rapport avec le *Thomisus cristatus*, par ses couleurs et le dessin de son abdomen.

19. **Thomise indolent.** (*Thomisus oscitans.*) Long. 4 lig. et demie.

Corselet ovale, fauve pâle. Abdomen ovale, pyriforme, très-renflé dans son milieu, pointu vers l'anus, de couleur fauve pâle, avec une bande, ovalaire plus pâle ou jaunâtre dans le milieu, dans laquelle se trouve une ligne allongée, d'un fauve plus foncé près le corselet. Quatre taches ovalaires d'un jaune plus pâle sur les côtés ; trois points noirs foncés très-distincts à la partie postérieure, l'une à l'anus, les deux autres de chaque côté de l'anus. Pattes d'un fauve pâle.

Abbot, fig. 222, p. 20 du MSS.

Prise le 29 avril, sur un saule, dans le bois de chêne du comté de Burke, le seul individu qu'Abbot ait rencontré.

4ᵉ Famille. LES HISPIDES. (*Hispidæ.*)

Yeux en croissant très-anguleux, sessiles, les latéraux postérieurs très-reculés en arrière. Les latéraux antérieurs plus gros que les autres.

Pattes courtes, les antérieures presque égales entre elles ; la deuxième paire la plus longue, la première ensuite, la troisième la plus courte.

Corselet convexe en cœur.

Abdomen court, large et arrondi à sa partie postérieure, couvert de piquants, ou hispides.

20. **Thomise a clous.** (*Thomisus claveatus.*) Long. 1 lig. 1/2. ♂ ♀.

Yeux bruns. Corselet petit, rugueux, avec cinq raies longitudinales, obscures, alternativement fauves et brunes, dont la plus visible et la plus large est celle du milieu, qui est fauve. A la partie postérieure on aperçoit quelques poils terminés en massue, ou clavéiformes, qui distinguent cette espèce. Mandibules d'un fauve pâle, un peu rugueuses. Sternum ovale, d'un fauve clair ou brun, ovale, formant une sorte de rebord ou de ganache à la lèvre, qui est en cône allongé. Mâchoires de même couleur, allongées, cylindroïdes. Abdomen fauve ou brun, aussi large que long, mais plus large dans son milieu que dans le reste du corps, coupé en ligne droite proche le corselet, plus arrondi à sa partie postérieure que sur les côtés. La couleur du fond est fauve, mais il y a sur le dos de gros crins cylindriques, noirs, courts, séparés par des intervalles réguliers. Ces crins sont plus gros à leur extrémité supérieure, et paraissent comme autant de petits clous fixés par leurs pointes sur des bandes brunes transverses, un peu festonnées, qu'on remarque sur le fond fauve. Ces clous sont plus abondants sur les côtés et vers la partie postérieure. Tous ces clous ne sont pas entièrement verticaux, mais un peu couchés et inclinés sur l'épiderme, dont ils suivent la direction. Il y a six points enfoncés dans le milieu, dirigés parallèlement et transversalement. Pattes brunes, mêlées de fauve, avec des piquants longs, les antérieures renflées.

Thomisus hirtus, Savigny et Audoin, p. 164, Pl. VI, fig. 11, 1 (le mâle); 11, 2 (la femelle) — Latreille; Nouveau Dict. d'hist. nat. t. XXXIV, p. 41.

Ancien-Monde — Europe et Afrique — Dans le midi de la France et en Égypte.

Les yeux latéraux postérieurs plus petits que les latéraux antérieurs, sont plus gros que les intermédiaires. Les filets sétifères sont courts et de couleur pâle. L'épygine offre sur une éminence conique une petite ouverture en forme de boutonnière. Il y a des variétés fauves et des variétés brunes. — Prise le 16 août 1833, dans les Pyrénées, dans la vallée d'Ossau, sous les pierres. J'en vis deux individus sans fils, ni vestiges de nids ou de toiles, mais avec leur cocon, qui est aplati, lenticulaire, et près duquel l'Aranéide se tenait immobile, tenant dessus ses quatre pattes dirigées en avant. Les œufs étaient déjà éclos, et les jeunes d'un blanc de lait. Ils avaient un millimètre de longueur. Ces petits n'étaient qu'au nombre de six; et dans l'autre cocon que j'ouvris, il n'y avait que cinq œufs. Il n'est pas étonnant qu'une Aranéide si peu prolifique soit très-rare. Quatre jours après, j'en pris un troisième individu plus brun : le fond de la couleur était rougeâtre, et les clous, beaucoup plus abondants sur les côtés, formaient deux sortes de bandes brunes, larges, qui faisaient suite à celle du corselet, en garnissaient les côtés et se joignaient en pointe à l'anus : dans le milieu plus clair deux petites lignes de points noirs et se joignant en angle à la moitié du dos, formaient un évasement vers le corselet, où l'on voyait un petit trait noir dans le milieu, vis-à-vis l'ouverture de l'angle.

¹ [Cette Aranéide, si peu remarquable par ses couleurs, est le type d'une famille qui, par ses yeux sessiles et dont les latéraux sont reculés, tient aux Philodromes, tandis que, par ses pattes courtes et sa forme, elle appartient au genre Thomise, et que par ses gros yeux latéraux intermédiaires elle se rapproche de la race des Thomise Oculés.

5ᵉ Famille. LES ÉCHANCRÉES. (*Emarginatæ.*)

Yeux en croissant, les latéraux postérieurs portés sur des tubercules, les autres plus petits.

Pattes courtes, les antérieures plus grosses, la première plus longue que la seconde ; celle-ci surpassant en longueur la troisième, qui est elle-même plus longue que la quatrième.

Corselet convexe en cœur.

21. Thomise échancré. (*Thomisus marginatus.*)

Abdomen ovoïde, un peu plus large à sa partie postérieure, en forme de cœur à sa partie antérieure, ou ayant une échancrure ou un sillon au milieu de cette partie du dos qui touche au corselet. Du milieu de ce sillon sort une petite touffe de poils blanchâtres, dont la pointe se dirige vers le corselet. Le fond de la couleur du dos est brun, avec de petites taches d'un vert pâle, figurant dans le milieu une pyramide allongée, dont la pointe est vers l'anus. Sur les côtés sont des taches transverses de même couleur, formées par de petites lignes rapprochées entre elles. Le ventre est d'un gris verdâtre, avec des taches longitudinales d'un brun rougeâtre. Pattes fauves, tachetées de noir.

En France, dans les environs de Paris, au mois d'août.

Walckenaer, Aranéides de France, p. 74, nº 5. — *Ibid.* Faune parisienne, t. II, p. 230, nº 88.

6e Famille. **LES CRUSTACÉIDES.** (*Crustaceides.*)

Yeux presque égaux entre eux, en croissant large.
Pattes antérieures renflées, la première paire la plus lon
gue, la seconde ensuite, la troisième est la plus
courte.
Corselet en cœur convexe.
Abdomen très-large et arrondi à la partie postérieure.
Corps entièrement recouvert de rugosités qui font res-
sembler l'Aranéide à un Crustacé.

22. Thomise rugueux. (*Thomisus rugosus.*) Long. 4 lignes.

Fauve, les deux pattes postérieures d'un jaune rougeâtre, peau
chagrinée ou tuberculée.
Walckenaer, tab. des Aranéides, p. 33, n° 18. — Latreille,
Nouv. Dict. d'hist. nat. t. XXXIV, p. 62.
Ancien-Monde — Océan Indien — De l'île de France. — Coll.
du professeur Lamarck.

7e Famille. **LES MALACOSTRACÉIDES.** (*Malacos-
traceides.*)

Yeux grouppés sur une éminence du corselet en croissant
resserré, les latéraux antérieurs sensiblement plus
gros que les autres.
Corselet en cœur aplati.
Abdomen oblong.

23. Thomise malacostracée. (*Thomisus malacostraceus.*) Long. 4 lig.

Abdomen, corselet et pattes d'un jaune brun ; les tubercules,
semblables à ceux du chagrin dont tout le corps de l'insecte est
couvert, sont aussi d'un jaune brun mélangé. Première paire de
pattes à cuisses très-renflées. (M.)
Walckenaer, Tableau des Aranéides, Pl. 4, fig. 31 et 32.
— Latreille, Nouv. Dict. d'hist. nat. t. XXXIV, p. 42.
Monde-Maritime — De l'Australie ou Nouvelle-Hollande.

La bouche est semblable à toutes les Thomises cancroïdes.
J'ignore la longueur relative des pattes dans cette famille : une
portion de ces pattes n'existait pas dans l'individu que j'ai décrit.

8ᵉ Famille. LES SPINOÏDES. (*Spinoides.*)

Yeux en croissant, courbés en arrière, resserrés en avant ;
    les latéraux de la première ligne plus gros que les
    autres.
Corps rugueux.
Abdomen découpé et projeté horizontalement dans tous
    les sens en pointes coniques épineuses.
Pattes courtes, les antérieures plus grosses et plus fortes.
Mandibules courtes et cylindriques.

24. Thomise étoilé. (*Thomisus stelloides.*) Long. 5 lig.

Abdomen aplati, terminé par cinq pointes ou tubercules ho-
rizontaux, figurant imparfaitement une étoile. Le tubercule postérieur est le plus allongé, les latéraux les plus grands ensuite,
et ceux qui sont proches du corselet les plus courts ; tous se terminent par de petites pointes fines, excepté le postérieur, qui se
finit par des rugosités ou des plis. Le dos est fauve, avec une
ligne longitudinale plus pâle. Ventre en cône tronqué. (M.)
De l'île de Tortue, dans l'Archipel d'Amérique ? (Sur le bocal
est écrit seulement : « Araignée de Tortosa, rapportée par M. Richard » ; mais cette Aranéide n'est certainement pas d'Europe).
Cette Aranéide singulière a, par ses formes et son tégument,
de forts rapports avec les Plectanes, ou Epéires épineuses. Les
yeux sont en croissant recourbé en arrière, dont quatre sont
placés de face en dessus du bandeau. Les latéraux de cette première ligne sont plus gros que les intermédiaires antérieurs. Au-
dessus de ces quatre yeux est un rebord ou une avance du corselet, qui ne permet pas de voir les quatre postérieurs, placés
sur une ligne courbe en arrière ; ceux-ci sont de la même grosseur,
à peu près, que les deux intermédiaires antérieurs. Ce bandeau
et l'emplacement des yeux sont sans rugosités. La lèvre et les mâchoires sont rougeâtres, avec des poils jaunes ; la lèvre est triangulaire en pointe arrondie à son extrémité. Les mâchoires, qui

sont inclinées sur elle et la recouvrent, sont arrondies vers leur
extrémité, et ont des poils jaunes très-longs. Le corselet est en
cœur, chagriné ou couvert de petits tubercules, comme un crabe,
d'un fauve brun, très-convexe ou relevé à sa partie postérieure,
et plus rouge. La poitrine est enfoncée, plate, et couverte de
poils jaunâtres. Les pattes étalées latéralement, comme dans
toutes les Aranéides de ce genre, sont d'un fauve brun, mélangé de
taches plus claires; les pattes antérieures sont plus longues, grosses
et fortes, rugueuses. Les palpes sont courts, aplatis, mais moins
que les pattes, et de même couleur qu'elles. Les mandibules sont
courtes, mais cylindroïdes, d'un rouge pâle, avec des poils
fauves, à fond glabre et non rugueux. Le ventre est d'un fauve
plus pâle que le dos; les côtés postérieurs sont plus bruns que le
reste. A l'extrémité de la pyramide formée par le ventre sont
les filières. Les parties sexuelles de la femelle présentent seulement deux petites ouvertures à l'extrémité d'un enfoncement
qui est près du corselet, mais sans aucune vulve ni élévation.
Cette famille tient à celle des Crustacéides, par son derme
épineux rugueux.

9ᵉ Famille. LES CRABOÏDES. (*Cancroides.*)

Yeux en croissant; les quatre latéraux pyramidaux ou por-
     tés sur des angles ou des tubercules de la tête.
Pattes plus ou moins allongées : les antérieures presque
     égales entre elles, beaucoup plus longues et plus
     grosses que les postérieures, la première paire de
     pattes est la plus longue, mais excède bien peu la
     seconde; la troisième est la plus courte.
Corselet convexe en cœur.

1ʳᵉ Race. LES TRONQUÉES. (*Truncatæ.*)

Abdomen *très-large et paraissant tronqué à sa partie postérieure.*
Pattes *antérieures allongées.*

25. Thomise tronqué. (*Thomisus truncatus.*) Long. 8 lig. ♂ ♀.

Abdomen en pyramide tronquée, quadrangulaire, dont la

33.

base est vers l'anus; coupé en ligne droite à sa partie antérieure proche le corselet. Dos d'un gris rougeâtre, coupé par trois sillons transverses; il a deux bandes noires latérales, lavées de gris, qui convergent vers le corselet : le milieu et les côtés sont gris, mais la partie postérieure, ou la base de la pyramide, est brun ou entourée de noir. Le ventre est d'un gris rougeâtre, moucheté de brun sur les côtés et brun dans le milieu. Les bords de la pyramide en dessous sont d'un brun jaunâtre. Corselet large, court, déprimé, arrondi.

Walckenaer, Aranéides de France, p. 75, n° 6, Pl. 6, fig. 6.—*Aran. truncata*, Pallas, Spicilog. Zool. p. 47, fasc. 9, Pl. 1, fig. 15. — *Aran. horrida*, Fabricius, Entom. Syst. p. 411, n° 16. Schaeffer, Insect. Rat. Pl. 59, fig. 7. — *Thomisus truncatus*, Hahn, Monographie der Aranea, 3, fasciculus, 7, Pl. 3, fig. C.—*Thomisus Martyni*, Savigny et Audoin, Egypte, p. 163, Pl. 6, fig. 9, 1 (la femelle); fig. 9, 2 (le mâle). — Frisch-Beschreib von Insecten, 7 th. p. 10, tab. 5.

Ancien-Monde — Europe et Afrique — France, Allemagne — Egypte.

C'est Fabricius qui m'a remis l'Araignée de sa collection, qu'il a décrite sous le nom d'*Aranea horrida*, et j'y ai reconnu la même espèce que mon Ar. tronquée, Faune parisienne, t. II, p. 230, p. 87. — Il y a une variété toute brune, plus rare que la fauve ou rougeâtre. Le poil disparaît dans l'alcool, ainsi que les raies transverses, et l'Aranéide est alors d'un fauve rougeâtre, uniforme. D'après la figure de Savigny, le conjoncteur du mâle se termine par un filet en pointe, dont la base est contournée en tire-bouchon.

26. THOMISE ÉCOURTÉ. (*Thomisus abbreviatus.*) Long. 3 lig. ♀.

Abdomen large et arrondi à sa partie postérieure, coupé en ligne droite à sa partie antérieure, mais relevé en angle sur les côtés, à dos jaune, et souvent avec une tache irrégulière et large sur la partie antérieure. La partie postérieure et les côtés de l'abdomen sont entourés par des bandes roses qui se réunissent aux côtés antérieurs de l'abdomen, et forment une teinte pleine et sans division. Mais ces taches roses s'oblitèrent, et l'abdomen est souvent d'un jaune uniforme. Corselet allongé, relevé en carène dans son milieu, qui est jaune, tandis que les côtés sont rouges bruns. Les angles formés par les yeux postérieurs sont tellement saillants que la tête paraît presque bicorne.

Walckenaer, Aranéides de France, p. 76, n° 7. — *Thomisus diadema*, Hahn die Arachniden, t. I, p. 49, Pl. 13, fig. 37.— Après la ponte ou desséchées. (Variété toute jaune.)

La forme du corselet plus allongée, plus bombée, plus anguleuse à sa partie antérieure, fait facilement distinguer cette espèce de la précédente, dont elle diffère aussi par des couleurs plus claires.

Ancien-Monde — Europe. — Dans le midi de la France ; aux environs de Gênes et dans le royaume de Naples.

Ne serait-ce pas le *Thomisus cristatus* (bien à tort ainsi nommé) de Hahn, Monographie der Aranea, in-4°, fasc. 6, Pl. 1, fig. C ? Le corselet et la tête y répondent, mais non l'abdomen. Il dit de son espèce qu'elle n'habite que le midi de l'Europe : le *Cristatus* est aussi commun dans le nord que dans le midi.

27. THOMISE COUPÉ. (*Thomisus secatus.*) Long. 3 lig.

Forme, grandeur et couleur de la Thomise tronquée, mais le corselet plus clair, et ayant sur le dos de l'abdomen une ligne transversale, entre les deux éminences formées par les deux angles de la partie postérieure.

Walckenaer, Tabl. des Aranéides, p. 81, n° 6. — Latreille, Nouv. Dict. d'hist. nat. t. XXXIV.

Monde-Maritime — De l'île de Timor.

2° Race. LES TRAPÉZOIDES. (*Trapezoides.*)

Abdomen *court, très-large à sa partie postérieure, ayant en dessus deux éminences ou tubercules, ou terminé en pointe sur les côtés et postérieurement.*

Yeux *latéraux de la ligne antérieure un peu plus gros que les autres, et les postérieurs portés sur des tubercules saillants.*

28. THOMISE CHARGÉ. (*Thomisus onustus.*) Long. 4 lig.

Tout jaune, ou blanc. Abdomen court, arrondi à sa partie postérieure, et ayant en dessus deux tubercules.

Walckenaer, Aranéides de France, p. 77, Pl. 6, fig. 5. —
Ibid. Hist. nat. des Aran. fasc. 3, n° 7. Lepechin, Voyages (en
allemand), t. I, p. 245, Pl. 20, fig. 1. — *Thomisus Peronii*,
Savigny et Audoin, Egypte, p. 163, Pl. 6, fig. 7. — *Ibid.* Pl. 6,
fig. 8. (Variété avec les mandibules maculées.)

Ancien-Monde — Europe et Afrique.

Trouvée à Lyon, dans les environs de Bordeaux, en Italie, et
dans la Russie méridionale. C'est la variété blanche que Lepechin
a décrite et trouvée, le 29 juin 1769, près du village nommé
Grjaesznucha. — La figure 8 de Savigny, qui a trois petits traits
ou points foncés à la partie supérieure des mandibules, est peut-
être une espèce différente; mais comme elle est vue de face et
que la figure est sans description, on ne peut rien affirmer : le
Thomisus Peronii, selon cette figure, a 5 lignes de long.

29. THOMISE ENFARINÉ. (*Thomisus farinarius.*) Long. 6 lig. ♀.

Corselet grand, de couleur pâle, ainsi que les pattes, anguleux
à sa partie antérieure. Abdomen jaune verdâtre, avec une ligne
noire, un peu ondée entre les tubercules. Le corselet et les
pattes sont parsemés de taches blanches comme de la farine.
Il y en a aussi de semblables entre les yeux, et quatre sur les
mandibules. L'abdomen a de petites taches farineuses et plusieurs
points enfoncés.

Ar. à écusson. Quoy, Voyage de l'Astrolabe, Pl. 340, fig. 7,
8 et 9 MSS.

Monde-Maritime — Des îles Célèbes.

M. Quoy m'a remis l'individu qu'il a rapporté des îles Célèbes
et la planche du manuscrit où il se trouve peint.

30. THOMISE MACULÉ. (*Thomisus maculosus.*) Long. 4 lig. ♀.

Corselet moins long et moins large que l'abdomen, jaune pâle,
avec une bande rouge carmin qui entoure la partie antérieure.
Abdomen d'un brun jaunâtre sur le dos, couvert de taches
rondes d'un jaune pâle, ayant à la partie antérieure deux larges
bandes d'un rouge brun sur les côtés, qui se joignent près du
corselet. Le sternum, les palpes et les pattes sont de couleur
pâle rougeâtre.

Araignée à chevrons, Quoy, Voyage de *l'*Astrolabe, Pl. 340, fig. 5 et 6 MSS.

Monde-Maritime.

Décrit sur l'individu qui m'a été remis par M. Quoy, ainsi que le dessin. Les yeux latéraux antérieurs ne sont pas, dans cette espèce, plus gros que les autres, tandis qu'ils le paraissent un peu plus dans le *Thomisus farinarius*. Le corselet et l'abdomen de ce dernier sont d'ailleurs beaucoup plus anguleux, et, sous ce rapport, cette espèce se rapproche des Thomises de la race précédente. Au reste, ces deux races diffèrent peu entre elles.

Cette race des Bituberculées fait bien le passage des Tronquées aux Globuleuses, et, sauf ses tubercules, le *Thomisus onustus,* pour la couleur et la forme, ressemble aux Thomises citrons. Peut-être aussi des observations plus multipliées nous apprendront-elles que les Bituberculées deviennent, après la ponte, des Tronquées : alors ces deux races n'en formeraient plus qu'une seule.

31. Thomise dauphin. (*Thomisus delphinus.*) Long. 5 lig.

Corselet d'un vert pâle, avec deux raies longitudinales d'un vert foncé. Abdomen élargi à sa partie postérieure, pointu à l'anus, trapézoïde, d'un vert blanchâtre, avec des taches violettes. Le violet forme une ligne le long de chaque côté. Sur le milieu du dos des lignes violettes figurent un maillet ou une pyramide tronquée, qui a une pointe allongée à sa base. De chaque côté de l'extrémité de cette pointe sont deux figures violettes, assez semblables à celles qui représentent les Dauphins dans les armoiries. Vers la partie postérieure sont deux raies transversales violettes. Pattes vert pâle ; les deux paires antérieures renflées, allongées ; la première paire antérieure ayant les jambes ciliées par des poils verts. Palpes verts.

Abbot, fig. 383, p. 31.

Nouveau-Monde — De la Géorgie. — Prise le 14 juin, sur un chêne, dans les bois de Burke.

32. Thomise jaunissant. (*Thomisus flavescens.*) Long. 5 lig.

Corselet jaune, bordé de vert sur les côtés. Bandeau jaune. Palpes orangés, tachés de noir à l'extrémité. Pattes jaune orangé, avec de petites taches noires à la naissance des cuisses antérieures, un trait vert et un autre noir au génual. Abdomen trapézoïde, large et terminé en pointe à la partie postérieure et sur les côtés, jaune, avec les bords des côtés antérieurs bordés de vert, et une bande verte en angle arrondi ou en fer à cheval dans le milieu, et trois petits traits transversaux verts, parallèles, à la suite des branches du fer à cheval, qui est marqué par cinq points noirs disposés en angles. Dans la femelle pleine, les couleurs vertes et les taches sont oblitérées ; l'abdomen est plus large et moins pointu à sa partie postérieure ; les pattes et le corselet sont jaune uniforme, à la réserve de deux points noirs à la naissance des cuisses. L'abdomen est jaune sur le dos, mais la bande angulaire se distingue par son jaune plus foncé, et projetant deux traits ou dentures à l'intérieur : cette figure même s'oblitère quelquefois. Ventre d'un jaune brunâtre dans le milieu.

Abbot, fig. 428, p. 34. Femelle pleine, à partie postérieure arquée. Variété jaune, avec la figure angulaire sur le dos.

Ibid. fig. 427, p. 34. Femelle pleine, à partie postérieure arquée. Variété jaune, sans figure, mais avec les cinq points noirs sur le dos, les côtés du corselet verts, et les petits traits noirs aux hanches et au génual. Ventre jaune sur les côtés, de couleur plus foncée dans le milieu.

Ibid. fig. 430, p. 34. Variété vérte et jaune, avec toutes ses marques spécifiques. (Serait-ce un mâle ?)

Nouveau-Monde — Amérique septent., de la Géorgie.

La variété jaune, fig. 427, a été prise le 22 septembre, sur une fleur jaune, dans le bois de chêne du comté de Burke. L'autre variété jaune, fig. 428, a été trouvée en quantité, le 26 septembre, dans les nids de Guêpes maçonnes (Dirt Daubers), et la variété verte, p. 430, beaucoup plus rare, a été prise aussi dans un nid semblable, le 29 août.

3ᵉ Race. LES OCULÉES. (*Oculatæ.*)

Abdomen *court, élargi à sa partie postérieure, qui est arrondie et sans tubercules, déprimé.*

Yeux *latéraux de la ligne antérieure plus gros que les autres.*

Pattes *antérieures peu allongées* (dans les femelles).

33. Thomise crêté. (*Thomisus cristatus.*) La femelle. Long.
4 lig. et demie, ou le mâle 3 lig.

Abdomen déprimé sur le dos, à ventre très-renflé dans les femelles pleines, de couleurs fauves le plus ordinairement, mais
variant depuis le blanc jusqu'au brun, ayant sur le dos en couleur
plus claire la figure d'une crête ou d'un plumeau étagé formé par
une bande brune qui entoure les côtés, et projette des lignes intérieures; cette bordure est d'un brun fauve, et quelquefois rougeâtre dans la femelle plus ou moins pâle et foncé, et de même aussi
dans le mâle; mais dans celui-ci elle varie jusqu'au brun foncé et
même au noir. Les pattes sont marquées de lignes plus brunes;
elles sont fauves dans les femelles, souvent brunes ou noires
dans les mâles et plus allongées. L'abdomen a aussi quelquefois
dans ceux-ci une forme ovale, plus allongée.

Walckenaer, Aranéides de France, p. 77, n° 9.— *Araneus cris-
tatus*, Clerck, p. 136, Pl. 6, tab. 6. — Albin, Pl. 12, fig. 58. —
Martyn, Swedish spiders, Pl. 10, fig. 2. — *Thomisus cristatus*,
Sundevall, p. 2, 17 et 217. (La synonymie est à réformer.) —
Thomisus ulmi, Hahn, Monographie der Aranea, in-4°, fascic. 6,
Pl. 2, fig. A *a*. — *Ibid*. Die Arachniden, t. I, p. 38, Pl. 10,
fig. 30. (Femelle. Variété fauve.) — *Thomisus lateralis*, Hahn,
Monographie der Aranea, in-4°, fasc. 6, fig. B *b*. — *Ibid*. Die
Arachniden, in-8°, t. I, p. 40, Pl. 10, fig. 31. (Variété pâle et rose.
Femelle.) — *Thomisus pini*, Hahn, Monograph. der Aran. in-4°,
fascic. 6, fig. C *c*. — *Ibid*. Die Arachniden, t. I, p. 26, Pl. 8,
fig. 23. (Femelle. Variété brune et rose.) — *Thomisus sabulosus*,
Hahn, Die Arachniden, t. I, p. 28, Pl. 8, fig. 24. (Femelle.
Variété pâle et rose, très-pleine et prête à pondre, dont le derme
du dos est très-tendu.)—*Thomisus viaticus*, Hahn, Die Arachniden,
t. I, p. 35, fig. 29. (Femelle. Variété adulte, mais non pleine, et
avec toutes ses taches.) — *Xysticus audax*, Koch, dans Schaeffer,
fascic. 129, 16, 17. (Le mâle et la femelle. Variété brune.) —
Xysticus viaticus, Koch, dans Schaeffer, continuation de Panzer,
fascic. 130, fig. 13. (Le mâle. Variété noire.) Fig. 14. (La femelle.
Variété rougeâtre.) — *Xysticus mordax*, ibid. 130, 19. (Le mâle.
Variété fauve.) 130, 20. (La femelle. Variété noire.) — *Thomisus
Clerckii*, Savigny et Audoin, Égypte, p. 165, Pl. 6, fig. 13. (Une
jeune.) — *Aranea liturata*, Fabricius, Entom. System. t. II,

p. 416, n° 33. — *Thomisus lituratus*, Walckenaer, Aranéides de France, p. 83, n° 16.

Ancien-Monde — Europe — Afrique — En Suède, en France, en Allemagne, en Égypte ; la plus commune du genre dans les environs de Paris.

Le digital du mâle est renflé et presque globuleux ; sa cupule renferme un conjoncteur qui a la forme d'un disque arrondi, creux dans son milieu, et entouré d'un bourrelet ; mais à sa base sont deux conjoncteurs surnuméraires, formés par un petit crochet recourbé qui s'avance au-dessus d'une petite cupule ovale et creuse. L'épygine de la femelle est formée d'une espèce de coquille arrondie, dentée avec quatre bourrelets, au milieu desquels est une fente longitudinale plus pâle ; mais cet organe ne paraît que quand l'Aranéide est adulte ; avant ce temps son ventre ne paraît avoir aucune fente, ou n'a qu'une fente imperceptible dans le derme, sans aucune éminence extérieure. Le mâle, de même lorsqu'il n'est pas adulte, n'offre qu'un digital renflé, pâle en dessous, sans aucune apparence de conjoncteur. Il y a dans cette espèce, sous le ventre, deux lignes de points longitudinaux très-marqués.

Le Thomise crêté a les mouvements lents et lourds. Il se cache sous les pierres et les écorces, et survit aux plus grands froids ; aussi varie-t-il beaucoup de couleur ; mais la figure remarquable de son dos paraît dès son plus jeune âge ; elle s'oblitère, mais jamais entièrement pour des yeux exercés, lorsque l'Araignée est pleine, ou après la ponte. Dans le mâle, cette figure est plus tranchée, mais il ressemble à la femelle ; j'ai seulement vu un seul individu mâle, sur plus de cent, qui avait tout à fait la forme ovale allongée. Comme les pattes de cette Aranéide ne sont pas très-allongées, sa démarche est peu vive. Elle se renferme dans des feuilles, et tend des fils isolés à l'entour, où elle se suspend quelquefois. La femelle pond dans cette retraite ses œufs dans un cocon aplati, de trois lignes de diamètre, dont le tissu est gonflé par les œufs, et présente des éminences arrondies. L'Aranéide se place sur ce cocon, et ne l'abandonne pas lorsqu'on la touche. Je trouve dans mes notes d'observations, qu'un cocon de cette espèce renfermait cent vingt-cinq œufs d'un blanc jaunâtre. Si cette observation était exacte, elle expliquerait pourquoi ce Thomise est le plus commun de tous, mais je crains qu'il n'y ait erreur ; les femelles du genre Thomise n'étant pas ordinairement si prolifiques : d'autant que je lis dans ces mêmes notes que, deux jours après, je vis un cocon de la même espèce avec la femelle dessus. Mais ce cocon était ouvert, et quand je le pris il renfermait une trentaine de petits, qui ne cherchaient pas à en sortir. M. Sundevall (p. 2 19) vit une jeune Aranéide de cette espèce siégeant sur son cocon, où il n'y avait que vingt-cinq œufs libres et non agglutinés, et il remarque à ce sujet que les Aranéides de ce genre et les Lycoses deviennent adultes, et capables de produire très-jeunes. J'ai vu d'assez grands Thomises crêtés femelles, dont les organes femelles n'étaient pas développés, et d'autres plus petits qui l'étaient; et j'ai encore fait plus souvent cette observation sur les mâles. Peut-être que l'apparition de ses organes dépend plus de la température, ou de la rencontre fortuite des deux sexes, et de leur excitation respective, que de l'âge.

Il est vraiment étonnant que cette espèce, une de celles que Clerck a le mieux figurées, ait donné lieu à tant de confusion et d'erreurs, et qu'on ait pris de simples variétés (peu différentes entre elles) pour des espèces : il est plus étrange encore qu'on ait cru pouvoir faire un genre particulier d'un Thomise qui ne présente aucun caractère qui l'éloigne du genre auquel il appartient. Je me suis attaché à donner de cette Aranéide une synonymie qui ne permette plus de la méconnaître : ce n'est ni l'*Atomaria* de Panzer, espèce bien distincte; ni la *Viatica* de Linné, puisque celui-ci cite la figure 5 de Clerck, qui est la *Citrina;* rien ne démontre que le *Thomisus cristatus* soit l'*Aranea titulus*, 29 de Lister; c'est encore moins l'*Aranea fusco marginata* de De Géer, qui n'appartient pas même à ce genre, mais au genre Philodrome. On ne peut savoir si c'est l'*Araneus* n° 1 de Geoffroy, nommé *Viatica* par Fourcroy, parce que les descriptions de ces auteurs sont trop vagues ; ou plutôt si la synonymie de Geoffroy est exacte, il est certain que ce n'est pas lui.

3/4. Tʜᴏᴍɪsᴇ sᴀʙʟᴇ́. (*Thomisus atomarius.*) Long. 3 lig. ♂ ♀..

Abdomen d'un jaune orangé ou verdâtre, plus foncé sur les côtés; le dos parsemé de points noirs fins, disposés sur quatre lignes, la troisième ligne la plus large, ayant quatre ou cinq points très-apparents, les autres lignes en ont deux. Ventre jaunâtre, avec des points noirs sur les côtés. Pattes et palpes d'un jaune pâle, pointillés de noir. Espace qui sépare les yeux latéraux d'un jaune vif.

Aranéides de France, Walcken. p. 79, n₀ 10. — *Aranea atomaria*, Panzer. fasc. 74, Pl. 19. — *Thomisus Lynceus*, Latreille, Gener. Insect. t. I, p. 112. Species 3. — *Ibid.* Nouv. Dict. d'hist. nat. t. XXXIV, p. 39. — *Thomisus similis*, Reuss et Wider, Museum Senckenbergianum, p. 275, Pl. 18, fig. 8. (Les yeux sont mal figurés, mais la description rectifie la figure.) — *Thomisus Diana*, Savigny et Audoin, Égypte, Arachnides, p. 165, Pl. 7, fig. 1. — Fig. 2. (Deux variétés du mâle.)

Ancien-Monde — Europe — Afrique.

Cette espèce a été trouvée en Allemagne, dans les environs de Bordeaux, au Mans et dans la vallée des Eaux-Bonnes, où j'ai pris un mâle long d'une ligne et demie, semblable à la femelle, mais d'un jaune verdâtre : il n'avait pas encore toute sa grandeur, puisque l'organe mâle n'était pas développé.

35. Thomise poilu. (*Thomisus pilosus.*) Long. 3 lig. ♂ ♀.

Abdomen arrondi, déprimé, d'un gris jaunâtre, avec des poils noirs allongés, épars, plus grands que les autres, verticaux, et des points ombiliqués. Ventre d'un jaune-gris pâle, avec des sillons transversaux sur les côtés. Corselet et pattes rougeâtres, avec des poils noirs allongés; sternum fauve bombé, entouré de jaune plus clair, sans éminence à la naissance des pattes.

Thomisus Lalandii, Savigny et Audoin, Arachnides, p. 165, Pl. 6, fig. 12. — *Thomisus griseus*, Hahn, Die Arachniden, t. I, p. 121, Pl. 34, fig. 91 ? (Si c'est le *Thomisus pilosus*, les pattes sont mal figurées.)

Ancien-Monde — Afrique — En Egypte, en Europe ?

Cette espèce est décrite d'après un individu de ma collection, longtemps conservé dans l'alcool. Les yeux latéraux de la première ligne ne sont pas, dans cette espèce, comparativement aussi gros que dans l'*Atomarius* et le *Cristatus*, de sorte que le *Pilosus* forme le passage de cette race à celle des Globuleuses. Le cubital du mâle a une apophyse singulière qui ressemble à un doigt courbe; le conjoncteur se termine par un filet recourbé en tire-bouchon.

36. Thomise aspergé. (*Thomisus conspergatus.*) Long. 3 lignes; larg. de l'abdomen à sa partie postérieure, 3 lig. 1/4. ♀.

Corselet fauve grisâtre, avec deux raies et deux points noirs.

Abdomen globuleux , très-élargi à sa partie postérieure ; deux lignes bifurquées fines ; trois points noirs en triangle , et des raies fines , courtes , brunes , transversales. Fond blanc. Pattes fauve pâle , avec des points noirs.

Abbot, fig. 102 , p. 12 du MSS.

Nouveau-Monde — Amér. septent. — Géorgie.

Prise le 11 mai, dans un bois de chêne, dans la Géorgie. Cette espèce se rapproche beaucoup du *Thomisus atomarius* par les couleurs, les taches, et la forme.

37. THOMISE RUBANÉ. (*Thomisus lemniscatus.*) Long. 4 lig. 1/2 ♂ ♀ .

La femelle.—Jaune et rougeâtre clair. Deux petits traits noirs, divergents, à la partie postérieure du corselet. Deux autres petits traits noirs , divergents , qui correspondent à ceux du corselet, et qui sont suivis de deux larges bandes rouges couleur de rouille, en zigzag , qui sont rehaussées par une bordure blanche à l'intérieur, et une noire à l'extérieur ; dans le milieu , une bande allongée d'un fauve pâle , profondément dentée, ou qui projette sur les côtés cinq angles aigus. Côtés fauves.

Abbot , fig. 384, p. 31. MSS.

De la Géorgie. — Prise le 7 mai , dans un nid de Guêpes maçonnes , sur de petits pins. — Cette Aranéide , par le dessin de son abdomen , a beaucoup d'analogie avec le *Thomisus cristatus.*

Le mâle. — Abdomen ovale, allongé , d'un brun fauve, figure longitudinale dentée, plus claire sur le dos, bordée de noir. Palpes à digital ovales, fauves, renflés.

Abbot , fig. 432 , p. 35 , MSS.

Amérique — Géorgie. — Prise le 4 avril , dans les bois du comté de Burke.

38. THOMISE BARRÉ. (*Thomisus transversatus.*) Long. 4 lig. 1/2. ♀ .

Fauve pâle, taché de points noirs. Corselet fauve, avec deux lignes longitudinales d'un noir pâle sur les côtés , et deux traits d'un noir plus foncé à la partie postérieure. Abdomen arrondi ; ayant sur le dos cinq ou six bandes transverses, parallèles , plus obscures, formées par des points bruns et fauves.

Abbot , fig. 385, p. 31 du MSS.

De Géorgie. — Prise le 5 mai, sur un noyer (hiccory), dans les bois de chêne du comté de Burke. Rare.

4ᵉ Race: LES GLOBULEUSES. (*Globulosæ.*)

Abdomen *court , bombé , très-large à sa partie postérieure, qui est
arrondie et sans tubercules.*
Yeux *latéraux de la ligne antérieure proéminents , mais n'étant
pas remarquablement plus gros que les autres.*

39. Thomise citron. (*Thomisus citreus.*) ♂ ♀ .

La femelle. Long. 4 lig. — Abdomen ayant douze points enfoncés sur le milieu , disposés en angles ou en pyramide, de
couleur vert pâle , ou blanche , ou jaune uniforme, ou ayant sur
les côtés deux bandes longitudinales plus ou moins rouges. Toutes
les pattes de couleur verte uniforme.

Thomise citron , Walckenaer, Tableau des Aranéides, p. 31,
n° 7, Pl. 4, fig. 34 et 35. — *Ibid.* Aranéides de France , p. 79,
fig. 11. — *Thomise calycin*, ibid. Tabl. n° 8. — *Ibid.* Aranéides de
France, p. 81, n° 12. — *Araignée jaune citron* , De Géer, t. VII,
p. 298, Pl. 17, fig. 17. — (La Citrine ou variété a deux bandes
rouges.)—*Aranea quadrilineata*, Linné, Syst. Nat. p. 1082, n° 13.
(La Citrine ou variété jaune à deux bandes rouges.) — Ibid. *Ar.
calycina ,* Fauna Suecica, 2ᵉ édit. p. 486, n° 996.— *Ibid.* Syst.
Nat. 1030 , n° 4. (La Calycine ou variété jaune.) — *Araneus Va-
tius*, Clerck, p. 126, Pl. 6 , tab. 5. (Calycine ou variété verte.)
— *Th. citreus* , Sundevall, p. 219, n° 2. — Schaeffer, Icones ,
Insect, Ratisb. Pl. 19 , fig. 13. (La Citrine ou la variété à bandes
rouges. Femelle pleine.)— *Ibid.* Pl. 112, fig. 8, et Pl. 187 , fig. 7.
(La Calycine ou la variété jaune.) — *Araignée citron*, Geoffroy,
t. II, p. 642, n° 12 , Pl. 21, fig. 1 ; et Fourcroy, Entom. paris.
p. 531, n° 2. (La Citrine ou variété à bandes rouges.) —*Th. caly-
cinus*, Hahn , Monogr. der Aren. in-4°, fascicul. 6, Pl. 1, fig. B, *b.*
(La Calycine ou variété jaune pâle.) — *Th. citreus*, ibid. fig. A, *a.*
(La Calycine ou variété à bandes rouges.) — *Thomisus quadrili-
neatus*, ibid. fasc. 7, Pl. 3 , fig. *b.* (La Citrine ou variété verte à
raies brunes. Femelle jeune.) — *Thomisus citreus*, Hahn, Die
Arachniden, t. I, p. 43, tab. 11, fig. 32. (La Citrine, variété
jaune à bande rouge. Femelle pleine.) — *Th. citreus*, Latreille ,
Gener. Crust. et Insect. t. I, p. 111, n° 1.

Le mâle , long. 2 lig. et demie. — Abdomen ovalo-globuleux , d'un jaune verdâtre , et entouré d'une portion de cercle rouge jaune ou brun foncé sur la partie antérieure , et présentant à la partie postérieure , à partir du milieu du dos jusqu'à l'anus, deux lignes longitudinales et parallèles. Jambes et tarses antérieurs annelés de brun ou de noir.

Thomise ombellicole ou *Thomisus Dauci*, Walckenaer, Tabl. des Aranéides, p. 32. — *Ibid.* Faune paris. t. II, p. 232, n° 96 ; et Aranéides de France , p. 81, n° 13. — *Araignée citron*, De Géer, t. VII , p. 299 , Pl. 18 , fig. 21 et 22. (L'abdomen a dans cette figure une forme trop allongée.) — *Thomisus Dauci*, Hahn , Monog. der Aranea, in-4°, 2 fasc. Heft , Pl. 3, fig. C, *c.* ♂. — *Ibid.* Die Arachniden , in-8°, t. I, p. 33, Pl. 9, fig. 27. (Ces deux figures sont très-bonnes.) — *Ibid.* Monogr. der Aranea. fasc. 7, Pl. 3 , fig. *a* (un mâle jeune , mais adulte). — *Aranea annulata,* Panzer, Fig. 86 , 22. (Les pattes sont mal figurées.) — *Thomisus citreus*, Sundevall , p. 220.

Ancien-Monde — Europe — En France, en Allemagne, en Italie.

J'ai vu , comme De Géer, s'opérer l'accouplement du Thomise que je nommais Ombellicole , avec le Thomise citron , et alors j'ai été certain que ces deux Aranéides, si différentes en apparence , ne formaient qu'une seule espèce ; la figure mal grossie de De Géer (fig. 22) m'avait empêché de reconnaître mon Thomise ombellicole dans la description de cet auteur. M. Sundevall n'a point commis cette faute. J'avais déjà remarqué dans la Faune française , p. 82, que l'abdomen du Thomise ombellicole était presque blanc-vert pâle, et que les deux raies du milieu du dos étaient peu marquées dans le jeune âge : l'Araignée citron a aussi, lorsqu'elle est jeune, deux lignes semblables , d'un vert plus foncé que le reste du dos , de sorte que les deux sexes, avant d'être adultes , se ressemblent. J'ai trouvé plus fréquemment encore le mâle que la femelle sous les ombelles de la carotte sauvage , en juin et en juillet , dans les environs de Paris. La femelle se trouve souvent sur la rose et sur d'autres fleurs, où elle se saisit , pour les dévorer, des Abeilles et autres Insectes, tandis qu'ils sont occupés à sucer le nectar de ces fleurs. Son abdomen est, après la ponte, d'un gris-sale noirâtre sur les côtés. Elle n'abandonne point son cocon, même après que ses œufs sont éclos. Ce cocon est aplati , comme tous ceux de ce genre ; renferme une cinquantaine d'œufs. Elle se tient pour pondre dans une feuille d'arbre ou d'arbuste qu'elle plie en deux, au moyen d'une toile blanche, forte et assez épaisse. Les griffes, au nombre de deux seulement, comme dans tout ce genre, sont allongées, courbes, et très-pectinées dans cette espèce.

40. Thomise vert. (*Thomisus viridis.*) Long. 3 lig. ♀.

Corselet, abdomen, mandibules et pattes d'un vert tendre. Abdomen avec des lignes blanches, une tache plus blanche, et une autre d'un rouge pâle près du corselet, et des lignes transversales blanches. Pattes postérieures très-courtes.

Thomisus-Pratensis, Hahn, die Arachniden, t. I, p. 43, Pl. 11, fig. 33, A, *a.*—*Ibid.* Monographie der Aranea, fasc. 7. Pl. 3, fig. *d.*

Ancien-Monde — Dans la partie méridionale de la France, et en Allemagne.

Espèce bien distincte, qui, par le dessin du dos de son abdomen, se rapproche du *Cristatus*, mais s'en éloigne par la longueur relative de ses pattes et par ses yeux latéraux antérieurs, qui ne sont pas proportionnellement aussi gros que dans le *Th. cristatus*, et aussi par ses couleurs plus claires.

41. Thomise citron Géorgien. (*Thomisus citreus Georgiensis.*) Long. 3 lignes.

Forme et grandeur du *Thomisus citreus* de nos contrées, dont elle ne semble qu'une variété. Corselet jaune, avec deux lignes parallèles plus foncées. Abdomen jaune clair, avec deux raies latérales convergentes vers le corselet, d'un jaune plus foncé, bordé d'une ligne noire fine à leur côté extérieur.

Lurking Spider, Abbot, fig. 104, p. 12.

Variété. — Le *Thomise citron Géorgien ponctué*, Long. 5 lig.

Le corselet est ici plus allongé, ce qui semblerait indiquer une espèce différente. Il n'y a pas de raies parallèles sur le corselet. Les lignes latérales du dos de l'abdomen sont courtes, fines et rouges. Il y a un triangle pâle dans le milieu, avec quatre points rouges.

Abbot, fig. 105, p. 12.

Nouveau-Monde — Amér. septent. — Géorgie.

La première, le n° 104, a été prise le 17 avril; la seconde, le

24 octobre, dans le même bois ; ce qui me confirme que cette dernière n'est qu'une variété produite par l'âge.

Le n° 104 a été pris sur une fleur jaune, dans un bois de chêne, et au sujet de cette Araignée, M. Abbot fait cette remarque :

« *Lurking Spider.* Ces espèces fréquentent les arbres et les fleurs ; elles se cachent sous les fleurs pour saisir différentes espèces d'insectes, qui les remarquent d'autant moins qu'elles se mettent dans des fleurs de même couleur. Elles prennent indifféremment des Abeilles, des Coléoptères, des Papillons et toutes sortes d'insectes. »

42. Thomise léopard. (*Thomisus pardus.*) Long. 6 lig. 1 ½ ♀.

Corselet blanc, bordé de vert, et sur les côtés deux raies vertes ; ligne rouge sur le devant, à la région des yeux. Le corselet est aussi lavé de vert à la partie postérieure. Abdomen renflé, globuleux, plus large que long, arrondi et non pointu à sa partie postérieure (forme de l'Araignée citron), blanc, avec quatorze ronds ou points très-noirs, disposés sur le milieu du dos : quatre sont disposés en carré et écartés ; deux latéralement, rapprochés sur chaque côté de la partie antérieure ; trois de chaque côté rapprochés, se dirigeant sur les deux angles de la partie postérieure, dans la direction des quatre taches du milieu. L'abdomen est lavé de violet ou de couleur de fumée ; il l'est de jaune sur la partie postérieure, et de gris sur les côtés ; le milieu seul est d'un blanc de lait, encore a-t-il dans le milieu même de cet espace une ligne enfumée pâle et très-fine : il y a aussi des lignes fines, courbes et parallèles, mais ces lignes sur les côtés sont peu visibles. Les pattes ont des couleurs vives ; les deux antérieures sont renflées ; elles ont sur les hanches en dessus des taches noires très-foncées. Leurs cuisses sont d'un jaune verdâtre, et ont deux petits traits noirs à leur extrémité. Le genou est vert, les jambes sont d'un jaune verdâtre ; le premier article des pieds est noir et cilié, le dernier est rouge. Les pattes postérieures sont courtes et d'un jaune verdâtre, uniforme, excepté aux articulations, où le vert est plus foncé : ces pattes ont aussi un point noir aux hanches. Les palpes sont verts à leur naissance, rougeâtres dans le milieu, noirs à leurs extrémités. (M.)

Abbot, fig. 416, MSS. p. 33.

Nouveau-Monde — Amér. septent. — De la Géorgie.

Belle par ses couleurs, et très-remarquable comme une des plus grandes espèces de cette race.

Prise le 1er octobre, sur une fleur pourpre, dans les bois de chêne du comté de Burke. — La seule qu'on ait prise.

43. THOMISE INERTE. (*Thomisus iners.*) Long. 5 lig. et demie. ♀

Corselet allongé, ovale, jaune citron, avec une tache fauve rougeâtre, formant un fer à cheval, dont la partie ronde est tournée vers les yeux. Pattes d'un jaune-citron pâle, lavées de taches fauves. Palpes de même couleur. Abdomen très-élargi à sa partie postérieure, de couleur vineuse, très-pâle, éclairci encore par des lignes jaune-citron pâle vers le corselet; la couleur vineuse forme un triangle obscur sur le milieu du dos, à la partie postérieure duquel sont deux points plus foncés, auxquels aboutissent deux lignes fines, parallèles, droites, qui plus près de l'anus sont croisées par deux lignes courbes, parallèles. Il y a sur les côtés d'autres lignes transversales très-fines.

Abbot, fig. 196, p. 18 du MSS.

Nouveau-Monde — Amér. septent. — De Géorgie. — Prise le 22 avril, sur une fleur bleue et pourpre; elle mangeait une Abeille sauvage. — J'en ai pris, dit Abbot, un second individu sur un pommier, et ce sont les seuls que j'aie trouvés.

44. THOMISE PEINT. (*Thomisus pictus.*) Long. 4 lignes et demie. ♀

Corselet d'un jaune pâle, vert à sa partie postérieure et sur les côtés, avec une ligne transverse rouge violacé au bandeau; palpes d'un rouge violacé, et pattes de même couleur ou jaune, mais avec des métatarses de couleur cramoisie, et le génual marqué de traits de la même couleur; hanches marquées de taches plus foncées. Abdomen vert ou jaune sur le dos, ayant de chaque côté une raie cramoisie ou violacée, qui touche au corselet et se prolonge aux deux tiers du corps, et dans le milieu de l'espace intérieur de ces deux raies, près du corselet, deux petits traits parallèles, longitudinaux, cramoisis, et derrière les deux raies ou bandes latérales deux points cramoisis ou bruns, disposés transversalement.

Abbot, fig. 426, p. 34. (Variété violacée.)

Ibid. fig. 429, p. 34. (Variété jaune et cramoisie.)

Nouveau-Monde — Amérique septent. — En Géorgie.

Ces deux variétés sont semblables, et ne diffèrent que par les teintes. Elles ne diffèrent du Thomise citron Géorgien que par les taches de leurs pattes. Ces Aranéides ont les plus grands rapports avec notre *omisus Thcitreus*, mais leurs couleurs sont encore plus riantes et plus belles. Les deux variétés ont été prises le même jour dans un nid de Guêpes maçonnes.

5e Race. LES PYRIFORMES. (*Pyriformes.*)

Abdomen *pyriforme, déprimé, élargi à sa partie postérieure, arrondi et sans tubercule.*

Yeux *latéraux antérieurs proéminents, m ais n'étant pas rema quablement plus gros que les autres.*

45. THOMISE DIANE. (*Thomisus Diana.*) Long. 2 lig. ♂ ♀.

La femelle. — Abdomen pyriforme jaune, entouré sur le dos, à sa partie postérieure, d'un croissant rouge, et ayant à sa partie antérieure une tache de même couleur; quelquefois le croissant d'en bas rejoint la tache d'en haut, et alors l'abdomen est entouré d'une bande rouge.

Walcken. Aranéides de France, p. 72, n° 3, Pl. 6, fig. 7. — *Ibid. Thomisus tricuspidatus, ibid.* p. 83, no 15. — *Thomisus Diana*, Hahn, Monogr. der Spinnen, in-4°, 2 heft. Pl. 3, fig. A, *a*. (Femelle pleine; bonne figure, mais la seconde paire de pattes est trop allongée.)—*Ibid.* Die Arachniden, t. 1, p. 31, tab. 9, fig. 26. (Les pattes sont plus exactes que dans la figure précédente.) — *Thomisus Hermani, ibid.* Monogr. in-4°, heft, Pl. 3, fig. B, *b*. (Femelle après la ponte.) — *Aran. tricuspidata*, Fabr. t. II, p. 414, n° 26. (Déterminé d'après l'individu de la collection de Fabricius, remis par lui et étiqueté de sa main.)

Le mâle. — Abdomen de couleur vert d'eau en dessus, brillant, et cependant n'étant pas lisse, mais à derme rompu comme des ecailles; sur les côtés et à l'anus est une bande rouge qui entoure le dos: il a sur sa partie postérieure un trait transverse légèrement enfoncé, et deux points semblables à la partie postérieure. Ventre d'un jaune pâle.

Thomise délicat, *Thomisus delicatulus*, Walck. Aranéides de France, p. 82, n° 14. — *Araignée mignarde, ibid.* Faune parisienne, t. II, p. 232, n° 98.

34.

En France, en Allemagne, sur les fleurs, sur les plantes et les haies qui bordent les ruisseaux

Les palpes des mâles sont courts, aplatis en dessous, avec un conjoncteur en disque arrondi, ayant une petite cavité ou fossule ronde dans le milieu. Les pattes de la première paire surpassent en longueur ceux de la seconde dans les deux sexes, mais d'une manière plus marquée dans les femelles : dans les deux sexes l'éminence du corselet qui supporte les yeux latéraux est d'un beau jaune citron.

6ᵉ Race. LES OVOIDES. (*Ovoides.*)

Abdomen *allongé, ovoïde, plus large dans son milieu.*

46. Thomise floricole. (*Thomisus floricolens.*)
La femelle. Long. 3 lig. ♀.

Abdomen à dos entouré d'une bande verte ou jaune, dont le milieu est d'un rouge foncé ou grisâtre, avec une marque plus claire ou jaune, figurant un χ renversé sur le milieu de la partie antérieure, et des sillons jaunes ou plus clairs vers l'anus. Corselet et pattes verts. Les pattes postérieures très-courtes.

Walckenaer, Aranéides de France, p. 84, fig. 18. — *Aranea dorsata*, Fabricius, Entomol. systematica, t. II, p. 413, n° 22. — Panzer, 71, 21. (Variété à dos grisâtre.) — *Thomisus dorsatus*, Hahn, Monogr. der Aranea. in-4°, 7 heft. Pl. 4, fig. 6. — *Ibid.* Die Arachniden, in-8°, t. I, p. 44, Pl. 11, fig. 34.

Cette espèce, par ses couleurs, a de l'analogie avec le Philodrome disparate (*Philodromus limbatus* de Hahn), avec laquelle il ne faut pas la confondre.

47. Thomise violet. (*Thomisus violaceus.*) Long. 3 lig.

Corselet et abdomen de couleur violette. Abdomen allongé, avec des taches blanches argentées sur les côtés.

Walckenaer, Faune par. Tabl. des Aran. et Aranéides de France, p. 85, n° 19.

48. THOMISE BICOLORE. (*Thomisus bicolor.*)

Pattes, palpes et corselet verts. Abdomen d'un fauve jaunâtre,
uniforme, avec de petites raies fines transversales, plus foncées,
mais peu visibles.

Abbot, fig. 270, p. 22.
De Géorgie. — Prise le 21 septembre, sur le gommier doux
(sweet-gum), dans le marais de Briar-Creek. Rare.

Cette espèce est pareille à la précédente par la forme et par
les couleurs ; mais les pattes antérieures sont plus courtes, et il
n'y a pas de points noirs sur le dos.

49. THOMISE BRODÉ. (*Thomisus phrygiatus.*)

Corselet et pattes d'un jaune verdâtre, ou d'un vert jaunâtre.
Le corselet a un petit trait transverse, rouge au dessus. Abdomen
jaune ou vert, sans tache ou avec deux petites raies d'un rouge
carmin, festonnées sur la partie antérieure du dos, qui quelquefois se rejoignent et entourent ainsi cette moitié de l'abdomen :
des points foncés disposés en triangles très-fins dans l'intervalle
des deux lignes festonnées.

Abbot, fig. 267, p. 22 du MSS. Variété à abdomen entièrement
vert.

Abbot, fig. 268. Variété jaune, dont les lignes rouge-carmin
ne se rejoignent pas.

Ibid. fig. 269. Variété verte, dont les lignes carmin se rejoignent par en haut.

Nouveau-Monde — Amér. septent. — De la Géorgie.

La variété entièrement verte a été prise le 10 août, sur un bois
de chêne. La variété jaune, fig. 268, est la plus commune. Elle a
été prise sur un noyer dans les bois de chêne du comté de
Burke, le 14 août. La variété verte, fig. 269, a été prise le 10 août
dans les mêmes lieux, sur l'arbre nommé *dogwood*. Le petit trait
transverse rouge au-dessus des yeux se trouve dans toutes les variétés et fait reconnaître cette espèce.

50. THOMISE OMBRÉ. (*Thomisus fuscatus.*) Long. 4 lig. et demie. ♂.

Abdomen d'un brun fauve, avec une petite figure en losange et

une bande transverse, plus foncée proche le corselet, puis deux
bandes brunes formées par de petits traits transversaux qui se réunissent en angle à l'anus. Pattes antérieures fauve brun; pattes
postérieures vertes, ou marquées de taches plus foncées. Palpes
fauve rougeâtre, à digital ovale, très-renflé, rougeâtre.

Abbot, fig. 433.

En Amérique, en Géorgie, sur une baie de la crique des bruyères
(Briar-Creek.) Rare.

51. THOMISE ENSANGLANTÉ. (*Thomisus cruentatus*.) Long. 4 lig. ♂.

Abdomen jaune safran, avec deux traits rouge sanguin, lon
gitudinaux, proche le corselet, et huit autres (quatre de chaque
côté) traits transversaux placés sur les côtés à la suite des deux
autres. Pattes et cuisses vertes, à jambes et tarses jaunes, ceux-ci
annelés de rouge. Palpes à digital court, ovale, peu renflé,
orangé.

Abbot, fig. 434, p. du MSS.

Nouveau-Monde — Amérique septent. — Géorgie. — Prise le
20 avril sur un noyer dans le bois de chêne du comté de
Burke.

52. THOMISE TATOUÉ. (*Thomisus stigmatisatus*.) Long. 5 lig. ♂.

Corps d'un rouge pâle, tout couvert de petits points noirs cu
rouge carmin. Le corselet est rétréci à sa partie antérieure il
est entouré d'une ligne fine noire; le fond est d'un rouge pâle,
et il y a à la partie postérieure trois rangées de points très-fins,
parallèles. Les pattes sont rouge pâle, parsemées aussi de petits point
noirs ou gris, avec des tarses velus. L'abdomen est sur le dos d'un
rouge plus foncé que le corselet, et a sept lignes transversales
de petits points parallèles qui diminuent et augmentent, de manière que les pointes extrêmes de chaque ligne dessinent un
ovale. Les points extérieurs sont rouges, tandis que ceux de l'intérieur de l'ovale, moins gros, sont gris. Il y a en tout vingt-
sept à trente points sur le dos. Il y a un intervalle plus grand
entre la quatrième et la cinquième rangée de points qu'entre
les autres. Le ventre est d'un roux pâle. Les palpes sont aussi

de couleur rouge pâle ; le digital est très-renflé, et a aussi la surface convexe de sa cupule parsemée de petits points noirs.

Abbot, fig. 435, p. 35 du MSS.

Nouveau-Monde — Amérique septent. — Géorgie. — Prise sur le chêne, le 22 septembre, dans les bois de chênes du comté de Burke.

53. Thomise sphinx. (*Thomisus sphinx*.) Long. 3 lig.

Abdomen avec deux petits traits transversaux proche le corselet ; cinq points enfoncés et plus bruns disposés en triangle sur le milieu du dos, et de chaque côté quatre petites lignes courbes, qui diminuent de longueur en approchant de l'anus.

Thomisus rotondatus (*varietas*), Savigny et Audoin, Egypte, Arachnides. Pl. 7, fig. 5, p. 167.

Ancien-Monde — Afrique — Egypte.

Pour le dessin de son abdomen, cette espèce a beaucoup de rapport avec le *Thomisus cruentatus* d'Amérique. D'après la figure, les pattes sont dans l'ordre suivant : 1, 2, 4, 3, et le cubital du mâle se prolonge en deux apophyses aigus.

7ᵉ Race. LES CHEVELUES. (*Capillatæ*.)

Abdomen *ovoïde, couvert, ainsi que le corselet et les pattes, de longs poils.*

54. Thomise hérissé. (*Thomisus villosus*.) Long. 2 lig. ♀.

D'un fauve pâle, jaune verdâtre, tout couvert et hérissé de longs poils fauve pâle, de même couleur que le fond, très-allongés entre eux, et fins. Ces poils sont plus abondants sur le dos, qui a neuf points enfoncés, disposés longitudinalement sur deux lignes. Ce dos est de couleur fauve blanchâtre, ainsi que le ventre. Le corselet relevé en carène, rétréci vers la tête, allongé ; il est rouge, avec une ligne jaune longitudinale dans le milieu. Il a également des poils, mais moins longs et moins abondants que ceux du dos. Le bandeau a aussi des poils dirigés en avant. Les pattes en sont aussi garnies, et n'ont point de piquants; leurs poils sont rougeâtres comme le corselet, mais moins foncés. Les palpes et les mandibules de même couleur ; le sternum, les mâchoires et la lèvre d'un fauve pâle, avec des poils moins longs.

Walckenaer, Aranéides de France, p. 85, n° 20. Latreille, Nouv. Dict. d'hist. nat. t. XXXIV, p. 41. — *Thomisus Bufonii*, Savigny et Audoin, Egypte, Pl. 6, fig. 10, p. 164.

En France, en Egypte.

Cette Aranéide a les yeux en croissant, très-petits, mais brillants. Les latéraux de la ligne antérieure, étant plus proéminents, paraissent un peu plus gros. Les pattes antérieures de la première paire ont les cuisses fortes et renflées. Cette paire est la plus longue, ensuite la seconde ; la troisième paire est la plus courte ; les deux paires postérieures sont très-courtes. La lèvre très-allongée, arrondie à son extrémité ; les mâchoires minces, cylindroïdes, inclinées, et recouvrant entièrement la lèvre.

Le mâle, dont Savigny a donné la figure Pl. VI, fig. 10, nommé *Thomisus Bufonii* par M. Audoin, a les pattes antérieures allongées. Du reste, il ressemble à la femelle, et a de longs poils sur l'abdomen, le corselet et les pattes.

10ᵉ FAMILLE. LES ANGULEUSES. (*Angulatæ.*)

Yeux en segments de cercle.

Lèvre et *mâchoires* très-allongées.

Pattes antérieures allongées ; la première paire est la plus longue, la seconde ensuite, la troisième est la plus courte.

Mandibules cunéiformes.

Abdomen en pyramide tronquée quadrangulaire.

55. THOMISE PARESSEUX. (*Thomisus piger.*) Long. 2 lig.

Abdomen allongé, plus gros à sa partie postérieure, rougeâtre sur le dos, entouré de noir. Pattes rougeâtres.

Walckenaer, Aranéides de France, p. 86, n° 21. — *Ibid.* Tableau des Aranéides, p. 34, Pl. 4, fig. 37.

Dans cette famille, les mâchoires sont cylindroïdes, et entourent la lèvre comme dans les Drasses. Le mâle a la cupule du digital

assez large, arrondie, aplatie en dessous, rougeâtre. Du reste,
ressemble à la femelle.

56. Thomise bilicne. (*Thomisus bilineatus.*)

Abdomen allongé, plus gros à sa partie postérieure, coupé sur
le dos par trois sillons transversaux; deux bandes noires longitudinales lavées de gris.

Walckenaer, Aranéides de France, p. 86, n° 22.

J'ai pris dans les environs de Paris une femelle pleine, son abdomen est alors très-renflé, et aussi large que long. Dans cette
Ar. néide, la quatrième paire de pattes surpasse de très-peu la
troisième, et la première ne surpasse pas sensiblement la seconde.

57. Thomise angulé. (*Thomisus angulatus.*) Long. 5 lig.

Abdomen allongé, rhomboïdo-pentagonale, à angles très-marqués d'un rouge brun, bistre plus foncé sur les bords et plus clair
dans le milieu. Ventre fauve clair, avec une raie longitudinale
plus foncée.

Nouveau-Monde —Amérique septentrionale—Dans la Géorgie.

Cette espèce présente deux variétés dissemblables pour les couleurs, qui peut-être sont deux individus de sexes différents.

Ire Variété. Thomise angulé vert.

Corselet d'un fauve verdâtre, avec deux taches rondes plus
pâles. Pattes et palpes verts sans taches. Abdomen ayant un petit
tréma longitudinal plus brun proche le corselet, avec deux autres
inclinés se rapprochant à leur partie postérieure; puis deux taches
plus brunes, angulaires sur les côtés; une tache ronde ou carrée,
grise entre les deux angles de la partie postérieure, et à cette
partie postérieure des lignes courbes parallèles plus foncées. Ventre
d'un brun pâle, avec une raie longitudinale d'un brun foncé
dans le milieu.

Abbot, Georgian spiders, fig. 492. — MSS. p. 39.

2e. Variété. Thomise angulé brun.

Corselet brun, avec deux raies qui se croisent en X plus brunes.
Pattes d'un fauve jaunâtre, annelées. Abdomen brun fauve, très-
foncé sur les côtés, pâle et blanchâtre dans le milieu, et deux

points ou taches carrées ou rondes , d'un blanc plus vif sur le milieu du côté du dos. Ventre fauve clair.

Abbot , *ibid.* fig. 493. — MSS. p. 39.

Ces deux variétés ont été prises, la première le 7 mai, la seconde le 5 avril, mais sur un même buisson et dans les mêmes
lieux , la bruyère de Creek-Swamp. Elles sont semblables pour la
couleur et la forme , et, quoiqu'Abbot ait dessiné les palpes
comme étant deux femelles, je soupçonne que la seconde variété
est le mâle de la première.

Affinités du genre Thomise. Ce genre a cela de singulier, que,
par la nature de son derme, dans quelques-unes de ses familles
(celles des Rugueuses et des Malacostracées) ; par les formes larges de l'abdomen dans le plus grand nombre ; par les pattes étalées latéralement , il a les plus grands rapports de ressemblance
avec des familles entières de la classe des Crustacées : il fait ainsi
la liaison de la classe des Aptères avec cette autre classe d'invertébrés. Le genre Thomise a aussi des rapports d'analogie moins
éloignés avec les Plectanes , surtout par sa singulière famille des
Spinoïdes. Mais les affinités les plus intimes des Thomises sont avec
les genres Eripus , ainsi qu'avec deux genres de Latérigrades ,
les Arkys et les Deléna. Le genre Thomise se distingue de toutes les
autres Aranéides par des pattes postérieures beaucoup plus courtes
que les antérieures , et qui toutes sont étalées latéralement, ce qui
les rend inhabiles à la course ou au saut. La famille des Spinoïdes,
par son abdomen tuberculé , forme la liaison des Thomises avec
les Eripes.

Le genre Sénélops se rapproche du genre Thomise par la lèvre
et les mâchoires , mais il s'en éloigne par les yeux , tandis que
par la lèvre , les mâchoires et les yeux , le genre Philodrome a les
plus grands rapports avec le genre Thomise. Mais les Philodromes
se séparent des Thomises par leurs pattes postérieures allongées ,
qui rendent les espèces de ce genre aptes à une course rapide. Il
en est de même du genre Sélénops, qui s'allie , par les organes
du mouvement , aux Philodromes, mais s'éloigne de ceux-ci et
des Thomises par les yeux.

Les genres Olios, Sparasse, Clastes, qui terminent la série
des Latérigrades, ont encore de grands rapports avec les Thomises,
surtout les deux premiers, par le placement de leurs yeux et

leurs pattes étalées latéralement , mais ils se rapprochent encore
plus des Philodromes et des Sélénops par la longueur de leurs
pattes postérieures , et enfin ils s'éloignent des Philodromes , des
Sélénops et des Thomises par les organes essentiels de la bouche ,
les mâchoires étant droites et non inclinées , et la lèvre courte et
arrondie. Le genre Thomise et presque toute la tribu des Latérigrades en général , du moins les Philodromes, et les Sélénops, ont
de commun avec les genres Chersis , et Atte, de n'avoir que deux
griffes aux pattes : ils ressemblent , sous ce rapport, aux Scytodes et
aux Disdères dans les Araignées à six yeux ; mais les Thomises ont
à l'extrémité des pattes deux petites pelottes ou des appendices velues qui remplacent avec avantage la troisième griffe des autres Aranéides , et leur sert à se tenir facilement dans une position renversée. La famille des Brévipèdes , et la race des Oculées dans la
famille des Cancroïdes , allie les Thomises aux Sparasses par leurs
yeux latéraux plus gros.

Par la nature de leur derme et les couleurs dont ils sont revêtus , les Thomises ont aussi des affinités avec des genres très-divers : ainsi la famille des Chevelus a des poils allongés et fins ,
comme certaines Mygales, et comme les vieilles Tégénaires : les Rugueuses et les Malacostracées, ont un derme dure, comme les Plectanes ou les Épéires épineuses, tandis que la race des Cancroïdes
globuleuses ont un derme nu , tendre, sans aucun poil, comme un
grand nombre d'Épéires , et quelques familles de Théridion , et ils
sont revêtus , comme elles , de belles couleurs jaunes , rouges
et violettes. Dans la famille des Brévipèdes , au contraire , les
couleurs sont noires et rouges , dures ou sombres, comme dans
les Latrodectes , certains Drasses , et quelques familles de Théridion. Dans aucun genre d'Aranéides , si on excepte les Épéires
et les Plectanes , l'abdomen ne se montre sous des formes aussi
variées que dans les Thomises. Ces formes fournissent un
moyen pour bien subdiviser les familles en races , tandis que
l'on trouve dans la longueur relative des pattes un des principaux caractères pour bien distinguer les familles. Ces variations, dans la longueur relative des pattes , ne sont cependant
pas aussi nombreuses dans ce genre que dans les Attes. Sous
ce rapport, les familles de Thomises se classent de la manière
suivante :

Pattes, 1, 2, 4, 3. Les Cancroïdes et les Quadrangulaires.

— 1, 2, 3, 4. Les Ranules et les Échancrées.

— 2, 1, 4, 3. Les Brévipèdes et les Hispides.

— 2, 1, 3, 4. Les Obscures.

L'*Araneus erinaceus* de Panzer, F. Insect. Germ. 86, 21, qui est l'Insecte décrit par M. Trost dans ses Beytrage, I, 645, sous le nom de *Phalangium erinaceum*, me paraît être un Trogule. Si c'était réellement une Araignée, comme le prétend M. Panzer, elle formerait une nouvelle famille dans le genre Thomise, ou plutôt dans celui des Philodromes qui établirait la liaison de l'ordre des Aranéides avec celui des Phalangides ; c'est dans ce dernier ordre que nous croyons devoir placer cet Insecte.

18ᵉ Genre. ERIPE. (*Eripus.*)

Yeux *au nombre de huit, disposés à l'entour de deux tubercules verticaux, de la manière suivante : deux yeux placés sur le bandeau en avant des deux tubercules ; deux placés sur les deux tubercules du devant et à moitié de leur hauteur, plus écartés que les antérieurs qui sont sur le bandeau. Quatre autres yeux placés derrière les tubercules, savoir : deux en haut, et deux en bas, plus rapprochés que ceux d'en haut.*

Lèvre *allongée, ovalo-triangulaire, tronquée en ligne droite, ou en ligne légèrement arquée à son extrémité.*

Mâchoires *allongées, droites, élargies à leur extrémité, à côté externe droit ou légèrement convexe, extrémité interne échancrée.*

Mandibules *courtes, cunéiformes.*

Pattes *étendues latéralement ; les deux paires antérieures beaucoup plus longues que les postérieures ; la première paire surpassant peu la seconde ; la quatrième paire plus longue que la troisième.*

Eripe hétérogastre. (*Eripus heterogaster.*) Long. 8 lig.

De couleur fauve, jaunâtre ; corselet grand, large et renflé, surmonté de trois tubercules coniques, disposés en triangle, dont les deux antérieurs qui forment la base du triangle sont plus élevés. Abdomen ayant sept tubercules mous ; les trois en dessous figurent une espèce de trident, et sont fauves : les deux tubercules intermédiaires sont noirs à leur extrémité et plus allongés ; les tubercules supérieurs sont les plus courts, et noirâtres à leur extrémité. Pattes antérieures renflées, fauves, avec une large tache noire aux jambes. (M.)

Thomisus heterogaster, Guérin, Icon. du règne animal, Pl. 1, fig. 4. — *Th. hétérogastre*, Latreille, Cours d'entomologie. — *Eripus*, Walckenaer, Mém. sur une nouvelle classification des Aranéides, Annales de la Société entomologique de France, 1833, p. 438 et 441.

Nouveau-Monde — Amér. mérid. — Brésil, de Rio-Janéiro.

Deux individus de l'*Eripus heterogaster*, venant de Rio-Janéiro, ont été reçus au Muséum depuis celui que nous avons décrit, et nous montrent dans cette espèce deux variétés.

Variété 1. Tachée de brun. Longue de huit lignes, d'un beau jaune uniforme, ayant seulement les extrémités des palpes et celles des pattes brunes, et l'extrémité des tubercules de l'abdomen très-allongée, cylindrique, brune ; puis un tubercule très-pointu sur le corselet, proche l'abdomen.

Variété 2. Tachée de rose. —Six lignes de long. Jambe et tarses d'un rose pâle. L'abdomen a les tubercules roses vers leur extrémité, avec une raie rose qui lie de chaque côté les six tubercules latéraux, et une autre ligne rose qui part du sommet du tubercule postérieur, et se prolonge sur le milieu du dos, en figurant près du corselet un fer de flèche. Le côté a aussi deux bandes rose pâle, très-larges, qui se prolongent entre l'espace des deux tubercules postérieurs, ne laissant qu'une bande jaune assez étroite sous le ventre, entre l'anus et la partie sexuelle. Elle est marquée par une suite de points parallèles au nombre de douze. Les tubercules comme le corselet sont rugueux, et revêtus de petits points noirs chagrinés.

Affinités du genre Eripus. Le caractère singulier qui distingue ce genre, celui d'avoir les yeux disposés à l'entour de tubercules, ne se retrouve que dans certains genres voisins des Théridions, qui sont peut-être plus éloignés des Eripes, des Thomises, et de tous les genres de Latérigrades, que toutes les autres Aranéides. Il y a bien une famille d'Epéires qui a aussi le corselet avec des tubercules élevés, celle des Epéires impériales, mais cette famille n'a point les yeux disposés sur ces tubercules ni à l'entour. La forme large du corselet et de l'abdomen, les pattes étalées, le peu de longueur des pattes postérieures, comparées aux antérieures, établissent des rapports d'affinité très-intimes entre le genre Thomise et le genre Eripe, mais celui-ci s'éloigne des Thomises par ses mâchoires droites, et se rapproche sous ce rapport des Sénélops, des Olios et des Sparasses.

19ᵉ Genre. SÉLÉNOPS. (*Selenops.*)

Yeux *au nombre de huit, sur deux lignes ; ligne anté-rieure courbée en avant formée par six yeux ; la ligne postérieure très-rapprochée de l'autre, plus longue que l'antérieure, et indiquée à ses extrémités par deux yeux seulement, de sorte qu'il y a quatre yeux intermédiaires sur une ligne droite, et deux yeux latéraux de chaque côté, l'un plus avancé, l'autre plus reculé que la ligne intermédiaire.*

Lèvre *arrondie, semi-circulaire ou ovalaire.*

Mâchoires *allongées, droites, écartées et divergentes à leur extrémité.*

Pattes *étalées latéralement, allongées, fortes, pres-que égales ; les postérieures aussi longues ou plus longues que les. antérieures.*

Aranéides *courant avec rapidité les pattes étendues latéralement.*

Iʳᵉ Famille. LES OMALOSOMES.

Lèvre courte, semi-circulaire.
Mâchoires ovalaires, écartées, divergentes, resserrécs à leur base.
Pattes : la quatrième paire la plus longue, la troisième ensuite, la première la plus courte.

1. Sélénops omalosome. (*Selenops omalosoma.*) Long. 4 lig.

Abdomen aplati, plus étroit que le corselet, comme tronqué

en avant et en arrière , ce qui lui donne une forme carrée ; velu,
fauve : il a vers son tiers postérieur comme des traces de segments transversaux cachés par les poils, et un peu avant l'anus,
un de ses faux segments est armé de cinq dents qu'on ne voit
que sur l'animal encore frais.

Léon Dufour, Description de six Aranéides nouvelles, extrait
des Annales générales des Sciences physiques, in-8°, Bruxelles,
1820, p. 7, Pl. 69, fig. 4.

Ancien-Monde — Europe — En Espagne, dans les environs de
Valence.

J'ai emprunté la phrase descriptive à M. Dufour, qui a observé
l'insecte vivant. Ce qui suit est le résultat de l'examen de deux
individus décrits par moi dans la collection de Latreille, éti-
quetés comme venant d'Espagne. Les yeux latéraux antérieurs
sont plus rapprochés de la ligne intermédiaire que les postérieurs ; ils ont une sorte de prunelle noire , fort large , entourée
d'un jaune-vif brillant. Les yeux antérieurs sont sur le rebord
du corselet, et le bandeau est presque nul. Les mandibules sont
rougeâtres, avec une ligne noire qui commence en haut, se dirige du côté externe en ligne droite, se courbe et s'arrondit au
milieu. La lèvre est brune à sa base, jaunâtre à son extrémité.
Les mâchoires sont resserrées à leur base , fort écartées. Le corselet est large , aplati , d'un fauve rougeâtre , brun sur les côtés,
avec des sillons rayonnant au centre. Le ventre est d'un jaune-
pâle uniforme. Les pattes sont d'un fauve jaunâtre, avec des
taches brunes un peu en rosace , comme celles du Léopard , et
qui ne forment pas d'anneaux réguliers. La quatrième paire est
sensiblement plus longue que les autres , elles sont presque
égales entre elles , et pourtant dans leur longueur relative , selon
l'ordre suivant : 4, 3, 2, 1. Je remarquerai que les mâchoires
ovalaires, écartées, de mon espèce, ne correspondent pas au
dessin (à la vérité fort obscur et imparfait dans la gravure) que
M. Dufour donne de la sienne, ce qui pourrait donner des doutes
sur l'origine.

Dans cette espèce , comme dans plusieurs autres du même genre,
les yeux latéraux postérieurs sont plus gros que les autres ; les
latéraux antérieurs plus petits.

2. Sélénops annulipède. (*Selenops annulipes.*) Long. 5 lig. ♀.

D'un brun-fauve pâle , parsemé de duvet grisâtre , assez serré, épais, formant sur les pattes des anneaux de cette couleur. Les pattes sont longues, hérissées de poils noirs, les postérieures les plus longues. Les yeux sont petits, noirâtres; les latéraux antérieurs sont plus écartés de la ligne formée par les quatre intermédiaires que les postérieurs. Le corselet est un peu rayonné en dessus. (Collection de Latreille.)

Senelops Ægyptiaca, Savigny et Audoin , Egypte, Arachnides, p. 162 , Pl. 6, fig. 6.
Ancien-Monde — Asie — Afrique — De Syrie et d'Egypte.

L'espèce figurée par Savigny n'a pas trois lignes de long : il est probable que c'était une jeune. Les mâchoires sont échancrées latéralement près de leur sommet interne, qui forme une ligne oblique concave. Les yeux postérieurs latéraux sont les plus gros de tous, et les antérieurs latéraux les plus petits.

3. Sélénops fugitif. (*Selenops fugitivus.*) Long. 6 lig. ♀.

Yeux rougeâtres. Corselet grand , aplati, rougeâtre, sans taches. Mandibules rouges, d'un brun foncé, glabre, très-bombées et un peu dirigées en avant, sans aucune tache. Pattes fortes, longues, brunes, avec de petites taches plus brunes, et des anneaux d'un jaune pâle au commencement et à l'extrémité du tibial. (M.)
Ancien-Monde — Afrique — De la Caffrerie.

4. Sénélops voyageur. (*Senelops peregrinator.*) Long. 6 lig. ♂.

Abdomen d'un rouge brun, taché de brun sur le dos, moins arrondi, moins large que le corselet, et comme lui aplati. Mandibules petites, d'un brun noir, couvertes de poils. Digital ovale, pointu, peu renflé. (M.)
Ancien-Monde — Afrique — Du Sénégal.
Ce mâle diffère, par ses mandibules non glabres et moins grosses, et par ses couleurs , surtout celle des pattes, du Sénélops fugitif. La lèvre est courte, semi-circulaire, et les mâchoi-

res ovalaires, allongées, écartées. Les yeux latéraux très-rapprochés de la ligne des quatre intermédiaires qui sont petits, égaux entre eux. Le sternum, les cuisses en dessous, les mâchoires et la lèvre sont d'un fauve brun. Les pattes en dessus sont noires, tachées de fauve, avec de longues taches noires.

2ᵉ Famille. LES AÏSSES. (*Aissus.*)

Lèvre courte, semi-circulaire.
Mâchoires droites, peu resserrées à leur base.
Pattes : la seconde paire la plus longue, la troisième ensuite, la quatrième est la plus courte.

5. Sélénops Aïsse. (*Selenops Aissus.*) Long. 6 lig. ♀.

Corps très-plat ; abdomen plus long que large, plus étroit que le corselet, en ligne droite à sa partie antérieure et sur les côtés, arrondi et pointu à sa partie postérieure. Corselet grand, large, arrondi ou en cœur aplati, avec des sillons, rayonnant aux pattes, et aboutissant au centre, creusé en large fossette. Ventre d'un brun-fauve uniforme. (M.)
Nouveau-Monde — Indes occidentales — De la Martinique.
Les yeux sont noirs et saillants, excepté les latéraux antérieurs, qui sont renfoncés, petits, rougeâtres. Les quatre yeux de la ligne intermédiaire sont presque aussi gros que les latéraux postérieurs. La lèvre est large, en demi-cercle, d'un rouge brun à sa base et d'un rouge plus pâle sur ses bords. Le sternum est rougeâtre. Les mandibules sont courtes, renflées, pyriformes, d'un rouge noirâtre, avec une rainure dentée pour recevoir les crochets, qui sont très-grands. L'épygine est formée de deux petites mailles brunes, accollées l'une à l'autre, et échancrées à leur partie supérieure, laissant passage à la cavité génitale. Les palpes sont courts, un peu plumeux, légèrement renflés à leur extrémité, de manière à tromper sur le sexe de l'individu. Les pattes sont fortes, rougeâtres, allongées.

3ᵉ Famille. LES APHARTÈRES. (*Apharteres.*)

Lèvre allongée, ovalaire.

Mâchoires très-convexes, à leur côté externe; pointues
à leur extrémité, qui est creusée, en ligne concave
au côté interne; étroites à leur base, creusées intérieurement, et entourant la lèvre.

Pattes : la seconde paire la plus longue, la troisième ensuite, la première est la plus courte.

6. Sélénops Brésilien. (*Selenops Bresilianus.*) Long. 7 lig. ♂ ♀.

Abdomen ovale, noir, avec des pinceaux de poils vers les
filières; ventre noir. Corselet plus large que long, arrondi,
aplati, de couleur fauve jaunâtre. Sternum brun ou noir. (M.)

Selenops Spixii, Derty, Delectus anim. p. 195, Pl. 88, fig. 12.
Nouveau-Monde—Amér. mérid.—Du Brésil, dans le nord de la
capitainerie de Saint-Paul, dans celle de la baie de S. Salvador.

Le bandeau est presque nul, et les yeux antérieurs touchent
presque aux mandibules; ces yeux sont petits et jaunâtres;
il y a des poils noirs, roides et verticaux, parsemés entre les
yeux. Les mandibules sont très-courtes, singulièrement renflées
à leur partie antérieure, et comme globuleuses, dépassant ainsi
le bandeau par leur convexité. Elles sont de couleur fauve
sale, lavées de noir, parsemées de poils roides et droits non
couchés. Les palpes sont courts, minces, fauves, avec de larges
anneaux noirs, des poils noirs et roides, et des piquants très-
longs à l'extrémité. Les pattes sont d'un fauve-jaune doré, avec
de larges anneaux noirs; la deuxième paire a 15 lignes de long,
la troisième 14 lignes, la quatrième 13 lignes, la première 11 lignes. Le corselet a 3 lig. 1/4 de long et 4 lignes en largeur.
Le mâle décrit par M. Perty était mutilé : 6 lignes de long,
très-déprimé, gris varié de brun; cuisses annelées; tarses
velus.

Affinités du genre Sénélops. Par sa lèvre grande, arrondie, et ses mâchoires droites, le genre Sénélops a de grands rapports avec les Sparasses ; mais par ses pattes étalées latéralement, son corps aplati, ses mandibules cunéiformes, il tient plus étroitement encore aux Thomises, et plus encore aux Philodromes, par ses pattes postérieures, presque égales en longueur aux antérieures. Le placement singulier de ses yeux distingue ce genre de tous les autres, mais cependant, par la manière dont ces yeux se trouvent étalés sur le devant du corselet, il se rapproche du genre Delène. Comme tous les genres du grand groupe des Marcheuses (*voyez* le tableau, p. 202), ce genre varie beaucoup par les longueurs relatives des pattes.

20ᵉ Genre. **PHILODROME.** (*Philodromus.*)

Yeux *au nombre de huit, presque égaux entre eux, occupant le devant du corselet, placés sur deux lignes en croissant, sessiles, ou n'étant pas portés sur des tubercules ou des éminences de la tête.*

Lèvre *triangulaire, terminée en pointe arrondie, ou coupée à son extrémité.*

Mâchoires *étroites, allongées, cylindroïdes, inclinées sur la lèvre, rapprochées à leur extrémité.*

Mandibules *cylindroïdes ou cunéiformes.*

Pattes *articulées pour être étendues latéralement, allongées, propres à la course ; presque égales entre elles.*

Aranéides *courant avec rapidité les pattes étendues latéralement, épiant leur proie, tendant des fils solitaires pour la retenir, se cachant dans des fentes, ou dans des feuilles, pour faire leur ponte.*

Iʳᵉ Famille. **LES CRABES LONGIPÈDES.**
(*Cancroides longipedes.*)

Corselet aplati, large à sa partie antérieure.
Abdomen court, et très-large à sa partie postérieure.
Pattes, les deux paires intermédiaires les plus allongées.
Lèvre terminée en pointe arrondie.
Mandibules cunéiformes.

1. **Philodrome tigré.** (*Philodromus tigrinus.*) Long. 3 lig.

Abdomen déprimé, large à sa partie postérieure, coupé en ligne droite à sa partie antérieure, pointu vers l'anus, et paraissant pentagonale. Dos revêtu de poils roux, bruns et blancs brillants, qui présentent l'aspect d'une peau tigrée ; côtés bordés de brun. Ventre blanchâtre. Pattes fines, rougeâtres, marquées de brun et de points fins de même couleur.

Walcken. Aranéides de France, p. 87, n° 1. — *Thomise tigré*, ibid. Tabl. des Aranéides, p. 34, n° 22. — *Araignée tigrée*, Faune parisienne, t. II, p. 230, n° 86. — *Ar. lævipes*, Linné, Faun. Suecica, 2° édit. 2025.
Ancien-Monde — Europe — En France et en Allemagne.

La première et la quatrième paire de pattes sont presque égales, cependant la première est la plus longue. Avant la ponte, cette espèce se tient sur les arbres, les cloisons de bois, les murailles, ayant les pattes étendues latéralement, et comme collées sur la surface des corps sur lesquels elle se trouve. Mais, dès qu'on la touche, elle s'enfuit avec une extrême rapidité, ou se laisse tomber par le moyen du fil qui se dévide de son anus.

2. **Philodrome sobre.** (*Philodromus jejunus.*)

Abdomen large, aplati, de forme pentagonale, d'un blanc jaunâtre ou verdâtre, avec deux taches noires inclinées, une de chaque côté, proche le corselet. Deux raies larges, noires au milieu qui traversent une partie du dos, sans se joindre entre elles. Au milieu de l'espace jaune ou blanc, presque cerné par les taches qu'on vient de décrire, est un petit trait longitudinal, fin, noir, avec d'autres petits traits ou points blancs ou jaunes. Le milieu du ventre en dessous est d'un gris pâle, avec deux petites bandes longitudinales obscures, qui partent des parties sexuelles.

Walckenaer, Aranéides de France, p. 97, n° 1 *bis.* — *Aranea jejuna*, Panzer, 83, 21. — *Araignée tigrée*, De Géer, t. VII, p. 302, Pl. 18, fig. 25. — *Araneus Margaritaceus*, Clerck, p. 130, c. 7, spec. 2, Pl. 6, tab. 3. — *Pearl couloured Spider*, Martyn-Swedish-Spider, p. 62, Pl. 11, fig. 1. — *Thomisus Lævipes*, Hahn,

Die Arachniden, t. I, fig. B, p. 120, tab. 34, flg. 90. — *Ibid.*
Monogr. IV, heft, Pl. 3, fig. B. (Pattes postérieures trop courtes.) — Schaeffer, Icon. 71, 8. — Frisch, Insecten, 10 fascic.
p. 18, tab. 14.

Ancien-Monde—Europe—En France, en Allemagne, en Suède.

Le Philodrome sobre, quoiqu'ayant beaucoup de ressemblance
avec le tigré, est une espèce distincte. Je les ai prises toutes deux
à la même époque, au commencement de juin. Le Philodrome
sobre a des couleurs plus vives et plus tranchées ; son corselet se
rétrécit plus subitement vers la tête ; l'inégalité de longueur entre
la troisième et la première paire de pattes est plus sensible. La
seconde paire de pattes, qui est la plus longue, a 8 lignes, et est
notablement plus allongée que les autres ; la troisième paire de
pattes excède de peu la première ; la quatrième est la plus courte.
J'ai trouvé un individu de cette espèce avec le *Tigrinus*, qui
tous deux avaient, en 1830, résisté à un froid de 13 degrés. En
juin, le *Jejunus* était avec son cocon, rond, aplati, d'un brun
jaunâtre, et enveloppé d'une bourre blanchâtre. Il est très-agile,
et court avec rapidité, marchant latéralement, mais revenant
toujours sur ses œufs. Clerck a décrit le mâle, qui est semblable
à la femelle, sauf le digital globuleux des palpes. Clerck a nourri
des femelles auxquelles il avait présenté des mouches avec des
pucerons : il avait pris ces Aranéides au commencement de juin ;
elles pondirent le 7 du même mois. Il y avait cent œufs dans leurs
cocons non agglutinés entre eux. Les petits ont éclos vers la fin
de juillet. Panzer a pris l'espèce qu'il a figurée en novembre. Il
la renferma dans une boîte vitrée, la garda sans qu'elle eût
aucune nourriture jusqu'au mois de mars suivant, et alors elle
s e portait encore bien.

3. Philodrome d'Abbot. (*Philodromus Abbotii.*) Long. 5 lig. ♀.

Abdomen aplati, large à sa partie postérieure, pentagonale,
fauve jaunâtre ou brun grisâtre, avec deux points bruns et deux
traits disposés en carré sur le milieu du dos ; raies brunes ou noires, transversales, et courbes à la partie postérieure proche l'a-
nus ; côtés bordés de noir ; corselet fauve ou gris, mélangé de
taches brunes ; pattes grises ou fauves, annelées de brun.

Abbot, Georgian Spiders, fig. 225 ; MSS. p. 20. (Variété

brune et grise.) — *Ibid.* fig. 400. MSS. p. 32. (Variété fauve jaunâtre.)

Nouveau-Monde — Amérique septentrionale — En Géorgie.

La première variété a été prise dans les bois de chêne du comté de Burke, le 3o avril. La seconde variété, plus grande, et dont les taches sont plus distinctes, quoique semblables, a été prise le 29 avril sur un noyer, dans les mêmes bois. Cette espèce ressemble beaucoup au *Philodromus jejunus.*

4. PHILODROME INQUISITEUR. (*Philodromus inquisitor.*) Long. 5 lig.

Abdomen aplati, large à sa partie postérieure, pentagonale. Fond d'un fauve brun, proche le corselet, d'une couleur plus claire, ce qui dessine sur la partie brune le commencement d'un cœur. Deux taches rouges sur les côtés du dos, à l'endroit le plus large. Ces deux taches sont bordées à la partie postérieure d'une ligne noire et d'une ligne blanche. Au-dessus de la pointe que forme l'anus sont deux gros points noirs ou bruns. Corselet brun. Pattes d'un fauve jaunâtre.

Abbot, Georgian Spiders, fig. 468, MSS. p. 37.

Nouveau-Monde—Amérique septentrionale—De Géorgie.

Prise le 13 mai sur un chêne, dans les bois de chêne du comté de Burke.

2ᵉ FAMILLE. LES FILIPEDES. (*Filipedes.*)

Corselet aplati, large, en cœur.

Pattes dont la deuxième paire est la plus longue, ensuite la première; la troisième est la plus courte.

Lèvre triangulaire tronquée.

Mâchoires bombées ou coudées à leur base, très-inclinées sur la lèvre.

Mandibules cylindroïdes.

1ʳᵉ Race. LES PYRIFORMES.

Abdomen *pyriforme ou ovoïde.*

5. PHILODROME DISPARATE. (*Philodromus dispar.*) Long. 3 lig. ♂ ♀.

La femelle. — Abdomen pyriforme, couvert de poils courts,

épais , grisâtres dans le milieu de la partie antérieure , noirs ou bruns sur les côtés, d'un fauve-doré verdâtre à la partie postérieure. Corselet en cœur grisâtre , avec deux bandes brunes longitudinales sur les côtés. Pattes fines, verdâtres ; cuisses tachées de noir.

Le mâle.— Corselet et abdomen brun noir, bordés et entourés de blanc. Pattes et palpes verdâtres; digital renflé , gros et noir. Palpes très-allongés.

Aranéides de France , p. 89 , n° 9. — *Thomisus griseus*, Hahn, Monograhia der Spinnen, in-4°, fasc. 4, Pl. 3, fig. A. — *Philodromus fallax*, Sundevall, p. 226, n° 4.

Ancien-Monde — Europe — En France, dans les environs de Paris, en Allemagne, près de Nuremberg.

6. PHILODROME PALE. (*Philodromus pallidus.*) Long. 2 lig. ♂.

Corselet plus large que l'abdomen , de couleur pâle , grisâtre. Abdomen ovoïde , allongé, déprimé, plus large dans son milieu, pointu vers l'anus , ayant à la partie antérieure et proche le corselet une légère échancrure , ou un petit renfoncement; deux taches d'un noir très-vif de chaque côté. Ventre, pattes et palpes d'un jaune pâle.

Walckenaer, Aranéides de France, p. 90 , n° 3. — *Thomisus griseus*, Hahn , die Arachniden , t. I, p. 121, tab. 34, fig. 91.

Ancien-Monde — Europe—En France et en Allemagne.

La lèvre est large , coupée en ligne droite à son extrémité ; les mâchoires très-inclinées sur la lèvre , coudées et dilatées à leur base , se terminant en pointe arrondie. Je n'ai pris que le mâle. La femelle, décrite par M. Hahn , a l'abdomen plus renflé, est plus grise, et a quatre taches inclinées, d'un noir très-vif, bordées de blanc sur les côtés du dos : les deux taches antérieures sont proches le corselet; il y a cinq points plus bruns disposés en angles sur le milieu du dos , et des lignes transverses brunes à la partie postérieure. Le *Thomisus griseus* de l'ouvrage de M. Hahn, intitulé die Arachniden, n'est pas la même espèce que celui qu'il a nommé *Thomisus griseus* dans le 4e cahier de l'ouvrage intitulé Monographia der Aranea.

2ᵉ Race. LES CYLINDRIQUES.

Abdomen *allongé*, *cylindroïde*.

7 PHILODROME ROUGE. (*Philodromus rufus.*) Long. 2 lig. et demie ♂.

Abdomen allongé, cylindrique, étroit, coupé en ligne droite à sa partie antérieure, d'un fauve rongeâtre, uniforme, sablé de très-petits points plus foncés qu'on remarque aussi à la poitrine, aux cuisses et aux palpes. Corselet, ventre, pattes et palpes de couleur pâle. Mandibules d'un blanc rougeâtre.
Walckenaer, Aranéides de France, p. 91, n° 4.
Je ne connais que le mâle de cette espèce.
La lèvre est allongée, étroite, échancrée, ou coupée en ligne droite à son extrémité. Les mâchoires sont arrondies à leurs côtés externes, creusées dans leurs côtés internes, bombées à leur base, resserrées dans leur milieu, légèrement inclinées sur la lèvre; de couleur fauve pâle, et parsemées de points plus foncés.

3ᵉ FAMILLE. LES VIGILANTES. (*Vigilantes.*)

Corselet arrondi, convexe.
Pattes : la deuxième est la plus longue, la première ensuite, la quatrième est la plus courte.
Lèvre triangulaire, arrondie à son extrémité.
Mâchoires très-inclinées sur la lèvre, amincies vers leurs extrémités, bombées à leur base.
Mandibules cylindroïdes.

8. PHILODROME CESPITICOLE. (*Philodromus cespiticolis.*)
Long. 2 lig. 1/2. ♂ ♀.

La femelle. — Abdomen ovale, plus large dans son milieu, jaunâtre ou d'un fauve brun, avec les côtés et le milieu d'un brun rougeâtre, la bande brune du milieu fuséiforme, ayant huit taches blanches ou jaunes, dont les deux premières plus grandes sont ovales et disposées parallèlement; les six autres diminuant de grandeur, inclinées en chevrons disjoints. Corselet brun sur les côtés, fauve pâle dans le milieu. Pattes fauves.

Le mâle. — D'un noir verdâtre. Bande du milieu entourée de deux taches ovales blanches à la partie supérieure, et derrière quatre petits traits transversaux blancs.

Walckenaer, Aranéides de France, p. 91, n° 5. — *Philodromus collinus*, Koch, 130, fig. 15 (le mâle), fig. 16 (la femelle). — Thomise arlequin (*Thomisus histrio*), Latreille, Nouv. Dict. d'hist. nat. t. XXXIV, p. 36.—*Philodromus fusco-marginatus*, Sundevall, p. 224, n° 2.

Ancien-Monde—Europe—En France et en Allemagne. Dans les environs de Paris, de Berlin, et dans le département du Calvados.

Le corselet, dans cette espèce, est moins bombé et plus large que dans le *Ph. aureolus*, et par cette raison la lèvre est un peu plus grande, mais elle a la même forme que dans l'*Aureolus*, et il n'y a pas lieu de séparer en deux races ces deux Aranéides, qui se tiennent par toutes les affinités : j'ai eu tort de le faire dans la Faune française. Le mâle a des couleurs noires et blanches plus tranchées. La femelle, dans certaines variétés, a quelquefois la partie supérieure de sa tache du milieu interrompue, ce qui forme un triangle proche le corselet, et les chevrons, ou taches blanches, forment seulement des raies transversales, ce qui constitue deux triangles opposés par leur base.

9. **PHILODROME FLAMBOYANT.** (*Philodromus aureolus.*)
Long. 3 lig. 1/4. ♂ ♀.

Abdomen pyriforme, allongé et renflé vers la partie postérieure, à fond jaune ou verdâtre, avec des taches rougeâtres ou brunes à la partie postérieure, formant des rayons en forme de larmes ou de flammes qui partent d'en haut, et se dirigent latéralement et s'élargissent à leur partie postérieure. Le milieu de la partie antérieure a une petite raie rouge longitudinale, qui part de la partie antérieure, accompagnée de taches rouges sur les côtés. Derrière cette raie sont quelquefois deux lignes brunes, longitudinales, qui partent de deux points enfoncés postérieurs, et se rapprochent postérieurement sans se réunir : ces raies sont souvent remplacées par des raies inclinées ou chevrons disjoints. Le mâle a le corselet plus large, moins bombé ; l'abdomen plus brun, allongé, cylindroïde, de couleur d'un fauve doré, avec une teinte ardoisée à la partie antérieure.

Walckenaer, Aranéides de France, p. 92, n° 6. — *Thomisus aureolus,* Hahn, die Arachniden, t. II, p. 57, fig. 144 (le mâle), et fig. 145 (la femelle). *Araneus aureolus,* Clerck, p. 133, Pl. 6, tab. 9. — *Philodromus aureolus,* Sundevall, p. 223, n° 1. — *Philodromus aureolus,* Koch, 130, fig. 21 (le mâle), fig. 22 (la femelle). — *Araignée brune bordée,* De Géer, VII, p. 301, Pl. 18, fig. 23 et 24.

Ancien-Monde—Europe—En France, en Suéde, en Allemagne.

Cette espèce court avec agilité. Je l'ai fréquemment rencontrée en mai et en juin, et plus tard dans des feuilles sèches qu'elle ploie. J'en vis une en août, placée sur son cocon. Sa ponte, selon Clerck, est de quarante ou cinquante œufs. — Cette espèce est bien différente de la Cespiticole, et M. Koch les réunit à tort dans sa synonymie, qui doit être rectifiée. Le mâle n'a pas toujours une teinte bronzée, et retrace souvent la figure du dos de la femelle, quoique plus étroit. Cette Aranéide est très-vivace, et j'en ai pris un individu jeune le 31 janvier, dans un plant de laitue. M. Sundevall l'a prise en juin, avec son cocon, qu'elle veille assidûment, refusant alors toute nourriture, et ne touchant pas aux mouches qu'on lui offre. Son cocon est formé de soie très-serrée, et semblable à du taffetas ou linge gommé; il est blanc et rond. Les variétés brunes de cette espèce, qui ont les deux lignes brunes sur le milieu du dos, sont de toutes les Philodromes celles qui ressemblent le plus à la figure de De Géer, qui ne peut, non plus que sa description, concorder avec le Philodrome cespiticole ou *Collinus* de M. Koch, ni avec le *Fusco-marginatus* de M. Sundevall.

3ᵉ Famille. LES SURVEILLANTES. (*Custodientes.*)

Corselet arrondi.

Abdomen allongé.

Pattes dont la seconde paire est la plus longue, la quatrième ensuite, la troisième est la plus courte.

Yeux en croissant à cornes très-aiguës : les postérieurs latéraux très-reculés en arrière ; les intermédiaires postérieurs rapprochés entre eux ou rentrés dans l'intérieur du croissant, de manière à former un carré avec les antérieurs intermédiaires, ou un croissant se composant de trois ou quatre lignes d'yeux.

Lèvre courte, semi-circulaire.

Mâchoires très-inclinées sur la lèvre, et bombées à leur base.

Mandibules cylindriques.

1ʳᵉ Race. LES OBLONGUES. (*Oblongæ.*)

Abdomen *très-allongé, cylindroïde.*

10. Philodrome oblong.(*Philodromus oblongus.*)Long. 3 lig. 1/4. ♂ ♀

Abdomen dont le dos est à fond jaune, avec une raie longitudinale, brune dans le milieu, qui s'amincit à sa partie postérieure. Deux autres raies longitudinales, plus étroites, sur les côtés ; des points bruns dans le milieu du dos, dont deux sont plus apparents. Ventre d'un gris-blanc uniforme.

Walckenaer, Aranéides de France, p. 94, n° 7, Pl. 6, fig. 9.— *Ibid.* Hist. nat. des Ar. fasc. 4, fig. 5. — *Ibid.* Tableau des Aranéides, Pl. 4, fig. 39.—*Thomisus oblongus*, Hahn, die Arachniden, t. I, p. 110, tab. 28, fig. 82 (le mâle). — *Philodromus trilineatus*, Sundevall, p. 227, n° 5.

11. Philodrome argenté. (*Ph. argentatus.*) Long. 3 lig. ♂ ♀.

Le mâle. — Corselet en cœur, fauve, bordé de brun, entouré de blanc, avec une ligne blanche, argentée dans le milieu, étroite et bordée de **fauve brun**. Abdomen très-allongé, cylindrique, à dos d'un brun d'ardoise, recouvert de taches blanches argentées. entouré de blanc sur les côtés. Pattes d'un jaune pâle.

La femelle. — Le dos est plus pâle; il est entouré de blanc, mais la tache brune s'éclarcit jusqu'au blanc gris dans le milieu, et il y a des bandes transversales alternativement brunes et grisâtres à la partie postérieure. Pattes blanches ou jaune-pâle, avec de longs piquants, sans annelures; cuisses sablées de points plus foncés.

Walckenaer, Aranéides de France, p. 95, n° 8. — *Philodromus limbatus*, Sundevall, p. 228, n° 6. — Koch, dans Schaeffer, fasc. 130, fig. 17 (le mâle); fig. 18 (la femelle).

Ancien-Monde—Europe—En France, en Allemagne et en Suède.

2ᵉ Race. LES OVOIDES. (*Ovoidæ.*)

Abdomen *ovoïde*.

12. PHILODROME RHOMBIFÈRE. (*Ph. rhombiferens.*) Long. 3 lig. 1/2. ♂ ♀.

Abdomen ovoïde, plus pointu à sa partie postérieure, rouge ou fauve gris en dessus, et ayant un rhombe ou trapèze noir ou brun à la partie antérieure du dos; des poils rangés de chaque côté, dépassant le duvet du corps, noirs à leur base, gris à leur extrémité. Ventre d'un rouge plus pâle, avec trois lignes longitudinales qui se réunissent en angle à l'anus.

Walckenaer, Aranéides de France, p. 95, n° 9, Pl. 6, fig. 8. — *Aranea*, Schaeffer, Icones, tab. 47, fig. 8.—*Thomisus Fabricii*, Savigny, et Audoin, Aran. d'Egypte, p. 161, Pl. 6, fig. 3 (un mâle). — *Ph. Albini*, ibid. Pl. 6, fig. 4 (mâle âgé). — *Philodromus rhombiferens*, ibid. Pl. 6, fig. 5 (la femelle). — *Thomisus rhomboicus*, Hahn, die Arachniden, t. I, p. 111, Pl. 28, fig. 83. — *Araneus formicinus*, Clerck, p. 134, Pl. 6, tab. 2. (La longueur des pattes est mal exprimée.) *Phil. formicinus*, Sundevall, p. 229, n° 7.

Ancien-Monde—Europe—Afrique—En France, en Suède et en Egypte.

Les yeux antérieurs latéraux sont un peu plus gros que les antérieurs intermédiaires qui sont très-petits. Le mâle diffère peu de la femelle; il a seulement l'abdomen plus petit, les pattes plus allongées. — Clerck a observé une femelle qui restait stérile; ce qu'il attribue à ce que cette femelle n'avait pas été fécondée par le mâle.

3ᵉ Race. LES TRAPÉZOIDES.

Abdomen *trapézoïde..*

13. **PHILODROME RAPIDE**. (*Philodromus præceps.*) Long. 6 lig. 1/2. ♀.

Corselet et abdomen très-élargis dans leur milieu, resserré à leur deux extrémités. trapézoïdes, d'un blanc verdâtre, avec des taches brunes. Le corselet, avec une bande longitudinale brune, formant un carré près les yeux, puis un triangle et ensuite un trapèze ; les bords postérieurs bordés de brun. L'abdomen, avec une tache longitudinale qui forme un cœur, large et grand sur le milieu, de couleur brune pâle, ayant dans son intérieur de petites taches triangulaires plus foncées, dont les pointes ainsi que celles de cette large tache, sont tournées vers le corselet. A la pointe du cœur est une autre petite tache qui ressemble à la forme d'un champignon sur sa tige : à sa base le cœur a pour tige un carré long, terminé en tache triangulaire plus large et plus foncée, dont la pointe tronquée est vers l'anus. Les côtés du dos sont verdâtres, mais ils sont bordés de chaque côté, à la partie antérieure, d'une petite ligne noire ou brune. Pattes fauves jaunâtres annelées de brun.

Abbot, Georgian Spiders, fig. 106. MSS, p. 11.
Nouveau-Monde — Amérique septentrionale — En Géorgie
Prise le 27 février sur un tronc de chêne, dans la bruyère de Creek-Swamp. Abbot vit un individu de cette espèce, placé sous une petite branche morte, tourner sur la branche, et se saisir d'une Mouche à viande aussitôt que celle-ci venait de s'y poser.

Il est probable que la figure 467 d'Abbot représente un Philodrome de cette race, semblable au Philodrome rhombifère d'Europe ; mais comme Abbot n'a pas figuré les yeux, il y a incertitude. Cette Aranéide est jaune, et a le corselet ou l'abdomen entouré de rouge carmin ; l'ovale ou rhombe sur la partie antérieure du dos est gris brun. Si c'est un Philodrome, il recevra le nom de Philodrome coloré.

La même incertitude pour la figure 470, dont le corps est gris, avec des taches blanches et noir pâle ; les pattes et les palpes fauves. Cette figure a beaucoup d'analogie avec le *Philodromus præceps.*

4ᵉ Race. LES THAUMASIENNES.

Corselet *ovale*.

Abdomen *allongé*.

Yeux *antérieurs formant une ligne presque droite ; les latéraux de cette ligne plus petits que les intermédiaires antérieurs.*

Pattes *très-allongées ; la première et la quatrième paire les plus longues, et presque égales entre elles.*

Mandibules *cylindriques renflées*.

14. PHILODROME SÉNILE. (*Philodromus senilis.*) Long. 4 lig. ♂.

Yeux antérieurs sur une ligne presque droite ; les intermédiaires de cette ligne plus gros. Corselet d'un brun fauve, large, déprimé, ovalaire, allongé, s'élargissant à sa partie postérieure. Abdomen ovalaire, allongé, moins large et pas plus long que le corselet, d'un brun fauve. Pattes d'un fauve pâle. Digital allongé en ovale pointu. Mandibules dont la tige est couverte de poils d'un blanc vif.

Thaumasia senilis, Perty, Delect. anim. p. 192, Pl. 38, fig. 5.

Nouveau-Monde — Amér. mérid. — Brésil ; de la capitainerie de Saint-Paul.

Affinités du genre Philodrome. C'est avec le genre Thomise que les Philodromes ont leurs plus étroites et leurs plus nombreuses affinités. La première famille de Philodromes, celle des Cancroïdes longipèdes, a les yeux et la bouche des Thomises, et la forme de l'abdomen des Thomises cancroïdes. Ces deux familles de Crâbes simples et de Crâbes cancroïdes, quoique placées dans des genres différents, ne semblent distinguées que par les organes du mouvement, dont la diversité produit à la vérité de notables variétés dans les habitudes et l'aspect ; mais les Philodromes s'éloignent des Thomises pour se rapprocher du genre Délène par la lèvre tronquée des Filipèdes, et du genre Olios par ce même caractère, et les mandibules cylindroïdes de leurs trois dernières familles ; par les mâchoires peu inclinées sur la lèvre, et creusées extérieurement et intérieurement, le *Philodromus rufus* lie encore plus étroitement ces deux genres. Enfin la lèvre ovale ou semi-circulaire des deux dernières familles de Philodromes,

et la forme de l'abdomen de ces dernières rapproche aussi ce
genre de celui des Sparasses. Par la quatrième race de sa dernière famille, ce genre, au moyen de la ligne presque droite des
yeux antérieurs, se rapproche de la Dolomède admirable. Peut-
être est-ce cette raison qui avait engagé M. Perty à donner au genre
qu'il voulait former de cette race le nom θαυμασίος. Mais, par ses
caractères essentiels, le genre Philodrome se distingue et se sépare,
sans ambiguité, de tous les genres que nous venons de nommer,
comme de ceux qui ont des affinités avec ceux-ci.

21ᵉ Genre. OLIOS. (*Olios.*)

Yeux *huit, étalés sur deux lignes parallèles, l'anté-*
rieure beaucoup plus courte.

Lèvre *large ou quadriforme, ou tronquée en ligne*
droite à son extrémité.

Mâchoires *écartées, droites ou inclinées, disjointes*
ou divergentes à leur extrémité.

Mandibules *allongées, cylindroïdes.*

Pattes *presque égales entre elles, allongées, fortes ;*
les postérieures comme les antérieures, articu-
lées pour être étendues latéralement, et por-
tées en avant.

Aranéides *tendant quelques fils et marchant dans une*
position renversée dans les bois ou dans l'inté-
rieur des habitations ; attaquant les Kakerlacs,
les gros Insectes, et même les petits Lézards.

1ʳᵉ Famille LES ROBUSTES. (*Robustæ.*)

Yeux sur deux lignes parallèles ; la ligne antérieure plus
courte.

Lèvre courte, quadriforme, tronquée ou· légèrement arrondie.

Mâchoires écartées, disjointes à leur extrémité, inclinées
sur la lèvre.

Mandibules fortes, allongées, cylindroïdes.

Corselet large, en cœur.

Pattes presque égales entre elles ; les premières les plus
longues.

36.

1re Race. LES GRAPSES.

Yeux *presque égaux entre eux, les deux intermédiaires de la ligne antérieure, et les quatre latéraux portés sur une légère élévation.*
Mâchoires *légèrement inclinées sur la lèvre.*
Pattes, *la deuxième paire la plus longue.*

1. OLIOS GRAPSE. (*Olios grapsus.*) Long. 8 lig. ♀.

Abdomen ovale allongé, ayant sur le dos à la partie antérieure des taches noires sur un fond fauve, peu distinctes, et à la partie postérieure, des chevrons, ou taches anguleuses formées par deux lignes noires, parallèles. Ventre fauve. Corselet convexe, mélangé de bistre clair et de bistre brun foncé. Pattes annelées de fauve et de bistre. Mandibules d'un beau bleu de ciel azuré, recouvertes de poils fauves-clairs semés. (M.)

Walckenaer, Tabl. des Aranéides, p. 36, n° 26.
Monde-Maritime — Notasie ou Nouvelle-Hollande.

Les yeux latéraux de chaque ligne sont un peu plus gros que les autres, et les deux lignes se courbent un peu en sens opposé, c'est-à-dire la ligne postérieure en avant, l'antérieure un peu en arrière, mais très-légèrement. Les pattes postérieures sont presque aussi longues que les antérieures ; les cuisses sont renflées. Le dessous des pattes est d'une couleur fauve uniforme. Dans un individu jeune, long de six lignes, les mandibules étaient presque noires, ainsi que les mâchoires et la lèvre. Les pattes étaient ponctuées de blanc en dessous. Longueur relative des pattes : 2, 1, 4, 3.

2. OLIOS PAGURE. (*Olios Pagurus.*) ♂.

Corselet et abdomen fauve. Corselet très-large, convexe, en cœur. Abdomen petit. Mandibules, mâchoires et lèvre noires. Cuisses parsemées en dessous de points blancs très-denses. (M.)

Monde-Maritime — Notasie ou Nouvelle-Hollande.

Les yeux et la longueur relative des pattes sont comme dans l'Olios grapse.

Walckenaer, Tableau des Aranéides, p. 36, n° 27.

2ᵉ Race. LES CAPTIEUSES. (*Captiosæ.*

Yeux *sur deux lignes, presque égaux entre eux. Les latéraux portés sur une légère élévation.*
Lèvre *large, légèrement creusée à son extrémité et sur les côtés.*
Mâchoires *droites, écartées, larges, arrondies à leur extrémité externe, légèrement inclinées sur la lèvre.*
Corselet *en cœur, bombé.*
Pattes, *la première paire la plus longue.*

3. OLIOS CAPTIEUX. (*Olios captiosus.*) Long. 9 lig. ♀.

Abdomen ovale, fauve orange, avec deux taches noires souvent réunies en une seule proche le corselet, et une raie longitudinale dans le milieu du dos légèrement dentée, étroite, et diminuant de largeur à sa partie postérieure. Ventre d'un noir velouté dans le milieu, fauve orange sur les côtés. Mâchoires et lèvre brunes à leur base, fauves ou rouges à leur extrémité. Pattes fortes, avec métatarse et tarse légèrement dilatés, ainsi que le digital des palpes. Mandibules noires. (De ma collection.)
Ancien-Monde — Océan Indien — De l'Île-de-France.
Pattes : 1, 2, 4, 3. — La seconde paire de pattes, dans l'individu que j'ai décrit, avait 16 lignes de long, c'est-à-dire deux fois la longueur du corps. Les cuisses sont renflées. Les palpes ont le digital légèrement renflé, mais ils sont velus en dessous comme en dessus. Ainsi c'est une femelle, ou un mâle non adulte. Selon M. Catoire, cette espèce habite dans les bois, et se cache dans les troncs pourris des gros arbres.

3ᵉ Race. LES TRAITRESSES. (*Insidiosæ.*)

Yeux *sur deux lignes sessiles, les latéraux antérieurs plus gros que les autres.*
Lèvre *large, carrée.*
Mâchoires *légèrement inclinées sur la lèvre, divergentes à leur extrémité, aplaties.*
Corselet *en cœur, bombé.*

4. OLIOS PINNOTHÈRE. (*Olios Pinnotherus.*)

Abdomen ovale allongé, couvert de poils fauves, ou jaune sale

en dessus. Ventre d'un noir de velours , ainsi que le sternum et
la bouche. Corselet grand , d'un fauve-jaunâtre sale, avec des
poils noirs, ligne d'un blanc très-vif sur les bords antérieurs du
bandeau. Mandibules brunes, recouvertes de poils fauves rares ,
avec deux lignes longitudinales sur le côté de chaque mandibule
d'un blanc très-vif.

Walckenaer, Tabl. des Aranéides, p. 36 , fig. 29. — *Thomisus
Lamarckii* , Latreille, Gen. Crust. t. 1, p. 115.

Monde-Maritime — Notasie — Du Port-Jackson, dans la Nouvelle-Hollande.

Les pattes sont fortes, allongées ; les postérieures égalant presque les antérieures. Les cuisses sont renflées, surtout les antérieures. La quatrième paire égale presque la première. Le tibial
de la première paire est annelé de noir en dessous. Les palpes
sont d'un fauve plus clair que les pattes.

Le mâle est semblable à la femelle ; il a seulement l'abdomen
plus petit ; les pattes plus minces et plus allongées, la cupule de
son digital est en ovale allongé, et le conjoncteur qu'il recouvre
est globiforme.

4ᵉ Race. LES CHASSEUSES. (Venatoriæ.)

Yeux *sur deux lignes , les latéraux sensiblement plus gros que les
        intermédiaires , et portés sur de légères élévations du cor-
        selet.*
Lèvre *carrée , tronquée à son extrémité.*
Mâchoires *allongées , droites, bombées à leur base , un peu rétré-
        cies dans leur milieu , arrondies ou légèrement anguleuses
        à leur extrémité , non dilatées.*
Corselet *large , en cœur , déprimé.*

5. OLIOS LEUCOSIE. (*Olios leucosius.*) Long. ♀ ♂ 14 lig.

Abdomen ovale , allongé, plus étroit que le corselet, d'un brun
fauve , uniforme, avec des points enfoncés sur le dos. Ventre de
couleur plus pâle. Corselet, bouche, sternum d'un fauve-doré
uniforme. Le corselet a une raie longitudinale , et des sillons en
rayons aboutissant aux pattes, marqués par des poils bruns ; une
tache brune rehaussée par du jaune vif proche l'abdomen ; le
bandeau a une raie transverse, formée par des poils jaunes ci-

tron. Les mandibules sont rougeâtres, rayées longitudinalement
de noir. Les pattes sont d'un fauve doré, avec des piquants noirs.
Le mâle a le corselet d'un brun marron à sa partie postérieure,
et est entouré d'une bande jaunâtre qui rejoint celle du bandeau;
il est plus petit. La cupule de son digital est ovale, allongée, pointue à son extrémité, et recouvre un conjoncteur globiforme armé
d'un crochet recourbé.

Walcken. Tableau des Aranéides, p. 36, n° 28, Pl. 4, fig. 33.
— *Thomisus venatorius*, Latreille, Géner. Insect. t. I, p. 114,
spec. 7. — Sloane, Hist. of Jamaica, p. 185, t. II, p. 235, fig. 1
et 2. — *Araneus venatorius*, Linn. Syst. nat. p. 1035, 33.

Ancien et Nouveau-Monde — Aux Antilles, au Brésil, au Sénégal, à l'Ile-de-France.

Conférez avec cette espèce l'*Aranea regia* de Fabricius,
Entom. system. t. III. p. 408, n° 4. — Très-commune à l'Ile-
de-France, d'où je l'ai reçue en nombre. L'individu le plus
grand que j'aie vu avait 14 lignes, et sa seconde paire de
pattes avait 27 lignes. La plupart des individus que j'ai vus
n'avaient que 8 à 10 lignes. La quatrième paire de pattes est
presque égale à la première. Les yeux latéraux postérieurs sont
portés sur une plus forte élévation, et leur axe visuel est dirigé
en arrière. Dans les individus les plus grands, c'est-à-dire le plus
vieux, l'abdomen est d'une couleur plus claire en dessus que dans
les jeunes; mais le corselet et les pattes sont plus bruns. Les griffes,
dans cette espèce, sont insérées sur le dos du tarse, pectinées, à
cinq dents; mais la plante des tarses est mousse et pulpeuse : le
mâle a les mandibules plus coniques et moins allongées que la
femelle. Elles ont des poils plus longs à leur naissance, et les lignes
noires longitudinales sont moins bien marquées.

Linné a cité à tort, comme synonymie, la description de Brown
de la *Mygale nidulans*, et Fabricius, décrivant cette Mygale dans
la collection de Banks, lui donna le nom d'*Aranea venatoria* :
Fabricius n'avait d'abord, dans son Mantissa (t. I, p. 343), cité
que Brown; mais depuis, en ajoutant à la synonymie l'*Araneus
venatorius* de Linné, Fabricius a augmenté la confusion. L'*Olios
lucosie*, aux Antilles, est considérée comme sacrée, parce qu'elle
détruit les Kakerlacs, et au lieu de la tuer on en achète pour la
mettre dans les maisons.

Un individu de cette espèce, venu du Brésil, ne m'a point offert de raies longitudinales noires aux mandibules. Les gros yeux

antérieurs avaient une prunelle brune rougeâtre, entourée d'un
iris orangé-jaunâtre brillant. Il avait 8 lignes de long. La seconde
paire de pattes 19 lignes et demie; la première 17 lignes, la
quatrième 16 lignes et la troisième 14. Les cuisses sont tachées de
noir; les tarses sont noirs. Dans un mâle du Sénégal c'est la première paire qui est la plus longue. Je soupçonne que l'espèce du
Nouveau-Monde est différente de celle de l'Ancien-Monde; mais, s'il
en est ainsi, ces deux espèces sont si voisines, qu'il faut comparer
plusieurs individus de chaque variété pour les bien distinguer. Un
mâle de l'espèce d'Amérique, rapporté de Rio-Janeiro, et décrit par
moi dans la collection du Muséum, ayant 11 lignes de long, avait
aussi les mandibules rayées de noir, et ne m'a pas paru différer du
mâle de ma collection, venu de l'Ile-de-France; seulement les
cuisses étaient plus tigrées, l'abdomen un peu moins arrondi à sa
partie antérieure. L'individu reçu du Sénégal, qui est dans la
collection de M. Guérin, présente une lèvre très-courte, plus
large que haute; des mâchoires fortes, légèrement inclinées sur
la lèvre, à dos bombé, à côtés parallèles, un peu plus arrondie à
leur extrémité qu'à leur base, mais non dilatée; glabre et rougeâtre comme la lèvre. Corselet large, en cœur, noir ou brun
dans le milieu, avec un V fauve dessinant la tête; une large bande
d'un jaune vif entourant le corselet et le bandeau; des mandibules
cylindroïdes, fortes, revêtues de poils roux. L'abdomen ovoïde,
fauve en dessus, avec des vestiges de taches brunes : ventre fauve.
Pattes fauve-clair, avec des tarses noirs ou bruns en dessous,
des piquants allongés, noirs, rares, couchés; les cuisses sont sablées de points noirs en dessus, et fauves en dessous et sans points
noirs. La première paire de pattes a 24 lignes, la seconde 22, la
quatrième 21, la troisième 18. Palpes minces, fauves, avec un
digital dont la cupule est noire, allongée, ovale et pointue.

6. OLIOS ANTILLIEN. (*Olios Antillianus.*) Long. 10 lig. ♂.

Abdomen ovale, allongé, coupé en ligne droite ou en arc
très-surbaissé à sa partie antérieure, renflé dans son milieu
d'un fauve clair, ayant sur le dos une tache longitudinale,
brune ou noire, qui a la forme d'un vase à côtés sinueux, se
réunissant en angle à l'anus. A la partie antérieure, proche le
corselet, se détache une ligne noire, longitudinale, qui atteint
le milieu du dos. Mandibules recouvertes de poils noirs ou bruns

à leurs bases, et rougeâtres à leur extrémité ; intervalle des yeux noir ; bandeau d'un jaune clair. (M.)

Nouveau-Monde — De l'île Sainte Lucie, aux Antilles.

Espèce qui a beaucoup d'analogie avec l'*Olios leucosius*, mais qui en diffère par les taches de son abdomen. Le digital des palpes dans le mâle est ovale, et a un conjoncteur aplati, composé d'un corps proéminent, calleux. La seconde paire de pattes a 28 lignes, la quatrième 23, la troisième 18 lignes et demie. Le corselet en cœur, court, mais plus large que l'abdomen ; le V qui indique la tête est fauve, le reste est mélangé de brun rougeâtre, presque glabre, et entouré d'une large bande jaune d'un fauve clair : taches brunes à la partie postérieure très-foncées. A la partie antérieure, les taches brunes sont en rayons sur un fond roux. Lèvre, mâchoires et sternum d'un fauve uniforme. Hanches et cuisses d'un fauve pâle en dessous ; le reste des pattes plus brun, avec des piquants noirs couchés. Les mâchoires sont arrondies à leur extrémité, légèrement inclinées sur la lèvre. Les yeux latéraux antérieurs sont plus gros, et tous les yeux de la première ligne sont rapprochés.

6ᵉ Race. LES RUSÉES. (*Callidæ*.)

Yeux *sur deux lignes parallèles, les latéraux plus gros, les postérieurs placés sur une élévation.*
Lèvre *large, dilatée dans son milieu, tronquée à son extrémité.*
Mâchoires *droites, écartées, resserrées dans leur milieu.*

7. OLIOS FREYCINET. (*Olios Freycinetii.*) Long. 13 lig. ♀.

Abdomen ovale, allongé, renflé vers sa partie postérieure, coupé en ligne droite à sa partie antérieure, d'un fauve brun ou jaunâtre. Corselet et pattes d'un brun rouge, plus foncé. Bandeau grand, rougeâtre ou jaune. Mandibules fortes, verticales, écartées latéralement, d'un brun-verdâtre foncé, avec des poils fauves, rares, plus abondants vers l'extrémité. Palpes fins, peu allongés, bruns. (M.)

Monde - Maritime — Polynésie — Des îles Sandwich et de l'île Guam.

Les yeux sont noirs ; l'axe visuel des yeux postérieurs est dirigé en arrière. La lèvre est plus haute que large, rougeâtre, glabre, légèrement creusée à son extrémité. Les mâchoires sont allongées, droites, bombées à leur base, et une petite échancrure se remarque à leur extrémité interne. Les pattes sont presque égales entre elles, et la seconde paire ne surpasse la première que d'une demi-ligne : la première est plus longue que la quatrième, et celle-ci plus que la troisième. Les cuisses de la première et de la quatrième paire sont plus renflées que les autres. Elles ont toutes des piquants très-longs. — Il y a deux variétés dans cette espèce : celle des îles Sandwich, dont le bandeau est rougeâtre ; celle de l'île Guam, dont le bandeau est coloré en jaune ; les mâchoires dans celle-ci sont aussi d'une couleur plus claire. Du reste, même forme, même grandeur, conformité entière.

2ᵉ Famille. LES INTRÉPIDES. (*Impavidæ*.)

Yeux dont la ligne antérieure est un peu courbée en arrière, en croissant.

Mâchoires droites, allongées, cylindroïdes.

Lèvre grande, carrée, comme pentagonale à cause du resserrement de sa base, coupée en ligne droite à son extrémité.

Pattes, la seconde paire la plus longue, la quatrième ensuite, la troisième est la plus courte.

8. Olios taprobanien. (*Olios taprobanius.*) Long. 15 lig.

Abdomen ovale, plus gros à sa partie postérieure, d'un gris sale uniforme, ventre de même. Pattes d'un fauve roux, comme le corselet, avec des piquants.

Ancien-Monde — Asie — De Ceylan.

Pattes : 2, 4, 1, 3. — Les mâchoires sont plus allongées que celles de l'*Olios castaneus*. Ces mâchoires et la lèvre sont d'un fauve pâle. Les pattes sont longues et fortes ; la seconde paire a 28 lignes. Cette espèce est nue et non velue, comme l'Olios des Moluques, ou longipède, qui lui ressemble, mais qui est plus brune. L'Olios taprobanien ressemble aussi à l'Olios leucosie, mais le Taprobanien est plus gris.

3e Famille. LES ÉNERGIQUES. (*Nervosæ.*)

Yeux sur deux lignes parallèles, les latéraux plus gros.

Mâchoires larges, écartées, quadriformes, resserrées et un peu coudées à leur base, et s'inclinant légèrement sur la lèvre, bombées.

Lèvre large, courte, coupée en ligne droite à son extrémité, légèrement creusée sur ses côtés.

Pattes, la seconde paire la plus longue, la quatrième ensuite, la troisième est la plus courte.

9. OLIOS COLOMBIEN. (*Olios colombianus.*) Long. 8 lig. ♀.

Corselet, abdomen et pattes de couleur fauve uniforme. Abdomen ovalo-cylindrique, plus petit que le corselet, revêtus tous deux de poils-duvet. Corselet large, arrondi à sa partie postérieure, resserré et quadriforme à sa partie antérieure, un peu déprimé, d'un fauve plus foncé que les pattes, lavé d'une couleur plus brune à sa partie postérieure, qui ressort par la portion d'un jaune clair qui touche à l'abdomen. Palpes filiformes, minces, rougeâtres. Mandibules et bandeau d'un fauve rougeâtre. Mâchoires et lèvre d'un jaune pâle. Sternum rond, d'un fauve-pâle uni, sans sillons ni éminences, revêtu de poils fins. (M.)

Nouveau-Monde — Amér. mérid. — Du Brésil.

4e Famille. LES VIGOUREUSES. (*Fortes.*)

Yeux sur deux lignes parallèles, les antérieurs latéraux les plus gros, et ensuite les postérieurs intermédiaires.

Lèvre courte, quadriforme.

Mâchoires courtes, dilatées vers leur extrémité externe ; échancrées ou très-divergentes à leur extrémité interne ; légèrement inclinées sur la lèvre.

Pattes fortes, la deuxième paire la plus longue, la première ensuite, la troisième est la plus courte.

10. OLIOS MARRON. (*Olios castaneus.*) Long. 12 lignes. ♂.

Abdomen ovale, bombé, plus renflé à sa partie postérieure,

d'un brun foncé, rougeâtre. Corselet de même couleur, large, bombé, avec le sillon longitudinal recouvert de poils. Sternum, hanches et cuisses en dessous noirs. Mandibules fortes, projetées en avant, recouvertes de poils fauves. Palpes courts, filiformes, couverts de poils fauves. (M.)

Thomisus castaneus, Latreille, Dict. d'hist. nat. vol. XXXIV, p. 3o. — Albin, p. 52, Pl. 34, fig. 169.
Ancien Monde — Afrique — Du cap de Bonne-Espérance.
L'espèce d'Albin a 15 lignes de long. Pattes : 1, 2, 4, 3, si le dessin est fidèle.

5e Famille. LES COURAGEUSES. (*Animosæ.*)

Yeux sur deux lignes parallèles, les latéraux antérieurs plus gros ; yeux de la ligne postérieure égaux.

Lèvre allongée, carrée, tronquée ou légèrement creusée à son extrémité.

Mâchoires droites, écartées, légèrement dilatées, et arrondies à leur extrémité externe ; échancrées obliquement à l'angle de leur côté interne.

Pattes, la première paire sensiblement plus longue que la quatrième ; la quatrième plus longue que la seconde ; la troisième est la plus courte.

11. Olios Franklin. (*Olios Franklinus.*) Long. 12 lignes.

Abdomen ovale, cylindroïde, plus long, et aussi large, que le corselet. Corselet brun, unicolore, avec des poils courts. Mâchoires et lèvre noires bordées de rouge. Pattes marquées en dessous de larges raies noires, transversales.

Nouveau-Monde — Amér. septent. — De New-Yorck.
L'organe sexuel dans la femelle présente une fente transverse élargie en petits ovales à ses deux extrémités, et entourée d'un rebord.

12. Olios longipède. (*Olios longipes.*) Long. 15 lignes.

Corselet grand, glabre, parsemé de quelques poils fauves et

rares. Abdomen d'un brun noirâtre, couvert de poils fauves, très-longs. Mandibules noirâtres à leur naissance, et revêtues de poi's d'un fauve plus vif que celui des pattes et de l'abdomen. Pattes très-allongées : la première paire a 3 pouces 9 lignes, la quatrième 2 pouces 10 lignes, la troisième 2 pouces 9 lignes. (La seconde manque.)

Monde-Maritime — lles Moluques.

Rapportée par MM. Quoy et Gaymard. — L'individu que j'ai décrit de cette grande espèce est trop mal conservé pour que je puisse être certain qu'elle appartient à cette race par les pattes, la seconde manquant; mais cela est probable d'après la longueur de la première paire. Les yeux postérieurs intermédiaires sont un peu plus gros que les latéraux de la même ligne.

6e Famille. LES MUSCULEUSES. (*Musculosæ.*)

Yeux égaux entre eux, sur deux lignes rapprochées, et courbées en arrière de manière à former un croissant étroit et anguleux.

Lèvre courte, plus large que haute, en carré long, transverse.

Mâchoires cylindroïdes, resserrées dans leur milieu, dilatées à leur base, arrondies à leur extrémité, inclinées sur la lèvre.

13. Olios brun. (*Olios fuscus.*) Long. 12 lig. ♂.

Corps brun. (M.)
Il ne restait que la tête de cette espèce, et le corps était trop défiguré pour pouvoir être décrit. Dans le même bocal étaient deux cocons bruns, ronds, aplatis, d'un pouce de diamètre, qui sont probablement les cocons de cette espèce. J'ignore d'où elle provient ; elle est certainement étrangère à l'Europe.

7ᵉ Famille. LES SPARASSOÏDES. (*Sparassoides.*)

Yeux, huit presque égaux, sur deux lignes rapprochées, l'antérieure droite, la postérieure un peu courbée en avant.

Lèvre courte, semi-orbiculaire.

Mâchoires dilatées et arrondies à leurs côtés externes, légèrement inclinées sur la lèvre.

Pattes allongées, à tarses dilatés, et veloutés en dessous. La seconde paire de pattes la plus longue de toutes, la première et la quatrième égales, la troisième est la plus courte.

Corselet arrondi, très-large.

14. Olios a tarses spongieux. (*Olios spongi-tarsi.*)
Long. 4 lig. et demie ♂.

Corselet bombé, non déprimé sur les côtés, roussâtre, paraissant presque glabre, mais couvert d'un léger duvet. Abdomen fauve, avec une bande longitudinale, jaunâtre, dilatée en une tache ronde dans le milieu, et un ovale allongé à sa partie postérieure, bordée de noir sur les côtés, et deux petites lignes jaunes, fines, sur la partie noire, proche le corselet.

Micrommate à tarses spongieux, Dufour, Description de six Aranéides nouvelles, p. 12, Pl. 69, fig. 6. (Extrait des Annales génér. des sciences physiques.)

Ancien-Monde — Europe — D'Espagne. — Trouvée en octobre, dans un jardin de Barcelonne, en Catalogne.

Je ne connais cette Aranéide que par la description et la figure de M. Dufour. Je soupçonne que la lèvre est tronquée, comme dans tous les Olios. Quoi qu'il en soit, par le placement de ses yeux, par ses pattes étalées et dirigées en avant, son large corselet, cette espèce appartient évidemment aux Olios et non aux Sparases. La cupule du digital du mâle (le seul sexe encore connu) recouvre un conjoncteur allongé, armé d'un petit crochet à son extrémité, et d'un autre conjoncteur supplémentaire droit inséré à la base de l'autre.

8ᵉ Famille. LES DÉLÉNOÏDES. (*Delenoides.*)

Yeux sur deux lignes renfoncées en dessous du corse'et.
Mandibules allongées, cylindriques, renfoncées en dessous.
Corselet aplati, large, en cœur.

15. Olios provocateur. (*Olios provocator.*) Long. 7 lig. ♂.

Les yeux latéraux antérieurs sont plus gros que les autres; les yeux postérieurs sont égaux entre eux, et plus petits que les antérieurs intermédiaires. Le corselet très-aplati, large, en cœur, couvert de poils gris et blancs, avec de petites lignes longitudinales fines passant par les yeux et dessinant à la tête deux \\/ renfermés l'un dans l'autre. Le bandeau est terminé à sa partie antérieure par une raie d'un blanc vif, doublée d'une ligne noire plus étroite. Les mandibules allongées, glabres, luisantes, ont aussi à la partie antérieure deux lignes longitudinales d'un blanc vif qui se détachent sur un fond noir. L'abdomen est en ovale allongé plus étroit que le corselet, couvert comme lui de poils à fond brun et fauve. Ventre d'un noir velouté entouré de fauve sur les côtés : deux taches, ou points ovales d'un jaune vif dans le milieu de la bande noire. Pattes fauves. Le tibial et le génual mêlés de brun et de blanc. Palpes du mâle terminés par un digital pointu, gros et bombé.

Ancien-Monde — Afrique — Cap de Bonne-Espérance. — Collection de Guérin. — (Je n'ai pu voir la bouche, ni mesurer les pattes.)

Affinités du genre Olios. La grandeur des Aranéides de ce genre, la longueur de leurs pattes et leurs couleurs sombres, les ont fait confondre par les auteurs avec les Mygales. Elles n'ont cependant avec elles que des rapports de ressemblance. Leurs affinités génériques les lient avec les Délènes, les Philodromes, les Thomises, les Sparasses et les Clubiones. Leurs pattes étendues latéralement, leur corselet large, les rattachent fortement aux trois premiers genres et à tous les latérigrades en général. C'est surtout par les mâchoires inclinées des Robustes, des Énergiques et des Vigoureuses, ou par la première, la troisième et la quatrième famille, que ce genre se rapproche du genre Délène. Il s'en rapproche encore par le corselet aplati des Délénoïdes, ou de la huitième famille ; mais il s'en éloigne par les pattes postérieures allongées, caractère qui le sépare aussi des Thomises, quoique, sous ce rapport, le *Delena Peronius* et l'*Olios pinnotherus* diminuent l'intervalle qui sépare ces genres. La longueur des pattes postérieures rattache les Olios aux Philodromes, dont ils se distinguent par la lèvre toujours quadriforme, et non triangulaire. Si ce caractère éloigne également les Olios des Thomises, ils se rapprochent de nouveau entre eux et de celui des Philodromes, par les yeux en croissant des Musculeuses, des Taprobaniennes ; par les yeux portés sur une légère élévation, des Grapses. La lèvre carrée, quelquefois allongée et tronquée, et les mâchoires droites et allongées, et écartées des Leucosies, les mandibules cylindroïdes, allongées, fortes, rattachent les Olios aux Clubiones ; mais ils s'en éloignent par leur corselet plus court et plus large, et par leurs pattes étalées latéralement. Les plus étroits rapports d'affinité lient les Olios aux Sparasses, dont ils se séparent cependant par la forme de la lèvre, qui est tronquée ou trèscourte, arrondie en demi-cercle ou en ellipse tronqué, et par des mâchoires souvent dilatées et non cylindroïdes, et à côtés parallèles ; mais leurs yeux sur deux lignes et quelquefois en croissant, qui dans quelques-uns sont inégaux en grosseur, comme dans les Leucosies, les Australiennes, les Energiques, les Courageuses, est encore un caractère remarquable qui marque l'affiliation entre les Olios et les Sparasses. S'il est vrai que la lèvre de l'Olios Sparassioïde soit arrondie et non tronquée à son extrémité, le caractère le plus essentiel du genre Olios, qui est d'avoir toujours la lèvre tronquée, disparaît dans cette famille des Sparassioïdes, qui pourtant, par ses autres caractères, appartient à ce genre.

Le genre Olios a un aspect particulier qui le fait distinguer même des Philodromes, dont il se rapproche le plus. Le type général varie dans les parties essentielles, de manière à nécessiter sa subdivision en plusieurs familles naturelles.

22ᵉ Genre. **CLASTES**. (*Clastes*.)

Yeux *huit , presque égaux entre eux, sur deux lignes ;
la ligne postérieure très-courbée en avant ; la
ligne antérieure droite : toutes deux formant
un demi-cercle dont le diamètre est en avant.*

Lèvre *courte , dilatée , et large à son extrémité , qui
forme une ligne légèrement courbée , subite-
ment resserrée dans une partie de sa longueur
jusqu'à sa base.*

Mâchoires *presque articulées horizontalement, écartées à leur base , bombées et divergentes , ensuite droites et parallèles , resserrées dans
leur milieu ; à leur extrémité , échancrées au
côté interne ; arrondies au côté externe ; évi-
dées , et se terminant en angle obtus.*

Mandibules *articulées pour être portées en avant du
corselet.*

Pattes *très-allongées , très-inégales entre elles ; la
première paire est la plus allongée , la quatrième ensuite , la troisième est la plus courte.*

Aranéides *ne faisant pas de toile , mais tendant des
fils , épiant , et chassant après leur proie , et
se cachant dans les feuilles et les fleurs de
différentes plantes.*

1. CLASTES FREYCINET. (*Clastes Freycinet.*) Long. 9 lig. ♂ ♀.
— Corselet 3 lig. — Abdomen 6 lig.

Abdomen allongé, étroit, cylindrique, se rétrécissant vers
l'anus, fauve jaunâtre, avec six petits traits d'un beau rouge carmin, disposés longitudinalement. Corselet court, en cœur arrondi, déprimé à sa partie postérieure, convexe ou bombé à sa
partie antérieure. Mandibules fortes, allongées, portées en avant
et courbées extérieurement, ou divergentes vers leur extrémité.
Pattes fauves, rougeâtres, comme le corps, sans poils, mais
ayant des piquants noirs très-allongés, couchés. (M.)
Monde-Maritime — A l'île Guam et dans la Nouvelle-Guinée.
Genre très-distinct. — La cupule du digital, dans le mâle, est
ovale, pointue et très-allongée. Elle a en dessus, sur le côté
caché par les poils, une fente inclinée, dont les bords sont
bruns, que je n'ai point observée encore dans aucune Aranéide,
et qui peut-être joue un rôle dans la copulation. Cette cupule en
dessous a un long espace vide entre son extrémité et le conjoncteur qui est à sa base. Ce conjoncteur est double, celui qui est
le plus près du radial, ou avant-dernier article, est un cône
crochu, couché sur le côté, jaune; l'autre est rouge, rond et
aplati, avec un trou au milieu, et il est cannelé de petits sillons
réguliers tout à l'entour de ses côtés : celui-là est le plus grand
et le principal. A l'extrémité du radial est une petite épine
crochue, brune, qui se courbe sur la cupule, au-dessus de
l'élévation où est la fente. Les jeunes femelles que j'ai observées sont pareilles aux mâles, si ce n'est que leur corselet
était entouré d'une ligne fine rose carmin, que je n'ai point
vue dans le grand mâle adulte. Les organes sexuels de la femelle
sont dans un enfoncement, et se composent de deux grandes conques rondes et calleuses. Les yeux sont bruns, gros et
saillants, et placés sur un fond plus glabre et plus rouge que le
reste du corselet. Les yeux antérieurs sont très-rapprochés entre
eux, et les latéraux de cette ligne antérieure sont plus gros que les
autres, et rapprochés des intermédiaires de la même ligne, qui sont
les plus petits de tous. Les pattes sont remarquables par leur longueur : celles de la paire antérieure ont 22 lignes; elles ont toutes
les cuisses grosses, sans être renflées; les jambes, les métatarses
et les tarses minces, ou diminuant graduellement, mais le tarse

est un peu dilaté à son extrémité, et a deux griffes fortement
péctinées, terminales, mais se rejetant en dehors ou se ployant
horizontalement comme un pied ; puis en dessous une pelote de
poils. Les mandibules sont très-fortes, à onglets très-courbés, que
reçoivent des rainures profondes, armées au côté extérieur de six
dents, et au côté intérieur d'une seule dent. Les palpes sont
fins, allongés et rouges comme les pattes, et le corselet, a des
piquants noirs couchés. La lèvre figure assez bien un champignon sur sa tige.

2. CLASTES ABBOT. (*Cl. Abbot.*) Long. 9 lignes ♂.

Abdomen ovale, allongé, plus large dans le milieu de sa
partie antérieure, s'amincissant vers l'anus, d'un beau vert, avec
des taches jaunes ou blanches, et des lignes rose carmin ; la
tache proche le corselet formant une large bande blanche, ou
jaune, en fer à cheval, finement interrompue dans son milieu,
avec de petits traits roses sur le côté interne de ses branches,
et avec deux ovales blancs inclinés l'un vers l'autre, entre les
deux extrémités de ses branches. Viennent ensuite trois larges
chevrons blanc jaunâtre, dont le premier, ou le plus grand, est
disjoint, et les deux autres réunis, tous bordés au côté externe
d'une ligne fine rose, et de petits traits qui tombent sur cette
ligne, en faisant angle avec elles et parallèles entre elles. Corselet d'un vert plus tendre que l'abdomen, parsemés de traits et
de points rouge orangé. Palpes et pattes jaunes avec des cuisses
rouges.

Abbot, Georgian Spider, fig. 401, p. 32 du MSS.

Nouveau-Monde — Amér. septent. — De Géorgie. — Prise dans
les bois de chênes et de pins, le 5 septembre.

Abbot a figuré les yeux de cette espèce avec un grand soin,
et ils ne diffèrent pas de l'espèce précédente, et toutes deux ont
tant d'analogie, qu'il n'y a nul doute qu'elles n'appartiennent au
même genre. C'est Abbot qui, dans son ouvrage manuscrit, décrit
les habitudes de ce genre tel que nous l'avons donné dans les caractères.

Affinités du genre Clastes. La nature a établi, dans un rapport des plus importants, une affinité entre les genres Dysdères,
Clastes et Tétragnathes, qui diffèrent cependant entre eux sous

presque tous les autres rapports essentiels : tous ces genres
ont des mâchoires articulées , presque horizontalement , et s'a-
vançant à la partie antérieure du corselet. Il en résulte que les
mandibules , qui sont dans ces trois genres très-allongées , ne
peuvent se placer sous le bandeau dans une position verticale,
et qu'elles sont articulées en plan incliné , et sont forcément portées en avant ; ce qui semble rapprocher ces genres des Théraphoses ; mais ils s'en éloignent même sous ce rapport , en raison
de ce que leurs mandibules se meuvent latéralement, comme dans
les autres Aranéides , et non de bas en haut, comme dans les
Théraphoses. Les yeux resserrés entre eux , et n'occupant qu'une
portion de la largeur de la tête dans les Clastes , établit un rapport évident entre ce genre et les Sphases. Avancez un peu les
yeux antérieurs intermédiaires des Clastes , reculez un peu les
postérieurs , et vous aurez un Sphase. La forme ellipsoïde de
l'abdomen, le corps non velu , les couleurs claires, ajoutent à ces
rapports. Mais, par l'ensemble de toutes leurs affinités, par leurs
yeux réellement sur deux lignes , quoique l'une soit très-courte ;
par la grosseur des yeux latéraux antérieurs rapprochés des intermédiaires; par la longueur des pattes, c'est avec les Sparasses, et
surtout avec la première famille de ce genre, celle des Mycrommates, que les Clastes ont le plus d'affinités , quoiqu'il y en ait
plusieurs qui leur soient communes avec les Olios. — Ce genre
Clastes est cependant bien distinct , et ne peut se rapporter ni
aux Olios, ni aux Sparasses, mais il est bien placé entre les deux.

23ᵉ Genre. SPARASSE. (*Sparassus.*)

Yeux *au nombre de huit, apparents, occupant le devant du corselet, sur deux lignes, dont l'antérieure est plus courte.*

Lèvre *courte, large, semi-circulaire ou ellipsoïde.*

Mâchoires *écartées, droites, cylindroïdes, à côtés droits et parallèles, à extrémité arrondie.*

Pattes *allongées, fortes, étalées, et divergentes, peu inégales entre elles.*

Aranéides *épiant leur proie, courant après, se renfermant pour pondre entre des feuilles qu'elles ploient, ou dans les cavités des plantes, les interstices des pierres et des rochers, où elles se construisent de longs fourreaux de soie.*

1ʳᵉ Famille. LES MYCROMMATES.

Lèvre semi-circulaire.

Mâchoires larges.

Yeux latéraux de la ligne antérieure plus gros que les autres ; les intermédiaires de la ligne antérieure écartés entre eux et rapprochés des yeux latéraux de la première ligne.

Pattes presque égales ; seconde paire la plus allongée, la quatrième ensuite, la troisième est la plus courte.

Aranéides se tenant, pour faire leur ponte, dans l'intérieur des feuilles, qu'elles contournent en grottes ou en berceaux. Cocon globuleux.

1. SPARASSE ÉMERAUDE. (*Sparassus smaragdulus.*) Long. 6 lig. ♂ ♀.

La femelle. — Corselet, pattes, palpes, mandibules et abdomen d'un vert tendre. Ventre d'un vert plus pâle. Abdomen ovale, allongé. Corselet bombé et arrondi à sa partie postérieure.

Walckenaer, Aran. de France, p. 101, n° 1, Pl. 7, fig. 4. — *Araneus virescens,* Clerck, p. 158, Pl. 6, tab. 4. Green Spider, Martyn Swedish Spiders, Pl. 10, fig. 5 et 4. — *Ar. toute verte,* De Géer, t. VII, p. 252, Pl. 18, fig. 6 à 16. — *Aranea smaragdina,* Fabricius, Entomolog. t. II, p. 412, n° 18. — *Micrommata smaragdula,* Latreille, Gener. Crust. et Insect. t. I, p. 115, spec. 1. Hahn, die Arachniden, t. I, p. 119, tab. 33, fig. 89, B. — *Sparassus smaragdulus,* Sundervall. p. 40, n° 1, p. 271.

Le mâle adulte. — Abdomen ovale, cylindroïde, rayé sur le dos, dans toute sa longueur, par cinq bandes alternativement jaune clair et pourpre. Ventre rougeâtre sur les côtés, d'un vert sale dans le milieu. Corselet, pattes et palpes verts. Dans le premier âge, ce mâle est entièrement vert comme la femelle.

Araignée rose, Walckenaer, Faune paris. t. II, p. 226, n° 78. — *Sparasse rose, ibid.* Aranéides de France, p. 103, n° 1, Pl. 7, fig. 3. — *Sparasse rose, ibid.* Tabl. des Aranéides, p. 40, n° 2. — *Ibid.* Hist. nat. des Aranéides, 4, 10. — *Arancus roseus,* Clerck, Arac. Suec. p. 137, spec. 6, Pl. 6, fig. 7.—Martyn Swedih Spiders, Pl. 9, fig. 9. — *Sparassus smaragdinus,* Sundevall, p. 40, 271. — *Ibid.* p. 271, *Micrommata smaragdina,* Hahn, die Arachniden, t. I, p. 119, tab. XXXIII, fig. 89 A. (Variété toute verte, ou le mâle jeune).

Ancien-Monde — Europe — France, Suède, Allemagne.

C'est à la fin d'avril, ou au commencement de mai, qu'a lieu l'accouplement du mâle adulte de cette espèce, ou du *Sparassus roseus,* et de la femelle *Sparassus smaragdulus.* La cupule du digital, dans le mâle, est ovale, terminée en pointe, et le radial ou l'avant-dernier article des palpes se termine par une apophyse allongée, inclinée sur le digital. L'organe génital se compose d'un conjoncteur principal cylindroïde, concave, qui se termine par un filet ou conjoncteur supplémentaire, qui est contourné en tire-bouchon. Pour l'accouplement, le mâle monte sur la femelle, ayant sa tête tournée vers l'abdomen de celle-ci. Il passe ensuite un de ses palpes sous cet abdomen, et applique un de ses conjoncteurs à l'épygine qui s'y trouve. Cet accouplement dure quinze minutes, et durant ce temps le mâle comme la femelle soulèvent tous deux parfois leurs pattes en l'air. Lorsque l'accouplement est terminé, le mâle retire son palpe de dessous le ventre de la femelle, et le lèche deux ou trois fois en le passant dans ses mandibules. Un mâle, retenu en captivité après s'être ainsi accouplé, n'a voulu prendre aucune nourriture, et est mort trois jours après. —On rencontre cette espèce dans les jardins, courant sur l'herbe, ou dans les bois, en mai, juin et juillet. C'est dans ce dernier mois qu'on trouve son cocon gros, vert, et contenant environ cent quarante œufs.

2. SPARASSE ORNÉ. (*Sparassus ornatus*.) Long. 6 lig. ♂ ♀.

Abdomen ovale, allongé, d'un vert jaunâtre, parsemé ou sablé de points d'un rose vif. Pattes jaunes, ponctuées de rose en dessus.

Araignée ornée, Walckenaer, Faune parisienne, t. II, p. 226, n° 77.—*Sparassus ornatus*, *Ibid*. Hist. nat. des Araignées, fascicule 2, 8. —*Ibid*. Aran. de France, p. 106, n° 2, Pl. 7, fig. 2 (le mâle). — *Sparassus ornatus*, Sundevall, p. 271.

Ancien-Monde—Europe— En France, aux environs de Paris; dans les bois; aux environs de Strasbourg et en Suède.

Le mâle est semblable à la femelle. C'est toujours à la fin de septembre et d'octobre que j'ai pris cette belle espèce, que personne n'avait décrite et figurée avant moi. Elle court par terre, à l'ombre des bois. M. Sundevall dit en avoir pris, en Suède, de jeunes en avril, sous la mousse d'un tronc pourri.

2e FAMILLE. **LES OPTICIENNES.** (*Optices*.)

Lèvre semi-circulaire.

Mâchoires larges.

Yeux sur deux lignes, presque égaux; les latéraux antérieurs n'étant pas plus gros que les latéraux postérieurs.

Pattes presque égales; la seconde paire la plus allongée, la quatrième ensuite, la troisième est la plus courte.

ARANÉIDES se tenant pour faire leur ponte dans les cavités des pierres et des rochers, et s'y construisant une tente en soie où elles se renferment.

3. **Sparasse Argélas.** (*Sparassus Argelasius.*) Long. 8 lig. la femelle,
6 lig. le mâle.

La femelle. — Corselet grand, convexe. Abdomen ovale,
élargi dans son milieu, légèrement déprimé, couvert de duvet
gris ou cendré, plus ou moins moucheté de noir, ligne médiane
sur le dos, formée par deux traits fins, enfermant un ovale
proche le corselet, et dont la moitié postérieure est formée par
des taches noires, triangulaires, placées à la file, et allant en
décroissant vers l'anus. Ventre d'un blond clair, avec deux bandes
longitudinales noires, veloutées, séparées par un espace grisâtre.

Le mâle. — Corselet d'un vert jaunâtre. Abdomen ovale, allongé, pointu à son extrémité, couvert d'un duvet fauve, et
ayant à la partie antérieure du dos deux courbes opposées, noires,
auxquelles tiennent deux raies longitudinales, noires, qui se
terminent en angle à l'anus. Ventre de couleur fauve, uniforme.

Walckenaer, Aranéides de France, p. 108, n° 3, Pl. 7, fig. 1
(le mâle). — *Ibid.* Hist. nat. des Aranéides, facic. 4, fig. 2. —
Micrommate Argelas, Dufour, Observat. sur les Arachnides, p. 11,
Pl. 95, fig. 1 (la femelle), ou Ann. génér. des Sciences physiques,
t. VI, p. 306. — *Philodromus Linnei*, Savigny et Audoin, Aranéides d'Egypte, p. 160, Pl. 6, fig. 2 (le mâle).

Ancien-Monde — Europe — Afrique — Dans le midi de la
France, aux environs de Bordeaux; en Espagne, dans le royaume
de Valence; aux environs de Sagonte et de Moxente. — En
Egypte.

La quatrième paire de pattes est la plus allongée après la seconde. Les mandibules sont brunes, robustes, velues, et tombent
verticalement. Les mâchoires sont noires.

Cette espèce établit à la face antérieure des fragments de rochers, une coque qui a beaucoup d'analogie, par sa contexture,
avec celle du genre Clotho. Elle s'y loge pour se mettre à l'abri
des rigueurs de la saison et de ses ennemis, ou pour y pondre et
y couver ses œufs. Cette coque est une tente ovale de près de
2 pouces de diamètre, appliquée contre la pierre, à peu près
comme les patelles marines. Son contour n'offre pas les échancrures de celle du Clotho. Cette conque se compose : 1° d'une enveloppe extérieure d'un taffetas jaunâtre, fin comme la pelure

d'oignon, mais résistant ; 2° d'un fourreau intérieur, plus souple, plus moelleux, ouvert aux deux bouts. C'est par ces deux ouvertures, munies de soupapes, que cette Aranéide sort de son appartement pour faire ses excursions. Ce cocon renferme environ une soixantaine d'œufs. A la fin d'août, M. Dufour (à qui nous devons toutes ces observations) a vu ces œufs éclos, en état de nymphes, encore emmaillotés et immobiles.

4. SPARASSE WALCKENAER. (*Sparassus Walckenarii.*)
Long. 9 lig. ♀.

Corselet grand et large, avec deux figures brunes sur les côtés, ayant la forme de deux crochets ou de deux anses. Abdomen ovoïde, peu allongé, avec deux chevrons sur le dos, proche le corselet, suivis de deux rangées longitudinales, triangulaires ou quadrangulaires, laissant un espace ou une ligne longitudinale, plus claire, à l'extrémité de laquelle, proche l'anus, sont deux ou trois petits chevrons.

Philodromus Walckenaerii, Savigny et Audoin, Egypte, p. 159, Pl. 6, fig. 1.
Ancien-Monde — Afrique — En Egypte.

Espèce bien distincte. Les taches de son corselet sont assez semblables à celles que l'on remarque sur le corselet de la Scytode thoracique ou de la Tégénaire domestique. M. Savigny n'a pas donné la bouche, mais, comme cette espèce, dans son ouvrage, précède immédiatement le Sparasse Argelas, il est probable que cette espèce lui ressemble sous ce rapport ; elle en diffère un peu par les yeux, dont la ligne postérieure est plus courbe.

3ᵉ FAMILLE. LES CLUBIONIDES.

Lèvre trianguloïde, large à sa base, arrondie à son extrémité.

Mâchoires allongées, droites, écartées, légèrement dilatées, et arrondies vers leur extrémité externe, et ayant une petite échancrure à leur extrémité interne.

Yeux presque égaux entre eux, sur deux lignes qui se courbent légèrement l'une vers l'autre, et portés sur
une légère élévation.

Pattes allongées, minces, la quatrième paire surpassant ou
égalant la première en longueur, laquelle est plus
longue que la seconde paire. La troisième paire est
la plus courte.

5. Sparasse brun. (*Sparassus fuscus.*) Long. 2 lig. 1/2. ♂.

Corselet ovoïde, allongé, moins long et moins large que l'abdomen, bombé, glabre, brun sur les côtés, avec un ovale rougeâtre dans le milieu, et une autre transversale vers les yeux,
mais obscure. Intervalle des yeux noirâtre. Poitrine noire, avec
des élévations à la naissance des pattes. Abdomen ovale, allongé,
brun sur le côté, avec une tache brune dans le milieu, entourée
de fauve. Pattes verdâtres, marquées de brun. Palpes courts,
minces, fauve rougeâtre, et comme les pattes, noirs à leur extrémité. Mandibules allongées, verticales, d'un brun noirâtre.

J'ignore la patrie de cette petite Aranéide, qui s'est trouvée
dans ma collection. L'abdomen déprimé et défiguré par la ponte
n'a pu être bien décrit.

4ᵉ Famille. LES TÉGÉNAIRIDES. (*Tegenarides.*)

Lèvre ovale ou ellipsoïde.

Mâchoires allongées, étroites.

Yeux saillants, presque égaux entre eux, sur deux lignes
rapprochées, dont l'antérieure est légèrement courbée en arrière.

Pattes de longueur moyenne, la quatrième paire la plus
allongée, la première après, la troisième est la plus
courte.

Aranéide se retirant sous les pierres.

6. Sparasse a jambes épineuses. (*Sparassus spinicrus.*) Long. 4 lig.

Corselet ovale, convexe, peu ou point comprimé sur les côtés, marqué en dessus de quelques mouchetures obscures. Abdomen allongé , étroit , d'un gris cendré , avec des mouchetures, et trois petits chevrons obscurs sur le dos. Pattes d'un gris cendré , uniforme.

Araneus spinicrus, Dufour, Descriptions et figures de quelques Aranéides, Extrait des Annales des sciences naturelles , 1831, in-8° , p. 7 , n° 3 , Pl. 10 , fig. 3.

Ancien-Monde — Europe — En Espagne , dans les montagnes de Moxente , au midi du royaume de Valence.

Les mandibules sont verticales, cylindroïdes ; les mâchoires droites, assez écartées , armées intérieurement de soies crochues, bien prononcées. La lèvre est du double plus courte que les mâchoires, les filières forment un mamelon légèrement saillant, et sont tronquées. Les jambes des deux premières paires de pattes sont armées de chaque côté de leurs bords d'une rangée de six à sept soies longues, droites, roides, dirigées en avant, appliquées dans le repos contre la jambe, et mobiles sur leur base, qui est marquée d'un point noir : le premier article des tarses de ces mêmes pattes offre aussi de chaque côté trois soies pareilles. La structure de la bouche et les autres caractères rattachent cette Aranéide au genre Sparasse. M. Dufour, en la plaçant avec hésitation dans le genre des Tégénaires , s'était bien aperçu qu'elle s'en éloignait par des caractères essentiels.

Affinités du genre Sparasse. Par la formation du genre Olios , le genre Sparasse , dégagé des espèces qu'il aurait fallu y comprendre, ressort pur et bien caractérisé par sa lèvre semi-circulaire ou elliptique, et ses mâchoires droites à extrémité arrondie et à côtés parallèles. D'autres caractères encore viennent se joindre à ce caractère essentiel, pour former du genre Sparasse un genre très-naturel. Cependant, quoique peu nombreux en espèces, les organes éprouvent encore assez de variations pour nécessiter la subdivison du genre en plusieurs familles, dont les différences révèlent les diverses affinités de ce genre avec plusieurs autres genres. Sans doute c'est avec le genre Olios qu'il a de plus nombreuses et de plus fortes affinités ; mais l'inégalité dans la grosseur des yeux, les pattes plus étalées, un corps nu et presque sans poils, paré de couleurs claires et brillantes, rapprochent la première famille, ou les Mycrommates , des genres Thomise et

Philodrome , et aussi du genre Clastes. Les Opticiennes, par leurs yeux peu inégaux , leur corselet plus allongé , leur corps couvert d'un duvet plus épais, leurs mandibules plus fortes , allient les Sparasses, avec les Clubiones ; tandis que des yeux plus ramassés sur le devant du corselet rapprochent la quatrième famille , ou celle des Tégénairides, du genre auquel elle doit son surnom. Enfin la troisième famille, ou celle des Clubionides, par sa lèvre triangulaire, arrondie, et ses pattes fines, allongées, se rapproche des Phylodromes, des Lyniphies , des Latrodectes, et de certaines familles de Théridions, puis par la légère dilatation externe de ses mâchoires et par d'autres rapports de ressemblance, cette famille s'allie plus fortement encore aux Clubiones.

24ᵉ Genre. CLUBIONE. (*Clubiona.*)

Yeux *au nombre de huit, presque égaux entre eux, occupant le devant du corselet, placés sur deux lignes rapprochées.*

Lèvre *allongée, ovalaire, dilatée dans son milieu, terminée en ligne droite, ou creusée à son extrémité, ou large, courte et échancrée.*

Mâchoires *droites, allongées, dilatées vers leur extrémité.*

Pattes *fortes, allongées, propres à la course, de longueur variable.*

Aranéides *épiant leur proie et courant après ; tendant des fils à l'entour des cellules de soie, où elles demeurent enveloppées, dans l'intérieur des feuilles, les cavités des murs et des pierres. La plupart vivant longtemps dans leurs nids, après la ponte, en société avec leurs petits.*

1ʳᵉ Famille. LES DRYADES. (*Dryades.*)

Yeux sur deux lignes rapprochées, étalées sur le devant du corselet, les postérieurs du carré intermédiaire plus écartés entre eux que les antérieurs : les latéraux non rapprochés entre eux, très-obliques.

Lèvre allongée, dont l'extrémité est arrondie sur les côtés, et légèrement creusée dans son milieu.

Mandibules se portant en avant.

Pattes, la quatrième plus longue que les autres dans les femelles, la troisième la plus courte.

Aranéides se tenant dans des cellules entre des feuilles ou derrière l'écorce des arbres, ou les interstices des pierres et des rochers. Cocon aplati.

1re Race. LES VAGABONDES.

Mandibules *portées en avant.*
Pattes, *la quatrième paire la plus longue, la seconde ensuite, la troisième est la plus courte.*

1. CLUBIONE SOYEUSE. (*Clubiona holosericea.*) Long. 4 lig.

Abdomen ovale, allongé, s'amincissant à sa partie postérieure, recouvert en dessus de poils courts, soyeux, d'un gris satiné, ou variant au vert pâle et au jaunâtre. Pattes recouvertes de poils gris, soyeux.

Araignée satinée, De Géer, Mém. t. VII, p. 266, n° 20, Pl. 15, fig. 15 et 16. — *Clubione soyeuse,* Walckenaer, Aranéides de France, p. 112, n° 1, Pl. 7, fig. 8 — *Ibid.* Hist. natur. des Aranéides, fasc. 4, 3.—*Clubiona holosericea,* Sundevall, Svenska Spindlarness, etc., p. 35, n° 4. — Hahn, Monographie, fasc. V, Pl. 4, fig. A.—*Ibid.* die Arachniden, t. I, p. 112, Pl. 29, fig. 84. (Le mâle.) — *Aranea holosericea,* Linné, Faun. suecica, édit. 2, n° 2015.

Ancien-Monde — Europe — France, Allemagne, Suède.

Commune dans les jardins, et même derrière les pierres ou le plâtre des murs, sur les feuilles et sous l'écorce à moitié détachée des arbres. Elle construit un sac de soie remarquable par sa finesse, sa blancheur et sa transparence, et s'y ménage une ouverture par où elle sort dès qu'elle est effrayées. C'est dans cette cellule qu'elle pond ses œufs, les renfermant dans un cocon de soie large aplati, où ils forment de petites saillies. Lorsqu'elle a fait sa ponte, cette Aranéide ne quitte plus sa demeure, et se tient assidûment sur son cocon qu'elle semble couver. Le mâle et la femelle sont pareils, et habitent ensemble la même cellule dans le temps des amours ; le tube est alors divisé en deux par une cloison en soie, et ils se tiennent chacun dans leur cellule, l'un au-dessus de l'autre. La ponte de cette espèce, dans nos climats, a lieu vers la fin de juin. Cette Aranéide, si vive, si fugace avant cette époque, ne veut plus alors quitter sa postérité, et si on la chasse de dessus son cocon, au lieu de s'enfuir ou de se précipiter à terre, elle se réfugie et se cache sous le revers de la feuille ou de la fleur où elle était placée. Dans d'autres temps, elle est très-vagabonde, et se rencontre occasionnellement dans l'intérieur des maisons. Elle pénètre dans les nids des autres Araignées pour manger leurs œufs. La Clubione soyeuse pond environ cinquante à soixante œufs de couleur jaunâtre.

Le digital du mâle présente une cupule ovale, allongée, terminée en pointe, et plus longue que le conjoncteur, qui est unique et sans auxiliaire, et a la forme d'un cylindre un peu aplati, ouvert à son extrémité, arrondi à sa base, de couleur d'écaille brune, qui s'éclaircit et devient transparent à son ouverture, pourvue de deux petites apophises brunes.

Conférez la *Clubiona palens* de Hahn, die Arachniden, t. II, p. 10, Pl. 4, fig. 101. La citation de Panzer (fasc. 4, 23), pour cette Araignée, est une erreur dans M. Sundevall.

2. CLUBIONE AMARANTHE. (*Clubiona amarantha.*) Long. 5 lig. ♂ ♀.

Abdomen bombé à sa partie antérieure, s'amincissant vers l'anus, d'un rouge lie de vin, avec une raie obscure, longitudinale, qui atteint jusqu'au milieu du dos, et à laquelle succèdent de petits chevrons ou accents circonflexes très-fins, d'un jaune obscur. Le mâle est semblable à la femelle, mais il a des mandibules minces et dirigées en avant.

Walckenaer, Aranéides de France, p. 115, n° 2. — Hahn, die Arachniden, t. I, p. 113, Pl. 29, fig. 85. (Figure peu exacte.)
Ancien-Monde — Europe — En France, en Allemagne.

Elle a les mêmes habitudes que la Clubione soyeuse. Quand on ouvre la feuille qu'elle a ployée et où ses petits sont éclos, ceux-ci se réfugient sous elle, et alors elle se laisse prendre plutôt que de les abandonner. Cette espèce résiste aux hivers les plus rigoureux. Dans celui de 1830, par un froid de 13°, thermomètre de Réaumur, on en a trouvé de très-vivaces derrière l'écorce des arbres enfermées dans leur sac de soie : il y en avait d'âgées et de jeunes. Le mâle est semblable à la femelle, il a seulement l'abdomen plus étroit.

2ᵉ Race. LES INGÉNIEUSES. (*Ingeniosæ.*)

Mandibules *portées en avant.*
Pattes ; *la quatrième paire la plus longue, la première ensuite, la troisième est la plus courte.*

3. **Clubione Épimelas.** (*Clubiona Epimelas.*) Long. 5 lig.

Abdomen allongé, cylindrique, noir, tant en dessus qu'en dessous, recouvert de duvet jaunâtre ; en dessus les poils sont pâles et tirant sur le gris. Pattes fortes, annelées de noir et de brun, ou de rouge clair et de blanc.

Walckenaer, Aranéides de France, p. 121, n° 4. — *Clubiona Æthiopes*, Hahn, Monogr. fascic. 5, Pl. 4, fig. B. ?

4. **Clubione marron.** (*Clubiona castanea.*) Long. ♀ 5 lignes, ♂ 2 lig.

Abdomen allongé, étroit, cylindrique, terminé en ligne droite ou légèrement arrondi à sa partie antérieure, d'un brun marron uniforme. Pattes allongées, d'un fauve jaunâtre.

Walckenaer, Aranéides de France, p. 122, n° 5. — *Clubiona rubripes*, Hahn, fasc. 5, Pl. 4, fig. C (la femelle).

Ancien-Monde — Europe — En France et en Allemagne.

Hahn donne cinq lignes de longueur à la femelle de cette espèce. Je n'ai encore trouvé que le mâle, qui est adulte lorsqu'il n'a que deux lignes de long. Les palpes sont courts, et le cubital a une apophyse pointue, qui s'appuie contre la cupule du digital. Cette cupule est cylindrique, et même un peu plus grosse à son extrémité qu'à son insertion. Elle renferme un conjoncteur unique, d'un rouge-brun luisant, qui forme du côté extérieur un rebord reployé en rond vers l'extrémité, et simulant en petit le limbe d'une oreille d'homme.

3ᵉ Race. LES SUBTILES. (*Argutæ.*)

Mandibules *tombant perpendiculairement, non dirigées en avant.*
Pattes : *la quatrième paire la plus longue, la seconde ensuite, la troisième la plus courte.*

5. CLUBIONE CORTICALE. (*Clubione corticalis.*)

Abdomen ovale, allongé, avec une ligne longitudinale plus brune à sa partie antérieure, bordée de jaune rougeâtre sur les côtés, et entrecoupée à sa partie postérieure par des chevrons transversaux, alternativement noirs et jaunes, qui se prolongent sur les côtés.

Araignée corticale, Walckenaer, Faune parisienne, t. II, p. 429, n° 4. — *Clubione corticale*, ibid. Aranéides de France, p. 118.
Ancien-Monde — Europe — En France.

Le mâle ressemble à la femelle pour les couleurs, mais l'abdomen est étroit et se termine en pointe. La cupule de son digital est ovale et pointue. Le conjoncteur, qu'elle recouvre, est homogène, gros, ovoïde, glabre, luisant, d'un rouge pâle, tronqué obliquement par la base, qui adhère à la cupule. Il a la partie arrondie, dirigée en haut, saillante, et atteignant par son extrémité à la naissance du cubital.

Cette espèce ressemble à la Clubione atroce, mais elle a une forme plus allongée, plus svelte. Elle diffère de la Soyeuse, dont elle a les mœurs et les habitudes, par son corselet plus petit, plus bombé. Sa cellule est toujours enveloppée de détritus de plantes, de peaux d'Araignées, de têtes de Mouches. On la trouve souvent derrière des écorces d'arbre, et aussi entre les feuilles ou les pétales des fleurs qu'elle a rapprochées. Son cocon est aplati comme celui de la Soyeuse, et ses œufs sont placés entre deux valves de toile très-blanche. Elle supporte les hivers les plus rigoureux, et je l'ai trouvée vivante, en 1830, par un froid de 13 degrés, mais non par la grande chaleur. Kummer jeune, naturaliste qui a péri victime de son dévouement pour la science, a gardé cette espèce pendant plus d'un an. L'ayant exposée sous un verre au soleil, au bout d'une minute elle y mourut en se débattant dans un état violent et convulsif.

2ᵉ Famille. **LES HAMADRYADES.** (*Hamadryades.*)

Yeux ramassés en demi-cercle, ceux de la ligne antérieure très - rapprochés ; les postérieurs du carré intermédiaire plus écartés entre eux que les antérieurs; les latéraux non rapprochés entre eux.

Lèvre allongée, bombée, épaisse, terminée en ligne presque droite à son extrémité ou légèrement courbée.

Mâchoires peu dilatées vers leur extrémité.

Corselet rétréci à sa partie antérieure, relevé en carène dans son milieu.

Aranéides se tenant dans les interstices des pierres, ou se renfermant dans des feuilles qu'elles rapprochent, et où elles habitent lorsque ces feuilles sont mortes ou desséchées sur l'arbre.

1ʳᵉ Race. **LES ANYPHOENES.** (*Anyphœnæ.*)

Mâchoires *à côtés presque parallèles.*
Mandibules *perpendiculaires, cylindriques.*
Pattes . *la première paire la plus longue, la quatrième ensuite ; la troisième est la plus courte.*

6. Clubione accentuée. (*Clubione accentuata.*) Long. 5 lig.

Abdomen grossissant un peu vers la partie postérieure, de couleur fauve, avec deux chevrons ou accents circonflexes noirs sur le milieu du dos, rapprochés ou se doublant, et les côtés parsemés de petites taches rondes et brunes, plus denses à la partie postérieure.

Araignée accentuée, Walckenaer, Faune paris. t. II, p. 226, n° 75. — *Clubione accentuée,* ibid. Aranéides de France, p. 124, n° 6. — *Clubiona accentuata,* Koch, 121, n° 18. — *Clubiona punctata,* Hahn, die Arachniden, t. II, p. 8, Pl. 39, fig. 99. — *Ibid.* Monographie, in-4°, 7 heft, Pl. 1, fig. a. — *Anyphœna* (*genus*), Sundevall, Conspectus Arachnidum, p. 20. — *Clubiona accentuata,* ibid. Svenska-Spidlarnes Beskrifning, p. 268.—*Ibid.*

1832, p. 268. — *Agelena obscura*, ibid. Weter. Act. handl. 1831, p. 128.

Le mâle est semblable à la femelle ; il a seulement des couleurs plus sombres ; son cubital est muni de deux petites apophyses épineuses, brunes ou noires. Le digital a sa cupule en ovale pointu. Le conjoncteur qu'il renferme est simple, glabre et rouge, pâle, ovoïde, fendu sur le côté externe, et un peu semblable pour la forme à une graine de café.

Cette Aranéide se renferme dans les feuilles desséchées des arbres. Sa ponte a lieu vers le milieu de juin. Elle tapisse une feuille d'une soie fine et transparente, et y dépose ses œufs au nombre d'environ soixante, étalés et non en boule ; réunis, mais non agglutinés entre eux ; elle les recouvre ensuite d'une bourre lâche et transparente, puis elle se pose dessus, et s'enveloppe elle-même d'un tissu très-blanc, très-fin et très-serré.

2ᵉ Race. LES AMUSSES. (*Amussæ.*)

Mâchoires *à côtés externes et internes légèrement creusés, et un peu arrondies extérieurement à leur extrémité, et échancrées obliquement à la pointe interne.*
Mandibules *à dos bombé, et portées en avant.*
Pattes : *la quatrième et la première paires presque égales et les plus longues ; la troisième est la plus courte.*

7. CLUBIONE RUPICOLE. (*Clubiona rupicola.*) Long. 3 lig. 1/2 la femelle ; 2 lig. le mâle.

La femelle. — Abdomen ovale, renflé dans son milieu, pointu aux deux bouts, mais plus à la partie postérieure. Dos d'un fauve roux dans le milieu, et bordé sur les côtés, et à la partie postérieure, d'une bande ovale noire, un peu festonnée à l'intérieur, et présentant deux petites échancrures anguleuses dans son milieu. Dans l'espace renfermé par cette bande noire est une petite ligne longitudinale près le corselet, grossissant un peu à sa partie postérieure, et accompagnée de deux points noirs placés au milieu, à la suite sont six chevrons ou accents circonflexes noirs, cernés vers l'anus par la bande noire. Le ventre est brun.

Le mâle. — Il est plus petit. Ses pattes sont longues, fines, étalées latéralement. Les hanches sont blanches, ainsi que le commen-

cement des cuisses, qui ont en dessus une tache ou un point noir.
Les yeux, en croissant ovalaire, sont blanchâtres, sur un fond
noir. La lèvre est noire, allongée, ovalaire, arrondie à son extrémité, qui dans son milieu présente une petite échancrure. La
tête est noire, avec des poils noirs, fins, allongés, sur le sommet.
Le corselet est aussi large et presque aussi long que l'abdomen,
pointu vers la tête, relevé en carène dans son milieu, noir mat
sur les côtés. Le milieu est d'un fauve clair, ayant une large bande
longitudinale, formée par des poils de cette couleur, rétrécie
dans son milieu, à l'endroit du point enfoncé, qui est noir. Poitrine en cœur, noire, glabre, bombée, avec quelques poils
blancs, rares, et de petites éminences à la naissance des pattes.
Abdomen ovoïde, un peu plus renflé dans son milieu, pointu
vers l'anus, fauve, noirâtre, avec une suite de petits chevrons
blancs ou d'un fauve clair, très-distincts, qui commencent aux
deux tiers de sa longueur, la partie proche le corselet étant entièrement noire. Ventre noir. Les palpes sont blancs ou fauve
clair, avec des taches noires. Le cubital est échancré à son extrémité externe, et a un petit apophyse noir, qui se recourbe
sur la cupule du digital : cette cupule est ovale, allongée,
pointue, noirâtre, et couverte de longs poils. Le conjoncteur
présente une pièce coriacée, plate, brune, légèrement bombée,
qui laisse voir son insertion blanchâtre dans le fond de la cavité valvulaire, et qui est pourvu de trois apophyses ou conjoncteurs supplémentaires, bruns, à leur extrémité, dont un,
plus allongé, se termine par une pointe courte. Les yeux de cette
espèce sont comme dans l'Accentuée ; mais, dans le mâle, les
mâchoires sont plus allongées, et se rapprochent de la Lapidicole ou des familles qui suivent.

Walckenaer, Aranéides de France, 126, 7.

Ancien-Monde — Europe — En France, environs de Paris.

Cette espèce court, et atteint sa proie, les pieds écartés en
rayons de cercle. Par ses couleurs et le dessin de son abdomen,
et ses yeux, elle a beaucoup de ressemblance avec la Corticale.
Par ses yeux et son habitude d'étendre les pattes latéralement,
elle a de l'analogie avec les Sparasses.

8. Clubione amusse. (*Clubiona amussa.*) Long. 3 lig. ♀.

Abdomen ovoïde, à dos bombé, s'élargissant vers sa partie pos-

térieure , d'un gris de souris uniforme. Corselet et pattes rouges.
Ancien-Monde — Europe — En France.

Yeux de la ligne antérieure très-rapprochés entre eux. Les mâchoires sont droites, médiocrement allongées , légèrement dilatées à leurs côtés externes , et tronquées à la pointe interne, légèrement inclinées sur la lèvre qui est carrée, bombée, tronquée en ligne droite à son extrémité. Le corselet est allongé , étroit, très-bombé , et plus rétréci vers la tête que dans la Rupicole. Les mandibules sont bombées à leur naissance et se portent en avant.

3e Race. LES LYCOSIENNES.

Yeux : *les deux latéraux du demi-cercle portés sur une même élévation du corselet.*

Mâchoires *allongées , droites , bombées , arrondies à leur côté externe, coupées obliquement à leur extrémité interne.*

Lèvre *large, ovalaire, tronquée en ligne droite et légèrement creusée à son extrémité.*

Pattes : *la quatrième paire la plus longue, la première ensuite ; la troisième est la plus courte.*

9. CLUBIONE MEURTRIÈRE. (*Clubiona necator.*) Long. 8 lig.

Abdomen ovale, bombé, en ligne droite à sa partie antérieure, renflé vers sa partie postérieure , d'un fauve brun , uniforme. Ventre de même couleur, avec un carré formé par des lignes jaunes très-fines, et deux lignes parallèles dans le milieu. (M.)
Monde-Maritime — Australie — De l'île de Van-Diémen.

Aspect d'une Lycose. Corselet allongé , brun , glabre , luisant. Deux bandes noires sur les côtés du milieu. Une autre bande plus brune, et une raie fine blanche sur le bord externe. Poitrine ovale , glabre , luisante , noire , avec des poils fauves à l'entour, sans tubercules. Tête noire. Dessus de la tête bombé , arrondi , à bandeau noir, comme le reste de la tête. Mandibules fortes, tombant perpendiculairement, bombées, noires, avec des poils fauves, peu denses. Lèvre d'un brun rougeâtre. Mâchoires garnies de poils rouges. Pattes fortes , rougeâtres.

3ᵉ Famille. LES FURIES. (*Furiæ.*)

Yeux ramassés sur le devant du corselet, sur deux lignes
    courbées en avant ; les quatre intermédiaires des
    deux lignes formant un carré étroit, presque ré-
    gulier, les latéraux non rapprochés entre eux ; les
    intermédiaires postérieurs plus rapprochés entre eux
    qu'ils ne le sont des latéraux de la même ligne ; les
    intermédiaires antérieurs rapprochés des latéraux
    de la même ligne.
Lèvre ovale, allongée, large, et terminée en ligne presque
    droite, ou légèrement arrondie à son extrémité.
Mâchoires droites, écartées, allongées, bombées à leur
    base, dilatées dans leur milieu.
Pattes : la quatrième paire la plus longue, la première en-
    suite, la troisième est la plus courte.
Aʀanéides se renfermant dans une toile fine sous des pier-
    res ; cocon arrondi.

10. Clubione lapidicole. (*Clubiona lapidicolens.*) Long. 7 lig. ♂ ♀.

Abdomen ovale, très-allongé, un peu plus gros dans son milieu,
de couleur grise uniforme, avec un trait ovale plus brun dans le
milieu, et des poils roux, fauves et soyeux à la jonction du corselet. Corselet d'un rouge pâle. Yeux antérieurs latéraux très-
rapprochés du rebord du bandeau, qui est presque nul.

Araignée lapidicole, Walckenaer, Faune parisienne, t. II,
p. 222, n° 20. — *Ibid.* Tabl. des Aranéides, p. 44, n° 12, Pl. 5,
fig. 48.—*Club. lapidicola, Ibid.* Aran. de France, p. 129, n° 7.—
Latreille, Gener. Crust. et Insect. t. I, p. 91, n° 1, tab. 3, fig. 98.
— *Cubiona lapidaria*, Hahn, Monogr. Aran. fascic. 7, Pl. 1, fig.
C. — *Clubiona lapidicola*, Hahn, die Arachniden, t. II, p. 29,
Pl. 40, fig. 100. (Les yeux sont mal figurés.)
    Ancien-Monde — Europe — Dans toute la France, en Alle-
magne.

Le mâle a l'abdomen plus petit et plus étroit, et un digital allongé, étroit, peu renflé. Le conjoncteur se trouve au milieu de

la cupule, sans en remplir les deux extrémités. Il est surmonté
d'un petit corps conique rougeâtre, qui lui-même est terminé
par un petit bouton noir. Les mandibules sont plus allongées
que celles de la femelle, plus brunes, et portées en avant comme
celles de la Soyeuse, tandis que celles de la femelle sont verticales.

Cette Aranéide se trouve fréquemment dans toute la France,
et surtout dans nos montagnes des Pyrénées. Elle se tient sous
les pierres et y file une toile en nappe, tenant à la fois à la pierre
et au sol sur lequel la pierre repose. Des fils aboutissent à cette
toile, et y arrêtent des Carabes, des Hannetons d'été, et d'assez
gros insectes. Lors de la ponte, l'Araignée file un sac de soie
pour y construire son cocon ; ce sac est souvent placé dans une
cavité de la pierre, et souvent aussi à sa surface, assez grande et
sans issue. L'Aranéide recouvre toujours ce cocon de feuilles sèches qui le cachent, et qui ont l'air d'être agglomérées par ha-
sard. Le cocon renfermé dans l'intérieur du sac est rond, aplati,
sans cependant être lenticulaire. Lorsqu'on le garde assez longtemps pour que les œufs se transforment en jeunes Araignées,
celles-ci le font enfler. Ce cocon devient une boule un peu déprimée ou aplatie, du blanc le plus éclatant, lisse à sa surface
extérieure ; il présente de petites éminences rondes, formées par
les œufs qui s'y trouvent renfermés. Le cocon a 5 lignes et demie
de diamètre, et contient environ soixante-dix œufs. L'un de ces
cocons, ouvert par moi le 12 juillet, m'a présenté les œufs éclos,
et dans l'état de transformation représenté par la figure 17 de
l'ouvrage de Hérold (*De generatione Araneorum in ovo*). Les œufs
sont isolés et non agglutinés entre eux. Le tissu qui les renferme
est très-serré, et ressemble à une pellicule d'oignon très-blanc.
Lorsque l'Aranéide est dans le sac qui contient le cocon, elle est
très-agile et court avec une grande rapidité. Les jeunes restent en
société avec la mère jusqu'au commencement d'août ; ils ont alors
une ligne et un quart de longueur.

Cette espèce est très-remarquable par le peu de renflement du
dernier article des palpes dans le mâle, et le peu de volume de
son conjoncteur, tandis qu'au contraire ces organes, dans les
Parques, autre famille de ce genre, sont extrêmement gonflés
et compliqués.

Variété. Clubione lapidicole marquée, *Clubiona lapidicolens signata*. Long. 6 lignes.

Abdomen avec raie longitudinale, brune ou noire, qui se prolonge sur la moitié de la partie antérieure du dos.

Ancien-Monde — Europe — En France.

Trouvée une fois aux environs de Laon, et une seconde fois dans les Pyrénées, dans les environs des Eaux-Bonnes, vallée d'Ossau. Je considère cette Aranéide comme une simple variété de la Lapidicole, ayant des couleurs plus foncées.

11. Clubione livide. (*Clubiona livida*.) Long. 4 lig. ♀.

Abdomen d'un fauve soyeux, plus élargi vers sa partie postérieure. Ventre d'un fauve pâle, uniforme. Corselet fauve pâle. Mandibules et bandeau rougeâtres.

Clubiona Listeri, Savigny et Audoin, Égypte, Arachnides, p. 157; Pl. 5, fig. 9.

Ancien - Monde — Europe — Afrique — En France, dans les Pyrénées, en Egypte.

Si semblable à la Lapidicole, que je la considérerais comme une jeune de cette espèce, si je ne l'avais trouvée avec son cocon à la même époque que la grande, et avec quelque différence dans la manière de pondre et dans le cocon. C'est dans les Pyrénées, sur la montagne qui entoure les Eaux-Bonnes, dans le fond de la vallée d'Ossau, et par conséquent à une assez grande élévation, que j'ai rencontré deux fois cette espèce. Je l'ai trouvée une première fois le 5 août sous une pierre, mais contre terre, enveloppée dans son sac avec son cocon, qui se trouvait entièrement séparé, et attaché par deux bandes au sac qui enveloppait l'Aranéide. Ce cocon était ovale, d'un tissu blanc et serré. Les œufs étaient tous éclos. Tous les organes des jeunes, les pattes et les palpes étaient développés ; mais le cocon ne présentait encore aucune ouverture. Les pattes étaient blanches, le corselet et l'abdomen d'un jaune verdâtre. Le nombre de ces jeunes Aranéides était de trente-sept. Le 20 août j'ai trouvé encore dans les mêmes lieux une *Clubiona livida* toute semblable à celle que j'ai décrite.

4ᵉ Famille. **LES NYMPHES.** (*Nymphæ.*)

Yeux étalés sur le devant de la tête sur deux lignes, les quatre intermédiaires formant un carré presque régulier, mais les postérieurs un peu plus écartés entre eux que les antérieurs ; les latéraux rapprochés et portés sur une même éminence du corselet. La ligne tracée entre les points du milieu de l'intervalle qui sépare ces derniers traversant le milieu du carré intermédiaire.

Lèvre trianguloïde, élargie dans son milieu, terminée en ligne droite, ou légèrement creusée dans son milieu.

Mâchoires droites, allongées, dilatées vers leur extrémité.

Corselet large, bombé.

Pattes allongées, la première paire la plus longue de toutes, la seconde ensuite, la troisième est la plus courte.

Aranéides se renfermant dans les feuilles qu'elles rapprochent, et faisant de grands nids.

12. **Clubione nourrice.** (*Clubiona nutrix.*) Long. 9 lig. ♂ ♀.

Abdomen ovale, bombé, et plus gros à sa partie antérieure, d'un verdâtre obscur, uniforme, avec quatre points enfoncés sur le milieu du dos. Corselet vert, rougeâtre à sa partie antérieure, large et bombé. Mandibules grandes, fortes, tombant perpendiculairement, rouges dans la plus grande partie de leur longueur, mais noires à leurs extrémités. Extrémité des pattes et des palpes noire.

Clubione nourrice, Walckenaer, Aranéides de France, p. 135, n° 8. — *Ibid.* Tabl. des Aranéides, Pl. 5, fig. 43 et 44. — *Drassus maxillosus* (le mâle), Reuss et Wider, Museum Senckenbergianum, p. 209, Pl. 14, fig. 8.

Cette Aranéide n'atteint pas, dans les environs de Paris, plus de 6 à 7 lignes de long ; mais, dans le Midi, elle a souvent 9 lignes de long. Les pattes antérieures dans le mâle sont singulière-

ment allongées, et ont environ 13 lignes de longueur. Cette espèce est commune dans les bois. Elle réunit ensemble plusieurs
feuilles d'arbres, et forme avec une soie très-blanche un nid gros
comme la moitié du poing, et assez semblable à celui que font
certaines Chenilles. L'intérieur de ce nid est tapissé d'une soie
blanche et serrée. Quelques fils qui aboutissent au nid sont tendus
en tout sens sur les feuilles et les branches environnantes. Les petits, déjà grands et longs au moins d'une ligne, se tiennent dans
l'intérieur du nid avec la mère. Celle-ci, au lieu de s'enfuir lorsqu'on la menace avec les pinces, allonge ses longues mandibules,
qu'elle retire aussitôt. Lorsqu'on fait un trou au nid pour en arracher la mère, on trouve ce trou bouché par les jeunes, qui ne
laissent plus pour sortir qu'une petite ouverture. Les jeunes
Aranéides sortent hors du nid pour aller chasser, et y rentrent; vivant ainsi pendant longtemps en commun et en société.

13. Clubione erratique. (*Clubiona erratica.*) Long. 5 lig. ♂.

Abdomen ovale, allongé, plus large dans son milieu, ayant
deux bandes d'un jaune clair, larges, sur le dos, qui divergent
vers la partie postérieure, et laissent entre elles une ligne, qui s'é-
largit vers cette partie, d'un vert foncé. Mandibules très-allongées, portées en avant, divergentes, glabres, rouges dans une
partie de leur longueur, terminées à leur extrémité par un anneau brun.

Clubione errant, Walckenaer, Aranéides de France, p. 139,
n° 9. — *Clubiona nutrix,* Latreille, Gener. Crust. et Insect. t. I,
p. 92, n° 3. — *Clubiona Dumentorum,* Hahn, Monogr. fascic. 7,
Pl. 1, fig. *b.*— *Clubiona nutrix,* ibid. Hahn, die Arachniden, t. II,
d. 7, tab. 39, fig. 98.
Ancien-Monde — Europe — En France.

Tous les yeux sont portés (surtout les antérieurs) sur une légère élévation du corselet : les latéraux sont rapprochés, mais
un peu moins que dans la *Nutrix.* Le corselet dans l'*Erratica* est
plus rétréci à sa partie antérieure, et plus arrondi à sa partie postérieure que dans la *Nutrix,* ayant un rebord relevé et jaunâtre.
Cette Clubione se renferme dans les feuilles d'arbres qu'elle roule
en cornet, et dont elle a assujetti l'extrémité pour les clore entièrement. C'est là qu'elle renferme son paquet d'œufs ronds, jaunâtres,

et de la grosseur d'une graine de pavot. L'intérieur de la feuille est tapissé d'une soie fine, blanche, serrée, ainsi que l'extérieur. Si on entr'ouvre cette feuille, sans déchirer entièrement la toile de l'Aranéide, celle-ci peu d'instants après, parvient à refermer la feuille au moyen de nouveaux fils.

14. Clubione océanien. (*Clubiona oceanica.*) Long. 5 lig. ♀.

Abdomen d'un fauve pâle, bombé, pointu à son extrémité. Corselet et pattes d'un rouge pâle. Mandibules entièrement rouges. (M.)

Monde-Maritime — Polynésie — De l'île de Tongatabou.

Elle ne diffère de la *Nutrix* que par la couleur de l'abdomen et celle des mandibules.

5e Famille. LES SATYRES. (*Satyri.*)

Yeux ramassés sur le devant du corselet : les antérieurs du carré intermédiaire plus rapprochés entre eux que les postérieurs. Les latéraux rapprochés entre eux : la ligne tracée entre le point milieu de l'intervalle qui les sépare, passant un peu au-dessous des bords inférieurs des yeux intermédiaires postérieurs.

Lèvre ovalaire, bombée, étroite, et échancrée à son extrémité.

Mâchoires courtes, carrées, bombées, écartées, légèrement inclinées sur la lèvre.

Mandibules bombées à leur naissance.

Corselet rétréci et bombé à sa partie antérieure.

Pattes peu allongées, la première paire la plus longue, la quatrième ensuite, la troisième est la plus courte.

15. Clubione trompeuse. (*Clubiona fallax.*) Long. 4 lig. ♂ ♀.

Abdomen ovale, allongé, grossissant vers sa partie postérieure, très-bombé, jaune rougeâtre, uniforme, sans figure, terminé en pointe à l'anus, ayant quatre points enfoncés dans le milieu du dos, les postérieurs les plus écartés et les plus creux. Côtés jaunes ou fauves. Ventre de même couleur.

Clubiona fallax, Walckenaer, Ar. de France, P. 142, n° 10.

Ancien-Monde — Europe — En France.

Le mâle a l'abdomen cylindrique. Il est moins grand que la femelle. Ses mâchoires sont plus allongées, ses mandibules tombent de même verticalement.

Quoique les mâchoires dans cette famille soient courtes et aient un peu le caractère des Tégénaires, elle n'en a pas les pattes allongées, et elle appartient aux Clubiones par l'ensemble de ses caractères. Ses mâchoires même ressemblent à celles de certaines Clubiones qu'on aurait coupées par moitié, de manière à ne plus laisser qu'un trognon de chacune.

Les cupules du digital, ovales et pointues dans le mâle de cette espèce tournent l'une vers l'autre leur surface convexe, et les conjoncteurs ou leurs parties concaves sont tournés en dehors. Le conjoncteur présente la forme d'un corps globuleux, rouge ou brun à sa partie antérieure et sur ses bords, mais creusé irrégulièrement, et à fond blanchâtre. Dans ce creux, du côté interne, s'avance une apophyse, et un petit corps brun rougeâtre, renflé à sa base et à son extrémité, ayant la forme d'une petite tige tordue, terminée par deux pointes figurant un croissant.

6ᵉ Famille. LES PARQUES. (*Parcæ.*)

Yeux du carré intermédiaire, sessiles ; les antérieurs plus rapprochés entre eux que les postérieurs. Les latéraux rapprochés entre eux, et portés sur une éminence du corselet ; la ligne tracée entre les points milieu des intervalles qui séparent ces derniers passant par le bord postérieur des yeux intermédiaires.

Lèvre grande, ovalaire ou tronquée, et terminée en ligne droite ou légèrement creusée dans son milieu.

Mâchoires allongées, droites, écartées, fortes, s'élargissant graduellement vers leur extrémité, arrondies à leur côté interne comme à leurs côtés externes.

Mandibules très-bombées à leur insertion.

Pattes médiocrement allongées ; la première la plus longue, la quatrième ensuite, la troisième est la plus courte.

Corselet bombé à sa partie antérieure.

Aranéides se renfermant dans une toile fine, pratiquée dans les cavités des murs, les caves et les lieux obscurs, le plus souvent collée contre les parois.

1ʳᵉ Racc. LES OVILABES. (*Ovilabiæ.*)

Lèvre *allongée, ovalaire, légèrement creusée à son extrémité.*

16. CLUBIONE ATROCE. (*Clubiona atrox.*) ♀. Long. 5 lig.
♂ 3 lig. et demie.

Abdomen ovale, légèrement renflé vers sa partie postérieure,
déprimé, ayant à sa partie antérieure une tache en carré long,
noire, échancrée ou festonnée sur ses bords, qui sont plus noirs :
l'espace qui l'entoure est de couleur jaune de paille clair, ce qui
fait ressortir une petite bande brune vers le corselet, et des lignes formées par des points noirs qui brunissent les côtés de l'abdomen et sa partie postérieure.

Araignée atroce, De Géer, t. VII, p. 253, Pl. 14, fig. 24 et 25,
— *Seconde espèce d'Araignée* mâle, Lyonet, Recherches sur l'anatomie et les métam. des Insectes, 1832, in-4°. p. 83, Pl. 9 (ou
20), fig. 5, et de 1 à 16 pour les détails.— *Aranea atrox,* Trévi-
ranus, Uber di Bau der Arachniden, p. 38, fig. 37, 38, 39, 40.—
Clubione atroce, Walckenaer, Aranéides de France, p. 146, n° 1,
Pl. 7, fig. 5 et 6. — Hahn, die Arachniden, t. I, p. 115, Pl. 30,
fig. 87. — Latreille, Gener. Crust. et Insect. t. 1, p. 93, n° 4,
tab. 3, fig. 7. — *Araneus nigricans,* Lister, p. 68, tit. 21, fig. 21.
— *Araneus fenestralis,* Mém. de la société des Sciences, en danois,
1768, in-12, t. IV, p. 352, Pl. 16, fig. 23.

Ancien-Monde — Europe — En France et dans toute l'Europe ;
très-commune sur les montagnes des Pyrénées.

Cette espèce se renferme dans des trous, et s'enveloppe, pour
passer l'hiver dans des espèces de maillot de soie très-blanche.
Ces Aranéides pondent en mai et en juin. Elles sont alors fort har-
dies, et cherchent à se défendre si on veut les saisir. Quand elles
n'ont point pondu, elles se laissent tomber à terre et font les mortes.
Selon De Géer, qui a compté cent œufs dans l'ovaire d'une femelle
de cette espèce, elle renferme les œufs d'un jaune clair, qu'elle
a pondus dans une coque de soie blanche, grande comme un
pois, autour de laquelle elle file ensuite une seconde enveloppe
d'une soie plus lâche ou moins serrée, qu'elle attache à quelque objet. Les fils de cette Aranéide sont très-gluants, et sa morsure

tue plus rapidement les Insectes que celle de plusieurs autres
espèces, mais elle n'est nullement venimeuse pour l'homme.
Elle attaque des Scolopendres, ou plutôt des Lithobies et d'autres gros Insectes.

17. CLUBIONE FÉROCE. (*Clubiona ferox.*) Long. 6 lig. 1/2. ♂ ♀.

Abdomen ovale, légèrement renflé vers sa partie postérieure,
ayant sur le dos une ligne souvent dilatée en ovale allongé, d'un
jaune pâle, bordé par une ligne noire, qui, elle-même, est entourée par un espace jaune, lequel s'élargit à sa partie postérieure. A la suite de cette figure, qui atteint le milieu du dos,
sont quatre chevrons ou traits brisés jaunes, formés par huit
points jaunes, inclinés l'un vers l'autre, séparés par une ligne
noire. Ces chevrons ou points diminuent de grosseur en approchant vers l'anus.

Aranea terrestris, Reuss et Wider. Museum Senckenbergianum,
p. 215, Pl. 14, fig. 10, *a* et *b*. — *Clubiona claustraria*, Hahn, die
Arachniden, t. I, p. 114, Pl. 30, fig. 86. — Schaeffer, Icon.
Pl. 158, fig. 6 (le mâle). — Albin, Pl. 2, fig. 9 et 10. —*Clubione
féroce*, Walckenaer, Aranéides de France, p. 150, fig. 12.

Cette espèce est en général plus grande et plus noire que la
Clubione atroce, dont elle ne diffère que par le dessin de son abdomen. Le mâle est semblable à la femelle, et a seulement des
pattes plus allongées. Le ventre, dans les deux sexes, est brun,
entouré de lignes blanches et jaunâtres qui dessinent un carré.
La Clubione féroce a les mêmes habitudes que l'Atroce. Cependant c'est celle que l'on rencontre le plus fréquemment dans les
caves, tandis que l'autre se tient de préférence derrière les
platras des murs des jardins ou des potagers. La Féroce est
commune sur le sommet du mont l'Heyris près de Bagnière-de-
Bigorre dans les Pyrénées, à huit cents toises au-dessus du niveau de la mer, où nous en avons pris plusieurs individus logés
sous des pierres. La toile de la Féroce est d'un blanc de lait
tirant souvent sur le bleu. Les deux espèces résistent, dans les
lieux de leurs retraites, aux hivers les plus rigoureux, et nous
en avons pris de très-vivaces dans des caves avec des Épéires an-
triades, des Tégénaires civiles et des Théridions crypticoles, le
25 décembre 1829, lorsque le thermomètre de Réaumur était de
douze degrés au-dessous de zéro.

18. CLUBIONE FÉROCE NOIRE. (*Clubiona ferox nigra.*)

Abdomen ovale, d'un noir velouté, sans aucune figure, avec quatre points enfoncés, un peu déprimé. Le ventre velouté, plus pâle, plaques pulmonaires d'un jaune verdâtre.

Ancien-Monde — Europe — En France.

Je n'ai trouvé qu'une seule fois cette espèce dans un bois des monts Pyrénées, aux environs des Eaux-Bonnes. Elle était sous une pierre, non enveloppée, ni recouverte par aucune toile. Ses petits, au nombre de quarante, ayant déjà une ligne et demie de long, couraient à l'entour de leur mère avec assez de vivacité. La mère, ne voulant pas les quitter, se laissa prendre.

Le corselet, les pattes, la poitrine de cette espèce sont glabres, luisants, d'un rouge-brun sale. Les pattes et les palpes ont seulement des poils fins, courts, et quelques piquants. Les mandibules, les mâchoires et la lèvre sont d'un rouge plus brun. L'organe prévulvaire offre deux ouvertures, dont la séparation et les deux côtés figurent une sorte de M majuscule et brisée. Cette séparation et cet entourage sont jaunâtres ; mais les deux ouvertures présentent à leur partie supérieure un corps calleux, globuleux, rougeâtre. Les pattes et tout le reste sont comme dans la Féroce. Serait-ce elle dont les taches s'oblitèrent après la ponte, qui quitte son nid avec ses petits, qu'elle conduit à la chasse des Insectes ? Je serais tenté de le croire, n'ayant rencontré cette espèce que cette seule fois. Mais de nouvelles observations sont nécessaires pour constater ce fait singulier, et l'identité de l'espèce.

2ᵉ Race. LES BRÉVILABES. (*Brevilabiæ.*)

Lèvre *courte, carrée, coupée en ligne droite à son extrémité.*

19. CLUBIONE MÉDICINALE. (*Clubiona medicinalis.*) Long. 8 lig.

Abdomen ovale, grossissant légèrement vers sa partie postérieure, qui est très-arrondie, d'un noir bleuâtre, avec un trait longitudinal pâle proche le corselet, et cinq chevrons de même couleur, le dernier formant un triangle plus clair. Pattes avec des taches brunes.

Tegenaria medicinalis, Hentz, Journal of the Academy of natural Sciences of Philadelphia , vol. II , part. 1, p. 53 à 55, Pl. 5, fig. 1 *a.*

Cette espèce est commune en Amérique dans les caves ; l'on assure que sa toile a des vertus narcotiques , et qu'on l'administre avec succès pour la guérison des fièvres.

Dans un exemplaire à part que nous possédons du mémoire de M. Hentz , extrait du journal où ce mémoire a été inséré , la figure 1 de la planche 1re représente la Lycose philadelphienne que nous avons décrite (*Voyez* ci-dessus p. 289 , n° 9). Depuis on a corrigé cette erreur, et on a gravé en place une Arancide dont la forme de l'abdomen rappelle une Clubione de la famille des Parques, ainsi que les yeux. La lèvre, plus courte que dans les autres Parques, si elle a été bien donnée, est ce qui nous a forcé de considérer cette espèce comme type d'une race dans la famille. Les mâchoires sont un peu plus resserrées à leur base que dans l'Atroce ou la Féroce ; mais elles sont de même arrondies à leurs côtés internes comme aux côtés externes ; les yeux sont placés de même.

3e Race. LES LONGILABES.(Longilabiæ.)

Lèvre *allongée, coupée en ligne droite à son extrémité.*
Mâchoires *peu arrondies vers leur extrémité , à côtés presque pa-*
    rallèles.

20. **Clubione cruelle.** (*Clubiona sæva.*) Long. 6 lignes.

Corselet , pattes et mandibules noires, à reflet bleuâtre. Corselet très-élevé et très-convexe. Yeux latéraux portés sur une éminence commune. Mandibules fortes et renflées. (M.)

Monde-Maritime — Ile des Kangouroux.

L'abdomen manquait. Ressemble à l'Atroce , mais s'en éloigne par la lèvre et les mâchoires, qui se rapprochent de celles des Tégénaires , mais sont plus allongées. Les deux yeux latéraux ont leur axe visuel dirigé latéralement. Comme dans l'Atroce , c'est la première paire de pattes qui est la plus longue , ensuite la quatrième ; la troisième est la plus courte.

Affinités du genre Clubione. Le genre Clubione se rapproche des Tégénaires par les courtes mâchoires des Satyres , et la courte lèvre de la Clubione médicinale ; par les mâchoires et les lèvres un peu carrées de la Clubionecruelle, et les corselets comprimés des Hamadryades, enfin par les yeux latéraux disjoints, et dont la ligne antérieure est courbée, des Furies. En général, les Clubiones se lient par de fortes affinités avec les Drasses et les Tégénaires: et la ressemblance des formes rend l'étude des espèces de ce genre difficile. Le *Drassus rubrens* ressemble, par la couleur uniforme et soyeuse de son abdomen, à la *Clubiona holosericea*, et une variété de la Tégénaire civile a aussi beaucoup de ressemblance, par le dessin de son abdomen, avec la Clubione féroce, et la Clubione corticale, et avec le Drasse Atropos, de sorte que, dans le jeune âge surtout, il est facile de confondre ces quatre espèces qui appartiennent à des familles et à des genres différents. Les Clubiones se rapprochent des Drasses par les mâchoires des Parques, qui ne sont pas encore courbées, mais creusées ou concaves à leurs côtés internes; par les yeux parallèles sur deux lignes écartées et presque divergentes à leur extrémité, des Furies ou de la Clubione lapidicole: ce genre se rapproche encore fortement des Drasses, par la famille des Drasses clubionides, que M. Savigny a fait connaître dans la description de l'Egypte, et dont quelques-unes ont presque les mâchoires droites de certaines Clubiones. Les Clubiones se rapprochent par les griffes des Drasses, des Thomises, des Attes, et des genres que nous avons démembrés de ceux-là, qui, tous, n'ont aussi que deux griffes aux pattes.

Le genre Clubione pourrait être subdivisé en deux grandes sections, et de deux manières différentes : 1° d'après les yeux; 2° d'après la forme des mâchoires.

D'après les yeux, nous avons : 1° les Clubiones à yeux latéraux écartés, savoir : les Dryades, les Hamadryades et les Furies;

2° Les Clubiones à yeux latéraux rapprochés :

Les nymphes, les Satyres et les Parques.

D'après la forme des mâchoires : 1° les Clubiones à mâchoires droites, écartées, subitement dilatées ou élargies à leur extrémité :

Les Dryades, les Furies, les Nymphes;

2° Les Clubiones à mâchoires droites et arrondies, à leurs côtés externes et internes, mais non subitement dilatées vers leurs extrémités :

Les Hamadryades, les Satyres et les Parques.

25ᵉ Genre. DÉSIS. (*Desis.*)

Yeux *au nombre de huit, sur deux lignes, l'antérieure très-rapprochée du bord antérieur du corselet, courbées en arrière, et figurant un croissant évasé. Les yeux du carré intermédiaire plus gros que les yeux latéraux qui sont portés sur un tubercule peu élevé.*

Lèvre *allongée, à côtés parallèles, fortement échancrée à son extrémité.*

Mâchoires *droites, divergentes, dilatées à leur base, pointues à leur extrémité.*

Pattes *fortes, propres à la course ; les antérieures plus allongées que les postérieures ; la première paire la plus longue, la seconde ensuite, la troisième la plus courte.*

Aranéides.

1. Désis dysdéroïde. (*Desis dysderoides.*) Long. 4 lig. ♀.

Abdomen ovale, à dos bombé en dessus et en dessous, d'un gris-pâle un.forme. Corselet, mandibules, poitrine, pattes et palpes d'un rouge de corail. Mandibules longues et fortes, dirigées en avant. (M.)

Nouveau-Monde — Amér. mérid. — Du Brésil.

Aspect de la Dysdère Erythrine. Le corselet est aussi long et aussi large que l'abdomen, à côtés presque parallèles, et presque point resserré à sa partie antérieure, déprimé. Le sternum est sans taches, sans éminences, et pourvu à la naissance des pattes de poils jaunes. Les mandibules sont très-fortes, dirigées en avant comme dans la Dysdère, aussi longues que le corselet, cylindroïdes, avec des crochets d'un rouge brun, allongés, demi-ouverts, et non entièrement reployés dans la rainure qui est dentée : les dents de cette rainure sont saillantes et au nombre de huit ou neuf, comme dans la Dysdère Erythriïe. Les pattes ont trois griffes aux tarses, dont un très-court et presque caché dans les poils.

Affinités du genre Désis. C'est avec les Dysdères que le genre Désis, par ses couleurs rouges, ses longues mandibules et la forme de ses mâchoires, et la lèvre a des rapports plus frappants de ressemblance ; mais, par le nombre de ses yeux et leur placement, ce genre a des rapports d'affinités plus étroits avec le genre Clubione, auquel j'avais voulu d'abord le rattacher (*Voyez* les Aranéides de France, p. 154), en l'y plaçant dans une famille à part, et en quelque sorte anomale ; mais la forme pointue en fer de lance des mâchoires s'y refuse. D'ailleurs le caractère des trois griffes aux tarses, quoique peu apparent, éloigne un peu ce genre des Dysdères, des Clubiones, des Drasses, des Philodromes et autres genres, qui n'ont que deux griffes aux tarses, et par là rapprochent les Désis des Tégénaires, des Epéires, et de tous les genres de Tapitèles et d'Orbitèles, ou de toutes les Aranéides grandes fileuses ; et aussi des Clotho et des Latrodectes, qui ont également trois griffes aux tarses.

26ᵉ Genre. DRASSE. (*Drassus.*)

Yeux, *au nombre de huit, presque inégaux entre eux, sur deux lignes, occupant le devant du corselet.*

Lèvre *allongée, ovalaire, pointue ou légèrement arrondie à son extrémité.*

Mâchoires *allongées, inclinées ou courbées sur la lèvre qu'elles entourent.*

Pattes *renflées, propres à la course.*

Aranéides *se renfermant dans des cellules formées de soie très-blanche, sous les pierres, dans les cavités des murs et dans l'intérieur des feuilles ou sur leur surface.*

1ʳᵉ Famille. LES LITHOPHILES. (*Lithophilœ.*)

Yeux sur deux lignes divergentes ou courbées, en sens contraire ou parallèle ; yeux latéraux écartés ; les intermédiaires postérieurs beaucoup plus rapprochés entre eux qu'ils ne le sont des latéraux de la même ligne.

Mâchoires dilatées dans leur milieu.

Lèvre ovale, allongée, arrondie à son extrémité.

Pattes courtes, renflées, la quatrième paire la plus longue, la première ensuite, la troisième est la plus courte.

Corselet à tête, ou partie antérieure, pointue.

Aranéides se tenant derrière les pierres ou les cavités des murs.

1ʳᵉ Race. LES LUCIFUGES. (*Lucifugæ.*)

Yeux *sur deux lignes divergentes, yeux latéraux postérieurs très-
reculés en arrière.*
Mâchoires *très-dilatées.*

1. DRASSE LUCIFUGE. (*Drassus lucifugus.*) Long. 7 lignes. ♂ ♀.

Abdomen ovale , allongé, d'un noir de taupe satiné, déprimé
et élargi à sa partie postérieure. Le dos est quelquefois marqué,
surtout dans le mâle , de quatre taches plus noires en carré,
très-obscures. Corselet et pattes d'un brun rougeâtre, les cuisses
d'un rouge plus clair.

Walckenaer, Aranéides de France, p. 155, nº 1. — *Ibid.* Tab.
des Aranéides, p. 45, nº 1, Pl. 5, fig. 46 et 47.—Schæffer, Icon. ,
Insect. tab. 101, fig. 7. — *Filistata femoralis*, Reuss et Wider,
Museum Senckenbergianum , t. I, p. 206, Pl. 14, fig. 5.— *Drassus melanogaster*, Latreille , Gener. Crust. et Insect. t. I, p. 87,
spec. 1 , tab. 3, fig. 10. — Hahn, t. II, p. 11, Pl. 41, fig. 102. —
Drassus lucifugus, Sundevall, Sv. sp. p. 31, nº 5.

VARIÉTÉ D'AGE (Long. 2 lig. 1/2), d'un rouge-pâle uniforme.

Ancien-Monde — Europe — En France, en Espagne, en Allemagne, en Suède.

Cette espèce se trouve dans les caves et les souterrains. Quand
elle est jeune, elle ressemble au *Drassus rubrens*, mais ses yeux postérieurs plus reculés, son corselet plus bombé vers la tête, ses
mandibules qui tombent verticalement au lieu d'être projetées en
avant, les mâchoires courbées de même , mais plus élargies, la
font facilement distinguer. Le *Drassus ater*, lorsqu'il est jeune,
est pareillement d'un rouge pâle , et probablement cette transmutation du rouge au noir par l'effet de l'âge, est commune à un
grand nombre d'Aranéides de genres très-divers. J'ai trouvé, le
18 mai , un Drasse lucifuge dans le tube de soie d'une Ségestrie
que j'en avais retiré la veille. Cette espèce serait-elle parasite ?

2ᵉ Race. LES NYCTALOPES. (*Nyctalopes.*)

Yeux *sur deux lignes parallèles : les latéraux postérieurs noirs,
reculés en arrière de la ligne.*
Mâchoires *peu dilatées.*

2. Drasse nyctalope. (*Drassus nyctalopes.*) Long. 5 lig. ♀.

Abdomen ovale, allongé, grossissant vers sa partie postérieure, d'un fauve-jaunâtre uniforme, avec des poils noirs,
longs, plus abondants vers le corselet. Plaques pulmonaires rouge
orangé. Corselet allongé, d'un rouge de corail. Pattes et palpes
rouges. (M.)

Je ne connais pas la patrie de cette petite Arancide; elle a été
rapportée par MM. Lesson et Garnot, de l'expédition du capitaine
Duperrey, et elle est probablement du Monde-Maritime. Les yeux
sont sur deux lignes parallèles, courbées en avant. Les latéraux
des deux lignes sont rouges, les intermédiaires antérieurs bruns,
les intermédiaires de la ligne postérieure blancs. Les mâchoires
sont à côtés presque parallèles, et presque point dilatées latéralement, rougeâtres, et à extrémités bordées de jaune. Le corselet
a les côtés bombés, et des sillons qui partent des pattes et aboutissent à une fossule centrale. Le sternum est ovale, pointu à sa
partie postérieure, rougeâtre, et revêtu d'un duvet de poils grisâtres. Quatre des filières sont très-apparentes; les latérales sont
cylindriques et plus grosses. Les pattes sont allongées, propres à
la course, couvertes de poils assez longs, avec des piquants noirs.
Les griffes des tarses sont terminales, courbées, pectinées, au
nombre de deux, sans ergot, ou épine opposée. Leur longueur
relative est 4, 1, 2, 3. Les palpes sont rougeâtres, de longueur
médiocre, minces, noircis vers leur extrémité, qui est pourvue
de poils et de piquants noirs.

2ᵉ Famille. LES CACHÉES. (*Absconditæ.*)

Yeux sur deux lignes parallèles, les latéraux disjoints ; les
intermédiaires postérieurs plus écartés entre eux
qu'ils ne le sont des latéraux de la même ligne.

Mâchoires allongées, peu ou point dilatées dans leur milieu.

Lèvre allongée, ovalaire, aussi large, ou plus large, à son extrémité qu'à sa base.

Pattes courtes, les antérieures renflées, la quatrième paire est la plus longue, la première et la seconde paire sont presque égales entre elles ; la troisième est la plus courte.

Corselet pointu vers la tête.

ARANÉIDES se tenant dans des feuilles ou se cachant sous les pierres, et d'autres lieux obscurs. Cocon le plus souvent aplati.

3. DRASSE NOCTURNE. (*Drassus nocturnus.*) Long. 6 lignes.

Abdomen ovale, allongé, coupé carrément du côté du corselet, s'élargissant vers l'anus, d'un beau noir mat. Sur le haut du dos et proche le corselet il est bordé de trois lignes blanches, disposées en potence, ou figurant les trois côtés d'un carré non fermé par en bas, ou un fer à cheval, ou demi-cercle. Au-dessous de chacune des deux lignes blanches latérales sont deux taches d'un blanc encore plus vif. Le ventre est fauve dans son milieu, et noir sur les côtés. Corselet d'un noir rougeâtre. Pattes et cuisses noires et renflées. Jambes annelées de noir et de rouge.

Aranea nocturna, Linn. Faun. Suecic, 2ᵉ édit. p. 489, n° 2010. — *Ibid.* Act. Upsal, édit. 1736, p. 38, n° 11. — Schranck, Faun. Insect. Austr. p. 528, n° 1096.—Walck. Faune paris. t. II, p. 221. — *Drasse nocturne*, ibid. Aranéides de France, p. 157, n° 2. — *Drassus nocturnus*, Sundevall, Svinsk. Spind. 1831, p. 30, var. *b.*

1ʳᵉ VARIÉTÉ, à abdomen brun de souris, et où les taches sont oblitérées. (Long. 6 lig.)

2ᵉ VARIÉTÉ. Abdomen avec taches blanches, supérieures, rougeâtres.

Ancien-Monde — Europe — En France, en Suède, en Autriche.

Ce n'est point, comme l'a cru M. Sundevall, le *Drassus ater*, qui n'atteint jamais une longueur aussi grande et en diffère encore sous d'autres rapports. Les yeux de la Nocturne sont sur deux lignes parallèles, presque droites ; ils sont aplatis, difficiles à voir. Tous ces yeux ont un reflet rougeâtre, à l'exception des intermédiaires postérieurs, qui sont d'un jaune clair.

Dans le mois d'août, elle fait sa ponte dans l'intérieur d'une feuille de chêne ou autre arbre, qu'elle roule et enduit de soie. Son cocon est du blanc le plus éclatant. Je n'y ai trouvé que vingt-cinq œufs. Schranck dit *in domibus rara*. Elle est rare partout. Linnée a remarqué qu'elle se tient tranquille pendant le jour, et n'est agile que pendant la nuit. Le petit nombre d'œufs qu'elle pond et ses habitudes nocturnes expliquent suffisamment pourquoi elle est rare. Je soupçonne qu'on ne la rencontre pas sous les pierres; et si M. Sundevall a dit cela, c'est qu'il a confondu cette espèce avec le *Drassus ater*, qu'on y trouve assez fréquemment. Dans la Nocturne, la lèvre est noire, allongée, élargie vers sa partie supérieure, en spatule, ou arrondie vers son extrémité, qui présente dans son milieu une légère échancrure en cœur. Les mâchoires sont noires, courbées, à côtés parallèles, comme légèrement échancrés à leur extrémité, et surpassant la lèvre d'un quart de leur longueur. Cela n'est pas ainsi dans le *Drassus ater*.

4. DRASSE GNAPHOSE. (*Drassus gnaphosus.*) ♂ ♀.

Femelle, long. 4 lig. — Abdomen noir, allongé, un peu déprimé, à filets sétifères, très-proéminents; une raie d'un rouge orangé proche le corselet. Quatre taches ovales de même couleur sur le dos, très-visibles, placées en carré, dont deux au milieu, et deux vers l'extrémité de l'abdomen. Ventre noir. Corselet avec des poils rougeâtres.

Mâle, 3 lignes. — Abdomen noir en dessus et en dessous, mais ayant en dessus quatre points d'un blanc très-vif, placés en carré sur la moitié postérieure ; les plaques pulmonaires rougeâtres. Pattes de couleur noire rougeâtre. Palpes noirs, courts, avec un digital très-renflé, dont la cupule contient un conjoncteur en forme de crochet.

Walckenaer, Aranéides de France, p. 159, n° 3.— *Drassus Linnæi*, Savigny et Audoin, Egypte, Arachnides, p. 156, Pl. 5, fig. 7. (Long. 5 lig.)

Ancien-Monde — Europe — Afrique — En France, en Égypte.

Yeux, bouche, et forme du Drasse nocturne ; dont on pourrait soupçonner qu'il n'est qu'une variété : cependant le Drasse gnaphose paraît beaucoup plus petit, et, ayant pris plusieurs fois ces deux espèces, j'ai trouvé que la différence dans les taches était constante.

5. DRASSE ROUGEATRE. (*Drassus rubrens.*) Long. 7 lig. ♀.

Abdomen ovale, allongé, déprimé, terminé en ligne presque droite et peu arrondie proche du corselet, élargi dans son milieu, d'un gris brun ou jaunâtre, selon l'âge, soyeux en dessus, sans aucune tache. Ventre de même couleur, mais plus pâle. Corselet glabre, rouge, pointu à sa partie antérieure, large dans son milieu et à sa partie postérieure. Pattes courtes, fortes, renflées, surtout les antérieures, et rouges comme le corselet. Mandibules portées en avant.

Walckenaer, Aranéides de France, p. 160. — *Drassus montanus*, Hahn, die Arachniden, t. II, p. 12, Pl. 41, fig. 103. — *Drassus murinus*, Hahn, *ibid.* t. II, Pl. 61, fig. 141. — *Drassus cinereus*, Hahn, fasc. 7, Pl. 2, fig. *a.* — *Filistata incerta.* Reuss et Wider, dans le Muséum Senckenbergianum, p. 208, Pl. 14, fig. 7 *a.*
Ancien-Monde — Europe — En France, en Allemagne.

Cette espèce de Drasse, grande pour nos climats, par ses couleurs rouges et ses mandibules proéminentes, ressemble beaucoup à la Dysdère érithrine.

6. DRASSE NOIRATRE. (*Drassus fuscus.*) Long. 5 lig.

Brun marron. Pattes d'un rouge pâle, à la réserve des cuisses qui sont noires. Corselet petit. Abdomen cylindroïde, proportionnellement au corselet plus allongé que dans le Drasse noir. Filets sétifères, saillants.

Latreille, Gener. Crust. et Insect. t. I, p. 87. — Walckenaer, Aranéides de France, p. 162, n° 6. — *Drassus tibialis.* Hahn, Monogr. der Aran. in-4°, fascic. 7, Pl. 2, fig. *b.* — *Drassus fuscus*, Sundevall, Svinska Spindlarness, p. 27, n° 2.
Ancien-Monde—Europe—En France, en Allemagne, en Suède.
Le mâle est semblable à la femelle.

M. Sundevall remarque que, dans cette espèce, les yeux antérieurs intermédiaires sont plus gros que les autres, avec un iris rougeâtre, et rapprochés des latéraux. La ligne postérieure des yeux est plus courbée que la ligne antérieure, de manière à ce que les latéraux postérieurs se rapprochent par cette courbure des latéraux antérieurs. Les mâchoires sont tronquées obliquement. La lèvre est tronquée à son extrémité. Cette Aranéide construit dans les angles des murs, ou sous l'écorce desséchée des arbres, un tube de soie blanc et ferme, ouvert aux deux bouts par deux ouvertures égales, mais extérieurement présentant plusieurs ouvertures. L'Aranéide pond environ cinquante œufs dans un cocon blanc très-épais, orbiculaire, aplati, qui est attaché hors de son nid ou de sa retraite tubuleuse de manière à ce que les rebords de ce cocon prolongés forment une continuation et une duplicature de la toile. Les petits sont éclos en octobre, ils se retirent alors dans le nid de la mère, où ils se nourrissent des Insectes que la mère leur apporte. Ils ne tardent pas à brunir, à sortir du nid et à errer pendant la nuit, comme toutes les espèces de ce genre. Ces intéressantes observations sont de M. Sundevall.

7. DRASSE NOIR. (*Drassus ater.*) Long. 3 lig. et demie. ♂ ♀.

Corps entièrement noir, à l'exception des plaques pulmonaires, qui sont d'une couleur orangé, et quelquefois très-blanche. Les pattes et les cuisses renflées, noires, ainsi que les palpes. Abdomen ovale, cylindroïde, plus allongé que le corselet; plus court et moins large dans la femelle que dans le mâle.

Drassus ater, Latreille, Gener. Crust. et Insect. t. I, p. 87, spec. 3, Pl. 3, fig. 11. — *Drasse très-noir*, ibid. Nouv. Dict. t. IX, p. 576. — Walckenaer, Aranéides de France, p. 162 et 163. — Hahn, Monogr. der Aran. in-4°, fascic. 7, Pl. 2, fig. *d* et *c*. — *Ibid.* Die Arachniden, t. II, p. 54, Pl. 61, fig. 142.

VARIÉTÉ D'ÂGE. D'un rouge pâle, à la réserve des cuisses, qui sont noires. (Individus jeunes de 2 lig. un quart de long.)

Ancien-Monde — Europe — En France, en Allemagne, sous les pierres.

On ne doit pas la confondre avec la Nocturne. La ligne antérieure des yeux presque droite, est très-rapprochée des bords du bandeau. Les yeux latéraux de cette ligne antérieure sont blanchâtres, et plus gros que les intermédiaires de la même ligne. Les mâchoires sont allongées, à côtés presque courbés et entourant la lèvre, qu'elles dépassent peu. Dans la femelle, l'abdomen se raccourcit beaucoup après la ponte.

J'ai pris plus d'une fois cette espèce aux environs de Paris, dans le bois de Boulogne, et depuis dans les Pyrénées, et j'ai eu occasion d'observer sa merveilleuse industrie. C'est en juillet et en août qu'on la trouve le plus fréquemment sous les pierres. Elle y construit une coque en terre fort grande, ovale, parfaitement lisse dans son intérieur, et recouverte de soie blanche. Cette coque est ouverte par en bas. En soulevant une pierre où se trouvait une de ces coques, j'aperçus l'Araignée dans l'intérieur au fond de sa coque adhérente à la pierre; je l'emportai. L'Aranéide, bien loin de chercher à s'enfuir, appuya ses pattes antérieures sur le fond de sa coque, et, élevant ensuite son abdomen, qu'elle faisait mouvoir d'un bord à l'autre avec mesure et lenteur, elle commença sous mes yeux à filer une toile pour boucher l'ouverture de sa cellule. Son cocon était lenticulaire, aplati d'un côté, un peu bombé de l'autre, entouré d'un rebord mince, et formé d'un tissu si serré, qu'il est semblable à une plure d'oignon. Ce cocon ressemble beaucoup, pour la couleur et pour la forme, à la graine d'orme; mais lorsque l'Aranéide vient de le faire, il est d'un blanc éclatant : il renferme une quarantaine d'œufs, jaune verdâtre, non agglutinés entre eux. Lorsque cette Aranéide est jeune et n'a que trois lignes de long, elle s'enveloppe dans un sac de soie blanche, mais ne construit point de cocon. Dans le premier âge, les petits sont tout blancs; plus âgés, ils deviennent rouges, et alors les cuisses commencent à noircir. C'est vers le milieu d'octobre que la postérité nouvelle a acquis sa couleur noire. Dans les montagnes des Pyrénées, j'ai souvent, sous les pierres, trouvé le cocon de cette espèce au mois d'août, il était d'une couleur rouge orangé et d'une dureté excessive, mais sans aucune toile ni coque, et sans l'Araignée mère. Elle et son cocon avaient sans doute été séparés par quelque ennemi qui avait détruit le nid. Le nombre d'œufs dans ces cocons n'était que de quatorze ou quinze.

8. DRASSE SOYEUX. (*Drassus sericeus.*) Long. 5 lig. ♂ ♀.

Abdomen noir, couvert d'un duvet soyeux. Corselet, bouche

et pattes d'un rouge fauve dans les jeunes, et d'un brun foncé dans les individus plus âgés.

Sundevall, S. Sp. p. 29, n° 3.

Ancien-Monde — Europe — En Suède.

Semblable au Drasse noirâtre, mais les yeux diffèrent ; les antérieurs intermédiaires sont moins rapprochés des latéraux, ils n'ont point d'iris, et sont bruns. Le mâle ressemble à la femelle, mais il a les cuisses antérieures plus grêles. Le digital offre une cupule ovalaire petite.

On trouve cette espèce dans les maisons et dans les creux des arbres. Elle pond le même nombre d'œufs que le Drasse noirâtre, et elle a les mêmes habitudes. Les petits sont blancs après qu'ils viennent d'éclore, mais ils croissent plus rapidement, et sortent du nid plus tôt que ceux du Drasse noirâtre. (Sundevall.)

Je n'ai point observé cette espèce, ou si elle s'est présentée à moi, je l'aurai confondue avec le Drasse noirâtre. D'après les observations de M. Sundevall, elle paraît cependant différente.

9. Drasse vasifère. (*Drassus vasifer*.) Long. 3 lig. ♀.

Abdomen noir, avec une tache dorsale figurant un vase ou verre long et étroit, couleur de chair ; il y a proche l'anus une tache triangulaire de même couleur, dont la pointe est tournée vers la tête ; ventre couleur de chair.

Aranea turcica, Bosc, MSS. sur les Aran. de la Caroline, p. 5, Pl. 5, fig. 2. — *Drassus vasifer*, Walckenaer, Tableau des Aran. p. 46, n° 6.

Nouveau - Monde — Amérique septentr. — Dans la Caroline, sous les écorces d'arbre.

Les yeux sont sur deux lignes parallèles. Le corselet est allongé, déprimé, légèrement velu, de couleur brune-rougeâtre pâle. Les palpes sont de couleur pâle. Les mandibules sont d'un brun clair.

N. B. Dans le nombre des Aranéides de la Géorgie, qu'Abbot a peint, il se trouve plusieurs Drasses ; mais on ne peut décrire que ceux dont il a figuré les yeux, parce que pour ces figures seules on est certain que les espèces qu'elles représentent appartiennent à ce genre. Ces espèces qui n'ont point été vues par moi, n'ont pu être réunies à cette race que par des conjectures et en se fondant sur les rapports de ressemblance.

10. DRASSE OCULÉ. (*Drassus ocellatus.*) Long. 4 lig. 1/2. ♀.

Abdomen noir, avec une bande blanche, courbe, proche le corselet. Deux taches rondes, blanches, sur le milieu du dos, placées transversalement. Quatre autres plus petits et plus en arrière, disposées de même transversalement. Anus blanc. Corselet et pattes rougeâtres. Celles-ci marquées de noir aux articulations.

Abbot, *Georgian Spiders*, p. 18 du MSS. fig. 192.

Nouveau-Monde—Amérique septentr.—De la Géorgie.

Prise le 31 août, dans le marais d'Ogechee, sur une feuille de gommier (sweet gum), avec son cocon. Cette espèce ressemble beaucoup au Drasse gnaphose.

11. DRASSE CAPULÉ. (*Drassus capulatus.*) ♀. Long. 5 lig.

Abdomen ovale, noir, peu foncé, avec une large bande, courbe, blanche, proche le corselet, une autre bande droite transverse dans le milieu du dos, surmonté d'une courte ligne blanche, longitudinale, croisée en dessus par un trait transversal blanc, le tout ressemblant à un manche de béquille : proche l'anus est une sorte de fer à cheval, à branches recourbées et tournées vers la tête. Corselet et pattes jaunes ; les métatarses et les tarses tachés de noir.

Abbot, fig. 22, p. 5.

Nouveau-Monde — Amérique septentr. — En Géorgie. — Prise le premier le 1er juin, sur un jeune chêne, dans son nid filé entre les feuilles : dans les bois de chênes du comté de Burke. Rare.

3e FAMILLE. LES HABILES. (*Peritæ.*)

Yeux sur deux lignes courbées en avant, concentriques ou parallèles ; les latéraux disjoints. Les intermédiaires postérieurs plus écartés entre eux qu'ils ne le sont des latéraux de la même ligne.

Mâchoires inclinées, entourant la lèvre, très-bombées à leur base, courbées en avant, rétrécies dans leur milieu.

Lèvre allongée, ovalaire, diminuant vers son extrémité.

Corselet resserré, mais bombé vers la tête, à bandeau
  vertical.

Pattes allongées propres à la course, la quatrième paire la
  plus longue, la seconde ou la première ensuite, la
  troisième est la plus courte.

ARANÉIDES construisant dans l'herbe, sous les pierres et dans
  les endroits cachés, une petite toile et un cocon hémisphérique, ou en forme de coupe fermée par un
  opercule.

12. DRASSE BRILLANT. (*Drassus fulgens.*) Long. 2 lig. et demie
  à 3 lig. ♂ ♀.

Abdomen ovale, allongé, bombé, grossissant vers la partie
postérieure, et pointu à l'anus. Revêtu sur le dos de poils dorés,
verdâtres ou bleuâtres foncés, avec quatre traits dorés ou cuivrés
sur le milieu, inclinés en chevrons disjoints, et deux autres plus
courts à la partie antérieure, proche le corselet. Ces traits se détachent sur un fond noir violacé, qui forme comme deux régions
transversales du dos; entre ces deux régions du dos et à la partie
postérieure jusqu'à l'anus, la couleur est pâle dorée, mais toutes
ces couleurs ont un reflet irisé, comme celles de certains colibris.
Ventre ayant des poils verdâtres sur un fond noir. Corselet allongé, resserré vers la tête, rougeâtre, couvert d'un duvet brillant, d'un jaune verdâtre, plus abondant entre les yeux, et deux
petits traits d'un jaune clair, formant un petit chevron, dont
l'angle est vers la tête, à la partie postérieure proche l'abdomen.
Pattes de couleur du corselet. Hanches allongées et cuisses renflées; celles des pattes antérieures de couleur brune. L'huméral
des palpes est aussi renflé et d'une couleur plus foncée.

Araignée brillante, Walckenaer, Faune parisienne, t. II, p. 222,
n° 71, et t. I, p. 70, lignes 21 et 24 du discours préliminaire. —
Drasse brillant, ibid. Tabl. des Aranéides, p. 46, n° 5. — *Ibid.*
Aranéides de France, p. 164, n° 7. — *Drassus relucens*, Latreille,
Gener. Crust. et Insect. t. I, p. 88, sp. 4. — *Ibid.* Nouv. Dict.
d'hist. nat. t. IX, p. 679. — *Drassus relucens*, Hahn, die Arachniden, t. II, p. 55, Pl. 61, fig. 143. — Risso, Hist. nat. de l'Europe
méridion. t. V, p. 162, n° 31. — *Macaria fulgens*, Koch, 129, 14.

Ancien-Monde — Europe — En France, en Allemagne, dans
l'état de Gênes.

Le mâle est semblable à la femelle, mais il a l'abdomen plus allongé et plus cylindrique. Ses palpes ont leur radial armé du côté externe d'une apophyse fine, crochue, pointue, qui se courbe de côté sur la cupule du digital. Cette cupule a la forme en pointe allongée à son extrémité : son dos est couvert de poils dorés ; elle est creusée à son intérieur jusqu'à son extrémité, et présente un conjoncteur bombé, ovalaire, glabre, d'un rouge pâle, remplissant toute la cavité de la cupule, et plus élevé que ses bords, mais ayant la même forme, et se terminant en pointe arrondie, simple et sans conjoncteur auxiliaire ; présentant seulement un petit corps et un petit crochet collés et non saillants, tous deux bruns vers la partie supérieure. Les poils, qui forment les plus belles couleurs de cette Aranéide, sont caduques. La seconde paire de pattes est plus longue que la première ; les pattes sont dans l'ordre suivant : 4, 2, 1, 3.

Cette petite espèce d'Aranéide n'est pas moins admirable par son industrie que par ses couleurs. Elle construit dans l'herbe et dans les cavités des pierres une tente formée d'une toile fine et serrée, ovale, et ayant deux issues. Cette toile en renferme une autre d'un tissu plus fin et encore plus serré. Cette seconde tente a la forme d'une voûte. C'est sous cette voûte qu'elle place son cocon, qui a environ 1 ligne trois quarts de diamétre, et qui est composé de deux parties, une coupe et son opercule : la coupe est hémisphérique, profonde, d'une blancheur éclatante, et formée d'une pellicule mince, à tissu aussi serré qu'une pelure d'oignon. C'est dans cette coupe qu'elle dépose quinze à vingt œufs rouges orangés, parfaitement isolés, qui sont bien loin de remplir la cavité du cocon. Elle ferme ensuite ce cocon avec un opercule ou feuillet plat, qui n'est que collé sur les bords de la coupe et qui peut s'en détacher. C'est sur son cocon qu'elle se tient ; mais auparavant elle recouvre la cavité de la pierre d'une toile d'un tissu lâche et transparent, ce qui lui forme au-dessus de la voûte une seconde chambre qui communique avec la première. L'Aranéide loge le plus souvent son cocon dans les cavités des pierres. La surface plate est alors tournée en haut, et la partie convexe en bas. C'est vers la fin de juillet que cette espèce construit son cocon. Et si on la prend immédiatement avant, et qu'on la place dans un tube de verre, elle file ce cocon sous les yeux de l'observateur. D'abord elle forme le tube qui doit le soutenir ; ensuite la partie convexe du cocon ; et, après qu'elle y a déposé ses œufs, elle fa-

brique l'opercule qui doit le clore. (*Voyez* Aranéides de
France , p. 168.) On trouve quelquefois dans les cocons ouverts de cette Aranéide, une petite larve jaunâtre , sans œufs ou
avec un petit nombre d'œufs, c'est celle d'un Ichneumon, qui
parvient à introduire un de ses œufs dans le cocon de cette Aranéide. La larve qui en provient se nourrit alors des œufs de
l'Araignée , avant de devenir nymphe et de prendre son essor
dans l'air. Le Drasse brillant se trouve souvent dans l'herbe et
sur les buissons.

13. DRASSE FASTUEUX. (*Drassus fastuosus.*) Long. 2 lig. 1/2. ♂ ♀.

Abdomen allongé, cylindrique , grossissant à sa partie postérieure, couleur brune, azurée , avec des bandes dorées obscures,
transversales, qui continuent sous l'abdomen, formant anneau.
Partie postérieure du dos entièrement couverte de poils cuivrés ou
dorés. Ventre couvert de poils cuivrés, et d'un beau vert sur les
côtés. Corselet rougeâtre, cuivré, très-brillant.

Macaria fastuosa , Koch , 129, 16 (la femelle). — *Clubiona
formicaria* , Sundevall, Sv. Sp. p. 34, n° 3 (le mâle).
Ancien-Monde — Europe — En France, en Allemagne, en
Suède.

J'ai trouvé cette espèce courant au soleil. Il m'a paru que la
ligne postérieure était moins courbée en avant que dans la *Fulgens* , la lèvre plus arrondie, les mâchoires plus coudées , plus
inclinées, et entourant davantage la lèvre. Le corselet m'a paru
moins allongé que dans la *Fulgens* , et aussi plus bombé.

14. DRASSE LUGUBRE. (*Drassus lugubris.*) Long. 1 lig. et demie.

Abdomen ovale , allongé , cylindrique , d'un noir - d'acier
bronzé, brillant, avec quelques reflets bleuâtres. Corselet allongé,
rougeâtre. Pattes allongées , rouge pâle , avec les cuisses des deux
paires antérieures renflées , brunes.

Macaria festiva, Koch , 129, 15 ? — *Clubiona pulicaria* , Sunde-
vall, p. 33, n° 2.
Ancien-Monde—Europe—En France , en Allemagne, en Suède.
Trouvé sous une pierre , en juin.

Le sternum est glabre, brun noir. La lèvre est assez large, et peu amincie à son extrémité, qui est légèrement arquée. Cette lèvre est d'un brun noir comme le sternum. Les mâchoires sont d'un rouge pâle. La lèvre, les pattes sont brunes, excepté à leur extrémité, qui est rougeâtre. Les hanches, en dessus comme en dessous, sont d'un rouge pâle à leur insertion, et noires à leur extrémité. La *Macaria festiva* de M. Koch est noire, avec des taches blanches sur le dos. Il semblerait que le *Drassus phaleratus* de M. Sundevall pourrait se rapporter à cette espèce ou à une des précédentes, puisque cet habile observateur cite, quoiqu'avec doute, notre *Drassus fulgens* : « et qu'il dit du *Phaleratus* « *terra currit sat similis formicæ.* » Mais le caractère donné à la tribu du *Drassus phaleratus* : « *oculi tuberculis impositi,* » prouve que ce n'est pas notre *Drassus fulgens* : la citation du *Phalangium phaleratum* de Panzer, 78, 21, semblerait démontrer que M. Sundevall a rapporté à tort quelque petite espèce du genre Clotho ou Enyo, ou autre, au genre Drasse. Aucun individu de ce dernier genre n'a le corselet aussi large, l'abdomen si arrondi, les pattes aussi renflées, aussi courtes, ni les yeux portés sur des tubercules. Selon M. Sundevall, sa *Clubiona pulicaria* aurait les pattes dans l'ordre suivant: 4,1,2,3.

15. DRASSE DE LISTER. (*Drassus Listeri.*) Long. 3 lig.

Corselet et abdomen étroits, allongés. Lèvre allongée, à côtés parallèles, arrondie à son extrémité. Mâchoires élargies à leur base, non resserrées dans leur milieu, inclinées sur la lèvre qu'elles dépassent peu. Les deux lignes des yeux sont presque droites et placées à des distances presque égales. Les latéraux des deux lignes sont plus gros que ceux du carré intermédiaire. Tous les yeux sont ovales. Pattes : 4, 1, 2, 3.
Savigny et Audoin, Égypte, Arachnides, p. 155, Pl. 5, n° 4.
Ancien-Monde — Afrique — Égypte.

16. DRASSE DE SCHAEFFER. (*Drassus Schaefferi.*) Long. 2 lig.

Corselet allongé. Abdomen ovoïde, renflé dans son milieu, grossissant vers son extrémité, avec quatre petits points plus foncés, en carré, à la partie postérieure. Les yeux postérieurs intermédiaires sensiblement plus écartés entre eux qu'ils ne le sont des latéraux de la même ligne. Yeux intermédiaires antérieurs plus gros que les intermédiaires postérieurs. Les deux lignes des

jeux très-écartées entre elles. Tous les yeux sont ronds, excepté
les postérieurs intermédiaires qui sont ovales.

Ibid. p. 156, Pl. 5, fig. 5.

Ancien-Monde — Afrique — Égypte.

M. Savigny n'a point donné la bouche de cette espèce, ce qui
devrait faire présumer qu'elle doit être la même que celle du
Drasse de Lister. La longueur relative des pattes, si elle a été
donnée exactement, s'éloigne de toutes celles que nous avons véri-
fiées dans ce genre. Mais cette longueur n'est point indiquée par
des lignes. Selon le dessin, qui est probablement fautif, les pattes
sont ainsi : 4, 3, 2, 1. Les deux lignes des yeux sont plus écartées
que dans l'espèce précédente.

17. **Drasse de Lyonnet.** (*Drassus Lyonnetti.*) ♂. Long. 3 lig.

Corselet large. Abdomen cylindrique, plus étroit que le corselet. Yeux ovales. Les postérieurs intermédiaires plus gros que les
intermédiaires antérieurs, qui sont plus petits que tous les autres.
Ligne antérieure des yeux, très-courbée en avant. Pattes : 4, 1,
2 et 3.

Ibid. p. 156, n° 6, Pl. 5, fig. 6.

Ancien-Monde — Afrique — Égypte.

La bouche n'est pas connue. Cette Aranéide ne peut être,
comme le présume M. Audoin, le mâle du Drasse de Schaeffer.
Elle diffère de cette espèce par la grosseur des yeux et la longueur
des pattes.

18. **Drasse clubionide.** (*Drassus clubionide.*) Long. 3 lig.

Lèvre allongée, à côtés parallèles, arrondie à son extrémité.
Mâchoires droites, allongées, se rétrécissant graduellement vers
leur base, arrondies à leur extrémité. Corps allongé, cylindrique. Corselet allongé, mais plus large que l'abdomen, qui est
étroit, cylindrique, avec quatre petites taches claires, carrées,
disposées par paires, en face l'une de l'autre, de chaque côté
du dos. Yeux postérieurs plus petits très-écartés entre eux, et
très-rapprochés des latéraux de la même ligne ; yeux antérieurs
intermédiaires plus gros que tous les autres, et très-rapprochés
des latéraux de la même ligne. Pattes : 4, 1, 2, 3.

Drassus Albini, Savigny et Audoin, Égypte, Arachnides, p. 156,
n° 8, Pl. 5, fig. 8.

Ancien-Monde — Afrique — Égypte.

Cette espèce, par ses yeux, la forme de son corps, ses taches, la longueur relative de ses pattes, appartient aux Drasses. Ses mâchoires se rapprochent davantage du genre Clubione. Sa lévre est celle des Drasses. Les deux lignes des yeux sont écartées entre elles, comme dans l'espèce précédente : la ligne antérieure est de même très-courbée en avant. Les deux gros yeux antérieurs intermédiaires seuls sont ronds, les autres sont ovales.

4e FAMILLE. LES SPÉOPHILES (*Speophilæ.*)

Yeux sur deux lignes, courbées en avant ; les latéraux portés sur une même éminence et paraissant rapprochés ; les intermédiaires postérieurs moins écartés entre eux qu'ils ne le sont des latéraux de la même ligne, et plus écartés que les intermédiaires antérieurs : tous placés sur le devant de la tête, et ne laissant qu'un bandeau étroit.

Mâchoires larges, peu allongées, arrondies à leurs côtés et à leur extrémité externe, tronquées obliquement à leurs côtés internes.

Lèvre large, ovalaire, légèrement échancrée à son extrémité.

Mandibules bombées à leur naissance.

Corselet large, arrondi et bombé vers la tête.

Pattes de longueur médiocre, renflées, la quatrième la plus longue, la troisième ensuite, la première est la plus courte.

ARANÉIDES se tenant sous les pierres et dans les intervalles des rochers et des murailles, et y construisant un tube élargi en forme de sac ouvert, cocon rond aplati.

19. DRASSE ATROPOS. (*Drassus atropos.*) Long. 6 lig. ♀ ; 5 lig. ♂.

Abdomen ovale, allongé, grossissant vers sa partie postérieure, arrondi et courbé vers l'anus. Brun, à dos déprimé, ayant une ligne jaunâtre, fusiforme, qui, depuis le corselet, se prolonge jusqu'au tiers de la longueur de l'abdomen, et qui est trifide à son extrémité, ou qui se termine par trois traits ou virgules, dont les latérales sont les plus grosses, tandis que celle du milieu est plus fine et manque quelquefois. Cette raie jaune est bordée de noir, formant deux lignes qui se rejoignent à l'extrémité, et n'en composant plus qu'une qui atteint jusqu'à l'anus. Mais cette ligne noire est interrompue transversalement par quatre chevrons jaunâtres, qui font suite au chevron bifide ou trifide qui termine la ligne jaunâtre ; et après cette ligne, le milieu du dos présente une suite de chevrons jaunes, parallèles, d'autant plus rapprochés entre eux, qu'ils se rapprochent le plus de l'anus. Le mâle est semblable à la femelle, mais quelquefois son abdomen est ovale, allongé, très-bombé sur le dos, resserré sur les côtés, grossissant un peu vers sa partie postérieure, revêtu d'un poil court, noir, tant en dessus qu'en dessous, sans aucune figure, ni points ni raies, terminé par des filets sétifères saillants, blancs à leur base et à leur extrémité, bruns ou noirs dans leur milieu.

Walckenaer, Aranéides de France, p. 170, n° 8. — *Drasse segestriforme*, ibid. p. 174, n° 10 —*Drasse segestriforme*, Dufour, Observations générales sur les Arachnides, extraites de la 18e livraison du VIe tome des Annales des Sciences naturelles, p. 9, Pl. 9, ou 356, fig. 1. — *Aranea terrestris*, Reuss et Wider, Museum Senckenbergianum, p. 215, Pl. 14, fig. 10. (Bonne figure.)

Ancien-Monde — Europe—En France, en Allemagne. Dans les grandes forêts et les hautes montagnes.

VARIÉTÉ D'AGE. (Long. 2 lignes.) Corselet aussi long et aussi large que l'abdomen, gris verdâtre, ainsi que les pattes. Mandibules se renfonçant sous le bandeau. Abdomen noir, velouté, brillant, sans taches.

J'ai trouvé cette espèce, d'abord dans la forêt de Villers-Cotterets, et ensuite plusieurs fois dans les Pyrénées, aux mêmes lieux où M. Dufour l'avait prise. Il est le premier qui l'ait décrite sous le nom de Drasse ségestriforme ; ce nom, qui conviendrait bien mieux aux *Drassus ater*, m'avait empêché, lorsque je rédigeai mon ouvrage sur les Aranéides de France, de reconnaître l'identité d'espèce du Drasse atropos et du Drasse ségestriforme. Je plaçai donc la description que M. Dufour avait donnée de ce dernier à côté de celle du Drasse atropos, en prévenant que c'était celle d'une espèce très-voisine, si ce n'était la même que l'Atropos. Depuis, ayant pris plusieurs individus femelles et deux mâles adultes, en comparant les descriptions avec la nature, j'ai bien reconnu l'identité des espèces.

C'est le 9 août que j'ai pris un mâle adulte de cette espèce sur le plateau de la montagne qui domine la butte du Trésor, laquelle fournit la source des Eaux-Bonnes, dans les Pyrénées, à l'extrémité de la vallée d'Ossau. Il était sous une pierre, se tenant immobile dans une toile fine et transparente. Sa longueur était de 5 lig. ; son corselet, son abdomen et ses pattes noirs. Les mâchoires d'un blanc sale ; la lèvre brune, grande. Le corselet glabre, et entouré d'un espace marginal qui sépare son milieu bombé du rebord, où est la naissance des pattes. Ses pattes assez allongées. Les cuisses des trois premières paires légèrement renflées. Les yeux blancs, sur deux lignes ; les quatre du carré intermédiaire sessiles, plus petits, les latéraux plus gros, portés sur la même éminence du corselet, et paraissant par-là rapprochés entre eux. Leur axe visuel est dirigé latéralement. Les mandibules sont grandes, fortes, coniques, noires, tellement bombées à leur insertion, qu'elles font une saillie en avant du bandeau, et simulent une espèce de coude. Les palpes se terminent par un digital très-renflé, pyriforme, qui finit en pointe ou en larme batavique. La cupule est glabre, luisante, avec des poils fins, mais elle présentait en dessous un conjoncteur non encore développé, et renfermé dans une pellicule lisse, d'un blanc sale. Dans un autre individu, pris cependant en juillet, je vis le conjoncteur principal inséré dans la cavité externe de la cupule formant une conque spiroïde, terminée par un petit crochet en forme de C. L'ensemble simule assez bien une oreille d'homme. Ce mâle n'était pas noir comme l'autre, mais avait les chevrons et les signes distinctifs de l'espèce comme la femelle. Ainsi il est prouvé qu'il les revêt lorsqu'il est adulte.

C'est le 24 mai 1830, sur la montagne de Laon, que j'ai surpris une femelle de cette espèce sur son cocon, renfermée dans un tube de soie. Tourmentée par moi avec les pinces, elle ne s'enfuit pas, et aima mieux se laisser prendre que de quitter sa progéniture.

20. DRASSE ÉCORGEUR. (*Drassus trucidator*.) Long. 6 lig. 1/2. ♀.

Abdomen ovale, plus allongé, moins déprimé sur le dos, grossissant moins vers l'anus que dans l'Atropos : cet abdomen est brun, avec une ligne jaune rougeâtre, longitudinale, à la partie antérieure, et, de même que dans le Drasse atropos, dilatée et trifide à son extrémité ; la branche du milieu se prolongeant en ligne fine d'un jaune rougeâtre jusqu'à l'anus. Cette ligne est traversée par quatre ou cinq chevrons de même couleur. La bande, large proche le corselet, a dans son milieu le plus dilaté une raie noire, longitudinale, fusciforme : cette raie noire, dans certains individus, est convertie en deux raies fines qui, formant un ovale allongé, cernent une ligne jaune rouge dans l'intérieur de cette même bande et de même couleur. Les côtés de l'abdomen présentent de petites raies brunes, fines, très-serrées, ondulées, chinées, qui remplacent les points bruns qui se trouvent dans le Drasse atropos.

Walckenaer, Aranéides de France, p. 172, n° 9. — *Agelena montana*, Koch, 125, 11.

Ancien-Monde — Europe — En Allemagne, en France, sous les pierres, dans les mêmes lieux que le Drasse atropos, auquel il ressemble beaucoup ; mais c'est certainement une espèce distincte. Son corselet est non-seulement plus large et plus allongé, proportionnellement à l'abdomen, mais il est aussi plus arrondi sur les côtés, et moins bombé vers la tête. Les deux lignes des yeux occupent plus d'espace en largeur, et ne sont pas posées sur un plan aussi incliné, mais plus avancées et plus près des bords du bandeau. Les yeux antérieurs intermédiaires sont plus gros que les postérieurs intermédiaires, et plus saillants que dans le Drasse atropos. Dans les individus où l'épygine de la femelle n'est point développée, l'abdomen est droit et comme cylindrique, et diminue de grosseur vers l'anus plutôt qu'il n'augmente.

5ᵉ Famille. LES PHYTOPHILES (*Phytophilæ.*)

Yeux sur deux lignes courbes, non parallèles, les latéraux rapprochés.

Mâchoires larges, et rétrécies à leur base et à leur extrémité, à côtés externes arqués, à côtés internes courbés sur la lèvre, et l'entourant.

Pattes courtes et fines, la première paire la plus longue, la seconde ensuite, la troisième paire est la plus courte.

Corselet petit, mais rétréci et bombé à sa partie antérieure.

Aranéides construisant sur la surface des feuilles une toile fine, blanche, transparente, à tissu serré, sous laquelle elles se tiennent, et recouvrant leurs œufs d'un tissu lâche, en forme de cocon aplati.

1re Race. LES ACUTILABES. (*Acutilabiæ.*)

Mâchoires et lèvre *anguleuses à leur extrémité.*

21. Drasse vert. (*Drassus viridissimus.*) Long. 1 lig. 1/4 ♀.
Le mâle, 1 lig. 1/2. ♂

Abdomen ovale, allongé, plus renflé dans son milieu, arrondi à sa partie antérieure, pointu vers l'anus, très-bombé sur le dos, qui recouvre la partie postérieure du corselet, d'un beau vert-pomme foncé, avec des arcs et des lignes obliques, jaunâtres ou d'un vert plus pâle que le reste. Corselet rougeâtre, entouré de jaune, et ayant des poils gris à la tête. Pattes courtes, d'un vert jaunâtre, sans poils ni piquants.

Araignée verte, Walckenaer, Faune parisienne, t. II, p. 212. — *Drasse vert*, ibid. Aranéides de France, p. 176, n° 11. — *Ibid.* Hist. nat. des Aranéides, fasc. 4, fig. 9.

Ancien-Monde—Europe—En France.—Très-commune dans les jardins. Les mâchoires et la lèvre sont bombées à leur base. Elle file sur la surface d'une feuille de lilas, de poirier, de rosier, de vigne et autres plantes, une toile dense, ouverte aux deux bouts, qu'elle ne change pas si on ne la détruit, quoique souvent couverte de poussière. On la trouve fréquemment en mai, à la fin d'août et au commencement de septembre. Pour s'accoupler, le mâle se présente devant la femelle face à face ; il soulève son corselet, qu'il soutient en l'air par-devant le sien, puis il allonge son palpe en dessous, et introduit ainsi son conjoncteur dans l'épygine de la femelle. Le mâle est semblable à la femelle, seulement il est plus petit, plus allongé, et a des couleurs plus vives, le corselet plus rouge. Il habite tranquillement sur la même feuille avec la femelle. Au milieu de septembre, la femelle est pleine, et est alors le double en grosseur du mâle. Celui-ci construit aussi une toile à part et sur une feuille différente de la femelle. Les mouches qui se posent sur la feuille où cette Aranéide a fait sa toile, s'y trouvent

arrêtées, et telles grosses qu'elles soient, l'Aranéide les attaque et
les saisit par derrière. L'organe du mâle est très-compliqué ; la cupule du digital est arrondie, concave ; le conjoncteur principal est
en spirale, et terminé par une tête arrondie et échancrée, qui dépasse l'orifice de la cupule ; cette cupule est bordée par un filet
membraneux brun ; ce filet rejoint le corps arrondi, et a la forme
d'une agraffe, dont la partie droite remonte verticalement, dépasse l'orifice de la cupule, et laisse voir une petite dent ou crochet brun, accolé dessous une des faces inférieures du gland.
Cet organe simule assez bien, par ses formes, l'oreille humaine.

2e Race. LES ROTUNDILABES. (*Rotundilabiæ.*)

Mâchoires et lèvre *à extrémités arrondies.*

22. DRASSE JAUNE. (*Drassus flavescens.*)

Lèvre grande, plus haute que large, mais arrondie à son
extrémité. Mâchoires arrondies à leurs extrémités interne et
externe. Corselet d'un brun rougeâtre ; abdomen d'un jaune
foncé, avec des taches plus claires. Pattes jaunâtres. Le mâle a
l'abdomen et le corselet plus allongés ; il est d'un brun-rougeâtre
uniforme.

Walckenaer, Aranéides de France, p. 179, n° 12.

En France : dans les mêmes lieux que la précédente, à laquelle
elle ressemble tellement, que je les ai longtemps confondues et considérées comme deux variétés de la même espèce. J'ai souvent rencontré celle-ci en juin, sur les feuilles d'oranger ou de lilas. Elle
a les mêmes habitudes que le *Drassus viridissimus.* Seulement,
dans l'accouplement, les deux sexes sont dans une position presque perpendiculaire, posés sur leur anus, s'appuyant l'un sur
l'autre. Cette espèce fait quatre ou cinq pontes. Ses œufs sont
étalés, libres, recouverts d'un tissu lâche, en forme de cocon
aplati ; ce tissu est fixé à la feuille par de nombreux fils. Ces
œufs sont au nombre de vingt environ, jaunes.

Affinités du genre Drasse. Les Drasses forment un genre très-
voisin des Clubiones, et elles ont avec ces Aranéides de grandes
affinités. Cependant les Drasses ont dans leurs groupes principaux,
ou archétypes, des caractères plus tranchés que les Clubiones, et

se distinguent plus facilement par le facies seul des Tégénaires,
des Agélènes, des Sparasses, auxquels ces deux genres sont joints
par de nombreux rapports. Ces caractères sont : des yeux rangés
sur deux lignes parallèles ou concentriques, ou à courbes opposées, placés sur le devant d'un corselet pointu; des pattes courtes
à cuisses renflées, et dont la quatrième paire est la plus longue,
une lèvre ovalaire ou légèrement échancrée ; des mâchoires
courbes qui entourent cette lèvre ou s'inclinent sur elle ; mais
ces caractères ne se conservent bien intègres que dans les deux
premières familles, savoir, les Lithophiles et les Cachées. Déjà
les *Habiles*, le Drasse brillant et ses congénères, se rapprochent
des Tégénaires et des Agélènes par des pattes plus allongées,
un abdomen plus bombé, des mâchoires moins courbées, quoique par ce dernier caractère, et par leur corselet pointu, leurs
yeux parallèles, ils appartiennent essentiellement au genre
Drasse. Les Spéophiles et les Phytophiles ont des yeux latéraux
rapprochés, des corselets larges et bombés à leur partie antérieure, ce qui les rapproche davantage des Clubiones que des
Drasses; mais ils appartiennent essentiellement à ce dernier genre
par leurs mâchoires courbes entourant la lèvre, et aussi par
leurs pattes peu allongées. Les deux genres Drasse et Clubione
se touchent et se pénètrent en quelque sorte par les Spéophiles
et les Parques, car deux Aranéides du même genre, de la même
famille, de la même race, se ressemblent souvent moins que les
Clubiones féroces ou atroces, et les Drasses atropos et égorgeurs.
Pourtant si ces deux dernières Aranéides se rapprochent des Clubiones par leurs couleurs, leurs yeux, leurs mandibules renflées
à leur naissance, leurs têtes larges et bombées, ils s'en éloignent
et se rattachent bien au genre Drasse par la courbure des mâchoires, la grandeur de la lèvre et les pattes à cuisses renflées.
Le Drasse clubionide, que Savigny nous a fait connaître, et que
nous avons annexé à la famille des *Habiles* plutôt qu'inséré dans
cette famille, dont elle s'éloigne par ses mâchoires droites,
semble établir une autre affinité entre les Clubiones et les Drasses,
mais beaucoup plus faible que celle des Parques et des Spéophiles ; car si les mâchoires de la Clubionide s'éloigne des Drasses
parce qu'elles sont droites et écartées, elles diffèrent aussi de
celles des Clubiones, en ce qu'elles ne sont point dilatées à leur
extrémité, mais cylindriques et parallèles, tandis que les yeux
sur deux lignes, le corselet pointu, l'abdomen allongé, cylin-

drique, de cette petite Aranéide , et jusqu'aux taches blanches
carrées, semblables à celles de la Nocturne , ses pattes renflées ,
courtes, dont la quatrième est plus longue , sont des caractères
qui nous forcent à insérer dans le genre Drasse cette Aranéide qui
dans son anomalie présente peut-être des caractères assez tranchés
pour former un genre à part. Les Phytophiles ont les deux paires
de pattes plus longues que les postérieures ; ce qui les éloignerait
également des Drasses et des Clubiones : ces pattes sont fines, ce
qui les rapprocherait des Théridions ; mais elles sont en même
temps trop courtes pour appartenir à ce genre, dont pourtant
elles se rapprochent par la petitesse et la forme bombée vers la
tête de leur corselet. Mais par leurs pattes courtes , la forme de
leur corps, et surtout leurs mâchoires , la famille des Phytophiles appartient essentiellement au genre Drasse : pourtant on ne
peut se dissimuler que ce petit groupe ne soit d'une classification
difficile et douteuse, parce que , Drasse par ses organes les plus
essentiels, il s'allie sous d'autres rapports aux Clubiones et aux
Théridions. Si on isole les Phytophiles du genre Drasse, on trouvera que toutes les espèces de ce genre ont des couleurs sombres,
et toujours la quatrième paire de pattes la plus longue. Ce genre
se rapproche par ces caractères, et aussi par celui des yeux sur deux
lignes parallèles , du genre Latrodecte, dont les espèces vivent
aussi sous les pierres.

Comme les Clubiones, les Drasses peuvent se subdiviser en
deux sections, en ne considérant que les yeux :

1° Drasses à yeux latéraux écartés : les Lithophiles , les Cachées
et les Habiles ;

2° Drasses à yeux latéraux rapprochés : les Spéophiles et les
Phytophiles.

Sous le rapport des pattes , on peut également diviser le genre
Drasse en deux sections :

1° Drasses qui ont la quatrième paire de pattes la plus longue :
les Lithophiles , les Cachées, les Habiles , les Spéophiles.

2° Drasses qui ont la première paire de pattes la plus allongée :
les Phytophiles.

27ᵉ Genre. **CLOTHO.** (*Clotho.*)

Yeux *au nombre de huit, sur deux lignes ; la ligne postérieure très-courbée en avant, l'antérieure légèrement courbée dans le même sens ou droite ; les deux yeux antérieurs intermédiaires plus gros que les autres ; les intermédiaires postérieurs très-écartés entre eux, et posés assez près de l'alignement des latéraux postérieurs et antérieurs pour former avec eux une courbe latérale de chaque côté des deux gros yeux intermédiaires : tous ces yeux sont placés au-dessus d'un bandeau élevé.*

Lèvre *large à sa base, diminuant de largeur vers son extrémité qui se termine en pointe, ou est échancrée ou arrondie.*

Mâchoires *courtes, très-inclinées sur la lèvre, conniventes, arrondies à leur extrémité.*

Pattes *La quatrième paire de pattes sensiblement plus longue que les autres, qui sont presque égales entre elles.*

Aranéides *se construisant, sous les pierres, un nid derrière une toile où elle habite avec ses petits.*

1ʳᵉ Famille. **LES UROCTÉES.** (*Uroctea.*)

Corselet large, court, en croissant ou réniforme, à bandeau arrondi.

Yeux intermédiaires postérieurs très-rapprochés des latéraux de la même ligne, et dont la tangente inférieure touche à leur orbite. Ligne antérieure courbée en avant.

Lèvre large, triangulaire, pointue à son extrémité.

Mâchoires courtes, à côtés parallèles , diminuant en pointe arrondie.

ARANÉIDES construisant sous les pierres ou contre les rochers une toile à tissu serré, attachée seu'ement par ses prolongements anguleux, et à plusieurs couches superposées, mais séparées entre elles ; et, entre ces couches, construisant un nid à plusieurs valves ou compartiments, où elles se tiennent renfermées avec leurs petits.

1. CLOTHO DE DURAND. (*Clotho Durandii.*) Long. 5 lig. ♂ ♀.

Abdomen ovale , allongé, pointu vers l'anus , noir, avec cinq taches fauves ou jaunes , figurant, en les joignant par des lignes, un pentagone dont la pointe est vers l'anus. Corselet beaucoup plus large que long , en croissant uniforme, d'un brun noirâtre, bordé d'une raie jaune clair. Tentacules ovales, allongées.

Clotho Durandii, Walckenaer, dans Latreille , Gener. Crust. et Insect. t. ll , p. 370 (dans le Supplément).—Latreille , Règ. anim. de Cuvier, t. lV, p. 236.— Savigny, Egypte , Arachnides, p. 134, Pl. 3, fig. 6. — *Uroctea quinque-maculata* , Léon Dufour, Description de cinq Arachnides nouvelles, extrait de la 14e livraison du 5e tome des Annales générales des sciences physiques , Bruxelles, in-8°, p. 43, Pl. 76, fig. 1.

Ancien-Monde — Europe — Afrique — Dans le midi de la France, en Dalmatie, en Espagne, et en Egypte.

Le mâle un peu allongé est du reste semblable à la femelle. Il a un conjoncteur orbiculaire à son insertion dans la cupule, mais dont le centre plus saillant est armé en dessous de deux crochets sétacés, un peu contournés en spirale. Dans la femelle , le corselet n'a que 1 ligne 3/4 de long , et a 2 lignes de large. La quatrième paire de pattes a 6 lignes 1/3. Les mandibules sont longues, minces, insérées au bas d'un bandeau élevé, articulées verticalement, mais cependant ayant entre elles une sorte de cohésion, oblonguo-cylindriques, amincies, à onglet petit. Les palpes sont gros et courts, et se reportent sur les mandibules, qu'elles masquent. Les pattes sont de la même couleur que le corselet. Dans les individus jeunes , cette couleur n'est pas brune , mais jaune verdâtre. L'abdomen est terminé par deux tentacules anales, longues et mousses à leur extrémité, et quatre autres filières courtes, velues, dont l'insertion est sous l'extrémité du ventre. L'anus semble fermé par deux valves pectiniformes, qui s'ouvrent et se ferment à la volonté de l'insecte.

« Cette espèce, dit M. Dufour, établit à la surface inférieure des grosses pierres ou dans les fentes des rochers, une coque en forme de calotte ou de patelle, d'un pouce de diamètre. Son contour présente sept à huit échancrures, dont les angles seuls sont fixés sur la pierre, au moyen de faisceaux de fils, tandis que les bords sont libres. Cette singulière tente est d'une admirable texture : l'extérieur ressemble à un taffetas des plus fins, formé, suivant l'âge de l'ouvrière, d'un plus ou moins grand nombre de doublures. Ainsi quand cette Aranéide, encore jeune, commence à établir sa retraite, elle ne fabrique que deux toiles, contre lesquelles elle se tient à l'abri. Par la suite, et je crois à chaque mue, elle ajoute un certain nombre de doublures. Enfin, lorsque l'époque pour la reproduction arrive, elle tisse un appartement tout exprès, plus duveté, plus moelleux, où doivent être renfermés et les sacs des œufs et les petits récemment éclos. Quoique la calotte extérieure ou le pavillon soit, à dessein sans doute, plus ou moins sali par des corps étrangers qui servent à en masquer la présence, l'appartement de l'industrieuse fabricante est toujours d'une propreté recherchée. Les poches ou sachets, qui renferment les œufs, sont au nombre de quatre, de cinq, ou même de six pour chaque habitation, qui n'a cependant qu'une seule habitante. Ces poches ont une forme lenticulaire, et ont plus de quatre lignes de diamètre. Elles sont d'un taffetas blanc comme de la neige, et fournies en dedans de l'édredon des plus fins. Ce n'est que vers la fin de décembre et au mois de janvier que la ponte des œufs a lieu. Il fallait prémunir la progéniture contre la rigueur des saisons et les incursions ennemies. Tout a été prévu. Le réceptacle de ce précieux dépôt est séparé de la toile, immédiatement appliqué sur la pierre, par un duvet moelleux, et de la calotte extérieure, par les divers étages dont j'ai parlé. Parmi les échancrures qui bordent le pavillon, les unes sont tout à fait closes par la continuité de l'étoffe, les autres ont leurs bords simplement superposés, de manière que l'Uroctée, soulevant ceux-ci, peut à son gré sortir de sa tente et y rentrer. Lorsqu'elle quitte son domicile pour aller à la chasse, elle a peu à redouter sa violation, car elle seule a le secret des échancrures impénétrables et la clef de celles où l'on peut s'introduire. Lorsque les petits sont en état de se passer des soins maternels , ils prennent leur essor et vont établir ailleurs leurs logements particuliers , tandis que la mère vient mourir dans son pavillon. »

J'ajouterai encore quelques remarques sur les habitudes de cette Aranéide, contenues dans une lettre de M. Durand , conservateur du jardin botanique de Montpellier, lorsqu'il me l'envoya de cette ville, où il l'a trouvée le premier.

« Cette espèce , lorsqu'elle aperçoit une mouche qui passe autour de sa toile, en sort, et saisit l'insecte avec ses pattes de devant , en faisant un mouvement circulaire avec l'extrémité de son abdomen , et, s'aidant de ses pattes , elle enveloppe l'insecte de toile comme une poupée. Je ne lui ai jamais vu sucer les insectes. Elle les attache au-dessus de sa toile. Elle paraît ennemie de la lumière, et craindre la chaleur. Quand il m'est arrivé de mettre le bocal qui la contenait au soleil , elle sortait de sa niche presque morte. »

Le nom d'Uroctée donné à cette famille est celui que M. Dufour avait imposé au genre Clotho , ne sachant pas que M. Latreille l'avait déjà décrit dans l'Appendice de son *Gener. Crust. et Insect.* d'après mes manuscrits.

Selon la figure et la description de Savigny, cette espèce a trois griffes aux tarses , tous trois courbes , mais les deux griffes supérieures seules sont pectinées , armées de quinze à seize dents. La troisième paire de pattes est un peu plus longue que la première, et leur longueur relative , comme dans la famille suivante , est 4, 2, 3 et 1 , égales.

2. CLOTHO DE GOUDOT. (*Clotho Gondotii.*)

Abdomen noir, sans taches.

Latreille , Cours d'Entomologie , t. I , p. 520.

Ancien-Monde — Afrique — De Tanger, d'où elle a été rapportée par M. Goudot jeune.

2ᵉ FAMILLE. LES ENYO.

Corselet ovale , allongé.

Yeux intermédiaires postérieurs assez écartés des yeux latéraux de la même ligne pour que leur tangente inférieure laisse un intervalle entre elle et l'orbite des mêmes yeux latéraux postérieurs ; la ligne antérieure est droite.

Lèvre grande, ovalaire, arrondie à son extrémité.

Mâchoires larges, creusées extérieurement vers leur base, arrondies à leur extrémité externe, légèrement inclinées, à côtés internes droits, et à extrémités rapprochées, mais non conniventes.

Pattes de longueur médiocre, la quatrième paire la plus grande, la troisième ensuite, la seconde et la première presque égales.

Abdomen globuleux.

3. Clotho luisant. (*Clotho nitida.*) Long. 3 lig ♂.

« Abdomen globuleux, très-bombé, d'un gris-de-lin très-foncé et chatoyant, terminé par des filiéres blanches à la base, noires à la pointe; les pieds noirs, avec un anneau blanc à la base des jambes; un autre plus grand à celle des quatre cuisses postérieures. » (Savigny.)

Enyo nitida, Savigny, Egypte, Arachnides, p. 135, Pl. 3, fig. 7.

La bouche de cette espèce ressemble beaucoup à celle du Thomise citron. Les yeux postérieurs sont médiocrement écartés des latéraux.

Enyo est le nom que M. Savigny avait donné à un genre formé de cette espèce de Clotho et à la suivante, mais cette dernière se rapproche plus par sa bouche du *Clotho Durandii* que celle-ci.

3ᵉ Famille. LES ZODARIONS. (*Zodariones.*)

Yeux intermédiaires postérieurs écartés des yeux latéraux de la même ligne, de manière à ce que leur tangente inférieure laisse entre elle et l'orbite de ces mêmes yeux latéraux un assez grand espace; ces mêmes yeux assez reculés en arrière et sur les côtés pour ne former avec les yeux postérieurs et antérieurs, qu'une ligne latérale peu courbée : ligne transverse des yeux antérieurs courbée en avant sur un bandeau allongé.

Lèvre très-large, très-courte, tronquée à son extrémité.

Mâchoires très-inclinées, courtes formant un coude à leur base, cylindriques, diminuant vers leur extrémité, qui est arrondie.

Pattes allongées, fines, la quatrième paire sensiblement plus longue que les autres, la première est ensuite la plus longue.

Abdomen ovoïde.

4. CLOTHO LONGIPÈDE. (*Clotho longipes.*) Long. 1 lig. 3/4. ♂ ♀.

Abdomen ovale, à dos très-convexe, d'un brun marron plus foncé que celui du corselet. Ventre d'un blanc sale; les deux tentacules anales blanchâtres, saillantes. Corselet petit, ovalaire, rétréci à sa partie antérieure, bombé, glabre, d'un rouge brun. Poitrine, ventre et hanches d'un blanc jaunâtre. Pattes et palpes d'un fauve rougeâtre.

Enyo longipes, Savigny, Egypte, Arachnides, p. 136, n° 8, Pl. 3, fig. 8 (le mâle).

Ancien-Monde — Europe — Afrique — En Egypte et en France.

J'ai trouvé cette espèce dans le bois de Boulogne, sous une pierre. Je n'ai vu que la femelle, et Savigny que le mâle. Aux environs du Caire, le mâle ressemble à la femelle. Savigny le décrit ainsi : « Corselet brun, abdomen d'un cendré noirâtre. » Mais il décrit son organe sexuel, qu'il a fait figurer d'une manière très-détaillée. « L'article cubital est un peu plus long que le radial ; celui-ci est très-court, et terminé extérieurement par une double apophyse. La valve digitale (la cupule) supérieure est oblongue, peu concave, prolongée en cône, avec le bouton excitateur plus court que la valve elliptique, et pourvu de trois conjoncteurs : le conjoncteur principal grand, naissant de la base, se recourbant et s'amincissant par degrés, faiblement tri-articulé, à dernier article allongé en filet sétacé, qui dépasse beaucoup le bouton, dont il entoure imparfaitement le sommet : le premier conjoncteur auxiliaire un peu plus avancé, rétréci à la base, lancéolé, rendu convexe par une double courbure, et marqué sur sa cavité d'un léger canal. »

Affinités du genre Clotho. Ce genre est un des plus singuliers par son organisation, et un des plus intéressants par l'industrie de la plus grande espèce, parmi celles qui nous sont connues. Dans la première famille, celle des Uroctées, par la manière dont leurs yeux sont placés, et la sorte d'adhérence qu'on remarque dans ses mandibules, leur tête large et arrondie, les Clothos ont de

fortes affinités avec les Théraphoses, et se rapprochent beaucoup
des Filistates, qui sont sur la limite des deux tribus ; mais les
mandibules verticales et les autres caractères les replacent dans
les Araignées proprement dites. Les pattes grosses, dont la seconde
est la plus longue, la forme du corselet de certaines espèces,
sont des rapports d'affinité entre les Clothos et les Thomises.
Mais la bouche et les autres caractères placent le genre Clotho
encore plus près des Théridions, des Sphases et des Latrodectes.
La nature semble se complaire à entremêler ses rapports d'affinités : si les Uroctées semblent se rapprocher le plus des Thomises par leur corselet large, leur abdomen déprimé, les Enyos,
qui s'en éloignent sous ces rapports, ont un autre rapport plus intime ; leur lèvre et leurs mâchoires sont presque semblables à
celles des Thomises, et ils se trouvent par ce point important
intimement unis à ce genre. Les Zodarions ont aussi, par ces
mêmes organes de la bouche et par leur corselet, d'étroites con-
formités avec le genre Théridion, quoique les Enyos, par leur
abdomen globuleux, aient avec ce genre plus de ressemblance.

28ᵉ Genre. LATRODECTE. (*Latrodectus.*)

Yeux *au nombre de huit, presque égaux entre eux,
sur deux lignes écartées et légèrement divergentes ; les yeux latéraux étant un peu plus
écartés entre eux que ne le sont les intermédiaires, et portés sur des éminences de la tête.*

Lèvre *triangulaire, grande et dilatée à sa base.*

Mâchoires *inclinées sur la lèvre, allongées, cylindriques, arrondies vers leur extrémité externe,
terminées par une pointe interne, et coupées
en ligne droite à leur côté interne.*

Pattes *allongées, inégales entre elles. La première
paire plus longue que la quatrième ; celle-
ci sensiblement plus allongée que les deux
intermédiaires ; la troisième paire est la plus
courte.*

Aranéides *filant dans les sillons, sous les pierres,
des fils en nœuds, ou en filets où les plus gros
Insectes se trouvent arrêtés. Cocon sphéroïde
pointu par un bout.*

1. **Latrodecte malmignatte.** (*Latrodectus malmignatus.*)
Long. 6 lig. ♂ ♀.

Abdomen gros, renflé, globuleux, très-pointu vers l'anus,
noir ; large bande transverse, d'un rouge sanguin, proche le
corselet ; ensuite quatre taches de même couleur ; deux placées
longitudinalement, et deux transversalement sur les côtés, celle
qui est le plus près du cercle, pentagonale, celle qui suit derrière

et est au milieu du dos, triangulaire; et les deux latérales ovalaires. Derrière la grande tache triangulaire est une ligne longitudinale, formée de deux ou trois autres taches triangulaires ou
arrondies et jointes, qui aboutissent à l'anus, et est aussi d'un
rouge sanguin. De chaque côté deux grandes taches de même
couleur : ces taches, surtout celles du milieu, sont dans quelques
individus traversées par un point noir, qui s'oblitère avec l'âge.
Ventre avec deux taches rouges couleur de sang, transverses.
Corselet petit, déprimé, resserré vers la tête, arrondi à sa partie
postérieure, noir, ainsi que les pattes. Le mâle est semblable à la
femelle.

Latrodecte malmignatte, Walckenaer, Tabl. des Aranéides,
p. 81 (mais il y a erreur dans les caractères génériques, tirés
de la longueur relative des pattes), Pl. 9, fig. 83 et 84.— *Ar. tre-
decim-Guttata*, Rossi, Faune étrusc., t. II, p. 136, n° 982, Pl. 9,
fig. 10. — *Ibid.* édit. Illiger, in-8°, t. II, p. 227, Pl. 9, fig. 11.—
Fabricius, Entom. Syst. 409, n° 8. — Luigi Toti, Atti dell'Acade-
mia delle Scienze di Siena, t. VII, p. 145, et les figures.—Arsenne
Thibaut de Berneaud, Voyage à l'île d'Elbe, Paris, 1808, in-8°,
p. 66 à 67, Pl. 1, fig. 1 et 2.

En Corse, en Sardaigne, en Italie, près de Volterra; très-
commune.

Variétés. —. Cette espèce offre quelques variétés : la ligne
postérieure qui rejoint l'anus est souvent interrompue, ou est
remplacée par trois ou quatre taches contiguës. Il y a tantôt
treize taches sanguinolentes, tantôt quinze, et ces nombres ne
sont pas constants.

Les yeux latéraux postérieurs ont leur axe visuel dirigé en arrière,
et les latéraux antérieurs en bas. Cette espèce est réputée très-veni-
meuse; sa morsure cause, dit-on, à l'homme des douleurs léthar-
giques, et souvent la fièvre. M. Luigi Totti, médecin de l'hôpital de
la Madeleine, à Volterra, dans un long mémoire qu'il nous a envoyé, confirme tout ce qui a été écrit sur les effets que produit la
morsure de cette Araignée, dans Boccone, Keysler, Rossi et autres.
Pourtant ses mandibules ne sont pas très-fortes, et elle n'est pas

---

(1) Boccone-Museo di fisica, in 4° 1697, p. 107 et p. 280 et Keis-
ler-Neuester reisen 1751, 2 th. p. 762.

grande. Mais M. Abbot, qui ignorait ce qui avait été écrit en
Europe sur les Latrodectes, dit, des trois espèces qu'il a figurées, que leur morsure en Amérique est redoutée. Ainsi le
fait est certain. La Latrodecte malmignatte, en se promenant,
établit de longs fils sous les pierres et dans les sillons, qui arrêtent les plus gros insectes, même des Sauterelles, que la
Latrodecte saisit aussitôt et dévore. Elle est timide si on l'enferme avec d'autres insectes, et n'est hardie que contre sa prop. e
espèce. Ces Aranéides s'attaquent entre elles avec fureur et se
mangent. Le cocon de la Latrodecte malmignatte est fort gros et
a six lignes de diamètre; c'est un sphéroïde pointu par un bout,
de couleur de café clair, d'un tissu si fort et si serré, que je n'ai
pu l'ouvrir qu'en le coupant avec un canif. J'y ai compté deux
cent vingt œufs, d'un fauve pâle; ils n'étaient ni agglutinés entre
eux, ni entièrement libres, mais liés les uns avec les autres,
par des fils fins et imperceptibles, de telle sorte que, si on en
tire un, on entraîne les autres en chapelet. M. Toïti m'a écrit
que la même femelle fait trois cocons, dont le premier a 400 œufs,
le dernier 200. Les tarses, dans ce genre, sont pourvus de trois
griffes, dont deux régulièrement, mais non finement, pectinés,
et le troisième simple, recourbé à sa base. M. A. Cauro, d'Ajac-
cio, docteur en médecine, dans une thèse intitulée *Exposition
des moyens curatifs de la morsure de la Théridion malmignatte*,
Paris, 1833, in-4°, p. 6, dit : « Il paraît qu'on n'était pas fixé sur
le caractère venimeux du Théridion malmignatte, car tous les
naturalistes se bornent à dire que l'on croit que sa morsure est
très-dangereuse. Il est certain, bien certain, qu'elle est très-
dangereuse en Corse; peut-être serait-elle mortelle dans quelques
circonstances. » M. Cauro donne les détails des effets de cette
morsure, qui ressemblent, dit-il, à ceux de la Vipère : mais
M. Cauro, non plus qu'aucun de ses prédécesseurs, n'a pas pris le
soin de s'assurer que la maladie qu'il décrit était véritablement
causée par la Latrodecte malmignatte. Il ne rapporte aucune observation, aucune expérience qui le démontre.

2. **Latrodecte belliqueux.** (*Latrodectus martius.*) ♂.

Abdomen noir, avec une ligne transverse, rouge sanguin, à la
partie supérieure.

Savigny, Egypte, Arachnides, p. 137, au bas de la page.
Ancien-Monde — Europe — En Italie.

Savigny ne paraît pas avoir trouvé cette espèce en Egypte, mais en Italie. Aucun autre naturaliste n'en a parlé. Je soupçonne que c'est une variété du Latrodecte malmignatte, dont les taches, excepté la bande, sont oblitérées. Mais Savigny ne pense pas ainsi, puisqu'il lui a imposé un nom différent ; et Savigny est celui qui a le mieux étudié ce genre, et a comparé un plus grand nombre d'espèces.

3. LATRODECTE OCULÉ. (*Latrodectus oculatus.*) Long. 3 lig. 1/2. ♀.

Abdomen d'un noir bleuâtre, chatoyant, avec la base entourée par deux bandes contiguës, rougeâtres, encadrées de blanc ; le dessus orné de douze taches rouges, cerclées de blanc, distribuées sur trois séries longitudinales ; la série intermédiaire formée de six taches, dont la seconde est plus grande, triangulaire, et dont les trois dernières, comme enchaînées l'une à l'autre, atteignent près de l'anus les séries latérales, formées de quatre taches isolées ; le dessous bordé sur les côtés par trois taches semblables à celles du dessus, mais moins colorées, et traversées en arrière des stigmates par une première bande blanche, suivie d'une seconde presque imperceptible. Corselet brun noir, palpes et pieds noirs.

L. argus, Savigny, Egypte, Arachnides, p. 137, Pl. 3, fig. 10.
Ancien-Monde — Afrique — En Egypte, dans les environs d'Alexandrie.

Espèce très-distincte de la Malmignatte et plus petite : la disposition des taches est la même que dans le Latrodecte malmignatte ; mais celle-ci n'a point de bordure blanche à l'entour des taches, et les taches n'ont pas la même forme. Dans cette espèce, comme dans ses congénères, les yeux occupent toute la largeur du corselet, et débordent des deux côtés la ligne extérieure des mandibules. Les yeux intermédiaires antérieurs, comme les latéraux, sont réunis par deux tubercules contigus. Cette espèce a plus d'analogie avec le Latrodecte arlequiné d'Amérique qu'avec la Malmignatte. Les deux lignes des yeux ne sont pas aussi divergentes que dans cette dernière et que dans l'Erèbe. Pattes : 1, 4, 2, 3. Le nom d'Argus a été donné par nous à un genre.

4. **Latrodecte chasseur.** (*Latrodectus venator.*) Long. 1 lig. 1/2. ♀.

Abdomen globuleux, noir, entouré de blanc, et marqué transversalement en dessus de cinq raies blanches ; la première et la troisième beaucoup plus grandes que les autres , courbées en arc. Corselet noir, sans taches. Palpes et pattes fauves.

Savigny, Egypte, Arachnides, p. 138, Pl. 3, fig. 11.

Ancien-Monde — Afrique — Egypte.

Cette petite espèce ne nous est connue que par la figure et la description de Savigny. Il est à regretter qu'il n'ait pas fait dessiner la bouche. Par ses yeux latéraux un peu rapprochés , par son bandeau moins grand que dans les autres Latrodectes, cette Aranéide paraît s'éloigner de ce genre et se rapprocher des Théridions. Pourtant l'opinion de Savigny, qui la classe dans les Latrodectes qu'il avait bien étudiés, est d'un grand poids.

5. **Latrodecte érèbe.** (*Latrodectus erebus.*) Long. 7 lig. ♀.

Corps d'un noir profond , sans taches , légèrement éclairci vers l'extrémité des pattes.

Savigny, Egypte, Arachnides, p. 3, fig. 9. — *Théridion lugubre*, Léon Dufour, Description de six Arachnides nouvelles, extrait du tome IV des Annales des sciences naturelles, p. 1, Pl. 69 , fig. 1.

Ancien-Monde — Afrique — En Egypte , des environs de Salayeh ; et en Espagne, dans la Catalogne , aux environs de Mora et de Villafranca. Très-rare , selon M. Dufour.

L'épygine a ses deux principaux orifices , qui s'ouvrent à l'extérieur dans une cavité commune, dont le bord antérieur est garni d'un rang de cils très-propre à en défendre l'entrée. Savigny a figuré un tarse antérieur de cette espèce qui est pectiné. M. Léon Dufour a figuré un tarse de l'individu qu'il a décrit, et qui n'est point pectiné , ce qui provient probablement de ce que le tarse qu'il a examiné appartenait à une des pattes postérieures. J'ai examiné un des tarses postérieurs du Latrodecte malmignatte, et j'ai trouvé les griffes simples ou sans dents. Je n'ai pu voir la base des griffes antérieures trop enveloppée dans les poils. Quoi qu'il en soit, ces caractères tirés des griffes , variables dans les mêmes individus, ne peuvent servir de base pour les grandes subdivisions de la méthode, ni même être considérés comme génériques.

Savigny a pris cette espèce avec son cocon, qui est un sphéroïde, dont un des pôles est eu pointe, comme celui de la Malmignatte. M. Dufour nous apprend que cette espèce construit sous les pierres une petite toile qui lui sert de retraite. Lorsqu'on la surprend dans son réduit, loin de prendre la fuite, elle contrefait le mort, en abritant son corps sous ses pattes repliées. Le plus petit diamètre du cocon de cette espèce qu'a figuré Savigny, a 6 lignes, et le plus grand 8 lignes. Dans cette espèce, les deux lignes d'yeux divergent à leur extrémité d'une manière marquée.

6. Latrodecte redoutable. (*Latrodectus formidabilis.*)
Long. 7 lig. et demie. ♀.

Abdomen globuleux, noir, avec trois grandes taches d'un rouge sanguin, disposées longitudinalement : la première proche le corselet, en losange ; celle du milieu pentagonale, plus grande ; la tache postérieure en pentagone très-pointu à son extrémité supérieure, et dont la base se prolonge jusqu'à l'anus. Quatre points enfoncés, plus noirs, disposés en carré autour de la tache du milieu, entourés d'un petit cercle blanchissant ou plus pâle. Corselet et pattes noirs.

Abbot, p. 18, fig. 191.

Nouveau-Monde — Amérique septentrionale — en Géorgie. — Prise le 28 mai, dans un bois de chêne. Rare.

Cette espèce est celle qui a le plus de rapport avec le Latrodecte malmignatte d'Europe.

7. Latrodecte perfide. (*Latrodectus perfidus.*) Long. 6 lig. ♀

Abdomen globuleux, noir, avec une tache triangulaire, d'un rouge sanguin, au-dessus de l'anus. Ventre noir, avec une tache rouge anguleuse. Corselet et pattes noires.

Abbot, p. 18, fig. 195.

Nouveau-Monde — Amérique septent. — De la Géorgie — Prise le 22 février, sous une pierre, dans les bois du marais d'Ogechee.

Il y a six points enfoncés, plus noirs sur le dos, disposés sur deux lignes longitudinales, qui s'écartent l'une de l'autre en ap-

prochant de l'anus. Cette espèce a beaucoup de rapport avec
le *Latrodectus erebus*.

M. Abbot a observé la toile irrégulière que cette espèce construit sous les pierres, et les vieux arbres ou quartiers de bois
abattus, et dans les ornières. Il dit de cette espèce, de la précédente, et de celle qui suit, que leur morsure est venimeuse.

8. Latrodecte arlequiné. (*Latrodectus variolus.*) Long. 6 lig. ♂.

Abdomen globuleux, ovalaire, noir, bariolé de blanc, avec
trois taches rouge sanguin, disposées longitudinalement : une première bande blanche entoure l'abdomen proche du corselet ; deux
autres sont inclinées sur les côtés ; les deux premières taches rouges proche le corselet, formant deux ronds entourés de blanc,
ou dont la moitié antérieure est rouge, et la moitié postérieure
d'un blanc vif ; la tache postérieure bordée de blanc ou entièrement rouge, allongée, et figurant un triangle porté sur une tige
qui aboutit à l'anus, ou une tache ovalaire, ou enfin une simple
ligne dans un carré blanc. La partie antérieure proche le corselet a un arc de cercle blanc, et des lignes inclinées, d'un blanc
vif, au nombre de trois de chaque côté, aboutissant à chacune
des taches rouges : quelquefois les bordures blanches sont d'un
jaune pâle. Corselet noir. Palpes à cupule fauve et ovalaire.
Cuisses noires ; jambes fauve et noire.

Abbot, fig. 194, p. 18. — *Ibid.* fig. 391, p. 31. — *Ibid.* fig. 396,
p. 32.

Nouveau-Monde — Amérique septent. — De Géorgie.

Jolie espèce, qui a des rapports avec le *Latrodectus ocellatus*
d'Égypte, et qui offre plusieurs variétés. La figure 194 (5 lig.) a
la tache postérieure toute rouge ; prise le 15 mai, dans un bois.
La figure 391 à la tache postérieure ovale, et des bandes jaunes.
Le ventre est noir, et traversé par deux bandes rouges. Prise le
5 avril sur un buisson de pins (6 lignes de long). La figure 396,
prise par Abbot dans un nid de Sphex ravisseur (4 lig. 1/2).
C'est la variété à tache rouge postérieure, ne formant plus qu'une
ligne, à bordures blanches, en carré. Toutes ces variétés sont des
mâles.

9. Latrodecte assassin. (*Latrodectus mactans.*) Long. 4 lig. ♀.

Abdomen ovale, conique, plus gros à sa partie antérieure, du

plus beau noir, avec une ligne longitudinale d'un rouge carmin
sur le dos. Ventre noir, avec une grande tache rouge. Corselet,
pattes, palpes et mandibules d'un brun pâle.

Aranea mactans, Fabr. Entomol. System. p. 410, n° 11.

Nouveau-Monde—De l'Amérique.

Ma description est faite d'après l'individu de la collection de
Fabricius, qui m'a été remis par ce célèbre entomologiste. Peut·
être est-ce la même espèce que le Latrodecte perfide. La forme
du corps est plus allongée, mais l'insecte était desséché. La tache
rouge du dos est plus longue, mais il peut y avoir des variétés à
cet égard. Quoi qu'il en soit, le *Latrodectus mactans* a tous les
caractères du genre : l'extrémité de la lèvre est un peu moins
pointue, et les mâchoires un peu plus grêles que dans le Latrodecte malmignatte.

10°. LATRODECTE MEURTRIER. (*Latrodectus intersector.*)

Abdomen ovale, conique, renflé à sa partie antérieure, noir,
avec quatre points rouges en carré. Anus rouge.

Aran. mactans varietas, Fabricius, Entomol. System. t. II,
p. 410, n° 11.

Cette espèce, si c'en est une, ne nous est connue que par
une courte description de Fabricius, qui semble la considérer
comme une variété du *Latrodectus mactans*; mais elle a quatre
taches rouges que l'autre n'a pas. Des observations plus suivies
peuvent seules nous apprendre si elle en diffère spécifiquement.
Le nombre de ses taches ne permet pas non plus de la rapporter
à aucune des espèces figurées par Abbot. Comparez cette espèce
avec la Perfide.

Affinités du genre Latrodecte. Le genre Latrodecte est un des
plus compactes, un des mieux caractérisés par la nature. Il tient
cependant d'une manière si intime aux Théridions, que d'éminents naturalistes en ont confondu les espèces avec celles de ce
dernier genre. Les Latrodectes, par leur lèvre large à sa base
et triangulaire, se rapprochent des Linyphies, et de la famille
des Triangulilabres dans les Théridions ; la forme de ses mâchoires et leurs inclinaisons a une grande analogie avec la même
famille ; enfin la forme rétrécie en avant et arrondie postérieurement du corselet, qui est petit ; la forme globuleuse de

l'abdomen, qui est celle de plusieurs Théridions, et les pattes qui, quoiqu'un peu plus fortes que dans les Théridions, ont cependant la même longueur relative, tout semble caractériser l'étroite parenté des deux genres : cependant ils diffèrent par un caractère primordial, qui ne permet pas de les réunir, et empêche de les confondre; c'est celui des yeux. Dans les Latrodectes, les yeux latéraux n'ont aucune tendance au rapprochement; et non-seulement les deux lignes sont écartées à leur extrémité, mais plus à leur extrémité que dans leur milieu. Ce caractère allie les Latrodectes avec la première famille des Drasses; aussi se ressemblent-ils par leurs mœurs et leurs habitudes, comme par leur couleur sombre, souvent diversifiée par des couleurs vives; mais là se bornent les rapports d'affinités entre les deux genres. De beaucoup plus nombreux unissent les Théridions et les Linyphies avec les Latrodectes; mais on voit que, s'ils sont plus nombreux, ils ne sont pas plus intimes, car, par leur industrie et leurs habitudes, les Latrodectes doivent être placés près des Drasses, des Clothos, des Pholques. Tous ces genres appartiennent à la division des Filitèles et des Niditèles, qui ne font pas de grandes toiles, mais se fabriquent une tente, ou un nid, où elles se renferment, et qui tendent à l'entour des fils irréguliers.

29ᵉ Genre. PHOLQUE. (*Pholcus.*)

Yeux *au nombre de huit, presque égaux entre eux, groupés sur une éminence antérieure du corselet par deux et par trois : deux yeux intermédiaires antérieurs rapprochés ; trois yeux latéraux plus gros, très-rapprochés, connivents et groupés en triangle de chaque côté des petits yeux intermédiaires, et un peu plus reculés que ceux-ci.*

Lèvre *grande, resserrée à sa base, dilatée dans son milieu, arrondie à son extrémité.*

Mâchoires *étroites, allongées, cylindriques, légèrement creusées et amincies à leur extrémité externe, inclinées sur la lèvre et contiguës.*

Pattes *très-longues et minces ; la première paire est la plus allongée, la seconde ensuite, la troisième est la plus courte.*

Aranéides *presque sédentaires formant une sorte de réseau très-lâche, composé de fils flottants ou très-écartés, très-fins, tendus sur plusieurs plans différents ; agglutinant leurs œufs en une masse ronde et nue, qu'aucun tissu ne recouvre, et les transportant ainsi entre leurs mandibules.*

1ʳᵉ Famille. LES CYLINDROIDES.

Abdomen cylindroïde, plus gros à sa partie postérieure.

1. **Pholque phalangide.** (*Pholcus phalangioides*.) Long. 4 lig. ♂ ♀.

Abdomen allongé, cylindrique, grossissant un peu vers l'anus, nu, mou, d'un blanc terne, transparent, avec une bande longitudinale, ramifiée, pâle, qui atteint aux deux tiers du dos; côtés gris, marqués de taches noires. Corselet orbiculaire, d'un gris pâle et transparent, avec des taches plus obscures, à bandeau allongé et anguleux, prolongé perpendiculairement. Pattes livides, rembrunies à leurs deux principales articulations, entourées chacune d'un anneau blanchâtre.

Araneus candidus longissimis ac tenuissimis pedibus, Plin. Hist. nat. 29, ch. 38, 12, t. VIII, p. 270, édit. Lemaire. — *Araignée phalangide*, Walcken. Faune paris. t. II, p. 212 et 213, n° 43.— *Ibid.* Tabl. des Aran. p. 80. — *Pholcus phalangioides*, *Ibid.* Hist. nat des Aranéides, fasc. 5, Pl. 10, le mâle et la femelle.—*Pholque phalangiste*, Savigny, Arach. d'Egypte, p. 141, Pl. 3, fig. 13. = *Aranea Pluchii*, Scopoli, Entomolog. Carniolensis, p. 104-1120. — *L'Araignée domestique à longues pattes*, Geoffroy, Ins. t. II, p. 651, n° 17. — *Ar. opilionides*, Schranck, Enum. Insect. Austriæ, p. 530, n° 1103.

Ancien-Monde — Europe — En France, en Allemagne, en Autriche, en Egypte.

Le mâle est semblable à la femelle; il a seulement l'abdomen plus cylindrique et plus grêle, et des taches brunes sur le dos. J'en ai vu cependant une variété à dos verdâtre, et une ligne longitudinale rouge vers le milieu. Son digital est singulièrement renflé, et présente un organe très-compliqué : trois conjoncteurs surnuméraires, dont deux en pointe et un dilaté en éventail, accompagnent le conjoncteur principal. L'épygine, dans la femelle, a un oviducte longitudinal porté sur un cuilleron saillant, mais non très-prolongé. Sa masse d'œufs est ronde et agglutinée, et on voit l'Insecte marcher avec cette masse vers le milieu de juin, mais avec peu de vivacité. Cette Aranéide vibre avec violence sur les fils qu'elle a tendus dès qu'on y touche. Dans l'individu que nous avons décrit, de 4 lignes de long, la première paire de pattes avait 21 lignes, la seconde 16 lignes, la quatrième 15 lignes, la troisième 11 lignes. Schranck a aussi trouvé, ainsi que nous, la seconde paire de pattes plus allongée que la quatrième. Les filières, au nombre de six, courtes, bi-articulées, presque égales entre elles, convergentes et en faisceau, sont, ainsi que l'anus, placées sous l'extrémité de l'insecte. Bosc, dans son MSS sur les Araignées de la Caroline, a dessiné un Pholque fort semblable à celui d'Europe, sous le nom d'*Aranea Elizeana*, mais il ne l'a point décrit. Il a 3 lignes de long et une raie longitudinale, avec quatre raies inclinées en forme de branche de chaque côté, Pl. 4, fig. 1. Abbot n'a pas trouvé en Géorgie une seule espèce de ce genre. Le Pholque phalangide est très-commun en France, dans les maisons et dans les lieux humides et abandonnés. Je l'ai trouvé dans le centre et dans le nord de la France. Aussi commun à Nevers qu'aux environs de Paris. C'est cette Araignée que Pline désigne, quand il dit : « *Albugines quoque dicitur tollere, inunctione Araneus candidus longissimis ac tenuissimis pedibus contritus in oleo vetere.* » Plin. lib. 29, ch. 36, 12. « L'Araignée blanche, dont les pattes sont très-déliées et très-longues, broyée dans de vieilles huiles, passe aussi pour enlever les taies. » Pluche n'a décrit ni observé aucune espèce d'Araignée ; tout ce qu'il dit à ce sujet est copié d'Homberg.

2. PHOLQUE RUISSELAIRE. (*Pholcus rivulatus.*) Long. 3 lig. 1 2. ♂, ♀.

Abdomen cendré, roussâtre, orné d'une sorte de feuille, tracée par de petits points blancs, à nervure moyenne, un peu courte, divisée en deux losanges d'un roux foncé, ainsi que l'extrémité du disque, et bordée de deux points blancs, à nervures latérales très-obliques, uniquement composées de ces mêmes points. Corselet d'un cendré clair, avec une bande noire, longitudinale ; les pattes d'un cendré livide brun, avec un anneau blanc à leurs deux principales articulations.

Savigny, Egypte, Arachnides, p. 140, Pl. 5, fig. 12. — *Aranea rivulata*, Forskael, Descript. anim. p. 86, n° 28, Pl. 24, fig. F.

En Italie et en Egypte. — Très-commune dans ces contrées, et surtout dans les environs du Caire, dans l'intérieur des maisons.

Le mâle est semblable à la femelle, et ne présente que les différences habituelles de sexe. Le digital, comme dans l'espèce précédente, offre un conjoncteur très-renflé, très-compliqué. Le bouton principal, plus court que la cupule, est inséré sur son renflement, libre, uniformément carré, sphérique, marqué vers le sommet d'un sillon circulaire, d'où s'élève latéralement un

conjoncteur peu allongé, voûté, fendu par l'extrémité en deux
dents divergentes, entre les bases desquelles s'applique un petit
tube membraneux. L'huméral des palpes est cylindrique, et le
radial en cône inverse. Dans sa description, M. Savigny dit que
la quatrième paire de pattes dans cette espèce, est un peu plus
longue que la seconde ; mais, dans sa figure, la longueur des
lignes qui indiquent celle des pattes, offre un résultat contraire :
la deuxième paire de pattes a un demi-millimètre de plus que la
quatrième. Dans la figure de Forskael, où les longueurs des pattes
sont indiquées par des lignes, la seconde est donnée comme étant
plus longue que la quatrième. Ainsi, sous ce rapport encore, cette
espèce se rapproche de la Phalangide.

2e Famille. LES ALLONGÉES CONIQUES.

Abdomen allongé conique.

Yeux latéraux connivents.

3. **Pholque a queue.** (*Pholcus caudatus.*) Long. 2 lig. 1/2.

Abdomen allongé, diminuant graduellement vers son extrémité, et se prolongeant en queue au delà de l'anus, qui forme
en dessous, avec les filières, une saillie conoïde. Dos d'un gris
argenté, avec quelques traits obliques, peu apparents, de chaque
côté, quelquefois d'un gris uniforme. Sternum et milieu du
ventre noirs.

Dufour, Description de cinq Arachnides nouvelles, t. V des
Annales génér. des Sciences physiques, p. 53, n° 5, Pl. 76, fig. 2.

En Espagne, dans le royaume de Valence, de Moxente ; dans
les fentes des rochers.

Les pattes sont pâles et velues, avec un anneau plus clair à
l'extrémité des jambes et des cuisses. Les palpes du mâle adulte
sont fort compliquées ; le troisième article est renflé et cambré ;
le quatrième se termine par deux crochets inégaux.

M. Léon Dufour est jusqu'ici le premier et le seul naturaliste
qui ait observé et décrit cette curieuse espèce d'Aranéide.

Affinités du genre Pholcus. Le genre Pholcus se distingue de
tous les genres d'Aranéides, par le placement de leurs yeux

groupés latéralement au nombre de trois, et avec deux yeux, intermédiaires. Ce caractère, leur corselet plat, et la longueur de leurs pattes fines, autre caractère qui leur est commun avec le genre Artème, établit une affinité entre l'ordre des Aranéides et ceux des Phrynéides et des Phalangides, deux autres ordres des Aptères-Acères, que tant d'autres rapports plus importants séparent des Aranéides. C'est avec le genre Artème qui suit immédiatement que le genre Pholque a les affinités les plus intimes, surtout par la première famille d'Artème, dont les yeux latéraux non connivents sont cependant rapprochés en triangle; et toutes ces Aranéides se rapprochent des Théridions, et surtout de ceux de la famille des Longipèdes de la Nouvelle-Hollande, qui par leurs pattes et leurs mâchoires allongées et leurs yeux latéraux connivents forment le chaînon intermédiaire qui unit les trois genres.

30ᵉ Genre. ARTÈME. (*Artema.*)

Yeux *huit, presque égaux entre eux, sur deux lignes courbées en arrière ; les intermédiaires postérieurs plus écartés entre eux que les intermédiaires antérieurs, et plus rapprochés des latéraux qu'ils ne le sont entre eux.*

Lèvre *grande, élargie à sa base, diminuant vers son extrémité, qui est arrondie ou tronquée.*

Mâchoires *allongées, étroites, inclinées sur la lèvre à côtés parallèles grossissant un peu vers leur extrémité, dont les côtés internes sont coupés perpendiculairement et contigus.*

Pattes *très-allongées, fines ; la première paire la plus longue, la quatrième ensuite, la troisième la plus courte.*

Aranéides.

1. Artème atlante. (*Artema atlanta.*)

Abdomen globuleux, à fond jaunâtre, avec des bandes d'un brun pâle sur le dos et sur les côtés. Corselet orbiculaire, aplati, jaunâtre. Pattes très-courbées et renflées, jaunes, revêtues de poils fins. (M.)

Nouveau-Monde — Amér. mérid. —Du Brésil.

Les yeux présentent une disposition analogue à ceux des Pholques, mais les trois latéraux groupés en triangle sont simplement rapprochés entre eux ; ils ne sont point connivents, mais séparés au contraire par un intervalle notable. Les deux yeux intermédiaires sont petits et bruns, les yeux latéraux plus gros et blancs. Les mâchoires sont pareilles à celles de l'Artema Maurice, ainsi que la lèvre, qui cependant se termine en pointe arrondie, et n'est

pas tronquée comme dans l'Artème Mauricienne. Les mandibules,
dans le mâle, sont aussi petites, à dos très-bombé ou courbe, et paraissant bifide, à cause de la longue pointe conique qui se prolonge
à la partie antérieure de la tige, caractère qui, je crois, n'existe que
dans le mâle. Ces mandibules sont jaunâtres, et resserrées dans
les palpes. Le mâle est semblable à la femelle, ou n'en diffère
que par les palpes. Il a l'huméral très-renflé. Le cubital l'est également, mais un peu moins ; le radial est court, cylindrique ; le
digital projette de côté un conjoncteur rougeâtre, cylindrique,
auquel est joint un conjoncteur supplémentaire, échancré et dilaté
vers le bout. Un deuxième conjoncteur supplémentaire se remarque entre les deux corps dilatés. Il est fin, peu allongé, rougeâtre, doublement recourbé ou ayant la forme d'une S. Dans
la femelle, l'épygine est brun, et derrière on remarque des éminences ou tubercules mousses ou jaunes. Les filières sont courtes,
et jaunâtres à leur extrémité. Les pattes antérieures ont 4 pouces
8 lignes. La quatrième paire est la plus longue après la première.
La troisième est la plus courte.

2. ARTÈME MAURICIENNE. (*Artema Mauriciana.*) Long. 3 lig. 1/2
ou 4 lignes.

La femelle.— Abdomen globuleux, pointu vers l'anus, à fond
pâle, avec des stries ou bandes grisâtres, formant des losanges,
stries plus régulières sur les côtés. Corselet rond, aplati, très-
enfoncé dans son milieu, fauve, rougeâtre. Bandeau courbé en
avant, très-allongé. Pattes très-longues, d'un rouge pâle, avec
des anneaux bruns aux articulations. Mandibules courtes, coniques, réunies à leur base par une petite arète.

Le mâle. — Abdomen globuleux, petit, gris de souris. Mandibules excessivement renflées sur le dos, bifides, et terminées par
une pointe acérée, dont le dos est armé d'une petite tige cylindrique, droite, où est l'onglet qui est très-petit. L'intérieur est
creusé en cuiller, comme celle de certains Scarabées. brun rougeâtre. Digital des palpes d'une grosseur énorme, vésiculeux, et
se terminant par un conjoncteur en spirale.

De l'Ile-de-France. Dans l'intérieur des maisons.

Cette singulière Aranéide a les yeux placés au-dessus d'un bandeau moitié aussi long que le corselet, en croissant, ou sur deux
lignes courbées en arrière. Les pattes sont extrêmement allon-

gées : la première paire du mâle que j'ai décrit avait 4 pouces 6 lignes. Elles sont un peu plus fortes et moins fines que dans le *Pholcus*, d'un rouge pâle. Les yeux sont luisants et couleur d'ambre jaune. L'onglet des mandibules est très-court, et reployé à l'extrémité du prolongement interne, sans aucune dent sur les bords de la rainure.

Affinités du genre Artème. Ce genre est un des plus singuliers de tout l'ordre des Aranéides, et un de ceux qui présentent les plus curieuses affinités. Ainsi ses palpes courts et renflés, ses mandibules, articulées à l'extrémité d'un bandeau ou d'un prolongement antérieur du corselet, donnent à sa tête une sorte de ressemblance avec les charansons parmi les Coléoptères, et les mandibules du mâle si différentes de celles de la femelle par leur dilatation, ont des rapports d'affinité avec celles des Lucanes et d'autres Scarabées. Mais le corselet plat, les longues mâchoires étroites, inclinées, les pattes fines et allongées, et les yeux latéraux groupés en triangle, de la première famille, rattachent ce genre à celui des Pholques par ses plus fortes affinités. La forme globuleuse de l'abdomen, qui est celle qu'affectent les deux espèces connues de ce genre, démontrent aussi une étroite parenté avec le genre Latrodecte, et ces rapports, ainsi que nous l'avons déjà observé, se manifestent également avec diverses familles du grand genre Théridion. Cette forme globuleuse de l'abdomen, jointe à la mollesse du derme (ce dernier caractère est aussi commun au genre *Pholcus*) rappelle les Scytodes, que leurs pattes fines et leurs habitudes lentes, et jusqu'au placement de leurs deux yeux antérieurs très-rapprochés, affilient aussi aux Pholques aussi bien qu'aux Théridions. Les Artèmes se rapprochent encore plus de ces dernières et des Latrodectes, par la longueur relative de leurs pattes, que les Pholques, dont la seconde paire égale ou le plus souvent surpasse, la quatrième paire.

FIN DU PREMIER VOLUME.

TABLE ANALYTIQUE
DES MATIÈRES
CONTENUES DANS CE PREMIER VOLUME.

ARANÉIDES.

1 Tribu. THÉRAPHOSES.

1er Genre. MYGALE.

ADDITIONS ET CORRECTIONS

Page 19, ligne 17 : aucune , *lisez* aucun.

Ibid. , ligne 27 : d'un être quelconque, *lisez* de deux êtres quelconques.

Page 21 et 22 : au sujet de la remarque très-exacte que je fais ici , que les méthodistes les plus célèbres n'ont point désuni les genres des Insectes Aptères , et les ont placés à la suite les uns des autres , quoique souvent dans des classes différentes , il faut ajouter en note :

Un très-habile naturaliste, M. Dugès , dans un mémoire, plein d'aperçus ingénieux, sur la conformité organique du règne animal, a pourtant , dans une classification générale des animaux, séparé les Myriapodes des Aptères-Acères , ou Arachnides des auteurs modernes , par la grande classe des Insectes proprement dits, qu'il nomme Culicides. Lorsque nous traiterons des Myriapodes , nous aurons occasion de nous expliquer sur la classification de M. Dugès , ou plutôt sur la doctrine dont elle est la conséquence. Au reste , M. de Blainville avait déjà précédé M Dugès dans cette classification.

Page 22, ligne 27 : *ajoutez* , Reuss, Wider, Perty.

Page 26 : *ajoutez* : Forskael, Hasselquist, Lichtenstein, Schreibers, Spix, Martius.

Page 27 : *ajoutez* , Alexandre Brongniard. Boheman.

Page 27, ligne 13 : Pontopdau , *lisez* Pontopidan.

Page 28 : *ajoutez* , Catoire, Schuch, Année.

Page 30, ligne 19 et 22. Il est fait mention dans cet endroit d'Aptères décapodes, ou à dix pattes, parce que les palpes allongés et pédiformes des Solpugides fonctionnent comme des pattes , et ont souvent été considérées comme telles , mais les caractères assignés aux ordres démontrent que nous ne reconnaissons de véritables Décapodes dans les Insectes Aptères.

Page 43 : *ajoutez* , à la ligne après la ligne 9, Chilognathes, Syngnathes.

Page 46, ligne 1 : Hémiptères , *ajoutez* et Orthoptères.

Page 46, ligne 15 : Vers-Luisant, *lisez* Ver-Luisant.

Page 47, ligne 10, *effacez* Hémiptères, *lisez* Orthoptères.

Page 48, ligne 4, *ajoutez* des Hémiptères, *lisez* des Orthoptères.

Page 60, ligne 23 : et les ont, *lisez* et tous les naturalistes les ont.

Page 63 , ligne 18 : Fititèles, *lisez* Filitèles.

Page 68 , ligne 1 : les , *lisez* ces.

  Ibid. , ligne 8 : dissémés, *lisez* disséminés.

Page 71, ligne 28 : avez la position, donnent, *lisez* avec la position des
    yeux donnent.

Page 80 , ligne 19 : les palpes, *lisez* les pattes.

Page 91, ligne 2 : d'une , *lisez* d'un.

Page 92, ligne 12 : rapproche, *lisez* rapprochent.

Page 96, ligne 5 : *effaces* (1); ligne 13 : (1) *mettez* (2).

Page 103, ligne 15 : Clerk, *lisez* Clerck.

Page 136, ligne 11 : avec, le fil, *lisez* avec le fil.

Page 141 , ligne 16 : des , *lisez* les.

Page 146 , ligne 14 : triangulilabres, *lisez* triangulilabes.

Page 166, ligne 12 et 13 *au lieu de* le genre Hersilie semble appartenir
    partieulièrement à l'Afrique , *lisez* le genre Hersilie n'a encore
    été trouvé que dans l'Inde et en Égypte.

Page 209, ligne 15 : *Spidern*, lisez *Spider*.

Page 209 , ligne 39 : *effacez* Enyo.

Page 244, lignes 12 et 13 : *Alype*, lisez *Atype*.

Page 245, après la 10e ligne, *ajoutez* Nouveau-Monde , Amér. sept.

Page 251, ligne 29 : *affinité*, lisez *affinités*.

Page 253, ligne 29 : largueur, *lisez* largeur.

Page 281, ligne 23 : en, *lisez* un.

Page 292, ligne 8 de la note : Philosophicel, *lisez* Philosophical.

Page 305, ligne 10 : Schoeffer, *lisez* Schaeffer.

Page 311, ligne 11 : (dans la note) Forgesetz, *lisez* Forsetz.

Page 355, ligne 4 : Vigilantes, *lisez* Vigilants.

Page 375 , ligne 4 : *Variegatus* , lisez *Lineatus*.

  Ibid. , ligne 15 : *après* species 2., ajoutez, *Sphasus lineatus*, Koch
    dans Hahn , die Arachniden, t. III , p. 12-13, Pl. 77, fig. 171
    (le mâle), fig. 173 (la femelle).

Après la page 388, à la pagination, au lieu de 387, *lisez* 389.

Page 402, ligne 1, 14e : *lisez* 14e bis. (*N. B.* C'est le 16e genre , mais
    les numéros 14 et 15 ayant été redoublés à tort , il faut, pour
    éviter de corriger toute la série des numéros qui suivent,
    mettre *bis* à ce numéro et de même au suivant.)

Page 426, ligne 11 : Atte biche, *lisez* Atte bêche.

Page 476, ligne 3 : Atttes , *lisez* Attes.

Page 490 , ligne 1 : 15e, *lisez* 15e bis. (*Voyez* la remarque ci-dessus.)

Page 491 , *au titre courant, au lieu de* Atte, *lisez* Delène.

Page 610, ligne 22 : Nouveau-Monde — Brésil , *lisez* Monde-Maritime
    — Nouvelle-Guinée. — Rapportée par MM. Quoy et Gaymard.